Technologiemanagement –
Wettbewerbsfähige Technologieentwicklung
und Arbeitsgestaltung

H.-J. Bullinger
Ergonomie

Technologiemanagement – Wettbewerbsfähige Technologie-entwicklung und Arbeitsgestaltung

Herausgegeben von
Univ.-Prof. Dr.-Ing. habil. Prof. e. h. Dr. h. c. Hans-Jörg Bullinger,
Stuttgart

Erfolgreiche Wettbewerbspositionen aufbauen und halten zu können, wird immer mehr eine Frage des adäquaten Technologieeinsatzes und der Gestaltung anthropozentrischer Arbeitsorganisation. Bei schrumpfenden Marktlebenszyklen und steigendem globalen Wettbewerb können nur Unternehmen gewinnen, die kundenorientiert Technologien schneller entwickeln, erschließen, einsetzen und rechtzeitig wieder verlassen können.

Um den technologischen Wandel mitgestalten zu können, muß Technologiekompetenz durch Managementkompetenz ergänzt werden. Aufgabengebiete wie Strategische Planung, Organisationsentwicklung, Arbeitssystemgestaltung, Aufbau- und Ablaufstruktur, Produktgestaltung, Prozeßgestaltung, Mitarbeiterführung und Arbeitsplatzgestaltung sind im Rahmen eines Integrierten Technologiemanagements ganzheitlich zu lösen.

In der Buchreihe *Technologiemanagement – Wettbewerbsfähige Technologieentwicklung und Arbeitsgestaltung* soll der internationale Stand der Modelle, Verfahren, Methoden und Hilfsmittel dieser Gebiete festgehalten und mit Blick auf die Aus- und Weiterbildung von Ingenieuren zugänglich gemacht werden. Die einzelnen Bände behandeln außer relevanten arbeitswissenschaftlichen Erkenntnissen, Technologien und Organisationsformen vor allem das Management der Entwicklung, des Einsatzes und des Transfers von Technologien.

Ergonomie
Produkt- und Arbeitsplatzgestaltung

Von Univ.-Prof. Dr.-Ing. habil. Prof. e. h. Dr. h. c. Hans-Jörg Bullinger,
Stuttgart
Institut für Arbeitswissenschaft und Technologiemanagement (IAT)
der Universität Stuttgart und Fraunhofer-Institut für Arbeitswirtschaft und Organisation (IAO)

Unter Mitarbeit von Dipl.-Ing. Rolf Ilg und Dipl.-Ing. Martin Schmauder,
Institut für Arbeitswissenschaft und Technologiemanagement (IAT)
der Universität Stuttgart

Mit 342 Bildern

Springer Fachmedien Wiesbaden GmbH 1994

Die Deutsche Bibliothek – CIP-Einheitsaufnahme

Bullinger, Hans-Jörg:
Ergonomie : Produkt- und Arbeitsplatzgestaltung / von Hans-Jörg Bullinger. Unter Mitarb. von Rolf Ilg und Martin Schmauder.
(Technologiemanagement)
ISBN 978-3-663-12095-7 ISBN 978-3-663-12094-0 (eBook)
DOI 10.1007/978-3-663-12094-0

Ursprünglich erschienen bei B.G. Teubner Stuttgart 1994
Softcover reprint of the hardcover 1st edition 1994

Einband: nach einem Entwurf von Heike und Kerstin Simsen, Stuttgart

Vorwort

»Im Schweiße deines Angesichts...«, so hieß und heißt es über die Arbeit, auch wenn sich inzwischen dieses traditionelle Bild der Arbeit grundlegend geändert hat. Diente die Arbeit zunächst zur Sicherung der Ernährung, so wird angesichts der derzeitigen Arbeitsformen in Industrie, Handwerk und Dienstleistung deutlich, daß die Arbeit zwar nach wie vor ein wesentlicher Bestandteil unseres Lebens ist, sie aber unterschiedlichen Zielen dient. Noch nie im Laufe der Menschheitsgeschichte wurde soviel über die Arbeit nachgedacht und diskutiert wie derzeit. »Der Mensch steht im Mittelpunkt der Arbeit« – das ist die Botschaft, die an die Unternehmen am Ende des 20. Jahrhunderts gerichtet wird. Das bedeutet nun nicht, daß auf Technik verzichtet werden soll, sondern es ist ein Auftrag zur verantwortungsvollen Gestaltung von Technik und Arbeitsorganisation. Nur durch eine menschengerechte Technikgestaltung kann die inzwischen immer komplexer werdende Technik erfolgreich eingesetzt werden.

Im Prozeß der Gestaltung menschlicher Arbeit spielen die Zukunftsentwicklungen der Erwerbsarbeit eine bedeutende Rolle. Nachfolgende Aussagen charakterisieren die Erwerbsarbeit der Zukunft: Wandel hin zur Informationsgesellschaft, Weg in die Dienstleistungsgesellschaft, Trend zur Kopfarbeit, Zunahme der Personalqualifikation, Verstärkter Einsatz von Computertechnologie, Trend zur psychomentalen und körperlichen Belastungszunahme, neue Beanspruchungsfolgen (z. B. ›sick-building-syndrom‹), steigende Frauenerwerbstätigkeit und Zunahme der Zahl älterer Arbeitnehmer.

Eine zukunftsgerechte Gestaltung von Arbeit, Technik und Organisation ist deshalb eine wichtige Aufgabe für alle Beteiligten. Mit dem Buch ›Ergonomie‹ soll dazu ein Beitrag geleistet werden. Grundlage dieses Buchs ist die an der Universität Stuttgart gehaltene Vorlesung ›Arbeitswissenschaft I & II‹. Da der Inhalt dieser Vorlesung den Rahmen eines einzigen Buchs sprengen würde, wird er auf die zwei Bände ›Ergonomie‹ und ›Arbeitsgestaltung‹ innerhalb der Buchreihe ›Technologiemanagement‹ aufgeteilt. Jedes Buch ist in sich abgeschlossen und behandelt unterschiedliche Bereiche der Arbeitswissenschaft. Erst beide Bücher zusammen geben allerdings ein Bild dessen, was unter dem Begriff ›Arbeitswissenschaft innerhalb des Technologiemanagements‹ verstanden werden soll.

Das vorliegende Buch ist als Lehrbuch für die Studierenden des Ingenieurstudiengangs Maschinenbau und der technisch orientierten Betriebswirtschaftslehre konzipiert. Es wird versucht, den Studierenden und auch sonstigen Interessenten die Arbeitswissenschaft als interdisziplinäres Gebiet vorzustellen, ohne daß alle Teilgebiete und der aktuelle, z. T. kontroverse Stand der Forschungsaktivitäten beschrieben wird. Durch zahlreiche grafische Darstellungen wird versucht, Sachverhalte anschaulich und einprägsam darzustellen. Entsprechend den Anforderungen an eine aktuelle akademische Ausbildung soll ein Wissens- und Methodenspektrum vorgestellt werden, das zu einer breiten Qualifikation beiträgt.

Im Literaturverzeichnis werden kapitelbezogene Literaturhinweise angegeben, die die verwendeten und darüber hinaus für weitergehende Fragestellungen empfehlenswerte Literaturquellen benennen. Häufig zitierte Grundlagenwerke der Arbeitswissenschaft behandeln viele der in diesem Buch enthaltenen Themen. Diese Werke werden im Literaturverzeichnis unter Kapitel 1 aufgeführt.

Der Band ›Ergonomie‹ hat die Themenbereiche Mensch, Arbeitsplatz und Arbeitsumgebung als Schwerpunkt. Im Band ›Arbeitsgestaltung‹ wird auf die organisatorische Gestaltung von Arbeit eingegangen. ›Ergonomie‹ ist in insgesamt 18 Kapitel gegliedert. Die ersten Kapitel beschäftigen sich mit den Grundlagen der Arbeitswissenschaft und den physiologischen und psychologischen Zusammenhängen. In den mittleren Kapiteln (5 – 13) werden Regeln und Empfehlungen zur Gestaltung von Arbeitsumgebung und Arbeitsplatz vorgestellt. Ergonomisches Methodenwissen soll in die fachliche Arbeit von Ingenieuren eingehen. Deshalb wird im Kapitel 14 eine breite Basis von Methoden vorgestellt. Die Kapitel 15 und 16 haben die konkrete Gestaltung von Arbeitsmitteln und Mensch-Maschine-Schnittstellen zum Inhalt. Der zunehmend wichtigere Bereich der Software-Ergonomie wird in Kapitel 17 behandelt, und in Kapitel 18 werden unter der Überschrift ›Verhaltensergonomie‹ Empfehlungen und Regeln zum ergonomisch günstigen Arbeiten vorgestellt.

Ein besonderer Dank ergeht an die Herren Dipl.-Ing. Wilhelm Bauer, Dipl.-Ing. Martin Braun, Dipl.-Ing. Rainer Eckert, Dr. Dieter Fremdling, Dipl.-Ing. Matthias Gommel, Prof. Dr.-Ing. Peter Kern, Dipl.-Ing. Peter Lauster und Dipl.-Ing. Claus-Ulrich Lott für die Unterstützung bei der Erstellung des Manuskripts, sowie an Heike und Kerstin Simsen, die die Grafiken erstellt haben. Die Druckvorlage wurde mit den institutseigenen DTP-Geräten und -Programmen hergestellt. An dieser Stelle deshalb ein Dank an Frau Birgit Dahl, die die Satz- und Umbrucharbeiten übernommen hat.

Danken möchte ich auch Herrn Dipl.-Ing. Rolf Ilg und Herrn Dipl.-Ing. Martin Schmauder, die an diesem Buch maßgeblich mitgearbeitet haben, sowie Herrn Dr. Jens Schlembach vom Teubner-Verlag für die vertrauensvolle und bewährte Zusammenarbeit in dieser Buchreihe.

Stuttgart, im Juli 1994 Hans-Jörg Bullinger

Inhaltsverzeichnis

1 Einführung

1.1 Arbeit als Wissenschaft

Die Arbeitswissenschaft ist eine relativ junge Wissenschaft, die erst in diesem Jahrhundert entstanden ist. Ursache war die Entwicklung eines Problembewußtseins in Zusammenhang mit der zunehmenden Industrialisierung. Die Arbeitswissenschaft ist und bleibt eine Erfahrungswissenschaft, da sie den arbeitenden Menschen und seine Erlebniswelt als Mittelpunkt hat. Durch diesen Mittelpunkt sind sowohl die Methoden und Erkenntnisse der Geistes- als auch der Naturwissenschaft von Bedeutung.

Damit die Inhalte der Arbeitswissenschaft deutlich werden, wird zunächst der Begriff der menschlichen Arbeit näher erläutert. Der *Arbeitsbegriff* der Physik ist durch die in Bild 1.1 dargestellte Formel definiert. Mit dieser Formel kann jedoch nicht alle menschliche Arbeit beschrieben werden. Ergänzend dazu gibt W. Eliasberg (vgl. Ulich, 1991) die ebenfalls in Bild 1.1 wiedergegebene umfassende Definition der Arbeit. Mit diesen beiden Definitionen wird ein Spektrum aufgezeigt, in dem menschliche Arbeit angesiedelt ist.

Arbeit = Kraft x Weg

$$W = F \times s$$

Aus der Arbeit ergibt sich die Leistung:

Leistung = Arbeit je Zeiteinheit

$$P = \frac{1}{\Delta t}\int_{t_1}^{t_2} f(W)\,dt$$

Wladimir Eliasberg (1926):

Arbeit ist eine innere und äußere Anstrengung, durch welche Werte geschaffen werden sollen, als ein Begriff aus der geistigen Sphäre des Seelenlebens.

Motivation, Werk und Wert ergeben die Arbeit.

Bild 1.1 Was ist Arbeit? (Eliasberg zit. nach Ulich, 1991)

Arbeit im arbeitswissenschaftlichen Sinne ist ein zweckgebundenes und zielgerichtetes Tätigsein des Menschen, das direkt oder indirekt seiner Existenzerhaltung dient. Die Arbeitswissenschaft untersucht die Bedingungen der menschlichen Arbeit, um daraus Beurteilungs- und Gestaltungsregeln zu gewinnen. Sie geht von dem in Bild 1.2 prinzipiell dargestellten *Arbeitssystem* aus und betrachtet das Zustandekommen von Ergebnissen und den menschlichen Beitrag dazu, auch im Hinblick auf Rückwirkungen auf den Menschen und seine Einstellung zur Arbeit.

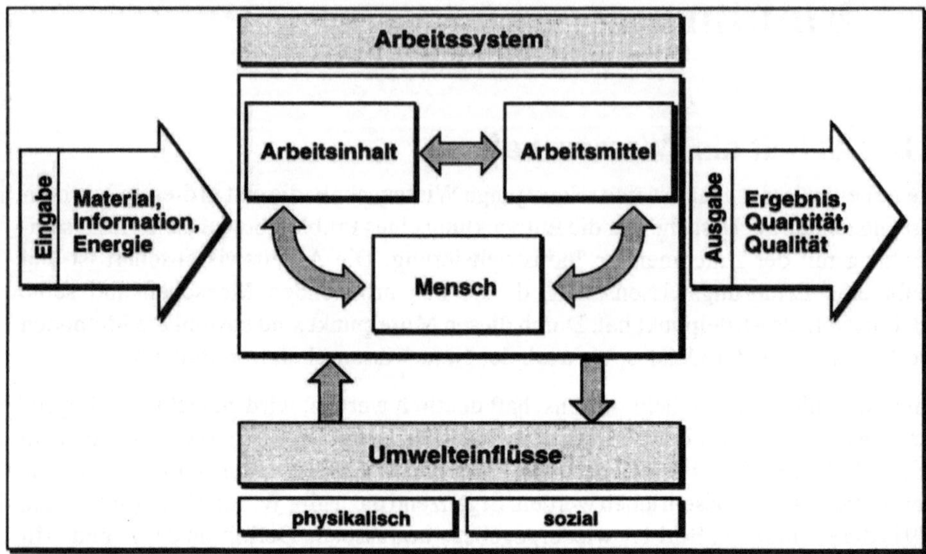

Bild 1.2 Arbeitssystem-Elemente

Da die Qualität des gesamten Arbeitssystems von den einzelnen Systemelementen abhängt, werden diese in der Arbeitswissenschaft aus einer ganzheitlichen Sicht behandelt, was sich in den einzelnen Kapiteln dieses Buches widerspiegelt. Vor diesem Hintergrund ist die in Bild 1.3 wiedergegebene *Kerndefinition der Arbeitswissenschaft* nach Luczak u. a. (1987) von zentraler Bedeutung.

Kerndefinition der Arbeitswissenschaft

Arbeitswissenschaft ist die Systematik der Analyse, Ordnung und Gestaltung der technischen, organisatorischen und sozialen Bedingungen von Arbeitsprozessen mit dem Ziel, daß die arbeitenden Menschen in produktiven und effizienten Arbeitsprozessen

- **schädigungslose, ausführbare, erträgliche und beeinträchtigungsfreie Arbeitsbedingungen vorfinden,**
- **Standards sozialer Angemessenheit nach Arbeitsinhalt, Arbeitsaufgabe, Arbeitsumgebung sowie Entlohnung und Kooperation erfüllt sehen, sowie**
- **Handlungsspielräume entfalten, Fähigkeiten erwerben und in Kooperation mit anderen ihre Persönlichkeit erhalten und entwickeln können.**

Bild 1.3 Kerndefinition der Arbeitswissenschaft
(nach Luczak; Volpert; Raeithel; Schwier, 1987)

Arbeitswissenschaft ist demnach die Wissenschaft von

- der menschlichen Arbeit, speziell unter den Gesichtspunkten der Zusammenarbeit von Menschen und des Zusammenwirkens von Mensch und Arbeitsmittel bzw. Arbeitsgegenständen,
- den Voraussetzungen und Bedingungen, unter denen die Arbeit sich vollzieht, den Wirkungen und Folgen, die sich auf Menschen, ihr Verhalten und damit auch auf ihre Leistungsfähigkeit hat, sowie
- den Faktoren, durch die die Arbeit, ihre Bedingungen und Wirkungen menschengerecht beeinflußt werden können.

Mit dieser Definition ist die Arbeitswissenschaft zentral in die Aufgabe ›Technologiemanagement‹ eingebunden. Ein erfolgreiches *Technologiemanagement* ist für die Arbeitswissenschaft unverzichtbar, denn ohne fortschrittliche Unternehmen können die Erkenntnisse der Arbeitswissenschaft nicht umgesetzt werden. Arbeitswissenschaft und Technologiemanagement ergänzen sich, was sich z. B. darin zeigt, daß die Arbeitswissenschaft humane und wirtschaftliche Zielsetzungen kennt.

Die Arbeitswissenschaft hat, wie bereits beschrieben wurde, den Mensch als Mittelpunkt und versucht davon ausgehend Arbeitsmittel, Arbeitsplätze, Arbeitsumgebung, Arbeitsorganisation und schließlich auch Produkte und Unternehmen zu beeinflussen. Das Technologiemanagement setzt bei den wirtschaftlichen und gesellschaftlichen Randbedingungen an und hat das Umfeld von Produkten und Produktionsprozessen im Blick.

1.2 Inhalte und Schwerpunkte

Die Inhalte und Schwerpunkte der Arbeitswissenschaft haben sich in den letzten Jahrzehnten im Zuge der industriellen Entwicklung und den daraus folgenden Veränderungen der Arbeitsbedingungen gewandelt. Die hohen körperlichen Belastungen, die Belastungen durch die Arbeitsumwelt und durch einseitige Arbeitsaufgaben und auch die Unfallgefahren bei der Arbeit wurden nicht zuletzt durch die Erkenntnisse der Arbeitswissenschaft reduziert. Demgegenüber sind neue Anforderungen und Belastungen im mentalen und sozialen Bereich entstanden. Die Arbeitswissenschaft der Zukunft ist deshalb gefordert, die Arbeitsbedingungen insgesamt unter einem ganzheitlichen Ansatz zu untersuchen und Gestaltungsempfehlungen zu erarbeiten. Dieser Herausforderung wird durch die vorliegende inhaltliche Gliederung in

- *Ergonomie* und
- *Arbeitsgestaltung*

Rechnung getragen. In Bild 1.4 wird diese Aufteilung durch die jeweiligen Kapitelinhalte verdeutlicht.

Arbeitswissenschaft	
Ergonomie	**Arbeitsgestaltung**
Arbeitsphysiologie	Analyse von Arbeitstätigkeiten
Arbeitspsychologie	Gestaltung von Arbeitssystemen
Arbeitsumgebungsgestaltung	Personalqualifizierung
Arbeitsplatzgestaltung	Arbeitsbewertung
Integrierte Produktgestaltung	Organisation der Arbeitszeit
Mensch - Maschine - Schnittstelle	

Bild 1.4 Inhaltliche Gliederung

Für den Begriff ›Arbeitswissenschaft‹ werden manchmal auch die Begriffe ›Ingenieurpsychologie‹ oder ›Wissenschaftliche Betriebsorganisation‹, sowie im Englischen die Begriffe ›Human Factors‹, ›Human Engineering‹ oder ›Industrial Engineering‹ verwendet.

1.2.1 Ergonomie

Der Begriff *Ergonomie* ist ein dem Altgriechischen nachgebildetes Kunstwort; er ist zusammengesetzt aus den beiden Teilen ›Ergon‹ (Arbeit) und ›Nomos‹ (Gesetz).

Breite Verwendung fand er erstmalig in den 50er Jahren dieses Jahrhunderts durch die Bemühungen einer Gruppe englischer Wissenschaftler, die eine von ihnen gegründete wissenschaftliche Gesellschaft zur Untersuchung der Probleme menschlicher Arbeit als ›ergonomische‹ Forschungsgesellschaft bezeichneten (Ergonomics Research Society).

Das Wort Ergonomie kann damit wörtlich übersetzt werden als
›Lehre von der menschlichen Arbeit‹.

Diese wörtliche Übersetzung reicht jedoch nicht aus, um die zahlreichen Arbeiten und Bemühungen der Ergonomie zu beschreiben. Nach dem heutigen Verständnis ergibt sich die in Bild 1.5 wiedergegebene Definition.

Ergonomie

Wissenschaft von der Anpassung der Technik an den Menschen zur Erleichterung der Arbeit.
Das Ziel, die Belastung des arbeitenden Menschen so ausgewogen wie möglich zu halten, wird unter Einsatz technischer, medizinischer, psychologischer sowie sozialer und ökologischer Erkenntnisse angestrebt.

Bild 1.5 Definition ›Ergonomie‹

1.2.2 Arbeitsgestaltung

Die *Arbeitsgestaltung* befaßt sich mit den in Bild 1.6 zusammengestellten Themen.

Arbeitsgestaltung

- Analyse von Produktionsstrukturen
- Planung von Produktionsstrukturen
- Auslegung von Systemkomponenten
- Integration von Aufgabenbereichen
- Gestaltung von Arbeitsinhalten
- Personal- und Qualifikationsentwicklung
- Arbeitszeit und Arbeitslohngestaltung

Bild 1.6 Arbeitsgestaltung

Die Inhalte der Arbeitsgestaltung werden der Vollständigkeit halber hier im Buch ›Ergonomie‹ genannt. Damit soll ein Verständnis für die Breite der Arbeitswissenschaft ermöglicht werden. Die in Bild 1.6 genannten Schwerpunkte der Arbeitsgestaltung werden in dem Band ›Arbeitsgestaltung – Personalorientierte gestaltung marktgerechter Arbeitssysteme‹, der ebenfalls in dieser Reihe ›Technologiemanagement‹ erscheint, behandelt. Die beiden Bände ergänzen sich gegenseitig, sind aber vom Aufbau her eigenständige Werke.

1.2.3 Aufgabenfelder der Arbeitswissenschaft

Die Themenvielfalt der Arbeitswissenschaft läßt sich in die in Bild 1.7 dargestellten *Aufgabenfelder* bündeln.

Aufgabenfeld	Ziel
Menschen im Arbeitssystem 	Ermittlung der Grenzen von Über- und Unterforderung des Menschen bei der Interaktion mit technischen Systemen
Gestaltung der Komponenten des Arbeitssystems 	Entwicklung menschengerechter Arbeitsmittel, Arbeitsplätze und Arbeitsabläufe mit dem Ziel ausgewogener Belastung

Bild 1.7 Aufgabenfelder der Arbeitswissenschaft

Arbeitswissenschaft beschäftigt sich zum einen mit dem arbeitenden Menschen, dem Erfassen seiner Leistungsfähigkeit, die durch die persönlichen Fähigkeiten und Fertigkeiten bestimmt wird, sowie mit der Erforschung möglicher Einflußgrößen auf die Leistung.

Das andere Aufgabenfeld ist die Gestaltung der technischen Einrichtungen, die der Mensch für die Arbeit benutzt. Ziel ist es, eine optimale Anpassung der Komponenten an die ermittelten Fähigkeiten und Fertigkeiten zu erreichen.

Um die sich daraus ergebenden Problemstellungen zu lösen, ist die Arbeitswissenschaft auf sehr viele andere Wissenschaftsdisziplinen wie z. B. Ingenieurwissenschaften, Medizintechnik, Psychologie, Mathematik, Informatik, Wirtschaftswissenschaften u. a. sowie deren Methoden und Erkenntnisse angewiesen.

Die Arbeitswissenschaft ist auf praktische Anwendungen ihrer Erkenntnisse ausgerichtet. Wie bereits beschrieben, werden dabei sowohl humane als auch wirtschaftliche Ziele verfolgt. Die zwei Ansätze

- *Humanität der Arbeit* und
- *Effektivität und Effizienz der Arbeit*

werden deshalb auch nicht als zwei Pole, die durch eine ›entweder – oder‹ Entscheidung verknüpft sind, betrachtet. Vielmehr sind es zwei Gestaltungsaufgaben, die gleichwertig und integriert bearbeitet werden.

Aus dieser praktischen Relevanz der Erkenntnisse läßt sich die in Bild 1.8 in drei Punkten beschriebene Handlungsanleitung ableiten.

Hauptaufgaben der Arbeitswissenschaft

1. **Anpassung der Arbeit an den Menschen:**
   Konkrete Gestaltung der Arbeitsbedingungen.
2. **Anpassung des Menschen an die Arbeit:**
   Arbeitseinsatz, Ausbildung.
3. **Anpassung der arbeitenden Menschen untereinander (Beziehung):**
   Nur indirekt über organisatorische und technische Arbeitsbedingungen.

Bild 1.8 Hauptaufgaben der Arbeitswissenschaft (nach Kirchner, 1992)

1.2.4 Arbeitswissenschaft im Arbeitsrecht

Die gesellschaftliche Bedeutung der Arbeitswissenschaft ist nicht zuletzt daran festzustellen, daß in einer Reihe von Gesetzen, Verordnungen und Richtlinien ausdrücklich die Berücksichtigung ›*gesicherter arbeitswissenschaftlicher Erkenntnisse*‹ gefordert wird.

Hier sind besonders die folgenden Gesetze hervorzuheben:
- Betriebsverfassungsgesetz,
- Arbeitssicherheitsgesetz,
- Mitbestimmungsgesetz.

Zum Schutz des arbeitenden Menschen gibt es darüberhinaus u. a. folgende Gesetze und Verordnungen:
- Arbeitsstättenverordnung,
- Gefahrstoffverordnung,
- Unfallverhütungsvorschriften,
- Arbeitszeitordnung,
- Urlaubsgesetz,
- Mutterschutzgesetz,
- Jugendschutzgesetz.

Damit industriell hergestellte Produkte einen unserer Gesellschaft adäquaten technischen Standard besitzen, sind u. a. nachfolgende, oft von arbeitswissenschaftlichen Erkenntnissen beeinflußte, Regeln und Richtlinien von Bedeutung:
- DIN/ISO-Normen,
- VDI-Richtlinien,
- EG-Maschinenrichtlinie,
- TÜV-Prüfung,
- Berufsgenossenschaftliche (BG)-Richtlinien.

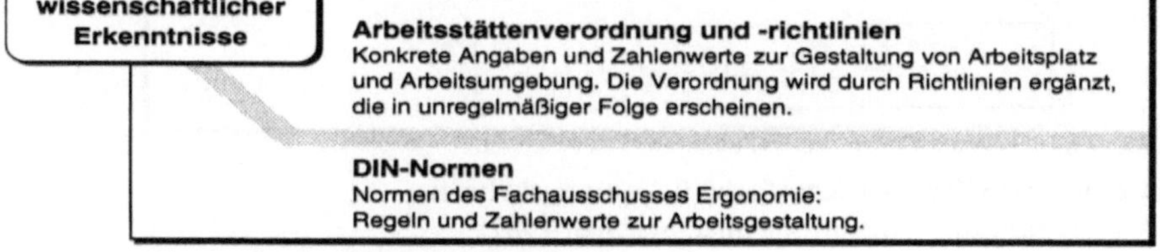

Betriebsverfassungsgesetz Abschnitt 4 §90
Berücksichtigung gesicherter arbeitswissenschaftlicher Erkenntnisse bei Neu-, Um-, Erweiterungsbauten sowie Neugestaltung von Arbeitsverfahren, Arbeitsabläufen und Arbeitsplätzen.

Berücksichtigung gesicherter arbeitswissenschaftlicher Erkenntnisse

Arbeitssicherheitsgesetz
Aufgaben der Fachkräfte für Arbeitssicherheit: Nicht nur Probleme der Unfallverhütung, sondern auch die menschengerechte Gestaltung von Arbeitssystemen und "sonstige Fragen der Ergonomie" berücksichtigen.

Arbeitsstättenverordnung und -richtlinien
Konkrete Angaben und Zahlenwerte zur Gestaltung von Arbeitsplatz und Arbeitsumgebung. Die Verordnung wird durch Richtlinien ergänzt, die in unregelmäßiger Folge erscheinen.

DIN-Normen
Normen des Fachausschusses Ergonomie:
Regeln und Zahlenwerte zur Arbeitsgestaltung.

Bild 1.9 Arbeitswissenschaft und Arbeitsrecht

In Bild 1.9 werden die wichtigsten Regelwerke des *Arbeitsrechts*, die die Arbeitswissenschaft betreffen, noch einmal aufgelistet. Von Bedeutung ist in diesem Zusammenhang auch § 91 des Betriebsverfassungsgesetzes. Dort heißt es: »Werden Arbeitnehmer durch Änderung der Arbeitsplätze, des Arbeitsablaufes oder der Arbeitsumgebung, die den gesicherten arbeitswissenschaftlichen Erkenntnissen über die menschengerechte Gestaltung der Arbeit offensichtlich widersprechen, in besonderer Weise belastet, so kann der Betriebsrat angemessene Maßnahmen zur Abwendung, Milderung oder zum Ausgleich der Belastung verlangen« (Betriebsverfassungsgesetz § 91 Mitbestimmungsrecht).

1.3 Bewertungskriterien der Arbeit

Für die Bewertung und Beurteilung konkreter Arbeitsprozesse ist in den letzten Jahren eine fünfstufige hierarchische Klassifikation entstanden (Luczak u. a. 1987). Die Kriterien sind insofern voneinander abhängig, als daß die Kriterien einer niedrigeren Ebene erfüllt sein müssen, damit die einer höheren Ebene greifen können. Es wird deshalb auch von den in Bild 1.10 aufgelisteten *Bewertungsebenen* der Arbeit gesprochen.

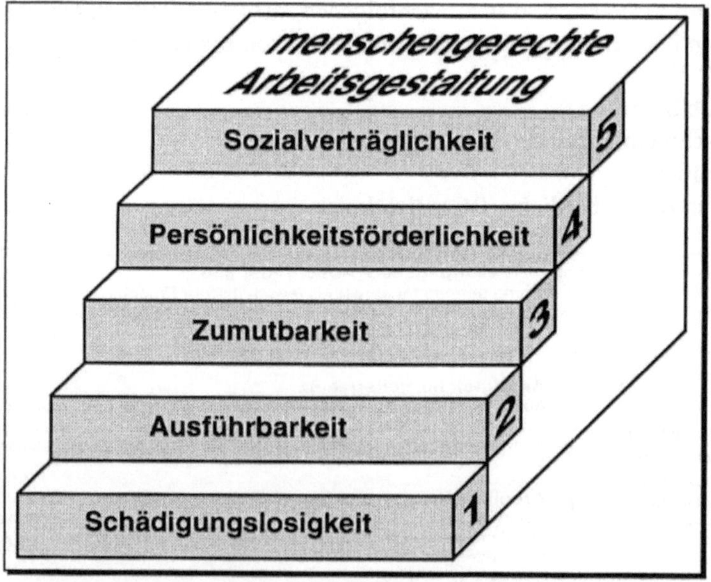

Bild 1.10 Arbeitswissenschaftliche Bewertungskriterien
(Luczak; Volpert; Raeithel; Schwier, 1987)

Schädigungslosigkeit

Das erste Kriterium lautet: Arbeit muß *schädigungslos* und *erträglich* sein. Das setzt voraus, daß keine physiologischen und ökologischen Prinzipien verletzt werden. Arbeit soll also so gestaltet sein, daß der Mensch im Einklang mit der Natur seiner Arbeit nachgehen kann. Dies ist auch unter dem Gesichtspunkt der Langfristigkeit zu sehen. Die Arbeit darf nicht nur einmalig oder kurzfristig ausführbar sein, sondern muß mehrmalig über ein ganzes Arbeitsleben hinweg ohne die Gefahr einer Schädigung wiederholt werden können. Hier spielen vor allem die Arbeitsdauer, die Arbeitsschwere und auch die Umgebungsbedingungen (z. B. Lärm, Klima) eine Rolle.

Ausführbarkeit

Arbeitsaufgaben, vor allem Operationen mit Werkzeugen und Maschinen, müssen *ausführbar* sein. Die dem Menschen gestellten Aufgaben dürfen unter Berücksichtigung der individuellen Fähigkeiten und Fertigkeiten nicht zu einer zu hohen Beanspruchung führen. Die Grenzen dazu werden in der Regel durch die menschliche Biomechanik oder die verfügbare mentale Kapazität festgelegt (vgl. Kapitel 3.7.2).

Zumutbarkeit

Die Frage der *Zumutbarkeit* ist ein persönliches Problem und kann nur vom Einzelnen selbst beantwortet werden. Das persönliche Erleben steht dabei jedoch in Beziehung zum kulturellen Umfeld und evtl. vorhandener Erfahrung. Zumutbare Arbeit soll nach diesem Kriterium in unserem Kulturkreis dem Einzelnen einen Handlungs- und Tätigkeitsspielraum, bezogen auf die Gestaltung der Arbeitsaufgaben und der Arbeitsumgebung, einräumen (vgl. Kapitel 4.3).

Zufriedenheit

Arbeit soll bei den Arbeitenden *Zufriedenheit* auslösen und *persönlichkeitsfördernd* sein. Bei der Gestaltung von Arbeit kann dieses nur durch die Erkenntnisse der Arbeitspsychologie und durch Kenntnis des kulturellen Umfeldes erreicht werden. Letztendlich kann nur der arbeitende Mensch selbst diese Frage beantworten. Möglichkeiten der persönlichen Gestaltung der Arbeit, Anerkennung, Motivation, Entlohnung, Führungsverhalten der Vorgesetzten etc. spielen eine Rolle (vgl. Kapitel 4.5).

Sozialverträglichkeit

Sozialverträglichkeit bedeutet, daß die Arbeitenden an der Gestaltung der Arbeit, bezogen auf die kooperative Organisation der Produktion oder Dienstleistung, beteiligt werden. Besonders die unter dem Stichwort ›Gruppenarbeit‹ bekannten Arbeitsstrukturen erfüllen dieses Kriterium, da hier alle an dem Produktionsprozeß Beteiligten aktiv in den Arbeitsgestaltungsprozeß mit einbezogen werden (vgl. Kapitel 4.6).

2 Positionen zu Arbeit und Technik

2.1 Historische Positionen

In der Antike war die körperliche Arbeit den Sklaven und Tagelöhnern ›vorbehalten‹. Der freie Bürger empfand diese Arbeit als nicht standesgemäß. Sicherlich herrschten damals noch andere Arbeitsbedingungen als heute, was auch aus den in den verschiedenen Sprachen benutzten Worten für Arbeit zum Ausdruck kommt.

Italienisch: Lavorare, aus dem lateinischen laborare = leiden.
Französisch: travailler, von tribuler = foltern, plagen.
Spanisch: trabajo, von tripolum = Folterinstrument.
Deutsch: Arbeit, von arebeit = Mühe.

Die pragmatische Betrachtungsweise der menschlichen Arbeit begann im 19. Jahrhundert, als durch die Mißstände der industriellen Produktionsweise Anzeichen von gesundheitlichen Schäden in weiten Teilen der Bevölkerung entdeckt wurden. In Deutschland wurde die wissenschaftliche Betrachtung der bestehenden Problematik 1924 durch die Gründung des REFA (Reichsausschuß für Arbeitsstudien) institutionalisiert. Inzwischen engagiert sich der in ›Verband für Arbeitsstudien und Betriebsorganisation‹ umbenannte Verein vor allem für die Umsetzung von arbeitswissenschaftlichen Erkenntnissen in die Praxis.

Bei der Behandlung von historischen Positionen darf der Name Frederik Winslow Taylor (1856 – 1915) nicht unerwähnt bleiben. Seine ›*wissenschaftliche Betriebsführung*‹ begründete ein Instrumentarium, das jahrzehntelang alle Unternehmen beeinflußt hat. Erst in den letzten Jahren zeigte sich eine Veränderung weg von den tayloristischen, arbeitsteiligen Strukturen hin zu neuen Formen der Arbeitsorganisation. Taylor untersuchte gegen Ende des 19. Jahrhunderts die Auswirkungen finanzieller Anreizsysteme und die Wirkungen von Arbeitsplatz- und Arbeitsmittelgestaltung auf die Arbeitsleistung. Grundannahme von Taylor war, daß der durchschnittliche Arbeiter in erster Linie durch finanzielle Aspekte zur Arbeitsleistung motiviert wird. Der Arbeiter wurde quasi als ›Universalmaschine‹ betrachtet. Diese Annahme führte zu einer konsequenten Trennung von Kopf- und Handarbeit. Damit konnte die Abhängigkeit vom Erfahrungswissen der Facharbeiter überwunden werden und komplexe Tätigkeiten konnten, in Teiltätigkeiten aufgegliedert, von fast jeder Person übernommen werden. Diese Arbeitsteilung erforderte eine starke hierarchische Aufteilung der betrieblichen Verantwortungsbereiche, was bis heute ein prägendes Merkmal vieler Unternehmen ist. In Bild 2.1 sind die wichtigsten Merkmale (Vor- und Nachteile) der tayloristischen Arbeitsstrukturen stichwortartig aufgelistet.

Taylorismus:

- **Trennung von planenden und ausführenden Tätigkeiten**
- **individuelle Leistungsanreizsysteme (Akkordlohn)**
- **viele Hierarchiestufen**
- **geringe Qualifikationsanforderungen**
- **geringe Arbeitsinhalte**
- **"one best way" für jede Arbeitsfolge**

Bild 2.1 Wichtigste Kennzeichen von tayloristischen Arbeitsstrukturen

Die Entwicklung dieser tayloristischen Arbeitsstrukturen ist bis heute eingebunden in die in Bild 2.2 schematisch aufgezeigte industrielle Entwicklungsgeschichte.

Als *erste* industrielle Revolution wird die Entwicklung der Kraftmaschinen bezeichnet. Kennzeichnend für diesen Zeitabschnitt ist die Frage nach der Energieumwandlung. Bei der *zweiten* industriellen Revolution stand die Entwicklung der Produktionstechnik im Vordergrund. Durch arbeitsorganisatorische Maßnahmen wurde ›Zeit‹ der wichtigste Produktionsfaktor.

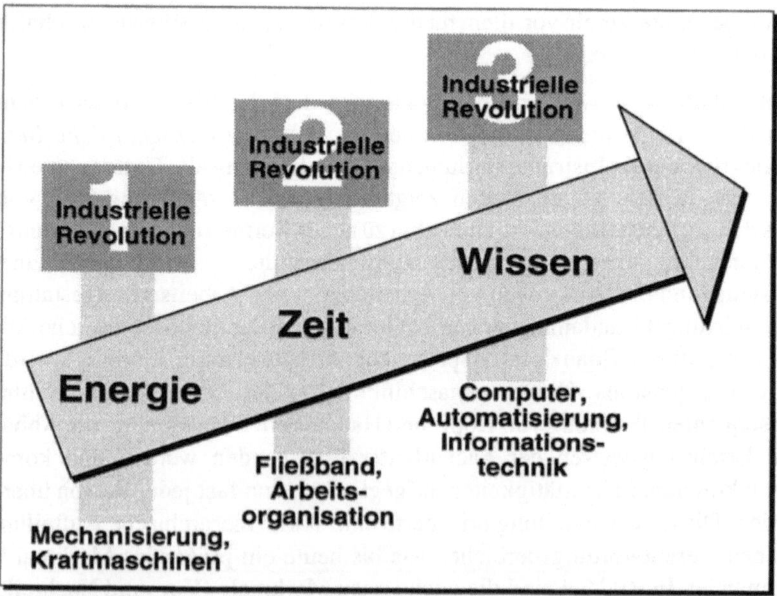

Bild 2.2 Industrielle Entwicklungsgeschichte (nach Spur, 1989)

Als *dritte* industrielle Revolution wird schließlich die Erschließung der Informationstechnik und der Automatisierung bezeichnet. Kennzeichen dieser Ära ist die Verfügbarkeit von Wissen. Parallel dazu haben viele technologische Innovationen einen Wandel der Arbeit herbeigeführt. Die Geschichte der Arbeitswissenschaft ist untrennbar mit der industriellen Entwicklungsgeschichte verbunden. Als Basis der arbeitswissenschaftlichen Forschung entstanden im Laufe der letzten 80 Jahre unterschiedliche *Menschenbilder* und somit auch unterschiedliche *Arbeitsphilosophien.* Diese sind in Bild 2.3 stark vereinfacht und übersichtsmäßig zusammengefaßt.

20er Jahre **Economic man**	30er Jahre **Social man**	50/60er Jahre **Self-actualizing man**	Gegenwart **Complex man**
Menschenbild: Verantwortungsscheu, Motivation durch Geld	**Menschenbild:** Soziale, durch die Gruppe bedingte Motivation	**Menschenbild:** Der Mensch strebt nach Selbstverwirklichung und Autonomie	**Menschenbild:** Inter- und intraindividuelle Differenzen müssen beachtet werden, es gibt kein generell gültiges Menschenbild
Arbeitsphilosophie: Arbeits- und Vollmachtenteilung, individuelle Anreizsysteme	**Arbeitsphilosophie:** Teamarbeit, Gruppenanreizsysteme	**Arbeitsphilosophie:** Arbeit in teilautonomen Gruppen, Aufgabenerweiterung, Arbeit nicht kontrollieren, sondern begleiten, unterstützen, fördern	**Arbeitsphilosophie:** Die Wirklichkeit ist komplexer als bisher angenommen
Unternehmensphilosophie: Betrieb als technisches System, an das der Mensch angepaßt wird. "Mensch als Maschine", "One best way" für jeden Auftrag	**Unternehmensphilosophie:** Betrieb als soziales System, in dem Information und Kommunikation wichtig ist	**Unternehmensphilosophie:** Betrieb als sozio-ökonomisches System Krise: Streiks, Fehlzeiten, Fluktuation	

Bild 2.3 Mensch und Arbeit im Wandel (nach Ulich, 1991)

Wie bereits beschrieben, waren die 20er Jahre von der ›wissenschaftlichen Betriebsführung‹ nach Taylor geprägt.

In den 30er Jahren entstand das Menschenbild des ›social man‹. Es wurde angenommen, daß der Mensch in seinem Verhalten weitgehend von den sozialen Normen seiner Arbeitsgruppe bestimmt wird. Der Betrieb wurde als ein soziales System verstanden, in dem der Mensch sich wohlfühlen kann und zufrieden ist. Daraus wurde gefolgert, daß aus der optimalen Gestaltung dieses sozialen Systems Anreize zur Erhöhung der eigenen Arbeitsleistung resultieren. In der praktischen Arbeitsgestaltung hat sich dieses Menschenbild allerdings nicht durchgesetzt, da zu dieser Zeit noch keine ernsthafte Alternative zur Fließbandarbeit in Sicht war.

Gegen Ende der fünfziger und Anfang der sechziger Jahre wurden die Grundlagen für die Konzepte der Gruppenarbeit entwickelt. Es wurde davon ausgegangen, daß der Mensch nach Selbstverwirklichung und Autonomie strebt. Arbeit soll dem Kriterium der Persönlichkeitsförderlichkeit entsprechen. Dieses Menschenbild wird in der Gegenwart dahingehend kritisiert, daß es nicht möglich sei, ein allgemein gültiges Menschenbild festzuschreiben. Die Komplexität des Menschen kann nur durch vielschichtige Annahmen abgebildet werden und nicht durch einseitige, allgemeine Vorstellungen. Für die Gestaltung von Arbeit ergeben sich damit auch komplexe Herausforderungen in der Arbeitswissenschaft.

Die unterschiedlichen Menschenbilder dienten und dienen vor allem als Ausgangspunkt der Forschung im Teilgebiet der Arbeitsorganisation. Es ist festzuhalten, daß in der Vergangenheit die Erkenntnisse daraus nur selten umgesetzt wurden. Erst in jüngster Zeit beginnen die Unternehmen, bedingt durch den wirtschaftlichen Druck, die von der Arbeitswissenschaft entwickelten Konzepte erfolgreich umzusetzen.

In der ergonomischen Forschung lag der Schwerpunkt der Aktivitäten in den fünfziger und sechziger Jahren bei der Ermittlung von Grenzwerten wie z. B.

- Maximalkräfte,
- Bewegungsräume,
- Dauerleistungsgrenze,
- Grenzwerte für die Arbeitsumgebung (Licht, Schall, Klima, ...).

Durch die Kenntnis und die Anwendung dieser Werte konnte in der Vergangenheit die Qualität der Arbeitsplätze und Arbeitsbedingungen deutlich verbessert werden.

2.2 Gegenwärtige Positionen

Bild 2.4 Einflußfaktoren auf die Organisation und Gestaltung der Arbeit

Die nicht stillstehende *Technikentwicklung*, sich ständig verändernde *Marktbedingungen* und nicht zuletzt auch der *Wertewandel* des Menschen bezüglich seines Verhältnisses zur Arbeit beeinflussen die Organisation und die Gestaltung der Erwerbsarbeit maßgeblich. Dabei sind die technischen, wirtschaftlichen und menschlichen Einflußfaktoren der Arbeitswissenschaft vom arbeitenden Menschen nicht isoliert, sondern im Spannungsfeld der Abhängigkeiten zu betrachten. In Bild 2.4 sind die wichtigsten Einflußfaktoren auf die Organisation und Gestaltung der Arbeit aufgelistet.

Mensch

Der rasch anwachsende Einsatz von flexiblen Produktionssystemen in den letzten Jahren wurde durch den Zwang verstärkt, auch kleine Losgrößen bei gleichzeitig zunehmender Produktvielfalt wirtschaftlich produzieren zu müssen. Die mit diesen Produktionssystemen veränderte Technik muß bei der Organisation und Gestaltung der Arbeit des Menschen berücksichtigt werden. Anforderungen hierfür ergeben sich aus der für den Menschen veränderten Belastungssituation in diesen Produktionssystemen. Standen früher die körperlichen Belastungen im Vordergrund, so wird der Mensch heute neben diesen Belastungen zunehmend auch mit psychomentalen Belastungen konfrontiert. Beispiele hierfür sind:

- Überwachung und Wartung von Großanlagen mit ständig zunehmender Komplexität (Überforderung durch die Notwendigkeit der schnellen Störungsbehebung, Unterforderung durch Automatikbetrieb),
- Aufmerksamkeit bei Arbeiten mit gefährlichen Stoffen bzw. in gefährlichen Prozessen,
- Umgang mit Industrierobotern,
- Arbeit in vernetzten Systemen (CAX),
- neuartige Informations- und Kommunikationssysteme,
- neue Formen der Arbeits- und Betriebsorganisation,
- Dezentralisierung von Verantwortung.

Durch die Verkürzung der *Arbeitszeit* ergibt sich einerseits ein Freizeitgewinn, andererseits aber auch eine daraus resultierende Verdichtung der Arbeit, sowie ein Einfluß auf die Wettbewerbsfähigkeit der deutschen Unternehmen. Das Bild 2.5 zeigt hierzu die Entwicklung der letzten Jahre.

Die physischen Belastungen durch die Arbeit stehen heute zwar nicht mehr in dem Maße im Vordergrund wie in den Anfangsjahren der Arbeitswissenschaft, aber sie spielen doch noch eine gewichtige Rolle, was nachfolgend verdeutlicht wird. In Bild 2.6 ist der Anteil der jährlichen Rentenzugänge im gewerblichen Bereich dokumentiert. Ein Anteil von 31 % der jährlichen Rentenzugänge durch Erwerbs- oder Berufsunfähigkeit ist relativ hoch. Viele Menschen müssen, wie in Bild 2.7 aufgezeigt wird, körperlich belastende Arbeitsbedingungen ertragen. Außer einer demotivierenden Komponente ist hier auch mit einer erhöhten Beanspruchung zu rechnen, die zu Berufskrankheiten führen kann.

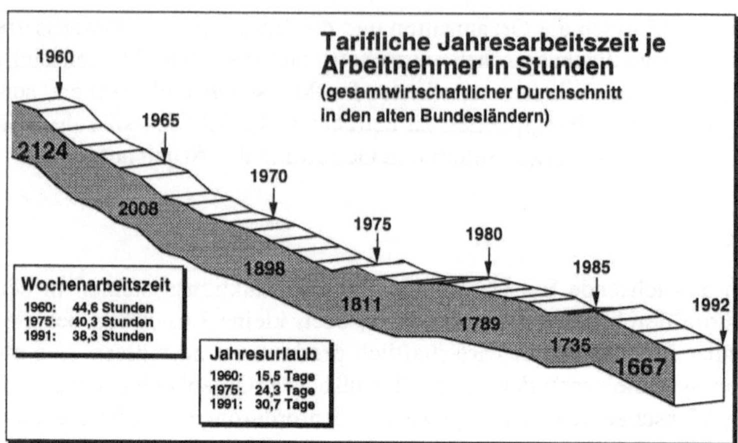

Bild 2.5 **Verkürzung der Arbeitszeit** (Quelle: IAT 1993)

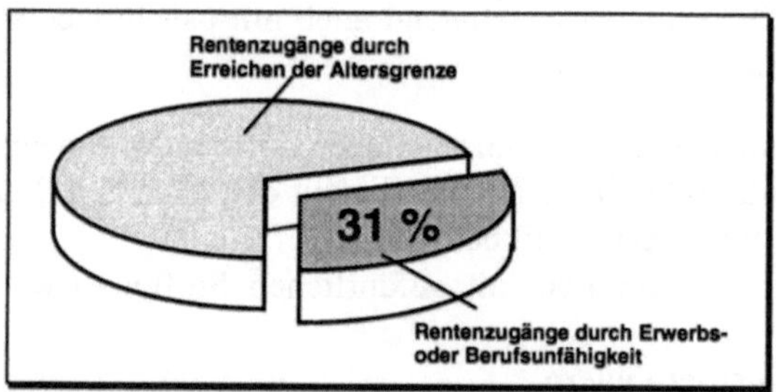

Bild 2.6 **Jährliche Rentenzugänge im gewerblichen Bereich im Jahr 1992** (Quelle: Landesversicherungsanstalt Baden-Württemberg 1994)

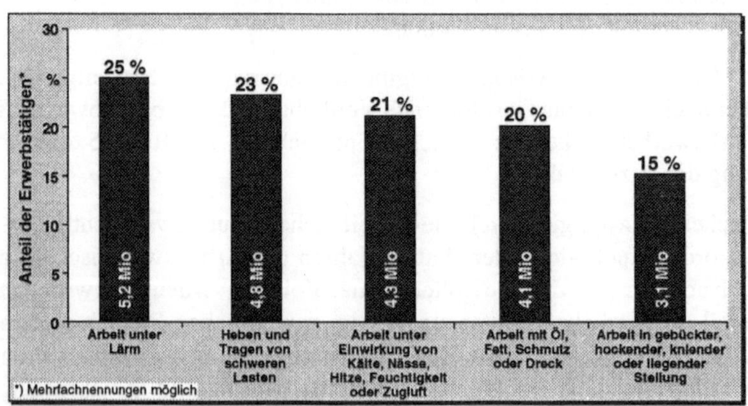

Bild 2.7 **Körperlich belastende Arbeitsbedingungen** (Quelle: Arbeit, Leben und Gesundheit, 1990)

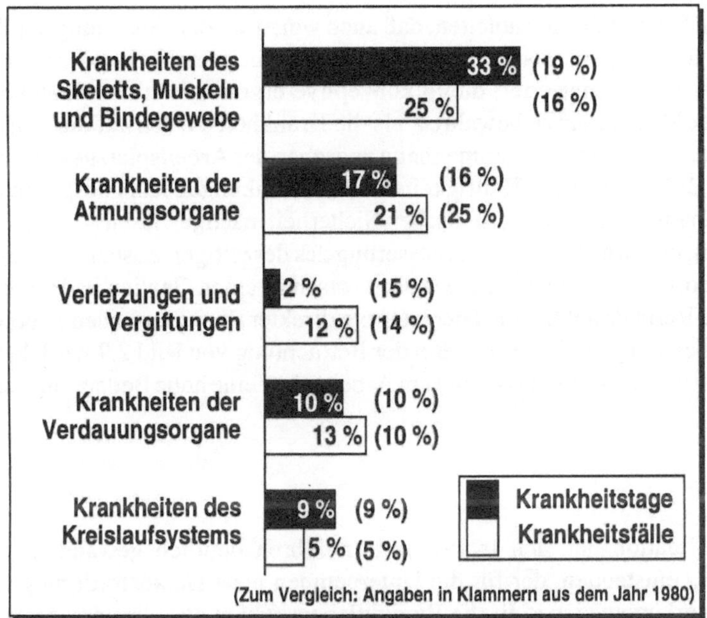

Bild 2.8 **Die häufigsten Krankheiten in Deutschland (West) 1991**
(Quelle: AOK-Krankheitsartenstatistik 1993)

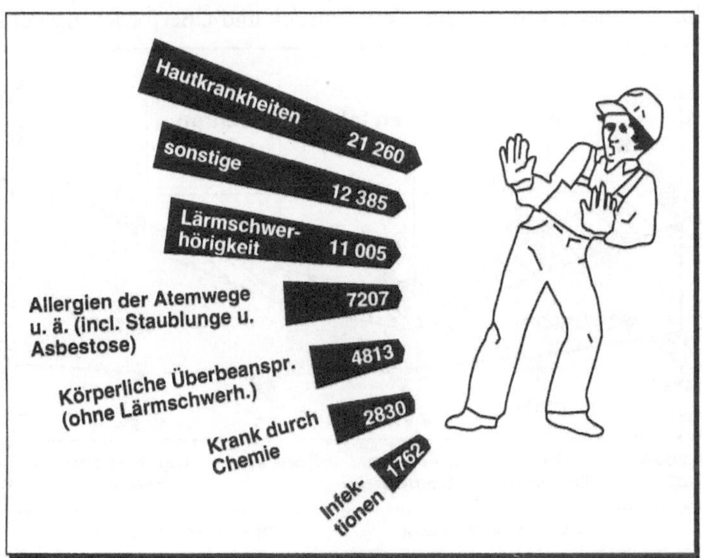

Bild 2.9 **Anzeigen auf Verdacht einer Berufskrankheit im Jahr 1992**
(Quelle: BG-Arbeitsunfallstatistik, alte Bundesländer, 1993)

Aus diesen Zahlen läßt sich ableiten, daß auch weiterhin der Gestaltung der Arbeitsbedingungen unter ergonomischen Gesichtspunkten ein hoher Stellenwert zukommt. So ist es sicher erstrebenswerter, durch konzeptive ergonomische Maßnahmen die Gesundheit der Mitarbeiter zu bewahren, als die Krankheitskosten auf die Allgemeinheit zu verteilen. Ein direkter Zusammenhang zwischen der Arbeitsplatzgestaltung und den in Bild 2.8 dokumentierten Häufigkeiten der Erkrankungen kann aufgrund der vielen Fremdparameter nicht mit statistischer Sicherheit nachgewiesen – aber auch nicht ausgeschlossen – werden. Eine Verbesserung des derzeitigen Zustandes würde sowohl für die Betroffenen als auch für die Volkswirtschaft einen Gewinn bedeuten. Dies gilt auch für die Berufskrankheiten. Hier kann ein direkter Bezug zwischen Arbeitstätigkeit und Krankheit hergestellt werden. Bei der Betrachtung von Bild 2.9 wird deutlich, daß dem präventiven Gesundheitsschutz am Arbeitsplatz eine hohe Bedeutung zuzumessen ist.

Markt

Die Marktsituation hat sich in den letzten Jahren deutlich gewandelt. So ist ein *Käufermarkt* entstanden, der für die Unternehmen neue Herausforderungen mit sich bringt. So verkürzen sich z. B. die Produktlebenszyklen, was längere Amortisationszeiten mit sich bringt. Die Zeit, die den Unternehmen verbleibt, um Gewinne aus dem Verkauf ihrer Produkte zu erzielen, verringert sich, wie in Bild 2.10 zu sehen ist, immer mehr. Dieser Druck wirkt sich auf die in den Unternehmen beschäftigten Mitarbeiter aus, so daß häufig über Streß, Hektik, Termindruck und Überforderung geklagt wird.

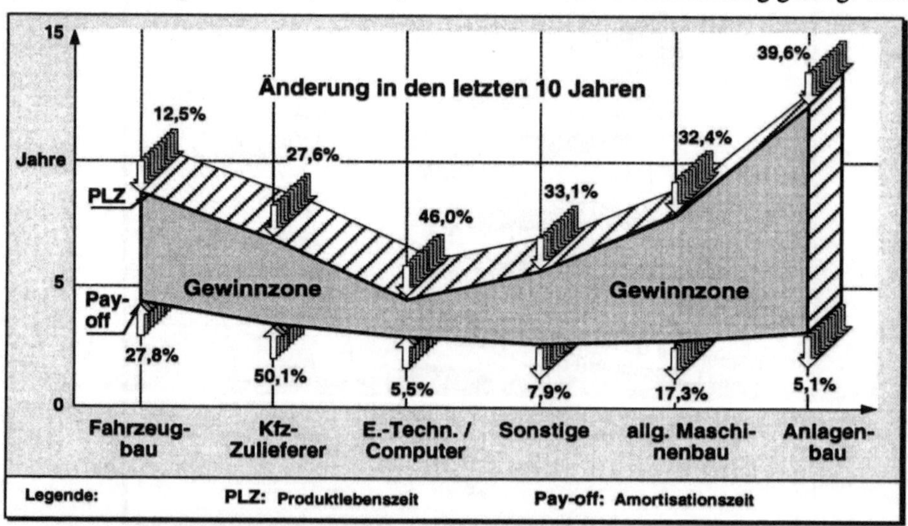

Bild 2.10 Produktlebenszeit und Pay-off Periode im Vergleich
(Quelle: IAO-Studie 1990)

Technik

Im Bereich der Technik sind für die Arbeitswissenschaft vor allem die zunehmende *Automatisierung* und der verstärkte Einsatz von *Informationstechnik* von Bedeutung. Es ist, wie später noch näher erläutert wird, eine gleichzeitige und gleichwertige Gestaltung von Technik und menschlicher Arbeit notwendig.

Aus diesen aktuellen Einflußfaktoren auf die Organisation und Gestaltung der Arbeit ergeben sich die folgenden zwei schlagwortartigen Aussagen:

- *Humanisierung* und *Rationalisierung* sind notwendig!
- Die Bedeutung der *Humanfaktoren* in der Arbeitsgestaltung nimmt zu!

2.2.1 Humanisierung und Rationalisierung

Arbeit muß dann automatisiert werden, wenn die Kombination der Belastungsparameter, die aus der Arbeitsaufgabe resultieren, zu nicht ausführbaren oder schädigenden Arbeitssituationen führt. Die Arbeitsinhalte müssen geändert, d. h. die Arbeit muß anders strukturiert werden, wenn die Arbeit zwar ausführbar, aber nicht zumutbar ist. Ergonomische Optima sind anzustreben, wenn Arbeit ausführbar, zumutbar und erträglich ist.

Humanisierung und *Rationalisierung* sind aktuelle Ziele der Arbeitswissenschaft. Bei den oft mit negativen Auswirkungen in Zusammenhang gebrachten Begriffen der Rationalisierung und Automatisierung ist zu bedenken, daß Menschen oft von ungünstigen Tätigkeiten befreit werden. Für die Humanisierungswirkung von vielen Industrierobotern sprechen beim richtigen Einsatz:

- Wegfall von monotonen Arbeiten;
- Wegfall von schweren körperlichen Belastungen durch ungünstige Körperhaltung und Kraftanstrengung, z. B. beim Heben schwerer Teile;
- Wegfall ungünstiger Umwelteinflüsse, z. B. durch Dämpfe, Hitze, Schmutz und Lärm;
- Verringerung der Unfallgefahr.

2.2.2 Bedeutung der Humanfaktoren

Durch die Veränderung von einer technozentrischen hin zu einer anthropozentrischen Arbeitsgestaltung ergibt sich ein Paradigmenwechsel. *Humanfaktoren* einer *menschengerechten Arbeitsgestaltung* müssen gleichgewichtig neben technischen und wirtschaftlichen Faktoren bei der Planung und dem Betrieb von Produktionssystemen berücksichtigt werden. Dabei wird nicht der Einsatz der Technik in Frage gestellt, sondern es ist vielmehr die Frage zu beantworten, wie unter Einsatz der bestehenden und sich weiter entwickelnden Technik die Arbeit menschengerecht gestaltet und organisiert werden kann. In Bild 2.11 wird der Unterschied zwischen *technozentrischer* und *anthropozentrischer Arbeitsgestaltung* verdeutlicht. In Bild 2.12 wird der Paradigmenwechsel bezüglich der Humanfaktoren durch Stichworte beschrieben.

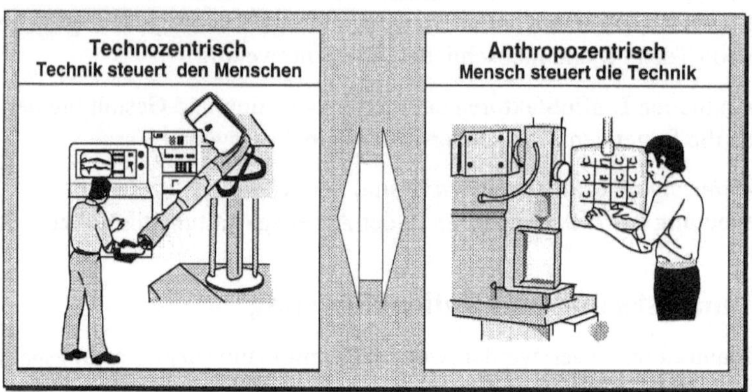

Bild 2.11 Planungsphilosophien: Technozentrische und anthropozentrische Arbeitsgestaltung

Humanfaktoren	IST: techno-zentrisch	SOLL: anthropo-zentrisch
Arbeitsinhalt	❑ klein ❑ arbeitsteilig ❑ entscheidungs-neutral ❑ ohne Ver-antwortung	❑ groß ❑ integrativ ❑ entscheidungs-orientiert ❑ mit Ver-antwortung
Arbeits-qualifikation	❑ technisch	❑ technisch ❑ organisatorisch ❑ sozial
Arbeitszeit	❑ starr	❑ flexibel
Ergonomie	❑ Mensch paßt sich den Arbeits-mitteln an	❑ Anpassung der Arbeitsmittel an den Menschen
Arbeitsschutz	❑ schützend	❑ konzeptionell ❑ gestalterisch ❑ präventiv

Bild 2.12 Paradigmenwechsel in der Arbeitsgestaltung

Nachfolgend werden die Stichworte des in Bild 2.12 aufgezeigten Paradigmenwechsels näher beschrieben.

Vom verrichtungsorientierten zum objektorientierten Arbeitsinhalt

Die Organisation der Produktion nach dem tayloristischen Prinzip mit hoher Arbeitsteilung und dadurch bedingt kleinem Arbeitsinhalt hat dazu geführt, daß sich die Mitarbeiter nur in geringem Maße mit ihrer Arbeit und ihrem Arbeitsergebnis identifizieren. Neben diesen menschbezogenen Problemen verursacht die starke Arbeitsteilung jedoch auch organisatorische Probleme, die sich durch eine Vielzahl von Schnittstellen ergeben. Als Beispiel ist hier die oft mühevolle Abstimmung der Taktzeiten zu nennen.

Ein Lösungsansatz für diese Probleme kann *Gruppenarbeit*, eingebettet in dezentrale Unternehmensstrukturen, sein. Diese Gruppen sind produktorientierte Organisationseinheiten, die nach dem Objektprinzip gebildet werden. Ein Beispiel hierfür ist die Komplettmontage von allen Anbauteilen und Aggregaten für eine Armaturentafel (Objekt) eines Autos (Produkt). Die komplett montierte Armaturentafel wird dann im weiteren Produktionsverlauf als Ganzes in die Karosserie eingesetzt.

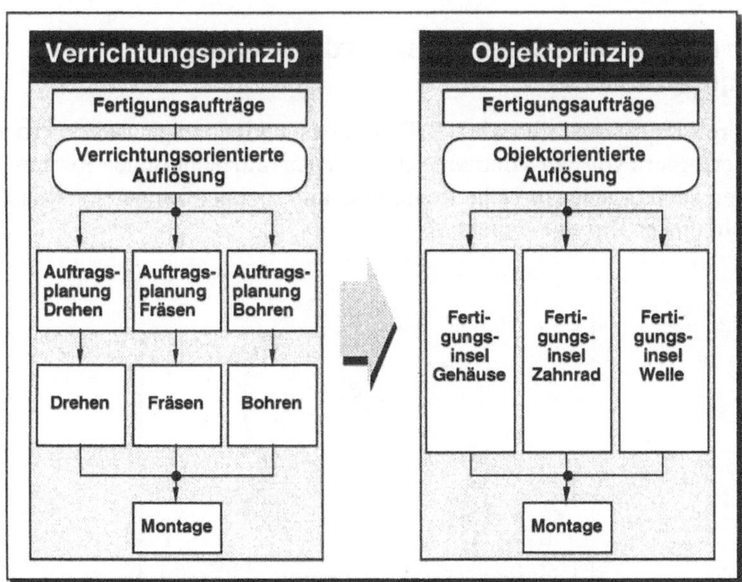

Bild 2.13 Gegenüberstellung von Verrichtungs- und Objektprinzip

Durch dieses Vorgehen entstehen kleine, überschaubare Einheiten, deren Arbeitsumfänge so groß sind, daß die starre Arbeitsteilung aufgehoben ist. Zusätzlich erweitern sich die Dispositionsspielräume für den einzelnen Mitarbeiter und die Arbeitsprozesse können von der Gruppe weitgehend selbständig gesteuert und koordiniert werden.

Diese Idee hat sich vor allem in Form von *Fertigungs- und Montageinseln* durchgesetzt. Dabei hat eine Gruppe von Mitarbeitern die Aufgabe, ein Teilespektrum vollständig und eigenverantwortlich zu fertigen bzw. zu montieren. Sie übernimmt auch Aufgaben, die dem einzelnen Mitarbeiter nach dem tayloristischen Verrichtungsprinzip vorenthalten blieben. Bild 2.13 zeigt den funktionalen Unterschied zwischen Verrichtungs- und Objektprinzip. Die zusätzlichen Arbeitsinhalte ergeben sich aufgrund einer

- *Arbeitserweiterung* durch Übernahme von vor- und nachgelagerten Funktionen (Beispiele: Materialbereitstellung, Prüfung der Teile) und
- *Arbeitsbereicherung* durch Übernahme von produktionsbegleitenden und vorbereitenden Funktionen (Beispiele: Einrichten, Warten der Anlage, Materialdisposition).

Zudem ist es auch aus wirtschaftlichen Gesichtspunkten nicht einzusehen, warum ein Mitarbeiter, der die Ausbildung eines Facharbeiters besitzt und dafür auch bezahlt wird, innerhalb von arbeitsteiligen Strukturen nur Leistungen einer Hilfskraft ausführt. In Gruppenstrukturen dagegen wird eine der Ausbildung adäquate Arbeit ausgeführt.

Von der eindimensionalen zur mehrdimensionalen Arbeitsqualifikation

Komplexere Arbeitsstrukturen wie z. B. Fertigungs- und Montageinseln in Produktionssystemen erfordern von den Mitarbeitern neben den rein technischen Kenntnissen und Fertigkeiten auch organisatorische Kenntnisse und soziale Kompetenz. Das Bild 2.14 verdeutlicht diesen Zusammenhang.

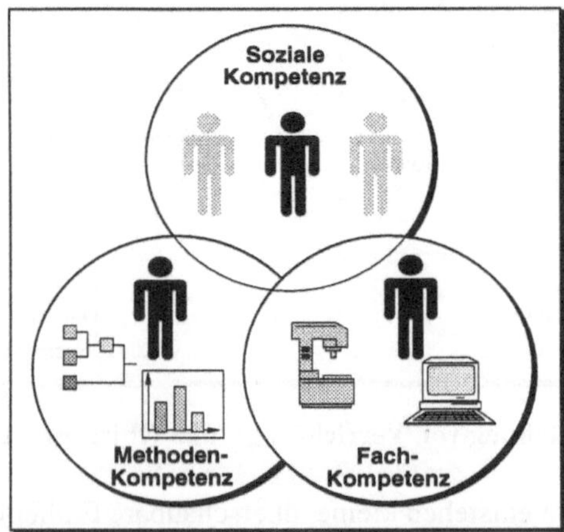

Bild 2.14 Integration verschiedener Kenntnisse und Fertigkeiten

Die Ursache für diese erweiterten Anforderungen (*mehrdimensionale Arbeitsqualifikation*) liegt darin, daß in diesen Inselstrukturen größere Arbeitsinhalte im Hinblick auf den Leistungsumfang und die Leistungsvielfalt von den Mitarbeitern zu bewältigen sind. Aber auch das ›miteinander Arbeiten‹ in der Gruppe stellt neue Anforderungen an die Kooperations- und Koordinationsfähigkeiten der einzelnen Mitarbeiter. Es wird deutlich, daß mit den konventionellen Ausbildungskonzepten, die stark fachorientiert sind, die Einführung solcher Organisationsstrukturen auf breiter Basis problematisch ist, da die hierzu geeigneten Mitarbeiter nicht sofort in ausreichender Anzahl zur Verfügung stehen. Hier bedarf es zum einen neuartiger Weiterbildungskonzepte in den Firmen, um den technisch gut ausgebildeten Mitarbeitern auch organisatorische und soziale Kompetenzen zu vermitteln, zum anderen müssen die bestehenden Ausbildungsgänge so umgestaltet oder durch neue Ausbildungsgänge ergänzt werden, daß sie den neuen Anforderungen gerecht werden.

Von der starren zur flexiblen Arbeitszeit

Die vor allem in Deutschland festzustellende *Arbeitszeitverkürzung* (siehe Bild 2.5) macht es notwendig, neue *Arbeitszeitmodelle* zu entwickeln, damit der Faktor Arbeitszeit nicht zu einem ›Standort-Handicap‹ für die Unternehmen wird. Die Ursache für dieses Handicap liegt in dem Zwang, die kapitalintensiven Produktionssysteme optimal auslasten zu müssen, um so auf dem internationalen Markt weiter konkurrenzfähig zu bleiben. Diesem Nachteil kann durch den weiteren Ausbau der Arbeitszeitflexibilisierung begegnet werden. Voraussetzung für die Arbeitszeitflexibilisierung ist jedoch eine Entkopplung von Arbeits- und Betriebszeit, d. h. flexibler Mitarbeitereinsatz bei ausgedehnter Betriebszeit der Produktionsanlagen.

Es lassen sich dabei folgende Schwerpunkte der Arbeitszeitgestaltung in der Produktion für die 90er Jahre erkennen:

- Neue Gleitzeitmodelle,
- ›Saisonalisierung‹ der Arbeitszeit,
- Arbeitszeitdifferenzierung (Aufrechterhaltung eines möglichst hohen Arbeitszeitvolumens für hochqualifizierte Mitarbeiter, die nur in geringem Umfang auf dem Arbeitsmarkt verfügbar sind),
- Teilzeitarbeit sowie
- spezielle individuelle statt kollektive Arbeitszeitmodelle.

Damit neue Arbeitszeitmodelle jedoch auch von den Mitarbeitern akzeptiert werden, müssen diese für den einzelnen attraktiv sein. Attraktivität kann z. B. im Mehrschichtbetrieb durch die Einführung eines individuellen Arbeitszeitmodells erzielt werden.

Anpassung der Arbeitsmittel an den Menschen

Bis weit in das 20. Jahrhundert hinein wurde der Mensch als das anpassungsfähigste Element eines Arbeitssystems angesehen. D. h. der Mensch mußte sich seiner Arbeitsumgebung anpassen. *Menschengerechte Arbeitsgestaltung* bedeutet jedoch, daß sich die Gestaltung an den Belangen, Fähigkeiten und Wünschen des Menschen zu orientieren hat. Anfänglich konzentrierte sich die menschengerechte Arbeitsgestaltung auf die Gestaltung von Arbeitsplätzen, der Arbeitsumgebung und handgeführter Arbeitsmittel. Mit fortschreitender Entwicklung im Bereich der Rechnertechnik ist es möglich geworden, diesen menschorientierten Ansatz auch bei der Rechnerhard- und -software umzusetzen. Anfänglich bestand die Schnittstelle zwischen Mensch und Rechner aus Tastatur und Bildschirm. Die Bildschirmoberfläche war durch die unstrukturierte Anordnung von Informationen ungünstig gestaltet. Heute ist es dank den Erkenntnissen der *Software-Ergonomie* eine Selbstverständlichkeit für jeden Rechneranwender, mittels Maus- und Windowtechnik, Pop-Up-Menüs usw. seine Anwendersoftware zu nutzen. Bei der Anwendersoftware im Produktionsbereich wird dies erst in jüngster Zeit zu einer Selbstverständlichkeit. Hier wurden z. B. grafisch-interaktive Benutzungsoberflächen entwickelt, die es dem Facharbeiter ermöglichen, mit einigen wenigen Bildsysmbolen den kompletten Bearbeitungsablauf zu beschreiben. Damit sind keine speziellen Programmiersprachen mehr notwendig. Das Eintippen von endlosen Kolonnen aus Zahlen-Buchstaben-Kombinationen entfällt. Diese Systeme weisen folgende Merkmale auf:

- Geometrie- und Technologieprozessoren unterstützen ein Programmieren ›direkt von der Zeichnung‹. Das Berechnen fehlender Maßangaben entfällt.
- Der komplette Arbeitsablauf kann vor der eigentlichen Bearbeitung simuliert werden. Das langwierige Testen der Programme entfällt. Notwendige Änderungen oder die Optimierung einzelner Arbeitsschritte können im Dialog durchgeführt werden.

Alle diese Merkmale dienen dazu, dem Menschen die Arbeit mit diesen Systemen zu erleichtern und ihn nicht mit Dingen zu belasten, die zur Erzielung des eigentlichen Arbeitsergebnisses nicht notwendig sind. Eine Gegenüberstellung von traditioneller Programmiertechnik und einem grafisch-interaktiven Programmiersystem für CNC-Werkzeugmaschinen ist in Bild 2.15 zu sehen.

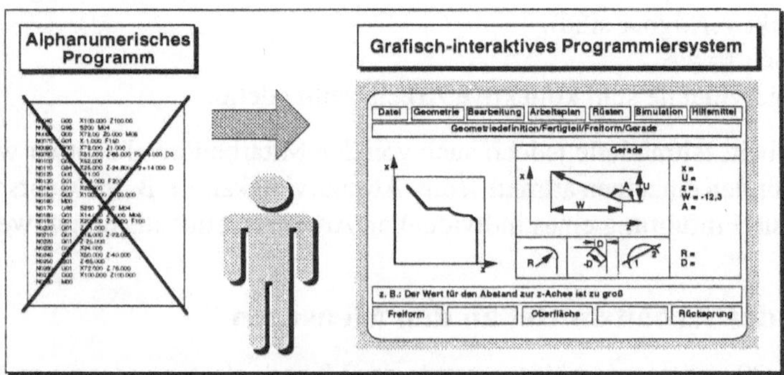

Bild 2.15 Wandel von der alphanumerischen Programmierung zu grafisch-interaktiven Programmiersystemen

Vom schützenden zum konzeptionell gestaltenden Arbeitsschutz

Durch den Arbeitsschutz sollen die Arbeitnehmer vor berufsbedingten Gefahren und unerwünschten Belastungen und den sich aus diesen Belastungen ergebenden Beanspruchungen geschützt werden.

Arbeitsschutz bedeutete in der Vergangenheit in erster Linie Schutz des Menschen vor Gefahren, indem sich der Mensch vor diesen Gefahren zu schützen hatte. Dieses Vorgehen wird jedoch einem menschengerechten *Arbeitsschutz* nicht gerecht. Es wurde erkannt, daß der Arbeitschutz vielmehr die aktive Rolle übernehmen muß, d. h. der Schutz des Menschen wird dadurch erzielt, indem die Gefahr beseitigt oder eingedämmt wird.

Die Praxis hat jedoch gezeigt, daß die Umsetzung dieser Erkenntnis nicht im erforderlichen Maße erfolgt ist. Dies liegt vor allem daran, daß bereits in einer sehr frühen Phase der Planung von Produktionssystemen mögliche Gefahrenquellen lokalisiert werden müssen, um daraufhin konzeptionell gestalterische Maßnahmen für die menschengerechte Realisierung des Arbeitsschutzes erarbeiten zu können. Ansonsten besteht die Gefahr, während des Projektverlaufs feststellen zu müssen, daß es für eine praktische Umsetzung von menschengerechten Arbeitsschutzmaßnahmen zu spät ist, will man nicht wirtschaftliche Ziele gefährden.

2.3 Zukünftige Positionen

Es ist zu erwarten, daß die ausgewählten und beschriebenen Veränderungen in den Bereichen Mensch, Markt und Technik nicht abgeschlossen sind, sondern sich dynamisch weiterentwickeln. Einige Tendenzen sind bereits erkennbar. Die zu erwartenden Auswirkungen müssen von der Arbeitswissenschaft frühzeitig erkannt werden, damit Gestaltungshilfen erarbeitet werden können. Ohne Anspruch auf Vollständigkeit werden nachfolgend die Parameter

- Wertewandel in der Gesellschaft,
- Bevölkerungsentwicklung,
- neue Technologien,
- veränderte Produktionsstrukturen und
- neue Krankheitsbilder

diesbezüglich exemplarisch betrachtet.

Wertewandel

In dem Maße, in dem eine jüngere Generation einer Gesellschaft die ältere ablöst, erfolgt ein Wertewandel. Untersuchungen zeigen, daß sich die Ziele der jüngeren Generation von denen der älteren Generation unterscheiden. So wird in Zukunft mehr

Lebensqualität im Berufsalltag gefordert sein, damit das Ziel ›mehr vom (Arbeits-) Leben haben‹ erreicht wird. Als Motivationsfaktoren der Zukunft sind

- Geld,
- Status,
- Zeit,
- Spaß und
- Sinn

zu nennen (Opaschowski, 1989). Dieses steht im Einklang mit dem Menschenbild des ›complex man‹, welches auch von einer komplexen Wirklichkeit ausgeht. In Bild 2.16 wird den Motivationsfaktoren jeweils ein erklärender Satz zugeordnet.

Geld - Arbeit - fördert den Fleiß
Materielle Vergütungen bleiben zur Sicherung des Lebensunterhalts unverzichtbar

Spaß - Arbeit - fördert die Motivation
Mit Vergnügen bei der Arbeit: Freude durch Arbeit, Spaß im Beruf

Zeit - Arbeit - fördert die Zufriedenheit
Flexibilisierung der Arbeitszeit bietet mehr Lebensqualität als eine reine Lohnerhöhung

Sinn - Arbeit - fördert die Identifikation
Von der Arbeit wird eine ethische Komponente erwartet, nicht nur bloße Beschäftigung

Status - Arbeit - fördert das Erfolgserleben
Aufstiegs- und Karrierechancen sowie Anerkennung und höheres Ansehen bieten einen Leistungsanreiz

Alle fünf Arbeitsformen sollen an einem Arbeitsplatz erlebbar sein!

Bild 2.16 Die neuen Arbeitsformen (Quelle: Opaschowski, 1989)

Die Arbeitswissenschaft der Zukunft ist herausgefordert, diese fünf Arbeitsformen an einem Arbeitsplatz erlebbar zu machen.

Bevölkerungsentwicklung

Betrachtet man die in Bild 2.17 dargestellte demografische Bevölkerungsentwicklung in Deutschland, so fällt auf, daß es in Zukunft einen höheren prozentualen Anteil alter Menschen geben wird als heute. So verringert sich z. B. die Altersgruppe der 15 – 30 jährigen in den Jahren 1990 – 2000 um 30 %. Deshalb stellt sich die Frage, welche Auswirkungen dies auf die Gestaltung von Arbeitssystemen und Arbeitsstrukturen haben wird.

Auswirkungen ergeben sich vor allem bezüglich:

- dem durchschnittliche Qualifikationsniveau der Mitarbeiter,
- dem Arbeitsmarkt,
- der Lehrstellenproblematik,
- der Findung und Umsetzung von Innovationen mit einer älteren Belegschaft,
- dem Stellenwert von Erwerbsarbeit und privaten Interessen und
- den sich verändernden physiologischen Randbedingungen.

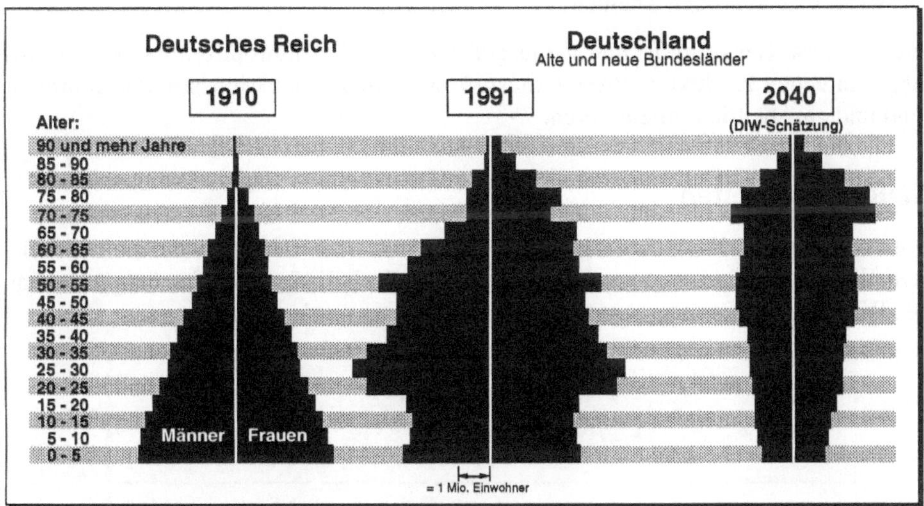

Bild 2.17 Alterszusammensetzung in Deutschland
(Quelle: Statistisches Landesamt, 1991)

Neue Technologien

Im Zuge neuer technischer Innovationen werden sich bestehende Technologien verändern bzw. durch neue ersetzt werden. Besonders wahrscheinlich ist dies im Bereich der Informations- und Kommunikationstechnik (Künstliche Intelligenz, Expertensysteme). Die Arbeitswissenschaft ist herausgefordert, hier durch Gestaltungsempfehlungen (Software-Ergonomie) und Technikfolgenabschätzung mitzuwirken.

Veränderte Produktionsstrukturen

Für die Produktionsstrukturen der Zukunft werden sich die Randbedingungen weiter verändern. Prognosen über die Marktentwicklung gehen über die Aufgaben der Arbeitswissenschaft hinaus. Nachfolgende Aussagen lassen sich jedoch aus den bisherigen Entwicklungen ableiten:

- Information wird als Produktionsfaktor immer wichtiger,
- Wirtschaftlichkeitssteigerungen werden eher über Systembetrachtungen als über Einzeloptimierungen erzielt,
- interdisziplinäre Teamarbeit wird zunehmen,
- Qualifikationsentwicklung bei den Mitarbeitern ist verstärkt notwendig,
- Technische Systeme werden immer komplexer und damit schwieriger handhab- und durchschaubar,
- Fragestellungen der Produktentsorgung und umweltgerechte Produktionsstrukturen werden zu zentralen Themen.

Die Arbeitswissenschaft ist hier herausgefordert, bei der anthropozentrischen Gestaltung von neuen Produkten, Produktionsprozessen und Produktionsstrukturen umfassend und ganzheitlich mitzuwirken.

Neue Krankheiten

Durch veränderte Arbeitsbedingungen können sich neue Berufskrankheiten entwikkeln. Ein Beispiel dazu ist die in Bild 2.18 vorgestellte RSI (*Repetive Strain Injury*), was als ›Wiederholter Beanspruchungseinfluß‹ übersetzt werden kann.

Die Berufskrankheit von morgen heißt:

R S I (Repetitive Strain Injury)

RSI:	Schmerzen im Hand-Arm-Bereich infolge jahrelanger Tastaturarbeit am Bildschirm
RSI:	48 % aller Berufskrankheitsfälle in den USA
RSI:	bis die Krankheit ausbricht und selbst das Halten der Kaffeetasse vor lauter Schmerzen unmöglich werden kann, dauert es fünf bis zehn Jahre
RSI:	Präventionsprogramm: ergonomische Aufklärung, Pausengestaltung, Klärung persönlicher Konflikte, manuelle Übungen, Einteilung der täglichen Arbeit

Bild 2.18 Berufskrankheit RSI ? (nach Kopp, 1991)

Die arbeitswissenschaftliche Grundlagenforschung ist hier aufgefordert, Regeln und Empfehlungen zur Arbeitsgestaltung auf der Basis von menschlichen Kenngrößen zu erarbeiten.

3 Arbeitsphysiologie

In diesem Kapitel wird die vom Techniker gestellte Frage ›Wie funktioniert der Mensch?‹ in den für die Arbeitsgestaltung relevanten Bereichen behandelt. Dabei wird der Zusammenhang von Belastung und Beanspruchung aufgezeigt und auf die Faktoren der menschlichen Leistungsfähigkeit eingegangen. Damit überhaupt Arbeitsleistung möglich ist, müssen Körperfunktionen und Organe aktiviert werden. Die prinzipielle Funktionsweise dieser Körperbereiche wird vereinfacht erklärt. Der Schluß des Kapitels behandelt Ermüdung, Arbeitspausen und Erholung.

3.1 Inhalte der Arbeitsphysiologie

›Der arbeitende Mensch ist der wichtigste und wertvollste Produktionsfaktor‹. In den vorangegangenen Kapiteln wurde die Bedeutung dieser Aussage bereits deutlich. Es wird damit betont, daß die Kenntnis des arbeitenden Menschen mindestens ebenso wichtig ist wie die Kenntnis der technischen Dinge.

Kenntnis des arbeitenden Menschen bedeutet zweierlei:

- ❑ Ihn in seiner geistig-seelischen Struktur zu erfassen, ihn als Mensch zu werten, um seine Beziehungen zur Umwelt und zu den Mitarbeitern nach diesen anerkannten Grundsätzen auszurichten. Diese Fragestellungen werden vorwiegend im Kapitel ›Arbeitspsychologie‹ dieses Buches behandelt.
- ❑ Kenntnis des arbeitenden Menschen heißt auch, Bau und Funktion des menschlichen Körpers kennenzulernen. Dies geschieht hier mit dem Ziel zu lernen, wie eine Arbeit gestaltet sein muß, wie sie organisiert, gelenkt und bewertet werden muß, um den Anforderungen gerecht zu werden, die sie an den menschlichen Organismus stellt. Ziel und Aufgabe der Arbeitsphysiologie ist es also, die Arbeit dem Menschen anzupassen, Wege zu schonendem Einsatz der menschlichen Arbeitskraft aufzuzeigen, unnötige Anstrengungen und Ermüdung zu vermeiden, und dadurch zu rationellen und wirtschaftlich erfolgreichen Arbeitsformen zu gelangen (Lehmann, 1953).

Die *Arbeitsphysiologie* ist ein Bereich der Physiologie. Die Physiologie ist die Lehre von den normalen, biologischen Vorgängen im menschlichen Körper. Arbeitsphysiologie beschäftigt sich mit den Fragen, wie sich die organischen Funktionen des menschlichen Körpers unter entsprechenden Arbeitsbedingungen verändern und welche Grenzen der Belastbarkeit sich daraus ableiten lassen.

3.2 Belastung und Beanspruchung

Belastung und *Beanspruchung* sind zwei wesentliche Begriffe der Arbeitswissenschaft. Die Arbeitsphysiologie betrachtet diejenige Belastung des Menschen, die aus der Arbeit und dem Arbeitsumfeld resultiert. Aus dieser Belastung folgt eine je nach der individuellen *Leistungsfähigkeit* unterschiedliche Beanspruchung. Das in Bild 3.1 dargestellte *Grundmodell* von Belastung und Beanspruchung verdeutlicht diesen Zusammenhang.

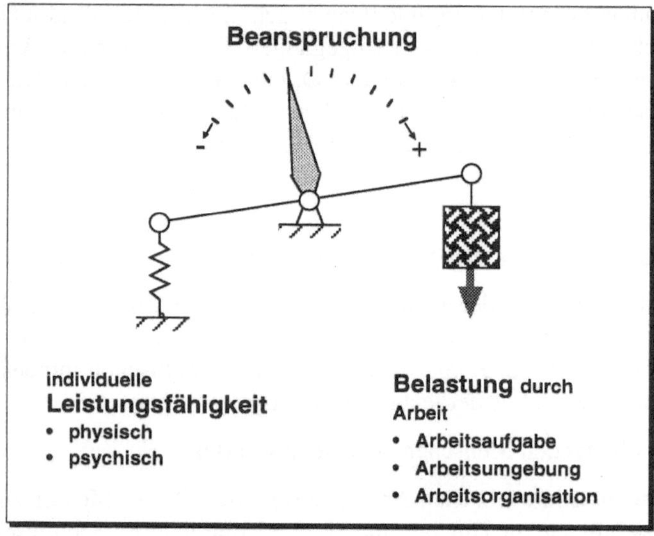

Bild 3.1 Beziehung zwischen Belastung und Beanspruchung (nach Laurig, 1992)

Unter *Belastung* versteht man alle Anforderungen an den Menschen, die sich aus Arbeitsplatz, Arbeitsablauf und aus allen physikalischen Umgebungseinflüssen ergeben. Die Belastung durch Arbeit wird folglich aufgeschlüsselt in Belastung durch die Arbeitsaufgabe, durch die Arbeitsumgebung und durch die Arbeitsorganisation.

Unter *Beanspruchung* versteht man die durch die individuellen Eigenschaften des Menschen geprägten Reaktionen des Körpers auf von außen einwirkende Belastungen. Die *individuelle menschliche Leistungsfähigkeit* ist dabei der Faktor, mit dem die Beanspruchung mit der Belastung verknüpft ist. Die *physische* und *psychische Leistungsfähigkeit* des Menschen ist keine konstante Größe, sondern unterliegt Veränderungen, auf die später eingegangen wird.

Zusammenfassend kann gesagt werden, daß gleiche Belastung bei verschiedenen Menschen unterschiedliche Beanspruchungen zur Folge haben kann. Die individuelle Beanspruchung ergibt sich dabei aus den Faktoren der Leistungsfähigkeit, die in Kapitel 3.8 behandelt werden. Der Beanspruchungsbegriff ist dem aus der Festigkeitslehre bekannten Begriff der aus der Belastung resultierenden Beanspruchung (Spannung) adäquat. Die Problematik der Arbeitsphysiologie wird daran deutlich, daß in der Festigkeitslehre in der Regel eindeutig eine zulässige Beanspruchung (Spannung) angegeben werden kann. Die Einmaligkeit des Menschen begrenzt hier die mathematisch-technische Erfassbarkeit.

Die Gesamtbelastung des Menschen bei der Arbeit resultiert aus der *Belastungshöhe* und aus der *Belastungsdauer*. In Bild 3.2 sind die unterschiedlichen *Belastungsarten* aufgelistet. Es kann zum einen nach Belastungen durch die Arbeitsaufgabe, die Arbeitsumgebung und die Arbeitsorganisation unterschieden werden. Zum anderen kann Belastung eingeteilt werden in quantitativ meßbare und quantitativ nicht meßbare Belastung. Die *quantitativ meßbaren Belastungen* lassen sich mit den üblichen physikalischen Meßverfahren ermitteln. Die *quantitativ nicht meßbaren Belastungen* durch das Arbeitssystem können oft nur beschreibend dokumentiert werden.

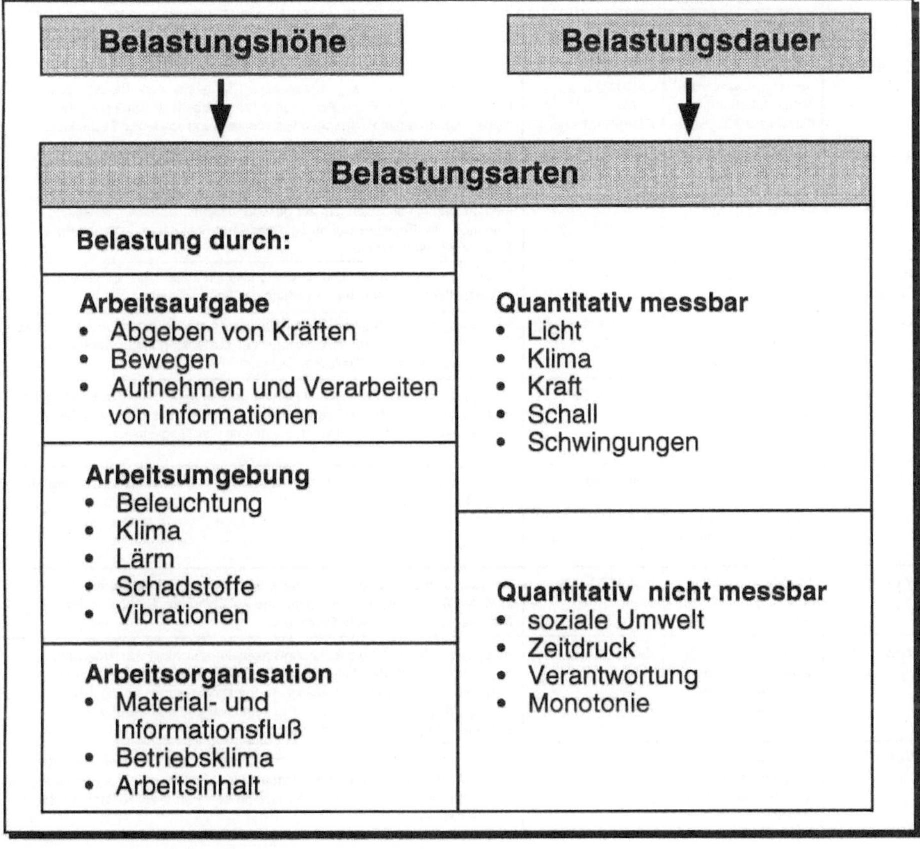

Bild 3.2 Belastungsarten

3.3 Belastungsanalyse

Wie im vorangegangenen Abschnitt beschrieben, ist die Erfassung der Belastung eine Aufgabe, die nicht ausschließlich mit physikalischen Methoden durchgeführt werden kann. Üblicherweise wird die Arbeitsbelastung im Rahmen einer *Tätigkeitsanalyse* ermittelt. Eine Auswahl der bekanntesten Verfahren dazu wird in Bild 3.3 wiedergegeben. Auf das ›Arbeitswissenschaftliche Erhebungsverfahren zur Tätigkeitsanalyse (AET)‹ (Rohmert und Landau 1979), auf das ›Verfahren zur Ermittlung von Regulationserfordernissen in der Arbeitstätigkeit (VERA)‹ (Volpert u. a. 1983) sowie auf weitere Verfahren wird in dem Band ›Arbeitsgestaltung‹ dieser Buchreihe näher eingegangen.

Kurzbezeichnung	Titel	Quelle	Zielrichtung
PAQ / FAA	Position Analysis Questionnaire / Fragebogen zur Arbeitsanalyse	Mc CORMICK u. a. 1969; FRIELING und HOYOS 1978	Breitbandverfahren zur Einordnung unterschiedlicher Arbeitsplätze. Einordnung geschieht über einen Vergleich der Merkmale (Items) des Verfahrens. Vorwiegender Anwendungszweck: Gewinnung von Ähnlichkeitsaussagen über Arbeitsplätze auf der Basis festgelegter Merkmale.
Standard-Arbeitsplatzkarte	Einheitliche Arbeitsplatzkarte	ARENDT u. a. 1974	Primärdatenträger für alle arbeitsplatzbezogenen Informationen; Planung der Verbesserung der Arbeitsbedingungen und der Arbeitsorganisation.
AET	Arbeitswissenschaftliches Erhebungsverfahren zur Tätigkeitsanalyse	LANDAU u. a. 1975; ROHMERT und LANDAU 1979	Breitbandverfahren zur engpaßbezogenen Tätigkeits- bzw. Belastungsanalyse. Anwendung z. B. zur Arbeitsgestaltung/ Arbeitsstrukturierung, Arbeitsbewertung, arbeitsmedizinischen Risikoerkennung sowie zur Technikfolgenabschätzung.
-----	Ergonomische Bewertung von Arbeitssystemen	SCHMIDTKE 1976	Beschreibung der technischen Komponenten und der Umweltfaktoren von Arbeitssystemen mit anschließender Gebrauchswert- und Nutzwertbeurteilung, Ableitung von Aussagen zur gesundheitlichen Unbedenklichkeit, Bedienungs- und Funktionssicherheit, Realisierbarkeit der intendierten Funktions- und Leistungsziele.
Profils de Postes	Arbeitsplatzprofile	RENAULT 1976	Aufdeckung von Gestaltungs-Schwachstellen in erster Linie an gewerblichen Arbeitsplätzen: numerische Bewertung der Schwachstellen.
--------	Arbeitshygienische Professiographie	HÄUBLEIN u. a. 1979	Arbeitshygienische Analyse von Arbeitsplätzen zur Bewertung von Belastungen und Expositionen. Aufdeckung kausaler Zusammenhänge von Berufsmerkmalen und Gesundheitsentwicklung.
-------	Verfahren zur Beschreibung der Verwandtschaft zwischen Tätigkeiten	JANES 1980	Aussagen über Handlungen und Handlungselemente, die prozeßspezifische und prozeßübergreifende Qualifikationen vermitteln. Erkennen von Tätigkeitsverwandtschaft und Flexibilitätspotential von Tätigkeiten.
BEAT	Betriebssoziologischer Erhebungsbogen zur Arbeitsplatz- und Tätigkeitsanalyse	LINKE 1981	Ermittlung von Eigendisponierbarkeit, Kontrollspielräumen und Komplexität der Aufgabenstruktur.
VILA	Verfahren zur Identifizierung lernrelevanter Arbeitsmerkmale	VOLPERT u. a. 1981	Vergleich verschiedener Arbeitsplätze und Vorher-Nachher-Vergleich bezüglich Persönlichkeitsförderlichkeit und Ableitung von Ansatzpunkten zur Neugestaltung von Arbeitstätigkeiten.
TBS	Bewertung und Gestaltung von progressiven Inhalten der Arbeit	BAARSS u. a. 1981	Analyse und Bewertung der Persönlichkeitsförderlichkeit von Arbeitsaufträgen bzw. realisierten Tätigkeiten. Einordnung des Auftrages in den Produktionsprozeß, die Mensch-Maschine-Funktionsteilung und die Arbeitsteilung. Tätigkeitsanalyse hinsichtlich kognitiver und manueller Verrichtungen. Ableitung von Lernerfordernissen.
VERA	Verfahren zur Ermittlung von Regulationserfordernissen in der Arbeitstätigkeit	BAARSS u. a. 1981	Bestimmung der Denk- und Planungsprozesse (" Regulationserfordernisse") bei der Ausführung von Arbeitsaufgaben zur Identifikation von veränderungsbedürftigen Arbeitsplätzen bzw. Bewertung der "Persönlichkeitsförderlichkeit" von Tätigkeiten.

Bild 3.3 Häufige Verfahren der Tätigkeitsanalyse (nach Bokranz und Landau, 1991)

Der Vorteil dieser aufgelisteten Verfahren liegt darin, daß die gesamte Belastung durch Arbeit und nicht nur die physische Komponente ermittelt wird. Dieses ist vor dem Hintergrund der Frage nach der *Arbeitsschwere* von Bedeutung. Ist schwere Arbeit gleichzusetzen mit hoher körperlicher Muskelbelastung oder kann auch eine hohe nervlich-psychische Belastung als schwere Arbeit definiert werden? Es wird heute allgemein von einer ›Gleichwertigkeit der menschlichen Arbeit‹ gesprochen. Dies ist auch der Grund für die Berücksichtigung der psychischen Belastung in den Tätigkeitsanalyseverfahren.

3.4 Beanspruchungsermittlung

Damit von den unterschiedlichen Belastungen auch auf die jeweils zugehörigen Beanspruchungen geschlossen werden kann, werden die unterschiedlichen Arten der Arbeit, wie in Bild 3.4 dargestellt, systematisiert. Bei der *Beanspruchungsermittlung* gilt das Prinzip von Ursache (Belastung) und Wirkung (Beanspruchung).

Typ der Arbeit	Energetische Arbeit				Informatische Arbeit
Art der Arbeit	mechanisch	motorisch	reaktiv	kombinativ	kreativ
Was verlangt die Erledigung der Aufgabe vom Menschen?	Kräfte abgeben	Bewegungen ausführen	Reagieren und Handeln	Informationen kombinieren	Informationen erzeugen
	"Mechanische Arbeit" im Sinne der Physik	Genaue Bewegungen bei geringer Kraftabgabe	Informationen aufnehmen und darauf reagieren	Informationen mit Gedächtnisinhalten verknüpfen	Verknüpfen von Informationen zu "neuen" Informationen
Welche Organe oder Funktionen werden beansprucht?	Muskeln Sehnen Skelett Atmung Kreislauf	Sinnesorgane Muskeln Sehnen Kreislauf	Sinnesorgane Reaktions-, Merkfähigkeit sowie Muskeln	Denk- und Merkfähigkeit sowie Sinnesorgane	Denk-, Merk- sowie Schlußfolgerungsfähigkeit
Beispiele	Tragen	Montieren	Autofahren	Konstruieren	Erfinden

Bild 3.4 Systematik der Typen und Arten von Arbeit (nach Laurig, 1992)

Prinzipiell wird zwischen den beiden Typen *energetische Arbeit* und *informatorische Arbeit* unterschieden. Die Art der Arbeit wird weiter unterteilt in mechanische, motorische, reaktive, kombinative und kreative Arbeit. Entsprechend der Beanspruchung unterschiedlicher Organe oder Funktionen ergeben sich die in Bild 3.5 dargestellten Beanspruchungsarten. Es wird prinzipiell zwischen *physischer* und *psychi-*

scher Beanspruchung unterschieden. In der Praxis treten diese beiden Beanspruchungsarten nicht isoliert, sondern häufig gemeinsam als sogenannte *kombinierte Beanspruchungen* auf.

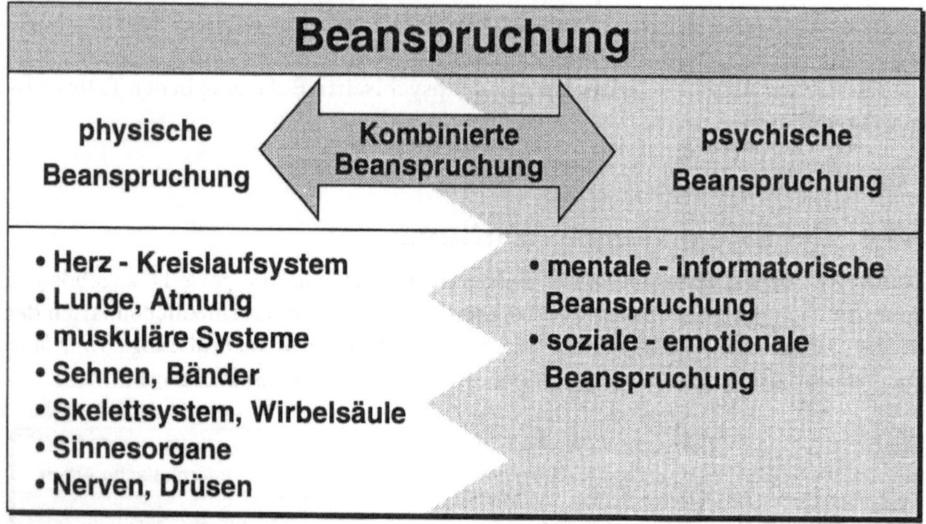

Bild 3.5 Beanspruchungsarten

3.4.1 Physische und psychische Beanspruchung

Die physische Beanspruchung äußert sich vor allem in einer Beanspruchung des Herz-Kreislaufsystems und des Bewegungsapparates. Das Prinzip von Ursache und Wirkung ist hier bei Kenntnis der Funktionsweise der Organe nachvollziehbar. Wesentlich komplizierter ist der Zusammenhang von Ursache und Wirkung bei psychischer Beanspruchung. Dazu muß zunächst das Belastungs-Beanspruchungs-Konzept für mentale Tätigkeiten erweitert werden.

Im einfachen *Belastungs-Beanspruchungs-Konzept* ist eine direkte Auswirkung von Belastungen auf die Beanspruchungssituation gegeben. Im erweiterten Modell wird als neues Moment die Aktivität des Arbeitenden einbezogen, durch die Belastungen, die aus der Arbeitsschwierigkeit erwachsen, erst wirksam werden können. An einem Beispiel aus der Wahrnehmungspsychologie soll dieses verdeutlicht werden:
Obwohl dem Auge ständig eine große Vielzahl optischer Eindrücke angeboten wird, wird jeweils nur ein geringer Teil bewußt wahrgenommen und zwar in Abhängigkeit von der Ausrichtung der Aufmerksamkeit. Es müssen nach dem angeführten Modell alle objektbezogenen Belastungen erst durch subjektbezogene Aktivitäten ›eingeschaltet‹ werden, ehe daraus Beanspruchung, also eine Reaktion des Menschen körperlicher und seelischer Art resultieren kann.

Aus einer Arbeitsaufgabe ergibt sich, auch unter dem Einfluß situativer Faktoren wie z. B. Dauer der Arbeit, Art der Arbeit, eine Belastung. Je nach dem momentanen Zustand (Motivation, Konzentration) folgt auf diese Belastung eine Aktivität. Die Höhe der Beanspruchung infolge der Aktivität ist stark von typologisch bestimmten, individuellen Eigenschaften und Fähigkeiten abhängig. Der Mensch reagiert auf eine Beanspruchung zum Einen durch Anpassungsreaktionen (Übung, Training, Gewöhnung) und zum Anderen durch Funktionsänderungen (Ermüdung, Schädigung, Sättigung, Überforderung). Beide Beanspruchungsfolgen verändern die situativen Einflüsse auf die Arbeit und die individuellen Eigenschaften und Fähigkeiten. Durch diese Rückkopplung können die Zusammenhänge als in einem Regelkreis eingebunden betrachtet werden.

3.4.2 Mentale Tätigkeiten als informationsverarbeitende Prozesse

Für eine weitere Analyse des Zusammenhangs zwischen Belastung und Beanspruchung bei *mentalen Tätigkeiten* ist es zunächst notwendig, diese näher zu beschreiben.

Das Merkmal aller mentalen Tätigkeiten ist die

- Aufnahme,
- Speicherung,
- Verarbeitung und
- Ausgabe

von Informationen.

Die Übertragung von Informationen, also die Kommunikation zwischen Informationsquelle und Informationsempfänger bedeutet, ist dazu ein grundlegender Prozeß. In Bild 3.7 ist dieser Prozeß schematisch dargestellt.

Informationen werden durch die Sinne des Menschen wahrgenommen und dann weiterverarbeitet. Diese menschliche *Informationsverarbeitung* kann, wie in Bild 3.8 dargestellt, in einzelne Tätigkeitselemente untergliedert werden. Hier werden die Grenze und der Zusammenhang zwischen informatorischer und energetischer Arbeit deutlich.

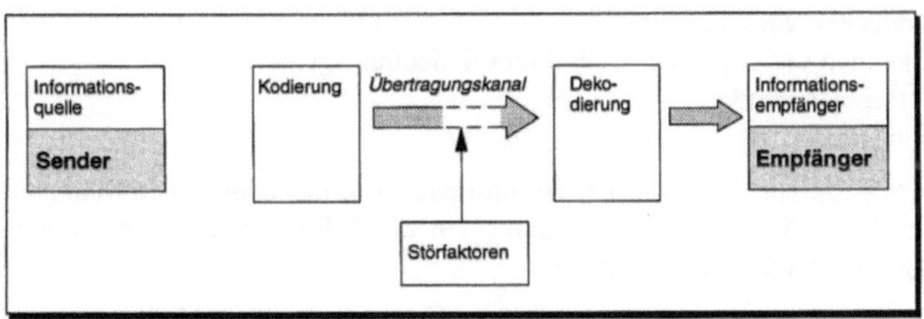

Bild 3.6 Blockschema der Informationsübertragung

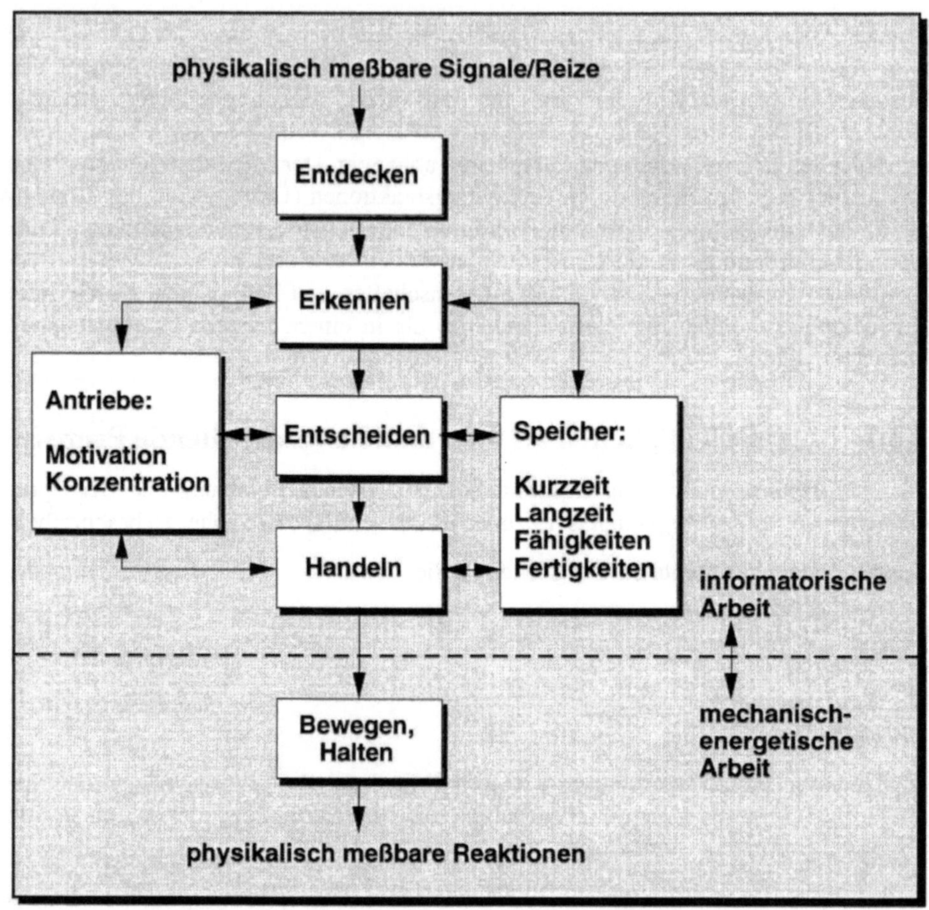

Bild 3.7 Aspekte der Informationsverarbeitung (nach Luczak, 1975)

Es ergibt sich die Reihenfolge:

- Entdecken von Signalen,
- Erkennen von Signalen (nach ihrem Bedeutungsgehalt),
- Entscheiden und
- Handeln.

Damit ist es möglich, den Bereich der informatorisch-mentalen Arbeit weiter aufzuteilen. In Bild 3.8 werden diesen Elementen der Informationsverarbeitung arbeitstypologische Äquivalente zugeordnet.

Das Entdecken von Informationen z. B. durch akustische Wahrnehmung zwischen Hörschwelle und Schmerzgrenze wird als sensorische Arbeit bezeichnet. Erkennen bzw. Unterscheiden von Reizen ist diskriminatorische Arbeit, das Verarbeiten von Informationen ist kombinatorische Arbeit. Die Ausgabe von Informationen durch motorische Aktionen, also Muskelbewegungen, ist signalisatorisch-motorische Arbeit.

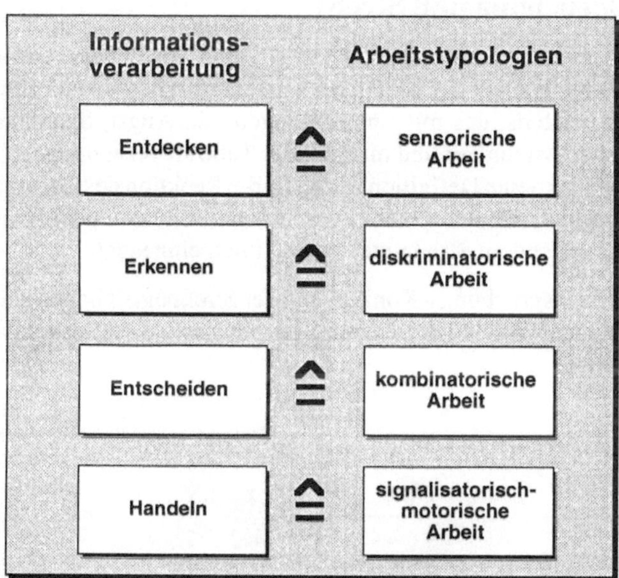

Bild 3.8 Modell der Informationsverarbeitung im Menschen

Aus diesen Arbeitstypen ergibt sich die *mentale Beanspruchung*. Wichtig dabei ist, daß der Mensch versucht, die Gesamtrate aufgenommener Information zu verringern, indem komplexe Zeichenfolgen in ihrer Bedeutung erfaßt und Vorhersagen über das Folgende getroffen werden. So werden beispielsweise bei der Eingabe von Texten in ein Textsystem Worte und Satzteile in ihrer Gesamtheit erfaßt. Beim Abschreiben sinnloser Buchstabenfolgen wird dementsprechend nur etwa die halbe Geschwindigkeit gegenüber sinnvollen Texten erreicht. Ebenso kann die Konzentration durch Auseinandersetzung mit dem Textinhalt wesentlich gesteigert werden. Dies steht im Einklang mit der motivationsbedingten Aktivitätsentfaltung im erweiterten Belastungs-Beanspruchungs-Konzept.

Da bei mentalen Belastungen vorwiegend die Sinnesorgane und bestimmte Gehirnfunktionen beansprucht werden, kommt der Art der zu verarbeitenden Informationen eine hohe Bedeutung zu.

Es ergeben sich drei beanspruchungsrelevante Aspekte:
- Verbindlichkeit,
- Dichte und
- Komplexität der Informationen.

Jeder Aspekt korreliert mit der psychischen Beanspruchung in dem Sinne, daß eine Erhöhung jeweils eine Steigerung der Beanspruchung zur Folge hat.

3.4.3 Beanspruchung und Streß

Der Begriff ›*Streß*‹ entstammt der Psychologie, und wird überwiegend von seinen negativen Auswirkungen her betrachtet. So versteht man heute unter Streß ein negatives emotionales Erlebnis, das mit Empfindungen von Angst, Spannung, Niedergeschlagenheit, Ärger, Müdigkeit und mangelnder Tatkraft verbunden ist. Damit wurde die ursprünglich allgemeine Definition ›Streß ist die Reaktion des Organismus auf eine bedrohliche Situation‹, die noch nicht zwischen natürlichem, positiv aktivierendem Streß und krankmachendem Streß unterschieden hat, eingeengt.

Das Belastungs-Beanspruchungs-Konzept und der Streßbegriff haben gemeinsam, daß sich Streß und Beanspruchung gleichzeitig im physischen und psychischen Bereich manifestieren können.

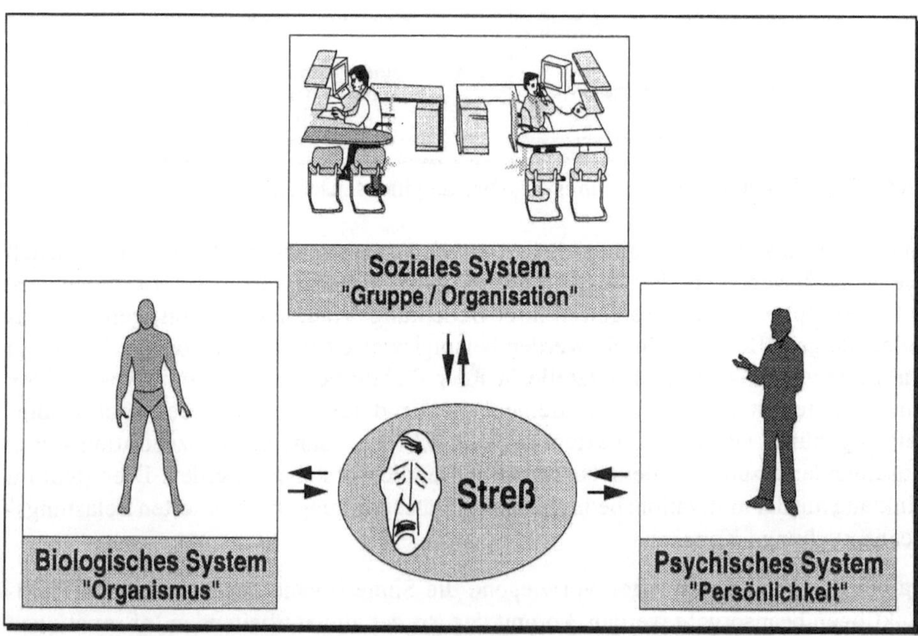

Bild 3.9 Streß als dreifaktorielles Geschehen

Während die Arbeitswissenschaft im Rahmen ihrer Forschung zu Ausführbarkeits- und Erträglichkeitsgrenzen versucht, sich selektiv den arbeitsbezogenen physischen und psychischen Reaktionen des Menschen zuzuwenden, bezieht das allgemeine Streß-

konzept der Psychologie, wie in Bild 3.9 dargestellt, körperliche, seelische und soziale Aspekte mit ein.
Maßnahmen zur Streßbewältigung werden in Kapitel 4.3 genannt.

3.5 Beanspruchungsindikatoren

Eine direkte Messung der Beanspruchung ist nicht möglich, da jede Belastung bei unterschiedlichen Menschen eine unterschiedliche Beanspruchung zur Folge haben kann. Trotzdem ist die Analyse und Bewertung von Beanspruchungen wichtig, damit

- die Erträglichkeit von Arbeit beurteilt werden kann,
- Dauerleistungsgrenzwerte ermittelt werden können,
- bei der Arbeitsgestaltung bedenkliche Beanspruchungsreaktionen vermieden werden können und
- physiologisch richtige Pausengestaltung möglich ist.

In Bild 3.10 sind *Beanspruchungsindikatoren* (Beurteilungsparameter) und die *Beanspruchungsermittlungsverfahren* aufgelistet. Sowohl bei physischer als auch bei psychischer Beanspruchung sind die Herzschlagfrequenz, die Arrhythmie der Herzschlagfrequenz, die Atemfrequenz, die Veränderung des Blutdrucks und die Veränderung der Zusammensetzung von Körperflüssigkeiten wichtige Parameter zur Beurteilung der individuellen Beanspruchung.

Beanspruchungs-Ermittlungsverfahren		
subjektive Techniken	Leistungs-analysen	Physiologische Verfahren
• Selbsteinschätzung (Beanspruchungs-skalierung) • Beobachtung	• Multimomentstudien • Leistungserfassung • Problemlösungs-verhalten	• Elektro-Kardiographie (EKG) • Elektro-Myographie (EMG) • Elektro-Okulographie (EOG) • Elektro-Enzephalogramm (EEG) • Körperkerntemperaturmessung • Ermittlung der Flimmerverschmelzungsfrequenz

Beanspruchungs-Beurteilungsparameter	
physische Beanspruchung	psychische Beanspruchung
• Herzschlagfrequenz • Arrhythmie der Herzschlagfrequenz • Atemfrequenz • Aktionspotentiale der Muskulatur • Veränderungen der Muskulatur • Veränderungen des Blutdrucks • Veränderungen der Haut- und Körperkerntemperatur • Veränderungen der Zusammensetzung von Körperflüssigkeiten (Schweiß, Harn, Blut) • Flimmerverschmelzungsfrequenz	• Herzschlagfrequenz • Arrhythmie der Herzschlagfrequenz • Atemfrequenz • Veränderungen des Hautwiderstands und der -temperatur • Veränderungen des Blutdrucks • Veränderungen der Zusammensetzung von Körper-flüssigkeiten • Veränderungen der elektrischen Signale des Gehirns • Spannungsschwankungen bei Bewegung des Augapfels • Lidschlagfrequenz • Flimmerverschmelzungsfrequenz

Bild 3.10 Methoden der Beanspruchungsermittlung und -beurteilung

3.6 Beanspruchungsermittlungsverfahren

Wie bereits festgestellt wurde, kann die Beanspruchung nicht direkt gemessen werden. Deshalb werden Beanspruchungsermittlungsverfahren eingesetzt. Einige häufig verwendete Verfahren werden in Bild 3.10 aufgeführt.

3.6.1 Subjektive Techniken

Die Verwendung von *physiologischen Meßverfahren* stößt vor allem bei der informatorisch-mentalen Arbeit an ihre Grenzen. Deshalb werden hier vorwiegend *subjektive Verfahren* (Techniken) eingesetzt.

Selbsteinschätzung

Anhand eines Fragebogens, einer Zustandsskala oder eines Erfassungsbogens wird bei diesem Verfahren die eigene Beanspruchung subjektiv bestimmt. Für diese Fragen nach bewußt erlebter Beanspruchung existieren eine Reihe von Untersuchungsverfahren, die in Form von standardisierten und ausgetesteten Fragebögen vorliegen.

	Auf meinen augenblicklichen Zustand zutreffend					
	kaum 1	etwas 2	einigermaßen 3	ziemlich 4	überwiegend 5	völlig 6
gespannt						
schläfrig						
beliebt						
kraftvoll						
gutgelaunt						
routiniert						
anstrengungsbereit						
unbefangen						
energiegeladen						

Bild 3.11 Ausschnitt aus der Eigenzustands-Skala (nach Nitsch, 1976)

Wichtige Kriterien für die Güte eines solchen Fragebogens sind seine Reliabilität und seine Validität, d. h. Stabilität des Verfahrens bei Wiederholung und die Angepaßtheit der Fragethematik an den Untersuchungsgegenstand. Nachfolgend werden einige der wichtigsten Instrumentarien genannt, ohne daß jedoch näher auf deren Inhalt eingegangen wird.

- ›Eigenzustandsskala (EZ)‹ von Nitsch (1976),
- ›Fragebogen zum Belastungserleben‹ nach Künstler (1980),
- ›Skala zur Erfassung der subjektiven Belastung‹ nach Weyer und Hodapp (1975),
- ›Subjektive Arbeitsanalyse (SAA)‹ nach Udvis (1980),
- ›Freiburger Beschwerdenliste (FBL)‹ nach Fahrenberg (1975).

In Bild 3.11 ist beispielhaft ein Ausschnitt aus der Eigenzustandsskala nach Nitsch dargestellt.
Schwierigkeiten beim Fragebogeneinsatz liegen vor allem in der Sprachgebundenheit der Verfahren. Weiterhin wird oft nicht jede Beanspruchung oder Streßreaktion bewußt wahrgenommen und kann folglich auch nicht angegeben werden.

Beobachtung

Die Arbeitsperson wird beim Arbeiten beobachtet. Dabei wird versucht, ihre Beanspruchung subjektiv zu erfassen.

3.6.2 Leistungsanalysen

Die Arbeitsleistung korreliert in der Regel mit der Beanspruchung. Somit ist es möglich, durch eine Analyse der Arbeitsleistung Rückschlüsse auf die Beanspruchung zu ziehen.

Multimomentstudien

Bei diesem Verfahren wird die Arbeitsperson in regelmäßigen Intervallen über einen jeweils definierten Zeitraum hinweg beobachtet. Aus Veränderungen der Leistung zwischen den Intervallen kann auf die Beanspruchung geschlossen werden.

Leistungserfassung

Über einen festgelegten Zeitraum hinweg wird die Leistung der Arbeitsperson gemessen. Ein Leistungsabfall zeigt die Beanspruchungszunahme an.

Problemlösungsverhalten

Die Problemlösungsstrategien korrelieren mit der Beanspruchung. Ist die Beanspruchung gering, dann können Probleme schnell und auf kürzestem Weg gelöst werden. Bei erhöhter Beanspruchung steigt der Zeitbedarf an.

3.6.3 Physiologische Verfahren

Bei allen Meßmethoden im Zusammenhang mit der Beanspruchungsermittlung ist zu bedenken, daß die Belästigung des Menschen durch die Meßmethode möglichst gering sein muß. Dieses erfordert, daß bei *physiologischen Meßverfahren* die Messungen ohne größere Eingriffe durchzuführen sind. Dieses Kriterium wird besonders gut von elektrophysiologischen Methoden erfüllt. Es werden dabei die im Körper vorhandenen elektrischen Signale verwendet. Bei vielen der elektrophysiologischen Meßverfahren ist ein relativ großer apparativer Aufwand notwendig. Die Meßdaten werden am Körper der Arbeitsperson erfaßt und in der Regel telemetrisch, d. h. berührungslos, in ein Auswertegerät übertragen. Damit ist gewährleistet, daß die Arbeitsperson so wenig wie möglich durch Kabel behindert wird. Es muß weiterhin beachtet werden, daß die bioelektrischen Ströme und Spannungen in Muskel- und Nervenzellen sehr gering sind, so daß empfindliche Meßwertaufnehmer und große Verstärkungen erforderlich sind.

Elektro-Kardiographie (EKG)

Das EKG liefert zwei separate Beanspruchungskriterien:

- ❑ die Herzschlagfrequenz (Pulsfrequenz) und
- ❑ ein Maß für die Unregelmäßigkeit (Streuung um die Momentanfrequenz) des Herzschlages, die sog. Herzfrequenzarrhythmie.

Die Herzfrequenz selbst reagiert nur schwach auf die Belastung durch mentale Anforderungen, dagegen stark auf emotionale Einflüsse und motorische/mechanische Belastungen. Die Reaktion besteht in einem Anstieg der Schlagfrequenz. Das Körpersignal wird entweder über aufgeklebte Körper-Elektroden oder über einen Finger-/Ohrclip aufgenommen.

Elektro-Myographie (EMG)

Mit der Messung der Muskelaktionspotentiale wird vor allem die Frage untersucht, wie sich Muskelspannungen bei Ermüdung verändern. Mit Elektroden, die auf oder in den Muskel gesetzt werden, werden die Muskelanregungspotentiale abgegriffen. Je stärker ein Muskel beansprucht ist, desto stärker und unregelmäßiger sind seine Aktionspotentiale.

Elektro-Okulographie (EOG)

Dieses Verfahren wird vor allem zur Beanspruchungsermittlung bei informatorisch-mentaler Beanspruchung eingesetzt. Die okuelektrische Aktivität ist ein Gesamtmaß für Häufigkeit und Dauer von Blickbewegungen. Weiterhin können mit diesem Verfahren die Lidschlußbewegungen erfaßt werden. Okuelektrische Aktivität und Lidschlußhäufigkeit korrelieren mit der Beanspruchung.

Elektro-Enzephalographie (EEG)

Mit dem EEG werden Potentialschwankungen (Hirnstromwellen) erfaßt. Auch hier besteht ein Zusammenhang zwischen elektrischer Aktivität und Beanspruchung.

Körperkerntemperatur

Die mit einem Thermometer zu ermittelnde Körperkerntemperatur wird vor allem bei Belastungen unter extremen klimatischen Bedingungen zur Beurteilung der Beanspruchung herangezogen.

Flimmerverschmelzungsfrequenz

Dieses Verfahren benutzt die Tatsache, daß der Mensch nur ein beschränktes visuelles Auflösungsvermögen für zeitlich schnell aufeinanderfolgende Impulse hat. Ab einer gewissen Frequenz, der Flimmerverschmelzungsfrequenz, verschmilzt ein blinkender Lichtpunkt zu einer kontinuierlichen Lichtempfindung. Diese Frequenz nimmt mit steigender Ermüdung, insbesondere auch bei Arbeitsanforderungen im visuellen Bereich, ab.

Verfahrensbewertung

Alle diese genannten Verfahren erfordern die Bestimmung eines Ruhe- oder Normalniveaus. Außerdem muß ermittelt werden, ob die Beanspruchungshöhe sich linear, progressiv oder degressiv zur erfaßten Meßgröße verhält. Es bedarf also einiger Erfahrung bei der Anwendung dieser Verfahren, wenn zuverlässige Aussagen gemacht werden sollen. Da weiterhin in der Regel Signale mit geringer Signalstärke aufgenommen werden, ist ein Einfluß von Störfaktoren nur schwer auszuschließen.

3.7 Der Leistungsbegriff in der Ergonomie

In der Physik wird Leistung als Arbeit je Zeiteinheit definiert. Arbeit ist das Produkt von Kraft und Weg. Diese Definition der Leistung ist für die Arbeitswissenschaft nicht ausreichend, da der physikalische Arbeitsbegriff nur eine Komponente der menschlichen Arbeit erfaßt. Schon Tätigkeiten wie z. B. das Halten eines Gegenstandes im Gleichgewicht sprengt die Grenzen dieser Definition, da ›Arbeit‹ ohne Weg verrichtet wird. Weiterhin ist es mit dieser physikalischen Definition nicht möglich, Leistungen im Bereich der informatorischen Arbeit zu erfassen.

Die Arbeitswissenschaft betrachtet die Gesamtheit von Energieumsatz und Informationsverarbeitung zur Erreichung eines gesetzten Aufgabenzieles als Arbeitsleistung. Damit Arbeitsleistung möglich ist, bedarf es menschlicher und sachlicher Leistungsvoraussetzungen. Als sachliche Leistungsvoraussetzungen werden, wie in Bild 3.12 aufgeführt, technische Einrichtungen und die Aspekte der Arbeitsorganisation bezeichnet. Technische Einrichtungen sind Maschinen, Anlagen, Arbeitsmittel, Arbeitsgegenstände usw.

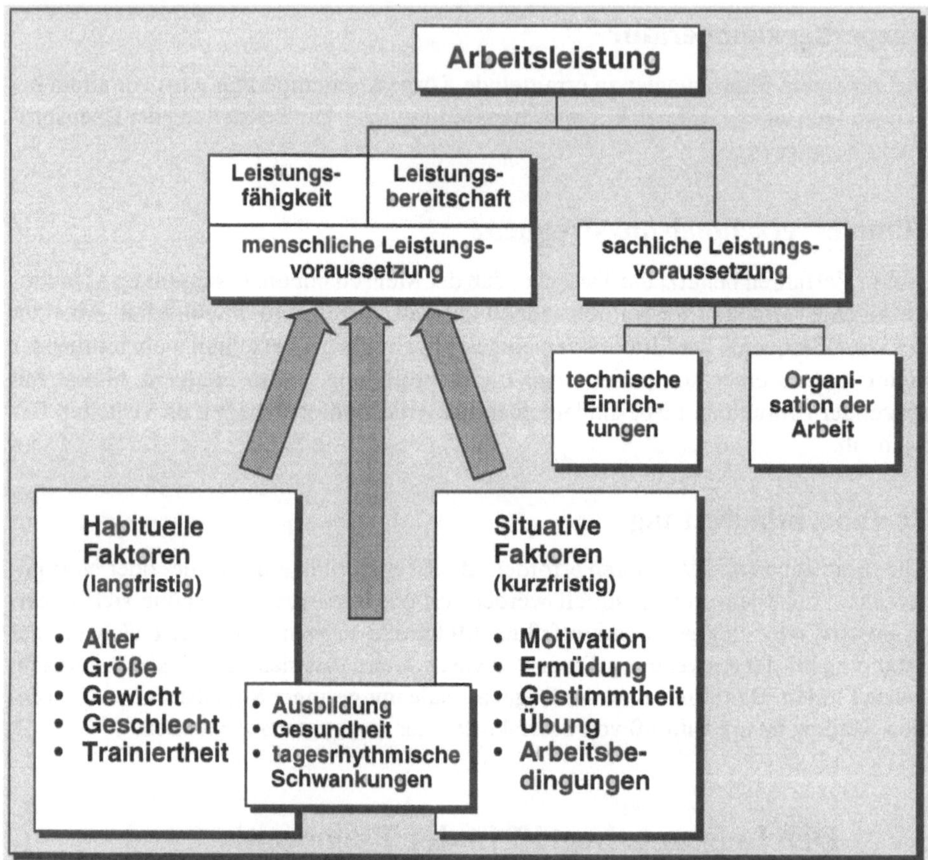

Bild 3.12 Struktur der Arbeitsleistung

Unter Organisation der Arbeit werden Materialfluß, Informationsfluß, Montagereihenfolge, Arbeitszeit usw. verstanden. Die menschlichen Leistungsvoraussetzungen sind in die Aspekte Leistungsfähigkeit und Leistungsbereitschaft unterteilt. Unter Leistungsfähigkeit werden die physischen, unter der Leistungsbereitschaft die psychischen Leistungsvoraussetzungen verstanden. Die menschlichen Leistungsvoraussetzungen sind nicht konstant, sondern werden von mehreren Faktoren beeinflußt. Die *habituellen Faktoren* haben einen langfristigen Einfluß auf die Leistungsfähigkeit, die *situativen Faktoren* beeinflussen den Bereich der Leistungsbereitschaft.

3.7.1 Leistungsbereitschaft

Die physische *Leistungsbereitschaft* ist die Summe der biologischen Körperaktivität. Die Körperaktivität wiederum ist die Summe aus der Vitalspannung, dem Muskeltonus, der sensorischen und der motorischen Aktivität.

- Vitalspannung:
  Biotonus, von Ernährung und Konstitution abhängig
- Muskeltonus:
  Spannungszustand der Muskulatur
- Sensorische Aktivität:
  Erregungsniveau der Sinnesorgane und des Nervensystems
- Motorische Aktivität:
  Menge der Bewegungen

Die psychische Leistungsbereitschaft ist sehr stark mit dem jeweiligen Motivationszustand verbunden, der sowohl von äußeren Faktoren wie z. B. Arbeitslohn als auch von inneren Faktoren wie z. B. Spannungen in der Arbeitsgruppe bestimmt wird. Diese psychologischen Fragestellungen sind zwar für die Gestaltung von Arbeitssystemen wichtig, werden aber als Randgebiet der Physiologie zur Psychologie gerechnet. Aus diesem Grund wird im Kapitel ›Arbeitspsychologie‹ darauf eingegangen.

In Bild 3.13 ist die physische Leistungsbereitschaft schematisch dargestellt. Die Grenze der Leistung wird durch die maximale Leistungsfähigkeit vorgegeben. Wie alle anderen Parameter der menschlichen Leistung ist auch diese Grenze nicht konstant, sondern hängt hauptsächlich von den Faktoren der Leistungsfähigkeit, die unter Kapitel 3.8 behandelt werden, ab.

Der Bereich der unwillkürlichen, automatisierten Leistungen umfaßt die Grund-Lebensfunktionen wie Atmung, Kreislauf, Verdauung sowie automatisierte Aktionen wie Laufen, Sprechen, Lesen. Auch lange trainierte Tätigkeiten, die einen geringen Aktivitätspegel haben, wie z. B. Autofahren in einfachen Verkehrssituationen, werden in diesen Bereich eingeordnet.

Der zweite Bereich wird durch die physiologische Leistungsbereitschaft begrenzt, die sich im Tagesverlauf verändert. Unter der physiologischen Leistungsbereitschaft versteht man die ohne besondere willentliche Anstrengung verfügbare Leistung. In diesem Bereich sollte die Leistungsforderung des Arbeitssystems liegen, damit nicht auf die dem menschlichen Willen zugänglichen Leistungsreserven zurückgegriffen werden muß. Eine solche Beanspruchung über der normalen Leistungsbereitschaft führt zu einer schnelleren Ermüdung und wirkt sich durch den Willenseinsatz oft negativ auf die Motivation aus.

Die dem menschlichen Willen zugänglichen Einsatzreserven können für kurzzeitige Höchstleistungen, wie sie z. B. im Sport auftreten, genutzt werden.

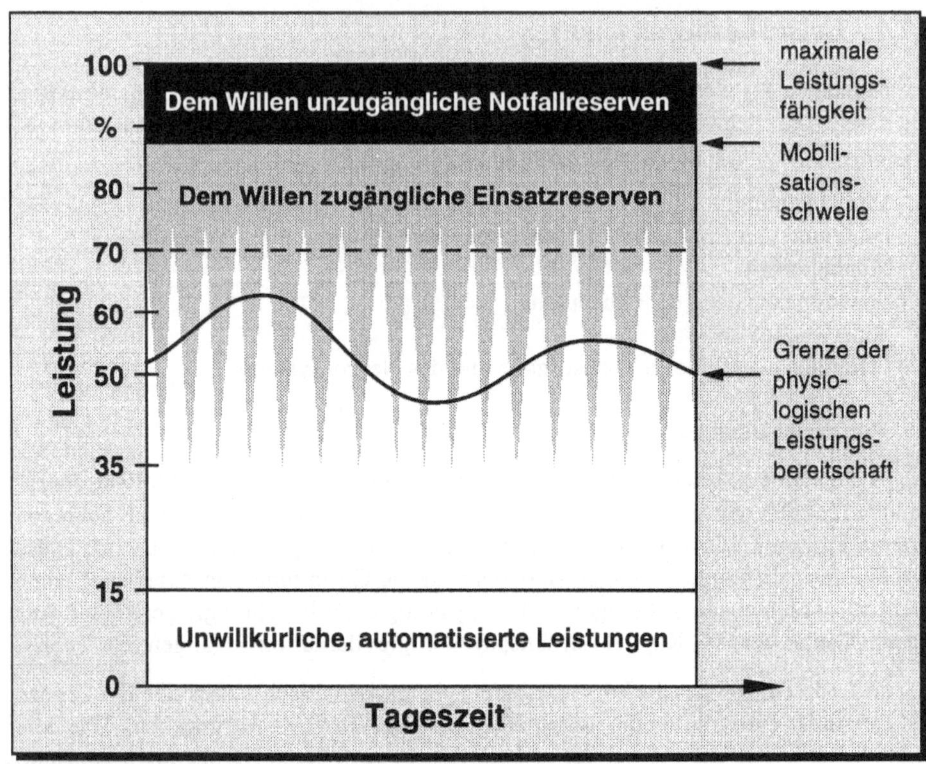

Bild 3.13 Schema der Leistungsbereiche (nach Graf, 1961)

Jenseits der Mobilisationsschwelle verfügt der Körper noch über autonom geschützte Leistungsreserven. Diese Reserven sind kurzzeitig bei außergewöhnlichen Situationen, wie z. B. in Gefahrsituationen, verfügbar. Die Mobilisationsschwelle wird dabei durch hormonelle Reaktionen überwunden. ›Doping‹ des Körpers durch bestimmte chemische Substanzen verändert diese Mobilisationsschwelle und beeinflußt den ›Selbstschutz-Regelkreis‹ des Menschen negativ, was lebensbedrohliche Zustände zur Folge haben kann.

3.7.2 Dauerleistungsgrenzwerte

Bei der Gestaltung von Arbeit steht der arbeitende Mensch im Mittelpunkt der Gestaltungsaufgabe. Damit eine Überforderung ausgeschlossen werden kann, wurde in der Arbeitswissenschaft der Begriff der *Dauerleistungsgrenze* geprägt. Die Definition dieses Begriffs wird in Bild 3.14 wiedergegeben. Das in Kapitel 1 eingeführte Kriterium der Ausführbarkeit von Arbeit muß vor dem Hintergrund der Dauerleistung gesehen werden.

Dauerleistungsgrenze (DLG)
Arbeitsbelastung, die maximale Arbeit ohne zusätzliche Erholungspausen über einen Zeitraum von 8 Stunden ohne Leistungsabfall zuläßt.
Z. B. • DLG für energetische Arbeit • DLG für informatorische Arbeit

Bild 3.14 Definition der Dauerleistungsgrenze (nach Laurig, 1992)

Ein Beispiel für die DLG bei energetisch-effektorischen Tätigkeiten ist die ›Energetische Dauerleistungsgrenze‹ für muskuläre Arbeit, die für trainierte Männer bei ca. 17 kJ/min liegt.

Dauerleistungsgrenzen müssen, da sie von menschlichen Parametern abhängen, auch auf die Belastungszeit bezogen werden. So beträgt die Dauerleistungsgrenze bei dynamischer Muskelarbeit am Fahrradergometer

- 0,2 kW bei 8 Stunden Belastung und
- 0,7 kW bei ca. 5 Minuten Belastung.

Die Höchstleistung von 4,4 kW kann nur ca. 10 Sekunden lang erbracht werden.

Bild 3.15 zeigt, daß bei einer Belastung oberhalb der Dauerleistungsgrenze die Pulsfrequenz permanent ansteigt. Dies ist ein Indiz für eine zu hohe Beanspruchung. In der Folge davon ist die Erholungsdauer unverhältnismäßig lang und somit auch unwirtschaftlich. Üblicherweise wird von einem Ruhepuls von ca. 70 Schlägen je Minute und von einem Arbeitspuls, der maximal 30 Schläge je Minute über dem Ruhepuls liegt, ausgegangen.

Insgesamt sind die Dauerleistungsgrenzen sehr vorsichtig zu verwenden, da von einem Durchschnittswert auf eine für die Arbeitsperson erträgliche Beanspruchung geschlossen wird. Diese Problematik wird entschärft, wenn Dauerleistungsgrenzwerte individuell ermittelt werden oder wenn zumindest die individuelle Maximalleistung ermittelt wird, und daraus der Dauerleistungsgrenzwert als Prozentsatz der Maximalleistung berechnet wird. Bei statischer Haltearbeit liegt z. B. die Dauerleistungsgrenze bei 15 % der maximalen Haltekraft.

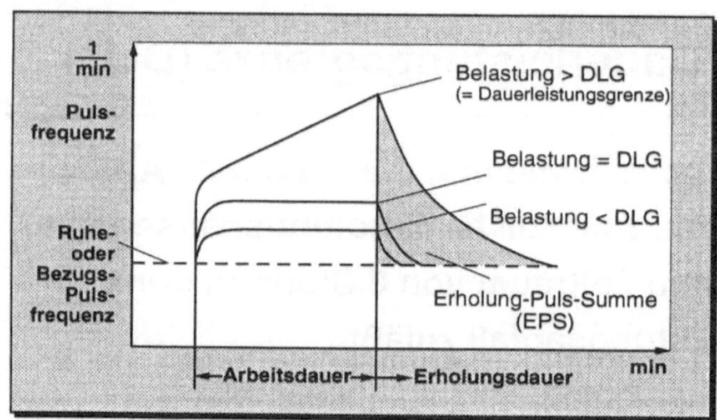

Bild 3.15 Einfluß der Belastung auf die Pulsfrequenz (nach Müller, in: Lehmann, 1983)

3.8 Leistungsfähigkeit

Nachfolgend werden die Indikatoren der *Leistungsfähigkeit* behandelt, da für die anthropozentrische Gestaltung von Produkten und Arbeitssystemen Kenntnisse der Funktionsweise des Menschen notwendig sind. In Bild 3.16 sind diese Indikatoren der Leistungsfähigkeit in die Bereiche der psychischen und physischen Leistungsfähigkeit aufgegliedert.

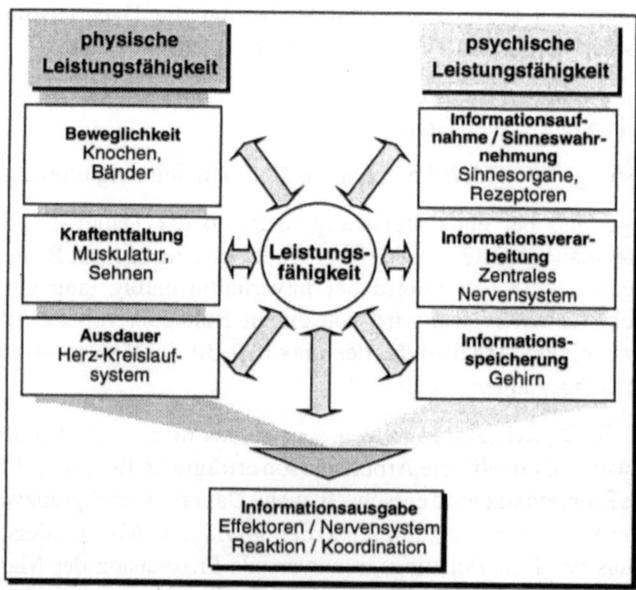

Bild 3.16 Indikatoren der Leistungsfähigkeit

3.8.1 Energieumwandlung

In Bild 3.17 ist stark vereinfacht das Schema der Energieumwandlung von Nahrung und Sauerstoff in Wärme und mechanische Energie im menschlichen Körper dargestellt.

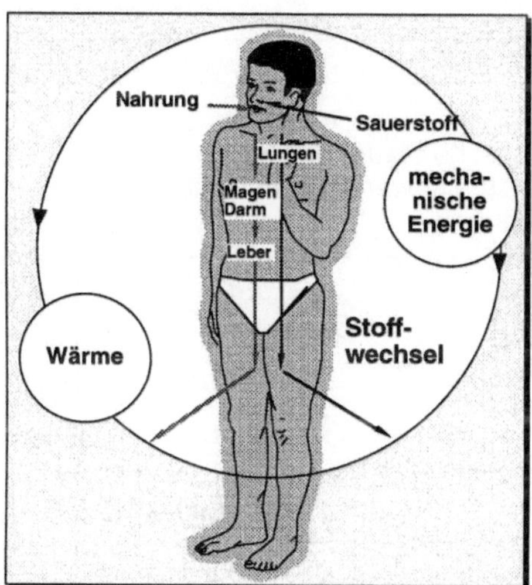

Bild 3.17 Schema der Energieumwandlung im menschlichen Körper (nach Grandjean, 1991)

Detaillierter wird diese Energiebilanz in Bild 3.18 aufgeschlüsselt.

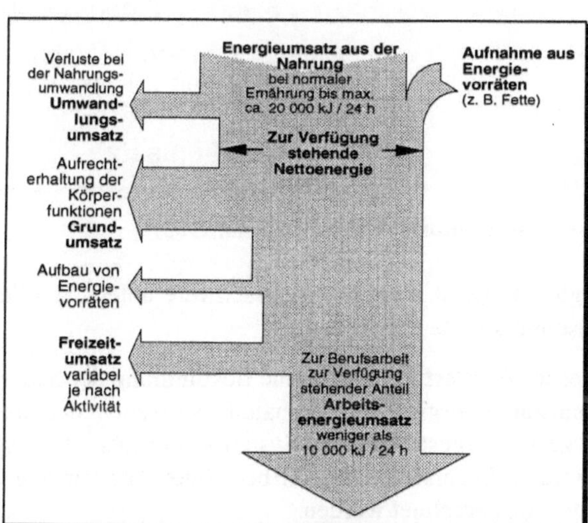

Bild 3.18 Energiebilanz mit Wertangaben für Männer (nach Laurig, 1992)

Der tägliche Energieumsatz setzt sich, wie in Bild 3.19 dargestellt, hauptsächlich aus dem Grundumsatz, dem Freizeitumsatz und dem Arbeitsenergieumsatz zusammen. Der durchschnittliche Grundumsatz zur Aufrechterhaltung der Körper-Grundfunktionen beträgt bei Frauen ca. 6 300 kJ/Tag und bei Männern ca. 7 100 kJ/Tag.

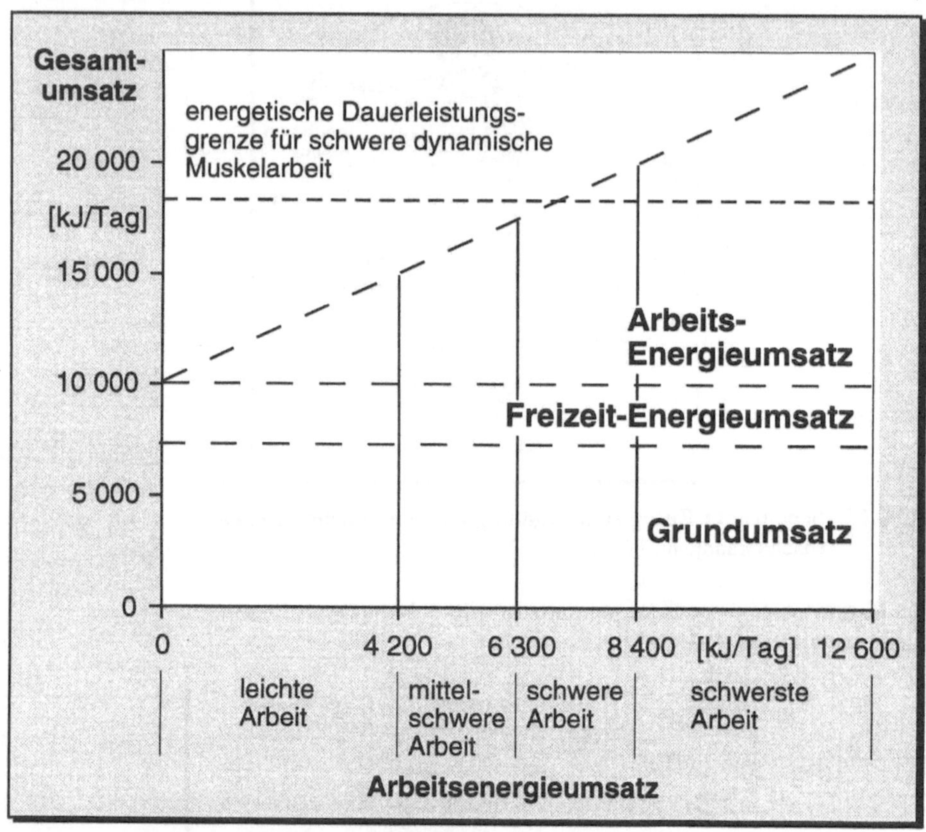

Bild 3.19 Täglicher Energieumsatz (nach Lehmann, 1953)

Der Arbeits-Energieumsatz ist je nach Arbeitsschwere unterschiedlich. In Bild 3.20 sind einige Durchschnittswerte angegeben.

Die Ermittlung dieser Werte erfolgt durch eine Bestimmung der Sauerstoffaufnahme, die sich proportional zum Energieumsatz verhält. Es wird entweder aus einem definierten Luftreservoir geatmet (geschlossenes System) oder aus der ausgeatmeten Luft (offenes System) wird der Sauerstoffverbrauch berechnet. Aus dem Sauerstoffverbrauch kann der Energieumsatz berechnet werden.

1 kJ/min → 0,239 kcal/min → 16,67 W → 0,049 Liter O_2/min

Körperstellung / -bewegung		kJ / min
Sitzen		1,0
Knien		3,0
Stehen		2,5
gebücktes Stehen		4,0
Gehen		7,0 -15,0
Steigen ohne Last, Steigung über 10°		3,0 je m Steighöhe
Art der Arbeit		**kJ / min**
Handarbeit	leicht	1,0 - 2,5
	mittel	2,5 - 4,0
	schwer	4,0 - 5,5
Einarmarbeit	leicht	2,5 - 5,0
	mittel	5,0 - 7,5
	schwer	7,5 - 10,0
Zweiarmarbeit	leicht	6,0 - 8,5
	mittel	5,0 - 7,5
	schwer	11,0 - 13,5
Körperarbeit	leicht	11,0 - 17,0
	mittel	17,0 - 25,0
	schwer	25,0 - 35,0
	sehr schw.	35,0 - 50,0

Bild 3.20 Tabelle für den Energieumsatz (nach Spitzer u. a., 1982)

Speisen	kcal	kJ
100 g Brot	240 kcal	1000 kJ
100 g Leberwurst	450 kcal	1900 kJ
100 g Mettwurst	540 kcal	2250 kJ
100 g mageres Rindfleisch	250 kcal	1050 kJ
100 g Camembert (45 % Fett i. Tr.)	300 kcal	1250 kJ
100 g Hartkäse (45 % Fett i. Tr.)	420 kcal	1750 kJ
100 g Obst	50-100 kcal	200-400 kJ
100 g Schokolade	570 kcal	2400 kJ
100 g Salzknabbereien	400 kcal	1700 kJ
Getränke	**kcal**	**kJ**
1 l Milch	600 kcal	2500 kJ
1 l Bier	500 kcal	2100 kJ
1 l Wein	700 kcal	2950 kJ
1 l Cola, Limonade	400 kcal	1700 kJ
1 g Kohlenhydrate: 17 kJ	1 g Eiweiß: 17 kJ	1 g Fett: 39 kJ

Bild 3.21 Energiegehalt von Lebensmitteln (Durchschnittswerte)
(aus Kalorien Mundgerecht, 1989)

Für eine ausgeglichene Energiebilanz muß eine den Erfordernissen entsprechende Nahrungsmenge aufgenommen werden. Zur Orientierung ist dazu der Energiegehalt einiger Lebensmittel unserer Nahrung in Bild 3.21 angegeben.

Damit die Energie der Nahrung vom Körper genutzt werden kann, muß der zur Verbrennung benötigte Sauerstoff eingeatmet und im Blutkreislauf verteilt werden. Die Leistung der dazu benötigten Organe, Lunge und Herz, sind in Bild 3.22 aufgelistet.

Herzphysiologie:

- ❑ Volumen: 60,0 cm^3
- ❑ Pumpleistung in Ruhe: 4,2 l/min
- ❑ max. Pumpleistung: 6,8 l/min
- ❑ durchschnittl. Leistung: 2,0 W
- ❑ Ruhe-Pulsfrequenz: 70,0 Schläge/min

Lungenphysiologie:

- ❑ Oberfläche der Lungenbläschen: 100-150 m^2
- ❑ Volumen je Atemzug: 0,5 l
- ❑ Atemfrequenz: 12 Züge/min (Ruhe)
- ❑ Luftverbrauch:
  - Ruhe 6 l/min
  - Sitzen 7 l/min
  - Gehen 14 l/min
  - Rennen 43 l/min

Bild 3.22 Herz- und Lungenphysiologie (nach Bappert, 1981)

3.8.2 Skelett- und Muskelsystem

Das mechanische System des Menschen besteht aus dem *Skelett-* und dem *Muskelsystem.* Die ca. 200 beweglich und unbeweglich miteinander verbundenen Knochen bilden dabei das passive Stützsystem. Die durch *Gelenke* verbundenen Knochen besitzen an ihren Berührungsflächen einen Knorpelüberzug, der die Aufgabe hat, die Berührungsflächen glatt und gleitfähig zu halten und die auftretenden Kräfte zu dämpfen. Die Gelenke können bis zu drei Freiheitsgrade besitzen:

- ❑ Keine oder sehr geringe Bewegungsmöglichkeiten: Knochenfugen (z. B. Schädelknochen).
- ❑ Ein Freiheitsgrad: Scharniergelenk (z. B. Fingergelenke).
- ❑ Zwei Freiheitsgrade: Ei- oder Sattelgelenk (z. B. Handwurzelgelenk).
- ❑ Drei Freiheitsgrade: Kugelgelenk (z. B. Hüftgelenk, Schultergelenk).

Einige Gelenke (wie das Kniegelenk) werden intern durch Bänder stabilisiert. Prinzipiell sind drei anatomische Bewegungsarten möglich:

1. Beugen/Strecken (Flexion/Extension),
2. Heranziehen/Abziehen (Adduktion/Abduktion) sowie
3. Drehen (Pronation = Innendrehung/Supination = Außendrehung).

Die Verbindung zwischen Knochen und Muskeln wird durch Sehnen hergestellt.

Das Skelettsystem des Menschen, insbesondere die Länge der einzelnen Knochen, prägt sowohl die Körpergröße als auch in Verbindung mit dem Bändersystem die Wirkräume von Armen und Beinen. Da ein Aspekt der Körpergröße, die Körperhöhe, für die Arbeitswissenschaft von großer Bedeutung ist, wird hier auf diesen Gesichtspunkt kurz eingegangen. Eine ausführliche Behandlung der anthropometrischen Fragestellungen erfolgt in Kapitel 13 (Arbeitsplatzgestaltung) sowie in Kapitel 15 (Ergonomische Arbeitsmittelgestaltung).

Anthropometrie

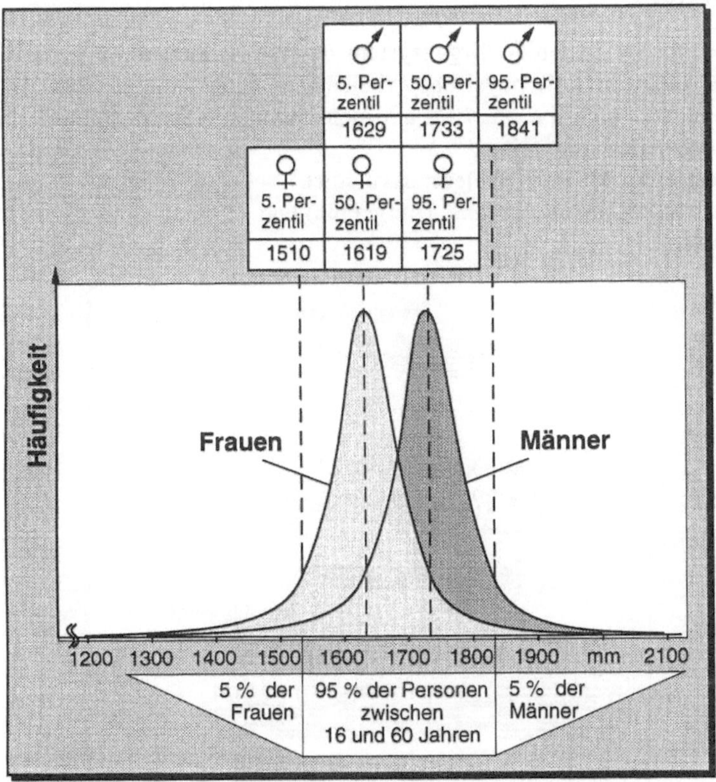

Bild 3.23 Verteilung der Körperhöhen in der deutschen Bevölkerung (Personen zwischen 16 und 60 Jahren) (nach DIN 33 402)

Die *Anthropometrie* ist die Wissenschaft von den Maßen, einschließlich des Bewegungsraumes des menschlichen Körpers. Die *Körperhöhen* der Personen in der deutschen Bevölkerung liegen, wie in Bild 3.23 dargestellt, zwischen ca. 1,20 m und 2,10 m. Für die Praxis der Arbeitsgestaltung sind diese zwei Extremmaße kaum geeignet, da die Spanne von 90 cm zwischen diesen Extremwerten für die meisten Gestaltungsaufgaben zu groß ist. Deshalb hat man sich sinnvollerweise darauf geeinigt, daß 95 % der Bevölkerung bei der maßlichen Gestaltung von Arbeitsplätzen und Produkten berücksichtigt werden.

Ein wesentliches Hilfsmittel in der Anthropometrie stellt die Verwendung von Perzentilen (Summenhäufigkeiten) dar. Ein Perzentilwert gibt an, wieviel Prozent der Menschen in einer Bevölkerungsgruppe – in Bezug auf ein bestimmtes Körpermaß – kleiner sind als der jeweils angegebene Wert. In Bild 3.23 sind deshalb die wichtigsten Perzentilwerte der Körperhöhe angegeben.

Muskelsystem

Die Muskulatur ist dasjenige Organsystem des menschlichen Körpers, das Kräfte entwickeln kann, welche für physische Arbeitsleistungen genutzt werden können. Vom Aufbau her lassen sich die *Muskeln* am menschlichen Körper grundsätzlich in die folgenden drei Arten unterteilen:

- Quergestreifter Muskel (Skelettmuskulatur),
- Glatter Muskel (innere Organe, Blutgefäße) und
- Herzmuskel.

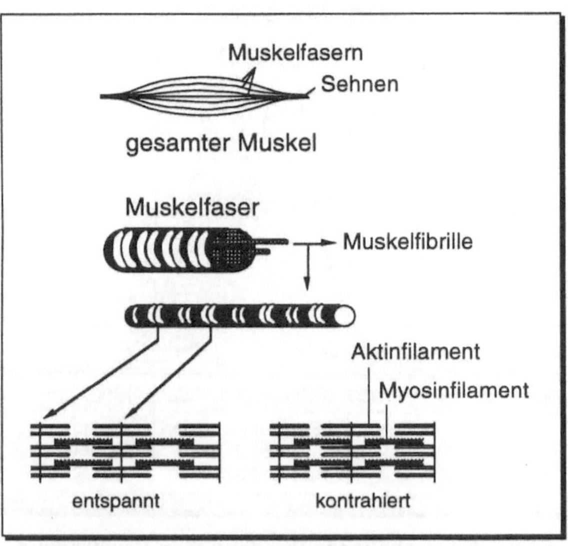

Bild 3.24 Muskelaufbau (nach Bappert, 1981)

Für die ergonomische Betrachtung ist nur die quergestreifte Muskulatur von Bedeutung, da sie als einzige der drei Arten willkürlich steuerbar ist und die Körperhaltung bestimmt. Der Muskel besteht, wie in Bild 3.24 dargestellt, aus sehr feinen Muskelfasern, die über Bindegewebe zu Fasergruppen, Faserbündeln und zu Fasersträngen zusammengefaßt sind. Im Bindegewebe verlaufen die Gefäße und Nerven, die die Muskelfasern versorgen. Die Muskelfasern wiederum bestehen aus einer Reihe von Muskelfibrillen. Diese sind die eigentlichen kontraktilen Elemente des Muskels. Sie setzen sich aus regelmäßig angeordneten Aktin- und Myosinfilamenten zusammen, die bei einer Verkürzung durch die Wirkung von Molekularkräften ineinandergleiten.

Die Kontraktion der entsprechenden Muskelfaser wird durch nervöse Reize ausgelöst. Jeder Reiz führt zu einer Zuckung. Eine konstante Muskelkontraktion erfolgt durch dauernde Erregungsimpulse. Die Kontraktion der Muskelfasern erfolgt dabei nur nach dem ›Alles-oder-nichts-Gesetz‹. Deshalb hängt die aufgebrachte Muskelkraft nur von der Anzahl der aktivierten Muskelfasern ab.

Form der Muskelarbeit	Bezeichnung	Kennzeichen	Beispiele	Kennzeichen der Beanspruchung
statisch	Haltungsarbeit	Keine Bewegung von Gliedmaßen, keine Kräfte auf Werkstück, Werkzeug oder Stellteile	Halten des Oberkörpers beim gebeugten Stehen	Durchblutung wird bereits bei Anspannungen von 15 % der maximal möglichen Kraft durch Muskelinnendruck gedrosselt, dadurch starke Beschränkung der maximal möglichen Arbeitsdauer auf wenige Minuten
	Haltearbeit	Keine Bewegung von Gliedmaßen, Kräfte an Werkstück, Werkzeug oder Stellteilen	Überkopfschweißen, Montieren, Tragearbeiten	
dynamisch	einseitige (dynamische) Arbeit	Kleine Muskelgruppen im allgemeinen mit relativ hoher Bewegungsfrequenz	Handhebelpresse, Schere betätigen	maximal mögliche Arbeitsdauer durch Arbeitsfähigkeit des Muskels beschränkt
	schwere (dynamische) Arbeit	Muskelgruppen > 1/7 der gesamten Skelettmuskelmasse	Schaufelarbeit	Begrenzung durch Leistungsfähigkeit der Sauerstoffversorgung durch Kreislauf

Bild 3.25 Einteilung der Muskelarbeit (nach Rohmert in IfaA, 1989)

Die Muskulatur kann auf zwei völlig verschiedene Arten tätig werden. Es wird unterschieden zwischen statischer Muskelarbeit und dynamischer Muskelarbeit. Bei der statischen Muskelarbeit (Haltearbeit) erfolgt eine Anspannung des Muskels, ohne daß er sich in seiner Lage ändert. Eine andere Form der statischen Muskelarbeit ist die Haltungsarbeit, die erbracht werden muß, um den menschlichen Körper in einer bestimmten Lage zu fixieren. Bei dynamischer Muskelarbeit erfolgt eine Anspannung mit Verkürzung des Muskels. Anspannungs- und Erholungsphasen wechseln sich mit einer bestimmten Frequenz ab. Durch diesen Wechsel von Anspannung und Entspannung wird das Herz-Kreislauf-System unterstützt und die Ermüdung reduziert. In Bild 3.25 sind die Formen der Muskelarbeit in einer Übersicht dargestellt, und in Bild 3.26 werden die Arbeitsmöglichkeiten des Muskels erläutert.

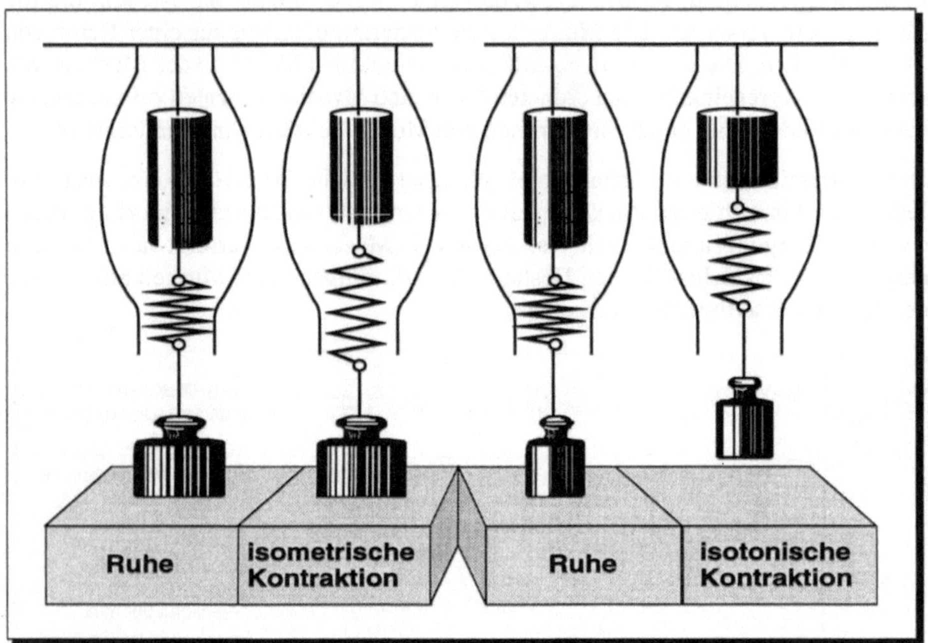

Bild 3.26 Arbeitsmöglichkeiten des Muskels (nach Silbernagel und Despopoulos, 1983)

- Isometrische Muskelkontraktion: Die Länge des Muskels bleibt konstant, die Spannung wechselt.
- Isotonische Muskelkontraktion: Längenänderung bei konstanter Spannung.
- Auxotonische Muskelkontraktion: Länge und Spannung des Muskels ändern sich.

Da die Arbeit des Muskels, ebenso wie andere Lebensvorgänge, an Energie und Sauerstoff gekoppelt ist, muß auf dem Blutweg kontinuierlich Sauerstoff zu den Geweben transportiert werden. In Ruhe und bei dynamischer Arbeit gleichen sich, wie in Bild 3.27 verdeutlicht wird, Blutbedarf und Durchblutung aus. Bei statischer Haltearbeit dagegen ergibt sich ein Bilanzdefizit. Durch die Muskelkontraktion wird die Sauerstoffzufuhr und der Abtransport der Stoffwechselprodukte verhindert und es kommt dadurch zu einer raschen Ermüdung.

Bei gleichem Energieumsatz in der arbeitenden Muskulatur ist der Ermüdungsgrad bei statischer Arbeit aufgrund der geringeren Durchblutung erheblich größer als bei dynamischer Arbeit.

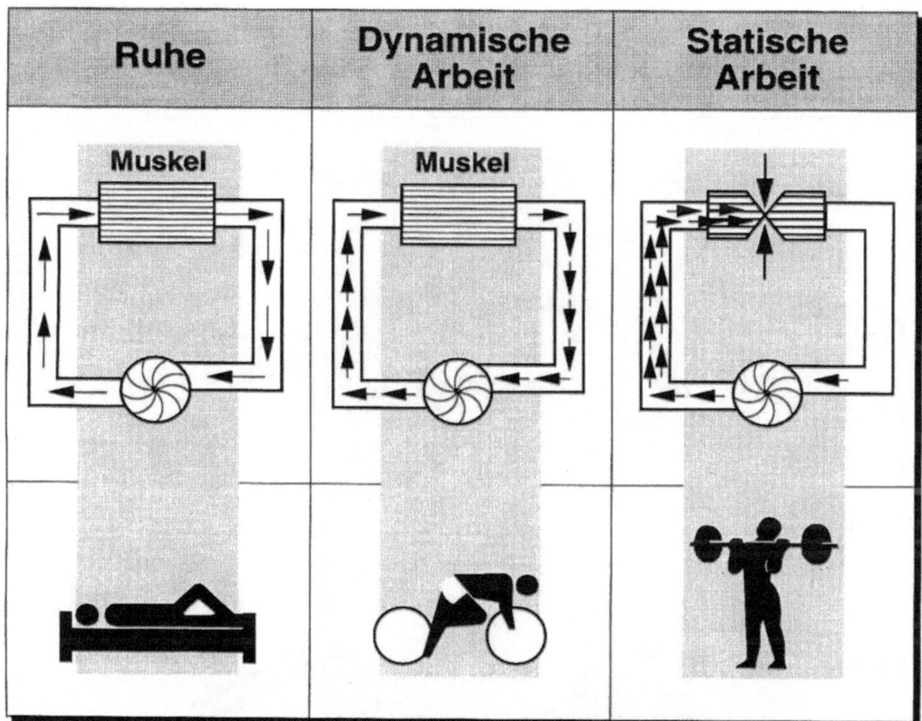

Bild 3.27 Durchblutung des Muskels bei dynamischer und statischer Arbeit (nach Lehmann, 1953)

Dieser Zusammenhang wirkt sich sehr stark auf die *Dauerleistungsgrenze* der Muskelarbeit aus. Die Dauerleistungsgrenze liegt bei statischer Arbeit des Muskels bei etwa 15 % der willkürlich einsetzbaren Maximalkraft, bei dynamischer Muskelarbeit liegt die Dauerleistungsgrenze bei ca. 30 % der Maximalkraft.

3.8.3 Sinnesorgane

Von den menschlichen Wahrnehmungsarten

- ❑ visuell (über das Auge),
- ❑ auditiv (über das Gehör),
- ❑ haptisch/taktil (über Tastsinn und Thermofühler der Haut),
- ❑ gustatorisch (über den Geruchs- und Geschmackssinn) und
- ❑ propriozeptiv/kinästhetisch (über Muskelspindeln, Sehnenrezeptor, Gleichgewichtssinn)

sind für die Arbeitswissenschaft vor allem Gesichts- und Gehörsinn von Bedeutung. Diese sollen nachfolgend behandelt werden.

Gesichtssinn

In Bild 3.28 ist der anatomische Aufbau des menschlichen Auges dargestellt.

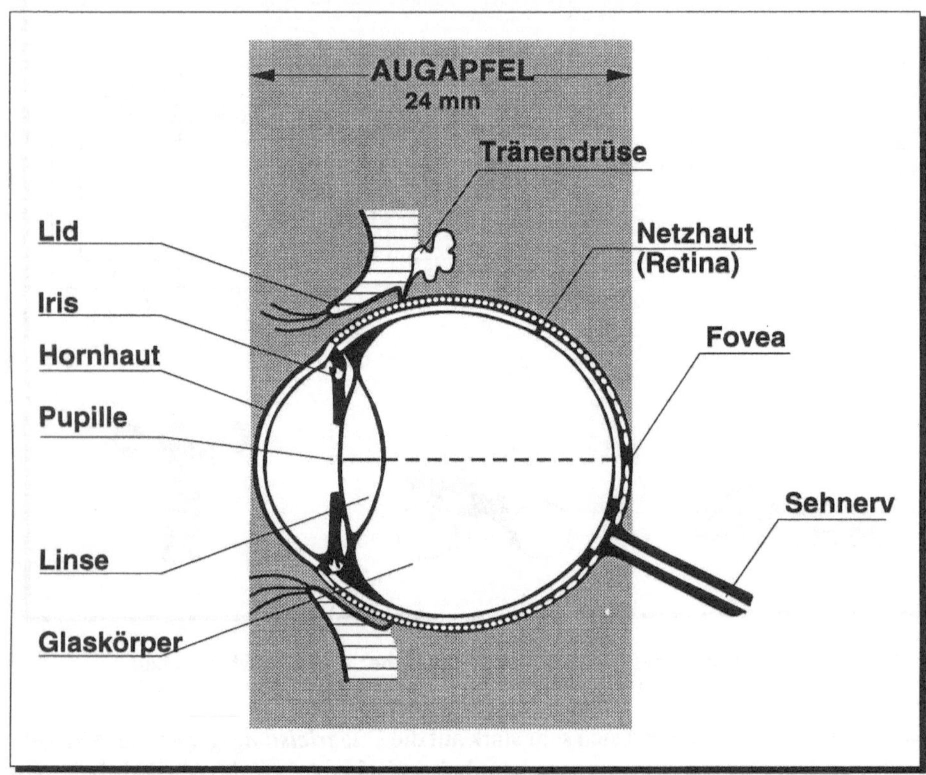

Bild 3.28 Anatomie des Auges (nach Bappert, 1981)

Licht ist Strahlung mit einer Wellenlänge, die vom menschlichen Auge wahrgenommen werden kann. Das Spektrum reicht, wie in Bild 3.29 dargestellt ist, von 380 nm (violett) bis zu 760 nm (rot).

Durch die Hornhaut und die Linse dringt das Licht in das Augeninnere ein. Die Linse selbst ist mit einer viskosen, lichtbrechenden Masse gefüllt. Je nach Sehaufgabe wird die Dicke und damit die Brennweite der Linse durch einen Muskel verändert (Akkommodation). Somit können unterschiedlich weit entfernte Gegenstände scharf gesehen werden.

Die Brechkraft des Auges ergibt sich aus dem reziproken Wert der Brennweite in Metern (Brennweite des Auges = 17 mm).

Brechkraft des Auges: 1 : 0,017 m = 58 dptr. (Dioptrien [1/m])

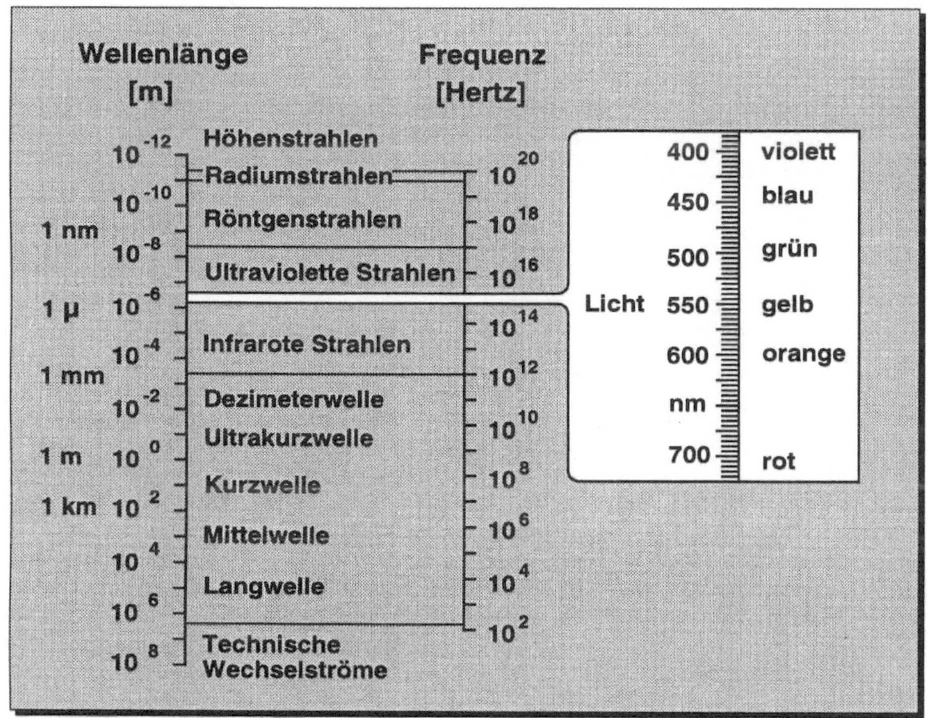

Bild 3.29 Licht – vom Auge wahrnehmbare Strahlung

Die Netzhaut nimmt mit den lichtempfindlichen Stäbchen und Zapfen den Lichtreiz auf. In der Netzhautgrube, in der fixierte Gegenstände scharf gesehen werden, sind nur Zapfen (Fovea). Die Zapfen sind dabei für das Farbsehen und die Stäbchen für das Schwarz-Weiß-Sehen verantwortlich. Deshalb ist in der Dunkelheit das scharfe Sehen stark eingeschränkt. Für die *Sehschärfe* ist nun nicht die Größe des zu erkennenden Objektes, sondern die Größe seines Bildes auf der Netzhaut, der Retina entscheidend. Die Dichte der Rezeptorzellen auf der Netzhaut (Zapfen und Stäbchen) und die Güte des gesamten optischen Systems bestimmen die Schärfe des Bildes. Theoretisch wird die Sehschärfe über den Abstand, in dem zwei Punkte gerade noch als zwei getrennte Punkte wahrgenommen werden, berechnet. Die Sehfähigkeit verändert sich mit dem Lebensalter. Dieser Altersschwund der Rezeptoren ist unabänderlich und nicht korrigierbar, während eine Korrektur des optischen Systems, wie in Bild 3.30 dargestellt, möglich ist.

- *Weitsichtigkeit/Übersichtigkeit*:
  Der Brennpunkt paralleler Strahlen liegt hinter der Netzhaut.
- *Kurzsichtigkeit*:
  Der Brennpunkt paralleler Strahlen liegt vor der Netzhaut.

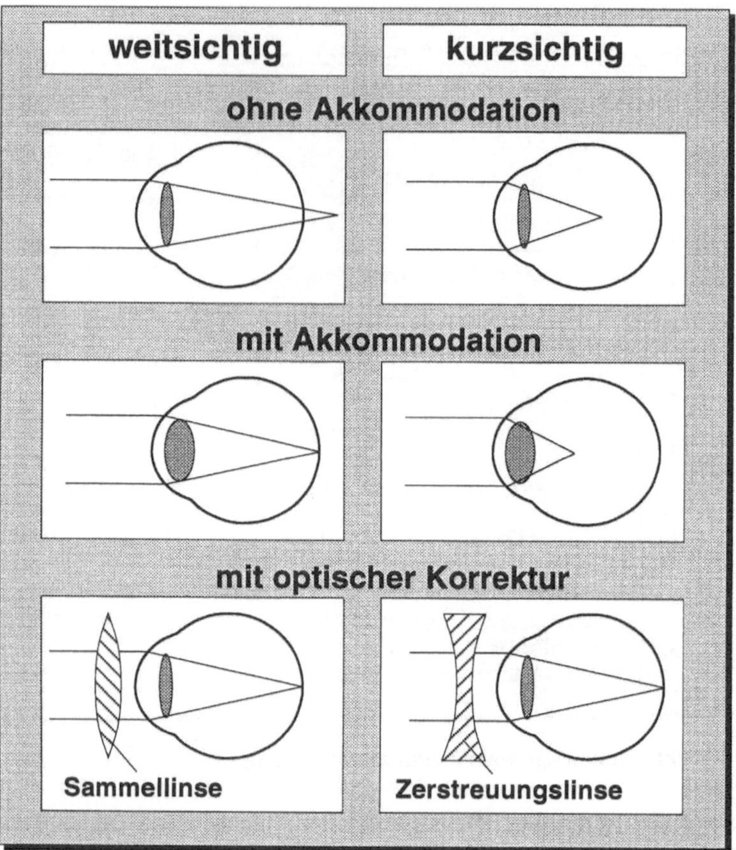

Bild 3.30 Sehfehlerkorrektur

Weitsichtigkeit wird von jungen Menschen durch die große Akkommodationsfähigkeit ausgeglichen. Kurzsichtigkeit kann hingegen durch *Akkommodation* nicht ausgeglichen werden; im Gegenteil, Akkommodation verstärkt die Kurzsichtigkeit noch. Daher benötigt der Kurzsichtige sofort eine Brille, während der Weitsichtige erst dann eine Brille benötigt, wenn altersbedingt die Akkommodationsfähigkeit nachlässt. Die nachlassende Akkommodationsfähigkeit bedingt andererseits beim Kurzsichtigen mit zunehmendem Alter eine Besserung des Brechungsfehlers.

Akkommodation ist die Fähigkeit des Auges, sich auf unterschiedliche Sehentfernungen einzustellen. Es ist dabei zu beachten, daß eine längere Fixierung auf eine Entfernung eine statische Arbeit für das Auge darstellt.

Durch die beschriebenen zwei Mechanismen des Sehens (Stäbchen und Zapfen) ergibt sich eine in Bild 3.31 dargestellte unterschiedliche spektrale Empfindlichkeit des hell oder dunkel adaptierten Auges. Mit dem Begriff der *Adaption* wird dabei ein komplizierter Vorgang bezeichnet, bei dem sich die Stäbchen (Rezeptoren für Lichteindrücke) von hell auf dunkel und umgekehrt umstellen.

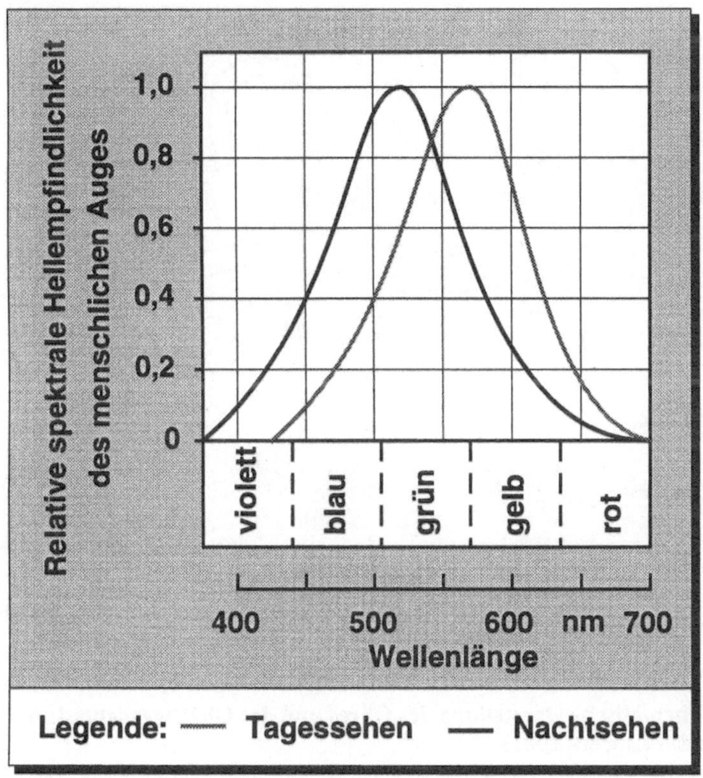

Bild 3.31 Spektrale Empfindlichkeit des dunkel und hell adaptierten Auges (nach Hentschel, 1982)

Adaption von dunkel auf hell erfolgt in wenigen Sekunden, Adaption von hell auf dunkel in einigen Minuten. Nach 25 Minuten sind 80 % der Empfindlichkeit erreicht, und erst nach einer Stunde 100 %.

Parallel dazu ergibt sich durch die unterschiedliche Wellenlänge von langwelligem (rot) und kurzwelligem (violett) Licht ein Brechkraftunterschied von etwa 1,6 dptr.

Das Gehör

In Bild 3.32 ist der anatomische Aufbau des Ohres und des Gleichgewichtsorganes dargestellt.

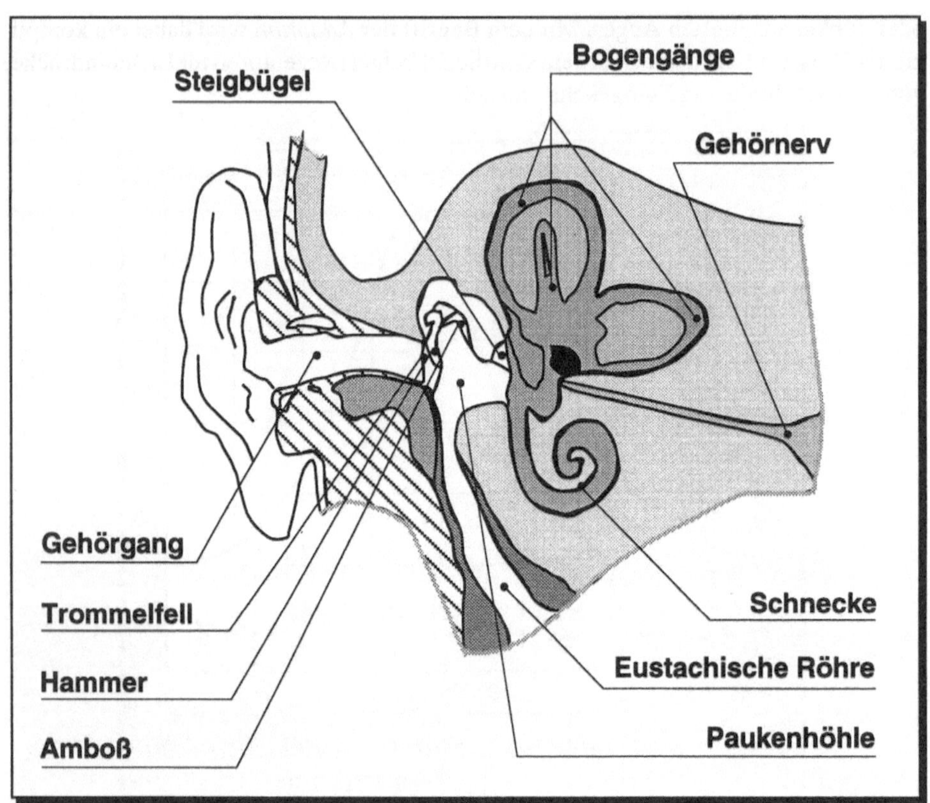

Bild 3.32 Schematische Darstellung des Ohres und des Gleichgewichtssinnesorgans (nach Bappert, 1981)

Das *äußere Ohr* besteht aus der mit elastischem Knorpel als Gerüst ausgestalteten Ohrmuschel, dem äußeren Gehörgang, der mit drüsenreicher Haut (Ohrschmalz) ausgekleidet ist, und dem Trommelfell, einer schräg gestellten, 0,1 mm dicken Bindegewebsplatte von 8 – 10 mm Durchmesser.

Das *Mittelohr* reicht vom Trommelfell bis zum Innenohr. Hinter dem Trommelfell befindet sich ein spaltförmiger Raum, die Paukenhöhle, welcher über einen Kanal, die eustachische Röhre, mit dem Nasen-Rachen-Raum in Verbindung steht. Dadurch wird garantiert, daß in der Paukenhöhle der gleiche Luftdruck wie in der Außenwelt herrscht (Druckausgleich beim Tauchen; versagt bei Erkältungen durch Verkleben).

Die durch Schallwellen erzeugten Trommelfellschwingungen werden über die Gehörknöchelchenkette aus Hammer, Amboß und Steigbügel übertragen. Dabei ist der Hammerstiel mit dem Trommelfell verwachsen, der Hammerkopf mit dem Amboß und dieser mit dem Steigbügel gelenkig verbunden. Die Steigbügelfußplatte bildet die

Verbindung zum, mit einer Membran verschlossenen, flüssigkeitsgefüllten Innenrohr. Durch diesen Mechanismus ergibt sich eine Übersetzung von 1 : 60 für den Schalldruck. Dieses ist deshalb sinnvoll, da zur Schalleitung in Flüssigkeiten wesentlich größere Drücke, aber kleinere Amplituden als in Luft notwendig sind.

Das *Innenohr* ist ein Labyrinth von Hohlräumen und besteht aus dem eigentlichen Hörorgan, der Schnecke, und dem Wahrnehmungsorgan für Beschleunigungen, dem Vestibularapparat. Im Hörorgan werden die mechanischen Druckschwankungen in nervöse Impulse umgewandelt. Jede schallempfindliche Zelle wird entsprechend ihrer Eigenfrequenz vorwiegend bei einer bestimmten Tonfrequenz gereizt. Die Zellen besitzen an ihrem Ende einen bürstenförmigen Besatz, weswegen sie auch Haarzellen genannt werden, der bei Erregung an der darüber liegenden Deckmembran reibt. Dieser Reiz wird über der zu jeder Haarzelle gehörenden Nervenfaser dem Zentralnervensystem übermittelt. Im Gehirn wird die Summe der einlaufenden Impulse integriert und als ›gehört‹ oder gegebenenfalls als ›verstanden‹ wahrgenommen.

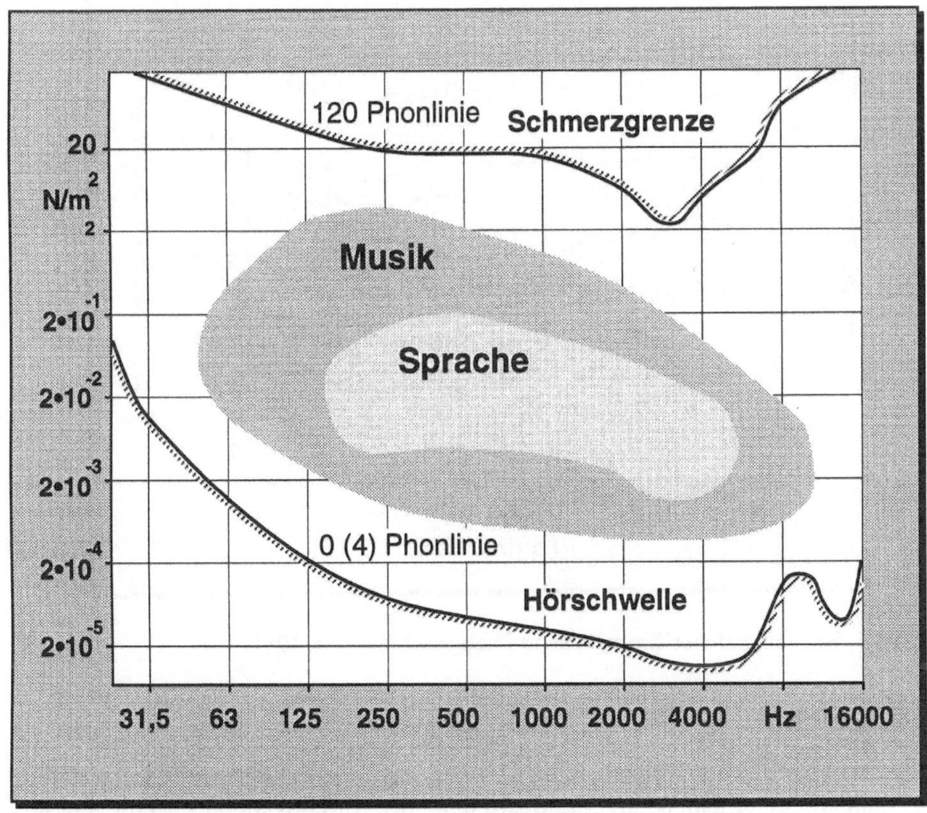

Bild 3.33 Hörflächendiagramm (nach Fleischer, 1990)

Das menschliche Ohr hört Schall in der Frequenzspanne zwischen 16 Hz bis ca. 20 000 Hz. Die obere *Hörgrenze* kann im Alter bis auf Werte von 5 000 Hz herabsinken. Für die Stärke einer Schallempfindung ist der Schalldruck maßgebend [N/m²; Pa]. Die Hörschwelle ist frequenzabhängig. Ihr Verlauf ist in Bild 3.33 dargestellt. Bei tiefen Tönen ist sie hoch, bei Frequenzen zwischen 1 000 bis 5 000 Hz ist sie niedrig, d. h. Geräusche in diesem Frequenzspektrum werden schon bei einem geringen Schalldruck wahrgenommen.

Während der Schalldruck (P [N/m²]), d. h. die physikalisch meßbare ›Schallenergie‹ frequenzunabhängig ist, wird die Hörempfindung stark von der Schallfrequenz bestimmt. Es ist deshalb ein Maßsystem notwendig, das gleiche Empfindungsstärken, also subjektiv als gleich empfundene Lautstärken, beschreibt. Dieses wurde mit dem in Bild 3.34 dargestellten, empirisch ermittelten und inzwischen durch die A-Bewertung (s. Kapitel 5.3) von Schallereignissen abgelösten, Phon-Maßsystem erreicht.

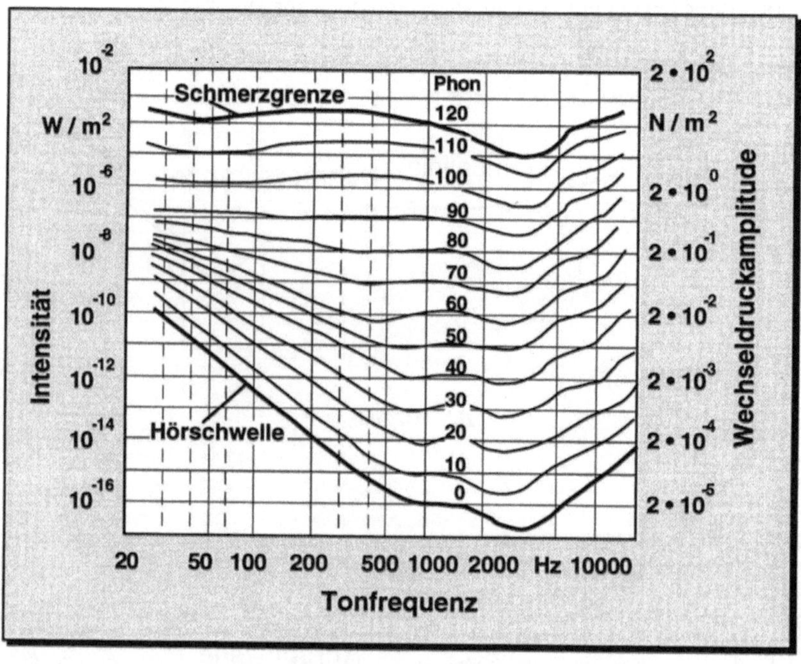

Bild 3.34 Kurven gleicher Lautstärke in Phon (nach Bappert, 1981)

Audiometrie

In einer audiometrischen Untersuchung wird die individuelle Hörschwelle festgestellt. Das Audiogramm erlaubt somit eine Beurteilung der Hörfähigkeit des Menschen. In Bild 3.36 ist ein Audiogramm eines normal Hörenden abgebildet.

3.9 Veränderung von Leistungsfähigkeit und- bereitschaft

Die Leistungsfähigkeit des Menschen wird, wie in Kapitel 3.7 beschrieben, im wesentlichen bestimmt durch

- Konstitution (Körpergröße, -bau),
- Geschlecht,
- Lebensalter,
- mentale Kapazität und
- Ausbildungsgrad.

Der Faktor ›Lebensalter‹ wirkt sich stark auf die *Leistungsfähigkeit* aus. In Bild 3.35 ist die Abhängigkeit der körperlichen Leistungsfähigkeit von Lebensalter und Geschlecht dargestellt.

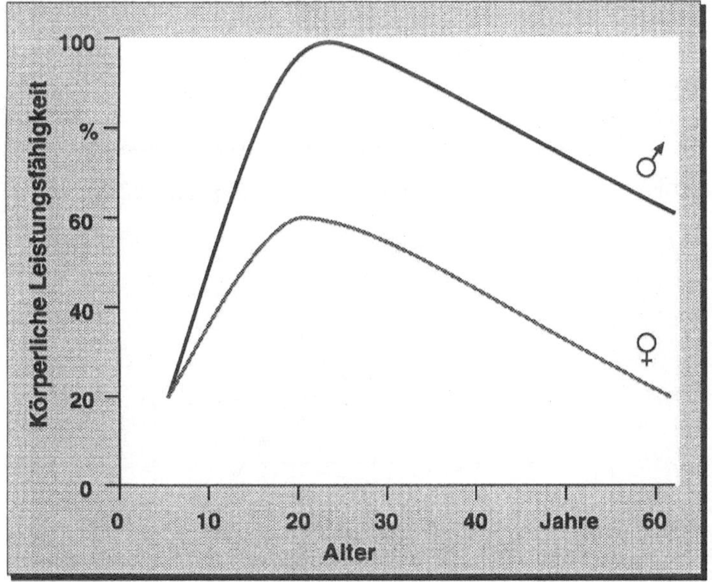

Bild 3.35 Abhängigkeit der körperlichen Leistungsfähigkeit von Lebensalter und Geschlecht (nach Löhr, in: Luczak, 1993)

Die körperliche Leistungsfähigkeit hat für Männer ihr Maximum zwischen 25 und 30 Jahren und fällt danach stetig ab. Bei Frauen setzt dieser Prozeß schon etwas früher ein.

Mit zunehmendem Alter verändern sich auch die Fähigkeiten der einzelnen Sinnesorgane. Hier ist vor allem die Abnahme der *Hörfähigkeit* für höhere Frequenzen, wie in Bild 3.37 dargestellt, sowie die starke Abnahme der Akkommodationsfähigkeit des Auges, wie in Bild 3.38 zu sehen ist, zu nennen.

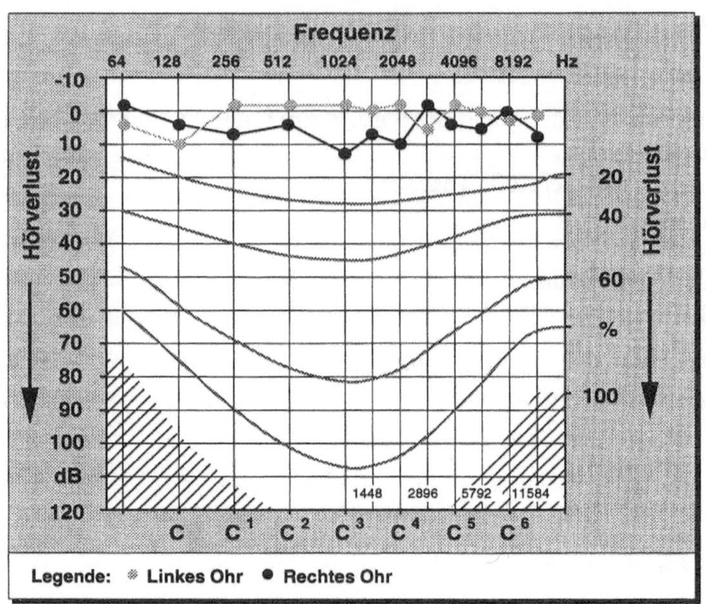

Bild 3.36 Audiogramm eines normal Hörenden (nach Bappert, 1981)

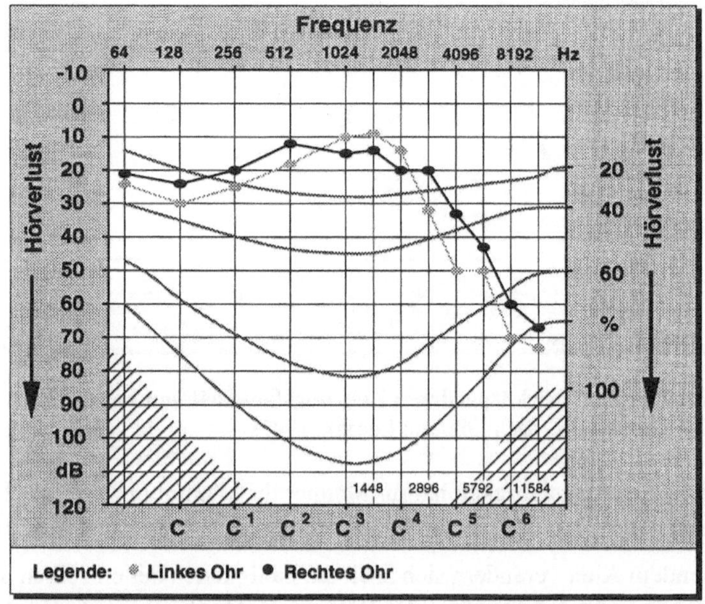

Bild 3.37 Typisches Audiogramm eines Gehörs mit Altersschwerhörigkeit (nach Bappert, 1981)

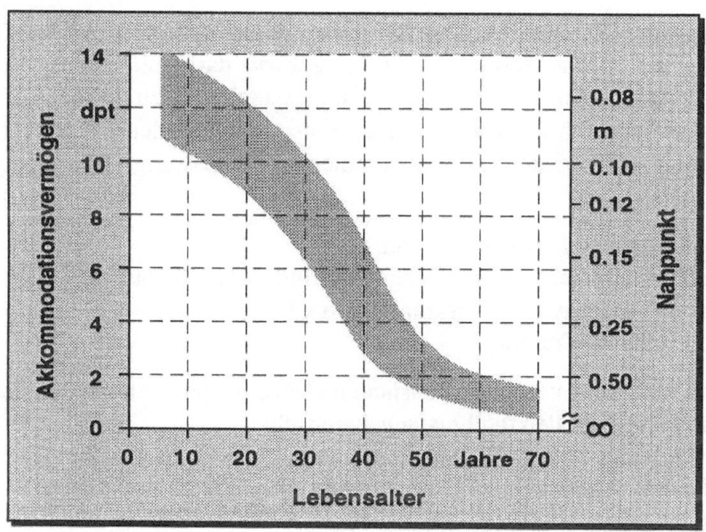

Bild 3.38 Abnahme der Akkommodationsfähigkeit des Auges mit steigendem Alter (nach Müller-Limroth, in: Schmidtke, 1993)

Neben der Veränderung körperlicher Leistungsfaktoren gibt es allerdings auch menschliche Eigenschaften wie z. B. Ausgeglichenheit und Kontinuität, die mit dem Alter wachsen.

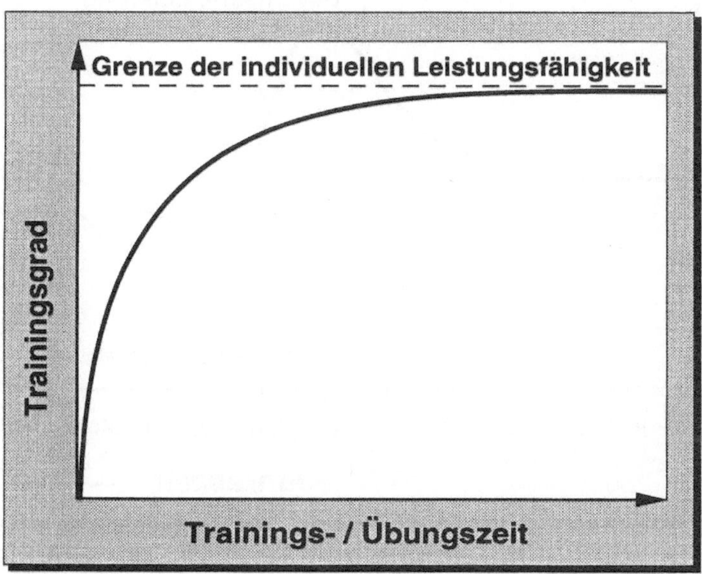

Bild 3.39 Trainings-/Übungskurve

Durch *Training* und *Übung* läßt sich die Leistungsfähigkeit steigern. In Bild 3.39 ist der prinzipielle asymptotische Verlauf der *Trainingskurve* dargestellt. Es ist ersichtlich, daß bei Trainingsbeginn mit einer großen Leistungssteigerung zu rechnen ist. Je näher die aktuelle Leistungsfähigkeit an der Grenze der individuellen Leistungsfähigkeit liegt, umso intensiver muß das Training für eine weitere Leistungssteigerung gestaltet werden.

Da die Leistungsbereitschaft von Faktoren wie

- Motivation (Interesse, Stimmungslage, Aufforderungscharakter),
- Disposition (Tagesrhythmik, Erkrankung) und
- Kondition (Übung, Training)

abhängt, kann hier nicht von einer konstanten Größe gesprochen werden. So wurde z. B. empirisch ermittelt, daß die Leistungsbereitschaft

- im Tagesverlauf,
- während der Woche und
- während des Jahres

rhythmischen Schwankungen unterliegt. Trotz deutlicher intra-individueller Schwankungen ergeben sich jedoch typische Verläufe. In Bild 3.40 ist der Verlauf der *Leistungsbereitschaft* während des Jahres dargestellt.

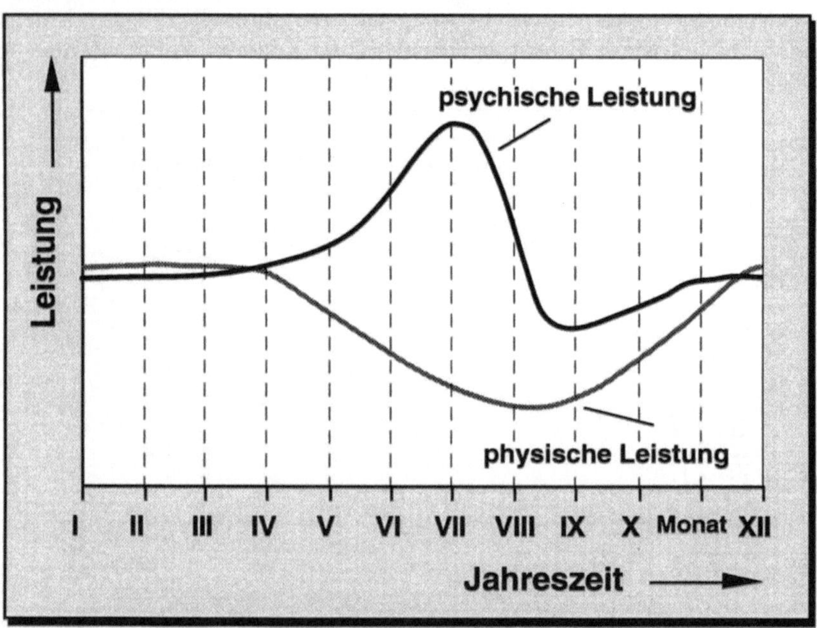

Bild 3.40 Verlauf der Leistungsbereitschaft während des Jahres
(nach Hellpach, in: Bokranz und Landau, 1991)

In den Sommermonaten ist demnach das Maximum der psychischen und das Minimum der physischen Leistung zu finden. Die Verläufe der Leistungsbereitschaft während der Woche und während des Tages zeigen, daß auch hier mit einer Schwankung der Leistungsbereitschaft zu rechnen ist. So ist während der Woche zuerst eine Steigerung und ab Mittwoch ein Abfall festzustellen.

Betrachtet man die Mittelwerte der physiologischen Leistungsbereitschaft im Tagesverlauf, zeigt sich ein Maximum in den Vormittagsstunden gegen 9 Uhr. Am frühen Nachmitag befindet sich gegen 14 Uhr eine Senke, anschließend ein deutlicher Nachmittagsanstieg. Ab 19 Uhr fällt die durchschnittliche Leistungsfähigkeit gleichmäßig ab und erreicht gegen 3 Uhr ein ausgeprägtes Minimum. Für die Pausengestaltung und Festlegung von Arbeitszeiten, besonders bei Schichtarbeit, sollten diese Schwankungen berücksichtigt werden.

3.10 Ermüdung und Erholung

Mit dem Begriff ›*Ermüdung*‹ wird im allgemeinen ein Zustand mit herabgesetzter Leistungsfähigkeit und Leistungsbereitschaft bezeichnet. Die nachfolgend aufgelisteten acht Ermüdungsformen sind für die Gestaltung von Arbeit von unterschiedlicher Bedeutung.

1. Reine Muskelermüdung durch statische oder dynamische Muskelarbeit.
2. Die durch die Beanspruchung des Sehapparates bedingte Ermüdung (Augenermüdung).
3. Die durch eine physische Beanspruchung des ganzen Organismus bedingte Ermüdung (allgemeine körperliche Ermüdung).
4. Die durch geistige Arbeit bedingte Ermüdung (geistige oder mentale Ermüdung).
5. Die durch einseitige Beanspruchung psychomotorischer Funktionen bedingte Ermüdung (Geschicklichkeits- oder nervöse Ermüdung).
6. Die durch die Monotonie der Arbeit oder der Umgebung hervorgerufene Ermüdung.
7. Die durch Summation lang dauernder Ermüdungseinflüsse bedingte Ermüdung (chronische Ermüdung).
8. Die biologische Tag-Nacht-Ermüdung, die periodisch auftritt und den Schlaf einleitet.

In der Arbeitswissenschaft wird die in Bild 3.41 beschriebene Definition der Ermüdung verwendet.

Ermüdung ist also eine reversible Funktionsminderung, wohingegen bei einer irreversiblen Funktionsminderung von einer Schädigung gesprochen wird (vgl. Belastungs-Beanspruchungs-Konzept).

Ermüdung ist

die Abnahme der Funktionsfähigkeit eines Organs (Organermüdung) oder Organismus (Ganzkörper-Ermüdung) durch Beanspruchung, die durch Erholung wieder rückgängig gemacht werden kann.

Bild 3.41 Arbeitswissenschaftliche Definition des Begriffs ›Ermüdung‹

Die *Ermüdung* steigt exponentiell mit Schwere und Dauer der Beanspruchung, durch *Erholung* klingt die Ermüdung exponentiell fallend wieder ab. Daher ist die Gesamtermüdung bei Wechsel zwischen Beanspruchung und Erholung vom Rhythmus dieses Wechsels abhängig.

In Bild 3.42 ist dieser Sachverhalt für zwei unterschiedliche Arbeitsbelastungen dargestellt.

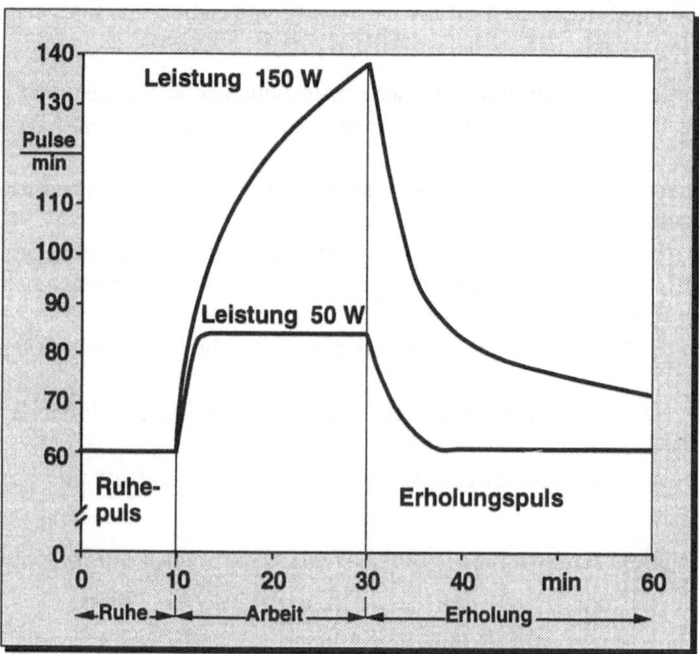

Bild 3.42 Wechsel von Arbeit und Erholung (nach Bappert, 1981)

Steht dem menschlichen Organismus nach einer Belastungsphase eine zu kurze Erholungsphase zur Verfügung, so daß keine Beseitigung der Ermüdung eintritt, so gelangt er, wie in Bild 3.43 dargestellt ist, bei erneuten Belastungen schnell an die Grenze der Leistungsfähigkeit.

Es gilt die Regel:
→ Besser viele kurze Pausen als eine lange Pause.

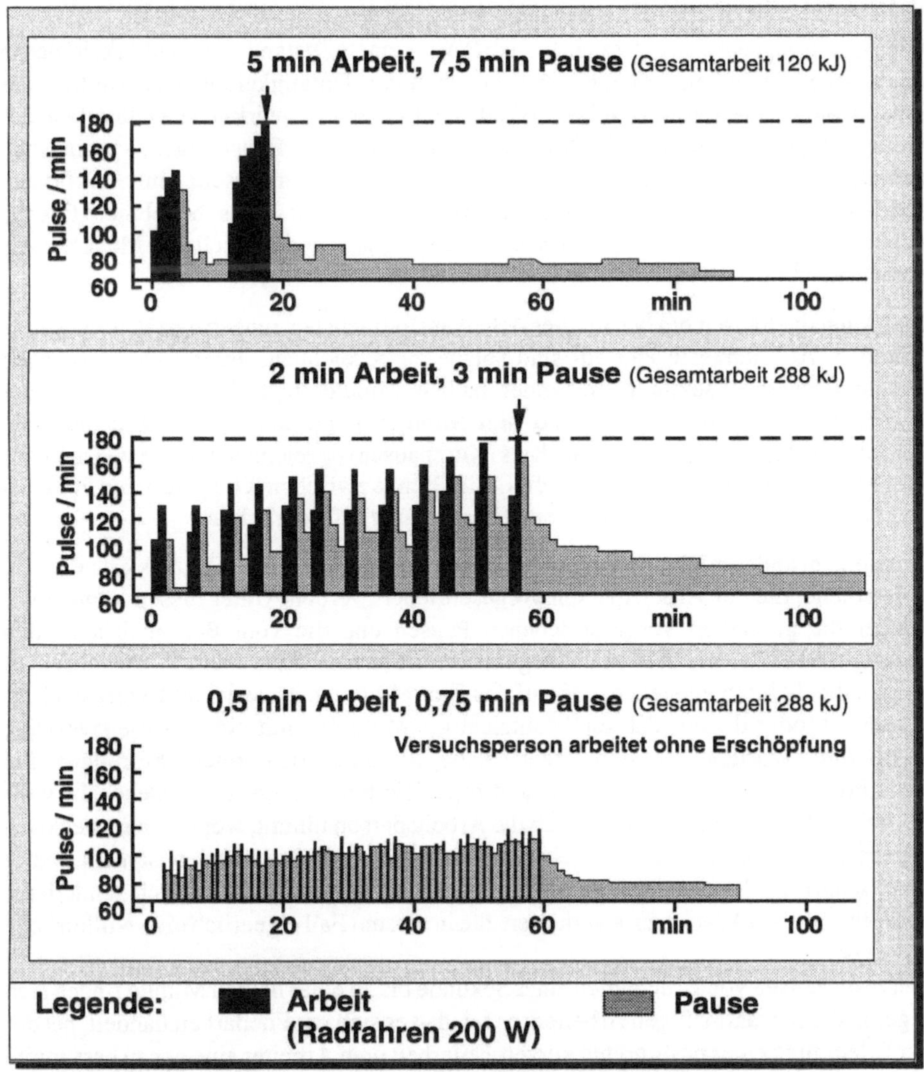

Bild 3.43 Arbeit, Leistung und Pause (nach Lehmann, 1953)

Bei der Gestaltung von Arbeitspausen soll nicht nur an die Erholung von energetisch-effektorischer Arbeit gedacht werden. Erholung von informatorisch-mentaler Arbeit ist genauso wichtig. Das bedeutet z. B., daß sich das Ohr von Schallbelastung erholen kann, daß sich das Auge von visueller Belastung erholen kann, und daß auch eine kombinatorische Arbeit Erholung erfordert.

3.10.1 Arbeitspausen

Die Arbeitswissenschaft bezeichnet als ›*Pause*‹ einen Zustand der Untätigkeit, der in einen Arbeitsablauf eingefügt ist, und versteht unter ›Untätigkeit‹ eine Einstellung der jeweils ausgeübten gewerblichen Arbeit, nicht aber eine wirkliche Untätigkeit des Gesamtkörpers. Sieht man die Dinge vom Standpunkt des Physiologen, so wird man den Begriff ›Pause‹ nicht nur als Arbeitsunterbrechung in diesem Sinne auffassen, sondern darunter auch die Unterbrechung der Tätigkeit eines beliebigen Organs verstehen, und könnte in diesem Sinne von Organpause und speziell von Muskelpause sprechen.

Man kann die Pausen bei beruflicher Arbeit am einfachsten zunächst nach ihrer Länge einteilen. Als ›kürzeste Pausen‹ sind solche zu bezeichnen, deren Länge zwischen Bruchteilen einer Sekunde und einer halben Minute liegt. Pausen, deren Dauer zwischen einer halben Minute und fünf Minuten liegt, werden entsprechend dem betrieblich üblichen Sprachgebrauch als ›Kurzpausen‹ bezeichnet. Pausen von mehr als fünf Minuten sind ›Pausen‹ schlechthin. Die Grenze zwischen Kurzpause und Pause ist so gezogen, daß bei Pausen eine neue Einarbeitung erforderlich ist.

Nach einem anderen Einteilungsprinzip kann man unterscheiden: Organisierte Pausen, d. h. solche, die der Arbeitsperson vorgeschrieben werden. Unter diesen können wir wieder die gesetzlich vorgeschriebenen Pausen und die vom Betrieb bestimmten Pausen unterscheiden. Als ›nicht-organisierte‹ Pausen hätten dann Wartepausen zu gelten, die dadurch entstehen, daß auf das Eintreffen von Material und Werkstück zu warten ist, oder darauf, daß die beaufsichtigte Maschine mit einem Arbeitsvorgang fertig wird. Wartepausen sind ferner solche, die durch betriebliche Störungen und Unterbrechungen eintreten. Diesen nicht-organisierten Zwangspausen stehen die willkürlichen Pausen gegenüber, die sich die Arbeitsperson nimmt, wenn es ihr zweckmäßig erscheint. Die Trennung zwischen diesen einzelnen Pausenformen ist nicht immer ganz scharf. So kann sich z. B. ein am Fließband tätiger Mensch durch schnelleres Arbeiten zu einer Wartepause verhelfen, die in diesem Fall eigentlich eine willkürliche Pause ist.
Kürzeste Pausen von Bruchteilen einer Sekunde bis zu einer halben Minute finden sich regelmäßig bei taktmäßigen Arbeiten; es sei, daß es sich um Fließarbeit handelt, bei der zur Erledigung einer bestimmten kurzen Teilarbeit dem Arbeiter eine genau bestimmte Zeit zur Verfügung steht, es sei, daß der Arbeiter mit einer Maschine zusammenarbeitet, die ihrerseits den Takt angibt.

Die lohnende Pause

Es ist je nach der Art der Arbeit, aber auch je nach der persönlichen Veranlagung, verschieden, ob der Arbeitende bei bestehender Ermüdung willkürliche Kurzpausen macht, in Nebenarbeiten ausweicht oder das Arbeitstempo verlangsamt. Auch wenn das letztere der Fall ist, wirkt sich eine organisierte Kurzpause in der Regel insofern günstig aus, als das Arbeitstempo im Anschluß an die Pause wieder auf seine normale Höhe steigt. Es wird also auch hier der durch die organisierte Kurzpause entstehende Zeitverlust kompensiert oder überkompensiert. Man spricht in diesem Sinne von einer ›lohnenden Pause‹, wenn trotz des Zeitverlustes dadurch eine höhere Arbeitsleistung erzielt wird.

Die gesetzliche Pause

Sie ist einerseits durch die Arbeitszeitordnung (AZO – Teil der Gewerbeordnung), andererseits durch tarifliche Regelungen bestimmt. Gesonderte Regelungen bestehen für Frauen, für Jugendliche und für Schwangere.

Die ›Muskelpause‹

Die Ermüdung durch statische Belastung verschwindet sehr schnell, wenn dem Muskel eine Erholungspause gegönnt wird. Die physiologische Erklärung hierfür liegt darin, daß der Mangel an Sauerstoff zu einer Anhäufung von Stoffwechselend- und -zwischenprodukten führt. Diese Ermüdungssubstanzen rufen eine Erweiterung der Kapillaren hervor, die sich jedoch nicht auswirken kann, solange der hohe Muskelinnendruck besteht, aber sofort wirksam wird, wenn der Blutstrom infolge des Nachlassens der Muskelspannung wieder einsetzt. In einer Pause – und auch ganz kurze Pausen haben hier eine Bedeutung – findet daher eine sehr starke Durchströmung des Muskels mit frischem Blut statt, die entstandenen Stoffwechselschlacken (Milchsäure des anaeroben Stoffwechsels) werden abtransportiert oder weiter oxydiert und in sehr kurzer Zeit bestehen wieder normale Verhältnisse. Praktisch ist es also wünschenswert, dort, wo sich statische Arbeit nicht vermeiden läßt, für die Möglichkeit von kürzesten Pausen zu sorgen. Es ist wichtig, derartige Gesichtspunkte z. B. bei der Planung von Fließarbeit, bei der der Bewegungsablauf dem Arbeiter oder der Arbeiterin im einzelnen vorgeschrieben ist, im Auge zu behalten. Das Bestreben nach Einschränkung oder Vermeidung aller unnötigen Bewegungen findet seine Grenze in der Notwendigkeit, entmüdende Ausgleichsbewegungen für die statisch arbeitende Muskulatur einzuschieben.

Die Wirkung bewußt eingeschalteter Zwischenbewegungen in Bezug auf die Ermüdung beruht darauf, daß bei derartigen dynamischen Zwischenbewegungen der Muskel entspannt wird und in den Genuß einer Pause kommt.

Zuschläge zur effektiven Arbeitszeit bei hoher Belastung sind von den verschiedenen Systemen des Zeitstudienwesens vorgesehen.

Die Erholungspause im Blick auf das Herz-Kreislauf-System

Erholung ist das Gegenstück zu Ermüdung, also Beseitigung der Ermüdung, Rückkehr in den frischen, nicht ermüdeten Zustand. Bei Behandlung des für die Praxis wichtigen Pausenproblems geht man zweckmäßigerweise von der Tatsache aus, daß der Erholungsverlauf eine exponentielle Funktion darstellt.
Dies bedeutet, daß der Erholungsvorgang im ersten Teil einer Pause die weitaus größten Forschritte macht, im zweiten, ebenso lang zu denkenden Teil, schon wesentlich kleiner ist und in den folgenden Teilen immer geringer wird, bis er schließlich fast gleich Null ist. Der Erholungswert des ersten Teiles der Pause ist also wesentlich größer als der aller folgenden.

Die Pause für das Zentralnervensystem

Der Begriff der Organpause läßt sich mit Vorteil auch auf das nervöse Geschehen übertragen, da im ZNS Mechanismen ablaufen, die nicht wie einzelne, am Bewegungsablauf beteiligte Muskeln oft automatisch Pausen haben, sondern dauernd beansprucht werden.

3.10.2 Monotonie

Monotonie ist ein ermüdungsähnlicher Zustand, der durch eine reizarme Situation oder durch Bedingungen mit geringer Veränderung der Reizstruktur hervorgerufen wird.

Die Symptome der Monotonie sind:

- Ermüdungsgefühle,
- Schläfrigkeit,
- Unlust und
- Abnahme der Aufmerksamkeit.

Monotonie entsteht häufig bei Arbeitsbedingungen wie z. B. bei

- zyklischen Tätigkeiten mit geringem Anspruchsniveau,
- Überwachungs- und Kontrolltätigkeiten,
- Tätigkeiten ohne Bewegungsmöglichkeiten,
- ungünstigen Arbeitsumgebungen (zu warm, zu dunkel, schlechte Luft) oder
- Tätigkeiten, die keine Möglichkeit zur Kommunikation beinhalten.

Häufig treten mehrere Faktoren zusammen auf, was die Monotoniegefahr zusätzlich erhöht.

Da die Problematik der Monotonie stark in den Bereich der Arbeitspsychologie hineinreicht, wird an dieser Stelle nicht weiter darauf und auch nicht auf das Problem der Daueraufmerksamkeit (Vigilanz) eingegangen. Wichtig ist noch, daß durch eine Änderung der Reizstruktur (Arbeitsaufgabe, Arbeitsinhalte) und/oder der Umgebungsbedingungen die Symptome der Monotonie verschwinden.

3.11 Wiederholungsfragen

1. Was ist das Ziel und die Aufgabe der Arbeitsphysiologie?
2. Was ist das Grundmodell von Belastung und Beanspruchung?
3. Was für ein Faktor ist die Leistungsfähigkeit?
4. Von welchen Größen hängt die Gesamt-Arbeitsbelastung ab?
5. Wie können die Belastungsarten klassifiziert werden?
6. Mit welchen Verfahren kann die Belastung ermittelt werden?
7. Welche Typen und Arten von Arbeit gibt es?
8. Was sind kombinierte Beanspruchungen?
9. Wie werden Informationen verarbeitet?
10. Was ist Streß?
11. Was sind die Indikatoren von Beanspruchungsreaktionen?
12. Wie kann die Beanspruchung ermittelt werden?
13. Worin liegt die Problematik der Beanspruchungsermittlung?
14. Was sind die menschlichen Leistungsvoraussetzungen?
15. Was ist die Dauerleistungsgrenze?
16. Welches sind die Indikatoren der Leistungsfähigkeit?
17. Wie gliedert sich der Energieumsatz des Menschen auf?
18. Was ist die Anthropometrie?
19. Welche Muskelarten gibt es?
20. Wie ist die quergestreifte Muskulatur aufgebaut?
21. Welche Formen der Muskelarbeit gibt es?
22. Wie funktioniert die Akkommodation des Auges?
23. Was sind die Aufgaben der Stäbchen und Zapfen?
24. Wo liegt die Hörschwelle und die Schmerzschwelle?
25. Durch welche Faktoren wird die Leistungsfähigkeit bestimmt?
26. Welche Fähigkeiten verändern sich mit dem Alter?
27. Wie verändert sich die Leistungsbereitschaft?
28. Wie ist Ermüdung im arbeitswissenschaftlichen Sinne definiert?
29. Welcher Zusammenhang besteht zwischen der Pausenlänge und ihrer Effektivität?
30. Was ist Monotonie?

4 Arbeitspsychologie

Arbeitspsychologie, Arbeitsphysiologie und Arbeitswissenschaft lassen sich nicht klar voneinander abgrenzen. Dieses wird als Indiz für die Interdisziplinarität der Arbeitswissenschaft. Da in diesem Kapitel vor allem die für die Ingenieurwissenschaften relevanten Grundlagen der Arbeitspsychologie behandelt werden, wird dieser Teil der Arbeitspsychologie als Teilmenge der Arbeitswissenschaft betrachtet. Verfahren und Methoden (z. B. VERA, TBS), die der Arbeitspsychologie entstammen, werden in dem Kapitel ›Analyse von Arbeitstätigkeiten‹ beschrieben. Besonders das Kapitel ›Personalqualifizierung‹ ist als Ergänzung dieses Kapitels zu sehen, da nachfolgend häufig auf die Bedeutung der Qualifikationserfordernisse und -möglichkeiten verwiesen wird. Die beiden genannten Kapitel sind im Band ›Arbeitsgestaltung‹ dieser Buchreihe enthalten.

Die psychologischen Aspekte der Informationsgestaltung werden im Kapitel ›Mensch-Maschine-Schnittstellen‹ behandelt.

4.1 Gegenstand und Aufgabenbereiche

Nach Hacker (1986) ist die Arbeitspsychologie eine (Querschnitts-) Disziplin der Psychologie, die jene psychologischen Erkenntnisse und Methoden umfaßt, welche für die Analyse, Bewertung und Bestgestaltung des gesellschaftlichen Arbeitsprozesses bedeutsam sind. Üblicherweise wird ›Arbeitspsychologie‹ als Oberbegriff verstanden, der die ingenieur- und organisationspsychologischen Gegenstände und Anliegen einschließt. Gegenstand der so verstandenen Arbeitspsychologie ist die psychische Regulation (Steuerung) der Arbeitstätigkeiten von organisatorischen Einheiten, Gruppen und individuellen Persönlichkeiten im Zusammenhang ihrer Bedingungen und Auswirkungen.

Daraus ergeben sich u. a. Beiträge der Arbeitspsychologie zu Themen wie:

- Gestaltung der Mensch-Maschine (Computer)-Schnittstellen,
- Gestaltung von kollektiver und individueller Arbeitsorganisation,
- Gestaltung von Kooperations- und Kommunikationsstrukturen,
- Gestaltung von Arbeitszeit und Pausenregelungen,
- Gestaltung der Arbeitsumgebungsbedingungen (Farbwirkungen, Lärm usw.),
- Anforderungsermittlung bei neuen Aufgaben,
- Entwicklung und Umsetzung von Lehr- und Lernverfahren,
- Moderation von Gruppenprozeduren bei Qualifizierungsmaßnahmen,

- Analyse motivierender und demotivierender Bedingungen des Arbeitssystems,
- Optimierung von Anreizen (Lohn, Prämien, Karriere, usw.),
- Entwicklung von Motivationsstrategien,
- Förderung partizipativer Arbeitsformen (Gruppenarbeit),
- Beratung bei der betrieblichen Personalauswahl und Personalentwicklung.

4.2 Psychische Regulation von Arbeitstätigkeiten

In der Arbeitspsychologie wird eine erweiterte Betrachtungsweise des menschlichen Arbeitsprozesses verwendet, die sich inzwischen auch in der gesamten Arbeitswissenschaft durchgesetzt hat. Vorgänge und Abläufe, die in der Psyche des Menschen stattfinden, haben einen entscheidenden Anteil am menschlichen Verhalten in einem Arbeitssystem. Sie haben eine steuernde (regulierende) Funktion, was letztendlich auch den Menschen von Maschinen und Tieren abhebt. Menschliche Aktivität hat demnach zwei Kennzeichen:

1. Menschliche Aktivität ist zielgerichtet, da sich der Mensch die Folgen seiner Arbeitshandlungen vorstellen kann.
2. Menschliche Aktivität hat eine psychische (innere) Struktur, da sich psychische Prozesse nicht abschalten lassen. Psychische Vorgänge regulieren das motorische Handeln. Somit regulieren innere Abläufe, die von Wissen und Erfahrungen geprägt sind, den äußeren (sichtbaren) Ablauf.

Es werden zwei unterschiedliche Regulationsvorgänge identifiziert:

- *Antriebsregulation* (d. h. es wird bestimmt, ob gehandelt wird; Basis dieser Vorgänge sind individuelle Motive, Einstellungen und Präferenzen) und
- *Ausführungsregulation* (d. h. es wird bestimmt, wie gehandelt wird; Basis dieser Vorgänge sind individuelle Teilziele, Mittel-Wege-Wahl und Ausführungskontrolle).

In Bild 4.1 ist der Ablauf der regulierenden psychischen Struktur dargestellt.

Nach diesem Erklärungsmuster ist das menschliche Handeln ein Regelkreis, der maßgeblich von Motivation, Wissen, Information und Erfahrungen beeinflußt wird. Arbeitsgestaltung muß diese Parameter des menschlichen Handelns berücksichtigen. Fehlen z. B. Informationen oder ist der Mensch durch zu viele Informationen überfordert, dann kann diese Regulation von Arbeitstätigkeiten nicht erfolgen. Vor dem Hintergrund der *Regulationserfordernisse* wird deutlich, daß die arbeitswissenschaftlichen Bewertungskriterien der Zumutbarkeit, Persönlichkeitsförderlichkeit und Sozialverträglichkeit eine stark psychologische Dimension haben, während die Kriterien Ausführbarkeit und Schädigungslosigkeit in erster Linie von der Arbeitsphysiologie angegangen werden.

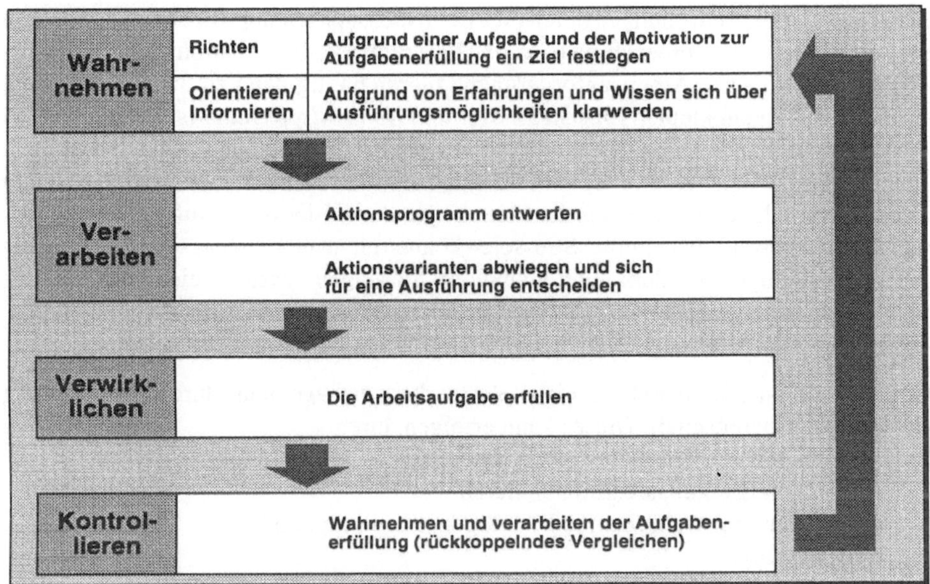

Bild 4.1 Ablauf der psychischen Regulation von Arbeitstätigkeiten
(nach Hacker, 1986)

4.3 Zumutbarkeit von Arbeit aus psychologischer Sicht

Arbeit ist dem Menschen in unserem kulturellen Umfeld nicht zumutbar, wenn die Handlungsregulation destabilisiert wird. Die destabilisierenden Effekte können grob in die nachfolgenden Klassen eingeteilt werden:

- Psychische Ermüdung,
- Monotonie,
- Psychische Sättigung und
- Streß.

Psychische Ermüdung ist ein Verlust an Leistungsfähigkeit durch zu hohe mentale Anforderungen je Zeiteinheit. Vor allem durch Kurzpausen kann diese Ermüdung durch Erholung ausgeglichen werden.

Monotoniezustände entstehen in reizarmen Situationen (Überwachungstätigkeiten) und bei sich häufig wiederholenden einförmigen Tätigkeiten (Fließbandarbeit). Monotonie kann durch eine Änderung der Reizstruktur der Arbeitsaufgabe beseitigt werden.

Psychische Sättigung kennzeichnet einen ärgerlich-unruhigen, unlustbetonten Zustand. Dieser entsteht aus dem Widerwillen gegen die Aufnahme oder Fortführung einer Tätigkeit.

Streß entsteht bei Bedrohungen durch die Arbeitsbeanspruchung, vor allem dann, wenn sich eine Person überfordert fühlt bzw. den Eindruck hat, die Situation nicht beeinflussen zu können. Hohe Arbeitsanforderungen führen häufig dann zu Streßsymptomen, wenn sie mit einem kleinen *Entscheidungs- und Kontrollspielraum* (s. nachfolgenden Abschnitt) verbunden sind. Die Kombination von hoher Arbeitsintensität und großem Entscheidungs- und Kontrollspielraum führt im Unterschied dazu selten zu einer Fehlbeanspruchung durch Streß. Im Falle länger dauernder oder häufig einwirkender und als nicht bewältigbar erlebter Stressoren können nicht nur Leistungs- und Befindensbeeinträchtigungen, sondern auch krankhafte Störungen vorzugsweise im Kreislauf- und Verdauungssystem sowie Störungen im Sozialverhalten und in der Persönlichkeitsentwicklung eintreten (vgl. Kap. 3.4.3).

Streßbewältigung ist in erster Linie ›Belastbarkeitsmanagement‹ durch eine Senkung der Erregungsbereitschaft. Dieses kann erfolgen durch

1. Ausschalten von Stressoren (Reizfaktoren).
2. Abbau von Erregungsreaktionen durch
   a) Entspannungstechniken, z. B. autogenes Training, und
   b) Bewegung.
3. Aufbau von Zufriedenheitserlebnissen.

Der größte Erfolg bei der Streßbewältigung stellt sich ein, wenn sowohl im Bereich der motorischen Ebene als auch auf der vegetativen Ebene und auf der subjektiv-kognitiven Ebene des Denkens und Wahrnehmens Belastbarkeitsmanagement betrieben wird.

4.4 Gestaltungskonzepte

Um die Zufriedenheit der Mitarbeiter in Arbeitssystemen zu steigern, wurden in der Vergangenheit ›*Arbeitsstrukturierungsmaßnahmen*‹ entwickelt, die auf eine Vergrößerung des in Bild 4.2 dargestellten Handlungsspielraumes abzielen. Bei der Arbeitsstrukturierung sollte möglichst der *Arbeitsinhalt* mit den Fähigkeiten und Bedürfnissen der Mitarbeiter übereinstimmen.

Die horizontale Dimension des *Handlungsspielraums* ist ein Maß für den Umfang der auszuführenden Tätigkeiten (*Tätigkeitsspielraum*), die vertikale Dimension zeigt den Umfang der dispositiven Tätigkeiten und die Anforderungshöhe (*Entscheidungs- und Kontrollspielraum*). Eine Vergrößerung des Handlungsspielraums bedeutet eine qualitative und quantitative Erweiterung der Tätigkeiten und Anforderungen.

Ausgehend von der Fließbandarbeit mit ihren starren Restriktionen wurden in der Vergangenheit fünf Maßnahmen der Arbeitsstrukturierung entwickelt:

1. Abbau von Zeitzwängen: Durch *Puffer* zwischen den einzelnen Arbeitsstationen erhalten die einzelnen Arbeitspersonen die Möglichkeit, losgelöst vom starren Zeittakt zu arbeiten.

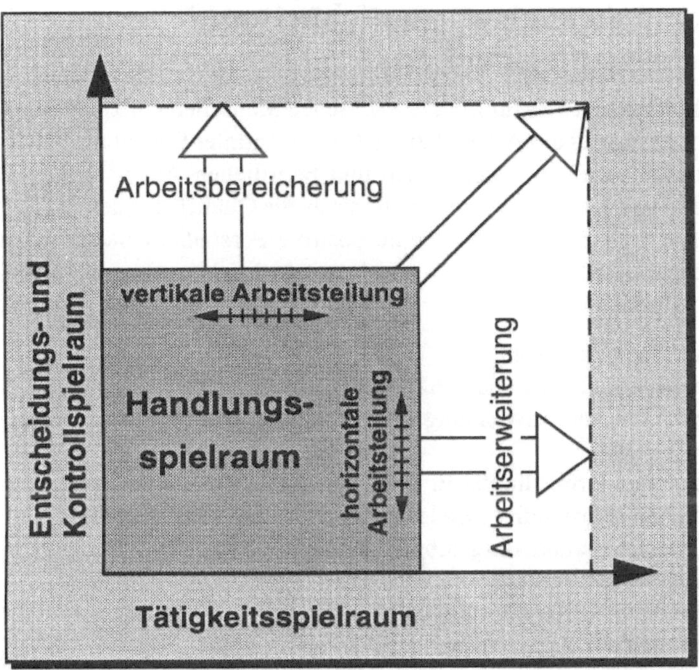

Bild 4.2 Handlungsspielraum als Produkt von Tätigkeits-, Entscheidungs- und Kontrollspielraum (nach Ulich, 1991)

2. *Job-rotation*: Die Arbeitsinhalte der einzelnen Arbeitsplätze werden nicht verändert, aber die Arbeitspersonen führen einen systematischen Arbeitsplatzwechsel durch.
3. *Job-enlargement* (*horizontale Arbeitserweiterung*): Der Umfang des Arbeitsinhalts wird vergrößert. Den Arbeitspersonen werden mehr ähnliche Arbeitsaufgaben übertragen, die aber auf dem gleichen Qualifikationsniveau liegen, was zu längeren Zyklus- bzw. Taktzeiten führt.
4. *Job-enrichment* (*vertikale Arbeitsbereicherung*): Der Arbeitsinhalt wird so verändert, daß die einzelnen Arbeitspersonen größere Dispositionsspielräume haben und somit auch höhere Qualifikationsanforderungen an sie gestellt werden.
5. *Teilautonome Gruppenarbeit*: Ein Arbeitsauftrag wird der Arbeitsgruppe übertragen. Er wird innerhalb der Gruppe in Teilaufgaben aufgeteilt. Die Gruppe kann innerhalb eines gewissen Rahmens (Zeitvorgaben, technische Randbedingungen) die Arbeit selbst organisieren. Diese Art der Arbeitsstrukturierung bietet gute Chancen für eine individuelle Gestaltung der Arbeit. Gleichzeitig birgt sie auch das Risiko, daß soziale Konflikte in der Gruppe entstehen. Gruppenarbeit in der industriellen Produktion muß erlernt werden, damit sie auch dem Kriterium der Persönlichkeitsförderlichkeit/Zufriedenheit genügt.

4.5 Persönlichkeitsförderlichkeit und Arbeitszufriedenheit

Die Persönlichkeitsentwicklung des erwachsenen Menschen vollzieht sich weitgehend im Zusammenhang mit der Arbeitstätigkeit. Von zentraler Bedeutung für die Entwicklung sind dabei neben der schulischen und beruflichen Ausbildung vor allem die Arbeitsinhalte und die Anforderungen, die sie an die Qualifikationen der Beschäftigten stellen. Indem sich bei der Arbeit eine positive Persönlichkeitsentwicklung durch zielgerichtetes Gestalten der Lebens- und Arbeitsbedingungen ergibt, folgt daraus auch die Arbeitszufriedenheit.

Hauptbedingungen dazu sind:

- Möglichkeiten ausreichender Aktivität,
- Möglichkeiten zur Anwendung und Erhaltung erworbener Leistungsvoraussetzungen,
- Möglichkeiten lernbedingter Erweiterung der Leistungsvoraussetzungen,
- Ermöglichen selbständiger Zielsetzungen und Entscheidungen,
- Schöpferische Veränderungsmöglichkeiten der Arbeitsbedingungen, insbesondere der Arbeitsausführung,
- Möglichkeiten zu Kooperation und Kommunikation sowie
- Anerkennung der Arbeitsleistung.

Diese Hauptbedingungen können in der praktischen Arbeitsgestaltung durch das ›Konzept der vollständigen Tätigkeit‹ umgesetzt werden. *Vollständige Tätigkeiten* zeichnen sich dadurch aus, daß neben ausführenden auch vorbereitende, organisierende und das Ergebnis kontrollierende Verrichtungen (zyklische Vollständigkeit) und auch Anforderungen auf unterschiedlichen Ebenen der psychischen Regulation, z. B. unterschiedliche Denkaufgaben und Problemlösungsprozesse (hierarchische Vollständigkeit) enthalten sind. Vollständige Tätigkeiten führen zu *ganzheitlichen Arbeitsinhalten*. Diese beinhalten eine möglichst lange Beteiligung am Produktionsprozeß von der Entwicklung bis zur Fertigstellung des Produkts. Die Tiefe der Arbeitsteilung wird dadurch reduziert.

4.6 Sozialverträglichkeit

Das Kriterium der *Sozialverträglichkeit* ist allen anderen Kriterien zur menschengerechten Arbeitsgestaltung übergeordnet. Das Beziehungsgeflecht des Menschen zu seinem sozialen Umfeld am Arbeitsplatz ist das Anwendungsfeld dieses Kriteriums. Es hat sich gezeigt, daß eine nachteilige Veränderung der Arbeitsbedingungen nicht nur durch neue Technik, sondern auch durch neue Organisationsformen, die das Mikroklima im sozialen System von Vertrauens- und Informationsbeziehungen stören, eintreten kann. Eine mitarbeiterorientierte Arbeitsgestaltung nutzt die Gestaltbarkeit der Technik. Der Prozeß der Technikgestaltung läßt sich durch das Instrumentarium der Technikfolgenabschätzung unter dem Gesichtspunkt der Sozialverträglichkeit optimieren.

Technikeinsatz und Arbeitsgestaltung: Was tun?

- ❑ **Gestaltungsmöglichkeiten der Technik und ihres Einsatzes im Interesse des Unternehmens und der Mitarbeiter nutzen:**
  - in der Werkstatt,
  - im Büro,
  - im Dienstleistungsbereich.
- ❑ **Den Einsatz von Technik nicht isoliert planen, sondern auch im Hinblick auf:**
  - die Gestaltung der Arbeit und der Arbeitszeit,
  - die Qualifikation der Mitarbeiter,
  - die Personalstruktur und die Umweltverträglichkeit
  - der Produktion.
- ❑ **Kleine Regelkreise bilden, die den Informationsaustausch fördern und die Reaktionsfähigkeit erhöhen.**
- ❑ **Sicherheit einplanen.**
- ❑ **Gesundheitsschutz integrieren.**
- ❑ **Ergonomische Erkenntnisse beachten.**
- ❑ **Tätigkeiten, die nur mit hinderlicher oder belastender Schutzkleidung verrichtet werden können, soweit wie möglich automatisieren.**

Bild 4.3 Technikeinsatz und Arbeitsgestaltung: Was tun? (nach Gesamtmetall, 1989)

Motivierte und qualifizierte Mitarbeiter sind ein notwendiger Bestandteil jedes funktionsfähigen und wirtschaftlichen soziotechnischen Systems. Wenn dieser Aspekt bei Automatisierungsvorhaben in besonderer Weise berücksichtigt wird, lassen sich

- Fehlplanungen des Systems weitgehend verhindern,
- die Systemverfügbarkeit erhöhen,
- die Lebensdauer des Systems verlängern

und damit seine Funktionsfähigkeit und Wirtschaftlichkeit besser gewährleisten. Deshalb sollte das Prinzip bei der sozialverträglichen Gestaltung von Automatisierungsvorhaben lauten:

Gleichzeitige Gestaltung der menschlichen Arbeit und der Automatisierungstechnik!

Bild 4.4 Auszug aus der VDI-Handlungsempfehlung ›Sozialverträgliche Gestaltung von Automatisierungsvorhaben‹ (VDI, 1989)

Der Gesamtverband der metallindustriellen Arbeitgeberverbände greift das Kriterium der Sozialverträglichkeit mit der in Bild 4.3 abgedruckten Verlautbarung auf.

Auch der Verein Deutscher Ingenieure (VDI) mißt in seiner in Bild 4.4 auszugsweise abgedruckten Handlungsempfehlung der Sozialverträglichkeit einen hohen Stellenwert zu.

Letztendlich geht es beim Kriterium der Sozialverträglichkeit um die Überwindung der tayloristischen Arbeitsstrukturen, die das Denken und Handeln vieler Menschen bis heute prägen. In Bild 4.5 ist dazu eine Aussage des Arbeitspsychologen E. Ulich abgedruckt.

"Das Festhalten an arbeitsteiligen Strukturen bestimmt noch immer etliche Bereiche unseres Wirtschaftslebens. Die Tatsache, daß es sich dabei um anachronistische Konzepte handelt, die noch dazu die Entfaltung der Produktivität behindern, steht offenbar im Widerspruch zu dem Bedürfnis manchen Managements nach Kontrolle über ***alle*** *Produktionsmittel, also auch die Humanressourcen."*

(E. Ulich, 1991)

Bild 4.5 Kommentar zu arbeitsteiligen Strukturen (Ulich, 1991)

4.7 Motivation

In den vorangegangenen Abschnitten wurde der Begriff der *Motivation* als eine entscheidende Größe im Verhältnis von Mensch und Arbeit eingeführt. Motivation ist die Summe der Beweggründe für Handeln, Verhalten und Verhaltenstendenzen. Im Gegensatz zu den beim Menschen ohnehin begrenzten biologischen Antrieben sind Motivation und einzelne Motive gelernt bzw. in Sozialisationsprozessen vermittelt (Gabler, 1988).

Motivationstheorien sind immer nur Teiltheorien, da sie nur Teile des menschlichen Verhaltens innerhalb des Reiz-Reaktions-Schemas beschreiben und erklären. So sind auch die nachfolgend vorgestellten Theorien von Maslow und Herzberg keine in sich völlig widerspruchsfreien und nachvollziehbaren Konstrukte, aber sie vermitteln doch einen Eindruck, welche Aspekte von Bedeutung sind.

Die Motivationstheorie von Maslow (1954)

Maslows Ziel war eine Theorie, die in der Lage ist, die Motivation des gesunden Menschen zu erklären. Zentraler Punkt seiner durch Ergebnisse aus psychologischen, klinischen und experimentalpsychologischen Untersuchungen gestützter Theorie sind die in Bild 4.6 dargestellten Bedürfnisklassen.

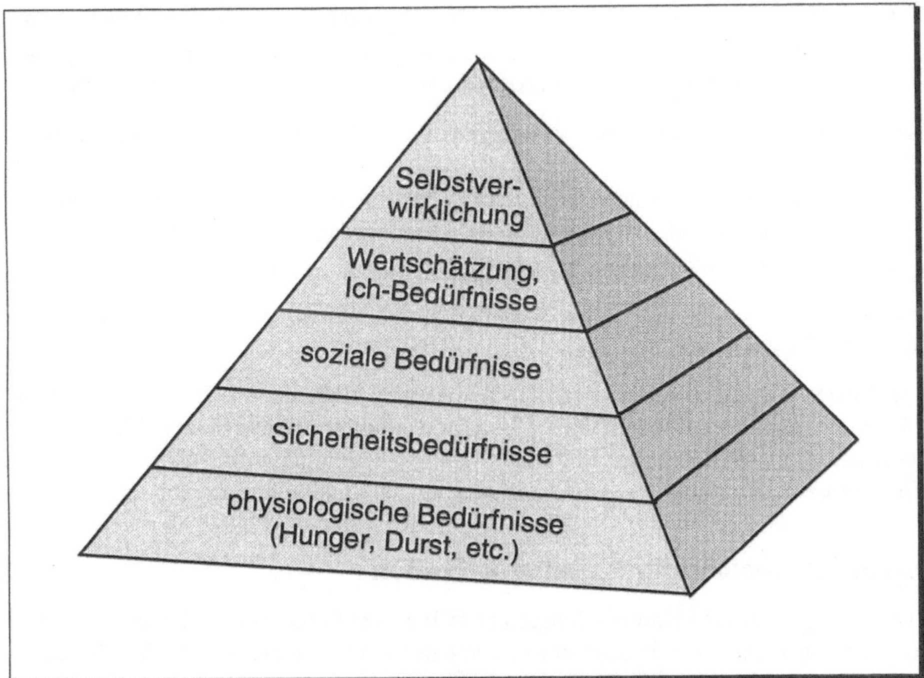

Bild 4.6 Bedürfnispyramide nach Maslow (nach Bruggemann u. a., 1975)

Die fünf Klassen sind hierarchisch aufgebaut, wobei die Bedürfnisse einer nächsthöheren Stufe erst dann dominant und damit motivierend werden, wenn die Bedürfnisse der jeweils darunter befindlichen Klasse befriedigt sind.

1. Physiologische Bedürfnisse: Darunter fallen die Grundbedürfnisse, die der Mensch befriedigen muß, um zu überleben: Schlaf, Hunger, Durst usw.
2. Sicherheitsbedürfnisse: Maslow differenziert das Verlangen nach Geborgenheit, nach Schutz und Ordnung. Die Befriedigung ökonomischer Bedürfnisse soll dem Menschen den bisher erreichten ökonomischen Stand sichern und ihm weitgehend die Angst vor Einkommensverlusten aus Altersgründen oder infolge Arbeitslosigkeit nehmen.
3. Soziale Bedürfnisse: In dieser Stufe wird der Wunsch nach Kontakt, Identifikation, Zugehörigkeit, aber auch Zuneigung laut. Im Unternehmen bedeutet dies, daß der

Mensch von der Arbeitsgruppe akzeptiert und als integrierter Bestandteil anerkannt werden will.

4. Ich-Bedürfnisse: Jeder Einzelne strebt danach, von anderen anerkannt zu werden. Durch Prestigeerfolg, Ansehen, Leistung und Wertschätzung will er seinen sozialen Status im Unternehmen sichern und verbessern.
5. Selbstverwirklichung: Die höchste und letzte Stufe in der Hierarchie ist das Bedürfnis nach Selbstverwirklichung. Der Wunsch nach eigener Lebens-, Umwelt- und Persönlichkeitsgestaltung findet hier seinen Ausdruck. In der Organisation wird eine eigenverantwortliche und anspruchsvolle Tätigkeit angestrebt.

Maslow definiert außerdem Voraussetzungen, die zur Bedürfnisbefriedigung notwendig sind:

- Die Freiheit, sich ungehindert äußern zu können (Rede-/Artikulationsfreiheit).
- Die Freiheit des Handelns, solange niemand anders dadurch Nachteile erfährt (z. B. Zugang zu Informationen).

Ohne diese Voraussetzungen ist eine angemessene Befriedigung von Bedürfnissen gefährdet oder gar unmöglich.

In der Praxis folgt aus diesem hierarchischen Modell, daß, wenn z. B. die materiellen Bedürfnisse eines Menschen erfüllt sind, er dann auf dieser Ebene nicht stärker für die Arbeit motiviert werden kann. In dieser Situation wären dann die Bedürfnisse nach Selbständigkeit, Verantwortung und Aufstieg als Motivation anzusprechen.

Herzbergs Theorie der Arbeitsmotivation

Herzberg kam in seinen Untersuchungen (1959) zu der Erkenntnis, daß sich ›Arbeitszufriedenheit‹ nicht in einem Kontinuum zwischen ›Zufriedenheit‹ und ›Unzufriedenheit‹ bewegt, sondern daß sich die Faktoren jeweils nur in eine Richtung hin auswirken. Positive Faktoren tragen dazu bei, daß sich die Einstellung zwischen neutral und zufrieden einordnen läßt. Negative Faktoren bewirken eine Einstellungsvariation zwischen neutral und unzufrieden. Das bedeutet, daß das Gegenteil von Zufriedenheit nicht Unzufriedenheit, sondern das Fehlen von Zufriedenheit ist. Faktoren, die auf die Zufriedenheit mit der Arbeit einwirken, haben durchweg mit der Arbeit selbst zu tun und werden deshalb als Kontent-Faktoren bezeichnet. Demgegenüber lassen sich diejenigen Faktoren, die Unzufriedenheit bewirken können, eher der Arbeitsumgebung zuordnen, sind also Kontext-Faktoren (vgl. Bild 4.7).

Die Motivationstheorie nach Herzberg war darin erfolgreich, daß sie als Begründung für job-enrichment-Strategien diente. Das Hauptinteresse der Arbeitsgestalter wurde vom Kontext der Arbeit (Arbeitsumgebung, Hygiene-Faktoren) auf die Arbeit selbst, den Arbeitsinhalt (Kontent) gelenkt. Die Bedürfnisse der Hygiene-Faktoren sind relativ leicht zu befriedigen, so daß ein Schwerpunkt auf die Motivatoren gelegt werden kann.

Kontent-Faktoren	Kontext-Faktoren
❑ die Tätigkeit selbst ❑ die Möglichkeit, etwas zu leisten ❑ die Möglichkeit, sich weiterzuentwickeln ❑ Verantwortung bei der Arbeit ❑ Aufstiegsmöglichkeiten ❑ Anerkennung	❑ Gestaltung der äußeren Arbeitsbedingungen ❑ Soziale Beziehungen ❑ Unternehmenspolitik und -administration ❑ Bezahlung einschließlich Sozialleistungen ❑ Krisensicherheit des Arbeitsplatzes
Motivation	Hygiene-Faktoren

Bild 4.7 Kontent- und Kontext-Faktoren nach Herzberg
(nach Bruggemann u. a., 1975)

4.8 Das Konzept der Aufgabenorientierung

Gestaltungs-merkmale	Ziel / Absicht Vorteil / Wirkung	Realisierung durch...
Ganzheit-lichkeit	• Mitarbeiter erkennen Bedeutung und Stellenwert ihrer Tätigkeit. • Mitarbeiter erhalten Rückmeldung über den eigenen Arbeitsfortschritt aus der Tätigkeit selbst.	... umfassende Aufgaben mit der Möglichkeit, Ergebnisse der eigenen Tätigkeit auf Übereinstimmung mit gestellten Anforderungen zu prüfen.
Anforderungs-vielfalt	• Unterschiedliche Fähigkeiten, Kenntnisse und Fertigkeiten können eingesetzt werden. • Einseitige Beanspruchungen können vermieden werden.	... Aufgaben mit planenden, ausführenden und kontrollierenden Elementen bzw. unterschiedlichen Anforderungen an Körperfunktionen und Sinnesorgane.
Möglichkeiten der sozialen Interaktion	• Schwierigkeiten können gemeinsam bewältigt werden. • gegenseitige Unterstützung hilft Belastungen besser ertragen.	... Aufgaben, deren Bewältigung Kooperation nahelegt oder voraussetzt.
Autonomie	• Stärkt Selbstwertgefühl und Bereitschaft zur Übernahme von Verantwortung. • Vermittelt die Erfahrung, nicht einfluß- und bedeutungslos zu sein.	... Aufgaben mit Dispositions- und Entscheidungsmöglichkeiten.
Lern- und Entwicklungs-möglichkeiten	• Allgemeine geistige Flexibilität bleibt erhalten. • Berufliche Qualifikationen werden erhalten und weiterentwickelt.	... problemhaltige Aufgaben, zu deren Bewältigung vorhandene Qualifikationen erweitert bzw. neue Qualifikationen angeeignet werden müssen.

Bild 4.8 Merkmale aufgabenorientierter Gestaltung von Arbeit (nach Ulich, 1991)

Der Charakter eines ›Schnittpunktes‹ zwischen Organisation und Individuum macht die Arbeitsaufgabe zum psychologisch relevantesten Teil der vorgegebenen Arbeitsbedingungen (Volpert 1987). Vor dem Hintergrund, daß der in der industriellen Produktion Arbeitende in der Regel nicht Produkte für den Eigenbedarf herstellt, kommt der Gestaltung von Arbeitsaufgaben eine zentrale Bedeutung innerhalb der Arbeitspsychologie zu. Arbeitsaufgaben sollen die in Bild 4.8 genannten Merkmale besitzen.

4.9 Wiederholungsfragen

1. Welche zwei Kennzeichen hat die menschliche Aktivität?
2. Was ist die psychische Regulation von Arbeitstätigkeiten?
3. Wie identifiziert man unzumutbare Arbeit?
4. Welche Streßbewältigungsmethoden sind effektiv?
5. Was ist ›job-rotation‹?
6. Was ist ›job-enlargement‹?
7. Was ist ›job-enrichment‹?
8. Was sind vollständige Tätigkeiten?
9. Wie heißen die Bedürfnisklassen nach Maslow?
10. Was ist der Unterschied zwischen Kontent- und Kontext-Faktoren nach Herzberg?
11. Durch was zeichnet sich eine aufgabenorientierte Arbeitsgestaltung aus?

5 Arbeitsumgebung

In den nachfolgenden Kapiteln werden die Umgebungsfaktoren

- ❑ Beleuchtung (Kapitel 6),
- ❑ Farbe (Kapitel 7),
- ❑ Schall (Kapitel 8),
- ❑ Schwingungen (Kapitel 9),
- ❑ Klima (Kapitel 10),
- ❑ Schadstoffe (Kapitel 11) und
- ❑ Strahlung (Kapitel 12)

behandelt.

Der Einflußbereich dieser Faktoren liegt vor allem in der direkten Umgebung des Arbeitsplatzes, aber auch bei der Gestaltung von Produkten, da diese als Arbeitsmittel am Arbeitsplatz eingesetzt werden. So ist z. B. die Lärmminderung an einer Maschine primär ein konstruktiv-produktergonomisches Problem. Da aber die Maschine an einem Arbeitsplatz steht, hat ihre Schallemission auch Einfluß auf die Arbeitsplatzqualität.

Das Teilziel der Ergonomie, die Gestaltung von menschengerechten Arbeitsplätzen, kann nur in Verbindung mit einer menschengerechten Gestaltung der Arbeitsumgebung erreicht werden.

Einige Umgebungsfaktoren werden gezielt, wie in Bild 5.1 dokumentiert ist, zur Arbeitsgestaltung eingesetzt. Andere besitzen im wesentlichen unerwünschte Wirkungen. Bei diesen wird man bestrebt sein, die Intensität, die Einwirkungsdauer und die Einwirkungshäufigkeit so zu reduzieren, daß die unerwünschten Wirkungen ausbleiben. Dabei ist zu beachten, daß eine völlige Ausschaltung der Umwelteinflüsse ebenfalls nachteilige Folgen haben kann. So traten bei extremer Isolierung von Wohnungen gegen Außenlärm bei den Bewohnern psychische Störungen auf. Die weitgehende Eliminierung der Lärm- und Schwingungsemission beim elektrischen Rasierapparat irritierte die Benutzer und führte zur Ablehnung des Produktes. Allgemein gilt:

→ Umgebungseinflüsse sind nicht zu eliminieren, sondern zu optimieren.

Legende:
✓ Beziehung
□ keine Beziehung
— nicht relevant

Umgebungsfaktoren	mögliche erwünschte Wirkungen		mögliche unerwünschte Wirkungen (meist intensitätsabhängig)				
	Tätigkeits-unterstützung	Wohlbefinden	Belästigung	Störung	Behinderung Erschwerung	Gesundheits-schädigung	Körperverletzung
Beleuchtung	✓	✓	✓	✓	✓	□	
Farben	✓	✓	□	✓	✓		
Klima (Temperatur, Luftfeuchtigkeit, Luftgeschwindigkeit, Wärmestrahlung)	□	✓	✓		□	✓	
Kontakttemperaturen		✓	✓				✓
Umgebungsdruck (Überdruck, Unterdruck)		✓			✓	✓	
Luft / Luftzusammensetzung (Luftverunreinigung durch Gase, Dämpfe, Stäube, Rauche, Nebel)	□	✓	✓		□	✓	
Schall (Lärm)		□	✓	✓	✓	✓	✓
Ultraschall						✓	
Infraschall						✓	
Mechanische Schwingungen/ Stöße		□	✓	✓	✓	✓	✓
Beschleunigungskräfte			✓	✓	✓		✓
Schwerelosigkeit			✓	✓	✓	□	
Nässe			✓	✓	✓	✓	
Schmutz			✓		□	□	

Bild 5.1 Umgebungsfaktoren und ihre Wirkungen

6 Arbeitsumgebung – Beleuchtung

6.1 Einführung

80 – 90 % aller menschlichen Wahrnehmungen erfolgen über den visuellen Sinneskanal. Voraussetzung für die Informationsaufnahme durch die Augen ist eine entsprechende Beleuchtung. Je nach Arbeitsaufgabe sind unterschiedliche Randbedingungen zu beachten. So muß z. B. die Beleuchtung an industriellen Prüfarbeitsplätzen anders ausgelegt sein als an Bildschirmarbeitsplätzen. Durch richtige Beleuchtung kann die Arbeitsleistung und die Arbeitssicherheit erhöht und die Beanspruchung der Augen reduziert werden.

6.2 Lichttechnische Grundlagen

Sichtbare Objekte leuchten entweder selbst oder reflektieren die auftreffende Strahlung. Das Strahlungsspektrum von ca. 380 – 760 nm wird dabei vom Auge als Licht (bzw. Farbe) wahrgenommen (vgl. Kapitel 7). Zur belastungsbezogenen Bewertung und zur günstigen Gestaltung der Beleuchtung sind weitere *lichttechnische Größen* erforderlich:

- ❑ Lichtstrom,
- ❑ Lichtstärke,
- ❑ Beleuchtungsstärke,
- ❑ Leuchtdichte und
- ❑ Reflexionsgrad.

Das Bild 6.1 erläutert die Zusammenhänge.

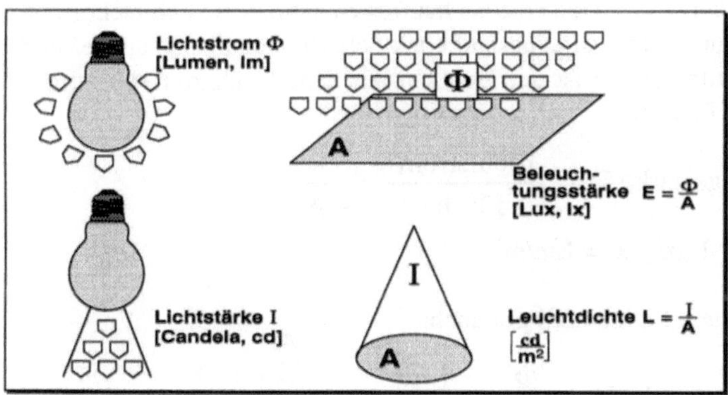

Bild 6.1 Lichttechnische Grundgrößen

6.2.1 Lichtstrom

Der *Lichtstrom* ist die gesamte von einer Lichtquelle abgegebene sichtbare Strahlungsleistung. Der Lichtstrom Φ wird in Lumen (Lm) gemessen. Für die Arbeitswissenschaft ist diese Größe nur indirekt von Bedeutung. Der Lichtstrom einer Leuchtquelle ist über den Wirkungsgrad, die Lichtausbeute η, mit der elektrischen Energieaufnahme verknüpft.

6.2.2 Lichtstärke

Die Lichtquellen strahlen im allgemeinen nicht gleichmäßig in alle Richtungen des Raumes. Die *Lichtstärke* dient zur Bewertung des Lichtes, das in einer bestimmten Richtung ausgestrahlt wird. Dies ist vor allem bei der Ermittlung der Leuchtstärkeverteilungskurve (LVK) einer Lampe von Bedeutung. Sie ist der Quotient aus dem Lichtstrom Φ in dieser Richtung und dem Raumwinkel Ω, den der Lichtstrom Φ ausfüllt. Der Raumwinkel Ω ist ein kegelförmiger Ausschnitt aus dem Strahlungsfeld der Lichtquelle.

$$\text{Raumwinkel } \Omega = \frac{\text{beleuchtete Fläche}}{\text{Abstand im Quadrat}} = \frac{A}{r^2}$$

Maßeinheit: Steradiant (sr)

$$\text{Lichtstärke } I = \frac{\text{Lichtstrom}}{\text{Raumwinkel}} = \frac{\Phi}{\Omega}$$

Maßeinheit: Candela (cd) = Lm/sr

6.2.3 Beleuchtungsstärke

Die *Beleuchtungsstärke* E ist die am häufigsten gebrauchte lichttechnische Größe. Sie ist ein Maß für die Intensität des auf einer beleuchteten Fläche auftreffenden Lichtes. Die Beleuchtungsstärke ist der Quotient aus dem Lichtstrom Φ und der Größe der beleuchteten Fläche.

$$\text{Beleuchtungsstärke } E = \frac{\text{Lichtstrom}}{\text{Fläche}} = \frac{\Phi}{A}$$

Maßeinheit: Lux (Lx) = Lm/m^2

Bei senkrechtem Lichteinfall gilt auch:

$$\text{Beleuchtungsstärke } E = \frac{\Phi}{A} = \frac{I \cdot \Omega}{A} = \frac{I \cdot \frac{A}{r^2}}{A} = \frac{I}{r^2}$$

Bei ungleichmäßiger Lichtverteilung variiert auch die örtliche Beleuchtungsstärke. In diesem Fall wird eine über die Gesamtfläche bezogene mittlere Beleuchtungsstärke errechnet. Zur Beurteilung der Beleuchtungsqualität wird in der Regel sowohl die horizontale als auch die vertikale Beleuchtungsstärke gemessen.

Das Auge kann sich auf einen sehr großen Beleuchtungsstärkebereich einstellen. Dies wird aus nachfolgender Auflistung deutlich:

Licht bei Vollmond	0,25 Lux
nächtliche Straßenbeleuchtung	1 – 30 Lux
gute Arbeitsbeleuchtung	200 – 2 000 Lux
trüber Wintertag	3 000 Lux
Operationsfeld	5 000 – 8 000 Lux
Sommertag bei bedecktem Himmel	20 000 Lux
Sommertag bei Sonnenschein	100 000 Lux

Die Beleuchtungsstärke nimmt, wie in Bild 6.2 dargestellt, entsprechend dem fotometrischen Entfernungsgesetz mit dem Quadrat der Entfernung ab.

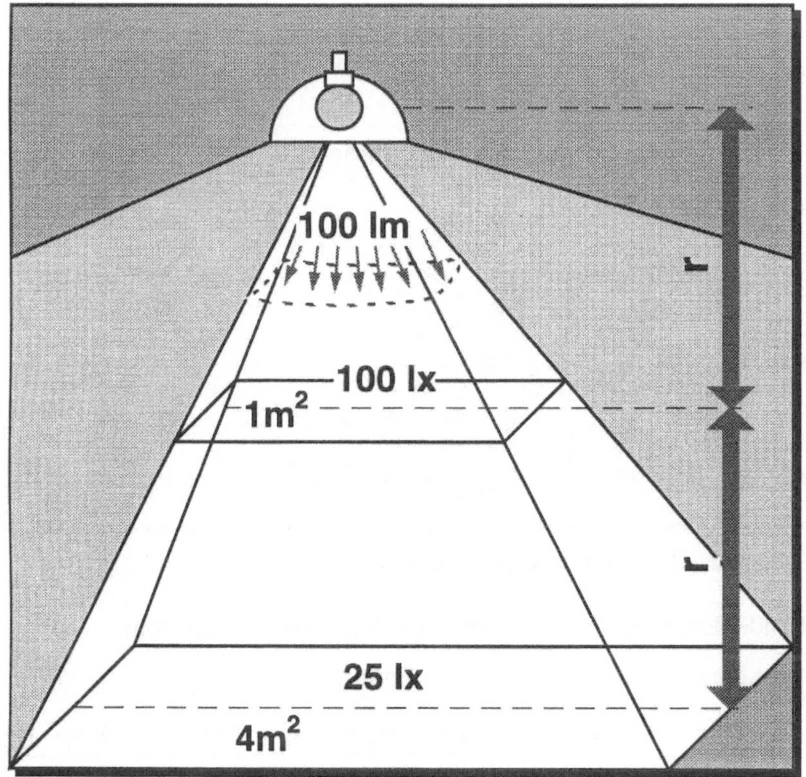

Bild 6.2 Fotometrisches Entfernungsgesetz

6.2.4 Leuchtdichte

Die *Leuchtdichte* L ist die einzige lichttechnische Größe, die das Auge wahrnimmt. Sie ist diejenige Energie, die als sichtbares Licht entweder unmittelbar aus einer Lichtquelle oder mittelbar durch Reflexion auf einer Fläche ins Auge dringt.

$$\text{Leuchtdichte L} = \frac{\text{Lichtstärke}}{\text{Fläche}} = \frac{I}{A}$$

Maßeinheit: Candela pro m^2 (cd/m^2)

Die *Helligkeitsempfindung* ist subjektiv, da sie vom Adaptionszustand des Auges abhängig ist. So erzeugt z. B. eine brennende Glühbirne am Tag einen anderen Helligkeitseindruck als bei Nacht, wenn das Auge dunkel adaptiert ist.

Die *Beleuchtungswirkung* in einem Raum kann nur anhand der unterschiedlichen Leuchtdichten im Gesichtsfeld beurteilt werden. Unterschiedliche Leuchtdichten entstehen bei Flächen durch unterschiedliche Reflexionsgrade. Der Reflexionsgrad ρ ist ein Maß für den Anteil des auftreffenden Lichtes, der von einer Fläche reflektiert wird.

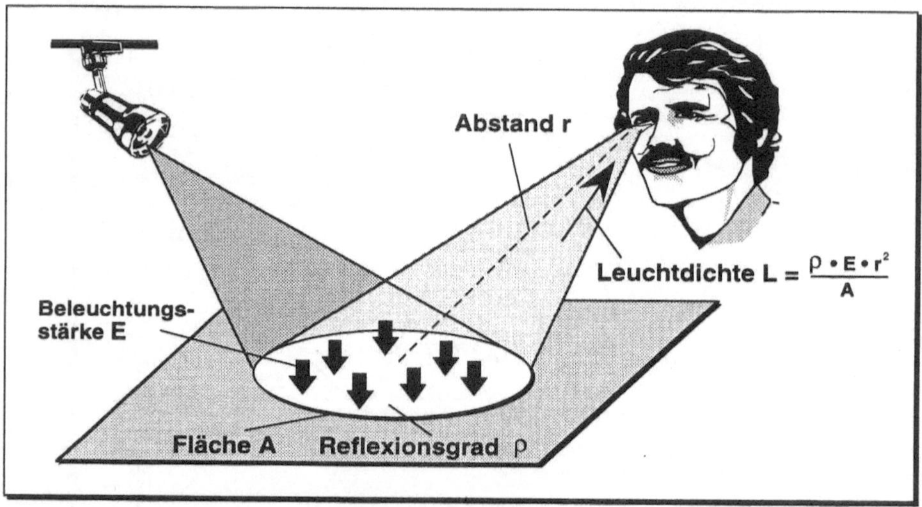

Bild 6.3 Lichttechnische Grundgröße: Leuchtdichte

Auftreffender Lichtstrom • Reflexionsgrad = reflektierter Lichtstrom

Somit kann die Leuchtdichte auch mit der Formel

$$\text{Leuchtdichte L} = \frac{\text{Beleuchtungsst.} \cdot \text{Reflexionsgr.} \cdot \text{Abst.}^2}{\text{Fläche}} = \frac{E \cdot \rho \cdot r^2}{A}$$

berechnet werden.

Vereinfacht:

$$\text{Leuchtdichte L} = \frac{E \bullet \rho}{\pi}$$

In Bild 6.3 wird der Zusammenhang von Beleuchtungsstärke, Reflexionsgrad und Leuchtdichte dargestellt.

6.3 Meßverfahren

In der arbeitswissenschaftlichen Praxis ist es oft notwendig, die Beleuchtungsstärke, die Leuchtdichte und den Reflexionsgrad von Oberflächen zu bestimmen. Als Meßwertaufnehmer dienen Silizium-Fotoelemente in Verbindung mit einer Meßoptik. In Bild 6.4 ist die Messung der Beleuchtungsstärke und der Leuchtdichte dargestellt.

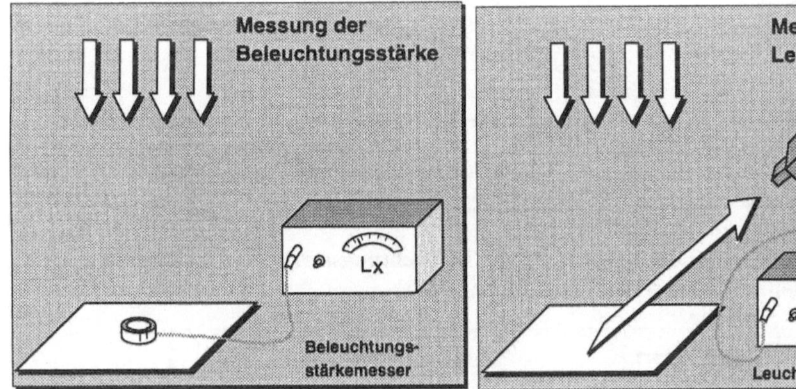

Bild 6.4 Messung von Beleuchtungsstärke und Leuchtdichte

Die Ermittlung des Reflexionsgrades einer Oberfläche erfolgt über einen Vergleich der Leuchtdichte der untersuchten Oberfläche mit einer Referenzfläche.

6.4 Lichtwirkungen auf den Menschen

Licht hat, indem es das Sehen ermöglicht, physische und emotionale Wirkungen auf den Menschen. So hat das Auge die Fähigkeit zu adaptieren, d. h. sich auf unterschiedliche Leuchtdichten einzustellen. Selbst bei niedrigen Beleuchtungsstärken (ca. 3 Lux nachts auf beleuchteten Straßen) können noch Informationen (z. B. Armbanduhr ablesen) aufgenommen werden. Wird das Auge durch Sehaufgaben überfordert, wie z. B. beim Lesen bei nicht ausreichender Beleuchtung oder durch kleine, kontrastarme Schrift, so tritt lediglich eine Ermüdung, aber keine irreversible Funktionsminderung ein.

Die Wirkung des Lichtes auf die Psyche äußert sich darin, daß eine gute Beleuchtung die Aufmerksamkeit erhöht. Weiterhin kann ein Zusammenhang zwischen der Lichtfarbe (der Wellenlängenverteilung) und der gefühlsmäßigen Lichtwirkung nicht ausgeschlossen werden.

6.4.1 Lichtbedarf

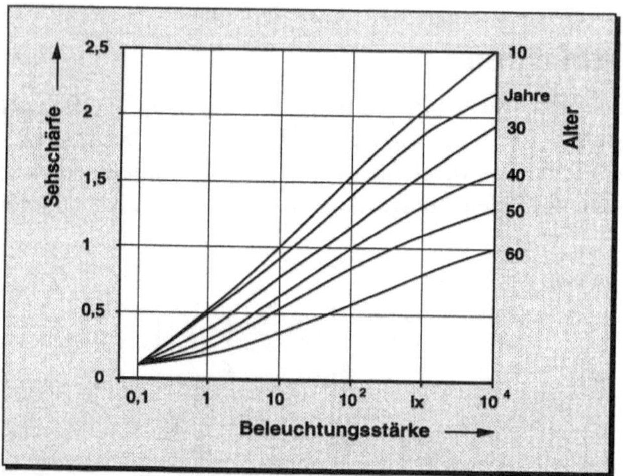

Bild 6.5 Abhängigkeit der Sehschärfe von Beleuchtungsstärke und Lebensalter (Quelle: Studiengemeinschaft Licht, 1968)

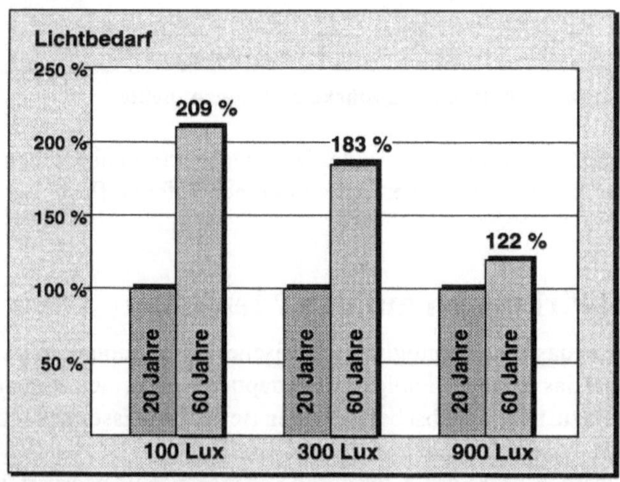

Bild 6.6 Lichtbedarf von älteren und jüngeren Menschen bei unterschiedlichen Beleuchtungsstärken (Quelle: Handbuch für Beleuchtung, 1975)

Die *Sehleistung* ist, wie in Bild 6.5 zu sehen ist, direkt abhängig von der Beleuchtungsstärke. Deshalb muß diese der Sehaufgabe angepaßt werden. Bedingt durch Alterungsprozesse benötigen ältere Menschen mehr Licht, um Sehaufgaben präzise und schnell ausführen zu können. Dieser auch in Bild 6.6 dargestellte Unterschied vermindert sich jedoch mit steigender Beleuchtungsstärke. Ein hohes Beleuchtungsniveau ist deshalb für alle Arbeitskräfte von Vorteil.

6.4.2 Kontraste

Ein Sehobjekt ist nur dann zu erkennen, wenn es einen Mindestkontrast, d. h. einen *Leuchtdichteunterschied* zu seiner Umgebung, aufweist. Der Kontrast kann entweder als Helligkeitskontrast, Farbkontrast oder als kombinierter Kontrast auftreten. Die Unterschiedsempfindlichkeit des Auges, d. h. die Fähigkeit, Kontraste wahrzunehmen, ist abhängig von der Objektgröße, der Leuchtdichte, der Wahrnehmungszeit und dem Adaptionsniveau. Je höher das Beleuchtungsniveau (die Adaptionsleuchtdichte) ist, desto größer muß der Kontrast sein. Sind die Kontraste zu stark, so entsteht Blendung.

6.4.3 Blendung

Bei einer ausgewogenen Leuchtdichteverteilung im Gesichtsfeld adaptiert das Auge auf eine mittlere Leuchtdichte derart, daß die Erkennungsleistung optimal wird. Bei der *physiologischen Blendung* ist die Leuchtdichte zu hoch. Es entsteht im Auge ein Streulicht, was zu einer Adaption auf ein höheres Niveau führt. Damit wird dann auch bei den Sehobjekten ein höherer Kontrast notwendig. Ist dieser nicht vorhanden, kann die Sehaufgabe nicht mehr erfüllt werden.

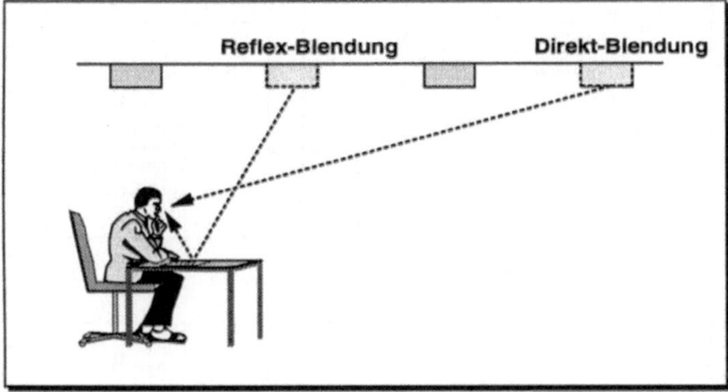

Bild 6.7 Reflex- und Direkt-Blendung

Beim direkten Blick in eine Leuchtquelle wird von der *Direkt-Blendung* gesprochen. Hier ist oft der Absolutwert der Leuchtdichte zu hoch (z. B. Blick in die Sonne). *Reflex-*

Blendung entsteht bei der Spiegelung von Leuchtquellen an glänzenden Oberflächen. In Bild 6.7 ist dieser Effekt dargestellt.

Zu hohe Unterschiede der Leuchtdichte im Gesichtsfeld, d. h. zu starke Kontraste, führen zur *Relativ-Blendung*, welche außerdem durch die großen Adaptionssprünge eine starke Augenermüdung bewirken.

6.4.4 Arbeitsleistung

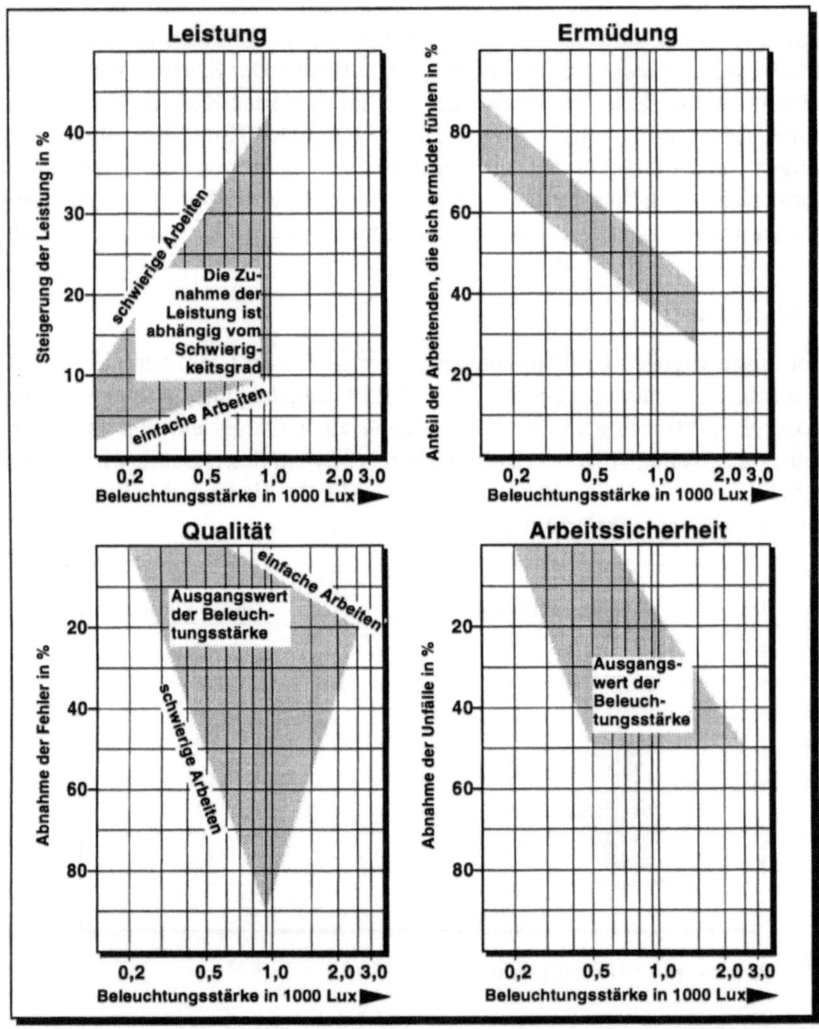

Bild 6.8 Abhängigkeiten von der Beleuchtungsstärke (Quelle: Hartmann, 1982)

Untersuchungen haben gezeigt, daß ein Zusammenhang zwischen Beleuchtungsstärke und Leistungsbereitschaft, Ermüdung, Arbeitsqualität und Arbeitssicherheit besteht. Bild 6.8 zeigt diesen Zusammenhang auf.

6.5 Beleuchtungstechnik

6.5.1 Lampen

»Lampen sind technische Ausführungen von künstlichen Lichtquellen, die in erster Linie zur Lichterzeugung bestimmt sind, also leuchten und beleuchten sollen. Elektrische Lampen sind Lampen, die elektrische Energie in Licht umformen. Entladungslampen (Nieder-/Hochdruckentladungslampen) sind elektrische Lampen, bei denen elektrische Entladungen feste, flüssige oder gasförmige Stoffe unmittelbar oder mittelbar zum Leuchten bringen« (DIN 5039).

Lampen werden eingeteilt nach

- Lichtfarbe,
- Farbwiedergabeeigenschaften,
- Lichterzeugung und
- Lichtausbeute.

Lichtfarbe und Farbwiedergabe

Durch die *Lichtfarbe* wird das *Farbklima* bestimmt. Es kann psychologische Wirkungen haben. Die Lichtfarbe einer Lampe wird durch die spektrale Zusammenstellung charakterisiert und durch die Farbtemperatur (in Grad Kelvin) beschrieben.

Man unterscheidet drei Gruppen:

1. Tageslichtweiße Lichtfarben (leicht bläulich) mit einer Farbtemperatur über 5 000 K (tw).
2. Neutralweiße Lichtfarben mit einer Farbtemperatur zwischen 3 300 und 5 000 K(nw).
3. Warmweiße Lichtfarben (leicht rötlich-gelblich) mit einer Farbtemperatur unter 3 300 K(ww).

In Bild 6.9 sind die spektralen *Strahlungsdichteverteilungen* von einigen häufig benutzten Lampentypen abgebildet.

Für industrielle Arbeitsplätze kommen nur Leuchten der Gruppe ›tw‹ und ›nw‹ in Frage, da warmweiße Lampen mit hohen Rot-Anteilen in Verbindung mit Tageslicht leicht zum sog. ›Zwielicht‹ mit farbigen Schatten führen.

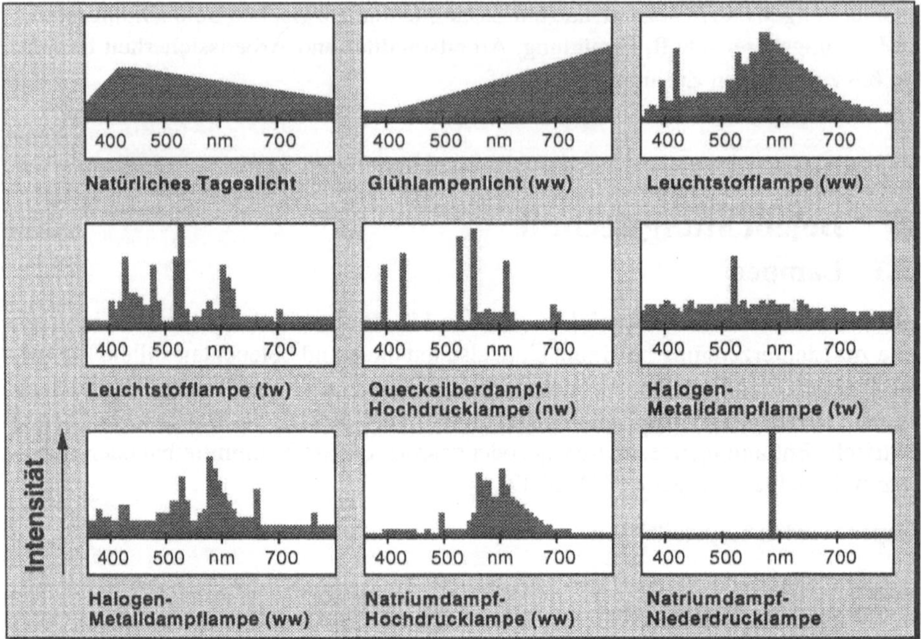

Bild 6.9 Spektrale Strahlungsdichteverteilung von Tageslicht und verschiedenen Lampentypen (nach Herstellerangaben)

Trotz gleicher Lichtfarben-Gruppe kann die Qualität der Farbwiedergabe recht unterschiedlich sein. Für bestimmte Tätigkeiten ist farbgetreue Beleuchtung wichtig. Deshalb wird folgende Stufeneinteilung verwendet:

1a: Höchste Ansprüche (z. B. Farbkontrolle, Museen),
1b: Sehr hohe Ansprüche (z. B. Büros),
2: Hohe Ansprüche (z. B. Elektronikindustrie),
3: Mittlere Ansprüche (z. B. Stanzereien),
4: Geringe Ansprüche (z. B. Lagerhallen, Schwerindustrie).

Lampenarten

Nachfolgend werden die nach der Lichterzeugung unterschiedenen Lampenarten kurz beschrieben. Bei der Auslegung der Beleuchtung muß beachtet werden, daß Lampen altern, d. h. der Lichtstrom durch eine Abnahme des Wirkungsgrades geringer wird.

Glühlampen

Glühlampen sind in vielen Leistungsstufen und Bauformen erhältlich. Sie haben eine behagliche Lichtfarbe bei guter Farbwiedergabe und sind einfach in der Handhabung. Nachteilig ist ihre niedrige Lichtausbeute bei vergleichsweise geringer Lebensdauer.

Halogen-Glühlampen

Durch die kleinen Abmessungen sind Halogen-Glühlampen besonders gut geeignet für die Lichtlenkung (Lichteffekte). Lampen kombiniert mit Reflektoren können scharf abgegrenzte Lichtbündel erzeugen. Halogen-Glühlampen sind auch mit Kaltlichtspiegel zur Reduzierung der Wärme erhältlich.

Leuchtstofflampen

Für Leuchtstofflampen gibt es eine große Auswahl an Leistungsstufen und Farbwiedergabestufen. Sie haben eine günstige Lebensdauer und Lichtausbeute. Der Lichtstrom ist allerdings abhängig von der Umgebungstemperatur.

Kompakt-Leuchtstofflampen

Kompakt-Leuchtstofflampen (KLL) sind eine Weiterentwicklung der Leuchtstofflampen in Richtung kleinere Abmessungen und kleinere Wattstufen. Sie sollen die Glühlampen im Wohnbereich ersetzen, darüber hinaus ergeben sich für die Lichtindustrie neue lichttechnische und architektonische Möglichkeiten.

Quecksilberdampf-Hochdrucklampen

Quecksilberdampf-Hochdrucklampen finden hauptsächlich Anwendung in der Außenbeleuchtung bzw. in Hallen über 6 m Höhe. Ihre Merkmale sind hohe Lichtausbeute, lange Lebensdauer und kleine Bauform. Sie haben jedoch eine lange Anlauf- und Wiederzündzeit und eine schlechte Farbwiedergabe.

Metalldampf-Halogenlampen

Metalldampf-Halogenlampen haben die gleichen Eigenschaften wie Quecksilberdampf-Hochdrucklampen, sind jedoch besser in der Lichtausbeute und in der Farbwiedergabe. Daher sind sie auch teilweise für Innenraumbeleuchtungen (z. B. Indirekt-Leuchten) einsetzbar.

Natriumdampf-Hochdrucklampen

Die Merkmale der Natriumdampf-Hochdrucklampen sind gute Lichtausbeute, lange Lebensdauer und kleine Bauform. In der Regel haben sie eine schlechte Farbwiedergabe bei einer Anlauf- und Wiederzündzeit von ca. 2 Minuten.

Natriumdampf-Niederdrucklampen

Höchste Lichtausbeute bei langer Lebensdauer kennzeichnen die Natriumdampf-Niederdrucklampen. Nachteilig ist die schlechte Farbwiedergabe (monochromatisches Licht) bei großer Bauform. Sie werden hauptsächlich in gefährdeten Straßenzonen eingesetzt (z. B. Autobahnauf- und ausfahrten).

In Bild 6.10 sind die zu den genannten Lampen gehörenden physikalischen Kenngrößen tabelliert.

	Lampenarten							
	Glühlampen	Halogen-Glühlampen	Leuchtstoff-Lampen	Kompaktleuchtstoff-Lampen	Quecksilberdampf-Hochdruck-Lampe	Metalldampf-Halogen Lampe	Natriumdampf-Hochdruck-Lampe	Natriumdampf-Niederdruck-Lampe
Leistung [W]	15 - 2 000	5 - 2 000	4 - 140	5 - 36	50 - 2 000	70 - 3 500	50 - 1 000	18 - 180
Lichtstrom [lm]	90 - 40 000	60 - 45 000	120 - 8 700	250 - 2 900	1600 - 125 000	5 500 - 300 000	3 300 - 130 000	1 800 - 33 000
Lichtausbeute [lm/W]	bis 20	bis 22	bis 95	bis 76	bis 61	bis 84	bis 122	bis 155
Lichtfarbe	ww	ww	ww, nw, tw	ww, nw	ww	ww, nw, tw	ww, nw	(gelb)
Farbwiedergabe-Stufen	1	1	1, 2, 3	1	3	1, 2	4	4
Einsatzbeispiele	Wohnbereich, Gastronomie	Schaufenster, Museen, Galerien, Restaurants	Industrie und Büroräume	Wohnbereich, gewerbliche und repräsentative Räume	hauptsächlich Außenbeleuchtung	Büro, Industrie, Schaufenster, repräsentative Räume	Straßen- und Tunnelbeleuchtung	Beleuchtung von Straßen an besonderen Gefahrenstellen, Tunnelein- und ausfahrten

Bild 6.10 Kenngrößen unterschiedlicher Lampenarten (nach Herstellerangaben)

6.5.2 Leuchten

»Leuchten sind Geräte, die zur Verteilung, Filterung oder Umformung des Lichtes von Lampen dienen, einschließlich der zur Befestigung, zum Schutz oder zum Betrieb der Lampen notwendigen Bestandteile« (DIN 5039).

Nach folgenden Gesichtspunkten sind Leuchten für Beleuchtungszwecke zu unterscheiden:

1. Art der Lampen (Glüh-/Entladungslampen),
2. Verwendungsart (innen/außen),
3. Lichtstrom- und Lichtstärkeverteilung,
4. Bauart (offen/geschlossen),
5. elektrische Schutzklasse bzgl. Spannungsisolation sowie
6. Schutzart bzgl. Umgebungsbedingungen (Staub, Feuchtigkeit).

Die *Lichtstärkeverteilungskurve* (LVK) einer Leuchte ist von maßgeblicher Bedeutung für die Verteilung des Lichtes im Raum. In Bild 6.11 sind fünf Standard-LVK dargestellt.

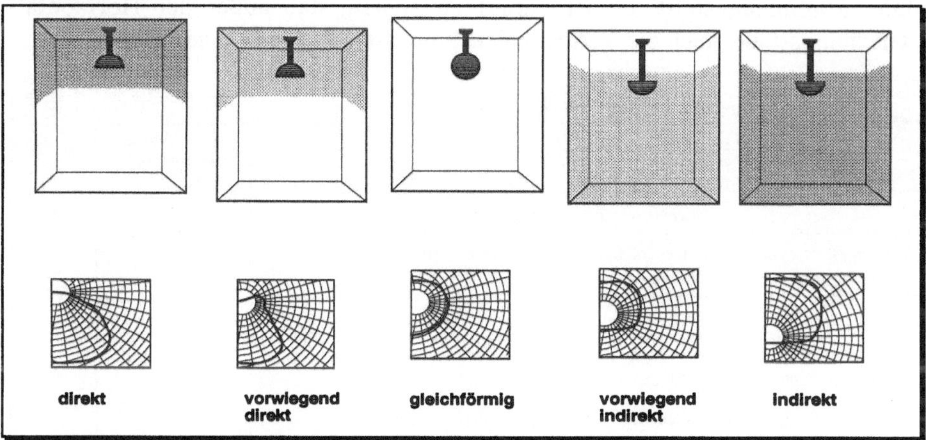

Bild 6.11 Hauptgruppen der Leuchteneinteilung mit den dazugehörigen Lichtstärkeverteilungskurven (nach Böcker, 1981)

6.6 Gestaltungsempfehlungen

Die in Bild 6.12 aufgelisteten zehn Gebote für richtiges Licht sind Hilfen dazu, wie durch gute Beleuchtung – sei es durch Tageslicht oder durch künstliche Beleuchtung oder beides – günstige Arbeitsbedingungen geschaffen werden können.

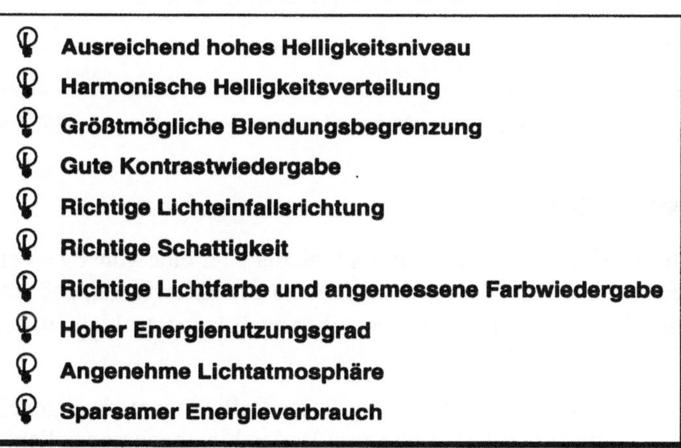

Bild 6.12 Zehn Gebote für richtiges Licht

Helligkeitsniveau

Das Beleuchtungsniveau muß auf die Arbeitsaufgabe bzw. auf die erforderliche Präzision abgestimmt sein. In Bild 6.13 sind die *Nennbeleuchtungsstärken* nach DIN 5035 zusammengestellt. Es ist darauf zu achten, daß außer der Horizontalbeleuchtungsstärke auch die Vertikalbeleuchtungsstärke ausreichend hoch ist.

Nennbeleuchtungsstärken			
Sehaufgaben	Beispiele	Nennbeleuchtungsstärke E [lx]	Stufe
	Stahlbau, Mindestwert nach Arbeitsstättenverordnung	15	1
Orientierung, nur vorübergehender Aufenthalt	Abstell- und Nebenräume, Werkstraßen, Höfe, Baustellen	30	2
	Verladerampen, Aufzugskabinen, Fahrtreppen	60	3
leichte Sehaufgabe; gr. Details m. h. Kontrasten	Lagerräume, Umkleide-, Waschräume,Toiletten, Schmieden, Grobmontage, Flure, Treppen	120	4
	Büroarbeiten mit leichten Sehaufgaben, Schweiß- und Schlosserarbeiten, Betriebslaboratorien	250	5
norm. Sehaufg.; mittelgr. Details m. mittl. Kontr.	Büroarbeiten mit normalen Sehaufgaben, Datenverarbeitung, Einrichten von Werkzeugmaschinen, Montage	500	6
	Anreißen, Feinmontage, Kontrolle	750	7
schwierige Sehaufgabe; kl. Details m. mittl. Kontr.	Großraumbüro, Technisches Zeichnen, Feinstmontage, feinmechanische Arbeiten, Kontrolle, Meß- und Prüfräume	1000	8
	Montage el. Bauteile, Edelsteinschleiferei, Kunststopfen	1500	9
sehr schwierige Sehaufgabe; sehr kl. Details m. sehr kleinen Kontrasten	Montage von Subminiaturteilen der Elektronik, Uhrmacherei, Goldschmieden	2000	10
		3000	11
Sonderfälle	Operationsfeldbeleuchtung	5000 u. mehr	12

Bild 6.13 Nennbeleuchtungsstärken 85 cm über dem Fußboden (nach DIN 5035)

Helligkeitsverteilung

Die Beleuchtungsstärke im Raum sagt noch nichts über eine günstige Verteilung der Leuchtdichten aus. Die *Reflexionsgrade* sollen so gewählt werden, daß sich zwischen Arbeitsfeld und Umfeld keine zu großen, aber auch keine zu kleinen Leuchtdichteunterschiede ergeben.

In Bild 6.14 und 6.15 sind zur Orientierung einige Reflexionsgrade angegeben. Es gilt, daß die Reflexionsgrade von der Decke zum Boden hin abnehmen sollen. Richtwerte für Kontraste am Arbeitsplatz enthält das Bild 6.16.

Metallspiegel	**95 - 99 %**
Silber hochpoliert	**90 - 92 %**
Fensterglas für gestreute Reflexion (ρ_{diff}):	**6 - 8 %**
Papier weiß	**70 - 85 %**
hellgrau	**40 - 60 %**
dunkelgrau	**10 - 15 %**
Holz hell	**30 - 50 %**
Holz dunkel	**10 - 25 %**
Samt schwarz	**0,5 - 4 %**

Bild 6.14 Reflexionsgrade

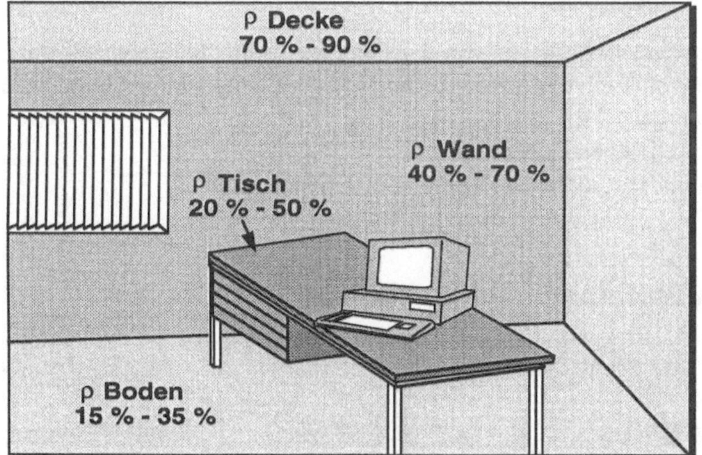

Bild 6.15 Empfohlene Reflexionsgrade in Räumen mit Bildschirmarbeitsplätzen

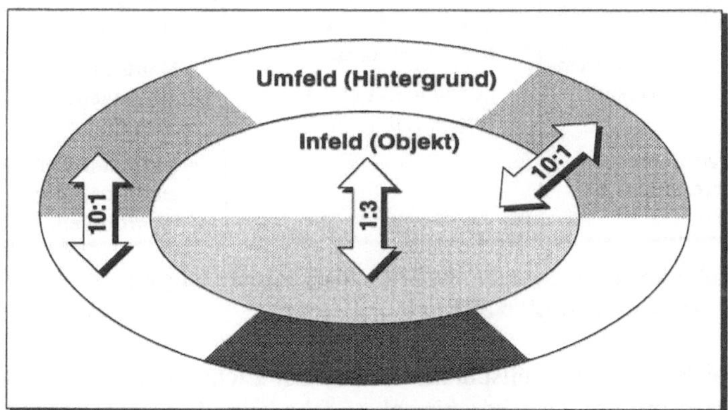

Bild 6.16 Zulässige Kontraste am Arbeitsplatz (nach Grandjean, 1991)

Regeln zur *Kontrastbegrenzung*:

- ❑ Die Leuchtdichten aller größeren Flächen im Gesichtsfeld sollen möglichst gleich groß sein.
- ❑ Im mittleren Gesichtsfeld stören Flächenkontraste von mehr als 1 : 3.
- ❑ Zwischen Mittel- und Randpartien des Gesichtsfeldes oder innerhalb der Randpartien des Gesichtsfeldes sollen die Kontraste ein Verhältnis von 1 : 10 nicht überschreiten.
- ❑ Flächenkontraste von 1 : 40 und mehr sind auf Dauer gesundheitsschädlich.
- ❑ Am Arbeitsplatz sollen in der Mitte des Gesichtsfeldes die helleren und außen die dunkleren Flächen liegen.

Kontrastwiedergabe

Die Kontrastwiedergabe hängt von der Oberflächenbeschaffenheit der betrachteten Gegenstände, vom Lichteinfallswinkel und von der Lichtstärkeverteilung ab. Eine gute Kontrastwiedergabe wird durch

- ❑ matte Materialoberflächen und
- ❑ seitlich über dem Arbeitsplatz angeordnete Leuchten

erzielt.

Lichteinfallsrichtung

Direktblendung		Reflexblendung
Durch Fenster	**Durch Leuchten**	• Spiegelung von Leuchten vermeiden
• Aufstellen der Anzeigefläche im rechten Winkel zur Fensterfront • Aufstellen der Bildschirmstation in fensterfernen Zonen • Benutzen von Vorhängen, Jalousien und Stellwänden	• Aufstellen der Anzeigefläche im rechten Winkel und zwischen den Leuchtenbändern • Verwenden tiefstrahlender Leuchten	• Aufstellen der Anzeigefläche im rechten Winkel zur Fensterfront • Matte Oberflächen in der Arbeitsplatzumgebung • Antireflexmaßnahmen am Bildschirm (Micromesh, Ätzen etc.)

Bild 6.17 Maßnahmen zur Steuerung der Lichteinfallsrichtung an Bildschirmarbeitsplätzen

Besonders bei Bildschirmarbeitsplätzen kommt der Lichteinfallsrichtung eine hohe Bedeutung zu, damit auf der Bildschirmoberfläche keine Spiegelungen auftreten. In Bild 6.18 sind dazu Regeln und in Bild 6.19 Anordnungsempfehlungen aufgelistet.

Ganz allgemein gilt für die ***Blendungsbegrenzung***:

- ❑ Keine Leuchtkörper im Gesichtsfeld.
- ❑ Direkte Sicht auf Leuchtkörper vermeiden.
- ❑ Keine Leuchten ohne Abschirmung.
- ❑ Keine reflektierenden Materialien, Farben und Arbeitsflächen.

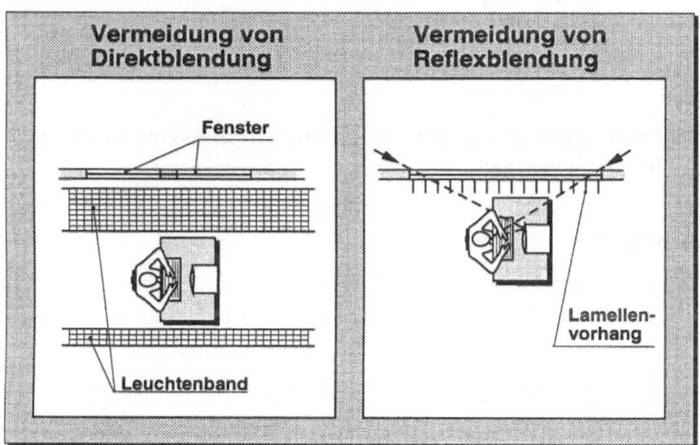

Bild 6.18 Anordnung von Bildschirmarbeitsplätzen

Schattenbildung

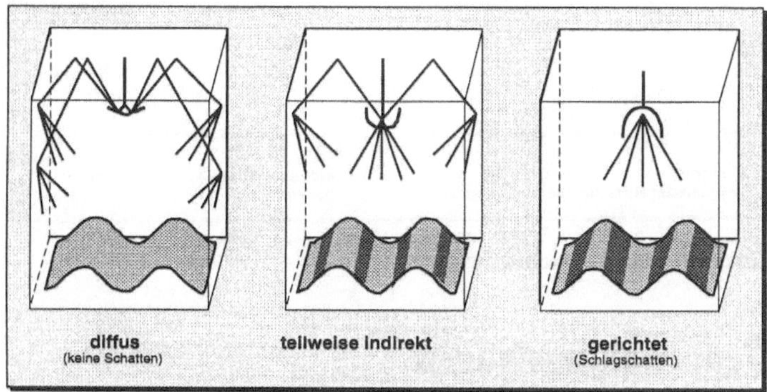

Bild 6.19 Diffuse, teilweise indirekte und gerichtete Beleuchtung
(nach Hartmann, in: Schmidtke, 1993)

Schatten verstärken das räumliche Sehen und erleichtern die Orientierung. Richtige Schattenbildung entsteht durch eine zweckmäßige Mischung von diffusem Licht und von gerichtetem Licht. Dadurch wird ein gleichmäßiger Übergang von weniger beleuchteten Stellen zu stärker beleuchteten Stellen erreicht.

Wie in Bild 6.19 zu sehen ist, erzeugt die gerichtete Beleuchtung starke Schlagschatten und ist deshalb als Arbeitsplatzbeleuchtung ungeeignet.

Lichtfarbe und Farbwiedergabe

Bei Beleuchtung mit Tages- und Kunstlicht muß die künstliche Lichtquelle in ihren Eigenschaften der natürlichen Lichtquelle ähnlich sein.

Raumklima

Durch die Wahl von Leuchten mit hohem Energiewirkungsgrad kann der Wärmeeinfluß der Beleuchtung gering gehalten werden.

Lichtatmosphäre

Licht wirkt auf die Stimmung und auf das Wohlbefinden. Lichtatmosphäre läßt sich, wie in Bild 6.20 zu sehen ist, vor allem durch kombinierte Beleuchtungsarten erzielen.

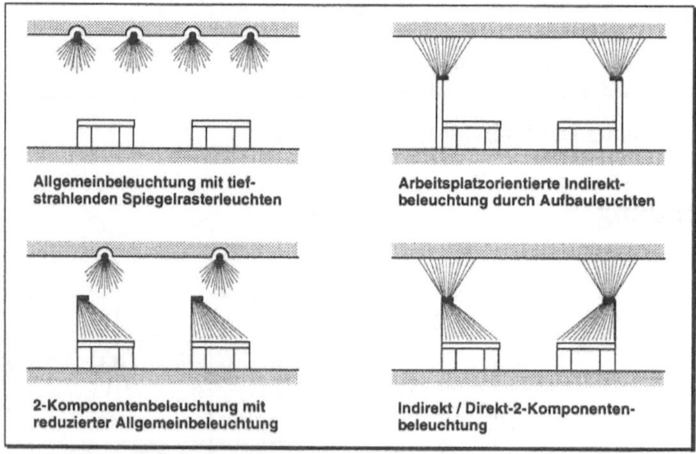

Bild 6.20 Ausgewählte Beleuchtungsarten

6.7 Wiederholungsfragen

1. Was ist der Unterschied zwischen Beleuchtungsstärke und Leuchtdichte?
2. Welche Wirkungen hat Licht auf den Menschen?
3. Wann sind Objekte sichtbar?
4. Was ist Blendung und wie entsteht sie?
5. Wie ist der Zusammenhang zwischen Beleuchtungsstärke und Arbeitsleistung?
6. Welche Kontraste sind zulässig?
7. Wie kann die Blendung begrenzt werden?

7 Arbeitsumgebung – Farbe

7.1 Einführung

Farbe spielt eine wichtige Rolle bei der Gestaltung der Arbeitsumgebung. Farben wirken auf das vegetative Nervensystem und beeinflussen es bei richtiger Farbauswahl positiv. Mit einer sinnvollen Verwendung von Farben können die in Bild 7.1 beschriebenen Faktoren beeinflußt werden.

Richtige Farbgebung

- ❑ **verbessert das Wahrnehmen:**
  Durch bessere Unterscheidbarkeit werden Auge und Organismus geschont.
  Abbau von Streß und Frustration.
- ❑ **steigert die Leistung und verringert Fehlleistungen:**
  Durch Abbau von Monotonie und Irritationen wird die Leistungsfähigkeit gesteigert und Ermüdung vermieden. (Hier spielt auch die Beleuchtung eine wichtige Rolle.)
- ❑ **hebt die Stimmung:**
  Die Motivation wird unter Begleitung von Erfolgserlebnissen erhöht. Besserer Kontakt, bessere Einsicht in das Arbeitsganze durch richtige Visualisierung und Assoziationshilfen. Abbau belastender Sinneseindrücke. Die subjektive Beeinträchtigung durch negative Umgebungseinflüsse wie z. B. Lärm, Gerüche und unzuträgliche Temperaturen kann verringert werden.
- ❑ **erhöht die Sicherheit:**
  Durch den Einsatz von Sicherheits- und Ordnungsfarben werden Unfallgefahren und Verwechslungsmöglichkeiten gemindert.
- ❑ **schafft Ordnung:**
  Beim Arbeitsfluß, bei der Lagerung, beim Transport, im Verkehr sind Farben ein wichtiger Ordnungsfaktor.
- ❑ **fördert die Orientierung:**
  Farb- und Formzeichen sind wichtige Informationshilfen. Evtl. Raumgliederung durch unterschiedliche Farbbezirke; Kennzeichnungen unterschiedlicher Funktionen (auch an Maschinen). Verwendung von Symbolen.
- ❑ **begünstigt die Erholung:**
  Eine energieaufbauende Farb- und Lichtumgebung während der Pausenzeiten kann den Erholungseffekt während der Pausen entscheidend unterstützen.

Bild 7.1 Durch richtige Farbgebung beeinflußbare Faktoren (nach Frieling, 1987)

7.2 Grundbegriffe

Physikalischer Farbbegriff:
Elektromagnetische Wellen im Wellenbereich zwischen ca. 380 – 760 nm.

Primärfarben:
Farben, die sich nicht durch Mischung herstellen lassen:
Gelb, Magenta (Rot), Cyan (Blau). Werden zwei *Primärfarben* zusammengebracht, so

entstehen *Sekundärfarben*. Diese Mischfarben behalten die volle Buntkraft, da sie weder getrübt noch aufgehellt sind.

Farbkreis:
Anordnung der Primärfarben und den jeweils dazwischenliegenden Sekundärfarben in einem Kreis (Bild 7.2).

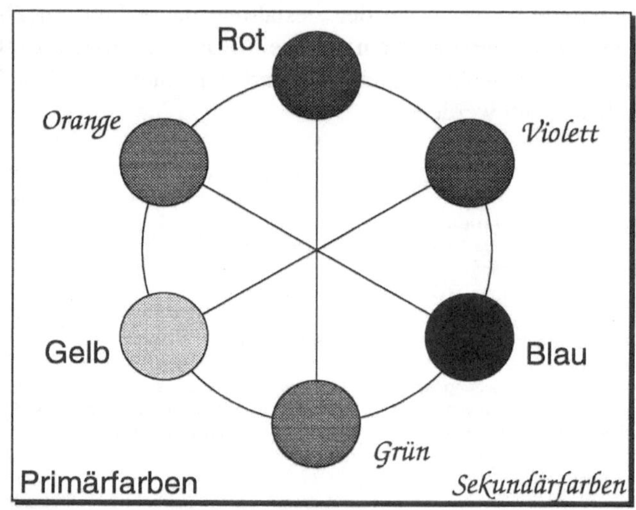

Bild 7.2 Farbkreis

Der *Farbkreis* ist eine Systematisierungshilfe für die Ordnung der Farben. In ihm sind die Farben des Spektrums in ihrer natürlichen Reihenfolge nach den Wellenlängen angeordnet und an den Enden verbunden. Ausgangsfarben sind Gelb, Rot und Blau. Die jeweils gegenüberliegenden Farben werden als Komplementärfarben bezeichnet.

Additive Farbmischung:
Das additive Mischergebnis der drei Farben Orange (Rot), Grün und Violett (Blau) ergibt Weiß. Es ist nicht mit der Mischung von Farbstoffen zu vergleichen, da es sich nur durch farbige Lichter erzielen läßt. Angewendet wird die additive Farbmischung z. B. bei Farbbildschirmen (RGB). Alle Farben zusammen ergeben Weiß.

Subtraktive Farbmischung:
Bei der subtraktiven Farbmischung (z. B. mit Farbstoffen oder Pigmenten) ergeben sich die bekannten Mischfarben (z. B. Gelb mit Blau ergibt Grün). Alle Farben zusammen ergeben Schwarz.

Farbenblindheit:
Die Unfähigkeit, Farben überhaupt zu erkennen; tritt meist als Rot-Grün-Blindheit, seltener als Blau-Gelb-Blindheit auf.

7.3 Systematische Erfassung von Farben

Neben den Unbuntfarben existieren unzählige Buntfarben. Um diese Farbenvielfalt zu ordnen, hat man Verfahren entwickelt, mit denen sich Farben messen und systematisieren lassen.

7.3.1 Messung von Farben

Farben sind objektiv meßbare Größen; die Farbmetrik, eine Disziplin der Physik, legt mit Hilfe von Meßgeräten (Spektralphotometer) jede Farbe in drei Parameter fest. Diese sind:

- *Farbton*, der den Wellenlängenbereich innerhalb des Spektrums angibt,
- *Sättigung* oder *Reinheit* der Farben, d. h. dem Anteil der Schwarz- oder Weißbeimengungen und nach
- *Helligkeit*, die durch den Reflexionsgrad der Farbe festgelegt wird.

Der Reflexionsgrad gibt den Anteil des Lichtes an, der von einer farbigen Oberfläche zurückgeworfen wird. Die hellste Farbe ist die Unbuntfarbe Weiß mit einem Reflexionswert von 80 – 85 %, die dunkelste ist Schwarz mit dem Reflexionswert von 2 %.

7.3.2 Farbsysteme

Diese drei genannten Parameter können nicht in einer zweidimensionalen Darstellung erläutert werden. Es ist ein *Farbraumkörper* notwendig. In Bild 7.3 ist solch ein Farbraumkörper prinzipiell dargestellt. Auf dem Doppelkegel, der aus den vier Urfarben Blau, Grün, Gelb und Rot und den beiden ›unbunten Farben‹ Weiß und Schwarz entsteht, liegen sämtliche mögliche Farbmischungen.

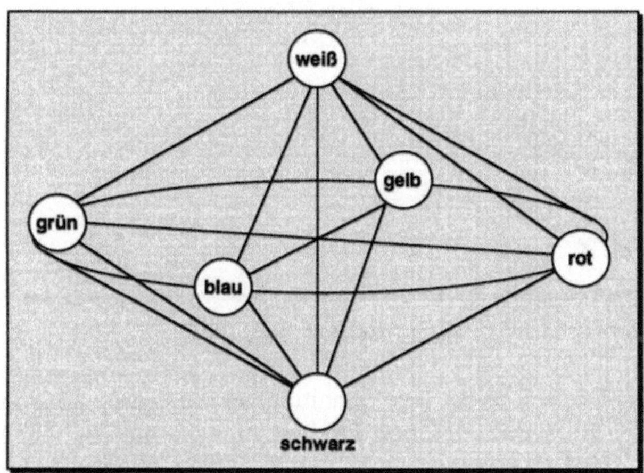

Bild 7.3 Farbkörper als Doppelkegel

Durch Mischung und Aufhellung von nur zwei Primärfarben lassen sich bereits so viele Farbtöne herstellen, daß sie durch Wortbezeichnungen nicht mehr voneinander zu unterscheiden sind. Einige der gebräuchlichsten Systematisierungshilfen sind im folgenden dargestellt.

Das farbtongleiche Dreieck

Sämtliche Abwandlungsmöglichkeiten zwischen irgendeiner beliebigen Farbe und Weiß und Schwarz lassen sich, wie in Bild 7.4 dargestellt ist, sinnvoll auf ein Dreieck anordnen.

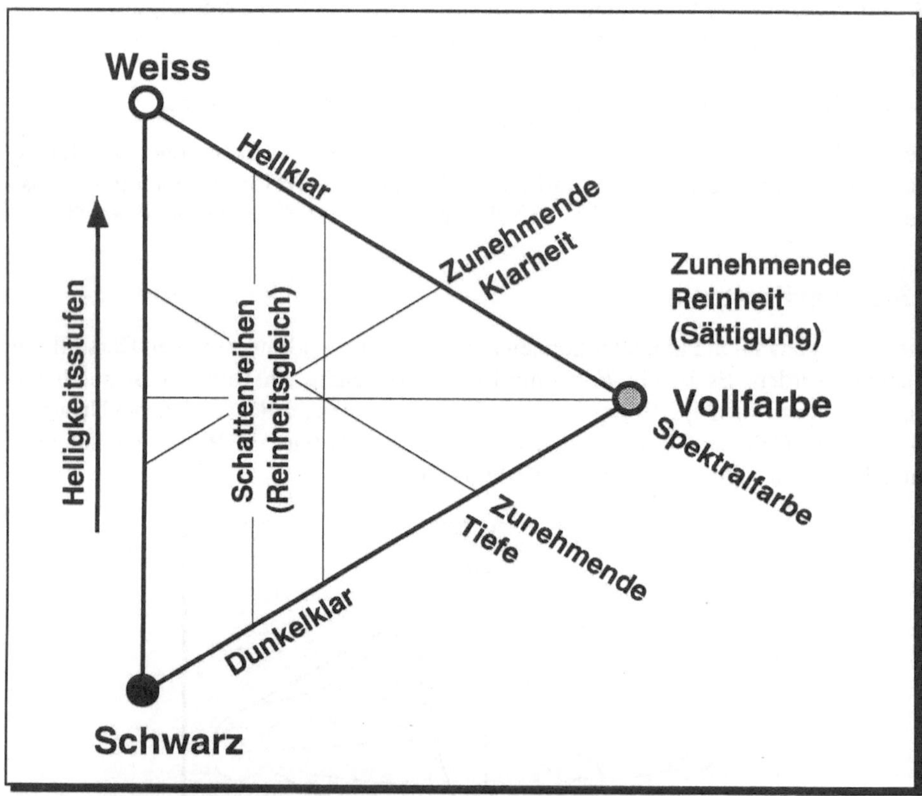

Bild 7.4 Das farbtongleiche Dreieck (nach Frieling, 1987)

Das farbtongleiche Dreieck bildet eine Schnittebene aus den Farbkörpern. Für jeden Farbton entsteht ein farbtongleiches Dreieck mit harmonischen Mischreihenmöglichkeiten. Durch eine Drehbewegung um die Weiß-Schwarz-Achse entsteht ein Farbkörper.

DIN-Farbkarten

Das auf wissenschaftlicher Basis entwickelte DIN-Farbsystem mit den DIN-Farbkarten nach DIN 6164 ist völlig nach den drei Parametern der Farbqualität aufgebaut.

Es bezeichnet

- den Farbton T mit 24 Ziffern,
- die Sättigung S mit 1 bis 9 und
- die Dunkelstufe (Helligkeit) D mit 0 bis 9.

Beispiele aus der DIN-Farbenkartei nach DIN 6164:

- 1:1:1 ist ein helles Gelb,
- 17:4:4 ist ein Brillantblau.

In Bild 7.5 ist dieses System als Farbzylinder dargestellt.

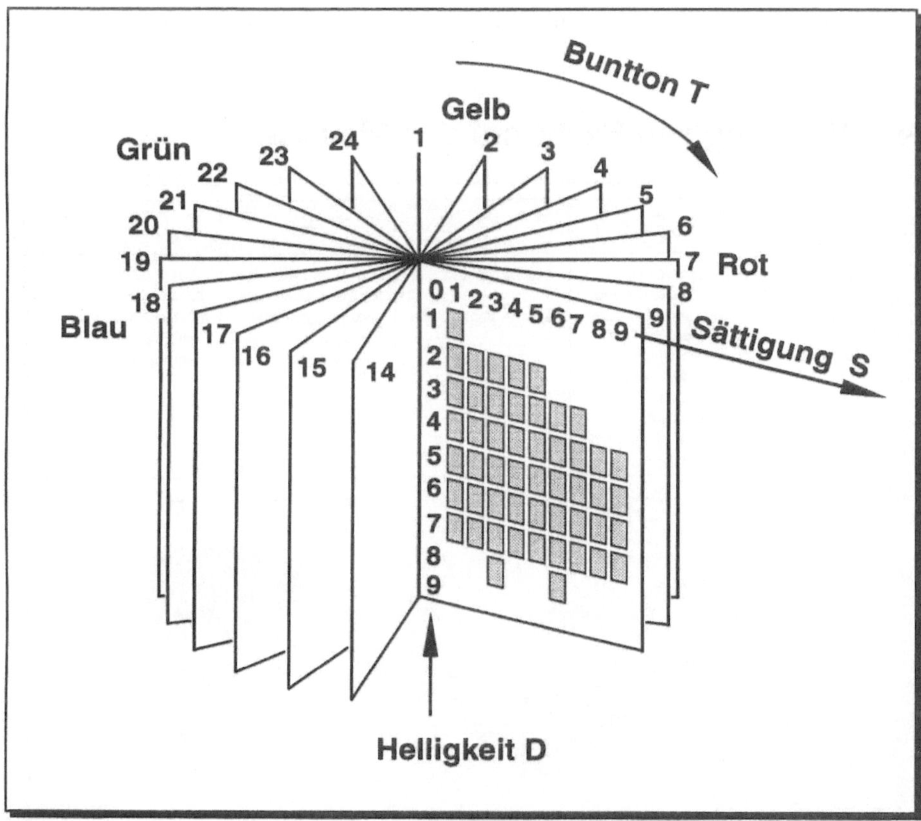

Bild 7.5 Schema der Farbmerkmale als Farbzylinder (nach Frieling, 1987)

RAL-Farbtonregister

Das RAL (früher: Reichsausschuß für Lieferbedingungen)-Farbtonregister ist eine nach Bedarf der Praxis entstandene Sammlung derjenigen Farbtöne, die von Wirtschaft, Post, Bahn, Feuerwehr, bestimmten Industriezweigen usw. gleichbleibend angewendet werden. Jede RAL-Farbe hat eine vierstellige Zahl mit einer Kenn-Nr. am Anfang (z. B. RAL 6011 = resedagrün).

Kenn-Nummern:

1 = gelb	4 = violett	7 = grau
2 = gelborange	5 = blau	8 = braun
3 = rot	6 = grün	9 = weiß

Farbtonkarten

Farbtonkarten sind Farbtonproben, subjektiv ausgewählt als Fallbeispiel für bestimmte Anwendungszwecke oder als Musterkollektion fertig käuflicher Anstrichmittel.

7.4 Wirkung von Farbe auf den Menschen

1	2	3	4	5
Eine Lichtquelle sendet Strahlen des sichtbaren Lichtes im Bereich von 380 - 760 nm aus.	Diese Strahlen treffen auf das Material, welches entsprechend den optischen Materialeigenschaften einen Teil des Lichtspektrums • reflektiert, • transmittiert oder • absorbiert.	Das Restlicht wird vom Auge auf die Netzhaut projiziert.	In den Sehzellen der Netzhaut werden die elektromagnetischen Wellen in Nervenreize umgewandelt.	Im Sehzentrum des Gehirns erzeugen die Nervenreize die optische Sinnesempfindung "Farbe".

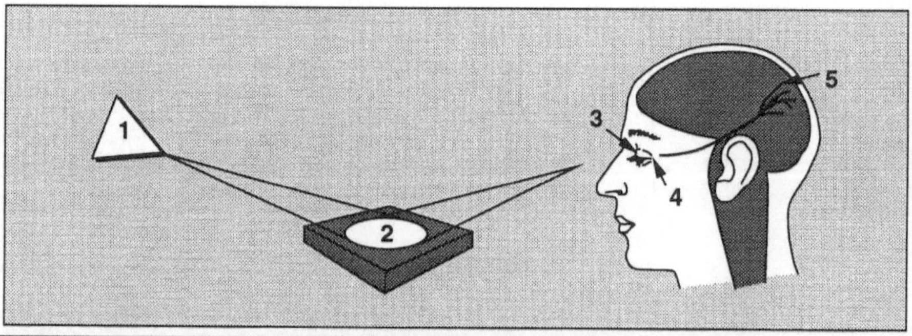

Bild 7.6 Die Farbwahrnehmung des Menschen (nach Radl, 1988)

Zum farbigen ›Sehen‹ benötigt der Mensch einen von ›außen‹ kommenden Farbreiz. Als Farbreiz auf das menschliche Auge wirken elektromagnetische Wellen in einem Bereich zwischen 380 – 760 Nanometer. In Bild 7.6 ist der prinzipielle Ablauf der *Farbwahrnehmung* dargestellt.

Farben werden nicht nur als Augenerlebnis wahrgenommen, sondern vermitteln zusätzlich einen bestimmten Stimmungsgehalt und verschiedene sog. synästhetische Wirkungen (Synästhesie = Miterregung eines Sinnesorgans durch einen nichtspezifischen Reiz). D. h. mit dem Farbeindruck werden Gefühlsqualitäten rein subjektiver Natur wie Raum-, Distanz-, Temperatur-, Schwere- und Helligkeitsempfinden und sogar Geruchs- und Geschmackseindrücke vermittelt. In Bild 7.7 sind einige dieser möglichen Farbwirkungen auf den Menschen aufgelistet.

Farbe	Distanz-	Temperatur-	Psychische
		Wirkung	
Blau	Entfernung	kalt	beruhigend
Grün	Entfernung	sehr kalt bis neutral	sehr beruhigend
Rot	Nähe	warm	aufreizend u. beunruhigend
Orange	sehr nah	sehr warm	sehr anregend
Gelb	Nähe	sehr warm	anregend
Braun	sehr nah, einengend	neutral	anregend
Violett	sehr nah	kalt	agressiv, beunruhigend, entmutigend

Bild 7.7 Wirkung von Farbe auf den Menschen

Die farbliche Gestaltung eines Arbeitsraumes oder -platzes sollte sich an den Anforderungen orientieren, welche die auszuführende Tätigkeit an den Menschen richtet. Durch geeignete *Farbwahl* können Sinnesbelastungen kompensiert und Arbeitsabläufe unterstützt werden. Über Wechselwirkung der Psyche mit dem vegetativen Nervensystem werden auch physiologische Funktionsabläufe durch Farbe beeinflußt.

Farbe und Mode

Gewohnheiten spielen bei der Bevorzugung oder Ablehnung von Farbtönen eine große Rolle, wenn auch mit unterschiedlichen Auswirkungen. So können Mitarbeiter in einer Fertigung, die jahrelang an resedagrünen Maschinen gearbeitet haben, sich so sehr an diesen Farbton gewöhnt haben, daß sie keine Notwendigkeit sehen, ihn zu ersetzen, aber sie können ihn auch so sehr hassen, daß eine Neugestaltung sämtliche Farbtöne beinhalten darf, außer Grün – weder Maigrün noch Flaschengrün. Hier spielen Akzeptanz oder Ablehnung eine große Rolle. Generell gilt, daß jede Farbe, unabhängig davon wie perfekt sie geplant war, eine Lebensdauer von maximal sechs bis acht Jahren besitzt. Denn das Optimum von heute kann der Mißstand von morgen sein. Selbst wenn sich tätigkeitsbedingte oder organisatorische Rahmenbedingungen nicht verändern (was heutzutage bei einem so großen Zeitraum aber unwahrscheinlich ist), müssen Farbtöne in regelmäßigen Abständen neu aufeinander abgestimmt und aktualisiert werden.

7.5 Farbliche Gestaltung in Arbeitssystemen

7.5.1 Farbliche Gestaltung von Arbeitsräumen

Hauptkriterien für die farbliche Um- oder Neugestaltung eines Arbeitsraumes sind

- Raumdimensionen:
  Farbe beeinflußt, so wie in Bild 7.8 erläutert wird, die Wahrnehmung der Dimensionen. Entsprechende Effekte müssen mit berücksichtigt werden.
- Farbproportionen im Raum:
  Zur Farbproportionierung einzelner Flächen im Raum werden ›dominante, subdominante und akzentuierende Farbflächen‹ unterschieden. Farbe kann den Raumeindruck verändern und ungünstige Raumformen korrigieren. Die empfohlenen Reflexionswerte der Farbflächen für die verschiedenen Raumteile sind:
  Decken 70 – 80 %,
  Wände 40 – 60 %,
  Böden 15 – 30 % und
  Arbeitsmittel 30 – 40 %.
- Farbpsychologie:
  Die im Kapitel 7.4 erwähnten Gesichtspunkte sollen in die Farbkonzeption mit einfließen.
- Ästhetik und Farbharmonie:
  Zufällige und unkontrollierte Buntheit läßt sich vermeiden, indem nur ein Farbbereich, d. h. eine der drei Grundfarben oder eine Halbseite des Farbkreises verwendet wird.

Wahrnehmungs-dimensionen	Effekte
Ausdehnung	Grüne und blaue Objekte erscheinen größer als rote und gelbe.
Entfernung	Grüne und blaue Flächen erscheinen weiter nach hinten verschoben, gelbe und rote Flächen erscheinen hervortretend. Bläuliche Farbtöne (besonders im Zusammenhang mit dem Orts-Merkmal "weiter oben in der Darstellung" erzeugen den Eindruck von großer räumlicher Entfernung.
Plastizität	Kurzwellige Farben (Violett, Blau, Cyan) lassen Gegenstände flacher erscheinen; langwellige Farben (Gelb, Orange, Rot) erzeugen eher den Eindruck von Plastizität.
Temperatur	Farben im Bereich von Rot bis Goldgelb erzeugen den Wahrnehmungseindruck von "warm", Farben im Bereich von Cyan über Blau bis Violett den Eindruck von "kalt".
Härte	Rot, Weiß, Gelb und Cyan erscheinen hart; Grün, Blau, Schwarz und Grau erscheinen weich.
Gewicht	Helle Gegenstände erscheinen leichter; dunklere schwerer.

Bild 7.8 Einfluß der Farbe auf Wahrnehmungsdimensionen (nach Radl, 1988)

Die Farbgestaltung von Arbeitsräumen wird zweckmäßig in einem *Farbplan* festgehalten. Für einen Farbplan gelten, nach Frieling (1987), folgende Leitsätze:

1 Wahl der Dominanzfarbe (Wände, evtl. große Einrichtungsgegenstände) entsprechend der Anmutung des Raumes.
2 Kompensation oder Konsonanz aufgrund störender Einwirkungen. Wandfarben bewirken in erster Linie, daß ein Raum warm oder kalt, laut oder ruhig empfunden wird.
3 Wände rücken in warmen, vollen Farben scheinbar näher und rücken durch kalte, hellere Farben scheinbar in die Ferne.
4 Komplementärfarben steigern sich gegenseitig zu erhöhter Leuchtkraft. Gemeinsam eingesetzt sollte die eine Farbe viel geringer auftreten als die andere. Bei gleichgroßen Mengen wirkt die Farbigkeit zu aufreizend.

Farbharmonie wird erreicht, wenn in einem Raum mindestens auf einen Farbbereich (Rot, Gelb, Blau) bzw. auf eine Halbseite des Farbkreises verzichtet wird.

Die Wirkung einer Farbe ist stark

von der Umgebung abhängig (Simultankontrast). Gelb auf Schwarz wirkt leuchtend, auf Weiß verliert es seine Leuchtkraft. Farbmuster sind am besten auf grauer Unterlage zu beurteilen.

5 Bei monotonen Arbeiten eher anregende, lebhafte Farben; Sichthintergrund sollte mit der Blickrichtung wechseln. Bei anstrengenden, häufig wechselnden Arbeiten eher beruhigende, zurückhaltende Farben. Bei hohen visuellen Anforderungen keine zu intensiven Wandfarben. Wenn auf Farbe des zu bearbeitenden Stoffes geachtet werden muß, ist grau als Sichthintergrund von Vorteil. Großflächige weiße Wände vermeiden (Blendung).

6 Für größere Flächen und als Hintergrundfarben (Raumschließungsflächen) Farben mit ähnlichem Reflexionsgrad.

Zu große Leuchtdichtekontraste (Helligkeitskontraste) können Sehvermögen beeinträchtigen.

Möglichst helle Farben mit geringer Sättigung (sog. Pastellfarben). Leuchtende (reine) Farben beanspruchen Netzhaut einseitig. Objekte entsprechend in stärker gesättigten Farben.

Pfeiler, Binder durch Farbvariationen hervorheben.

7 Helligkeitsgefälle entsprechend dem natürlichen Empfinden:

- ❑ Decke eher heller (z. B. Weiß, Hellblau),
- ❑ Boden eher dunkler (z. B. Braun, Ocker, Sandgelb) als Wandfarbe.

8 In fensternahen Zonen eher hellere, in fensterfernen Zonen eher dunklere Farbgebung.

9 In Räumen mit atmosphärischer Verhüllung (Staub, Dunst) werden Orangetöne am besten erkannt.

10 Verhältnis der Leuchtdichte am Arbeitsplatz zum Umfeld bei fixiertem Blick (Infeld-Umfeld) maximal 3 : 1 oder unterschiedliche Buntfarbtöne.

11 Wenn die Arbeitsobjekte immer eine gleiche und intensive Farbe haben, soll übliche Blickwand durch Nachbildfarbe bestimmt sein. Beispielsweise bei grünen Arbeitsobjekten eine leicht rosa getönte Wand.

12 Zu farbige Sonnenschutzeinrichtungen oder Gardinen vermeiden.

13 Die Sehempfindlichkeit ist bei Dunkelheit für grünlich-blaue Farben größer als für rote Farben. Nottreppenhäuser nicht in rotem Ton.

14 Farben der Türen entsprechend deren Funktion auswählen.

15 Für Nebenräume, Flure und Sozialräume sind stärkere Farbtöne möglich.

16 Farbgebung des Fußbodens entsprechend

- ❑ Raumgröße,
- ❑ übrige Farbgebung im Raum,
- ❑ Bodenbelag und
- ❑ Belastungen im Arbeitsraum.

16.1 Zu helle Böden wirken verunsichernd. Hellere Böden nur zur Weckung der Aufmerksamkeit im hygienischen Bereich. Zu dunkle Böden können in größeren Räumen die Helligkeit sehr stark beeinträchtigen. Schwarze Böden werden sorgloser beschmutzt.

16.2 Bei Großflächen dezente Farben.

16.3 In großen Räumen mit wenig differenzierenden Akzenten optisch gute Verkleinerung der Fläche durch andersfarbigen oder helleren Rand.

16.4 In kleineren Räumen optische Vergrößerung, wenn Bodenteppich bzw. -farbe ein Stück an der Wand hochgezogen wird.

16.5 Keine großflächigen, bunten Dekors (wirken wie Stolpersteine).

16.6 Keine übermäßige Musterung.

16.7 Guter Kontrast zum zu verarbeitenden Material.

16.8 Hellblaue bis grünblaue Farben wirken glatt, wenn kein rauhes Material verwendet wird.

16.9 Bei hartem Material keine moosgrünen (Rasen, Moos = weich) oder blauen (kalt) Töne.

16.10 Der Boden soll sich von Tischplatten oder Arbeitsunterlagen durch geringeren Hellbezugswert (geringere Leuchtdichte) unterscheiden und evtl. leichte Gegenfarbigkeit zeigen.

16.11 Markierung von Verkehrswegen, Stellflächen u. ä. Gelbe Streifen wirken verbindlicher als weiße.

16.12 Untergrund um Abfallkörbe hell oder weiß (bessere Reinhaltung).

17 Farbgebung der Decke entsprechend

- ❑ Raumhöhe,
- ❑ sonstiger Farbgebung des Raumes und
- ❑ Tätigkeit.

17.1 Durch helle (hellblaue, grünblaue) Decken kann niedriger Raum scheinbar erhöht werden, wenn die Wände entsprechend dunkler und wärmer gefärbt sind.

17.2 Sehr hohe Decken können farblich stärker betont werden.

17.3 Sind Leuchten direkt im Deckenfeld eingelassen, müssen Decken hell gehalten sein, um hohe Leuchtdichtekontraste (Umfeldblendungen am Arbeitsplatz) zu vermeiden.

17.4 Für hohe Räume mit vielen freien Installationen ist schwarzer Deckenanstrich günstig. Schwarze Rohrleitungen und Eisenträger treten optisch zurück.

17.5 Dunklere Decken in hohen Räumen sind konzentrationsfördernd. Aber: Vermeidung von Spiegelungen.

17.6 Bei Schalen-Sheddächern sollten die von den Fenstern beleuchteten Deckenflächen möglichst hell sein, z.B. helles, mattes Gelb oder Hellblau.

18 Farbgebung der Maschinen und Einrichtungen entsprechend

- ❑ Größe der Maschine,
- ❑ Belegungsdichte,
- ❑ Art der Maschine,
- ❑ Farbe und Größe des zu bearbeitenden Werkstoffs und
- ❑ belastenden Einwirkungen.

18.1 Große oder zahlreich (und eng) stehende Maschinen in helleren Farben. Je mehr Gegenstände im Raum, um so mehr müssen diese farblich zurücktreten.

18.2 Größere Flächen sollen einheitliche Farben haben (Reflexionsgrade

20 – 40 %). Farben eher neutral, nicht zu akzentuiert.

18.3 Evtl. Gliederung in Sockel, Mittelteil und Oberteil. Differenzierung der antreibenden und angetriebenen Teile verbessert die Übersicht.

18.4 Graue Maschinen verlangen auf jeden Fall farbigen Sichthintergrund im Raum.

18.5 Farbauswahl entsprechend Funktion der Maschine.

18.6 Ausreichender Farb- bzw. Helligkeitskontrast Maschine-Werkstoff. Farbton der Maschine möglichst geringfügig komplementär zum Werkstück.

18.7 Nicht zu viele und keine großflächigen Akzente.

18.8 Belastende Einwirkungen durch ausgleichende Farben mindern.

18.9 Bei Gegenständen, die leicht erkannt werden sollen, Buntkontrast für Wahl der Untergrundfarbe beachten, z. B. beigegelber oder okkergelber Tisch, Regale u. ä. für Metallteile.

18.10 Bei Buntkontrast zwischen Arbeitsgut und Tischunterlage zusätzliche Helligkeitsunterschiede vermeiden.

19 Warnhinweise

19.1 Orangegelb ist auch im seitlichen Gesichtsfeld am auffälligsten. Besonders geeignet für Gabelstapler u. ä.

19.2 Gelb auf Schwarz gibt auch peripheriewärts einen deutlichen Farbreiz. Gelbschwarze Markierungen bei Gefahr des Anstoßens und Stolperns.

19.3 Rote Farbe für Bedienung von Dingen, die Gefahr beseitigen (Notausknöpfe, Feuerlöscher).

19.4 Grün für Sicherheitseinrichtungen.

19.5 Blau für Hinweise.

19.6 Rohrleitungen neutral (entsprechender Wandhintergrund). Armaturen und Abzweigestellen durch farbige Schilder entsprechend Durchflußstoff gekennzeichnet.

20 Farbe als Ordnungsprinzip.

20.1 Abteilungsmäßige Kennzeichnung von Werkzeugen, Geräten, Leitern, Transportkarren u. ä.

20.2 Durch verschiedene Boden- oder Türfarben in mehrstöckigen Gebäuden kann für die Beschäftigten eine spezielle Heimatmosphäre geschaffen werden.

20.3 Zur stärker konzentrativen Gestaltung der Arbeitsplätze kann jeder Arbeitsplatz auf grünem oder grauem Tisch durch gelben Streifen vom Nachbarn abgegrenzt werden.

7.5.2 Farbliche Arbeitsplatzgestaltung

Ein Arbeitsgegenstand wird visuell gut erfaßt, wenn ein Helligkeits- oder ein Farbkontrast zwischen Arbeitsgegenstand (z. B. Werkstück, Werkzeug) und Hintergrund (z. B. Arbeitsfläche) besteht.

Helligkeitskontrast

Die Leuchtdichtenverhältnisse vom Arbeitsgegenstand zum Infeld sollen im Verhältnis 1 : 1 bis höchstens 3 : 1 gehalten werden und zum Umfeld das Verhältnis 10 : 3 : 1 nicht überschreiten.

Farbkontrast

Farbkontraste gehören zum Raumerlebnis, da sie Körperlichkeit geben. Sie gehören auch zur Orientierung am Arbeitsplatz selbst. Bei der farblichen Gestaltung von Arbeitsgegenstand und Hintergrund sind vor allem zwei Kontrastphänomene von Bedeutung:

- *Simultankontrast,*
  bei dem es um Kontrasterscheinungen geht, die sich aus der gegenseitigen Beeinflussung verschiedener Farben ergeben (z. B. wirkt Gelb bei grauem Hintergrund anders als bei violettem Hintergrund) und

- *Sukzedankontrast,*
  der als Folgekontrast ein gegenfarbiges Nachbild erzeugt. Er entsteht, wenn man den Blick fest auf eine bestimmte Farbe in kleiner Flächengröße heftet und danach (nach etwa einer Minute) den Blick auf eine weiße, graue oder schwarze Unterlage wendet oder sogar dann, wenn man die Augen schließt. Besonders intensiv entsteht das gegenfarbige Nachbild nach einem fixierten Blick auf ein farbiges Licht kleineren Durchmessers (z. B. eine rote Lampe).

Folgende Gesichtspunkte sollten bei der Abstimmung des Hintergrundes auf den Arbeitsgegenstand beachtet werden:

- Nachbilderscheinungen können gemildert werden, wenn der Farbton des Hintergrundes komplementär zu dem des Arbeitsstückes gewählt wird.
- Der Sättigungsgrad der Farbe im Raum ist wichtig, vor allem zur Verdeutlichung von Akzenten, Informationen usw. Er sollte jedoch nicht zu großflächig angewandt werden.
- Arbeitsflächen dürfen keine Musterung aufweisen, die dem Charakter des Arbeitsgegenstandes entsprechen.
- Irritations- oder Überstrahlungserscheinungen sollten berücksichtigt werden: ein dunkler Untergrund hebt ein helleres Werkstück hervor, ein hellerer Untergrund übertönt das Werkstück.

Bei der farblichen Gestaltung von Arbeitsplätzen ist eine komplexe Betrachtungsweise, d. h. ein Vorgehen vom Ganzen zum Detail (Raum – Arbeitsmittel – unmittelbarer Sehbereich), angebracht; bei komplizierteren Sehbedingungen kann vom Detail zum Ganzen konzipiert werden.

7.5.3 Farbliche Gestaltung von Arbeitsmitteln

Entgegen der früheren Gestaltung von Maschinen und Produktionsmitteln ganz in Grau oder Grün, das keinerlei psychologische Impulse vermittelt, geht man heute zu farbigen Anstrichen über. Dabei sollten die in Bild 7.9 aufgelisteten Punkte beachtet werden.

- ❑ Maschinen und Arbeitsvorrichtungen sollten sich zur eindeutigen Konturbildung vom Hintergrund abheben und auf die Wandfarbe abgestimmt sein.
- ❑ Der Maschinenkörper erhält ruhige, niemals drängende Farben mit mattem, blendfreiem Anstrich.
- ❑ Schwere Teile wie Sockel und Teile mit tragender Funktion dürfen optisch nicht leichter gemacht werden.
- ❑ Die Maschine soll visuell gegliedert sein. Funktionale Unterschiede sollen zum Ausdruck gebracht werden.
- ❑ Wichtige Elemente wie Bedienteile und Gefährdungsstellen müssen als Blickfang in lebhaftem Farb- und Leuchtdichtekontrast zur Maschine stehen.
- ❑ Äußere Schutzvorrichtungen sollten als Bestandteile der Maschine betrachtet und daher in derselben Farbe gehalten werden. Die Gefahrzone hinter der Schutzvorrichtung in lebhaften Farben.
- ❑ Vor allem in der Arbeitszone muß die Farbgestaltung die Wahrnehmung unterstützen.

Bild 7.9 Farbliche Gestaltung von Arbeitsmitteln

Ergänzend dazu sind in Bild 7.10 Verwendungsbeispiele angegeben.

Verwendungsbeispiel	RAL-Farbe
Werkzeugmaschinen allgemein; Metall und Holz verarbeitende Betriebe; Sichtgrund für Metalle, gerade auch für Kupfer und Messing	resedagrün 6011
Maschinenteile in Übermannshöhe; Bühnenaufbauten	blaßgrün 6021
Zu 6011, 6021 als Sockel; Unterteildifferenzierung	moosgrün 6005
Kennzeichnung innerbetrieblicher Angelegenheiten; mit weiß kombiniert; Dynamische Spezialmaschinen in kleineren Betrieben	enzianblau 5010
Engstehende Maschinen, z. B. Textilbereich	brillantblau 5007
Maschinen in wärme- oder geruchsbelasteten Betrieben; Seitenfelder von Rollbahnen	azurblau 5009

Bild 7.10 Verwendungsbeispiele zur farblichen Gestaltung von Arbeitsmitteln (nach Frieling, 1987)

7.5.4 Farbe als Informationsträger

Farben können als organisatorisches Hilfsmittel und zu Codierungszwecken herangezogen werden, indem man bestimmten Farben bestimmte Inhalte zuordnet und sie eventuell im Sinne einer Doppelcodierung mit Formzeichen koppelt. Diese Farben haben dann eine feste Bedeutung als Sicherheits-, Ordnungs- und Kennzeichnungsfarben, die dem RAL-Farbregister entnommen und daher für andere Zwecke möglichst nicht oder nur ausnahmsweise zu verwenden sind.

Sicherheitsfarben

Gefahrenkennzeichnung oder Sicherheitsmarkierungen müssen auffällig angebracht und auf wichtige Punkte beschränkt sein, da sie sonst an Aufmerksamkeitswert verlieren; sie sollten eindeutig und unverwechselbar auf dem zu kennzeichnenden Gegenstand oder in dessen Nähe angebracht und wenn möglich mit den nach DIN 4844 festgelegten Bildzeichen verbunden werden.

Die Bilder 7.11 und Bild 7.12 benennen einige *Sicherheitsfarben* und deren Bedeutung.

Sicherheits-Farbe	Kontrast-Farbe	Formzeichen	Bedeutung
Rot (RAL 3000)	Weiß (RAL 9002)	Kreis auf weißem Grund (Verbotszeichen)	• Warnung vor unmittelbarer Gefahr - Halt, Alarm, Verbot • Behebung unmittelbarer Gefahr • Löscheinrichtungen
Gelb (RAL 1004)	Schwarz (RAL 9005)	schwarz begrenztes Dreieck; schwarz-gelbe Streifung, die von der Gefahrenstelle wegweist	• Gefahr des Stolperns, Fallens, Anstoßens und Erfaßtwerdens • Quetschgefahr • Transportwarnfarbe
Gelb oder Orange (keine Normbedeutung)			• Schnitt-/Quetschgefahr • elektrische/chemische Gefahr • gefährl. Schaltelemente
Grün (RAL 6001)	Weiß (RAL 9002)	Quadrat oder Rechteck	• Sicherheit, Gefahrlosigkeit • Rettung, Erste Hilfe • Fluchtweg, Notausgang

Bild 7.11 Sicherheitsfarben und ihre Bedeutung nach DIN 4818

Wasser	grün	RAL 6018
Wasserdampf	rot	RAL 3000
Luft	grau	RAL 7001
Brennbare Gase	gelb oder gelb (mit Zusatzfarbe rot)	RAL 1021 RAL 1021 RAL 3000
Nichtbrennbare Gase	gelb (mit Zusatzfarbe schwarz) oder schwarz	RAL 1021 RAL 9005 RAL 9005
Säuren	orange	RAL 2003
Laugen	violett	RAL 4001
Brennbare Flüssigkeiten	braun oder braun (mit Zusatzfarbe rot)	RAL 8001 RAL 8001 RAL 3000
Nichtbrennbare Flüssigkeiten	braun (mit Zusatzfarbe schwarz) oder schwarz	RAL 8001 RAL 9005 RAL 9005
Sauerstoff	blau	RAL 5015

Bild 7.12 Sicherheitsfarben nach DIN 2403

Ordnungsfarben

Die Ordnungsfarben sollen bestimmte Ordnungsprinzipien im Betrieb verdeutlichen, als Orientierungshilfe dienen und organisatorische Abgrenzungen und Hinweise verdeutlichen, die sich nicht auf akute Gefahr beziehen. Außerdem kann das Ordnungsverhalten am Arbeitsplatz durch farbige Bezeichnungen, Zuordnungen und Aufgliederungen von Arbeitsplatz, -raum und -werkzeug erleichtert werden. Als Ordnungsfarben werden in der Regel Blau (RAL 5010) und Weiß (RAL 9002) komplementär verwendet.

Kennzeichnungsfarben

Rohrleitungen werden entsprechend ihrem Durchfluß nach DIN 2403 farblich markiert, was der schnellen Orientierung bei Reparaturen und zugleich der Wahrnehmung von gefährlichen Inhaltsstoffen dient. Die Rohre werden entweder ganz mit diesen Farben oder mit farbigen, rundumlaufenden Streifen gekennzeichnet.

7.6 Wiederholungsfragen

1. Was kann durch eine richtige Farbgebung erreicht werden?
2. Was ist der Farbkreis?
3. Welches sind die drei Parameter der Farbmetrik?
4. Wie wirkt Farbe auf den Menschen?
5. Was ist ein Farbplan?
6. Was ist der Farbkontrast?
7. Was sind Sicherheitsfarben?

8 Arbeitsumgebung – Schall

8.1 Einführung

Innerhalb der Palette der physikalischen Umweltfaktoren, die als Belastungsgrößen auf den arbeitenden Menschen einwirken, spielt Schall die bedeutendste Rolle.

Schall kann
- ❑ Musik,
- ❑ akustische Rückmeldung (Signale, Gespräche) und
- ❑ auch unangenehm (Lärm)

sein.

Gerade der *Lärm* am Arbeitsplatz entwickelte sich in den letzten Jahrzehnten zu einem bedeutenden sozialpolitischen Problem, da die infolge langandauernder Lärmeinwirkung entstehende Lärmschwerhörigkeit im Rahmen der entschädigungspflichtigen Berufskrankheiten zahlenmäßig eine Spitzenstellung einnimmt. In Bild 8.1 ist die Anzahl der Fälle der Berufskrankheit *Lärmschwerhörigkeit* in den letzten Jahrzehnten aufgezeigt.

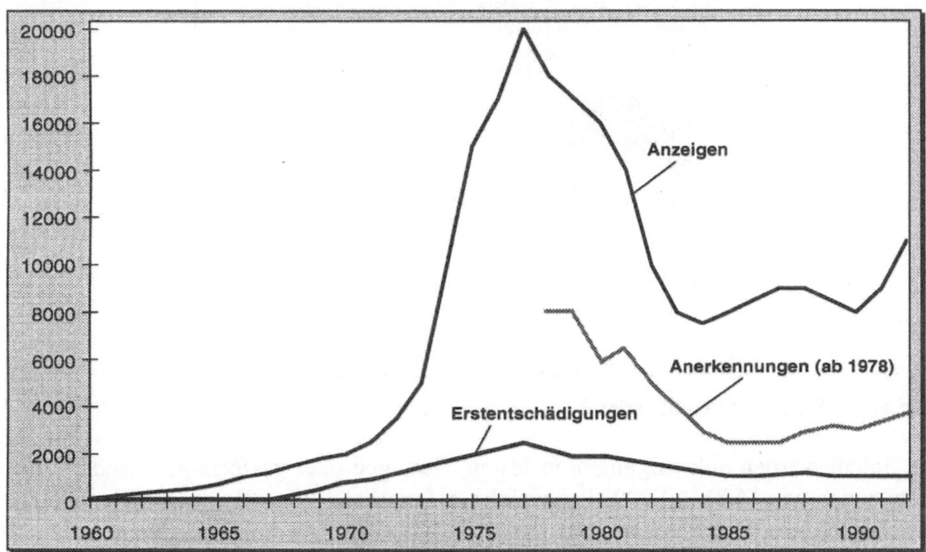

Bild 8.1 **Anzahl der angezeigten und erstmals entschädigten Fälle der Berufskrankheit Lärmschwerhörigkeit (BK 2301, nur alte Bundsländer)** (Quelle: Berufsgenossenschaft-Statistik, 1992)

Nach einer massiven Häufung der Anzeigen in den 70er Jahren wurden Lärmschutzprogramme entwickelt, die, wie an der fallenden Kurve zu sehen ist, auch positiv wirkten und noch wirken. Trotzdem ist auch heute noch der Lärm nach wie vor eine nicht zu vernachlässigende Größe. Deshalb wird durch die nachfolgenden Ausführungen das Hauptziel, *den Lärm gar nicht erst entstehen zu lassen* verfolgt, wobei die besondere Problematik des Lärms darin zu sehen ist, daß nicht jede Schalleinwirkung vom Menschen als Lärm qualifiziert wird. Lärm ist subjektiv negativ bewerteter Schall. Lärm existiert damit nicht als physikalisches Ereignis, sondern als Resultat eines Bewertungsvorganges durch den von Schalleinwirkungen betroffenen Menschen. Es soll jedoch hervorgehoben werden, daß zur Beurteilung der gesundheitlichen Beeinträchtigung des Menschen nur der physikalisch beschreibbare Schalldruck herangezogen werden kann. Aus diesem Grunde werden zuerst die grundlegenden Begriffe und Maße der Schallmessung behandelt. Gleichermaßen bedeutsam sind Kenntnisse über Schallauswirkungen auf den menschlichen Organismus. Vor dem Hintergrund dieser Erkenntnisse wird dann auf die Schallmessung und die Möglichkeiten der Lärmbekämpfung eingegangen.

8.2 Physikalische Grundlagen

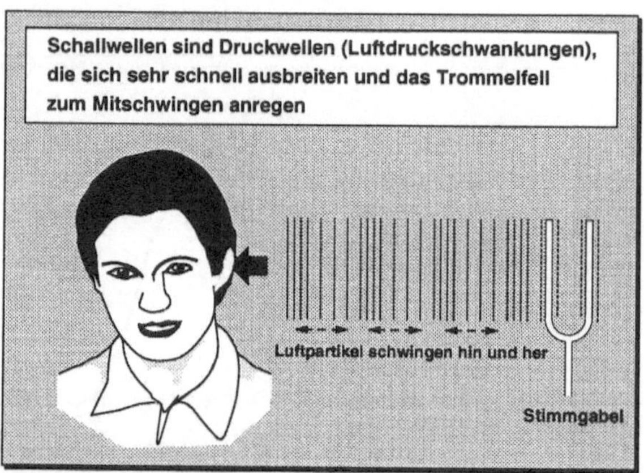

Bild 8.2 Was sind Schallwellen?

Als Schall werden Schwingungen in festen, flüssigen oder gasförmigen Medien mit Frequenzen von 16 bis 20 000 Hz bezeichnet. Innerhalb dieser Frequenzspanne kann das menschliche Gehör diese Schwingungen wahrnehmen. Schwingungen mit Frequenzen unterhalb von 16 Hz (Bsp.: Sitzschwingungen bei Lastkraftwagen), also unter der *Hörgrenze*, bezeichnet man als Infraschall. Bei Schwingungen oberhalb von 20 000 Hz (Bsp.: Echolot), also über der Hörgrenze, spricht man von Ultraschall. Entsprechend den Medien, in denen sich diese Schwingungsvorgänge abspielen, unterscheidet man Luftschall (gasförmige Stoffe), Körperschall (feste Stoffe) und Wasserschall (flüssige Stoffe).

Der *Luftschall* ist, wie in Bild 8.2 verdeutlicht wird, eine wellenförmige Luftdruckschwankung, die sich mit hoher Geschwindigkeit (Luft ca. 340 m/s, Stahl ca. 5 000 m/s) von der Schallquelle wegbewegt. Als physikalisches Maß dieses Wechseldrucks, der eine meist relativ kleine Schwankung um den jeweils vorhandenen mittleren Atmosphärendruck (ca. 10^5 N/m²) darstellt, dient der *Schalldruck* p [N/m²].

Schallvorgänge lassen sich durch ihren zeitlichen Verlauf und ihr Frequenzspektrum veranschaulichen. Das Bild 8.3 zeigt oben einen reinen Ton mit seiner harmonischen Zeitfunktion und einer einzelnen Spektrallinie.

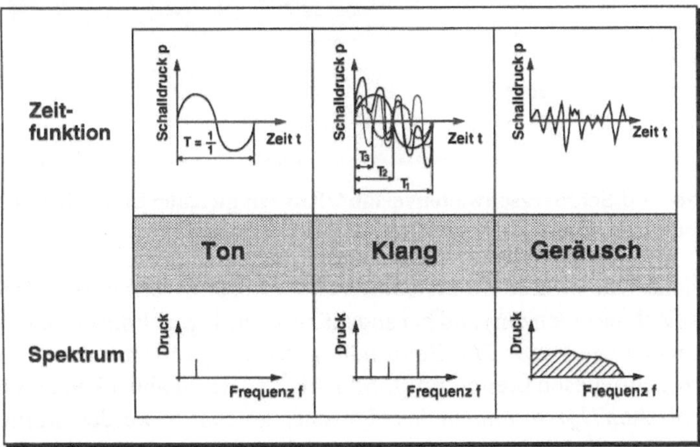

Bild 8.3 Zeitfunktion und Spektrum von drei charakteristischen Schallereignissen

Der *Ton* ist gekennzeichnet durch die Tonhöhe (Frequenz), dargestellt durch die Lage der Spektrallinie. Mehrere Teiltöne, deren Frequenzen für das menschliche Gehörempfinden in einer harmonischen Zuordnung zueinander stehen, werden als *Klang* bezeichnet. Dagegen ist ein *Geräusch* dadurch gekennzeichnet, daß es aus einer zufallsbedingten Zeitfunktion und ggf. aus unharmonisch zusammengesetzten Tönen besteht.

Wie beschrieben, werden Luftdruckschwankungen im Frequenzbereich von 16 Hz bis ca. 20 kHz als Schall bezeichnet und können vom menschlichen Gehör wahrgenommen werden. Bevor es zu einer akustischen Wahrnehmung kommt, muß neben dieser einschränkenden Bedingung auch der Schalldruck einen kritischen Grenzwert überschreiten, die *Hörschwelle*. Wie das Bild 8.4 zeigt, ist die Hörschwelle frequenzabhängig und hat bei einer Frequenz von 1 kHz den Wert von 2×10^{-5} N/m².

Die *Schmerzgrenze* ist ebenfalls aus Bild 8.4 ersichtlich.

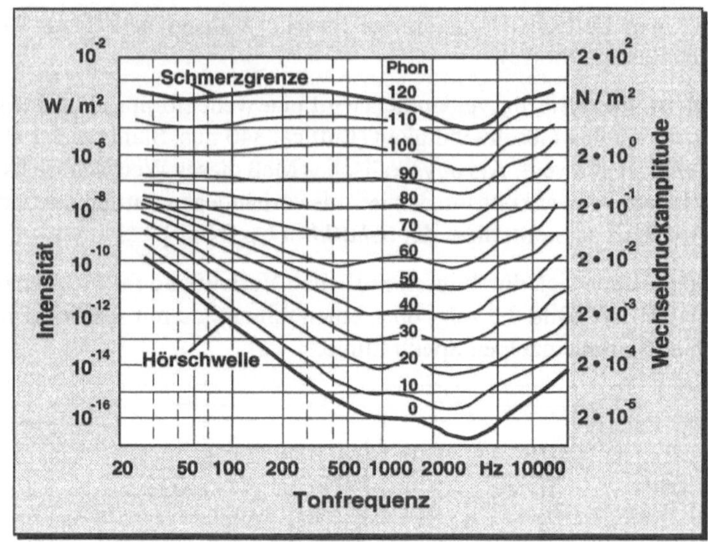

Bild 8.4 Hör- und Schmerzschwellenverlauf, Kurven gleicher Lautstärke in Phon (nach DIN 45 630)

Das menschliche Ohr besitzt ein erstaunliches Auflösungsvermögen (Druckbereich von fast sieben Zehnerpotenzen) und hat angenähert eine logarithmische Charakteristik (Weber-Fechnersches-Gesetz: Die Empfindungsstärke wächst mit dem Logarithmus der Reizstärke). Um diesen breiten Empfindlichkeitsbereich abdecken zu können und dem logarithmischen *Hörempfinden* des Menschen gerecht zu werden, kommen in der Schallmeßtechnik nach DIN 45 630 logarithmische Maße zum Einsatz.

Ausgehend vom *effektiven Schalldruck*

$$p_{eff} = \sqrt{\frac{1}{T}\int_0^T p^2 dt}$$

$$(p_{eff} \text{ in Pa} \left[= \frac{N}{m^2}\right], \text{ T in sec})$$

wird der *Bezugsschalldruck* $p_0 = 20\ \mu$ Pa (Hörschwelle bei 1000 Hz) festgelegt.

Für die Stärke einer *Schallempfindung* ist der Schalldruck und somit der *Schalldruckpegel* (Pegel = Verhältnis von gemessenem Wert zu einem Bezugswert) maßgeblich. Der Schalldruckpegel L_p ist das Verhältnis von effektivem Schalldruck zu dem Bezugsschalldruck (jeweils im Quadrat):

$$L_P = 10 \text{ Lg } \frac{p_{eff}^2}{p_0^2} \text{ dB} = 20 \text{ Lg } \frac{p_{eff}}{p_0}$$

Als Einheit für den 10er-Logarithmus dieses Verhältnisses wird das Bel verwendet (nach dem Erfinder des elektromagnetischen Telefons (1876) Alexander G. Bell). Üblicherweise wird der Schalldruckpegel nicht in Bel, sondern als Zehntel in deziBel (dB) angegeben.

Damit Schallwellen entstehen können, ist Energie (genauer: Leistung) notwendig. Die Schalleistung wird auf die Fläche (meist 1 m²) bezogen und als *Schallintensität* I bezeichnet.

$$\text{Schallintensität I} = \frac{\text{Schalleistung P}}{\text{Fläche A}} \left[\frac{W}{m^2}\right]$$

Damit ergibt sich der Schallintensitätspegel L_I mit:

$$L_I = 10 \text{ Lg } \frac{I}{I_0} \text{ dB } (I_0 = 10^{-12} \frac{W}{m^2})$$

und der Schalleistungspegel L_W mit

$$L_W = 10 \text{ Lg } \frac{P}{P_0} \text{ dB } (P_0 = 10^{-12} \text{ W})$$

Im Freifeld, also bei ungehinderter Schallausbreitung ohne Reflexionen, gilt der Zusammenhang, daß die Schallenergie mit dem Quadrat des Schalldrucks steigt:

$$I = \frac{p_{eff}^2}{\rho \cdot c}$$

(ρ = Dichte, c = Schallgeschwindigkeit im betr. Medium, ρ · c = akustische Impedanz)

In Bild 8.5 sind diese Zusammenhänge noch einmal dargestellt.

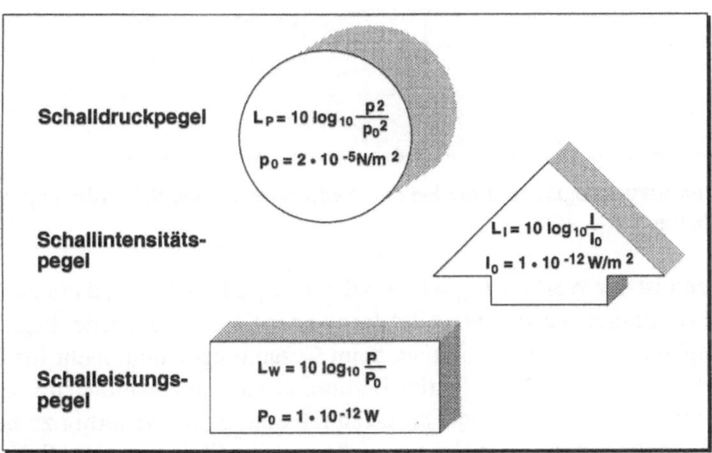

Bild 8.5 Schalltechnische Größen

Da die Pegel im logarithmischen Maßstab angegeben werden, sind bei der Berechnung von Summen- oder Differenzpegeln die Regeln der Logarithmenrechnung zu beachten.

Schalldruckpegel können nicht wie andere Größen addiert werden. Es müssen vielmehr die entsprechenden Energien bzw. Schallintensitäten addiert werden. Die Rechenregel (Schmidt 1984) lautet:

$$L_{ges} = 10 \text{ Lg} \sum_{i=1}^{n} 10^{0,1 \cdot L_i}$$

bei gleichen Schallintensitäten:

$$L_{ges} = L + 10 \text{ Lg } n$$

(für n = 2 ist $L_{ges} = L + 3$ dB)

Bei einer großen Anzahl gleich lauter Schallquellen wird deutlich, daß der *Pegelzuwachs* bei der Addition einer Schallquelle sehr gering ist. So ist z. B. das menschliche Ohr nicht mehr in der Lage zu entscheiden, ob neun oder zehn Maschinen gleicher Bauart in Betrieb sind.

Das Bild 8.6 verdeutlicht den beschriebenen Zusammenhang.

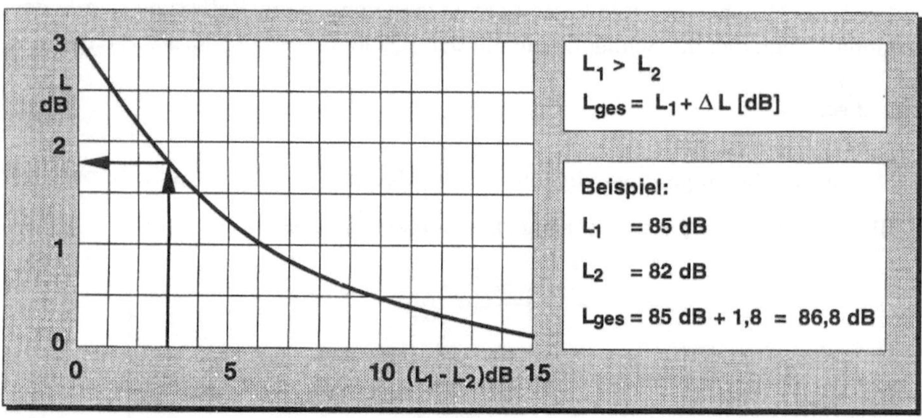

Bild 8.6 Schalldruckpegelzunahme bei der Addition von zwei Schalldruckpegeln (Quelle: BAU, 1990)

Ist $L_1 = L_2$, dann ist der Wert für $L_{ges} = L_1 + 3$ dB. Ist $L_1 \geq L_2 + 10$ dB, dann ist der Wert für $L_{ges} \approx L_1$. Dies besagt, daß die Intensität der zweiten Quelle, sobald der Pegelabstand zur ersten Quelle mehr als 10 dB beträgt, beim Gesamtpegel nicht mehr ins Gewicht fällt. In der Praxis heißt dies, daß effektive Lärmminderungsmaßnahmen immer bei der Schallquelle mit dem höchsten Pegel ansetzen müssen. Es ist weiterhin zu beachten, daß aufgrund der logarithmischen Zusammenhänge eine Steigerung des Schalldruckpegels um 10 dB eine Verdoppelung der Hörempfindung bedeutet.

8.3 Auswirkungen des Lärms auf den Menschen

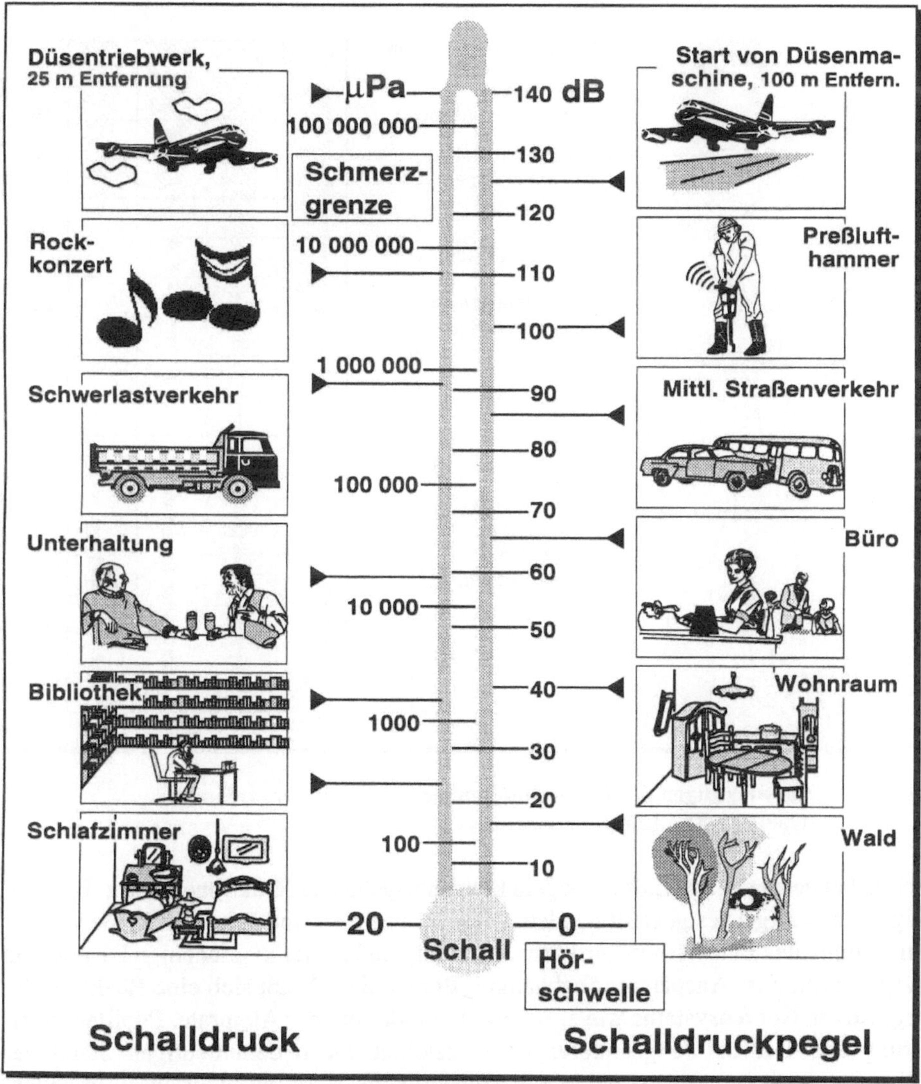

Bild 8.7 Schalldruck und Schalldruckpegel verschiedener Schallquellen

Der Mensch ist einer Vielzahl von unterschiedlichen Schallereignissen ausgesetzt, die je nach Art und Intensität unterschiedliche Wirkungen hervorrufen. Als Anhaltspunkte für die Höhe des Schalldruckpegels sind in Bild 8.7 einige Schall-(Lärm-) quellen aufgelistet.

Das Bild 8.8 gibt die Auswirkungen des Lärms auf den menschlichen Organismus an.

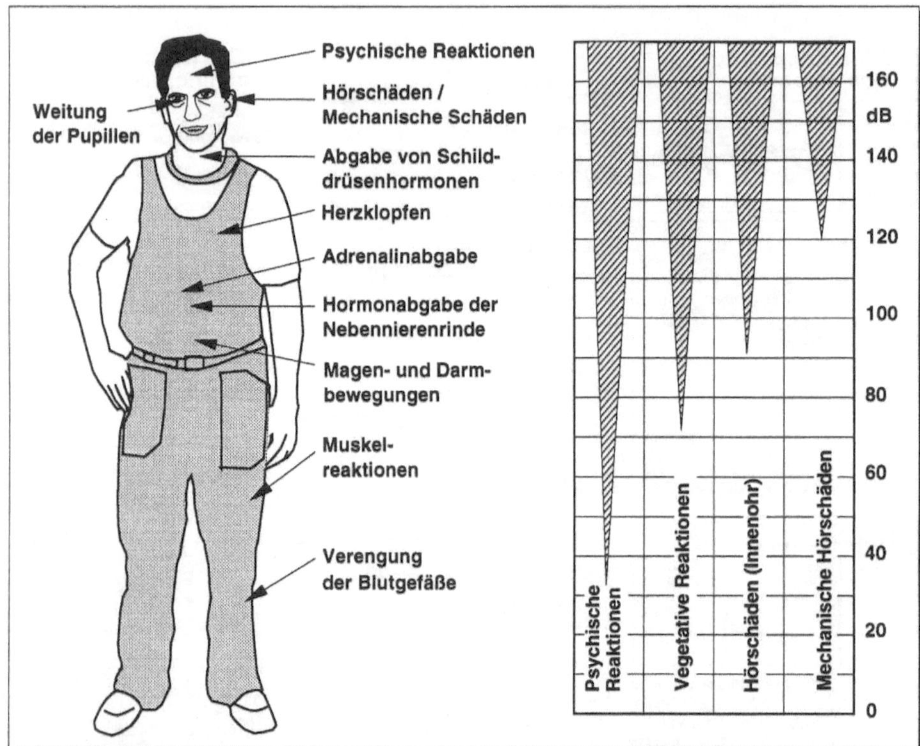

Bild 8.8 Auswirkungen des Lärms auf den menschlichen Organismus
(Quelle: BAU, 1990)

Schon bei geringen Schalldruckpegeln können psychische Reaktionen wie z. B. Belästigung und Ärger festgestellt werden. Diese Reaktionen sind in hohem Maße von der Einstellung des Betroffenen zur Lärmentstehung und seiner momentanen Disposition (Bsp.: Stimmung, Anspannung) abhängig. Bei ca. 65 dB läßt sich eine Reaktion des vegetativen Nervensystems wie z. B. eine Veränderung der Atemrate, Pupillenerweiterung und Durchblutungsänderungen, feststellen. Nach dem heutigen Stand der Wissenschaft ist eine irreversible gehörschädigende Wirkung nicht auszuschließen, wenn Lärm vorliegt, der durchschnittlich 85 dB überschreitet.

Lärm hat außerdem einen Einfluß auf die Arbeitssicherheit, indem z. B. Warnsignale überdeckt oder auch die Sprachverständigung erschwert werden können. Ein Paradoxon besteht darin, daß gleichmäßige Geräusche schlafstörend und auch einschläfernd (z. B. Eisenbahn fahren) wirken können. Bei der Bewertung des Lärms auf den Menschen spielen mehrere Größen eine Rolle, die nachfolgend behandelt werden.

8.3.1 Bewertung von Schallereignissen

Für die am menschlichen Empfinden orientierte Beurteilung von Lärm muß das, ausgehend von der Hörschwelle, empirisch ermittelte Phon-Maßsystem (Kurven gleich empfundener Lautstärke) betrachtet werden. Aus dem Verlauf dieser Kurven (vgl. Bild 8.4) ist zu erkennen, daß die Empfindlichkeit des menschlichen Gehörs nicht über den gesamten Frequenzbereich von 16 bis 20 000 Hz gleich ist, der Schalldruckpegel jedoch frequenzunabhängig ist. Die Phon-Kurvenschar repräsentiert somit die Verteilung der *Lautstärkeempfindung* in Abhängigkeit von der Frequenz und dem einwirkenden Schalldruckpegel. Bei der Frequenz von 1000 Hz hat die ›Lautstärke‹ in dB und in Phon den gleichen Zahlenwert.

Damit also Schall ›ohrgerecht‹ gemessen werden kann, werden in Druckmeßgeräte (Schalldruckpegelmesser) *Dämpfungsfilter* eingebaut, deren Filterkennlinien sich dem Verlauf der Phonlinien annähern. Der Schalldruckpegel wird bei der Messung abhängig von der Frequenz bewertet. Man unterscheidet eine A-, B-, C- und D-Bewertung. Die *Bewertungskurven* sind in Bild 8.9 zusammengestellt.

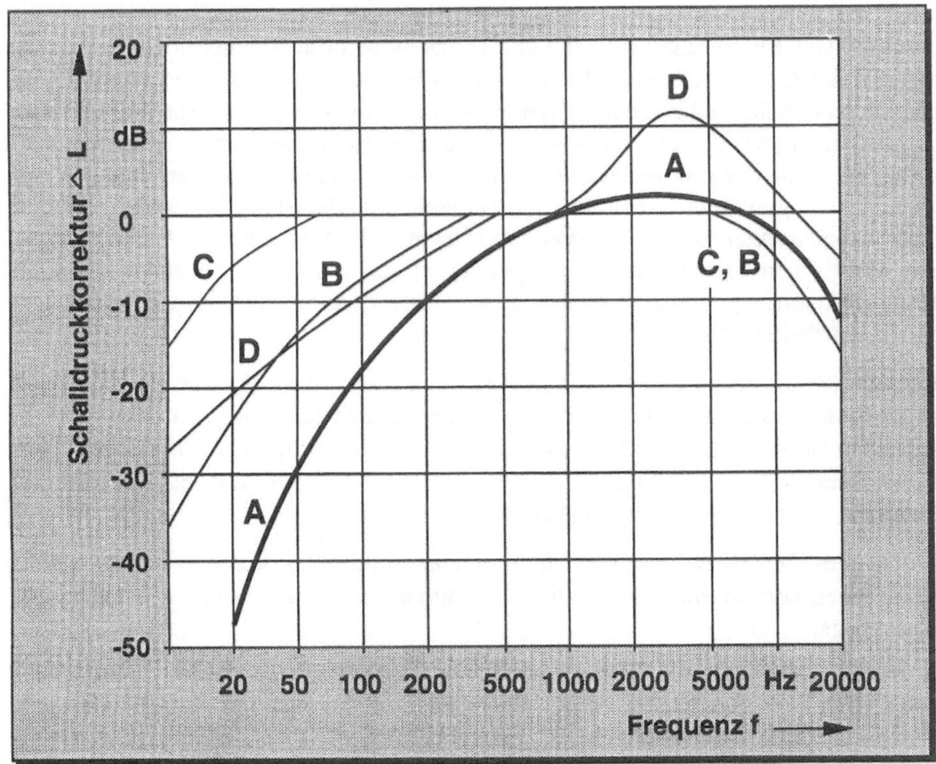

Bild 8.9 Bewertungskurven für Schalldruckpegelmesser (nach DIN 45 633)

Legt man der Schalldruckpegel-Messung die in Bild 8.9 wiedergegebenen Bewertungskurven zugrunde, spricht man von einem frequenzbewerteten Schalldruckpegel und drückt das Meßergebnis in dB(A), dB(B) oder dB(C) aus. Nach internationaler Vereinbarung erfolgen Schallmessungen im Rahmen der Lärmanalyse grundsätzlich mit der dB(A) *Frequenzbewertung*. Die ›B‹- und ›C‹- Kurven werden für spezielle Fälle angewandt und sind heute kaum mehr in Gebrauch. Die ›D‹-Bewertung ist für den Sonderfall des Fluglärms. Bedingt durch diese am menschlichen Empfinden orientierte Bewertung der Schallereignisse wird das Phon-Maßsystem kaum noch verwendet.

8.3.2 Gehörschäden

Gehörschäden entstehen hauptsächlich durch besonders starke und lange Lärmeinwirkungen und sind von der Frequenz (Tonhöhe) abhängig, da hohe Töne stärkere Schädigungen verursachen als tiefe.

Bei hohen Lärmeinwirkungen tritt eine Ermüdung des Innenohres ein, die zunächst zu einer vorübergehenden Hörschwellenverschiebung führt, wobei sich diese *Hörschwellenverschiebung* nach einer langen Ruhepause meist zurückbildet, das Gehör also wieder hergestellt ist. Bei Beschäftigten, die ihre Tätigkeit in Lärmbereichen erstmals aufnehmen, ist das Gehör zu Beginn der nächsten Arbeitsschicht wieder hergestellt. Dann beginnt jedoch durch die wieder einsetzende Lärmeinwirkung eine erneute Belastung und Ermüdung des Gehörs. Es entsteht erneut eine Hörwellenverschiebung, die sich nach dem Ende der Lärmbelastung zurückzubilden beginnt, was aber teilweise erst nach Stunden geschieht. Diese ständig wiederkehrende Belastung des Gehörs während einer Arbeitsschicht stellt eine dauerhafte Beeinträchtigung dar: Die Wahrnehmung von akustischen Signalen und von Sprache ist erschwert, was zu einem erhöhten Unfallrisiko und zur Verhaltensänderung gegenüber dem sozialen Umfeld auch außerhalb des Arbeitsbereiches führt.

Bei sich ständig wiederholender Lärmeinwirkung verliert das Ohr seine Fähigkeit, sich während der Ruhezeiten zwischen den Arbeitsschichten zu erholen. Aus der vorübergehenden Hörschwellenverschiebung wird ein dauerhafter *Hörverlust* oder sogar ein *Gehörschaden*. Dies ist dann eine Folgeerscheinung der Zerstörung der Haarzellen im Innenohr, die nicht ersetzt oder geheilt werden können.

Ein dauerhafter Hörverlust entsteht durch kontinuierlich wiederkehrende Lärmbelastungen oder in einzelnen Fällen auch durch kurze Einwirkung sehr hoher Geräuschpegel.

In der Regel tritt dauernder Hörverlust schrittweise ein und erstreckt sich zunächst auf hohe Töne bzw. den oberen Frequenzbereich. Dadurch, daß der Betreffende diese hohen Töne nicht mehr wahrnehmen kann, hört er zwar noch viele Geräusche, nimmt aber Gespräche meist nur unklar oder verzerrt wahr, was bei der Betrachtung von Bild 8.10 und 8.11 deutlich wird.

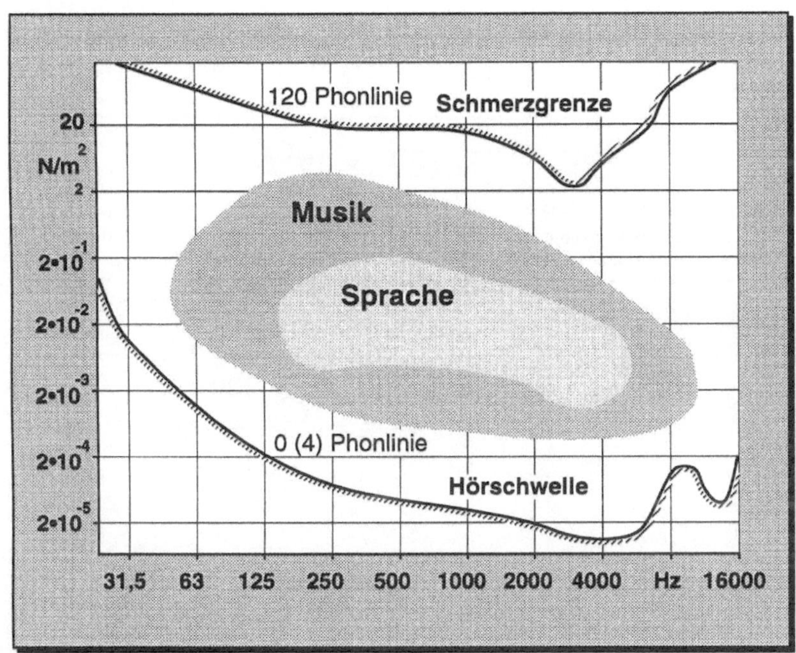

Bild 8.10 Hörflächendiagramm (nach Fleischer, 1990)

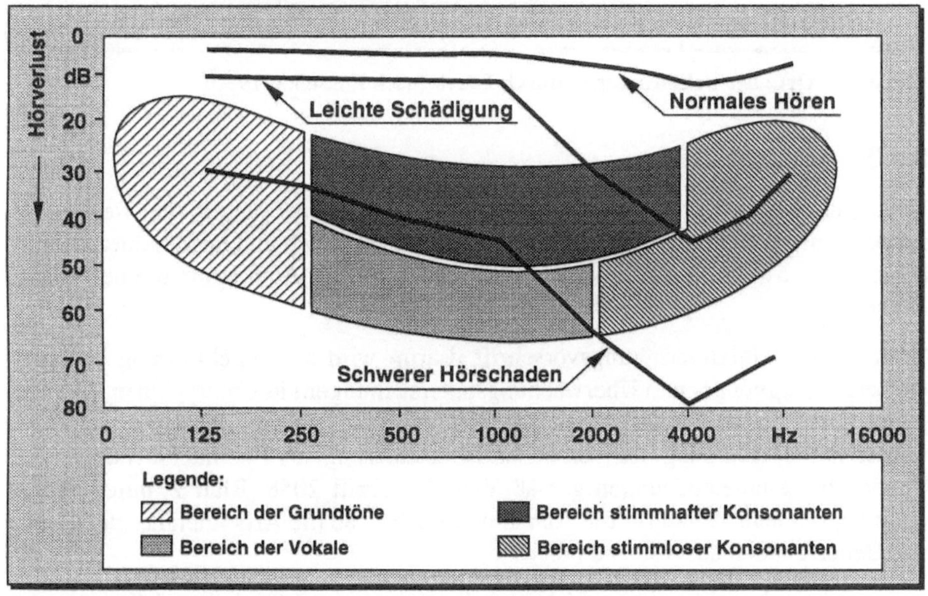

Bild 8.11 Hörverlust durch Lärmbeanspruchung (nach Bilsom, o. J.)

In Bild 8.12 werden die Orte der Hörschäden und die jeweilige Schädigungsursache beschrieben.

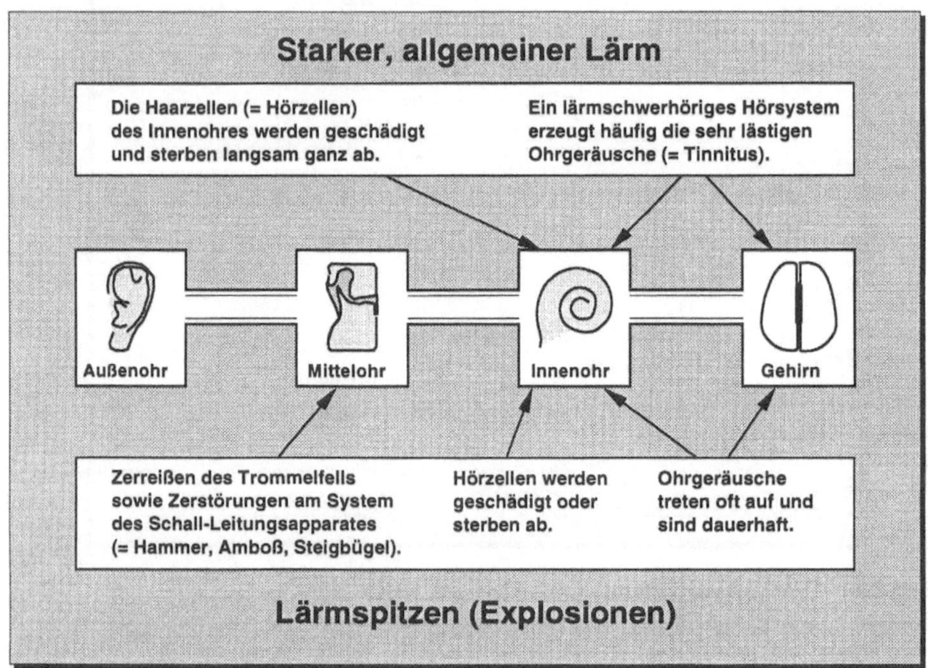

Bild 8.12 Orte der Schädigungen durch Lärm (nach Fleischer, 1990)

8.3.3 Audiometrie

Schädigungen des Gehörs können mit Hilfe der *Audiometrie* quantifiziert werden. Bei der Audiometrie wird die *individuelle Hörschwelle* ermittelt und mit der durchschnittlichen Hörschwelle verglichen. Das Bild 8.13 zeigt das Audiogramm eines normal Hörenden.

Nach § 1 der Unfallverhütungsvorschrift ›Lärm‹ wird die Durchführung von *Hörprüfungen* (Eignungs- und Überwachungsuntersuchungen) in Unternehmen, ›die Personen unter Lärmeinwirkung beschäftigen‹, vorgeschrieben. Die Untersuchungen werden zur Bestimmung der bleibenden Hörminderung, als Erstuntersuchungen und Überwachungsuntersuchungen gemäß VDI-Vorschrift 2058, Blatt 2, durchgeführt, wenn begründeter Anlaß für die Annahme besteht, daß die Arbeitnehmer der Gefahr von Gehörschäden ausgesetzt sind.

Bei der Lärmschwerhörigkeit sind die Schalleitungsschwerhörigkeit und die Innenohrschwerhörigkeit zu unterscheiden.

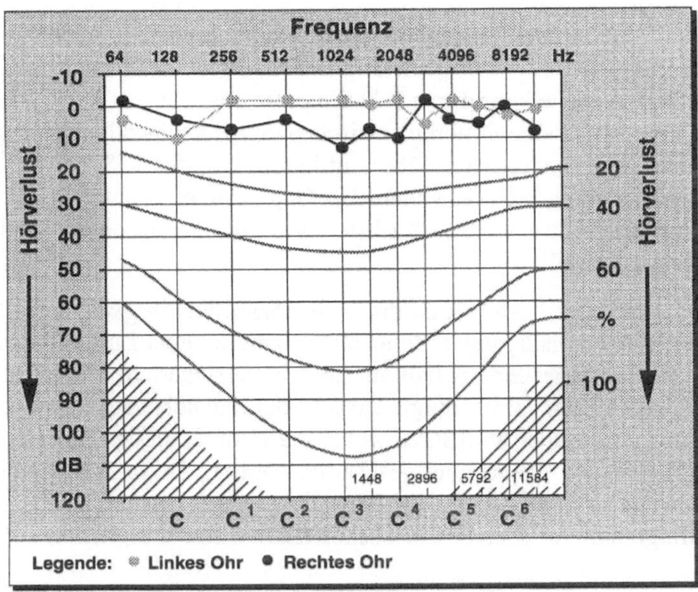

Bild 8.13 Audiogramm eines normal Hörenden

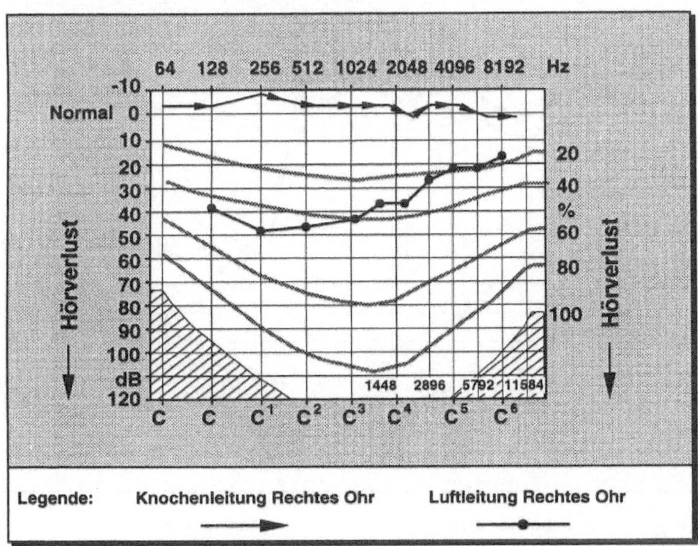

Bild 8.14 Typisches Audiogramm eines Gehörs mit Schalleitungsschwerhörigkeit

Als *Schalleitungsschwerhörigkeit* bezeichnet man eine Störung der Schallzuleitung zum Innenohr im Bereich des Gehörgangs, des Trommelfells oder des Mittelohres, wobei aber die Funktion des Innenohres intakt bleibt. Primäre Ursache einer lärmbedingten Schalleitungsschwerhörigkeit ist die mechanische Zerstörung des Trommelfells oder der Gehörknöchelkette durch Schallimpulse über 120 dB(A) (vgl. Bild 8.12). Beim Audiogramm wird eine Differenz zwischen den Hörschwellenkurven für Luft- und Knochenleitung gefunden, da der über Luftleitung zugeführte Schall das Innenohr und damit die Haarzellen nicht in vollem Umfang erreicht, wohl aber der über die Knochenleitung zugeführte. In Bild 8.14 ist das Audiogramm einer Schalleitungsschwerhörigkeit dargestellt.

Die typische Lärmschwerhörigkeit ist die *Innenohrschwerhörigkeit.* Wie der Name sagt, liegt der Ort der Schädigung im Innenohr, womit der über Luftleitung sowie der über Knochenleitung zugeführte Schall nur noch in verringertem Maße wahrgenommen werden kann. Primäre lärmbedingte Ursache der Innenohrschwerhörigkeit ist die Dauerschalleinwirkung über 85 dB(A), wobei die Haarzellen des Innenohres durch Stoffwechselüberlastung irreversibel geschädigt werden. Diese Schädigung erfolgt relativ langsam und ist zu Beginn für den Betroffenen kaum feststellbar. Das Bild 8.15 zeigt das Audiogramm der oben beschriebenen Lärmschwerhörigkeit.

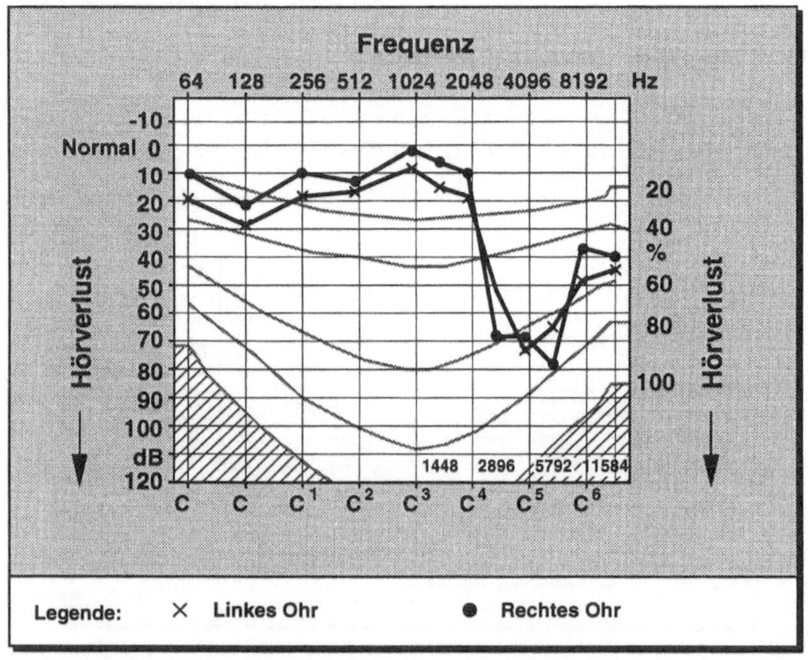

Bild 8.15 Typisches Audiogramm eines Gehörs mit beginnenden Lärmschäden

Die Absenkung der Hörschwelle beginnt bei ca. 2 kHz, mündet in die sog. C^5-Senke und kann sich fortschreitend über das gesamte Frequenzspektrum erstrecken.

Die Veränderung der Hörfähigkeit mit zunehmendem Alter wurde bereits im Kapitel ›Arbeitsphysiologie‹ behandelt.

8.3.4 Beurteilungspegel

In der Regel ist der Schalldruckpegel bei Schallvorgängen nicht konstant, sondern zeitlich veränderlich. Zur Beurteilung von solchen Schallvorgängen werden die unterschiedlichen Pegelwerte zu einem einzelnen Wert, dem Mittelungspegel L_m, zusammengefaßt.

Die Wirkung von Schall auf den Menschen wird mit dem ***Beurteilungspegel*** L_r nach DIN 45 641 angegeben. Der Beurteilungspegel L_r entspricht dem mittleren Schalldruckpegel über eine Arbeitsschicht von 8 Stunden. Er wird zum Vergleich mit den von der Arbeitsstättenverordnung und der Unfallverhütungsvorschrift ›Lärm‹ angegebenen Richtwerten benutzt. In Bild 8.16 sind die gesetzlichen Grenzwerte zusammengestellt.

Beurteilungspegel L_r in dB(A)	Gesetzliche Vorschriften	
bis 55	Arbeitsstättenverordnung	Bei überwiegend geistigen Tätigkeiten; in Pausen-, Bereitschafts-, Liege- und Sanitätsräumen.
bis 70		Bei einfachen, überwiegend mechanischen Bürotätigkeiten oder anderen gleichartigen Tätigkeiten.
bis 85		Bei sonstigen Tätigkeiten, höchster Richtwert.
bis 90		Nur in Ausnahmefällen, wenn nach betrieblicher Möglichkeit 85 dB(A) nicht eingehalten werden können.
86 - 90	UVV "Lärm"	Persönliche Schallschutzmittel müssen zur Verfügung gestellt werden.
über 90		Persönlicher Schallschutz muß getragen werden, Lärmbereiche müssen gekennzeichnet sein, Vorsorgeuntersuchungen sind vorgeschrieben.

Bild 8.16 Gesetzliche Grenzwerte für die Lärmimmission

8.4 Schallmessung

Die Schallabstrahlung von Schallquellen (*Emission*) und deren Einwirkung auf den Menschen (*Immission*) stehen in einer unmittelbaren Beziehung zueinander. Für die Schallmeßtechnik ergeben sich daraus zwei verschiedene Zielsetzungen, die in Bild 8.17 verdeutlicht sind.

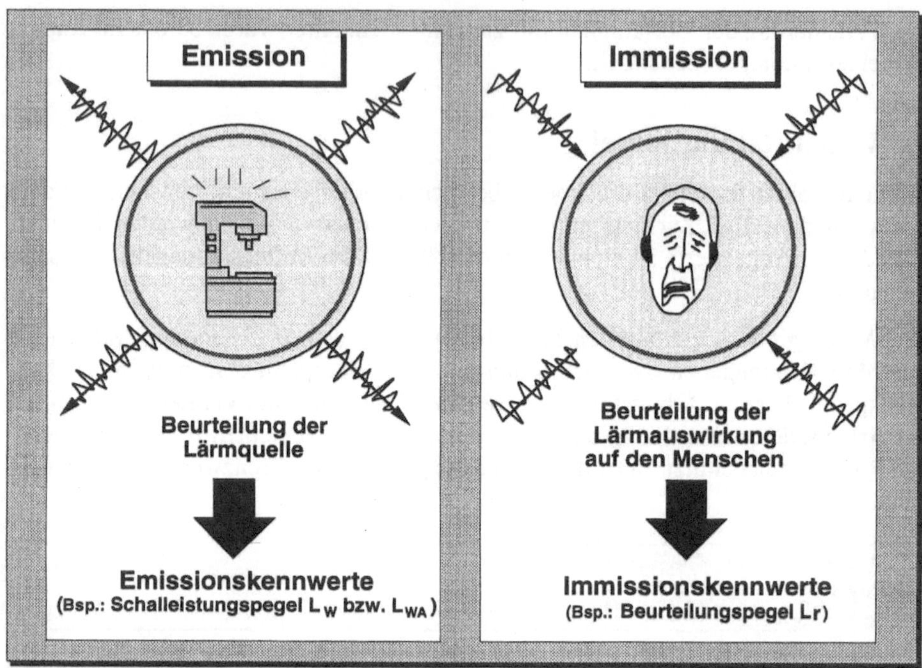

Bild 8.17 Ziele der Schallmeßtechnik

Die am Sender orientierten Geräuschmessungen liefern einen Emissionskennwert, der ausschließlich von den Bezugsgrößen bzw. Kenndaten der Lärmquelle abhängig ist. Der Emissionskennwert einer Lärmquelle ist unabhängig von den akustischen Meßbedingungen wie Fremdgeräusche und Schallausbreitungsbedingungen in der Umgebung. Die Kenntnis des Emissionskennwertes ermöglicht einerseits den Vergleich der Geräuschemission von Schallquellen untereinander oder mit Emissionsgrenzwerten, andererseits lassen sich geräuschmindernde Maßnahmen herleiten und beurteilen. Auch zur Planung von Produktionsstätten können sie herangezogen werden.

Dem stehen die Immissionskennwerte gegenüber, die von allen Lärmquellen innerhalb eines Raumes und von der Ausbreitung des Schalls von der Quelle bis zum Ort der Schalleinwirkung abhängig sind. Immissionskennwerte dienen zur Beurteilung der Schädlichkeit der Schalleinwirkung am Arbeitsplatz und in der Nachbarschaft (unter Nachbarschaft wird in diesem Zusammenhang z. B. das Umfeld einer Fabrikanlage verstanden) sowie dem Vergleich mit Immissionsgrenzwerten.

Die sehr differenzierten Details der Schallmeßtechnik würden den Rahmen dieses Kapitels sprengen. Deshalb werden hier nur Grundlagen behandelt. Für eine weitere Vertiefung wird auf die in den Literaturhinweisen enthaltenen Normen und Vorschriften verwiesen.

8.4.1 Meßgeräte

Schallmeßgeräte sind relativ aufwendige Druckmeßgeräte, die über ein Mikrofon den Schalldruck aufnehmen und dann durch elektronische Schaltungen einen Mittelungspegel berechnen. In Bild 8.18 ist der prinzipielle Aufbau eines Schallmeßgerätes dargestellt.

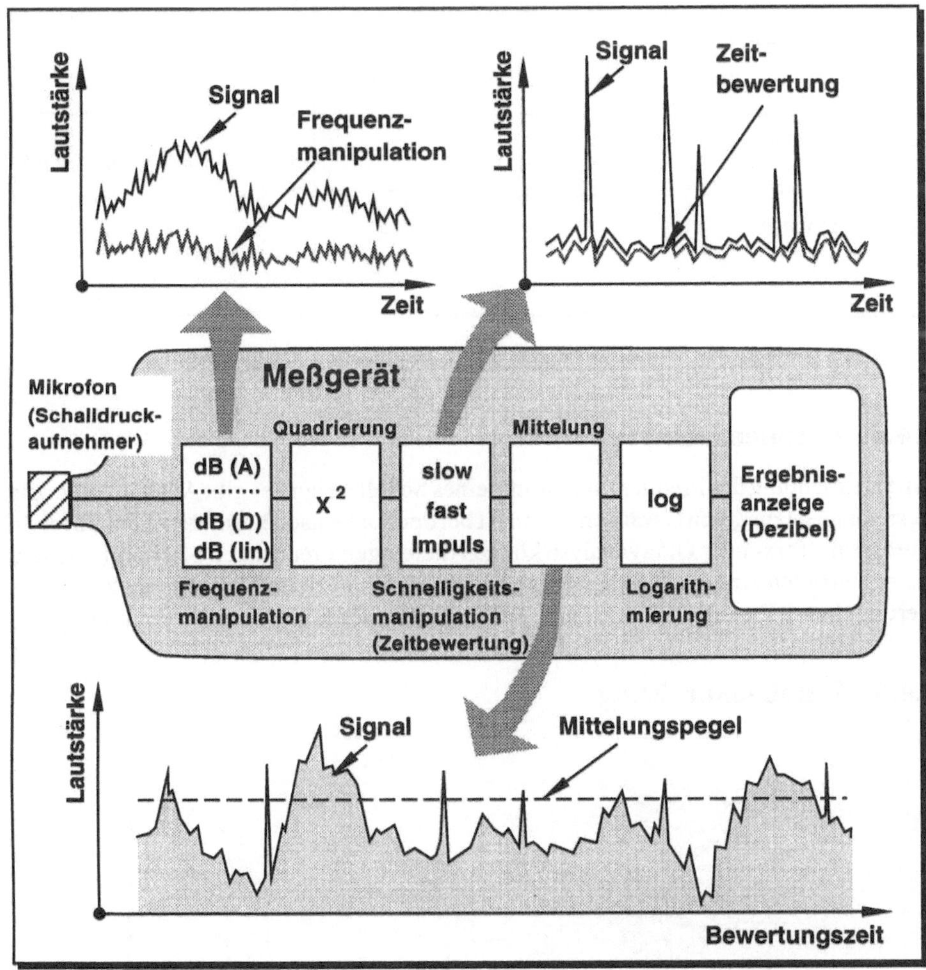

Bild 8.18 Prinzipieller Aufbau von Schallmeßgeräten

8.4.2 Zeitbewertung

Mit der Zeitbewertung von Schallereignissen wird durch die in Bild 8.19 dargestellten Integrationsmethoden der Mittelungspegel nach DIN 45 641 berechnet.

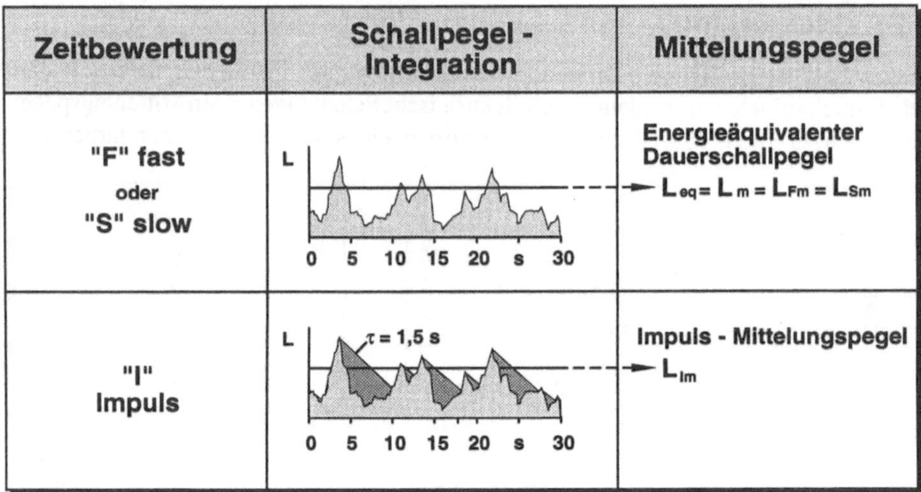

Bild 8.19 Bildung des Mittelungspegels mit verschiedenen Zeitbewertungen

8.4.3 Frequenzanalyse

Eine Betrachtung des Frequenzspektrums eines Schallereignises gibt Auskunft über die Zusammensetzung von Geräuschen und ist bei der Suche nach Lärmursachen hilfreich. Durch eine Terz- oder Oktavanalyse können diejenigen Frequenzen bestimmt werden, die den größten Anteil am Schalldruck haben. Durch gezielte Maßnahmen zur Reduzierung dieser Frequenzen wird eine Verbesserung der Lärmsituation erreicht.

8.4.4 Schallausbreitung

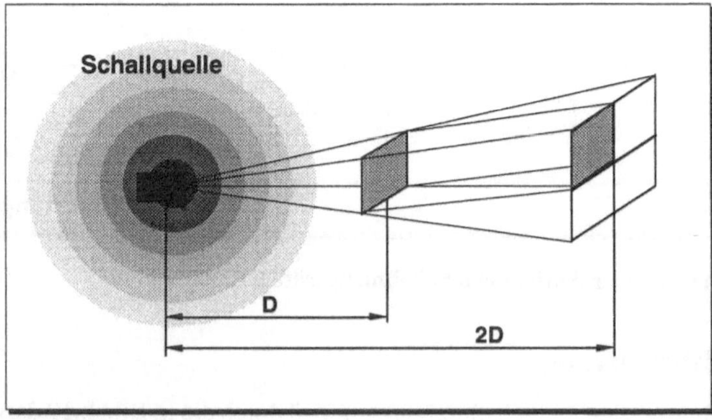

Bild 8.20 Schallausbreitung

Schallwellen stellen eine Form von Energie dar. Im Idealfall entsteht eine kugelförmige Welle um die Schallquelle herum. Die Energie in der Nähe einer einzelnen Druckwelle ist deshalb auf einer kleinen kugelförmigen Oberfläche verteilt. Da sich die Schallwelle vom Ort ihrer Entstehung entfernt, wird die Energie auf einer immer größer werdenden Oberfläche verteilt und damit der Druck immer geringer. Es gilt die Regel, daß bei einer Verdopplung der Entfernung der Pegel um 6 dB abnimmt. Bild 8.20 verdeutlicht dies.

Treffen Schallwellen auf feste Materialien, so wird Schall zum Teil

- reflektiert,
- absorbiert und
- als Körperschall übertragen.

Sofern ein schwingfähiges System angeregt wird, können Resonanzschwingungen entstehen.

8.5 Maßnahmen zur Lärmminderung

8.5.1 Mechanismen der Schallentstehung

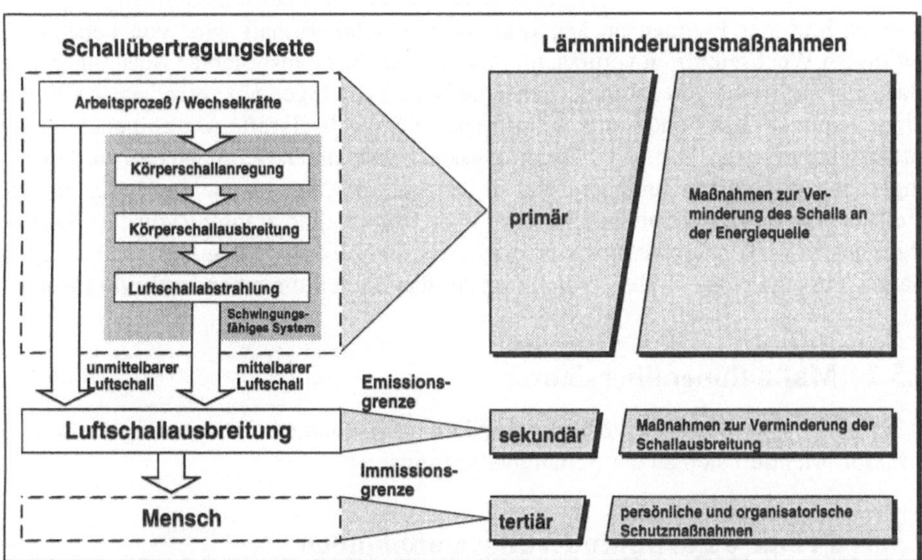

Bild 8.21 Schallübertragungskette und zugeordnete Lärmminderungsmaßnahmen

Um lärmarme Produkte, Maschinen und Arbeitsplätze entwickeln und auswählen zu können, sind Kenntnisse über die *Schallübertragungskette* notwendig. Unter der

Schallübertragungskette wird der Weg der Schallentstehung bis zur Aufnahme der Geräusche durch das menschliche Ohr verstanden. In Bild 8.21 ist die Schallübertragungskette abgebildet.

Man unterscheidet grundsätzlich zwei Mechanismen der Schallentstehung:

- Unmittelbare Luftschallanregung,
- Körperschallanregung schwingfähiger Systeme und mittelbare Luftschallanregung.

Unmittelbare Luftschallanregung

Eine unmittelbare Luftschallanregung entsteht, wenn durch Bewegungsvorgänge in und an Maschinen auf unmittelbarem Weg Luftschallschwingungen erzeugt werden. Dies ist bei folgenden Ursachen der Fall:

- Aeropulsive Schallursachen,
- Aerodynamische Schallursachen,
- Thermodynamische Schallursachen.

Körperschallanregung und mittelbare Luftschallanregung

Körperschall entsteht, wenn in Maschinenstrukturen mechanische Schwingungen im Bereich hörbarer Frequenzen angeregt werden. Körperschall wird von betrieblich bedingten Wechselkräften verursacht, indem diese die beanspruchten Maschinenteile elastisch verformen und dadurch in mechanische Schwingungen versetzen. An ihrem Eingriffspunkt (Krafteinleitungsstelle) regen die Wechselkräfte Maschinenelemente zu Schwingungen an. Der an der Einleitungsstelle entstandene Körperschall wird in den angeregten Maschinenelementen und in benachbarte Maschinenelemenente bis zur Stelle der Luftschallabstrahlung weitergeleitet. Luftschallabstrahlung von der Oberfläche eines Bauteils erfolgt immer dann, wenn sich die Schwingbewegung des angeregten Bauteils in eine pulsierende Verdichtung der das Bauteil umgebenden Luft umsetzt.

8.5.2 Maßnahmenübersicht

In Bild 8.22 sind die möglichen Lärmminderungsmaßnahmen zusammengestellt. Die Struktur orientiert sich an der Schallübertragungskette.

8.5.3 Primäre Lärmminderungsmaßnahmen

Primäre Lärmminderungsmaßnahmen beziehen sich auf die Körperschallanregung durch Wechselkräfte, deren Fortleitung in der Maschinenstruktur und die Luftschallabstrahlung. In gleicher Weise richten sich primäre Maßnahmen gegen die unmittelbare Luftschallanregung.

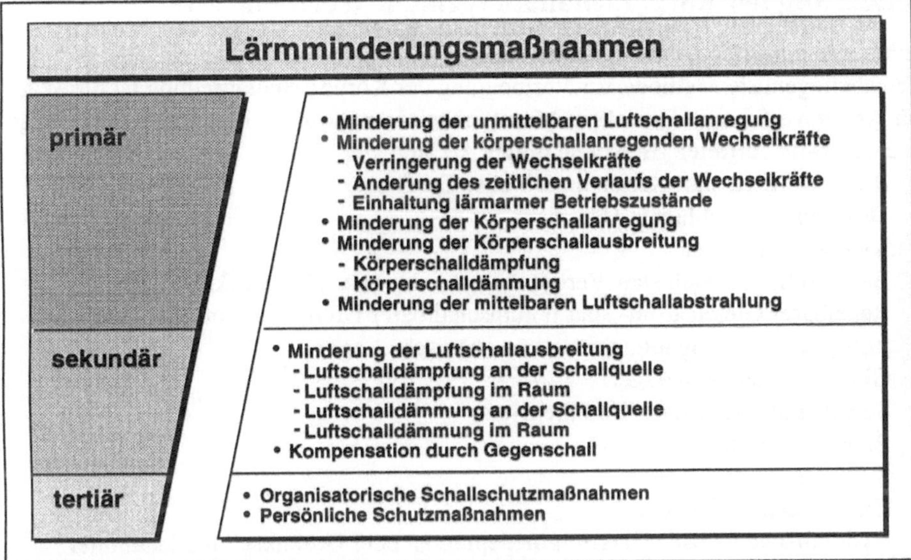

Bild 8.22 Lärmminderungsmaßnahmen

Minderung der unmittelbaren Luftschallanregung

Aeropulsive Geräuscherzeugung infolge von Druckausgleichsvorgängen wird geringer, wenn der Druckausgleich nicht plötzlich, sondern allmählich erfolgt. Die aerodynamische Geräuscherzeugung wird dann gering gehalten, wenn bei allen Strömungsvorgängen für einen möglichst ungestörten Strömungsverlauf (keine sprunghaften Querschnittsveränderungen) und nicht zu hohe Geschwindigkeiten gesorgt wird. Beispiel: Einsatz von Drosselschalldämpfern (s. Bild 8.23).

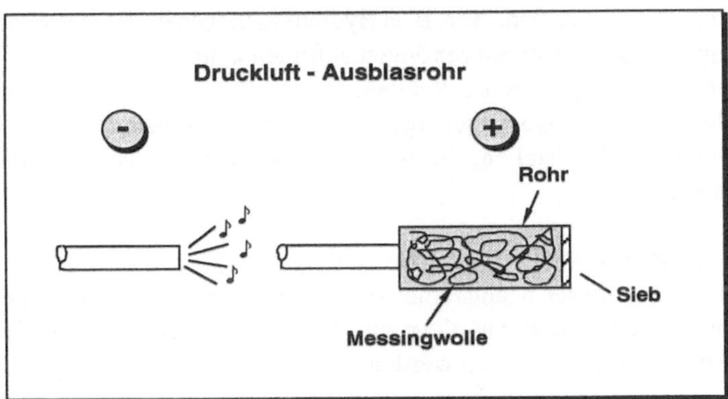

Bild 8.23 Lärmminderung durch Drosselschalldämpfer

Minderung der körperschallanregenden Wechselkräfte

Wahl eines geräuscharmen Arbeitsprinzips:
Die naheliegendste Methode zur Vermeidung der Körperschallanregung ist die Wahl von Arbeitsverfahren, Antrieben, Maschinenelementen usw., bei denen nur geringe Wechselkräfte auftreten. Beispiele dieser Art sind:

- Riemenantrieb statt Kettenantrieb oder Getriebe.
- Drücken statt Schlagen, Hämmern.
- Kleben statt Nieten.
- Elektrischer Antrieb statt Verbrennungsmotor oder Hydraulik.
- Regelbarer Gleichstrom- statt polumschaltbarer Drehstrommotor.
- Luftlager oder Magnetlager statt mechanische Lager.
- Gleitlager statt Wälzlager.
- Scheibenbremsen statt Klotzbremsen.
- Bohren statt Stanzen.
- Schneiden statt Sägen.
- Gießen statt Schmieden.
- Hydraulische Pressen statt Schmiedepressen oder Gesenkschmiedehämmer.
- Rollprägen statt Schlagprägen.
- Mechanisches oder magnetisches Greifen statt Ausblasen von Werkstücken aus Werkzeugen.
- Heben und Senken statt Rollen oder Fallenlassen.

Verringerung der Wechselkräfte bei gegebenem Arbeitsprinzip:

- Verringerung der Drehzahlen und Geschwindigkeiten.
- Vermeidung von Unwuchten.
- Verringerung von Oberflächenrauhigkeiten.
- Verringerung des freien Spiels.
- Verwendung kleiner bewegter Massen.
- Vermeidung von Kavitation, die z. B. in Hydraulikanlagen infolge von Querschnittsverengungen und Querschnittssprüngen auftreten kann.
- Vermeidung von magnetischen Kräften.
- Vermeidung des Aufeinanderschlagens von Konstruktionsteilen.
- Vermeidung von Stoßstellen, die beim Aneinanderfügen von Laufflächen und Schienen entstehen.

Änderung des zeitlichen Verlaufs der Wechselkräfte:
Das Wesentliche bei dieser Maßnahme ist, daß alle Vorgänge so gleichmäßig wie möglich gemacht werden und daß plötzliche Änderungen der Kraft oder Bewegung, z. B. durch Abfederung, vermieden werden.

Beispiel: Abbau von Spannungsspitzen an einem Stanzwerkzeug durch Abschrägung (s. Bild 8.24).

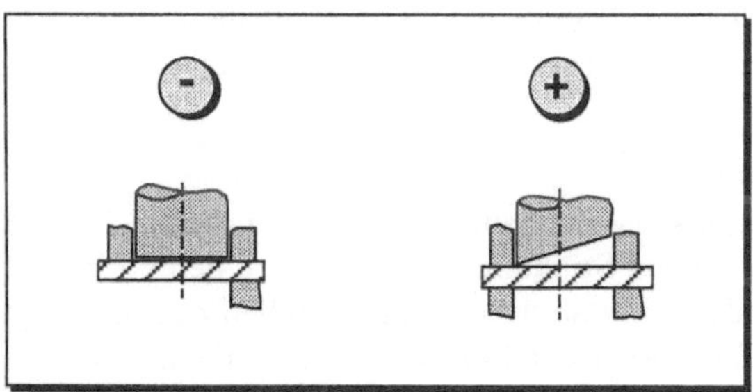

Bild 8.24 Stanzwerkzeug

Weitere Beispiele sind:

- Behälterfüllung nicht durch freien Fall der Teile, sondern über Rutschen,
- Verteilung von Kräften auf mehrere Wirkstellen, durch z. B.
  - Erhöhung der Zähnezahl bei Zahnrädern,
  - Abrunden von Zahnflanken bei Zahnrädern und
  - Erhöhung der Anzahl Schneiden bei Schneidwerkzeugen.

Einhaltung lärmarmer Betriebszustände:
Häufig liegt durch eine ungenügende Wartung (Bsp.: fehlende Schmierung), den Betrieb reparaturbedürftiger Maschinen und Anlagen (Bsp.: vergrößertes Lagerspiel) und einen unsachgemäßen Betrieb (Bsp.: Mopedauspuffgeräusch) eine unnötige Schallentstehung vor. Grundsätzlich sollten bei freier Wahl die lärmärmsten Betriebszustände (Bsp.: maximal notwendige Drehzahl) gewählt werden.

Minderung der Körperschallanregung

Um bei gegebenen Anregungskräften die Körperschallentstehung zu vermindern, muß durch konstruktive Maßnahmen der Schwingwiderstand der jeweiligen Maschinenelemente möglichst erhöht werden. Die konstruktiven Maßnahmen sind besonders wirkungsvoll, wenn sie unmittelbar an den Krafteinleitungsstellen durch Dämpfungselemente (z. B. Gummilager) realisiert werden. Der Schwingungswiderstand (Eingangsimpedanz) ist von den Dämpfungseigenschaften und von der Masse (Systemträgheit) abhängig.

Minderung der Körperschallausbreitung

Möglichkeiten zur Verminderung der Körperschallausbreitung stellen die Körperschalldämmung und -dämpfung dar.

Körperschalldämpfung:
Die einfachste und sicherste Methode, Körperschall zu mindern, ist das Umwandeln der Schwingungsenergie in Wärme. Dies geschieht durch Ausnutzen der inneren, werkstoff-

abhängigen Schwingungsdämpfung in den Bauteilen sowie der Reibung an den Grenzflächen beim Übergang der Schwingungen von einem Bauteil zum benachbarten Bauteil.

Körperschalldämmung:
Das Prinzip der Körperschalldämmung besteht darin, die mechanischen Eigenschaften der körperschallführenden Strukturen, insbesondere deren Masse und Steife, örtlich erheblich zu verändern, um an diesen Sprungstellen des Schwingungswiderstandes eine möglichst starke Körperschallreflexion zu bewirken.

Beispiele:
- Elastische Lagerung von Baugruppen in Gehäusen.
- Elastische Lagerung von Rohrleitungen.
- Anbringen von Sperrmassen an Rohrleitungen.

Minderung der mittelbaren Luftschallabstrahlung

Neben der Senkung des Abstrahlgrades und, in seltenen Fällen, der Verringerung der körperschallabstrahlenden Fläche bietet sich zur Verringerung der Luftschallabstrahlung der akustische Kurzschluß an. Verhindert oder mindert man die Fähigkeit eines schwingenden Körpers, die ihn umgebende Luft zu verdichten, dann sind die Voraussetzungen zur Luftschallabstrahlung nicht mehr oder nur noch in geringerem Maße vorhanden. Es gilt also, Druckausgleichsmöglichkeiten zu schaffen, um einen sog. akustischen Kurzschluß zu realisieren. Einen extrem guten Druckausgleich zwischen den beiden Seiten einer schwingenden Wand ergibt z. B. die Verwendung von Lochblech, das einen Lochflächenanteil von 30 % oder mehr haben sollte.

8.5.4 Sekundäre Lärmminderungsmaßnahmen

Sekundäre Maßnahmen richten sich gegen die Ausbreitung des mittelbar und unmittelbar angeregten Luftschalls. Hinzu kommt der an Wänden und Decken reflektierte Schall (Reflexionsschall). Außer den beiden, bei praktischen Lärmminderungsmaßnahmen nur schwer zu trennenden Prinzipien der Dämmung und Dämpfung wird gegenwärtig die Schallkompensation durch Gegenschall erfolgreich eingesetzt und auch weiterentwickelt.

Lärmminderung durch Gegenschall (Schallkompensation, Antilärm)

Schallwellen sind periodische Druckschwankungen der Luft; sie können sich bei gegenseitiger Überlagerung (Interferenz) verstärken oder abschwächen. Die Auslöschung tritt allerdings nur ein, wenn eine Druckverdichtung exakt auf eine entsprechend große Unterdruckstelle trifft.

Nun ist mit einer zweiten Schallquelle taktgleich genau das umgekehrte (um 180° phasenverschobene) Druckwechselfeld zu erzeugen, so daß bei der Überlagerung an jedem Ort Verdichtungen und Verdünnungen (Druckberge und -täler) mit entgegengesetzter Amplitude aufeinandertreffen. So lassen sich die gegenläufigen Schalldruckänderungen kompensieren und das Ergebnis ist im Idealfall eine Stille. Die beiden Quellen löschen sich gegenseitig aus und werden unhörbar.

In der Praxis erweist es sich als schwierig, die destruktive Interferenz über einen größeren Raumbereich und das gesamte Frequenzspektrum aufrechtzuerhalten. Im allgemeinen ist eine Abschwächung nur in räumlichen und spektralen Teilbereichen möglich.

Probleme treten auch in Räumen auf, da dort sehr komplexe Situationen vorherrschen. So wird es z. B. kaum möglich sein, Fahrgeräusche von Fahrzeugen in der Fahrgastzelle durch Gegenschall zu kompensieren. Erfolgversprechender ist dieses im Bereich der Abgasanlage von Verbrennungsmotoren, da es sich hierbei um ein angenähert eindimensionales Problem (Rohr) von geringerer Komplexität handelt.

Die Technik der Schallkompensation vereinfacht sich, wenn nicht das gesamte Schallfeld kompensiert wird, sondern nur dasjenige am menschlichen Ohr. Solch ein System funktioniert nach dem in Bild 8.25 dargestellten Prinzip.

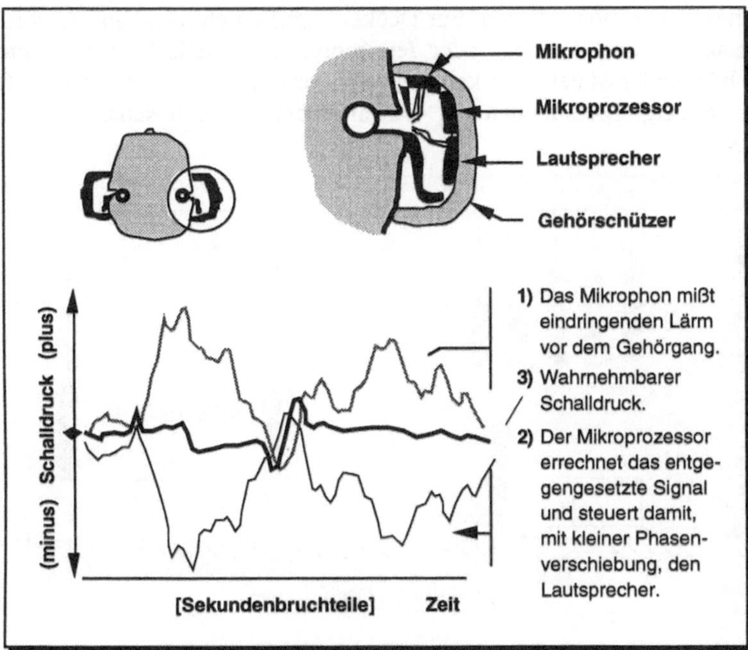

Bild 8.25 Funktionsprinzip der Schallkompensation (nach Fleischer, 1990)

Dämmung und Dämpfung

Die wichtigsten Maßnahmen zur Luftschallminderung an Maschinen sind die Voll- und Teilkapselung. Als Kapsel bezeichnet man dichte, geschlossene, elastisch befestigte Einfassungen der Schallquelle im Abstand von mehreren Zentimetern von der Oberfläche. Bei der Vollkapselung wird die gesamte Maschine umschlossen, bei der Teilkapselung nur bestimmte Maschinenteile wie Antriebs- und Kopplungsaggregate. Bei der Vollkapselung sind Pegelabsenkungen bis 40 dB möglich.

In gleicher Weise wie die Lärmquelle gekapselt wird, kann auch die Arbeitsperson durch Lärmschutzkabinen geschützt werden. Schalldämmende Decken oder Wände werden speziell dazu verwendet, laute Räume innerhalb eines Gebäudes akustisch zu isolieren. Man bedient sich dabei gewöhnlich ein- oder zweischaliger Bauteile.

Schallabsorbierende Maßnahmen zur Auskleidung von Decken und Wänden werden auch als raumakustische Maßnahmen bezeichnet. Bezweckt wird eine Luftschalldämpfung des Raumes. Der von den Raumbegrenzungsflächen reflektierte Schall wird durch Absorption der Schallenergie reduziert. Zu beachten ist, daß schallabsorbierende Raumauskleidungen nur den Reflexionsschall mindern.

Zur Verbesserung der raumakustischen Verhältnisse werden unterschiedliche Lösungsvorschläge angeboten. Schallharte Wände können mit Schallschluckelementen oder Vorhängen verkleidet werden. Für Decken eignen sich hängende Absorptionselemente (Bsp.: Platten, Röhren) oder fest montierte Schallschluckelemente. Die Anordnung hängender Materialien kann versetzt, parallel oder rasterförmig erfolgen. Das Bild 8.26 zeigt Maßnahmen der Lärmminderung durch schallabsorbierende Hängeelemente.

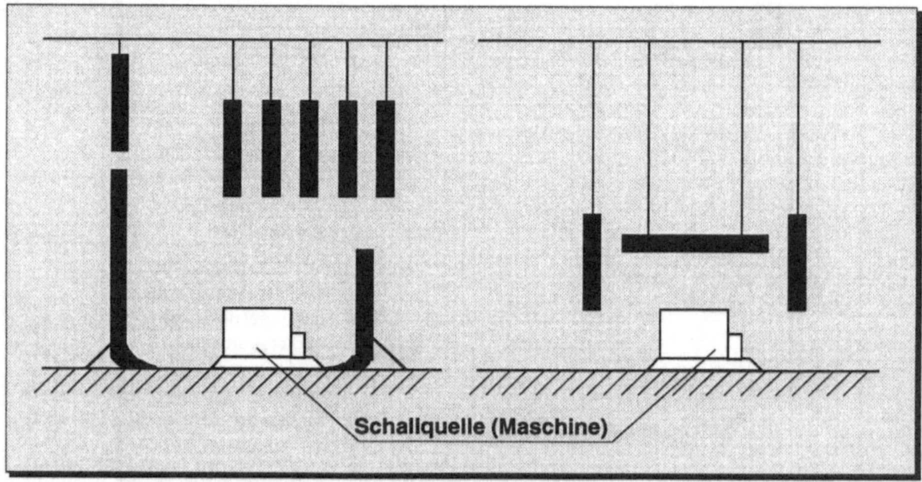

Bild 8.26 Lärmminderung durch schallabsorbierende Hänge- und Stellelemente

Die Abschirmwirkung von solchen Elementen ist frequenzabhängig. Aufgrund von Beugungseffekten der Schallwellen an den schallabsorbierenden Elementen werden niedrige Frequenzen nur wenig, höhere dagegen gut abgeschirmt.

8.5.5 Tertiäre Maßnahmen

Organisatorische Lärmminderungsmaßnahmen

Betriebsorganisatorische Maßnahmen zur Lärmbekämpfung können nur im Zusammenhang mit den wirtschaftlichen und fertigungstechnischen Anforderungen und Gegebenheiten erfolgen. Sie sollten bereits im Planungsstadium berücksichtigt werden. Primäres Ziel der organisatorischen Maßnahmen ist, die Zahl der in geräuschintensiven Betriebsabteilungen oder Arbeitsbereichen tätigen Mitarbeiter so klein wie möglich zu halten. Zu den organisatorischen Maßnahmen gehören:

- ❑ Räumliche Trennung geräuschintensiver und weniger lärmender Tätigkeiten bzw. Betriebsmittel.
- ❑ Zeitliche Trennung geräuschintensiver und weniger lärmender Tätigkeiten.
- ❑ Räumliche Trennung der Schallquelle vom Bedienungspersonal (Bsp.: Fernbedienung).
- ❑ Einrichtung von Lärmpausen bzw. Austausch des Bedienungspersonals.

Die Lärmpause bringt nur dann einen belastungsmindernden Effekt, wenn der Pausenraum einen Schalldruckpegel unter 75 dB(A) aufweist. Der Begriff ›Pausenraum‹ ist hier auf die Einwirkgröße ›Lärm‹ bezogen. Das bedeutet, daß die Rotation von Mitarbeitern zwischen stärker belärmten und ruhigeren Arbeitsräumen möglich ist.

Das Bild 8.27 zeigt den Erfolg einer organisatorischen Lärmminderungsmaßnahme durch die räumliche Zusammenfassung geräuschintensiver Betriebsmittel.

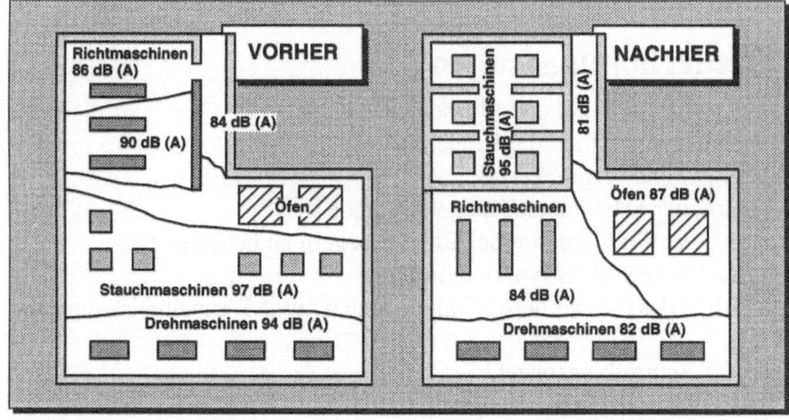

Bild 8.27 Lärmkontur vor und nach organisatorischen Lärmminderungsmaßnahmen

Persönlicher Gehörschutz

Persönlicher Gehörschutz ist insbesondere dann erforderlich, wenn alle technisch möglichen und wirtschaftlich vertretbaren Bemühungen um Lärmminderung den Beurteilungspegel im Arbeitsraum nicht unter 90 dB(A) (bzw. 85 dB(A)) gesenkt haben. Bei Pegelwerten ab 90 dB(A) müssen die Arbeitnehmer gemäß Arbeitsstättenverordnung und Unfallverhütungsvorschrift ›Lärm‹ persönliche Schallschutzmittel verwenden. Vom Arbeitgeber zur Verfügung gestellt werden müssen diese bereits oberhalb von 85 dB(A). Zur Gesamtheit persönlicher Schutzausrüstungen gehören

- Gehörschutzstöpsel,
- Gehörschutzkapseln,
- Gehörschutzhelme und
- Schallschutzanzüge.

Das Bild 8.28 zeigt die Wirkung persönlicher Schallschutzmittel.

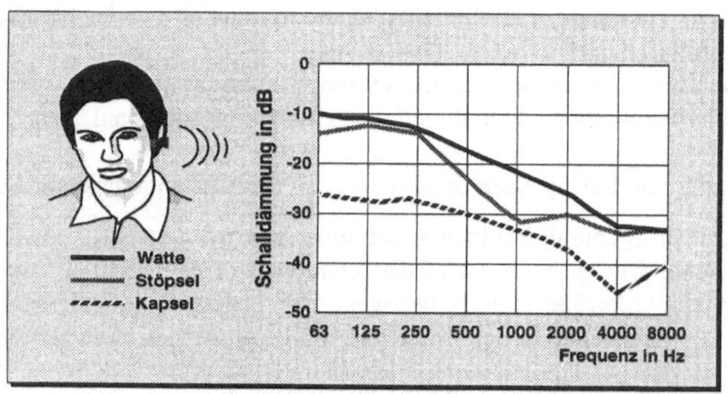

Bild 8.28 Schalldämmung verschiedener Gehörschutzmittel (nach Herstellerangaben)

8.6 Wiederholungsfragen

1. Wie wirkt sich Lärm auf den Menschen aus?
2. In welchem Bereich liegt die Hörschwelle?
3. Was ist die ›Schmerzgrenze‹?
4. Wie kommt der Schalleistungspegel zustande?
5. Was ist bei der Addition von Schalldruckpegeln zu beachten?
6. Wie ist die A-Bewertungskurve definiert?
7. Welche Teile des menschlichen Ohres können durch Lärmeinwirkung geschädigt werden?
8. Was ist der Beurteilungspegel?
9. Wie funktioniert ein Schallmeßgerät?
10. Wie lauten die Glieder der Schallübertragungskette?
11. Wie werden Lärmminderungsmaßnahmen klassifiziert?

9 Arbeitsumgebung – Mechanische Schwingungen

9.1 Einführung

Durch die moderne Technik, die den Menschen durch den Einsatz von angetriebenen Maschinen, Geräten und Fahrzeugen bei der Verrichtung schwerer körperlicher Arbeit entlastet, entstehen neue Arten der Belastung. Neben der im vorangegangenen Kapitel behandelten Lärmproblematik ist die Belastung durch mechanische Schwingungen ein an vielen Arbeitsplätzen anzutreffender Umgebungsfaktor. Mechanischen Schwingungen ist der Mensch sowohl im beruflichen Bereich als auch in der Freizeit ausgesetzt. Sie wirken vorwiegend über Transportmittel und Maschinen, aber auch über Gebäude auf den Menschen ein. Mechanische Schwingungen werden oft auch als Vibrationen oder Erschütterungen bezeichnet.

Einer Schätzung zufolge sind in der Bundesrepublik Deutschland täglich mehrere Millionen Menschen mechanischen Schwingungen ausgesetzt. Wie in Bild 9.1 dargestellt, werden in der Arbeitswissenschaft vor allem die *Ganzkörperschwingungen* und die *Hand-Arm-Schwingungen* betrachtet.

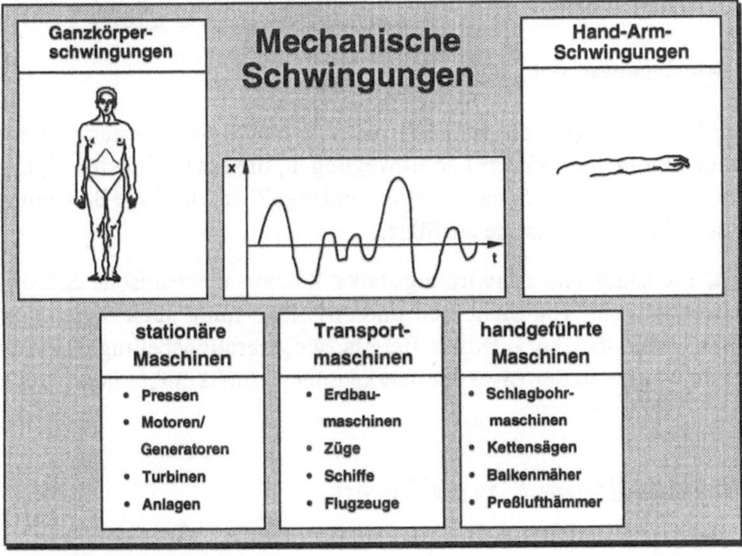

Bild 9.1 Mechanische Schwingungen

Schwingungen werden vorwiegend von stationären und handgeführten Maschinen sowie von Transportmaschinen erzeugt. Handgeführte vibrierende Maschinen belasten vorwiegend Menschen im Baugewerbe und im land- und forstwirtschaftlichen Bereich. Fahrgäste des öffentlichen, privaten und gewerblichen Transportwesens sowie Fahrer von selbstfahrenden Arbeitsmaschinen sind ständig mechanischen Schwingungen ausgesetzt.

In Bild 9.2 ist dargestellt, daß bei mechanischen Schwingungen prinzipiell zwischen *periodischen* und *stochastischen Schwingungen* unterschieden wird.

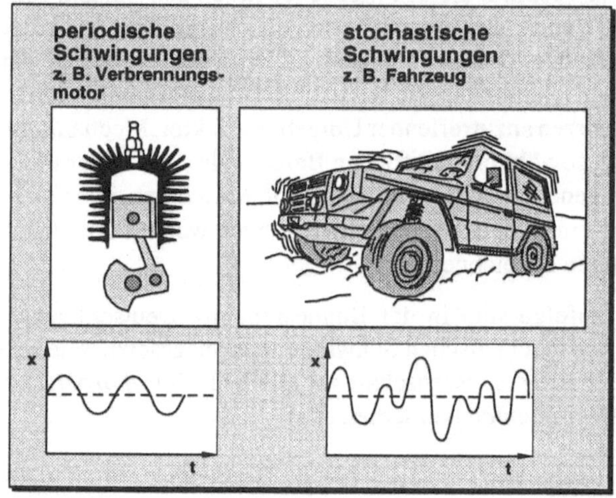

Bild 9.2 Schwingungsarten

Periodische Schwingungen, die zum Beispiel von einem Verbrennungsmotor ausgehen, sind regelmäßig wiederkehrende Bewegungen, die einen sinusförmigen Verlauf haben können. *Stochastische Schwingungen* sind regellose, zufällige Bewegungen, wie sie z. B. eine Fahrzeugkarosserie ausführt.

Je nach Art, Intensität und Einwirkungsdauer können mechanische Schwingungen neben Beeinträchtigung von Sicherheit und Arbeitsleistung auch Schädigungen der menschlichen Gesundheit hervorrufen. Bereits zwei vibrationsbedingte Erkrankungen des Menschen werden in der Liste der anerkannten Berufskrankheiten geführt.

9.2 Physikalische Grundlagen

Prinzipiell versteht man unter mechanischen Schwingungen die zeitliche, mehr oder weniger regelmäßige Bewegung eines Körpers um eine Ruhelage. Dabei ist gefordert, daß der Körper während des Schwingungsvorgangs wenigstens einmal seine Bewegungsrichtung umkehrt. Wie schon beschrieben, wird zwischen periodisch wiederkehrenden Bewegungen und stochastischen, d. h. regellosen, zufälligen Bewegungen unterschieden. Die *Schwingungsgröße* ist diejenige Größe, anhand derer die Lageänderungen des betrachteten Körpers ermittelt werden. Im Bereich der mechanischen Schwingungen wird dazu entweder der Schwingweg [m], die Schwinggeschwindigkeit [m/s] oder die Schwingbeschleunigung [m/s^2] herangezogen. Üblicherweise wird bei der Erfassung von Schwingungsbelastungen des Menschen die Schwingbeschleunigung als Maß verwendet.

Als *Frequenz* wird der Wert bezeichnet, der angibt, wie oft pro Sekunde der Körper eine vollständige Auf- und Abbewegung um seine Ruhelage durchläuft. Als Einheit wird das Hertz [Hz] in der Dimension [1/s] angegeben. Der Kehrwert der Frequenz einer Schwingung ist die *Periodendauer* (T). Sie gibt den Zeitabschnitt an, nach dem sich der Bewegungsablauf einer Schwingung wiederholt. In Bild 9.3 sind die wichtigsten Größen der Schwingungsmechanik im Überblick dargestellt.

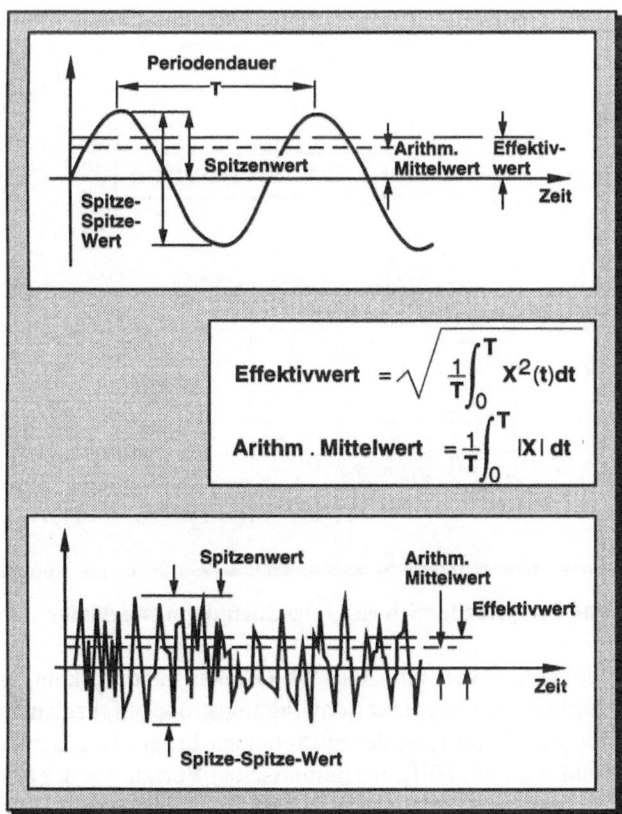

Bild 9.3 Schwingungsmechanische Kenngrößen

Der Spitzenwert oder die *Amplitude* gibt den Abstand zwischen Höchst- und Tiefstwert einer Schwingungsgröße an. Wichtig für die zeitliche Beurteilung einer Schwingung ist aber nicht die Amplitude, sondern der *Effektivwert* einer Schwingung. Er berechnet sich aus der Wurzel des Mittelwertes der quadrierten Einzelwerte einer Schwingungsgröße und wird daher auch als quadratischer Mittelwert oder RMS-Wert (englisch: Root-Mean-Square) bezeichnet. Der Scheitelfaktor (Crest Factor) stellt ein Maß für die Stoßhaltigkeit einer Schwingung dar. Er berechnet sich aus dem Verhältnis von Spitzenwert zu Effektivwert.

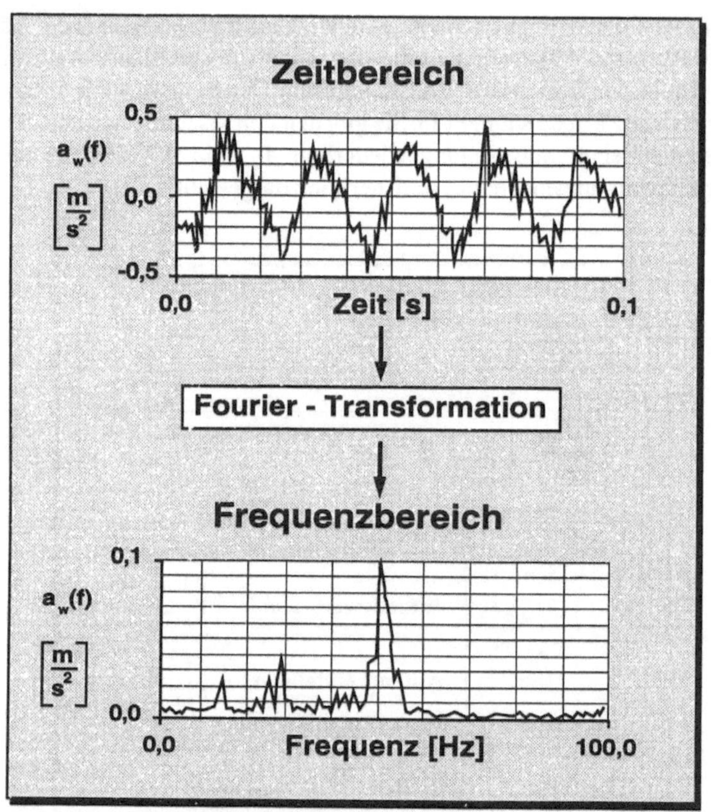

Bild 9.4 Zeit- und Frequenzbereich eines Beschleunigungsverlaufes

Da es sich bei Schwingungen um zeitliche Größen handelt, kann mit Hilfe von Meßgeräten der zeitliche Verlauf einer Schwingungsgröße aufgezeichnet und grafisch dargestellt werden. Zur Ermittlung der auftretenden Frequenzen aus dem zeitlichen Schwingungsverlauf wird mit Hilfe des numerischen Verfahrens der Fourier-Analyse das Schwingungssignal vom Zeitbereich in den Frequenzbereich transformiert und grafisch dargestellt. Da sich eine Schwingungsbelastung des Menschen üblicherweise aus der Überlagerung mehrerer Einzelschwingungen mit unterschiedlicher Frequenz und Amplitude zusammensetzt, ist dieser Schritt zur Feststellung der Schwingungsbelastung auf den Menschen notwendig. In Bild 9.4 ist ein Beschleunigungsverlauf im Zeit- und im Frequenzbereich dargestellt.

9.3 Auswirkungen

Auch bezüglich der mechanischen Schwingungen gilt das Belastungs-Beanspruchungs-Modell der Arbeitswissenschaft. Die *Schwingungsbelastung* beschreibt die Einwirkung von Schwingungen auf den Menschen. Sie kann direkt durch Schwingungsmessung an der Einleitungsstelle (z. B. am Handgriff einer Bohrmaschine) physikalisch erfaßt werden. Die *Schwingungsbeanspruchung* beschreibt die Wirkung der Schwingungsbelastung auf den menschlichen Körper. Diese Auswirkungen lassen sich in der Regel nur indirekt erfassen und äußern sich als Belästigung, Arbeitsbehinderung, Leistungsminderung oder, im schlimmsten Fall, als bleibender Gesundheitsschaden.

In Bild 9.5 sind einige Auswirkungen von starken niederfrequenten Schwingungen auf den Menschen dokumentiert.

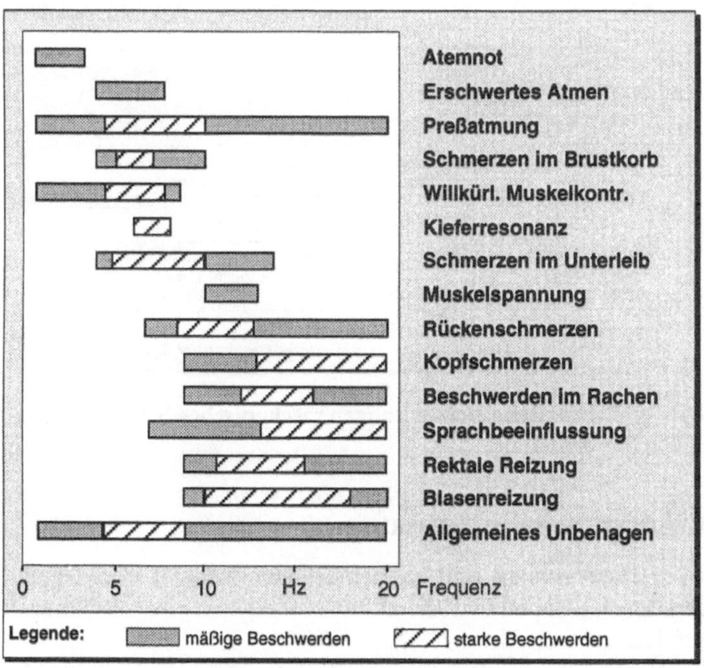

Bild 9.5 Auswirkung von starken Schwingungen auf den Menschen
(nach Hettinger u. a., in: Kirchner und Baum, 1990)

Die ›Menge‹ einer Schwingungsbelastung, beschrieben durch deren Art, Intensität und Einwirkungsdauer, ist entscheidend dafür, ob die Folgen für die Gesundheit abträglich, unbedeutend oder zuträglich sind. Die Frage, inwieweit mechanische Schwingungen für den Menschen schädlich sind und wo die Grenzen der Schädigung liegen, ist bis heute Gegenstand der arbeitswissenschaftlichen Forschung.

Der Mensch besitzt in hohem Maße die Fähigkeit, sich den verschiedenen Umweltbedingungen anzupassen. Hierzu verfügt er über physiologische Regelsysteme, die bei ihm Schutzreaktionen zur Abwehr gegenüber solchen Einflüssen auslösen. Da mechanische Schwingungen in der Regel künstlich erzeugt werden, besitzt der Mensch nicht die Fähigkeit, solche physiologisch sinnvollen Schutzreaktionen auszulösen. Der Mensch ist also den mechanischen Schwingungen mehr oder minder schutzlos ausgesetzt. Bild 9.6 zeigt eine Gesamtübersicht der akuten und chronischen Auswirkungen der aus arbeitswissenschaftlicher Sicht relevanten mechanischen Schwingungsbelastung auf den Menschen.

	Ganzkörper- Schwingungen	Hand-Arm- Schwingungen
Akute Wirkungen	**Beeinflussung des biomechanischen Schwingungsverhalten**	
	des Rumpfes und des Kopfes	des Hand-Arm-Schulter-Systems
	Physiologische Reaktionen	
	• erhöhtes Atemminutenvolumen • erhöhte Muskelaktivität • vegetative Störungen (Reflexvermindung)	• verminderte periphere Durchblutung • erhöhte Muskelaktivität • Störung des peripheren Nervensystems (Abnahme der Tastempfindung)
	Unangenehme subjektive Wahrnehmung Unwohlsein und Schmerzen	
	Leistungsbeinflussung	
	• erschwerte feinmotorische Koordination • verminderte visuelle Wahrnehmung	• erschwerte feinmotorische Koordination
Chronische Wirkungen	Gesundheitsschädigung im Bereich der Wirbelsäule und des Magens	Schädigung von Knochen und Gelenken Vasospasmus in den Fingern

Bild 9.6 Akute und chronische Auswirkungen mechanischer Schwingungen auf den Menschen

9.3.1 Ganzkörperschwingungen

Von *Ganzkörperschwingungen* sind zahlreiche Arbeitnehmer vorwiegend aus den untenstehenden Berufsgruppen betroffen:

- ❑ Schlepperfahrer,
- ❑ Fahrer von Nutzfahrzeugen (Lastwagen, Kleintransporter, Omnibusse),
- ❑ Fahrer von Erdbaumaschinen und sonstigen schweren Arbeitsmaschinen sowie
- ❑ Besatzungen von Eisenbahnen, See- und Luftfahrzeugen.

Damit die Schwingungsrichtung klassifiziert werden kann, ist es notwendig, ein physiologisches Koordinatensystem, wie in Bild 9.7 dargestellt, für Ganzkörperschwingungen einzuführen. Je nach Körperhaltung erzeugen Schwingungen in den unterschiedlichen *Schwingungsrichtungen* unterschiedliche Reaktionen.

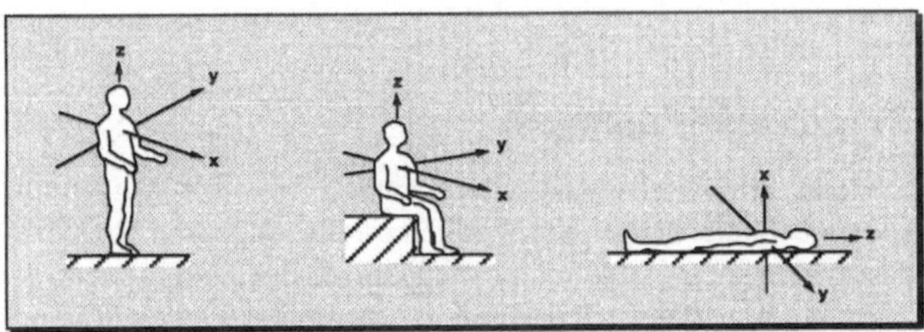

Bild 9.7 Physiologisches Koordinatensystem für Ganzkörperschwingungen (nach VDI-Richtlinie 2057)

Bei den Auswirkungen mechanischer Schwingungen (vgl Bild 9.6) auf den menschlichen Körper muß zum einen unterschieden werden zwischen akuten Wirkungen, welche sich bereits nach kurzer Zeit einstellen, und den chronischen Wirkungen, die oftmals erst nach Jahren auftreten. Zum anderen muß berücksichtigt werden, ob die Schwingungsbelastung im Stehen, Sitzen oder Liegen auftritt. Nicht in allen untersuchten Fällen kann die Schwingungsbelastung als alleiniger Auslöser für das Krankheitsbild ermittelt werden. Dennoch muß in der Regel davon ausgegangen werden, daß die Schwingungsbelastung die Ausbildung des Krankheitsbildes begünstigt bzw. beschleunigt.

Körperteil	Körper-stellung	Schwingungs-richtung	Resonanz-frequenz (Hz)
Ganz-Körper	Liegen	Y, Z	1 - 2
Wirbelsäule	Sitzen	Z	3 - 4,5
Magen	Sitzen	Z	4 - 7
Magen	Liegen	X	4 - 8
Brustkorb	Sitzen	Z	4 - 6
Brustkorb	Liegen	X	6 - 12
Hand-Arm-System (Ellbogen)	horiz. Unterarm	Z	10 - 20
Augäpfel	Kopf aufrecht	Z	20 - 25
Schädelknochen	Liegen	X	50 - 70

Bild 9.8 Resonanzfrequenz verschiedener Körperteile (nach Schäfer u. a., 1982)

Die *Schwingungsanregung* von Körperteilen durch *Resonanzen*, d. h. durch das Zusammentreffen einer Anregungsfrequenz mit der Eigenfrequenz eines schwingenden Systems, wirkt sich sehr unangenehm aus. In Bild 9.8 sind die Resonanzfrequenzen verschiedener Körperteile aufgelistet. Je nach Körperstellung werden unterschiedliche Körperteile angeregt.

9.3.2 Hand-Arm-Schwingungen

Viele Geräte werden ein- oder beidhändig benutzt, was zur Folge hat, daß die Arbeitsperson den mechanischen Schwingungen direkt ausgesetzt ist. Dies bedeutet, daß die durch das Arbeitsgerät verursachten mechanischen Schwingungen unmittelbar auf das Hand-Arm-System übertragen werden. Oft muß bei solchen handgeführten Geräten von der Arbeitsperson mit dem Hand-Arm-System eine Reihe von weiteren Aufgaben, die über das reine Halten des Gerätes hinausgehen, erfüllt werden.

Berufskrankheit BK 2103
Vibrationsbedingte Knochen- und Gelenkerkrankungen

Ausprägungen :
- ❑ Muskel- und Gelenkschmerzen,
- ❑ Knochenwucherungen,
- ❑ Deformierungen der Gelenkflächen,
- ❑ Knochenabsplitterungen im Ellenbogengelenk,
- ❑ Knorpelzerstörung,
- ❑ Muskelatrophie (Schwund)

Ursache:
- ❑ Arbeit mit Geräten, die Schwingungen mit niederen Frequenzen und großen Amplituden erzeugen (z. B. Preßlufthammer)

Berufskrankheit BK 2104
Vibrationsbedingte Durchblutungsstörungen (vasospostisches Syndrom) Weißfingerkrankheit, Raynaudsches Phänomen

Ausprägungen :
- ❑ bleibende Durchblutungsstörungen der Finger und/oder
- ❑ Weißwerden und Gefühlslosigkeit der Finger

Ursache:
- ❑ Arbeit mit Geräten, die Schwingungen im Bereich von 20-40 Hz erzeugen (Handschleifmaschinen, Kettensägen, Motormähgeräte)

Bild 9.9 Anerkannte Berufskrankheiten durch Schwingungsexposition

Zu diesen Aufgaben gehören:

❑ Aufbringen von Lenk- und Führungskräften beim Positionieren bzw. Fahren des Gerätes,

- ❑ Aufbringen von Bearbeitungskräften,
- ❑ Dämpfung bzw. Ausgleich von Schwingungen, welche vom Arbeitsgerät in das Hand-Arm-System eingeleitet werden,
- ❑ Betätigung von Stellteilen (z. B. stufenlose Verstellung der Drehzahl bei Bohrmaschinen).

Diese Tätigkeiten werden durch Schwingungen, die über das Arbeitsgerät in das Hand-Arm-System und in den restlichen Teil des Körpers der Arbeitsperson eingeleitet werden, erschwert. Das heißt, die Beanspruchung der Arbeitsperson während der Arbeit steigt.

Bei den Auswirkungen von *Hand-Arm-Schwingungen* wird ebenfalls zwischen akuten und chronischen Auswirkungen unterschieden, die in Bild 9.6 aufgelistet sind.

Die chronischen Wirkungen von Hand-Arm-Schwingungen sind in der Regel nach voller Ausbildung des Krankheitsbildes irreversibel. Deshalb wurden die zwei in Bild 9.9 genannten vibrationsbedingten Erkrankungen als *Berufskrankheiten* anerkannt.

Die Intensität der Ausprägungen der obengenannten Krankheitsbilder ist abhängig von der täglichen Expositionszeit und der Dauer der Berufstätigkeit.

9.4 Messung von mechanischen Schwingungen

Die Bestimmung von Schwingungs- und Stoßgrößen an der Übertragungsstelle auf den Menschen ist Voraussetzung für eine Bewertung der menschlichen Beanspruchung und Belastung. Durch entsprechende Analysen kann festgestellt werden, inwieweit sich die Belastung durch schwingungsreduzierende Maßnahmen vermindern läßt. Durch Kenntnis der auftretenden Frequenzen ergeben sich Hinweise auf mögliche Schwingungserreger der Maschine bzw. des Fahrzeuges. Weiterhin ist die Schwingungsmessung auch für Kontrollzwecke erforderlich, um zu überprüfen, in welchem Maße eine schwingungstechnische Verbesserung, z. B. ein besser gefederter und gedämpfter Sitz oder ein vibrationsgedämpfter Griff, Nutzen gebracht hat.

9.4.1 Meßstellen

An Arbeitsplätzen und Geräten werden mechanische Schwingungen in der Regel über die Füße und Beine, Hände und Arme, das Gesäß, den Rumpf oder den Kopf übertragen. Dies ist sowohl in stehender, sitzender als auch liegender Körperhaltung möglich (vgl. Bild 9.7).

Der Schwingungsaufnehmer soll bei der Schwingungsermittlung möglichst nahe an der Einleitungsstelle angebracht werden.

9.4.2 Meßwertaufnehmer

In der Arbeitswissenschaft wird überwiegend das Prinzip der seismischen Schwingungsmessung angewandt. Bei diesem Verfahren wird die Trägheit eines Massekörpers in der Weise genutzt, daß der Körper bei den Schwingungen des Gerätes oder der Maschine, an der er befestigt ist, kleine Relativbewegungen innerhalb des Aufnehmergehäuses durchführt. Diese Relativbewegungen oder besser Relativschwingungen werden dann über eine elektromechanische Umwandlung in Spannungssignale umgesetzt.

Beschleunigungsaufnehmer nach dem seismischen Prinzip:

- Mit Dehnungsmeßstreifen,
- mit druckempfindlichem, piezo-elektrischem Element oder
- mit Meßspule nach dem induktiven Prinzip.

Die elektrischen Signale werden entsprechend dem Wirkprinzip des Aufnehmers so weiterverarbeitet, daß ein beschleunigungsproportionales Spannungssignal vorliegt. Dieses Signal kann für die weitere Auswertung verwendet werden.

9.4.3 Ermittlung der bewerteten Schwingstärke

Zur Bestimmung des Energieinhaltes einer Schwingung würde es für rein theoretisch orientierte Messungen bereits ausreichen, das elektrische Signal über einen definierten Zeitraum zu erfassen und den Effektivwert (RMS-Wert) zu ermitteln. Ähnlich wie bei der Lärmmessung reicht bei mechanischen Schwingungen die alleinige Betrachtung der Beschleunigungsamplitude nicht aus. Die Frequenz einer mechanischen Schwingung ist ebenfalls entscheidend für die Schwingungsbelastung. So lösen Schwingungen gleicher Stärke, aber unterschiedlicher Frequenzen, unterschiedliche Wahrnehmungen aus. Diese Wahrnehmungen werden durch die *bewertete Schwingstärke* (Wahrnehmungsstärke) gekennzeichnet. Die Schwingungsgröße (Beschleunigung) wird dabei mit einer frequenzabhängigen Funktion – ähnlich der A-Bewertung bei Lärmmessungen – bewertet.

Bei dieser Bewertung wird nach Art der Schwingungsbelastung und Schwingungsrichtung unterschieden:

- Ganzkörperschwingungen (VDI-Richtlinie 2057) im Stehen, Sitzen oder Liegen für Arbeitsplätze in Land- und Wasserfahrzeugen und
- Hand-Arm-Schwingungen (DIN-Norm 45 675) für handgeführte Geräte (Motorkettensägen, Freischneidegeräte, Bohr- und Meißelhämmer, Balkenmäher etc.).

Der für die Schwingungsbelastung relevante Frequenzbereich erstreckt sich bei Ganzkörperschwingungen von 0,1 bis 100 Hz. Schwingungen unter 0,1 Hz treten sehr selten im Arbeitsbereich auf und über 100 Hz werden die Schwingungen bereits in der Haut und in den darunter liegenden Schichten gedämpft. Viele Teile des menschlichen Körpers sind gegeneinander relativ frei beweglich, d. h., daß sie annähernd unabhängig voneinander schwingen können. Die einzelnen Teile lassen sich als eine Kombination von Feder-Masse-Systemen betrachten. Dadurch, daß die Eigenfrequenz der einzelnen Körperteile mit der Erregungsfrequenz in Resonanz tritt, werden Schwingungen unter 10 Hz als besonders unangenehm empfunden.

Wahrnehmungsstärke

Die Wirkung der Schwingungen auf den Menschen wird mit der *Wahrnehmungsstärke* K beurteilt. Diese Größe berücksichtigt unterschiedliche Frequenzen und die Intensität von Schwingungen. Entsprechend den körperbezogenen Koordinatensystemen berücksichtigt man die Schwingrichtung und definiert die Wahrnehmungsstärke entsprechend in K_x, K_y und K_z. Darüber hinaus wird die Körperhaltung nach Stehen, Sitzen oder Liegen berücksichtigt. In Bild 9.10 sind die K-Werte für stehenden oder sitzenden Menschen angegeben.

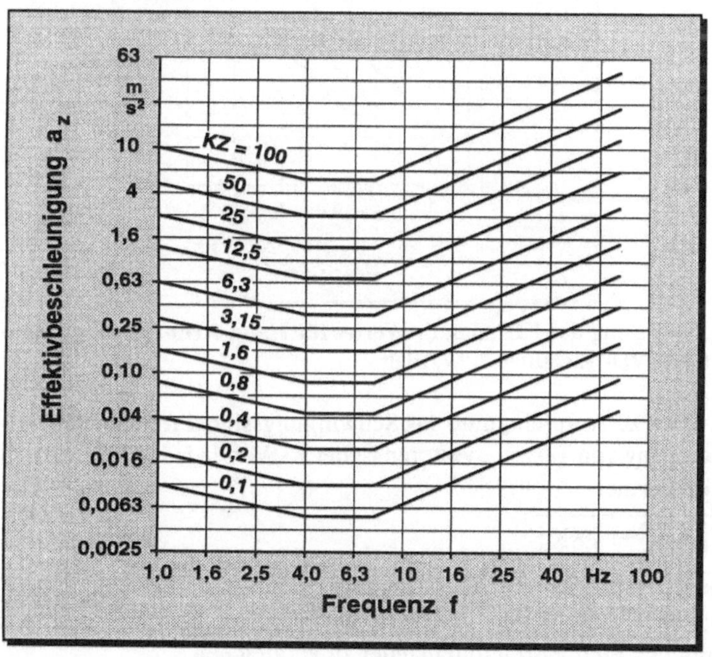

Bild 9.10 Kurven gleich bewerteter Schwingstärke KZ für stehenden oder sitzenden Menschen (VDI-Richtlinie 2057, Blatt 2)

Bei Hand-Arm-Schwingungen werden Schwingungen im Bereich von 8 – 1000 Hz betrachtet. In Bild 9.11 werden entsprechende K-Werte gezeigt. Gut zu erkennen ist, daß die niederfrequenten Schwingungen bis 16 Hz stärker bewertet werden als die hochfrequenten Schwingungen.

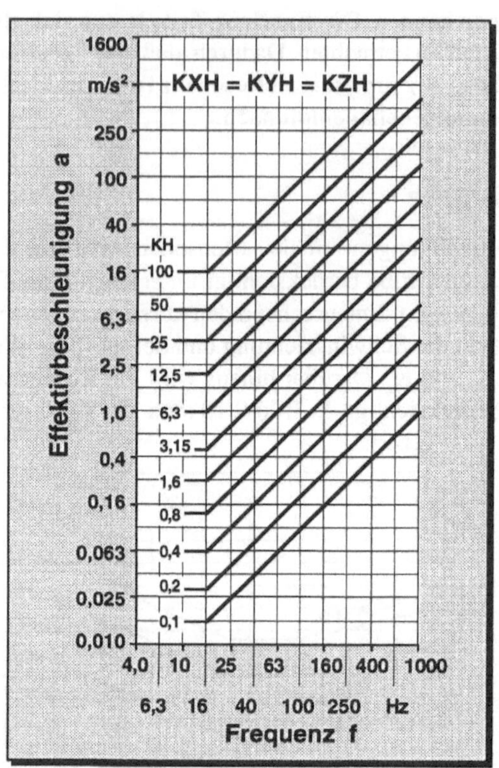

Bild 9.11 Ermittlung des KH (Hand)- Wertes für Hand-Arm-Schwingungen
(nach VDI-Richtlinie 2057, Blatt 2)

Um den K-Wert zu ermitteln, muß das Schwingungssignal frequenzbewertet werden. Bei der Benutzung von Terzanalysatoren ist der K-Wert in jeder Terzstufe zu ermitteln und nach der Formel

$$K = \sqrt{K_1^2 + K_2^2 + \ldots + K_n^2}$$

zu berechnen. Erst durch diesen K-Wert wird es möglich, die Schwingungsbelastungen an Arbeitsplätzen oder Geräten mit verschiedenen Beschleunigungsamplituden und unterschiedlichen Frequenzen miteinander zu vergleichen.

9.4.4 Ermittlung der maximalen täglichen Expositionszeit

Da sich Grenzwerte für die Schwingungsbelastung, bei deren Überschreitung mit Sicherheit gesundheitliche Schädigungen eintreten, weder berechnen noch experimentell bestimmen lassen, gibt die in Bild 9.12 empirisch ermittelte Kurve Anhaltswerte für mögliche Gesundheitsrisiken.

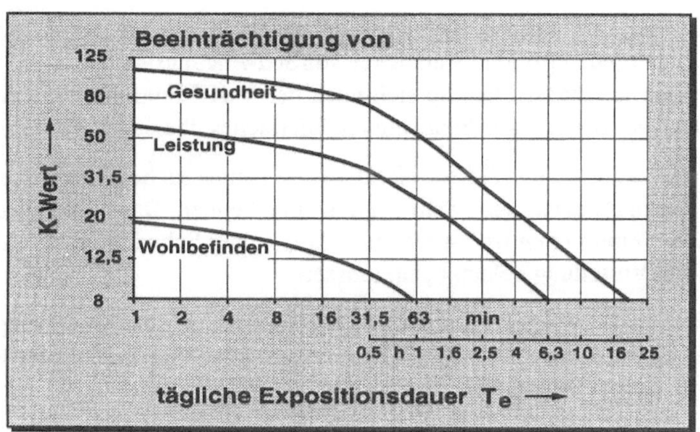

Bild 9.12 Ermittlung der Expositionszeit anhand des K-Wertes
(nach VDI-Richtlinie 2057)

9.5 Maßnahmen zur Schwingungsreduzierung

In der Praxis ist es oftmals schwierig, Schwingungen zu vermeiden. Sie entstehen meist bei dynamischen Vorgängen aufgrund von Fertigungstoleranzen und Lagerspielen, durch rollende oder gleitende Berührung zwischen zwei Maschinenteilen und aufgrund von Unwuchten in rotierenden und pendelnden Bauteilen. Es kommt häufig vor, daß schon kleine, unscheinbare Schwingungen die Resonanzfrequenzen anderer Bauteile anregen und so zu starken Vibrationen und zusätzlicher Lärmentwicklung führen.

Arbeitsplätze bzw. -geräte	K-Werte
Abbauhämmer	79 - 139
Bohrhämmer	29 - 136
Meißelhämmer	19 - 112
Niethämmer	16 - 142
Winkelschleifer	12 - 76
Handfräser	73 - 148
Motorsägen	27 - 106
Rüttelplattenverdichter	50 - 115
Motormähgeräte	13 - 64
Radlader	12 - 47
Hydraulikbagger	7 - 37
Muldenkipper	12 - 46
Straßenwalzen	6 - 21
Gabelstapler	8 - 55
Baustellen-LKW	12 - 25
Traktoren	10 - 36

Bewertete Schwingstärke KX, KY, KZ, KB	Beschreibung der Wahrnehmung
< 0,1	nicht spürbar
0,1	Fühlschwelle spürbar
	gut spürbar
0,4	
1,6	stark spürbar
6,3	
100,0	sehr stark spürbar
>100,0	

Bild 9.13 K-Werte an verschiedenen Arbeitsplätzen und -geräten
(aus Dupuis u. a., 1988 und VDI-Richtlinie 2057)

Die in Bild 9.13 aufgelisteten K-Werte von unterschiedlichen Arbeitsplätzen und Maschinen zeigen deutlich die Notwendigkeit von Schwingungsminderungsmaßnahmen. Es zeigt sich in der Praxis, daß die sich nach der VDI-Richtlinie 2057 ergebenden zulässigen Expositionszeiten oftmals um ein Vielfaches überschritten werden.

Die wichtigste Voraussetzung für jede effektive Maßnahme zur Schwingungsminderung ist, die Art der zu reduzierenden Schwingungen zu kennen. Das bedeutet, daß die zu vermindernden Vibrationen nach Frequenz, Amplitude, Schwingungsform und ihrer zeitabhängigen Verteilung bekannt sein müssen.

Zur numerischen Schwingungssimulation, die in diesem Zusammenhang wichtige Erkenntnisse liefert, wurde das in Bild 9.14 gezeigte Feder-Masse-Dämpfer Modell des menschlichen Körpers entwickelt.

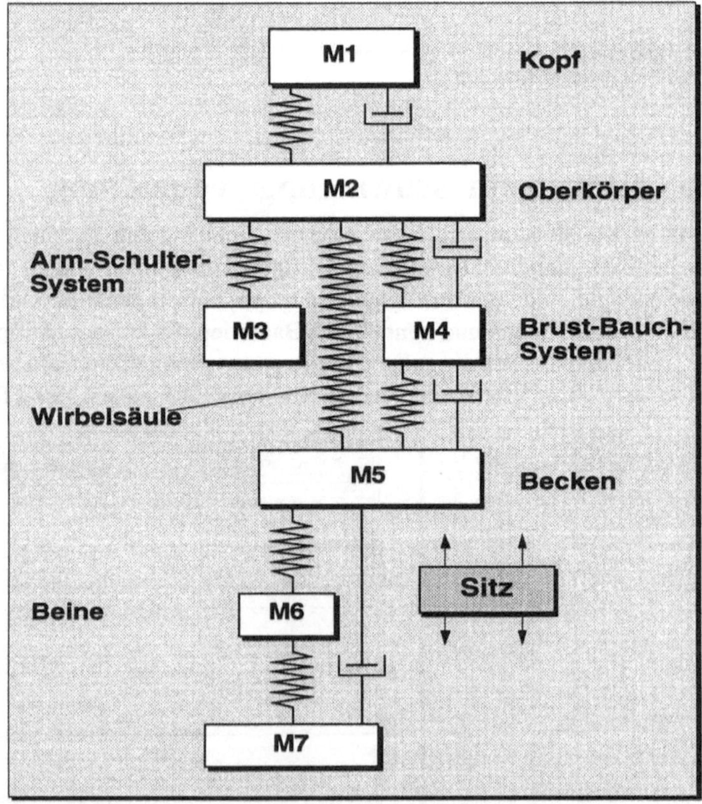

Bild 9.14 Feder-Masse-Dämpfer-Modell des menschlichen Körpers

In Bild 9.15 sind die drei prinzipiell möglichen schwingungsmindernden Maßnahmen aufgelistet.

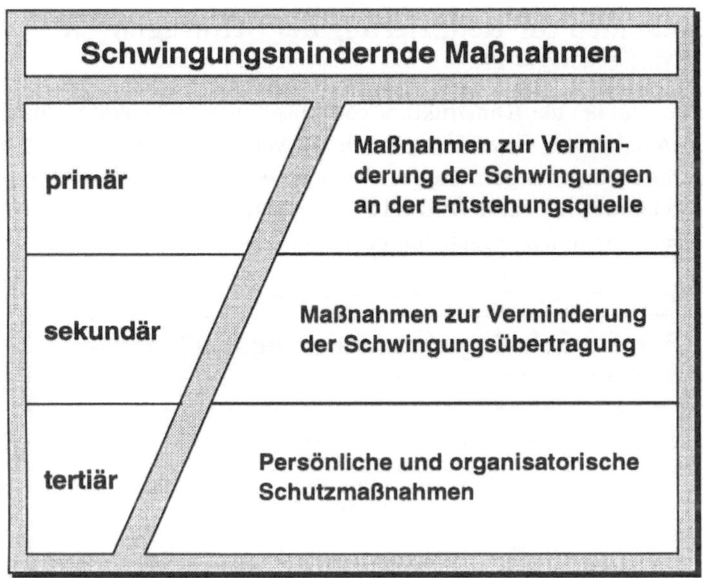

Bild 9.15 Schwingungsmindernde Maßnahmen

Nach Möglichkeit sollte in der Regel versucht werden, die Schwingungen am Entstehungsort bereits in der Entwurfs- und Konstruktionsphase zu vermeiden. Dies ist jedoch oft aus technischen und/oder wirtschaftlichen Gründen nicht durchführbar. In vielen Fällen ist es aufgrund der Komplexität schwingungsmechanischer Zusammenhänge schwierig und nur mit großem Aufwand möglich, das Schwingungsverhalten und die daraus resultierende Schwingungsbelastung von Maschinen, Fahrzeugen oder Geräten vorauszuberechnen. Auch die nachträgliche Durchführung von Primärmaßnahmen gestaltet sich in vielen Fällen problematisch.

Die Gruppe der Sekundärmaßnahmen kommt daher in der Praxis wesentlich häufiger zur Anwendung. Dies liegt im wesentlichen an zwei Dingen:

- ❑ Die meisten Schwingungsprobleme zeigen sich erst beim Betrieb, d. h. nach Abschluß der konstruktiven Phase.
- ❑ Sekundäre Schwingungsminderungsmaßnahmen sind in vielen Fällen wirtschaftlicher zu realisieren.

Elastisch gelagerte Griffe oder Griffbügel an Maschinen oder Geräten werden in der Praxis häufig als Antivibrationssysteme (AV-Systeme) bezeichnet.

Als letzte Möglichkeit zur Reduzierung der Schwingungsbelastung bleiben persönliche und organisatorische Maßnahmen. Diese sollten erst dann in Betracht gezogen werden, wenn durch Primär- und Sekundärmaßnahmen keine ausreichende Schwingungminderung erzielt werden konnte.

9.5.1 Maßnahmen zur Reduzierung der Schwingungen am Entstehungsort

Grundsätzliches Ziel bei der Konstruktion von Maschinen und Geräten sollte es sein, Vibrationen bereits an der Entstehungsquelle zu vermeiden oder in Frequenz- und Amplitudenbereiche zu verlegen, die für die Schwingungsbeanspruchung des Menschen wenig Bedeutung haben. In Bild 9.16 sind einige konstruktive Maßnahmen und alternative Arbeitsprinzipien aufgelistet, um dieses Ziel zu erreichen.

Primäre Schwingungsminderungsmaßnahmen

- ❑ drehende statt oszillierende Maschinenteile,
- ❑ Riementrieb statt Kettentrieb,
- ❑ Bohren statt Stanzen, Hämmern oder Rammen,
- ❑ Gießen statt Schmieden,
- ❑ Drücken statt Schlagen,
- ❑ Elektroantrieb statt Verbrennungsmotor.

- ❑ optimale Drehzahlen und Geschwindigkeiten
- ❑ Unwuchten vermeiden
- ❑ Zusatzmassen zur Senkung der Eigenfrequenz
- ❑ geringe Fertigungstoleranzen

Bild 9.16 Primäre Schwingungsminderungsmaßnahmen

Nicht immer ist es möglich, ein schwingungstechnisch günstiges Arbeitsprinzip auszuwählen. In solchen Fällen muß versucht werden, die Schwingungen an der Erregerquelle zu reduzieren. Nachfolgend sind beispielhaft einige Maßnahmen aufgelistet:

- ❑ Bei Straßen-, Gelände- und Schienenfahrzeugen werden die Schwingungen durch die Unebenheit der Fahrbahn erzeugt. Hier kann durch eine möglichst ebene Fahrbahnoberfläche eine deutliche Schwingungsreduzierung erzielt werden. Bei Schienenfahrzeugen hat sich das Verschweißen der Schienenstränge als hilfreich erwiesen.
- ❑ Drehzahlen und Geschwindigkeiten von bewegten Maschinenbauteilen sollten so gewählt werden, daß unter den normalen Betriebsbedingungen weder die Maschine als Ganzes noch einzelne Bauteile der Maschine in Resonanz geraten.
- ❑ Bei rotierenden Bauteilen muß darauf geachtet werden, daß keine Unwuchten vorhanden sind. Das Auswuchten von Maschinen läßt sich auch nachträglich durchführen.

- Durch starre Anbringung von Zusatzmassen kann die Eigenfrequenz schwingungsfähiger Systeme gesenkt werden. Dadurch läßt sich ebenfalls – sofern sich der Arbeitpunkt der Maschine im überkritischen Bereich befindet – eine Schwingungsreduzierung erzielen.
- Grundsätzlich sind Oberflächenrauhigkeiten, Wälzlagerfehler, Verzahnungsfehler zu vermeiden, sowie allgemein geringe Fertigungstoleranzen anzustreben, um jegliche Schwingungsanregung gering zu halten.

9.5.2 Maßnahmen zur Reduzierung der Schwingungsübertragung

Wird eine effektive Reduzierung der Schwingungen an der Entstehungsquelle nicht erreicht, so müssen Maßnahmen zur Verminderung der Schwingungsübertragung auf den Menschen Anwendung finden. Wie in Bild 9.17 dargestellt, werden nach VDI-Richtlinie 2062 zwei grundsätzliche Prinzipien unterschieden:

- *Aktivisolierung* (Isolierung des Erregers, um die Schwingungsübertragung auf die Umgebung, den Arbeitsplatz oder den Menschen zu vermindern) und
- *Passivisolierung* (Abschirmen des zu schützenden Objektes, Arbeitsplatzes oder Menschen gegen die Schwingungseinwirkung aus der Umgebung).

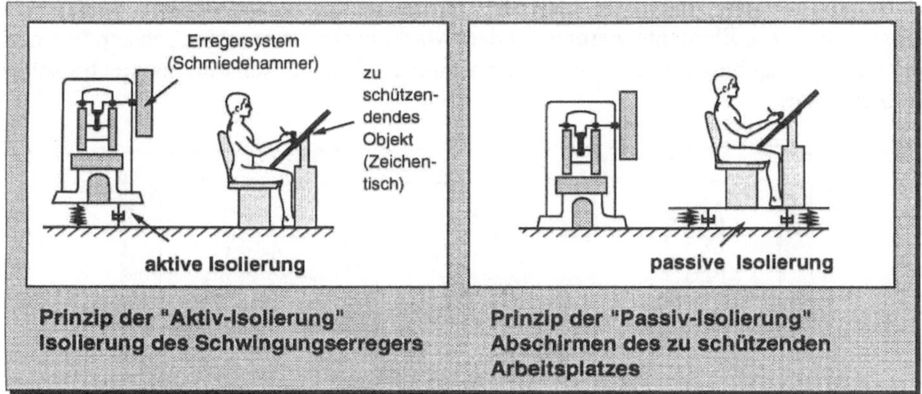

Bild 9.17 Aktiv- und Passivisolierung zur Schwingungsminderung
(aus Schäfer, Dupuis, Hartung, 1982)

Die physikalischen Grundlagen sind für beide Prinzipien gleich. Wird ein elastisch gelagertes, d. h. schwingungsfähiges System mit einer konstanten Amplitude angeregt, so ist die Frequenz dieser Anregung entscheidend dafür, ob die Schwingungsamplituden des angeregten Systems größer oder kleiner als die Anregungsamplitude sind. Dabei gibt es für jedes schwingungsfähige System mindestens eine Frequenz, bei der die Schwingungsamplitude des Systems um ein vielfaches höher ist als die Anregungsamplitude. Diese Frequenz wird als Resonanz oder Eigenfrequenz bezeichnet. Der

Bereich vor der Resonanzstelle heißt unterkritisch, der danach überkritisch. Eine ausreichende Schwingungsreduzierung wird in der Regel ab einem Frequenzverhältnis von 1:3 erzielt. In der Praxis bedeutet dies beispielsweise für die elastische Lagerung eines Verbrennungsmotors, der bei einer Frequenz von 60 Hz (3600/min) läuft, daß die Federelemente so abgestimmt werden müssen, daß sich in Verbindung mit der Masse des Motors eine Eigenfrequenz von 20 Hz ergibt. Vor diesem Hintergrund erhalten die Feder- und Dämpfungselemente eine besondere Bedeutung. So muß z. B. bei handgeführten Arbeitsgeräten die Abstimmung der Feder- und Dämpfungselemente sorgfältig durchgeführt werden, da hier oftmals neben einer guten Schwingungsdämpfung (weiche Elemente) gleichzeitig die Übertragung von Führungs- oder Andruckkräften (harte Elemente) gefordert wird.

Metallfedern besitzen im Gegensatz zu Gummifedern nur geringe Dämpfungseigenschaften. Aus diesem Grund ist bei der Verwendung von Metallfedern in den meisten Fällen noch der Einsatz von Dämpferelementen erforderlich. Am gebräuchlichsten sind hydraulische Dämpfer oder Reibdämpfer. Der Vorteil der Kombination von Metallfedern und Dämpfer liegt darin, daß sich Metallfedern relativ einfach vorspannen lassen.

Anstelle der Kombination von Metallfedern und separaten Dämpfern werden vielfach auch Gummifedern eingesetzt. In Bild 9.18 sind einige handelsübliche Bauformen dargestellt. Diese Elemente werden auf dem Markt in den unterschiedlichsten Formen und Größen angeboten und stellen die preisgünstige Lösung schwingungstechnischer Probleme dar.

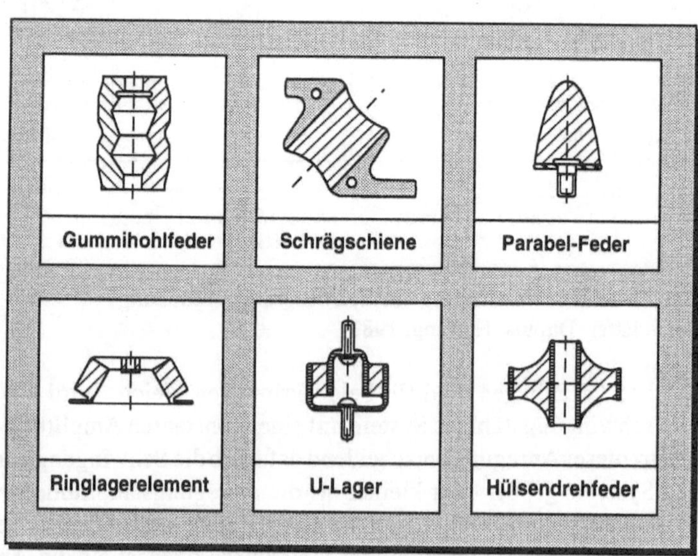

Bild 9.18 Handelsübliche Gummifedern

Eine weitere Möglichkeit zur Dämpfung von Schwingungen stellen Gasfedern dar, die insbesondere im Fahrzeugbau Verwendung finden. Mit der Gasfeder läßt sich bei entsprechender konstruktiver Gestaltung erreichen, daß die Eigenfrequenz des elastisch gelagerten Systems unabhängig von der Masse konstant bleibt. Dieser Effekt kommt durch das progressive Ansteigen der Federkonstante mit der aufgebrachten Gewichtsbelastung zustande.

9.5.3 Persönliche und organisatorische Schutzmaßnahmen

Persönliche und organisatorische Schutzmaßnahmen sollten nur dann angewandt werden, wenn primäre und sekundäre Schwingungsminderungsmaßnahmen keine ausreichende Schwingungsreduzierung erbracht haben.

Zu den organisatorischen Schutzmaßnahmen zählen für den Ganzkörperschwingungsbereich schwingungsisolierende Kleidungsstücke wie z. B. Vibrations- und Schallschutzanzüge. Diese Anzüge haben die Aufgabe, die von starken, niederfrequenten Luftschwingungen verursachten Körperschallschwingungen zu verringern. Im Bereich der Hand-Arm-Schwingungen kann die Schwingungsbelastung des Hand-Arm-Systems durch sog. Vibrationsschutzhandschuhe reduziert werden. Die Schutzhandschuhe sind in der Regel auf der Handinnenseite mit einer Schaumstoff- oder Luftpolsterung versehen. Die Effektivität der Schwingungsminderung ist jedoch – insbesondere bei Arbeiten mit Elektro- oder Druckluftgeräten – umstritten.

Als organisatorische Schutzmaßnahme sollten Anzahl, Verteilung und Dauer der täglichen Arbeitspausen der Arbeitsaufgabe entsprechend angepaßt werden. Die tägliche Gesamtexpositionszeit kann mit Kenntnis der auftretenden Schwingungsbelastung (K-Wert) nach VDI-Richtlinie 2057 (vgl. Bild 9.12) entsprechend festgelegt werden.

9.5.4 Beispiele zur Schwingungsreduzierung

Fahrersitz

Bei vielen Fahrzeugarten sind die Fahrer hohen Belastungen durch mechanische Schwingungen ausgesetzt. Ursache hierfür sind vor allem die während der Fahrt und bei der Ausführung der Arbeitsaufgabe entstehenden Vibrationen. Die Möglichkeiten zur Abfederung des gesamten Fahrzeuges oder einzelner Komponenten sind z. B. bei Erdbaumaschinen technisch nur sehr schwer lösbar oder zu teuer. Somit bleibt in vielen Fällen nur noch die elastische Lagerung des Fahrersitzes als Schwingungsschutzmaßnahme übrig.

Dabei muß der Konstrukteur die Sitzlagerung je nach Fahrzeugtyp, Fahrbedingungen und zu erzielender Schwingungsdämpfung entsprechend auslegen. Besondere Bedeutung kommt hierbei der Wahl der Sitzführungskinematik und der Feder-/Dämpferelemente zu. Als Beispiel wird in Bild 9.19 ein Fahrersitz mit einer Parallelogrammführung mit separatem Feder- und Dämpferbein gezeigt. Durch eine Einstellschraube kann die Federvorspannung auf die jeweilige Fahrermasse abgestimmt werden. Mit dieser Anordnung lassen sich – je nach Fahrzeugtyp und Arbeitsbedingungen – Schwingungsreduzierungen bis zu 50 % erzielen.

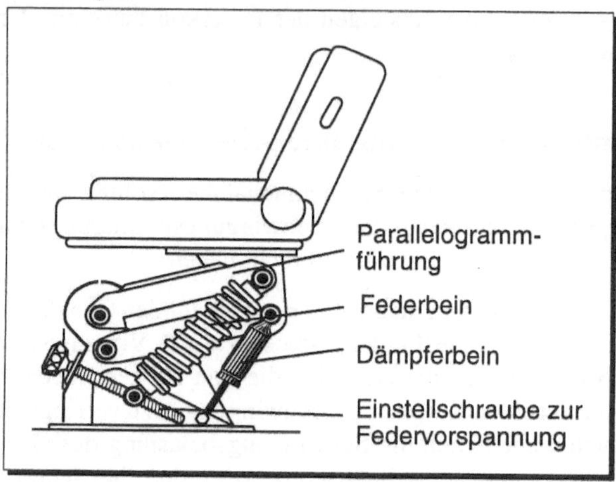

Bild 9.19 Elastisch gelagerter Fahrersitz (nach Hartung und Dupuis, 1987)

Bohrhammer mit AV-Griffsystem

Zur Reduzierung der Schwingungsbelastung beim Arbeiten mit einem elektrischen Aufbruchhammer wird ein Antivibrationssystem eingesetzt. Die Konstruktion ist in Bild 9.20 dargestellt.

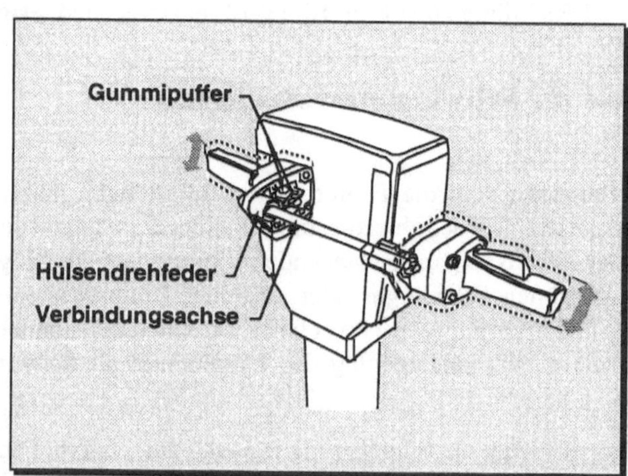

Bild 9.20 Konstruktiver Aufbau eines AV-Griffsystems an einem elektrischen Aufbruchhammer (nach BOSCH, in: Schäfer u. a., 1982)

Die elastische Lagerung besteht aus zwei Hülsendrehfedern und einer verbindenden starren Achse, an deren Ende die beiden Handgriffe befestigt sind. Die Achse selbst wird über die Außenringe der Hülsendrehfeder elastisch am Gerätegehäuse befestigt. Die mit diesem System erzielte Schwingungsreduzierung liegt bei 74 %.

Motorkettensäge mit AV-Griffsystem

Motorkettensägen sind als Arbeitsgeräte im Bereich der Forstwirtschaft unentbehrlich geworden. Aufgrund der vielfältigen Einsatzmöglichkeiten beim Fällen und Entasten von Bäumen werden diese Geräte mit einer hohen täglichen Einsatzdauer betrieben. Die beim Betrieb von Motor und Getriebe und beim Schneidprozeß verursachten Vibrationen haben zur Folge, daß bei vielen Waldarbeitern Symptome von Weißfingerkrankheit auftreten. Diese Symptome können durch entsprechende Schwingungsminderungsmaßnahmen verhindert oder zumindest verringert werden. In Bild 9.21 ist ein Antivibrationsgriffsystem für Motorkettensägen dargestellt. Das Griffsystem – bestehend aus vorderem und hinterem Handgriff – wird über vier Gummielemente schwingungsisolierend im Gehäuse gelagert. Hierdurch wird eine Reduzierung der Schwingungsbelastung um ca. 66 % erzielt.

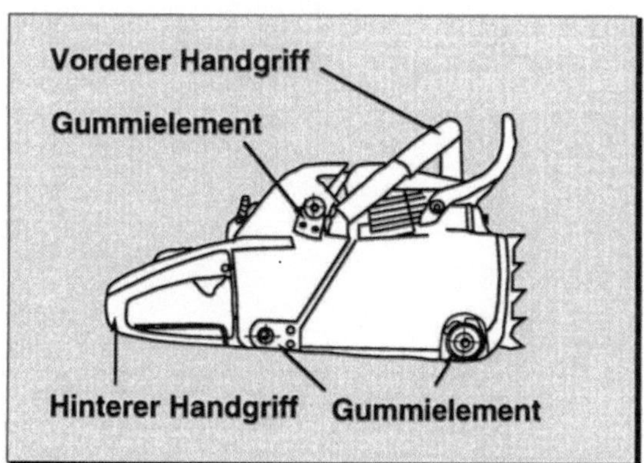

Bild 9.21 Antivibrationsgriffsystem an einer Motor-Kettensäge
(nach Henning und Wohlmuth, in: Schäfer u. a., 1982)

9.6 Wiederholungsfragen

1. Welche Körperbereiche werden in der Arbeitswissenschaft bezüglich mechanischer Schwingungen hauptsächlich betrachtet?
2. Was ist der Unterschied zwischen periodischen und stochastischen Schwingungen?
3. Was ist das Maß für die Schwingungsgröße?

4. Wie hängen Frequenz und Periodendauer zusammen?
5. Was ist der Effektivwert einer Schwingung?
6. Warum ist die Kenntnis der Frequenzverteilung wichtig?
7. Welche akuten und chronischen Auswirkungen von mechanischen Schwingungen sind bekannt?
8. Was ist an den Resonanzfrequenzen so gefährlich?
9. Welche Berufskrankheiten entstehen durch die Schwingungsexposition?
10. Wo sollen Schwingungen gemessen werden?
11. Was ist der K-Wert für ein Maß?
12. Welche drei Prinzipien zur Schwingungsreduzierung gibt es?
13. Was ist der Unterschied zwischen aktiver und passiver Schwingungsisolierung?

10 Arbeitsumgebung – Klima

10.1 Einführung

Das Klima ist ein bedeutender Umgebungsfaktor am Arbeitsplatz. Seine Wichtigkeit ergibt sich aus den vielfältigen Wechselwirkungen mit dem menschlichen Organismus. Zwar nimmt die Anzahl der Arbeitsplätze unter extremen klimatischen Bedingungen (z. B. Gießerei) ab, aber im Bereich der Arbeitsplatzgestaltung werden verstärkt Forderungen nach einem ›behaglichen‹ Klima gestellt, wozu von arbeitswissenschaftlicher Seite aus Empfehlungen und Regeln notwendig sind.

Der Mensch ist, wie in Bild 10.1 dargestellt, nur in einem eng begrenzten *Klimabereich* lebensfähig, der vor allem durch den Erträglichkeitsbereich der *Körperkerntemperatur* gekennzeichnet ist.

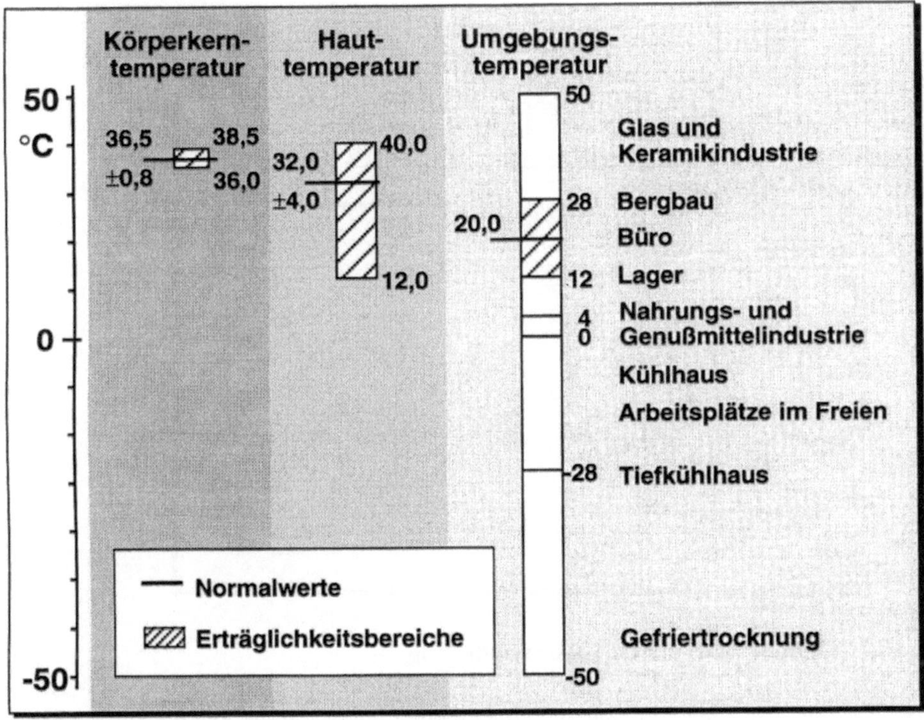

Bild 10.1 Körperkerntemperatur und Hauttemperatur des Menschen, Lufttemperatur in Arbeitsstätten

Der menschliche Körper versucht, ein Gleichgewicht zwischen der körpereigenen Wärmeproduktion und den externen Klimaeinflüssen herzustellen. Das Ziel dieser Regulation ist das Erreichen der *Normaltemperatur* von ca. 37°C, verbunden mit einer gewissen Behaglichkeit. Insgesamt ist also das Klima keine einheitliche physikalische Größe, sondern ein Oberbegriff, der von den in Bild 10.2 gezeigten Parametern beeinflußt wird.

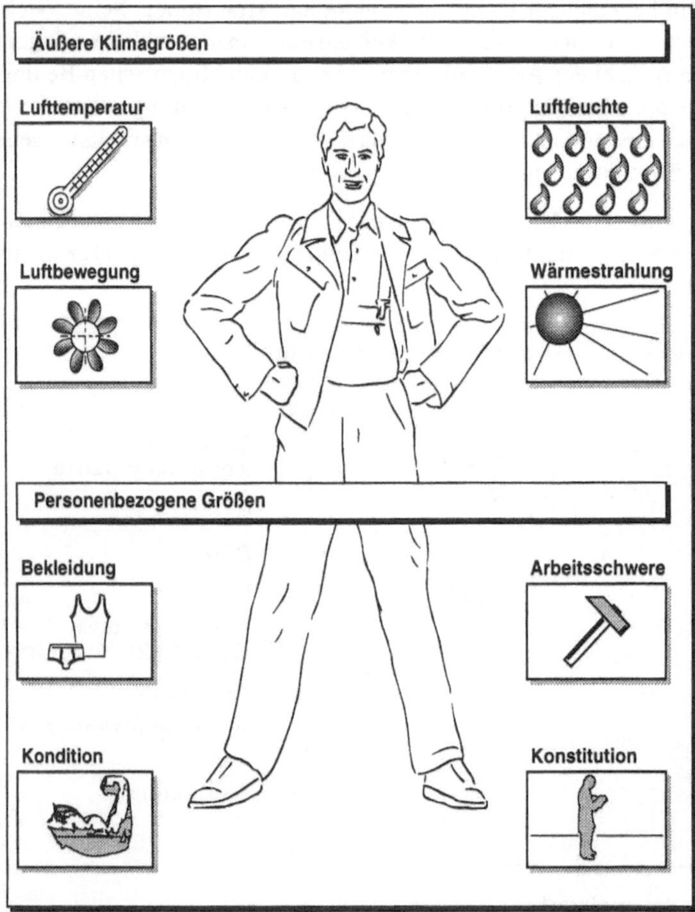

Bild 10.2 Einflußgrößen auf die Klimaempfindung

Diese Vielzahl von Einzelphänomenen haben einen nicht unerheblichen Einfluß auf den Menschen. Entscheidend für eine angenehme (behagliche) oder unangenehme (unbehagliche) Wirkung des Klimas auf den Menschen ist das Zusammenwirken dieser Einflußgrößen.

10.2 Physikalische Grundlagen und Meßverfahren

In Bild 10.3 sind die vier externen *Klimagrundgrößen* aufgelistet.

Klimagröße	Meßgröße	Meßgerät	Angabe in:
Lufttemperatur	Trockentemperatur	Thermometer	Grad Celsius oder Grad Kelvin
Luftfeuchte	Feuchttemperatur	Aspirations-psychrometer (direkt: auch Hygrometer)	Prozent relativer Feuchte
Luftgeschwindigkeit	Luftströmungs-geschwindigkeit	Flügelrad- oder thermisches Anemometer	Meter pro Sekunde
Wärmestrahlung	Wärmestromdichte	Globethermometer oder Infrarot-feinmeßsonden	Watt pro Quadratmeter

Bild 10.3 Klimamessung (Meßgrößen und -geräte) (Quelle: Radl, 1986)

Lufttemperatur

Die *Lufttemperatur* bezeichnet die Temperatur des umgebenden Mediums (Luft) in °C. Sie wird als Trockentemperatur gemessen. Hierfür wird ein Thermometer (herkömmliches Quecksilberthermometer, elektronisches Thermometer) verwendet, dessen Meßfühler trocken sein muß. Es darf kein Einfluß durch andere Klimafaktoren (z. B. Wärmestrahlung von einer Wand) auftreten, was z. B. durch eine Abschirmung erreicht wird.

Luftfeuchte

Die *Luftfeuchte* ist ein Maß für den Wassergehalt der Luft. Die relative Luftfeuchte gibt den Grad der Sättigung der Luft mit Wasser an. Je nach Temperatur besitzt die Luft ein unterschiedliches Lösungsvermögen für Wasser, weshalb die relative Luftfeuchte in Prozent (%) angegeben wird. Die absolute Feuchtigkeit gibt die Wasserdampfmasse pro Luftmenge in g/m³ an. Üblicherweise wird mit der relativen Luftfeuchte gerechnet, die über die Feuchttemperatur ermittelt wird.

Bei der *Feuchttemperaturmessung* wird ein Thermometer mit einem feuchten Gewebestrumpf umhüllt und einem Luftstrom ausgesetzt. Die vorbeiströmende Luft nimmt dabei Feuchtigkeit auf und entzieht über die Wasserverdunstung dem Fühler Wärme. Je trockener die Luft ist, umso mehr Feuchtigkeit kann sie aufnehmen. Es wird sich also aufgrund der stärkeren Verdunstungsprozesse eine niedrigere Feuchttemperatur ergeben. Das Verhältnis zwischen Trocken- und Feuchttemperatur wird, wie in Bild 10.4 verdeutlicht, zur Berechnung der relativen Luftfeuchtigkeit herangezogen.

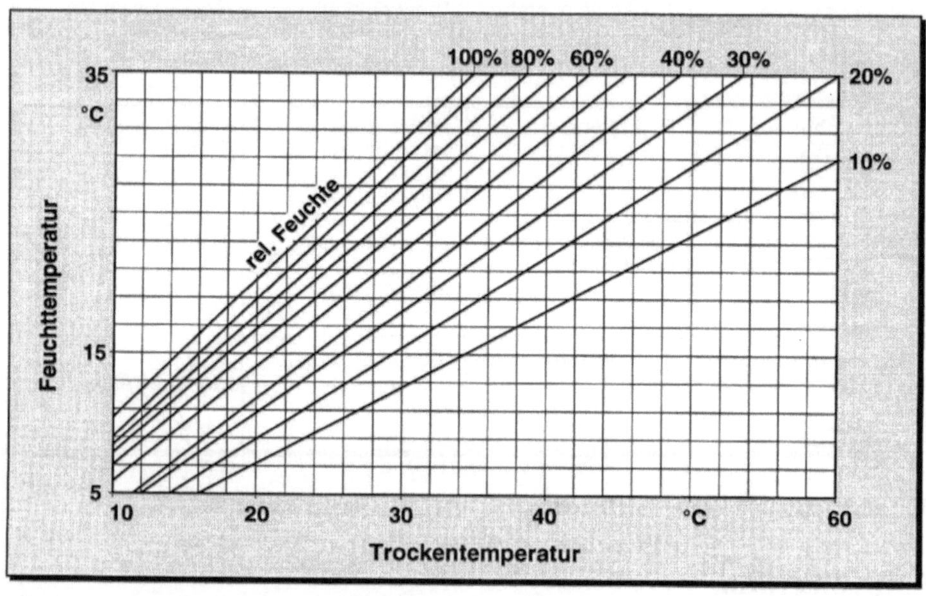

Bild 10.4 Beziehung zwischen Trockentemperatur, Feuchttemperatur und relativer Luftfeuchtigkeit (nach DIN 33 403)

Aus dem Bild 10.4 ist ersichtlich, daß bei einer relativen Luftfeuchtigkeit von 100 % Trocken- und Feuchttemperatur identisch sind, d. h. es findet keine Wasserverdunstung statt. Diese beschriebene indirekte Bestimmung der Luftfeuchte wird in der Regel mit einem Aspirations-Psychrometer (Ansaug-Luftfeuchtigkeitsmesser) durchgeführt. Zur direkten Luftfeuchtebestimmung werden Haarhygrometer sowie elektrische Geräte mit Meßfühlern mit hygroskopischem Material eingesetzt.

Luftbewegung

Als Meßgröße für die Luftbewegung dient die *Luftströmungsgeschwindigkeit*. Sie wird entweder mit mechanischen Anemometern, bei denen die vorbeistreichende Luft ein Flügelrad oder ein Schalenkreuz in Bewegung setzt oder mit einem thermischen Anemometer bestimmt. Mechanische Anemometer sind sehr robust und deshalb erst für Luftgeschwindigkeiten ab 0,5 m/s geeignet, weshalb sie vorwiegend für Messungen im Freien verwendet werden. Thermische Anemometer ermitteln die Strömungsgeschwindigkeit durch den Temperaturverlust eines aufgeheizten Elementes durch die vorbeistreichende Luft. Dieses Verfahren ist sehr fein, weshalb es in der arbeitswissenschaftlichen Praxis bevorzugt eingesetzt wird.

Wärmestrahlung

Die *Wärmestrahlung* ist eine ortsgebundene Klimagröße, die durch unterschiedlich temperierte Flächen (Potentialdifferenz) zustande kommt. Die Intensität des Energieflusses (Strahlung) wird als Wärmestromdichte in W/m^2 angegeben. Meßgeräte für die Wärmestromdichte sind vor allem das Globethermometer und Infrarot-Feinmeßsonden. Das Globethermometer besteht in seiner ursprünglichen Form aus einer außen mattschwarzen Kupferkugel, in die ein Quecksilberthermometer eingelassen ist. Durch den hohen Absorptionsgrad findet ein Strahlungswärmeaustausch mit der Umgebung statt. Der Strahlungswärmeaustausch verändert die Temperatur in der Kugel, was dann durch das Thermometer (Globethermometer) angezeigt wird. Durch Umrechnungsformeln oder -tabellen kann dann die entsprechende Wärmestromdichte ermittelt werden. Dieses Verfahren ist relativ ungenau und träge. Außerdem ist es nicht möglich, Strahlungsasymmetrien eines Raumes zu erfassen.

Zur Ermittlung von Strahlungsasymmetrien können Infrarot-Feinmeßsonden eingesetzt werden, die auf einer Meßfläche so angebracht werden, daß sie die Strahlungstemperatur auf zwei gegenüberliegenden Seiten messen. Je nach Anordnung der Meßfläche können horizontale oder vertikale Asymmetrien gemessen werden. Auch diese Strahlungstemperatur kann durch Umrechnungsformeln oder -tabellen in die Wärmestromdichte umgewandelt werden.

10.3 Klimasummenmaße

Durch ein *Klimasummenmaß* werden die unterschiedlichen Klimafaktoren zu einer Größe zusammengefaßt. Das Prinzip des Klimasummenmaßes beruht darauf, daß verschiedene Kombinationen der drei Grundgrößen Lufttemperatur, Feuchttemperatur (Luftfeuchtigkeit) und Luftgeschwindigkeit ein gleiches subjektives Klimaempfinden bewirken, womit dann Klimata vergleichbar werden. In Bild 10.5 ist ein Nomogramm zur Ermittlung des Klimasummenmaßes abgebildet. Die Bestimmung der *Normaleffektivtemperatur* (NET) erfolgt, indem Trocken- und Feuchttemperatur mit einer Linie verbunden werden. Am Schnittpunkt mit der Luftströmungsgeschwindigkeit wird dann die NET abgelesen.

Außer der Normaleffektivtemperatur (NET), die sich auf einen normal bekleideten Menschen bezieht, wird von Fall zu Fall auch die mit einem ähnlichen Nomogramm zu ermittelnde Basiseffektivtemperatur (BET) verwendet, die sich auf den unbekleideten Menschen bezieht.

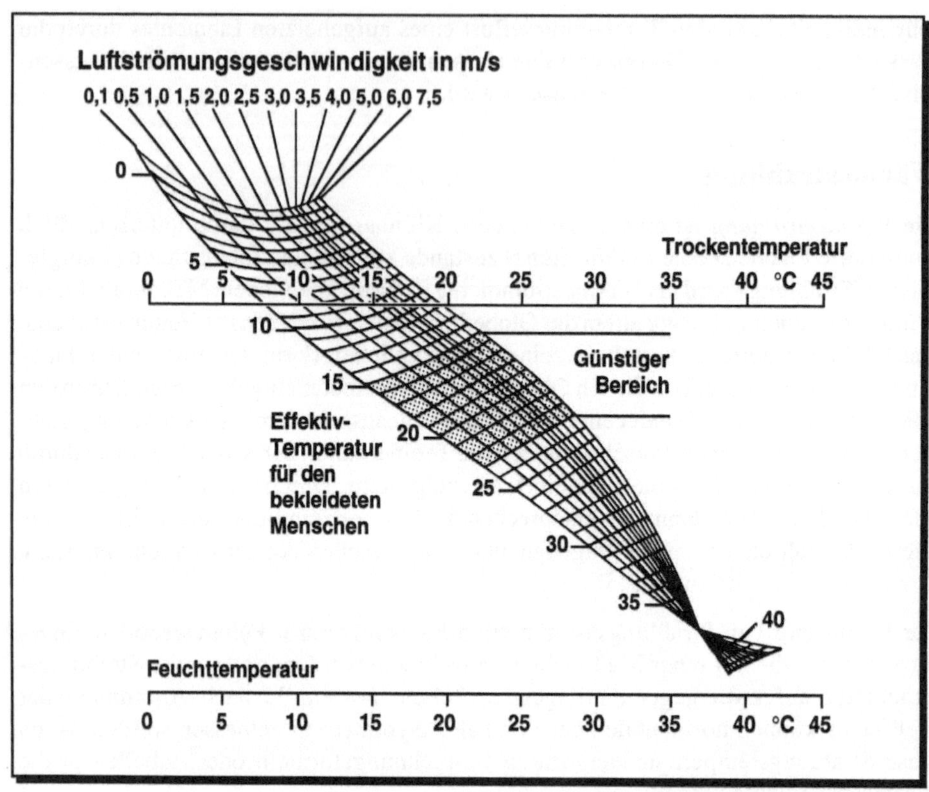

Bild 10.5 Nomogramm zur Ermittlung der Normaleffektivtemperatur
(nach Yaglou, in: HOESCH, 1987)

Es existieren weitere Verfahren zur Bildung eines Klimasummenmaßes, auf die hier nicht eingegangen wird.

10.4 Wirkung des Klimas auf den Menschen

Die Auswirkungen von thermisch ungünstigen Bedingungen bezüglich der vier Klima-Grundgrößen sind in Bild 10.6 zusammengestellt.

Um gesundheitliche Schäden zu vermeiden, sollte die Temperatur des Menschen im Körperkern, darunter versteht man das Gehirn und die inneren Bereiche des Brust- und Bauchraums, ständig um 37°C betragen (*Körperkerntemperatur*). Dieser Wert darf höchstens um 0,8°C über- oder unterschritten werden. Wie in Bild 10.7 dargestellt ist, können in Abhängigkeit von der Außentemperatur jedoch in den anderen Bereichen des Körperinneren größere Temperaturunterschiede auftreten.

	Bedingung	Effekt	Wirkungen auf Gesundheit, Leistung, Befinden
Temperatur	zu kalt	Der Körper gibt mehr Wärme an die Umgebung ab, als er durch den Energieumsatz erzeugt	- unangenehm - feinmotorische Arbeiten werden schwieriger - häufigeres Auftreten von Erkältungskrankheiten
Temperatur	zu warm	Der Körper kann die erzeugte Wärme nicht an die Umgebung abgeben	- unangenehm - die Konzentration läßt nach - die Reizbarkeit nimmt zu - die körperliche Leistungsfähigkeit nimmt ab, Ermüdung tritt früher ein
Luftfeuchtigkeit	zu trocken	Die Schleimhäute trocknen aus	- unangenehm - Heiserkeit tritt auf - Erkrankungen des Nasen-Rachenraums und der Atemwege treten auf
Luftfeuchtigkeit	zu feucht	Die Schweißverdunstung wird behindert	- unangenehm - bei gleichzeitiger Hitze besteht die Gefahr schneller Überwärmung
Luftgeschw.	zu hohe Luftgeschwindigkeit	örtliche Unterkühlung, besonders wenn gleichzeitig geschwitzt wird	- Erkältungen treten auf - Schleimhäute trocknen aus - Erkrankungen des Nasen-Rachenraums und der Atemwege entstehen
Wärmestrahlung	zu starke Wärmeeinstrahlung	Der Körper wird lokal oder als Ganzes stark aufgeheizt	- unangenehm - die Thermoregulation wird gestört

Bild 10.6 Auswirkungen ungünstiger thermischer Bedingungen auf den Menschen (Quelle: Radl, 1986)

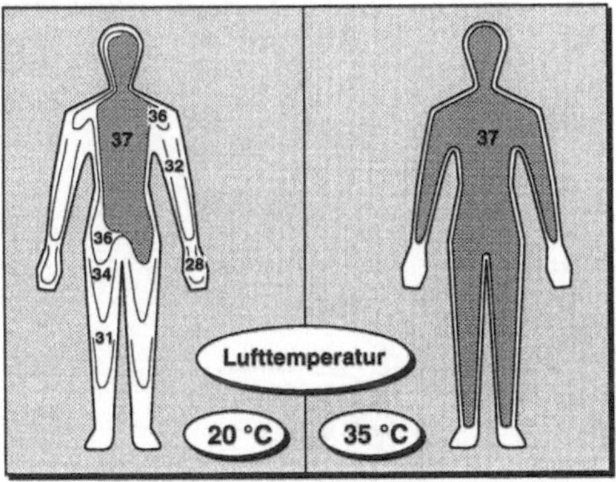

Bild 10.7 Temperaturverlauf im menschlichen Körper in Abhängigkeit von der Außentemperatur (nach Schmidt und Thews, 1987)

Ist der Körper bei zunehmender Abkühlung der Umgebung nicht mehr in der Lage, die Innentemperatur in der Behaglichkeitszone zu halten, so besteht die Gefahr von Erfrierungen. Erhitzt sich das Körperinnere durch eine zu hohe Umgebungstemperatur, so hat dies einen Hitzschlag zur Folge, der nicht selten zum Tode führt. Der Anstieg der Umgebungstemperatur hat prinzipiell eine erhebliche Leistungsminderung zur Folge, die jedoch individuell sehr verschieden ist.

10.5 Wärmeübergangsformen

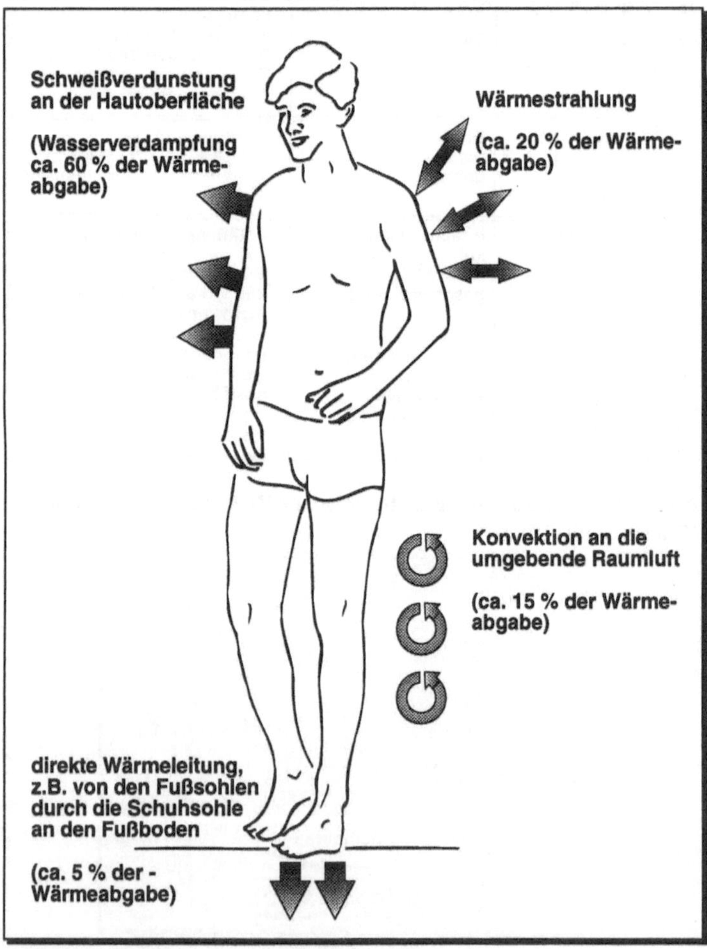

Bild 10.8 Wege der Wärmeabgabe des Menschen an die Umgebung
(nach Wenzel, in: HOESCH, 1987)

Zwischen dem Menschen und seiner Umwelt bestehen, wie in Bild 10.8 dargestellt, verschiedene Formen des Wärmeaustausches. Die im Körper produzierte Wärme wird über das Blut transportiert und über die Atemwege und Haut an die Umwelt abgegeben. Damit hat der Mensch ein Instrument, mit dem er in bestimmten Grenzen die Körpertemperatur konstant halten kann. Ein *Wärmeaustausch* über die Haut kann mittels Wärmeleitung, Konvektion, Wärmestrahlung oder durch die Schweißverdunstung erfolgen.

Wärmeleitung

Die *Wärmeleitung* strömt unmittelbar durch die Materie und tritt bei der Berührung von heißen oder kalten Gegenständen auf. Aufgrund der geringen Kontaktfläche zwischen Haut und anderen festen Stoffen hat sie für die Klimaregulierung des menschlichen Körpers einen zu vernachlässigenden Einfluß.

Konvektion

Bei der *Konvektion* kann durch die vorbeistreichende Luft Wärme von der Haut aufgenommen oder an diese abgegeben werden. Die Bedeutung der Konvektion für den Wärmeaustausch hängt von der Luftgeschwindigkeit und der Temperaturdifferenz zwischen Haut und Umgebung ab. Darüber hinaus kann die Bekleidung den Konvektionseffekt erheblich beeinträchtigen.

Wärmeübertragung

Eine Wärmeübertragung von warmen zu kalten Körpern wird als *Wärmestrahlung* bezeichnet. Der Wirkungsgrad der Wärmestrahlung hängt von der Differenz der Oberflächentemperatur, vom Emissionsgrad (Material, Beschaffenheit der Oberfläche, Farbe) sowie von der Größe, Intensität und dem Abstand der Fläche ab, die Wärme abstrahlt oder aufnimmt.

Schweißverdunstung

Die größte Bedeutung für den Ausgleich der Wärmebilanz hat die *Schweißverdunstung*. Hierbei wird dem Körper durch die Wasserverdampfung auf der Haut Wärme entzogen. Entscheidenden Einfluß auf den Wirkungsgrad der Wasserverdampfung hat die Wasseraufnahmefähigkeit der Luft, die Größe der Verdunstungsfläche, die Luftgeschwindigkeit und die Bekleidung.

In Bild 10.9 ist der Verlauf einiger physiologischer Größen aufgezeigt, die von der Raumtemperatur abhängig sind.

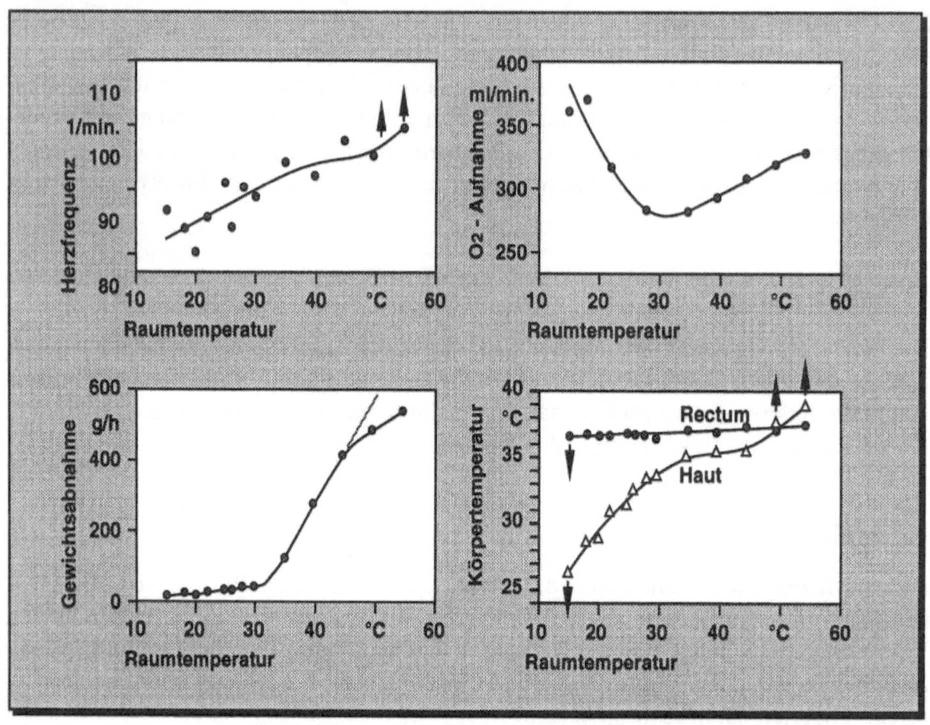

Bild 10.9 Verhalten physiologischer Größen in Abhängigkeit von der Raumtemperatur (nach Wenzel, in: Schmidtke, 1993)

Beim Vergleich der Körperkerntemperatur (Rectum) und der Hauttemperatur in Abhängigkeit von unterschiedlichen Umgebungstemperaturen wird der Wärmebilanzausgleich deutlich. Während die Haut großen Temperaturunterschieden ausgesetzt ist, ändert sich die Körperkerntemperatur nur unwesentlich, da hier die Regelmechanismen zur Wirkung kommen.

Der Wärmemangel wird bei niedrigen Umgebungstemperaturen durch eine erhöhte Wärmeproduktion im Körper (erhöhte Sauerstoffaufnahme) ausgeglichen. Bei einer erhöhten Umgebungstemperatur versucht der Körper durch Schweißverdunstung (Gewichtsabnahme durch erhöhten Wasserverlust) diesen Wärmeüberschuß an die Umgebung abzuleiten. Mit dem Absenken der Herzfrequenz bei niedrigen Umgebungstemperaturen versucht der Körper einen drohenden Wärmeverlust zu verhindern. Da der Blutkreislauf das Wärmetransportsystem des Menschen ist, wird durch eine niedrigere Herzfrequenz die Blutumlaufgeschwindigkeit verringert und somit weniger Wärme des Körperkerns an die Umgebung abgegeben. Bei einer Erhöhung der Temperatur wird durch die Erhöhung der Herzfrequenz mehr Wärme zur Haut und den Atemwegen transportiert und kann dort abgeleitet werden.

10.6 Personenbezogene Klimagrößen

Für die richtige *Klimabeurteilung* müssen über die Klimagrößen hinaus auch die bereits in Bild 10.2 aufgelisteten personenbezogenen Einflußgrößen berücksichtigt werden. Hierzu zählen Bekleidung und Arbeitsschwere, aber auch Kondition und Konstitution jedes einzelnen.

Die Bekleidung hat einen erheblichen Einfluß auf das klimatische Wohlbefinden des Menschen und kann somit einen wesentlichen Beitrag zum Wohlbefinden leisten. Dieser Einfluß beruht auf den unterschiedlichen Isolationswerten, in clothing units (clo) gemessen, die bei verschiedensten Kleidungstypen auftreten.

Unbekleidet	Shorts	Leichte Arbeitskleidung	Overall (Baumwolle)	Regenschutzanzug, 2-teiliger Anzug (Polyurethan)	Feste Arbeits-kleidung
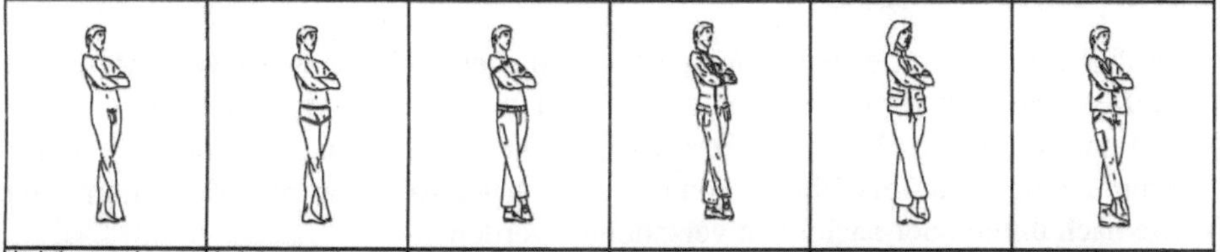					
Isolationswert I_{cl} clo *) = 0	Isolationswert I_{cl} clo *) = 0,1	Isolationswert I_{cl} clo *) = 0,6	Isolationswert I_{cl} clo *) = 0,8	Isolationswert I_{cl} clo *) = 0,9	Isolationswert I_{cl} clo *) = 1,0
$\frac{m^2 \cdot K}{W}$ = 0	$\frac{m^2 \cdot K}{W}$ = 0,016	$\frac{m^2 \cdot K}{W}$ = 0,093	$\frac{m^2 \cdot K}{W}$ = 0,124	$\frac{m^2 \cdot K}{W}$ = 0,140	$\frac{m^2 \cdot K}{W}$ = 0,155
Leichter Straßenanzug	Freizeitbekleidung	Schmelzeranzug und Hitzeschutzmantel	Kleidung für naßkaltes Wetter	Polarkleidung	*) Kennwert für den Isolationswert der Bekleidung in "clothing-Einheiten", kurz clo genannt [1 clo = 0,155 (m² · K)/W].
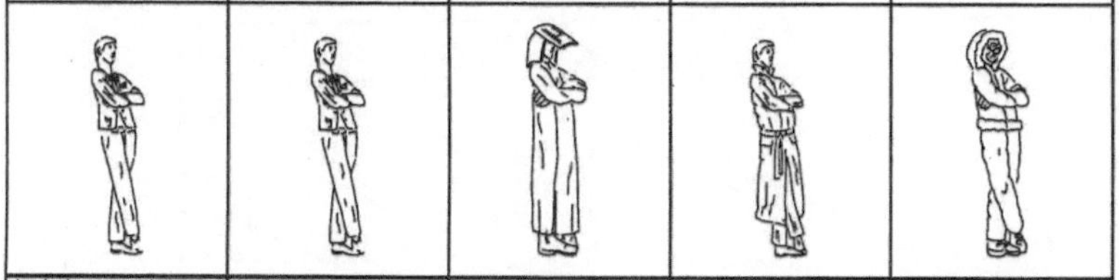					
Isolationswert I_{cl} clo *) = 1,0	Isolationswert I_{cl} clo *) = 1,2	Isolationswert I_{cl} clo *) = 1,4	Isolationswert I_{cl} clo *) = 1,5 bis 2,0	Isolationswert I_{cl} clo *) = ab 3,0	
$\frac{m^2 \cdot K}{W}$ = 0,155	$\frac{m^2 \cdot K}{W}$ = 0,186	$\frac{m^2 \cdot K}{W}$ = 0,217	$\frac{m^2 \cdot K}{W}$ = 0,233-0,310	$\frac{m^2 \cdot K}{W}$ = ab 0,465	

Bild 10.10 Isolationswerte von ausgewählten Bekleidungen im trockenen Zustand (Quelle: DIN 33 403)

Durch die geeignete Wahl der Kleidung kann entweder eine bessere Wärmeabgabe begünstigt werden oder es wird der Schutz vor einem Wärmeverlust erhöht. So hat beispielsweise, wie in Bild 10.10 zu sehen ist, die leichte Arbeitskleidung (kurze Unterhose, offenes Arbeitshemd oder leichte Jacke, Arbeitshose, Wollsocken, Schuhe) einen Isolationswert von 0,6 clo, also nur einen geringen Kälteschutzeffekt, erleichtert aber die Wärmeabgabe an die Umgebung. Demgegenüber bietet Kleidung für naßkaltes Wetter (lange Unterwäsche, geschlossenes langes Oberhemd, feste Jacke und Hose, Pullover, Wollmantel, Wollsocken, feste Schuhe) mit einem Isolationswert von 1,5 –

2,0 clo einen guten Kälteschutz. Dieser Schutz ist jedoch nicht, wie oft geglaubt wird, direkt vom Material der Kleidung abhängig, sondern von der Luftschicht, die zwischen Kleidung und Haut entsteht. Bei nasser Kleidung wird die Luftschicht verringert und vermindert die isolierende Wirkung der Bekleidung erheblich.

Da jede Art der physikalischen Leistung auch zum großen Teil in Form von Wärme freigesetzt wird, muß die Arbeitsschwere in die Betrachtung der Einflußfaktoren mit einbezogen werden. Nachfolgende Werte sollen dies aufzeigen.

Liegen: ca. 85 W
Stehen: ca. 125 W
Leichte Arbeit im Stehen: ca. 160 W
Gehen: ca. 300 W
Laufen: ca. 700 W

Je größer die Arbeitsbeanspruchung ist, umso mehr Wärme wird vom Menschen produziert und muß vom Körper an die Umwelt abgeleitet werden. So wird durch die Arbeit am Schraubstock gegenüber einer ruhig stehenden Person ca. doppelt so viel Wärme erzeugt. Darüber hinaus können je nach Konstitution und Kondition diese Werte nach unten oder nach oben verschoben werden.

10.7 Arbeitswissenschaftliche Bewertungsverfahren

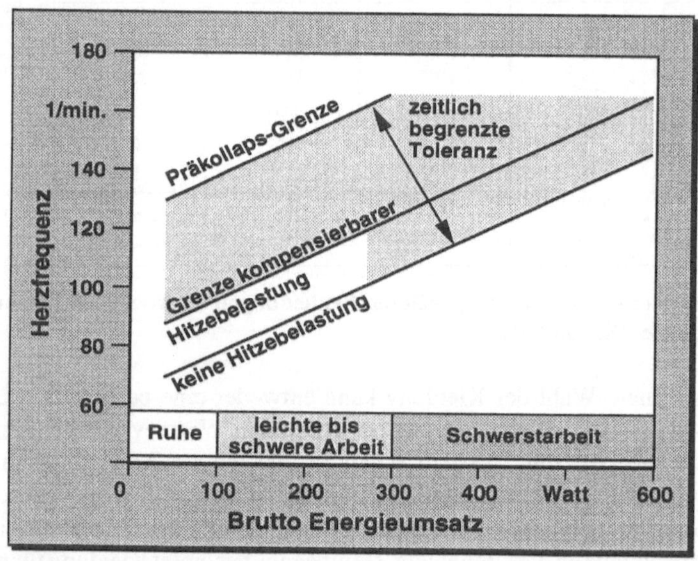

Bild 10.11 Die Herzfrequenz als Kriterium für die Beurteilung von Wärmebelastungen (nach Belding, in: Schmidtke, 1993)

Obwohl die Effektivtemperatur das häufigste Verfahren zur Klimabeurteilung ist, vor allem wenn es um Beurteilungsverfahren zur besseren Regulierung des Raumklimas geht, versucht man durch indirekte Ermittlung der Klimabeanspruchung beim Menschen Hinweise für die Beurteilung des Raumklimas zu erhalten.

Eine Möglichkeit hierfür ist die Befragung der Mitarbeiter. Bei dieser Methode sollen Klimaunzufriedenheiten der Mitarbeiter aufgedeckt werden. Sie ist vor allem dann sinnvoll, wenn eine Gruppe von Personen unter denselben klimatischen Bedingungen arbeiten soll (z. B. Gruppenbüros, Werkstätten). Bei dieser Methode können jedoch nicht immer die eigentlichen Ursachen der Unzufriedenheit erfaßt werden.

Stufengrenzen in °C Nettoeffektivtemperatur (NET)

Arbeitsumsatzstufe I	II	III	IV	V	VI	VII	Bewertungsstufe	Belastungsintensität
							VII	Überbelastung sehr wahrscheinlich
40	36	33	30	28	26	25		
							VI	Überbelastung wahrscheinlich
37	33	29	26	23	21	19		
							V	Überbelastung möglich
33	31	27	23	19	15	11		
							IV	Grenzbereich
31	29	25	21	17	13	9		
							III	belastend
25	22	19	16	14	11	8		
							II	gering belastend
19	17	15	13	11	9	7		
							I	sehr gering belastend

Arbeitsumsatzstufen:

Stufe	Arbeitsenergieumsatz in kJ/min	Beispiel
I	8	Ruhiges Sitzen, Handarbeit, mittlere Einarmarb.
II	8 - 12	schwere Einarmarb., mittlere Zweiarmarbeit
III	12 - 16	Gehen, schwere Zweiarmarb., leichte Körperarb.
IV	16 - 20	Gehen, mittlere Körperarbeit
V	20 - 23	Schnelles Gehen, mittlere Körperarbeit
VI	23 - 25	Gehen mit Steigung, schwere Körperarbeit
VII	25	Sehr schwere Körperarbeit

Bild 10.12 Bewertung der Effektivtemperatur (NET) in Abhängigkeit vom Arbeitsenergieumsatz (nach Hettinger u. a., 1984)

Desweiteren können über die Körperkerntemperatur, die im Rectum gemessen wird, Rückschlüsse auf die Beanspruchung des Menschen durch Klimaeinflüsse gezogen werden. Auf Grund der Regelmechanismen des Körpers reagiert die Körperkerntemperatur allerdings sehr spät auf die Beanspruchung und eignet sich deshalb nur bedingt als Meßmethode. Darüber hinaus ist diese Meßmethode für den Einsatz am Arbeitsort nicht geeignet und kann nur in Labors eingesetzt werden.

Praktikabel ist die Ermittlung der Herzfrequenz, die bei gleichzeitiger Kenntnis des Brutto-Energieumsatzes Rückschlüsse auf die Klimabelastung zulässt, so wie in Bild 10.11 dargestellt.

Auch bereits bei Kenntnis der Nettoeffektivtemperatur und der Arbeitsschwere kann die Belastungsintensität durch das Klima am Arbeitsplatz abgeschätzt werden. In Bild 10.12 ist das dazu erforderliche Bewertungsschema abgebildet.

10.8 Behaglichkeitswerte des Klimas

Für die Beurteilung der *Behaglichkeitswerte* des Klimas werden Methoden benötigt, die auch subjektive Einflußgrößen berücksichtigen. Hierbei können, von den Abhängigkeiten der Klimagrößen zueinander einmal abgesehen, auch individuelle Empfindungsunterschiede auftreten.
In Bild 10.13 wird dieses unterschiedliche Klimaempfinden am Beispiel leichter Büroarbeit von normal bekleideten Menschen dokumentiert (Anzahl d. Befragten N=1 296).

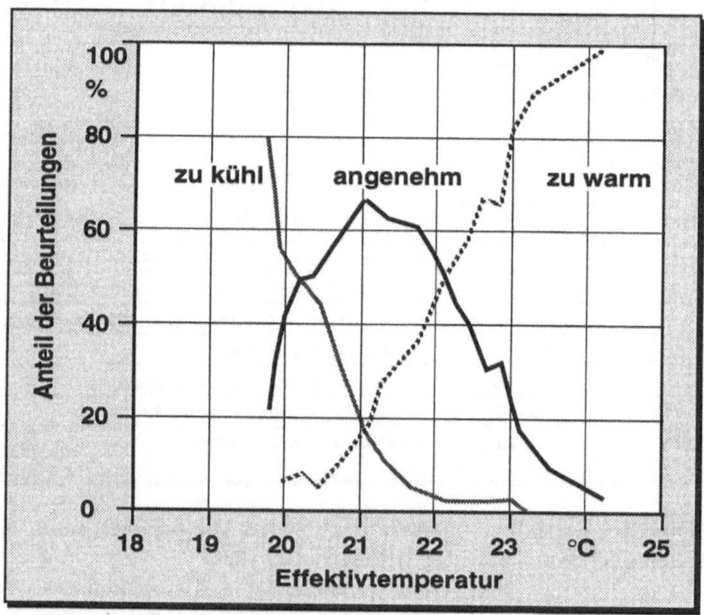

Bild 10.13 Gefühlsmäßige Klimabeurteilung (nach Fanger, in: Schmidtke, 1993)

Die Mehrheit der Befragten empfanden eine Temperatur (NET) von ca. 21° C weder zu kalt noch zu warm. Dieser Zustand wird auch als Neutraltemperatur bezeichnet. Überraschend bei der Befragung war, daß immerhin knapp 20 % diese Temperatur als zu warm und ca. 20 % als zu kalt empfanden und somit ein nicht zu vernachlässigender Anteil der Befragten mit dem Klima unzufrieden war.

Vergleicht man die Behaglichkeitswerte in Abhängigkeit zur Arbeitsschwere, so zeigen sich, wie in Bild 10.14 zu sehen ist, Bereichsverschiebungen vor allem bei der Lufttemperatur und bei der Luftbewegung.

Art der Tätigkeit	Lufttemperatur in °C			Luftfeuchte in %			Luftbewegung in m/s
	Min.	Opt.	Max.	Min.	Opt.	Max.	Max.
Büroarbeit	18	21	24	40	50	70	0,1
Leichte Handarbeit im Sitzen	18	20	24	40	50	70	0,1
Leichte Arbeit im Stehen	17	18	22	40	50	70	0,2
Schwerarbeit	15	17	21	30	50	70	0,4
Schwerstarbeit	14	16	20	30	50	70	0,5
Hitzearbeit (strahlungsbel.)	12	15	18	20	35	60	1,0 - 1,5

Bild 10.14 Behaglichkeitsbereiche der Klimagrößen bei unterschiedlichen Tätigkeiten (nach HOESCH, 1987)

Bei Bürotätigkeiten liegt der Behaglichkeitsbereich für die Raumtemperatur um 4°C höher als bei einer körperlichen Schwerstarbeit. Der Luftfeuchtebereich ändert sich hingegen kaum, hat allerdings eine große Spannbreite. Die Werte der Luftbewegung nehmen bei zunehmender Arbeitsleistung ebenfalls zu. Diese Zunahme ist noch größer, wenn andere Belastungen, wie beispielsweise Hitzestrahlung bei Hochöfen, hinzukommen. In diesen Fällen wird eine wesentlich höhere Luftgeschwindigkeit als angenehm empfunden.

Die Verschiebung der Behaglichkeitsbereiche durch die Erhöhung der Arbeitsleistung hat seine Ursache in der erhöhten Wärmeleistung des Menschen, die dann an die Umwelt abgegeben werden muß.

An diesen Untersuchungen werden die Schwierigkeiten deutlich, die bei der Schaffung des ›richtigen‹ Raumklimas auftreten, wenn mehrere Personen unter denselben klimatischen Bedingungen arbeiten sollen.

10.9 Klima-Gestaltungsempfehlungen

Der jahreszeitliche Einfluß auf das Behaglichkeitsempfinden ist in Bild 10.15 dargestellt. An diesen unterschiedlichen Behaglichkeitszonen sollte sich das Raumklima orientieren.

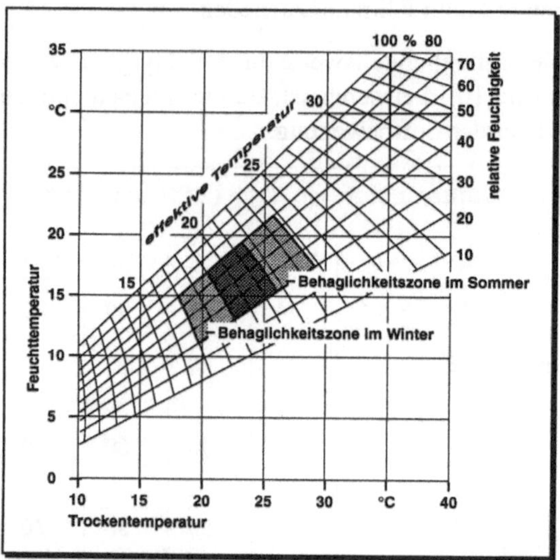

Bild 10.15 Behaglichkeitsbereiche in Abhängigkeit von den Jahreszeiten (nach Yaglou, in: HOESCH, 1987)

Klimagröße	Grenzen des Behaglichkeitsbereiches	Anmerkung
Lufttemperatur	Im Sommer 20 - 23 °C (bei höheren Außentemperaturen als 20 °C im Arbeitsraum nicht mehr als 4 °C unter Außentemperatur), im Winter 18 - 22 °C.	Frauen bevorzugen meist um 1 - 2 °C höhere Temperaturen als Männer (bei üblicher Bürobekleidung). Reguliermöglichkeit durch Bekleidung ausnutzen.
relative Luftfeuchte	30 - 65 % Niedrige Luftfeuchte wird im Regelfall nur bei überhöhter Temperatur als unangenehm bewertet.	Geringe Luftfeuchtigkeit begünstigt elektrostatische Aufladungen.
Luftgeschwindigkeit	0,05 - 0,1 m/s (an der Körperoberfläche), bei höheren Temperaturen auch mehr.	Manche Menschen bewerten Luftgeschwindigkeiten über 0,1 m/s als störenden Zug.
Wärmestrahlung	Nicht mehr als 250 Watt pro Quadratmeter	Keine Wärmeabstrahlung auf unterkühlte Raumumschließungsflächen.

Bild 10.16 Behaglichkeitsbereiche der Klimagrößen bei sitzender Bürotätigkeit (nach Radl, 1986)

Der Behaglichkeitsbereich für die neutrale Effektivtemperatur liegt im Sommer um ca. 2 – 3 °C höher als im Winter. Dies liegt unter anderem daran, daß im allgemeinen im Winter Kleidung mit einem höheren Isolationswert bevorzugt wird. Bei höheren Außentemperaturen im Sommer werden Temperaturdifferenzen von Raum- und Außentemperatur größer 4°C als störend empfunden.

Da heutzutage viele Menschen in Büroräumen arbeiten, hat das Raumklima im Büro eine große Bedeutung. In Bild 10.16 sind dazu einige Empfehlungen zusammengestellt.

Da das Klima einen erheblichen Einfluß auf das Wohlbefinden am Arbeitsplatz hat, sind die wichtigsten Eckdaten dazu in den Arbeitsstätten-Richtlinien enthalten. Bild 10.17 zeigt einen Ausschnitt daraus.

Auszug aus ASR 6, Raumtemperaturen:

2 Raumtemperaturen in Arbeitsräumen

2.1 In Arbeitsräumen muß die Temperatur mindestens betragen:
a) bei überwiegend sitzender Tätigkeit + 19 °C
b) bei überwiegend nicht sitzender Tätigkeit + 17 °C
c) bei schwerer körperlicher Tätigkeit + 12 °C
d) in Büroräumen + 20 °C
e) in Verkaufsräumen + 19 °C

2.2 Die Mindesttemperaturen sollen beim Arbeitsbeginn erreicht sein.

2.3 Die Raumtemperaturen nach b, c und e dürfen unterschritten werden, wenn auf Grund betriebstechnischer Gründe geringere Raumtemperaturen erforderlich sind. Bei sitzenden Tätigkeiten in Verkaufsräumen, z. B. an Kassenarbeitsplätzen, kann es notwendig sein, die Mindesttemperatur nach Nr. 2.1. e höher anzusetzen.

2.4 Die Raumtemperatur in Arbeitsräumen soll + 26 °C nicht überschreiten; Arbeitsräume mit Hitzearbeitsplätzen sind ausgenommen.

Auszug aus ASR 5, Lüftung:

4.2.2 Raumluftgeschwindigkeiten
Die lüftungstechnischen Anlagen sind so auszulegen, daß an den Arbeitsplätzen keine unzumutbare Zugluft auftritt. Zuglufterscheinungen sind vorwiegend von der Temperatur der Luft, der Luftgeschwindigkeit und der Art der Tätigkeit (d. h. Wärmeerzeugung durch körperliche Arbeit) abhängig. Bis zu einer Temperatur von 20 °C tritt bei einer Luftgeschwindigkeit unter 0,2 m/sec üblicherweise keine Zugluft auf.

4.2.3 Luftfeuchtigkeit
Die relative Luftfeuchtigkeit soll nachstehende Werte nicht überschreiten:

Lufttemperatur °C	Relative Luftfeuchtigkeit %
20	80
22	70
24	62
26	55

Bild 10.17 Klima-Anforderungen nach den Arbeitsstätten-Richtlinien (ASR)

10.10 Wiederholungsfragen

1. Wie groß ist der Erträglichkeitsbereich für die Körperkerntemperatur?
2. Welches sind die für den Menschen relevanten Einflußgrößen des Klimas?
3. Was ist der Unterschied zwischen Trocken- und Feuchttemperatur?
4. Wie wird die Luftfeuchtigkeit bestimmt?
5. Was ist die Wärmestrahlung für eine Klimagröße, wie wirkt sie sich aus?
6. Was ist die Grundannahme bei der Bildung eines Klimasummenmaßes?
7. Welche Klimagrößen werden zur Ermittlung der NET herangezogen?
8. Wie wirkt sich eine kalte oder warme Umgebung auf den Menschen aus?
9. Über welche Wege gibt der Mensch Wärme an die Umgebung ab?
10. Welche physiologischen Größen ändern sich mit der Raumtemperatur?
11. Welchen Einfluß hat die Bekleidung auf den Temperaturhaushalt?
12. Wie kann die Beanspruchung des Menschen durch das Klima ermittelt werden?
13. Worin besteht die Problematik bei der Angabe von Behaglichkeitsbereichen?

11 Arbeitsumgebung – Schadstoffe

11.1 Grundlagen

Als Schadstoffe am Arbeitsplatz werden alle festen, flüssigen oder in der Luft schwebenden Stoffe bezeichnet, die eine gesundheitsschädigende oder -beeinträchtigende Wirkung haben können. Wie in Bild 11.1 dargestellt ist, sind dabei die *Schwebstoffe* wie Staub, Rauch, Gas, Dampf und Nebel bei der Gestaltung der Arbeitsumgebung bevorzugt zu betrachten, ohne daß dabei die Gefährdungen durch Flüssigkeiten (z. B. Hautallergien durch Kühlschmierstoffe oder Ätzgefahr durch Säuren und Laugen) außer acht gelassen werden dürfen. Die Problematik der Schadstoffe am Arbeitsplatz wird hier nur kurz angerissen, da sie ein wesentlicher Bestandteil der Sicherheitstechnik ist und demnach dort ausführlich behandelt wird.

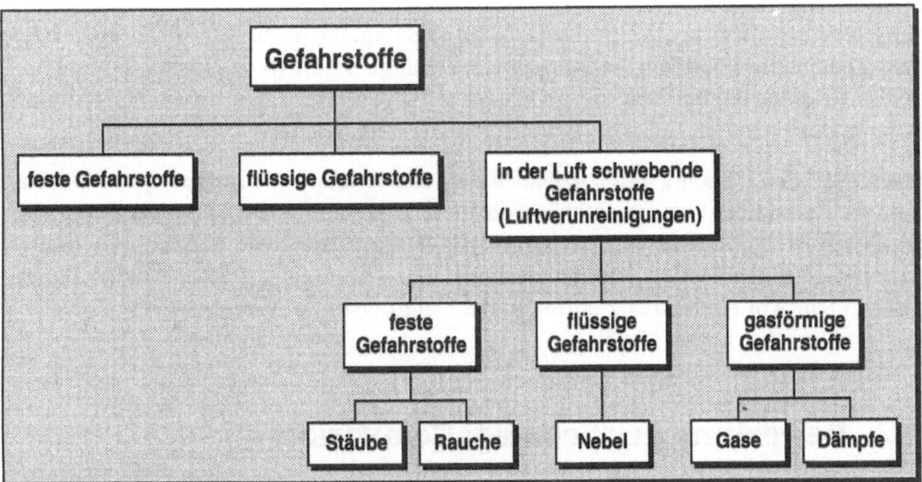

Bild 11.1 Schadstoffe am Arbeitsplatz (nach Schmidt, 1989)

An Arbeitsplätzen muß häufig mit *Staub* gerechnet werden. Die Schädlichkeit des Staubs hängt wesentlich von der

- Partikelgröße,
- spezifischen Schadstoffwirkung,
- Konzentration und
- Expositionszeit

ab.

Beispiele für Stäube am Arbeitsplatz:

- Quarzstaub,
- Zementstaub und
- Asbeststaub.

Beispiele für Rauche:

- Löt- und Schweißrauch,
- Zinkoxidrauch.

Gefährliche Gase:

- Kohlenmonoxid,
- Stickstoffmonoxid,
- Chlorwasserstoff und
- Fluorwasserstoff.

Dämpfe sind gasförmige Schwebestoffe im Gleichgewicht mit ihren flüssigen oder festen Zuständen. Vor allem die Dämpfe von Lösungsmitteln (z. B. Benzol, Tetrachloräthylen, Trichloräthylen) sind am Arbeitsplatz relevant. Nebel am Arbeitsplatz kommt häufig in der Form des Ölnebels bei Zerspanungsarbeiten vor.

In bezug auf den Umgang mit Schadstoffen ist die *Gefahrstoffverordnung* von Bedeutung, die dazu Vorschriften enthält. Schadstoffe können z. B. hautreizend, ätzend, vergiftend, ekzembildend wirken. Es müssen deshalb geeignete Schutzmittel eingesetzt bzw. getragen werden. Auf gute Belüftung und Reinigung der Arbeitsmaterialien ist zu achten. Am Arbeitsplatz dürfen keine Nahrungsmittel verzehrt werden.

11.2 Bewertung der Schadstoffeinwirkung

Zur Schadstoffbewertung sind die sog. MAK-Werte, die ›*Maximalen Arbeitsplatzkonzentrationswerte*‹ von Luftinhaltsstoffen heranzuziehen. Der MAK-Wert gibt die höchstzulässige Konzentration eines Stoffes als Gas, Dampf oder Schwebestoff in der Luft am Arbeitsplatz an, die nach dem gegenwärtigen Kenntnisstand auch bei wiederholter und langfristiger Einwirkung im allgemeinen die Gesundheit der Beschäftigen nicht beeinträchtigt und diese auch nicht unangemessen belästigt.

Weitere Grenzwerte für in den MAK-Werten nicht erfaßte Stoffe geben die ›*Technischen Richtkonzentrationen* (TRK)‹ vor. Der ›*Biologische Arbeitsplatztoleranzwert* (BAT)‹ ist die Konzentration eines Stoffes oder seiner Umwandlungsprodukte im Körper, bei der im allgemeinen die Gesundheit des Arbeitnehmers nicht beeinträchtigt wird.

12 Arbeitsumgebung – Strahlung

12.1 Physikalische Grundlagen

Mit dem Begriff ›elektromagnetische Strahlung‹ wird das Phänomen der Energieausbreitung, die auch im Vakuum vorzufinden ist, bezeichnet. Zur Erklärung wurden in der Physik zwei unterschiedliche Modellvorstellungen entwickelt: Die Beschreibung als Welle und als Teilchenstrahlung. Zur Beschreibung niederfrequenter Strahlung eignet sich eher das Wellenmodell; etwa ab dem Bereich des sichtbaren Lichtes gewinnen die mit dem Teilchenmodell verbundenen Quanteneffekte an Bedeutung.

Bei genügend hoher Frequenz reicht die mit der Strahlung übertragene Energie aus, ein Elektron aus der Hülle eines Atoms zu lösen. Ionisierend wird Strahlung also dann genannt, wenn ihre Quantenenergie größer oder gleich der Bindungsenergie eines Elektrons ist.

12.2 Wirkung von Strahlung auf den Menschen

Störung elektro-physiologischer Vorgänge

Sowohl elektrische als auch magnetische Wechselfelder erzeugen im elektrisch leitenden menschlichen Körper Ströme. Im menschlichen Körper dienen Ströme zur ›Informationsvermittlung‹. Erregungs- und Fortleitungsvorgänge in Muskel- und Nervenzellen können z. B. an der Hautoberfläche als EKG, EMG oder EEG abgeleitet werden. Die durch elektromagnetische Felder erzeugten Ströme können demnach auch physiologische Vorgänge beeinflussen.

Funktionsstörungen von technischen Geräten

In Umgebungen mit starken elektromagnetischen Feldern sind Störungen von Herzschrittmachern möglich. Diese Bereiche sollten, auch wenn der Aufenthalt für gesunde Personen dort unbedenklich ist, entsprechend gekennzeichnet werden.

Niederfrequente Strahlung (Öffentliche Stromversorgung)

Nur im Bereich von starken Feldern (z. B. unter Hochspannungsleitungen) kann es zu leichten Beeinträchtigungen wie z. B. Oszillation der Haare kommen.

Hochfrequente Strahlung (Rundfunk, Fernsehen, Bildschirme, Funk, Radar und Mikrowellen)

Bisher sind nur thermische Wirkungen hochfrequenter Felder eindeutig nachgewiesen worden; Einflüsse auf das Nervensystem, Gehirn, Herztätigkeit und Kreislauf sowie erbbiologische Veränderungen durch Einwirkungen auf Chromosome, z. B. durch Molekülresonanzen im Frequenzbereich der Mikrowellen, sind umstritten.

Ein Zusammenhang zwischen dem sog. ›Elektrosmog‹, d. h. der Vielzahl von Strahlungen, und der menschlichen Befindlichkeit konnte bisher wissenschaftlich nicht nachgewiesen werden.

Geräte, die hochfrequente Strahlung aussenden (z. B. Mobiltelefone), sind zum Schutz vor Strahlenwirkungen streng nach den Gebrauchsvorschriften zu benutzen.

Bildschirmstrahlung

Literaturrecherchen über die Einwirkung von elektrostatischen und elektromagnetischen Wechselfeldern auf den Menschen, ausgehend von Bildschirmen mit Kathodenstrahlröhren, zeigen, daß die Anzahl der vermuteten, aber nicht nachgewiesenen Effekte auf diesem Gebiet recht groß ist. Das mag u. a. daran liegen, daß der Nachweis einer bestimmten Wechselwirkung der biologischen Materie im elektrostatischen und im elektromagnetischen Feld mit Sicherheit einfacher zu erbringen ist als der eindeutige Beweis, daß keine Wechselwirkung existiert.

Jedoch ist für die speziellen Bedingungen, wie sie am Bildschirm vorherrschen, also bei schwachen elektromagnetischen Feldern, die am meisten befürchtete Gefährdung des Menschen durch elektromagnetische Strahlung, nämlich die Gefährdung von schwangeren Frauen, nach derzeitigem Erkenntnisstand mit großer Wahrscheinlichkeit auszuschließen (Bodenstedt, 1990). Wenn es nicht unbedingt sein muß, sollte man sich keiner Strahlung aussetzen. Deshalb können Bildschirme mit den Ergonomiezeichen, die die strengen schwedischen Empfehlungen hinsichtlich der Strahlungsemission erfüllen, empfohlen werden.

Optische Strahlung (Infrarot, Ultraviolett und Laser)

Durch optische Strahlungen können vor allem Haut- und Augenschäden verursacht werden. Strahlungsschäden durch Halogenlampen sind nach dem Stand der Forschung bei bestimmungsgemäßem Gebrauch der Lampen unwahrscheinlich.

Ionisierende Strahlung

Selbst kleinste Mengen ionisierender Strahlung (sowohl elektromagnetisch- als auch Teilchenstrahlung) können zu Krebs und Mutationen führen. Durch die Strahlung entstehen Ionen, die z. T. für die Zellen giftige Stoffe entstehen lassen. Es werden die komplexen chemischen Vorgänge in den Zellen z. T. reversibel, oft jedoch auch irreversibel verändert.

13 Arbeitsplatzgestaltung

13.1 Einführung

Ein ergonomisch richtig gestalteter Arbeitsplatz ist die Voraussetzung für den humanen und wirtschaftlichen Einsatz der menschlichen Arbeitskraft. Ergonomisch unzureichend gestaltete Arbeitsplätze beeinträchtigen nicht nur die Arbeitssicherheit und möglicherweise die Gesundheit der Mitarbeiter, sondern behindern darüber hinaus auch den effizienten Einsatz.

Vor dem Hintergrund, daß Erkrankungen des Skeletts, der Muskeln und des Bindegewebes für die längsten krankheitsbedingten Fehlzeiten am Arbeitsplatz verantwortlich sind, erhält die maßliche und kräftemäßige Gestaltung des Arbeitsplatzes eine primäre Bedeutung. Unmittelbar einsichtig wird dies, wenn festgestellt wird, daß hierzulande etwa ein Drittel aller Erwachsenen über Schmerzen und Bewegungseinschränkungen im Bereich des Rückens mit Ausstrahlungen zum Kopf, Becken, den Extremitäten und den inneren Organen klagt. Nur jeder Fünfte bleibt zeitlebens davon verschont (Der Spiegel 3.6.1991).

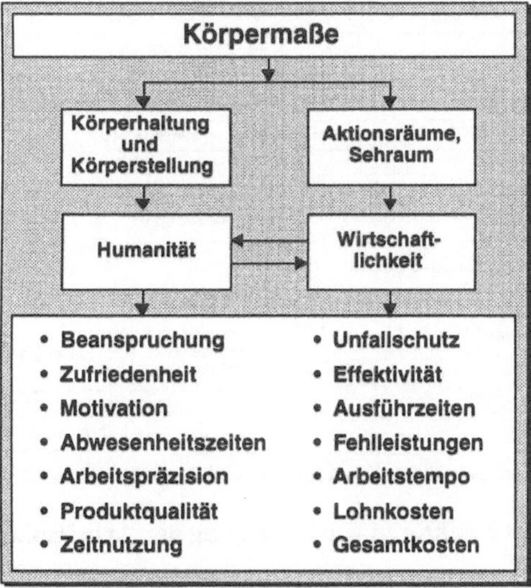

Bild 13.1 Einflußbereiche der Körpermaße

Die wirtschaftlichen Vorteile von ergonomisch richtig gestalteten Arbeitsplätzen sind direkt und indirekt festzustellen. Einerseits verringern sich durch günstige Arbeitsplätze die Ausführzeiten, andererseits lassen sich die Abwesenheitszeiten reduzieren. Im Mittelpunkt der ergonomischen Gestaltungsarbeit stehen dabei die Faktoren

- Körpermaße und
- Körperkräfte.

Besonders die Körpermaße des Menschen haben einen entscheidenden Einfluß, da hier, im Unterschied zu den Körperkräften, nicht grundsätzlich der Minimalwert ausschlaggebend ist. In Bild 13.1 wird die Bedeutung der Körpermaße dargestellt.

13.2 Anthropometrie

Die Anthropometrie ist die Lehre von den Maßverhältnissen am menschlichen Körper und deren exakten Bestimmung. Da die anthropometrischen Werte eines jeden Menschen differieren, muß eine individuelle Anpassung eines jeden Arbeitsplatzes an den einzelnen Menschen erfolgen, um die Voraussetzung für einen ergonomischen und damit menschengerechten Arbeitsplatz zu schaffen. Die wichtigsten Einflußfaktoren für die Festlegung der Arbeitsplatzmaße sind in Bild 13.2 wiedergegeben.

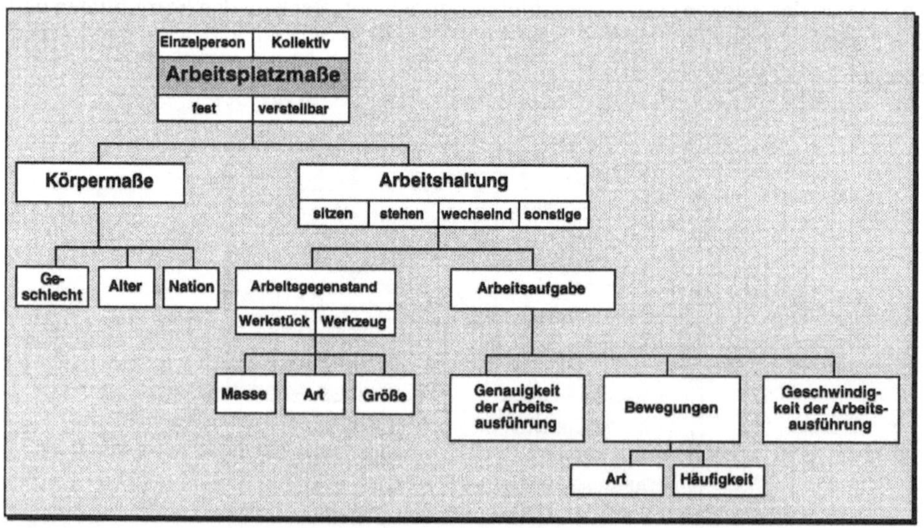

Bild 13.2 Die wichtigsten Faktoren zur Festlegung der Arbeitsplatzmaße

13.2.1 Körpermaße

Die Körpermaße der Menschen sind individuell verschieden. Die Definition eines ›*Durchschnittsmenschen*‹ erwies sich als wenig sinnvoll, da einige Maße nach dem größten und einige Maße nach dem kleinsten Körpermaß der benutzenden Personengruppe ausgerichtet werden müssen. Zöge man diesen ›Durchschnittsmenschen‹ zur

Dimensionierung heran, würde z. B. die eine Hälfte der Bevölkerung Gefahr laufen, sich an einem Türrahmen den Kopf zu stoßen, die andere Hälfte müßte fürchten, in einem Unglücksfall z. B. den Notschalter einer Maschine nicht erreichen zu können.

Als gut realisierbar hat sich dagegen die Festlegung von Ober- und Untergrenzen für die Körpermaße breiter Bevölkerungsgruppen erwiesen. Diese Überlegungen führten zum Begriff des Perzentils.

Im Beiblatt 1 zu DIN 33 402, Teil 2, ist der Ausdruck *Perzentil* näher erläutert: »Ein Perzentilwert gibt an, wieviel Prozent der Menschen in einer Bevölkerungsgruppe - in bezug auf ein bestimmtes Körpermaß - kleiner sind als der jeweils angegebene Wert. So liegt z. B. das 95. Perzentil der Körperhöhe von 16- bis 60-jährigen Männern bei 1841 mm. Das besagt, daß 95 % dieser Bevölkerungsgruppe kleiner und 5 % größer als 1841 mm sind.«

Die gebräuchlichen Grenzen für den *Anpassungsbereich* eines an den menschlichen Körper anzupassenden Gegenstandes sind das 5. und das 95. Perzentil. Da die Streuung der verbleibenden Extremgruppen überproportional groß ist, können mit nur etwa einem Viertel der gesamten Variationsbreite 95% aller in Frage kommenden Benutzer berücksichtigt werden.

Die verschiedenen Körpermaße sind in umfangreichen Tabellenwerken (DIN 33 402) dokumentiert. Auszugsweise ist in Bild 13.3 die Verteilung der Körperhöhen dargestellt und in Bild 13.4 sind die dazugehörigen Teilmaße aufgelistet.

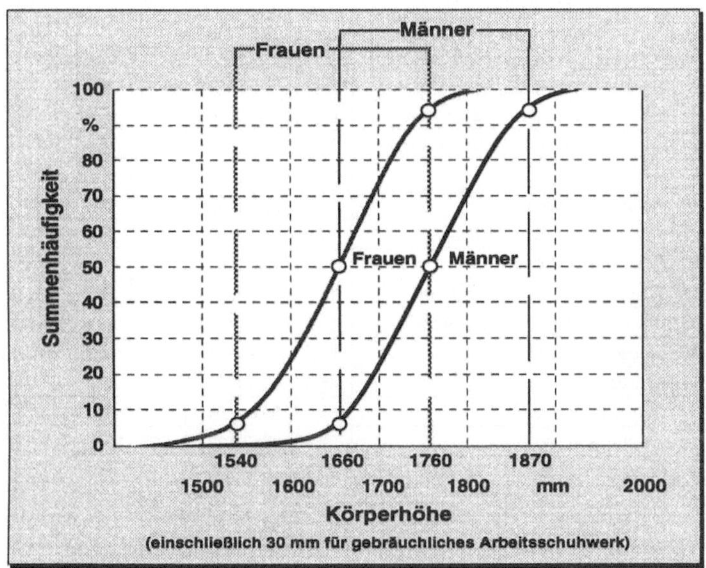

Bild 13.3 Verteilung der Körperhöhen (aus DIN 33 402)

Ohne Schuhe ergeben sich die gerundeten Maße

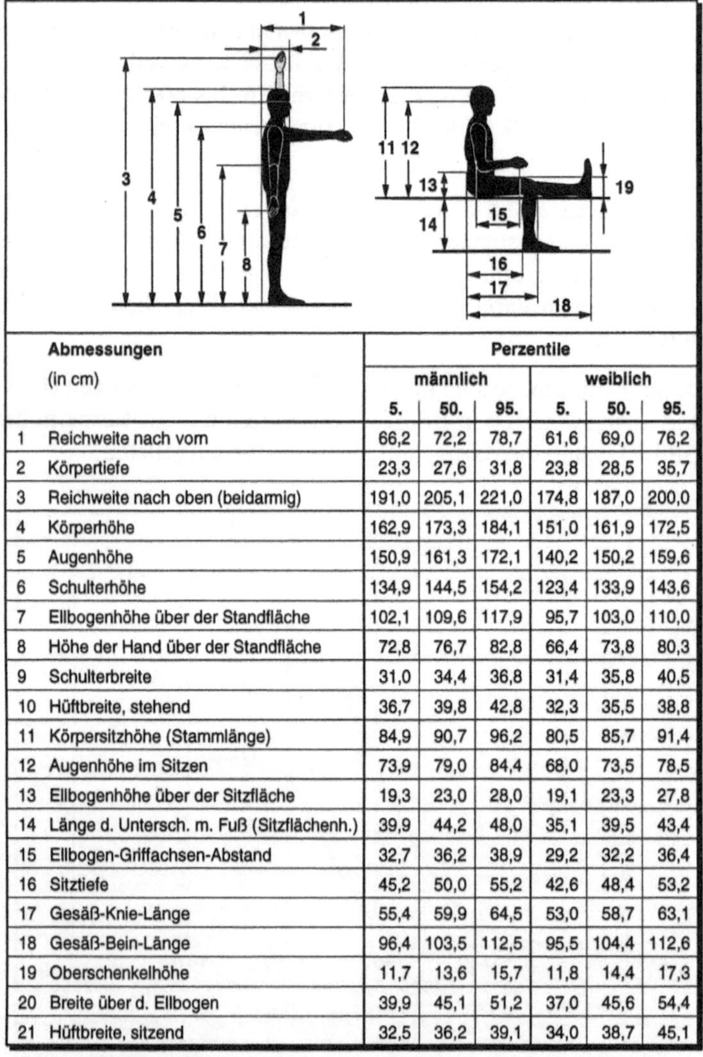

	Abmessungen (in cm)	Perzentile männlich 5.	50.	95.	weiblich 5.	50.	95.
1	Reichweite nach vorn	66,2	72,2	78,7	61,6	69,0	76,2
2	Körpertiefe	23,3	27,6	31,8	23,8	28,5	35,7
3	Reichweite nach oben (beidarmig)	191,0	205,1	221,0	174,8	187,0	200,0
4	Körperhöhe	162,9	173,3	184,1	151,0	161,9	172,5
5	Augenhöhe	150,9	161,3	172,1	140,2	150,2	159,6
6	Schulterhöhe	134,9	144,5	154,2	123,4	133,9	143,6
7	Ellbogenhöhe über der Standfläche	102,1	109,6	117,9	95,7	103,0	110,0
8	Höhe der Hand über der Standfläche	72,8	76,7	82,8	66,4	73,8	80,3
9	Schulterbreite	31,0	34,4	36,8	31,4	35,8	40,5
10	Hüftbreite, stehend	36,7	39,8	42,8	32,3	35,5	38,8
11	Körpersitzhöhe (Stammlänge)	84,9	90,7	96,2	80,5	85,7	91,4
12	Augenhöhe im Sitzen	73,9	79,0	84,4	68,0	73,5	78,5
13	Ellbogenhöhe über der Sitzfläche	19,3	23,0	28,0	19,1	23,3	27,8
14	Länge d. Untersch. m. Fuß (Sitzflächenh.)	39,9	44,2	48,0	35,1	39,5	43,4
15	Ellbogen-Griffachsen-Abstand	32,7	36,2	38,9	29,2	32,2	36,4
16	Sitztiefe	45,2	50,0	55,2	42,6	48,4	53,2
17	Gesäß-Knie-Länge	55,4	59,9	64,5	53,0	58,7	63,1
18	Gesäß-Bein-Länge	96,4	103,5	112,5	95,5	104,4	112,6
19	Oberschenkelhöhe	11,7	13,6	15,7	11,8	14,4	17,3
20	Breite über d. Ellbogen	39,9	45,1	51,2	37,0	45,6	54,4
21	Hüftbreite, sitzend	32,5	36,2	39,1	34,0	38,7	45,1

Bild 13.4 Körpermaße des unbekleideten Menschen (aus DIN 33 402)

Bei der Verwendung von anthropometrischen Daten ist zu beachten, daß diese keine dauerhafte Gültigkeit besitzen. Das auch in der gegenwärtigen Zeit zu beobachtende *Akzelerationsphänomen* hat zur Folge, daß sich die Körperlängen des menschlichen Körpers weiterhin langsam in Richtung größerer Werte verändern. Die in DIN 33 402, Teil 2 erhobenen Daten wurden in der Zeit von 1968 bis 1977 erfaßt und müßten deshalb heute etwas nach oben korrigiert werden.

Innerhalb der Werte aus DIN 33 402 ist dieses Phänomen aus dem deutlichen Unterschied der Körperhöhen jüngerer Altersgruppen zum Mittelwert erkennbar (z. B. Körperhöhe, männlich, 5. Perzentil (16 – 60 Jahre) 162,9 cm, (18 – 19 Jahre) 167,7 cm.

Bei der Dimensionierung von Arbeitsgegenständen sollte die in Betracht kommende *Benutzergruppe* möglichst genau definiert werden. So macht es wenig Sinn, bei der Auslegung der Bedienelemente eines Krans Personen, die noch nicht volljährig sind, zu berücksichtigen. Nicht nur in diesem Beispiel stellt sich zunehmend auch die Frage nach der Berücksichtigung weiblicher Mitarbeiterinnen an fast allen Arbeitsplätzen.

Nachfolgend sind die wichtigsten Punkte, die zur Untergliederung von Benutzergruppen an Arbeitsplätzen verwendet werden können, aufgeführt und erläutert.

Geschlecht:
Im mitteleuropäischen Raum sind Frauen im Durchschnitt etwa 10 cm kleiner als Männer. Ihre Extremitäten sind, bezogen auf den Körper, kürzer, das Becken verhältnismäßig breiter und die Schultern relativ schmäler. Grundsätzlich unterschiedlich ist die Verteilung der Fettauflagerungen.

Körperbautyp:
Menschen gleicher Körperhöhe besitzen im allgemeinen nicht dieselben Körperproportionen. Prinzipiell werden drei Körperbautypen unterschieden: Leptosomer, Athletiker und Pykniker (siehe Abschnitt 13.2.2 Körperbautypen).

Alter:
Durch den Wachstumsprozeß verschieben sich nicht nur die Körperhöhen, sondern es ändern sich auch die Körperproportionen. Es ist also nicht zulässig, die Körpermaße eines Erwachsenen prozentual zu verkleinern, um die Körpermaße eines Kindes zu erhalten. Das hauptsächliche Wachstum endet bei Frauen im 18., bei Männern nach dem 20. Lebensjahr, wobei sich allerdings soziale Unterschiede zeigen. Im Alterungsprozeß (ab etwa dem 30. Lebensjahr) nehmen dann die meisten Körpermaße, insbesondere Längenmaße, wieder ab. Das Körpergewicht, einige Breiten- und Umfangsmaße nehmen jedoch mit fortschreitendem Alter zu.

Volkszugehörigkeit, Rasse:
Im europäischen Bereich hat die Rassendifferenzierung keine allzu große Bedeutung. Bei der Entwicklung von Exportgütern für den außereuropäischen Markt muß dieser Frage allerdings ein großes Gewicht zugemessen werden. Die Komplexität dieses

Sachgebietes erlaubt aber an dieser Stelle keine ausführlichere Behandlung. Im europäischen Bereich betragen die durchschnittlichen Unterschiede in der Körperhöhe zwischen Nord- und Südeuropa etwa 7 bis 8 cm. Von ergonomisch größerer Bedeutung sind Unterschiede der Bein- und Armlängenmaße, da die Körperproportionen ebenfalls regional differenzieren.

Meßpunkte

Naturgemäß werden Körpermaße am Körperäußeren des Menschen abgenommen. Hierbei wird, wenn möglich, von Knochenpunkt zu Knochenpunkt gemessen. Als Knochenpunkt bezeichnet man die Stellen am menschlichen Körper, an denen das stützende Knochenskelett bis dicht an die Körperoberfläche tritt. Dies hat den großen Vorteil, daß solche Meßpunkte durch ihre Unverschiebbarkeit die Grundvoraussetzung der Anthropometrie, die Reproduzierbarkeit der Maße, erfüllen. Diese Reproduzierbarkeit ist, wenn aus praktischen Gründen an Sehnen oder Weichteilen zu messen ist, wie z. B. bei der Bestimmung der Unterschenkellänge mit Fuß, nur noch bedingt gegeben.

Für Konstruktionszwecke wäre es sinnvoll, wenn man die menschlichen Maße wie bei einer Gliederpuppe von Gelenkmittelpunkt zu Gelenkmittelpunkt vermessen könnte. Viele Gelenke haben aber – z. B. das Schultergelenk oder das Kniegelenk – keinen fixierten Drehpunkt, sondern verschieben sich in ihrer Bewegung. Aufgrund dieser Verschiebungen, die bei der Armlänge, besonders aufgrund des frei beweglichen Schulterblattes, einen Unterschied von bis zu 8 cm ausmachen können, werden funktionsbezogene Armmaße tabelliert (z. B. Greifweite nach vorn, Reichweite nach oben).

Mit dem Wissen über die äußerst differenzierten Drehbewegungen der einzelnen Gelenke wird verständlich, warum sich beispielsweise aus der Addition der Körpersitzhöhe und der Beinlänge ein größerer Wert ergibt als bei der direkten Körperhöhenmessung. Bei der Verwendung anthropometrischer Datensammlungen ist unbedingt zu beachten, daß die Körpermaße dort grundsätzlich am unbekleideten Körper abgenommen wurden. Die Konstruktionsmaße ergeben sich deshalb erst nach entsprechenden Zuschlägen zu den Körpermaßen.

13.2.2 Körperbautypen (Somatotypen)

Innerhalb einer Gruppe von Menschen, die in bezug auf ein oder mehrere Körpermaße sehr ähnlich sind, können andere Körpermaße sehr unterschiedlich sein. Aus diesem Grunde darf bei der Gestaltung eines Arbeitsplatzes, bei dem mehrere Körpermaße zu berücksichtigen sind, keinesfalls von einem gleichmäßig proportionierten Menschen ausgegangen werden. Vielmehr macht es die relativ starke Unabhängigkeit der verschiedenen Körpermaße erforderlich, bei der Gestaltung von Arbeitsplätzen oder Arbeitsgeräten die einzelnen Körpermaße unabhängig voneinander zu berücksichtigen. Dies läßt sich in der Regel durch die Berücksichtigung des 5. sowie des 95. Perzentils des jeweiligen Körpermaßes auffangen.

In Bild 13.5 sind ein gleichmäßig proportionierter und zwei ungleichmäßig proportionierte Menschen gleicher Körpergröße dargestellt. Die Körpersitzhöhe kann bei zwei Menschen gleicher Körpergröße mit einerseits extremer Beinlänge und andererseits außergewöhnlicher Sitzhöhe um bis zu 100 mm variieren.

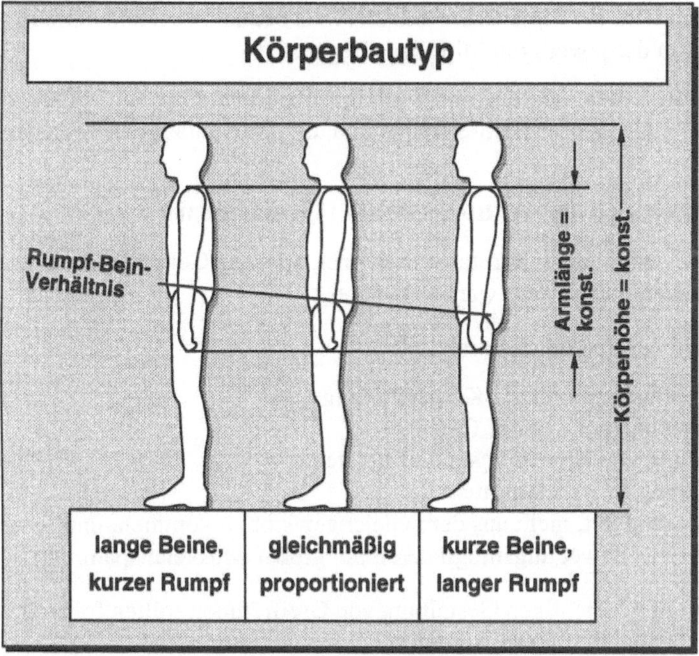

Bild 13.5 In Bein- und Rumpflänge ungleichmäßig proportionierte Menschen (in Anlehnung an DIN 33 402)

Prinzipiell werden drei verschiedene Gruppen von Körperbautypen unterschieden:

- Leptosomer:
  Mensch mit schlankem, hagerem Körperbau, langem Hals, mageren Gliedmaßen und schmalem Rumpf.
- Athletiker:
  ›Kraftmensch‹ mit kräftiger, breitschultriger Gestalt, derbem Knochenbau, großen Händen und Füßen, kräftig entwickelter Muskulatur und starker Rumpfbehaarung.
- Pykniker:
  Mensch mit kräftigem, gedrungenem Körperbau mit kurzen Gliedmaßen und Neigung zum Fettansatz.

13.2.3 Aktionsräume

Die Aktionsräume der Körperteile werden durch die anatomisch maximalen Dreh- bzw. Schwenkbereiche oder Beugewinkel festgelegt. Diese maximalen Aktionsräume spielen in der Ergonomie eine eher untergeordnete Rolle, da in der Arbeitsplatzgestaltung Hinweise über optimale Bereiche und Winkel verlangt werden. Zwischen den Extremwerten gibt es neutrale Stellungen, in denen die Muskelaktivität und auch die Belastung von Sehnen und Bändern minimal ist. In diesen Positionen ist die Muskelermüdung am geringsten. Sie wird im allgemeinen subjektiv als bequem bezeichnet, muß aber nicht zwangsläufig in der jeweiligen Mittellage liegen.

Ausgehend von diesem Hintergrund wird nachfolgend auf die Wirkräume des Hand-Arm-Systems und des Fuß-Bein-Systems und auf den Sehraum eingegangen.

Wirkraum des Hand-Arm-Systems (Greifraum)

Als Greifraum wird jener Bereich bezeichnet, in dem Gegenstände mit der Hand berührt, gegriffen und bewegt werden können.

Der Greifraum wird begrenzt durch:

- Die Körperhaltung und die Körperstellung,
- den Bewegungsumfang der Gelenke,
- die Richtung von Bewegungen und Kräften,
- die verwendeten Arbeitsmittel,
- die Notwendigkeit, nicht aus dem Gleichgewicht zu kommen, und
- die reduzierte Bewegungsmöglichkeit bei großer Muskelanspannung.

Bei der ergonomisch richtigen Gestaltung von Greifräumen sollten folgende Sachverhalte nicht außer acht gelassen werden:

- Unterarmbewegungen (Oberarm herabhängend oder Ellbogen aufgestützt) verlaufen am günstigsten auf Kreisbögen vom Körper weg bzw. auf den Körper zu,
- Oberarmbewegungen (Bewegungen des ganzen Arms) verlaufen am günstigsten vor dem Körper von rechts nach links oder umgekehrt,
- die Genauigkeit der Bewegungsführung verringert sich mit zunehmender Entfernung vom Körper,
- die Körperkräfte im Greifraum sind von Armstellung und Kraftrichtung abhängig (siehe auch Kapitel 13.3),
- längeres Verweilen der Hand an der Grenze des Greifraumes ist mit erhöhter Haltearbeit verbunden und sollte deshalb vermieden werden.

Der Arbeitsbereich der Hände ist im Sitzen kleiner als im Stehen. Dennoch wird im allgemeinen bei der Auslegung des Greifraums der Arme nicht nach sitzender oder stehender Körperhaltung unterschieden. Der Greifraum sollte prinzipiell nach dem kleinsten Benutzer, also nach dem 5. Perzentil der in Frage kommenden Benutzergruppe, dimensioniert werden, d. h. falls nicht mit Sicherheit davon ausgegangen werden kann, daß keine weiblichen Arbeitskräfte an diesem Arbeitsplatz tätig werden, wird das 5. Perzentil Frau zugrunde gelegt.

Bei sitzender Arbeitsausführung mit aufrechter Körperhaltung ergibt sich der Greifraum durch die Bewegungsbahnen der beiden Arme. Es wird unterschieden in:

- Anatomisch maximaler Greifraum:
  Dieser Bereich des Greifraumes kann bei unbewegtem Oberkörper mit maximal ausgestreckten Armen unter Mitbewegung des Schultergelenkes umfahren werden.
- Physiologisch maximaler Greifraum:
  Dieser Bereich des Greifraums kann bei unbewegtem Oberkörper mit entspannten Armen ohne Mitbewegungs des Schultergelenkes umfahren werden. Der physiologisch maximale Greifraum ist für die praktische Anwendung von hoher Bedeutung. Sein Radius ist etwa um 10 % kleiner als beim anatomisch maximalen Greifraum. Innerhalb dieses Bereiches sollten alle Werkstücke, Werkzeuge, Bedienelemente und Materialbehälter angeordnet sein.
- Kleiner Greifraum:
  Dieser Bereich des Greifraumes kann mit unbewegtem Oberkörper und bequem herabhängenden Oberarmen von den Unterarmen umfahren werden. Für häufig wiederkehrende Greifbewegungen ist dies der zu bevorzugende Arbeitsbereich.

Innerhalb des Greifraumes können vier Zonen unterschieden werden, in denen die Bewegungsabläufe und die auftretenden Belastungen grundsätzlich verschieden sind:

- Zone 1:
  Arbeitszentrum. Beide Hände arbeiten nahe beieinander im Blickfeld. Montageort. Ort für Aufnahmevorrichtungen.
- Zone 2:
  Erweitertes Arbeitszentrum. Beide Hände arbeiten im Blickfeld und erreichen alle Orte dieser Zone.
- Zone 3:
  Einhandzone. Zone zum Lagern von Teilen und Handwerkszeugen, die einhändig oft gegriffen werden, sowie Handstellteile.
- Zone 4:
  Erweiterte Einhandzone. Äußerste nutzbare Zone für Greifbehälter.

Bild 13.6 zeigt einen Horizontalschnitt durch den Greifraum in Ellbogenhöhe und die Unterteilung in die vier einzelnen Zonen. In Bild 13.7 ist ein Vertikalschnitt durch den Greifraum in der Schultergelenkebene. Beide Darstellungen beziehen sich auf das 5. Perzentil Frau.

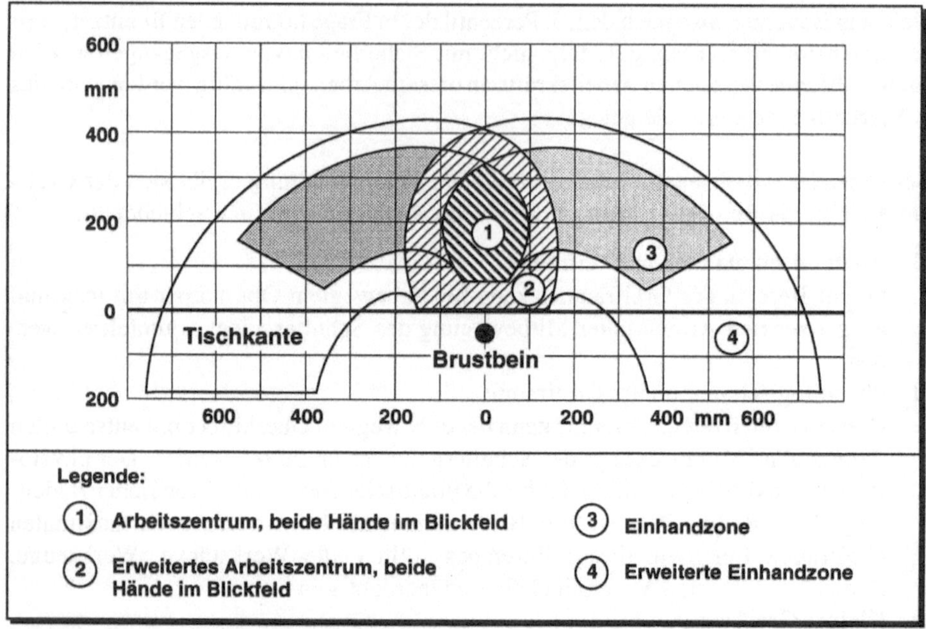

Bild 13.6 Horizontalschnitt durch den Greifraum in Ellbogenhöhe, 5. Perzentil Frau (in Anlehnung an Lange, 1985)

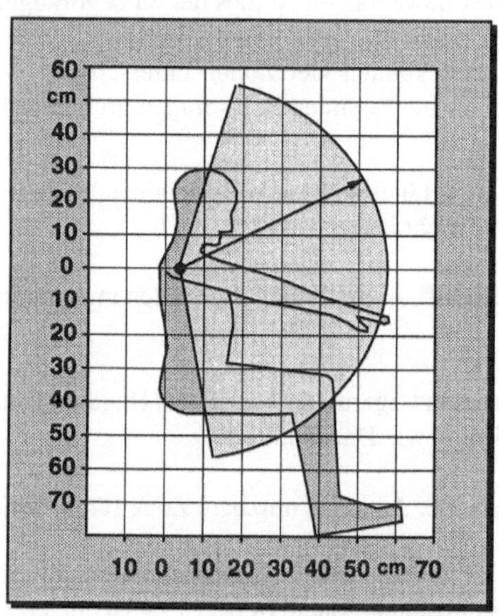

Bild 13.7 Vertikalschnitt durch den Greifraum in der Schultergelenkebene, 5. Perzentil Frau (in Anlehnung an Schmidtke, 1993)

Wirkraum des Fuß-Bein-Systems

Unter Wirkraum der Beine versteht man jenen Bereich, innerhalb dessen sich die mit dem Fuß-Bein-Systems zu betätigende Bedienelemente befinden sollten. Hier muß zwischen sitzender und stehender Körperhaltung unterschieden werden.

In Bild 13.8 und 13.9 ist der Wirkraum des Fuß-Bein-Systems bei sitzender Körperhaltung wiedergegeben. Wie im Greifraum sind auch hier unterschiedliche Zonen zu unterscheiden. Der mit I gekennzeichnete Bereich stellt die bevorzugte Wirkzone für genaue Bewegungen dar. Die mit II bezeichnete erweiterte Wirkzone sollte nur für seltenere Benutzung in Betracht gezogen werden.

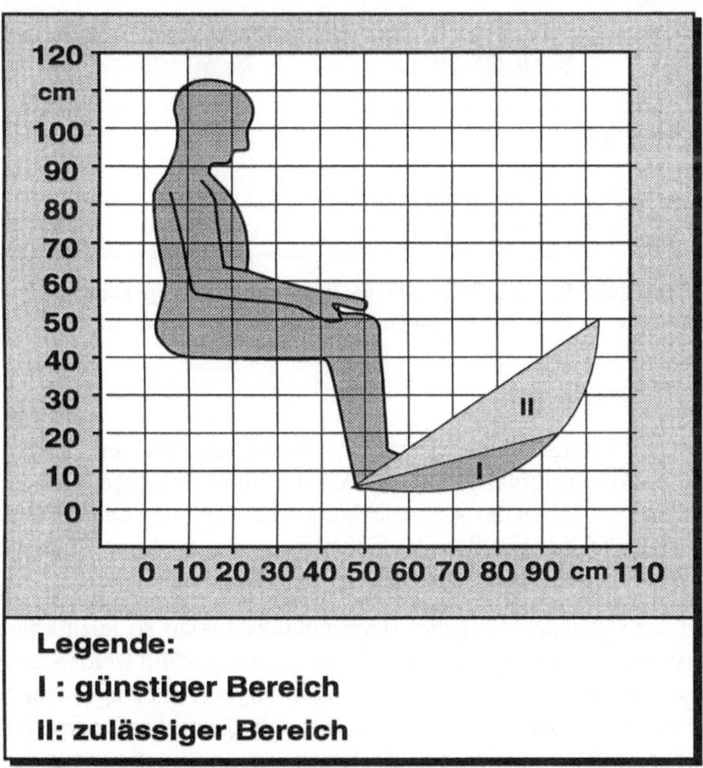

Bild 13.8 Wirkraum des Fuß-Bein-Systems bei sitzender Körperhaltung, 5. Perzentil Frau (in Anlehnung an Kroemer, in: Grandjean, 1991)

Wie auch schon beim Greifraum muß der Wirkraum Beine nach dem kleinsten Benutzer, also nach dem 5. Perzentil der in Frage kommenden Benutzergruppe dimensioniert werden, um es allen Mitarbeitern zu ermöglichen, die Stellteile zu erreichen und so effektiv und ohne Beschwerden zu arbeiten.

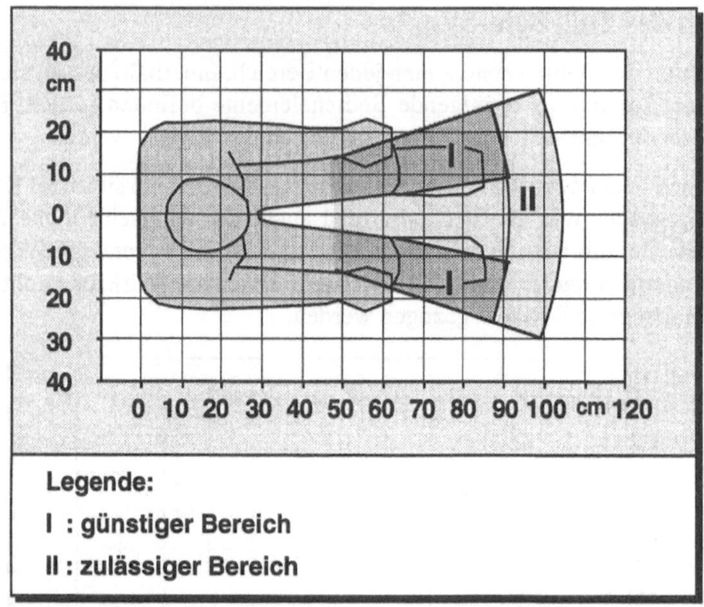

Bild 13.9 Wirkraum des Fuß-Bein-Systems bei sitzender Körperhaltung, 5. Perzentil Frau (in Anlehnung an Kroemer, in: Grandjean, 1991)

Maße des Sehraums

Etwa 80 – 90 % unserer Sinneseindrücke nehmen wir mit dem Auge wahr. Bei annähernd allen Arbeitsaufgaben muß der Arbeitsablauf visuell gesteuert und kontrolliert werden. So sind neben der Körperstellung/Körperhaltung und der Aktionsräume der Gliedmaßen die Kenngrößen des Sehraumes von höchster Bedeutung für die Gestaltung von Arbeitsplätzen.

Es ist somit eine primäre Aufgabe, Beobachtungsobjekte so anzuordnen, daß die Sehaufgabe vom Arbeitenden ohne hohe Beanspruchung erfüllt werden kann. Fixieren, d. h. *Scharfsehen*, bedeutet aufgrund der Muskeltätigkeit des Auges eine hohe Beanspruchung, verbunden mit entsprechenden Ermüdungserscheinungen. Arbeitsplätze sollten daher so gestaltet werden, daß die Augen und Kopfbewegungen minimiert und Zwangshaltungen von Augen und Kopf vermieden werden.

Das *Auflösungsvermögen*, die Fähigkeit des Auges, nah beieinanderliegende kleine Objekte getrennt wahrzunehmen, ist nicht überall von gleicher Größe. In der Netzhautgrube, der Fovea, besitzt das Auge ein sehr hohes Auflösungsvermögen, das zur Peripherie hin stark abnimmt. Ähnlich verhält es sich mit dem Farbsehvermögen, das in diesem Bereich durch die erhöhte Anzahl der Rezeptoren ebenfalls deutlich größer ist als im Randgebiet.

Diese Gegebenheiten führen dazu, daß der Mensch diesen hochauflösenden Bereich der Fovea durch entsprechende Bewegungen des Augapfels auf den wesentlichen Teil der Sehaufgabe lenkt. Diese *Blickwechsel* geschehen durch schnelle sprungartige Bewegungen, für die es notwendig ist, den neuen Fixationspunkt peripher zu sehen.

Der Sehraum wird nach DIN 33 414 einerseits durch die Größe des Gesichts-, Blick-, und Umblickfeldes, andererseits durch die Lage der Sehachse bestimmt. Bei allen drei Bereichen muß zwischen monokularem und binokularem *Gesichtsfeld* unterschieden werden.

Der räumliche Bereich des Gesichtsfeldes umfaßt das Gebiet, in dem bei ruhendem Kopf und ruhenden Augen Lichtreize gleichzeitig wahrgenommen werden können. Das Gesichtsfeld ist um so größer, je auffälliger die Lichtimpulse an seinem Rand sind. Seine maximale Ausdehnung ist interindividuell verschieden. Der Raum, in dem scharf gesehen werden kann, ist gegenüber dem gesamten Gesichtsfeld sehr klein. Außerhalb dieses kleinen Bereiches können nur starke Kontraste und Bewegungen registriert werden.

Die Entdeckungswahrscheinlichkeit wird nach außen hin kleiner. Deshalb sollten wichtige Kontroll- und Bedienungselemente im zentralen Bereich des Gesichtsfeldes angeordnet werden.

Das Bild 13.10 erläutert diesen Zusammenhang.

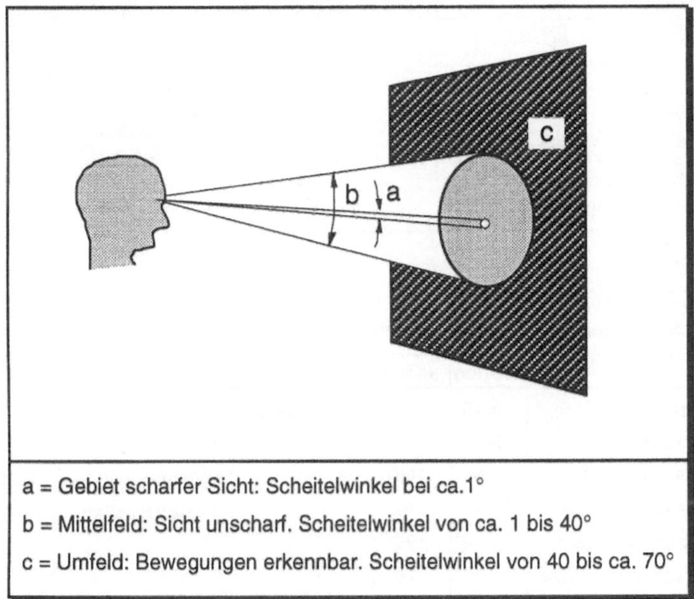

Bild 13.10 Schematische Darstellung des Gesichtsfeldes (nach Grandjean, 1991)

Das *Blickfeld* umfaßt den räumlichen Bereich, in dem bei ruhendem Kopf und bewegten Augen Sehobjekte nacheinander fixiert werden können.

Das *Umblickfeld* umfaßt den Raum, in dem bei bewegtem Körper, bei bewegtem Kopf und bewegten Augen Sehobjekte nacheinander fixiert werden können.

Die *Sehachse* oder *Fixationsachse* ist die Verbindungslinie zwischen einem fixierten Punkt im Sehraum und dem Fixationsort auf der Netzhaut des Auges. Die Normallage der Sehachse ist durch die entspannte Kopf- und Augenhaltung festgelegt.

Der Sehwinkel, bei dem unter günstigen Bedingungen Objekteinzelheiten vom Auge noch getrennt wahrgenommen werden können, liegt im Bereich von etwa 0,6 - 5,0 Winkelminuten. Dieser Wert schwankt von Mensch zu Mensch, sein Mittelwert liegt bei einer Winkelminute. Mit diesen Angaben und dem Sehabstand kann die noch erkennbare Detailgröße berechnet werden.

In Bild 13.11 sind die wichtigsten Werte zur Gestaltung des Sehraumes enthalten.

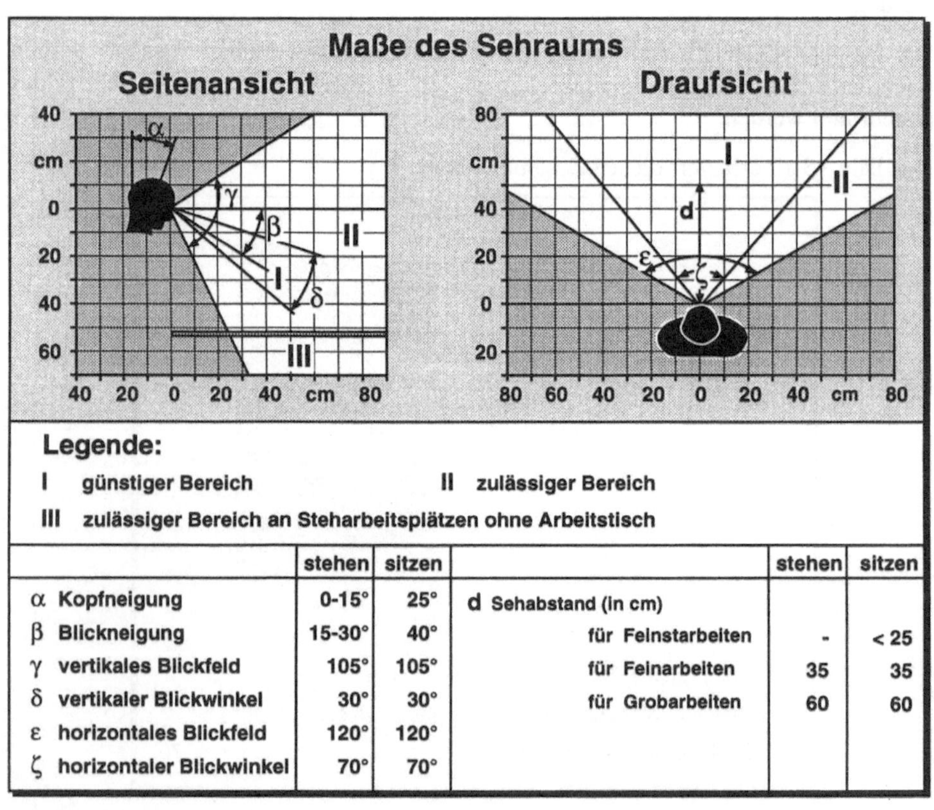

	stehen	sitzen		stehen	sitzen
α Kopfneigung	0-15°	25°	d Sehabstand (in cm)		
β Blickneigung	15-30°	40°	für Feinstarbeiten	-	< 25
γ vertikales Blickfeld	105°	105°	für Feinarbeiten	35	35
δ vertikaler Blickwinkel	30°	30°	für Grobarbeiten	60	60
ε horizontales Blickfeld	120°	120°			
ζ horizontaler Blickwinkel	70°	70°			

Bild 13.11 Gestaltung des Sehraumes (in Anlehnung an Lange, 1985)

13.2.4 Körperstellung und Körperhaltung

Unter Körperstellung versteht man die Stellung des Körpers zur Arbeitsaufgabe. Die Körperhaltung ist eine mögliche Bewegungsvariante innerhalb der Körperstellung, beispielsweise Stehen in der Grundstellung, Sitzen gebeugt oder Liegen mit den Armen über dem Kopf.

Beanspruchungsstufen	Körperhaltung			Erhöhung in Bezug auf L 1 E-Umsatz/Min. kcal	J	Puls P/Min	Starke Muskelbelastung	Bemerkungen + = günstig - = ungünstig
L 1		Liegen	Ruhelage	0,00	0,00	0		+ Kreislauf - Bewegungsraum
L 2		Liegen	Arme über Kopf	0,06	0,25	3	Hals, Nacken	+ Kreislauf - Bewegungsraum - statische Arbeit
S 1		Stehen	normal	0,16	0,67	14		+ Bewegungsraum + Bewegungswechsel - Stabilisierung - Beinbelastung
S 2		Stehen	gebeugt	0,38	1,59	18	Rücken, Schenkel	- statische Arbeit + wie S 1 -
S 3		Stehen	stark gebeugt	0,56	2,34	17	Rücken, Schenkel	- statische Arbeit + wie S 1 -
S 4		Stehen	Arme über Kopf	0,30	1,26	18	Rücken	- statische Arbeit + wie S 1 -
H 1		Hocken	normal	0,27	1,13	10	Waden, Schenkel	- Kniekehlen - Stabilisierung
H 2		Hocken	Arme über Kopf	0,28	1,17	14	Schulter, Waden, Schenkel	- Kniekehlen - Stabilisierung - Statische Arbeit
K 1		Knien	normal	0,28	1,17	21		- Kniekehlen - Kreislauf
K 2		Knien	gebeugt	0,32	1,34	22	Rücken	- Kniekehlen - Kreislauf - statische Arbeit
K 3		Knien	Arme über Kopf	0,36	1,51	26	Rücken, Schulter	+ wie K 2 -
Si 1		Sitzen	normal	0,06	0,25	7		+ Stabilisierung + Körpergewicht - Gesäßdurchblutung
Si 2		Sitzen	gebeugt	0,15	0,63	13	Rücken	+ wie S 1 - Atmung - Magen
Si 3		Sitzen	Arme über Kopf	0,16	0,67	13	Rücken, Schulter	+ wie S 1 - statische Arbeit -

Bild 13.12 Beanspruchung bei verschiedenen Körperhaltungen (nach Sämann, 1970)

Wie in Bild 13.12 dargestellt ist, ergeben sich in den unterschiedlichen Körperhaltungen große Beanspruchungsdifferenzen.

Die Art der Arbeitsaufgabe beeinflußt primär die Wahl der Arbeitshöhe und die Entscheidung, ob ein Sitz-, Steh- oder Sitz-Steh-Arbeitsplatz eingerichtet werden soll. Grundsätzlich bestehen am Steharbeitsplatz geringere Bewegungseinschränkungen und es ist eine größere Kraftentfaltung möglich. Der Sitzarbeitsplatz ist bei Präzisionsarbeiten vorteilhafter und verringert die Haltungsarbeit. Das Bild 13.13 stellt die Vor- und Nachteile des Sitz- und des Steharbeitsplatzes gegenüber. Um einen Belastungswechsel zu ermöglichen, sollte, wenn möglich, der Arbeitsplatz so ausgestattet sein, daß die Arbeitsperson frei zwischen der stehenden und sitzenden Körperhaltung wählen kann (Sitz-Steh-Arbeitsplatz).

Kriterien	Körperhaltung	
	Sitzen	Stehen
Größe der Wirkräume von Armen und Beinen	●●	●●●
Möglichkeit zum Wechsel der Körperstellung und des Ortes	●	●●●
Ausnutzung der Bewegungsmöglichkeiten der Gelenke (Bewegungsraum)	●	●●●
Eignung für kraftbetonte Arbeiten	●	●●●
Eignung für Präzisionsarbeiten	●●●	●
Größe des Blickfeldes	●●	●●●
Haltungsarbeit	●	●●●
Beinbeschwerden	●	●●●
Rücken- und Nackenbeschwerden	●●●	●●
Legende ●●● groß ●● mittel ● klein		

Bild 13.13 Vergleich von Sitz- und Steharbeitsplatz

Vom physiologischen Standpunkt aus gesehen ist der Sitzarbeitsplatz dem Steharbeitsplatz vorzuziehen, da bei Arbeitssitzen, die den ergonomischen Forderungen entsprechen, die Zahl der dauerkontrahierten Muskeln reduziert werden kann. Ruhiges Stehen erfordert zwar keine allzu starke Muskeltätigkeit, belastet aber das Fußgelenk und die daran angreifenden Sehnen und Bänder und führt zu einer Erhöhung des Blutdrucks in den Beinen.

Bei der Festlegung der *Körperhaltung* an einem Arbeitsplatz dürfen die Forderungen des Gesetzgebers nicht außer acht gelassen werden. In § 25 Absatz 1 der Arbeitsstättenverordnung vom 20.03.1975 ist unter anderem folgendes zu lesen:

»Kann die Arbeit ganz oder teilweise sitzend verrichtet werden, sind den Arbeitnehmern am Arbeitsplatz Sitzgelegenheiten zur Verfügung zu stellen. Die Sitzgelegenheiten müssen dem Arbeitsablauf und der Handhabung der Betriebseinrichtungen entsprechen und unfallsicher sein.«

Es muß dennoch deutlich bemerkt werden, daß es keine noch so bequeme Körperhaltung gibt, auch nicht irgendeine Sitzhaltung, die über längere Zeit eingenommen werden kann. Deshalb sollte ein Arbeitsplatz so gestaltet werden, daß ein Wechsel zwischen sitzender und stehender Tätigkeit möglich ist (Sitz-/ Steharbeitsplatz).

Die *Sitzhaltung* ergibt sich ebenfalls aus der äußeren, durch die Arbeitsaufgabe gestellten Anforderung. Sie ist direkt von der Arbeitshöhe abhängig. Die hieraus resultierende Sitzstellung ist somit bei nicht ergonomisch gestalteten Arbeitsplätzen immer ein unzureichender Kompromiß bezüglich den Forderungen nach ausreichendem Bewegungsraum, genügender Kraftausübung, guten Sichtbedingungen und anatomisch richtigem Sitzen.

Am Arbeitsplatz lassen sich im allgemeinen, wie in Bild 13.14 dargestellt, drei Sitzhaltungen unterscheiden:

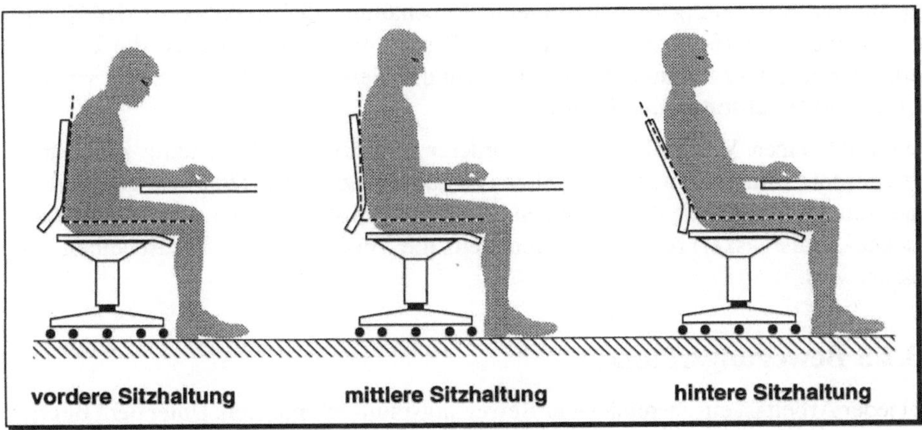

Bild 13.14 Sitzhaltungen

Vordere Sitzhaltung

Die vordere Sitzhaltung verkörpert die Lage, die z. B. bei der Betätigung eines Drehknopfes eingenommen wird (Einstelltätigkeit Konsole, Montage elektrischer Apparate usw.). Der Rücken ist stark gerundet oder bei steif gehaltenem Rücken nach vorne gebeugt, wobei die Ellbogen oder Vorderarme entweder frei gehalten oder auf der Arbeitsebene aufgestützt werden können. Die Bauchwand nähert sich in dieser Haltung den Oberschenkeln, der Bauchinnendruck wird größer, wodurch eine Belastung der inneren Organe insbesondere der Verdauungs- und Atmungsorgane hervorgerufen werden kann. Grundsätzlich hat die Schulter-Nacken-Muskulatur in der vorderen Sitzhaltung mehr statische Haltearbeit zu erbringen, als in den beiden anderen Sitzhaltungen. Erfolgt keine Abstützung des Oberkörpers durch die Arme, wird die gesamte Rückenmuskulatur stark angespannt.

Mittlere Sitzhaltung

Die mittlere Sitzhaltung kann durch eine Situation, wie sie beim Lesen oder Schreiben an einem Tisch auftritt, dargestellt werden. Hier ist der Rumpf aufrecht oder nur leicht nach vorne gebeugt. Diese Sitzhaltung ist im allgemeinen statisch ausbalanciert, so daß die Muskulatur weitgehend entspannt werden kann. Durch die aufrechte Position ist die Atmung gemeinhin tiefer. Die mittlere Sitzhaltung ist als Arbeitshaltung eher von geringer Bedeutung, da ihr labiles Gleichgewicht durch jede Körperbewegung gestört wird und somit ständige Muskelarbeit erfordert.

Hintere Sitzhaltung

Die hintere Sitzhaltung ist als bequeme Ruhehaltung definiert, wobei der Rumpf zurückgeneigt ist (Beobachtungstätigkeit, Pause). Fast ausschließlich die Reibung verhindert in dieser Stellung das Verrutschen des Gesäßes, leicht unterstützt von den sich am Boden abstützenden Beinen.

Den wahlweisen Wechsel zwischen vorderer und hinterer Sitzhaltung nennt man dynamisches Sitzen. Dynamisches Sitzen ist aus medizinischer Sicht sehr sinnvoll, da einerseits die Ermüdung der am Sitzen beteiligten Muskelgruppen (Gesäß-, Bauch -, Rücken-, Halsmuskel) reduziert, andererseits die Versorgung der Bandscheiben verbessert wird.

13.2.5 Bewegungsräume

Bei jeder Arbeit ist ein ausreichender Bewegungsraum erforderlich. Unter dem Begriff Bewegungsraum ist der Raumbedarf bei verschiedenen Körperstellungen und Körperhaltungen und die Mindestgrundfläche bzw. der Mindestraum je Arbeitsplatz zu verstehen.

Nach § 24 der Arbeitsstättenverordnung vom 20.3.1975 muß die freie, unverstellte Fläche so bemessen sein, daß sich die Arbeitsnehmer bei ihrer Tätigkeit ungehindert bewegen können. Als unverstellbare *Bewegungsfläche* am Arbeitsplatz müssen mindestens 1,5 m^2 pro Beschäftigten vorgesehen werden, wobei diese an keiner Stelle kleiner als 1 m^2 sein soll.

Falls aus betrieblichen Gründen an bestimmten Arbeitsplätzen eine freie Bewegungsfläche von 1,5 m^2 nicht eingehalten werden kann, so muß dem Arbeitnehmer in der Nähe des Arbeitsplatzes mindestens eine gleich große Bewegungsfläche zur Verfügung stehen.

In den Bildern 13.15 sind Richtmaße für den Raumbedarf enthalten.

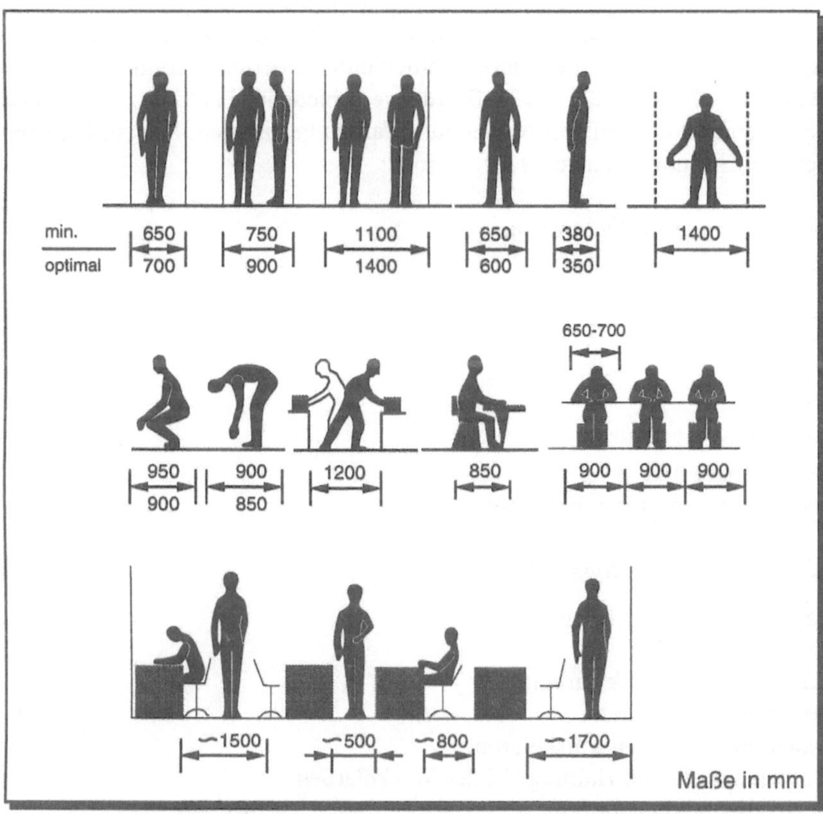

Bild 13.15 Richtmaße für den Raumbedarf bei verschiedenen Körperhaltungen
(in Anlehnung an Kirchner und Baum, 1990)

13.3 Körperkräfte

13.3.1 Einflußgrößen

An Arbeitsplätzen müssen häufig Kräfte und Drehmomente aufgebracht werden. Die hierdurch verursachten Belastungen dürfen weder durch ihre Höhe noch durch ihre Dauer zu einer Überbeanspruchung des Arbeitenden führen. Deshalb ist es notwendig, Kenntnisse über die Körperkräfte des Menschen und die Einflüsse auf die Beanspruchung bei Muskelarbeit zu besitzen.

Maximale Körperkräfte haben für die praktische Arbeitsgestaltung eine eher untergeordnete Bedeutung. Sie geben nur an, ob eine bestimmte Kraftleistung überhaupt erbracht werden kann. Sehr viel wichtiger sind die Kräfte, die zulässig sind, also als erträglich eingestuft werden können.

Die besondere Problematik ist in der Vielzahl von Einflußfaktoren zu sehen, die die Beanspruchung der Arbeitsperson bestimmen und die berücksichtigt werden müssen. Hinzu tritt die Schwierigkeit, den Einfluß der verschiedenen Faktoren zu gewichten und die Ausprägung im jeweiligen Anwendungsfall zu bestimmen. Hier sollen exemplarisch einige Einflußgrößen angeführt werden:

Personenbezogene Einflußgrößen:

- Geschlecht,
- Alter,
- Trainiertheit,
- Konstitution,
- Übung,
- Disposition,
- Behinderung und
- persönliche Variation der Arbeitsmethode.

Tätigkeitsbezogene Einflußgrößen:

- Lage des Kraftangriffspunktes,
- Kraftrichtung,
- Häufigkeit der Muskelarbeit,
- Dauer der Arbeitszeit,
- Dauer der statischen Muskelarbeit,
- Körperstellung und Haltung bei der Muskelarbeit,
- Einsatz von Arbeitshilfen,
- sonstige Arbeitsbelastung am Arbeitsplatz,
- Greifart,
- Handhaltung,
- Kopplungsart,
- Gestaltung der Mensch-Arbeitsmittel-Schnittstelle und
- Bewegungsform (Rotation, Translation).

Um praktikabel zu bleiben, können die ergonomischen Empfehlungen nur einen Teil der Einflußgrößen berücksichtigen. Bei der Berücksichtigung vieler Einflußfaktoren wird das notwendige Tabellenwerk schnell unübersichtlich, da mit jeder Einflußgröße eine zusätzliche Dimension mit mehreren Ausprägungen einhergeht.

13.3.2 Kraftwerte

Die maximalen Stellungskräfte des Menschen sind in sog. Kräfteatlanten und Kräftetabellen dokumentiert. Die Bilder 13.16 und 13.17 geben dazu ein Beispiel.

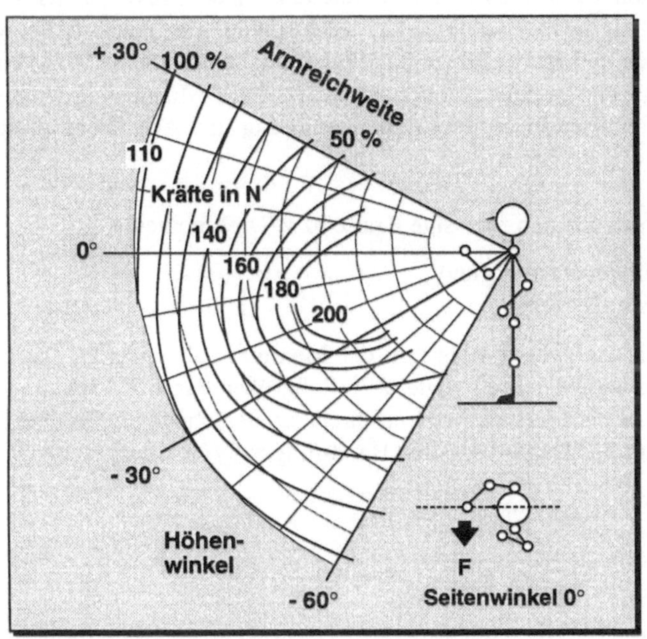

Bild 13.16 Isodynen von waagrechten Arm-Stellungskräften von Männern (nach Rohmert, 1981)

Höhenwinkel	Seitenwinkel	Armreichweite	Vertikale Kräfte [N]		Horizontale Kräfte [N]		Duktionskräfte [N]		Drehmomente [N]	
			nach oben	nach unten	zum Körper hin	vom Körper weg	zur Handfläche hin	zum Handrücken hin	Drehrichtung nach innen	Drehrichtung nach außen
			Zug	Druck	Zug	Druck	Zug	Druck	Pronat.	Supin.
		R %	VZ	VD	HZ	HD	AD	AB	MP	MS
I	II	III	1	2	3	4	5	6	7	8
30°	0°	100	88	185	120	146	110	93	11,0	8,0
		75	107	262	102	110	135	100	15,2	16,8
		50	125	343	84	74	161	108	17,2	17,8
	30°	100	82	146	133	174	110	90	10,0	10,0
		75	103							
		50								

Bild 13.17 Maximale Stellungskräfte und -momente von Männern im Bewegungsraum des rechten Hand-Arm-Systems; stehend (nach Rohmert, 1981)

13.3.3 Verfahren zur Ermittlung zulässiger Körperkräfte

Das nachfolgend beschriebene Berechnungsverfahren für dynamische und statische Muskelarbeit entstammt der Praxis und kann nicht als wissenschaftlich gesichert angesehen werden. Es hat sich aber über viele Jahre in der Praxis bei der Montage von kleinen bis mittelgroßen Produkten der Elektroindustrie bewährt. Es wurde dem Handbuch ›Daten und Hinweise zur Arbeitsgestaltung‹ (Siemens 1978) entnommen. Ähnliche, bzw. gleiche Verfahren finden sich in dem Buch ›Montagegestaltung‹ (Schultetus 1980) und im ›Handbuch der Arbeitsgestaltung und Arbeitsorganisation‹ (VDI 1980).

Mit dem Verfahren können zulässige Kräfte bzw. Drehmomente

- des Hand-Finger-Systems und
- des Hand-Arm-Systems

ermittelt werden. Es geht jeweils von der Maximalkraft eines 20- bis 30jährigen Mannes aus und berücksichtigt weitere Einflußgrößen durch Korrekturverfahren. In den Bildern 13.18 bis 13.29 ist das Verfahren zur Berechnung zulässiger Kräfte und Drehmomente für das Hand-Arm- und Hand-Finger-System dargestellt.

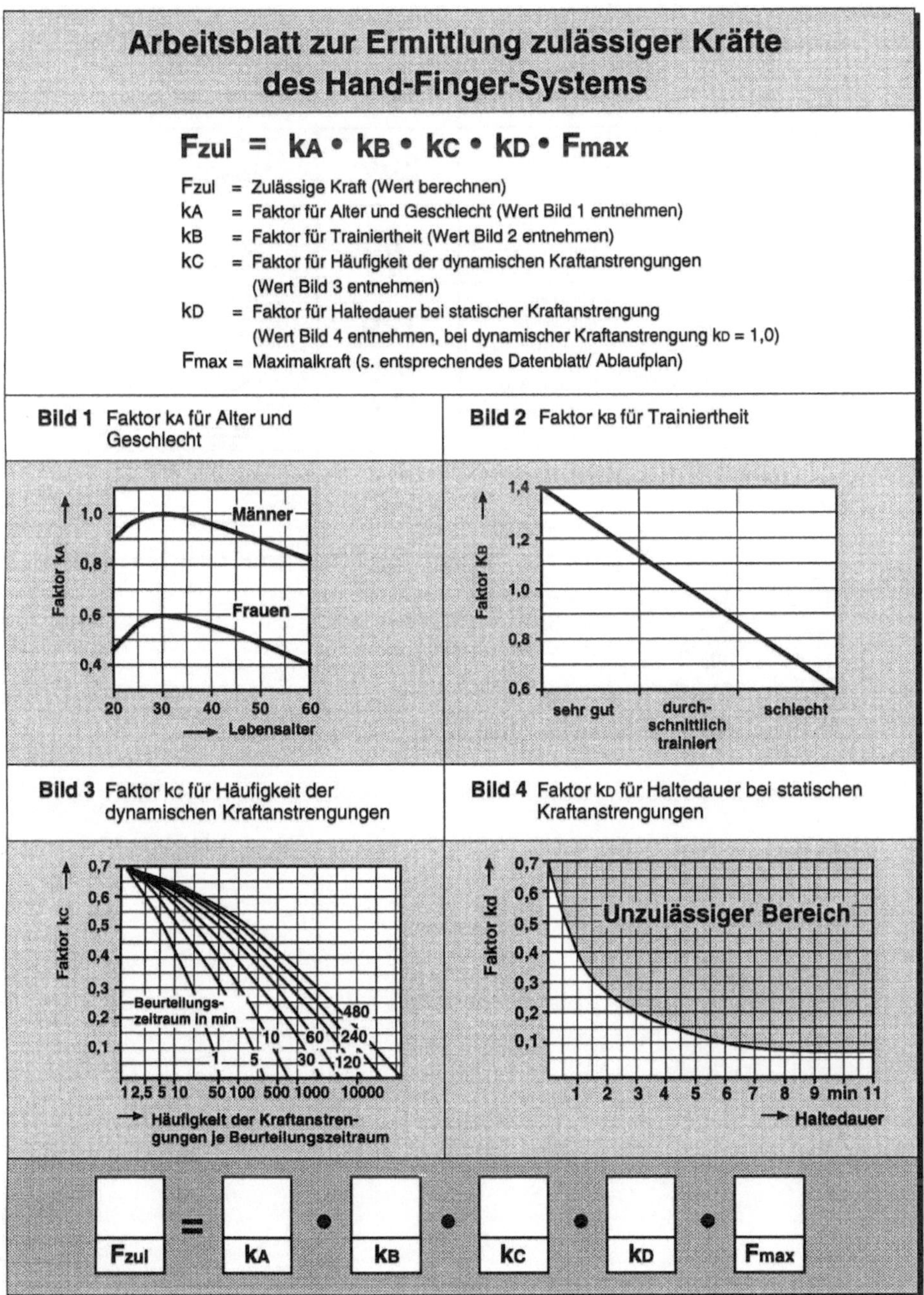

Bild 13.18 Arbeitsblatt zur Ermittlung zulässiger Kräfte des Hand-Finger-Systems

Maximalkraft in N	Datenblatt mit Maximalkräften des Hand-Finger-Systems	Maximalkraft in N	Datenblatt mit Maximalkräften des Hand-Finger-Systems
90	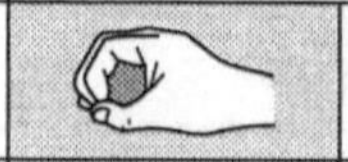 Daumen gegen Zeigefingerspitze	400	 Daumenballen-schalter
120	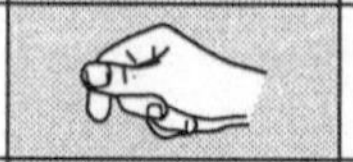 Daumen gegen Zeigefingerseite	250	 Mehrfingerdruck-knopfschalter
410	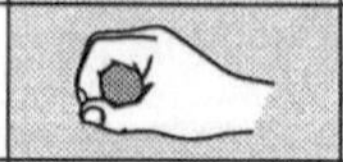 Faustschluß um einen Zylinder mit 40 mm Durchm.	60	 Einfingerdruck-knopf (Zeigefinger)
80	 Einfinger-druckknopf an Handschalter	120	 Mehrfingerdruck-leiste
100	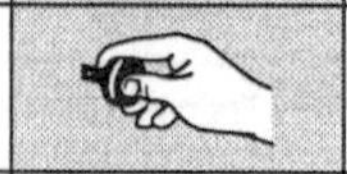 Daumenschalter, Zeigefinger gegenhalten	180	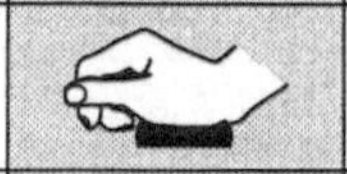 Druckleiste durch Daumenballen betätigen
190	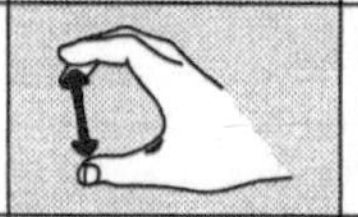 Maximalkraft zwischen Daumen und vier Fingern	100	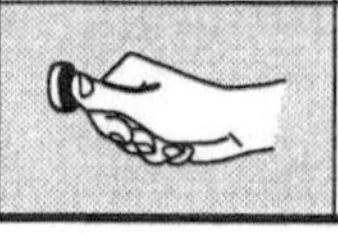 Druckknopf durch Daumen betätigen
Maximalkraft F max [N] 500 300 100; 100 80 60 40 Öffnungsweite der Hand (ÖW)	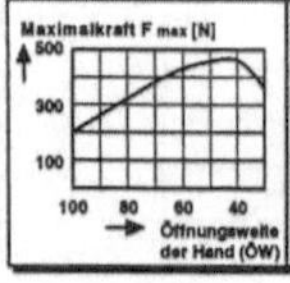  ÖW - 70% Maximalkräfte beim Schließen von Zangengriffen		

Bild 13.19 Datenblatt mit Maximalkräften des Hand-Finger-Systems

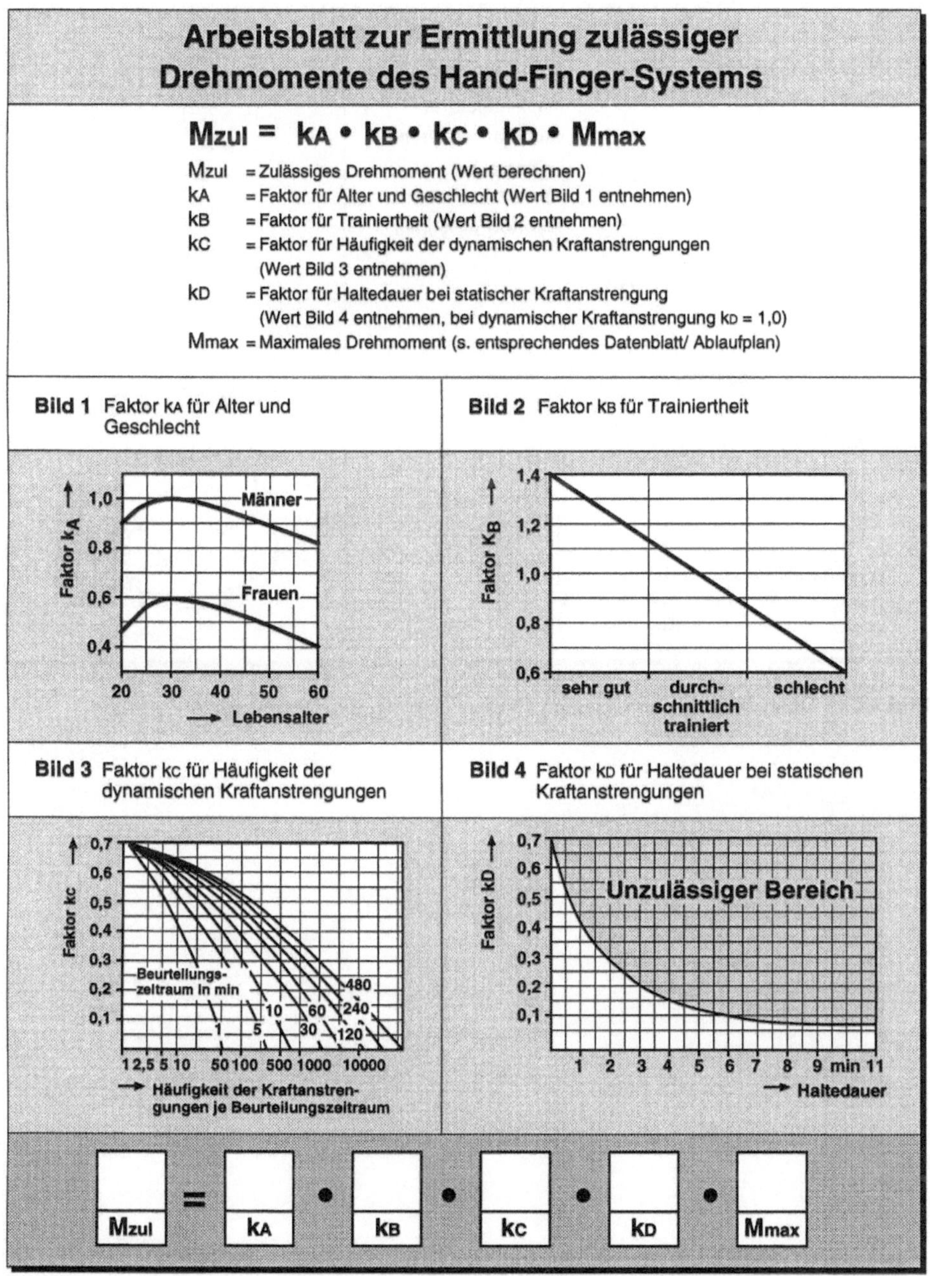

Bild 13.20 Arbeitsblatt zur Ermittlung zulässiger Drehmomente des Hand-Finger-Systems

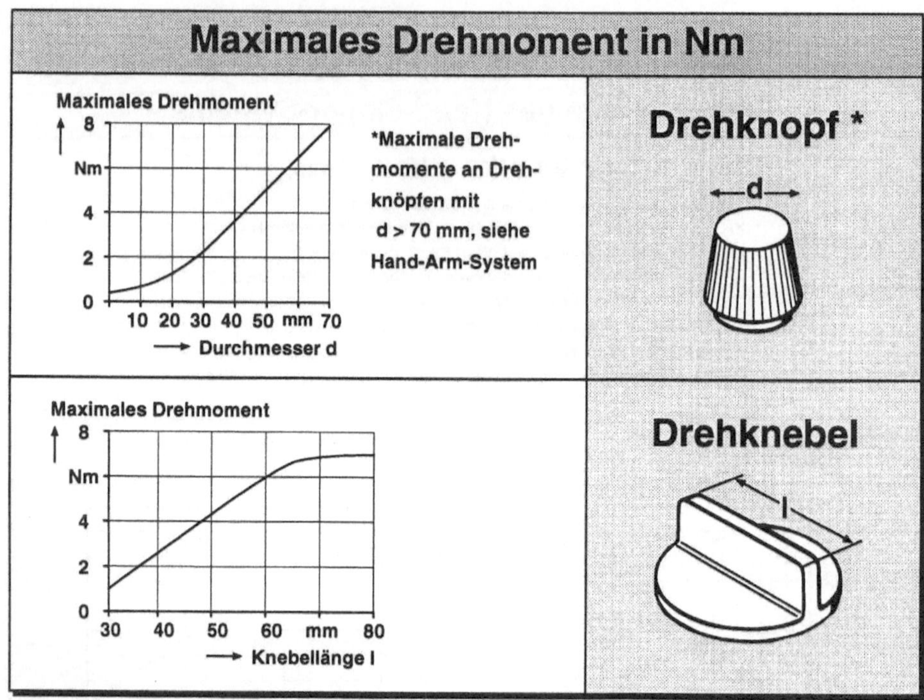

Bild 13.21 Datenblatt mit maximalen Drehmomenten des Hand-Finger-Systems

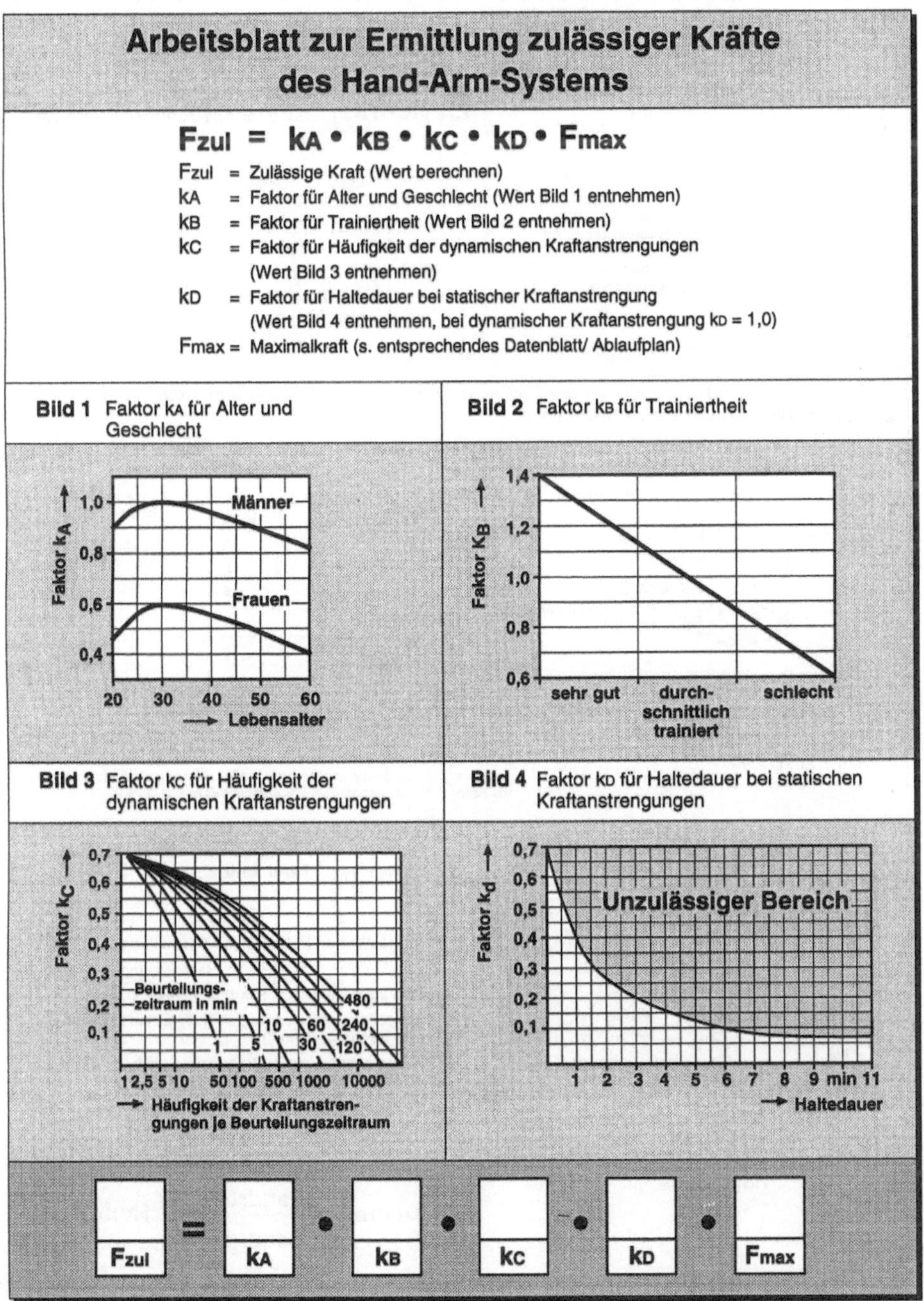

Bild 13.22 Arbeitsblatt zur Ermittlung zulässiger Kräfte des Hand-Arm-Systems

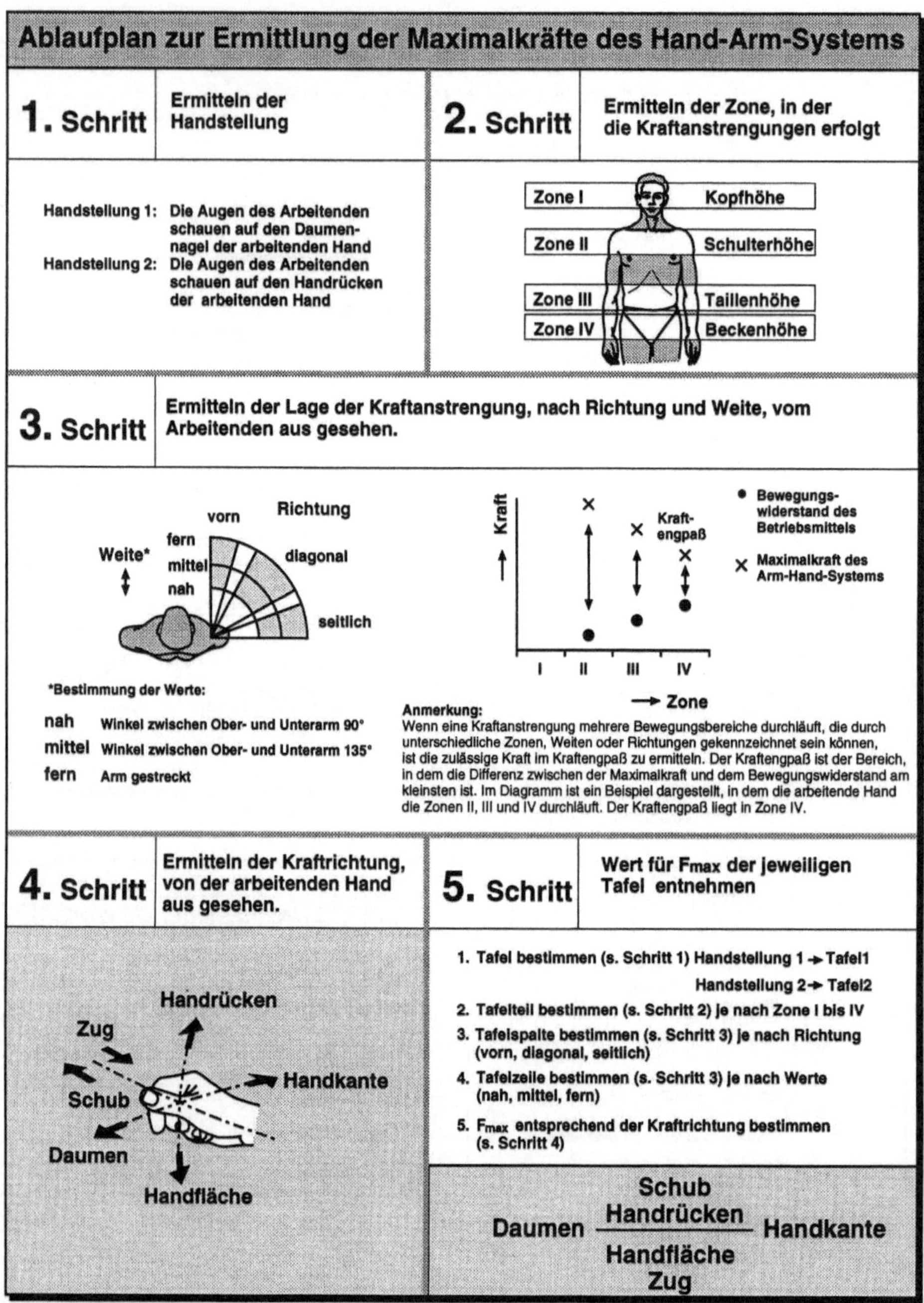

Bild 13.23 Ablaufplan zur Ermittlung der Maximalkräfte des Hand-Arm-Systems

Datenblatt mit Maximalkräften des Hand-Arm-Systems

Schub
Daumen $\frac{\text{Handrücken}}{\text{Handfläche}}$ Handkante
Zug

Tafel 1: Handstellung 1

Werte ▼	Richtung ▶	vorn	diagonal	seitlich
Zone I	fern	720 180 $\frac{150}{140}$ 150 555	735 225 $\frac{115}{155}$ 115 490	575 210 $\frac{110}{165}$ 85 480
	mittel	545 215 $\frac{140}{175}$ 190 475	605 200 $\frac{105}{190}$ 235 510	475 260 $\frac{105}{185}$ 200 465
	nah	270 205 $\frac{125}{210}$ 175 435	250 200 $\frac{105}{180}$ 150 370	255 200 $\frac{100}{180}$ 135 315
Zone II	fern	660 165 $\frac{150}{180}$ 175 550	675 170 $\frac{110}{180}$ 125 480	460 170 $\frac{125}{165}$ 135 500
	mittel	440 205 $\frac{150}{195}$ 220 480	535 240 $\frac{140}{205}$ 195 480	435 175 $\frac{125}{190}$ 130 425
	nah	350 210 $\frac{150}{205}$ 180 475	380 195 $\frac{120}{200}$ 180 440	370 205 $\frac{100}{165}$ 210 365
Zone III	fern	550 115 $\frac{100}{170}$ 185 500	475 125 $\frac{80}{160}$ 160 445	400 110 $\frac{75}{195}$ 170 415
	mittel	440 195 $\frac{100}{240}$ 245 415	410 190 $\frac{90}{165}$ 175 385	365 145 $\frac{70}{220}$ 170 350
	nah	365 225 $\frac{110}{235}$ 195 340	375 185 $\frac{90}{175}$ 190 310	355 170 $\frac{75}{210}$ 200 280
Zone IV	fern	465 95 $\frac{95}{175}$ 165 555	395 95 $\frac{85}{165}$ 185 445	400 75 $\frac{75}{135}$ 175 370
	mittel	385 160 $\frac{170}{225}$ 175 400	455 140 $\frac{155}{200}$ 175 410	515 135 $\frac{125}{200}$ 180 450
	nah			

Tafel 2: Handstellung 2

Werte ▼	Richtung ▶	vorn	diagonal	seitlich
Zone I	fern	610 120 $\frac{155}{130}$ 205 470	625 130 $\frac{190}{100}$ 155 415	490 140 $\frac{180}{70}$ 150 410
	mittel	465 150 $\frac{185}{160}$ 190 405	515 160 $\frac{170}{200}$ 140 435	405 155 $\frac{220}{170}$ 140 395
	nah	230 180 $\frac{175}{150}$ 170 370	250 155 $\frac{170}{130}$ 140 315	215 155 $\frac{170}{115}$ 135 270
Zone II	fern	560 155 $\frac{140}{150}$ 205 470	575 155 $\frac{145}{105}$ 150 410	390 140 $\frac{145}{115}$ 170 425
	mittel	375 165 $\frac{175}{185}$ 205 410	455 175 $\frac{205}{165}$ 190 410	370 160 $\frac{150}{110}$ 170 360
	nah	300 175 $\frac{180}{155}$ 205 405	325 170 $\frac{165}{155}$ 160 375	315 140 $\frac{175}{180}$ 135 310
Zone III	fern	470 145 $\frac{100}{155}$ 135 425	395 125 $\frac{105}{135}$ 160 380	340 165 $\frac{95}{145}$ 100 355
	mittel	375 205 $\frac{165}{210}$ 135 355	350 190 $\frac{160}{150}$ 120 350	310 185 $\frac{125}{145}$ 95 300
	nah	310 200 $\frac{190}{165}$ 150 290	320 150 $\frac{155}{160}$ 120 265	300 180 $\frac{145}{170}$ 100 240
Zone IV	fern	395 150 $\frac{80}{140}$ 130 470	335 140 $\frac{80}{155}$ 115 380	355 115 $\frac{65}{150}$ 100 315
	mittel	325 190 $\frac{135}{150}$ 230 340	385 170 $\frac{110}{150}$ 210 350	440 170 $\frac{115}{155}$ 170 385
	nah			

Bild 13.24 Datenblatt mit Maximalkräften des Hand-Arm-Systems

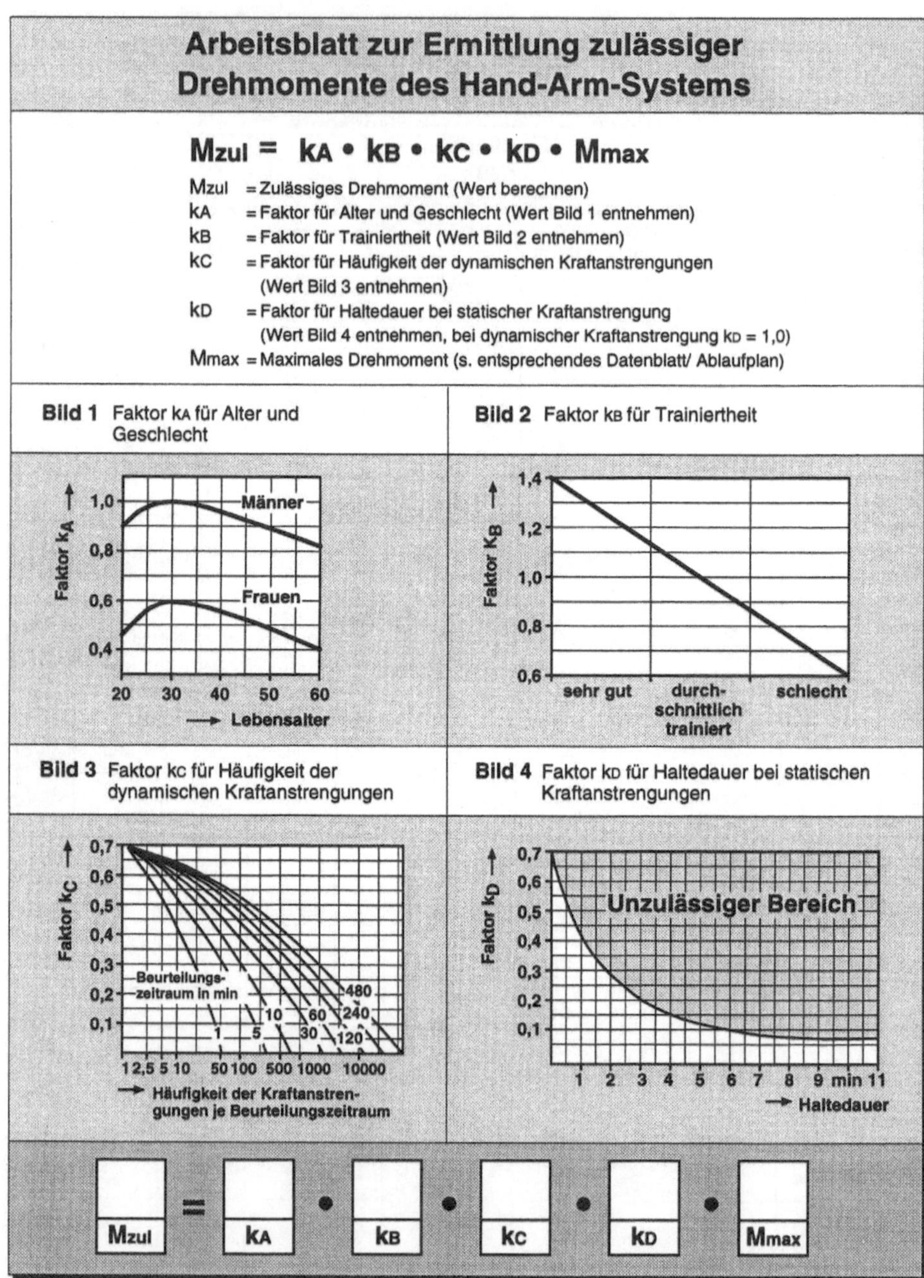

Bild 13.25 Arbeitsblatt zur Ermittlung der zulässigen Drehmomente des Hand-Arm-Systems

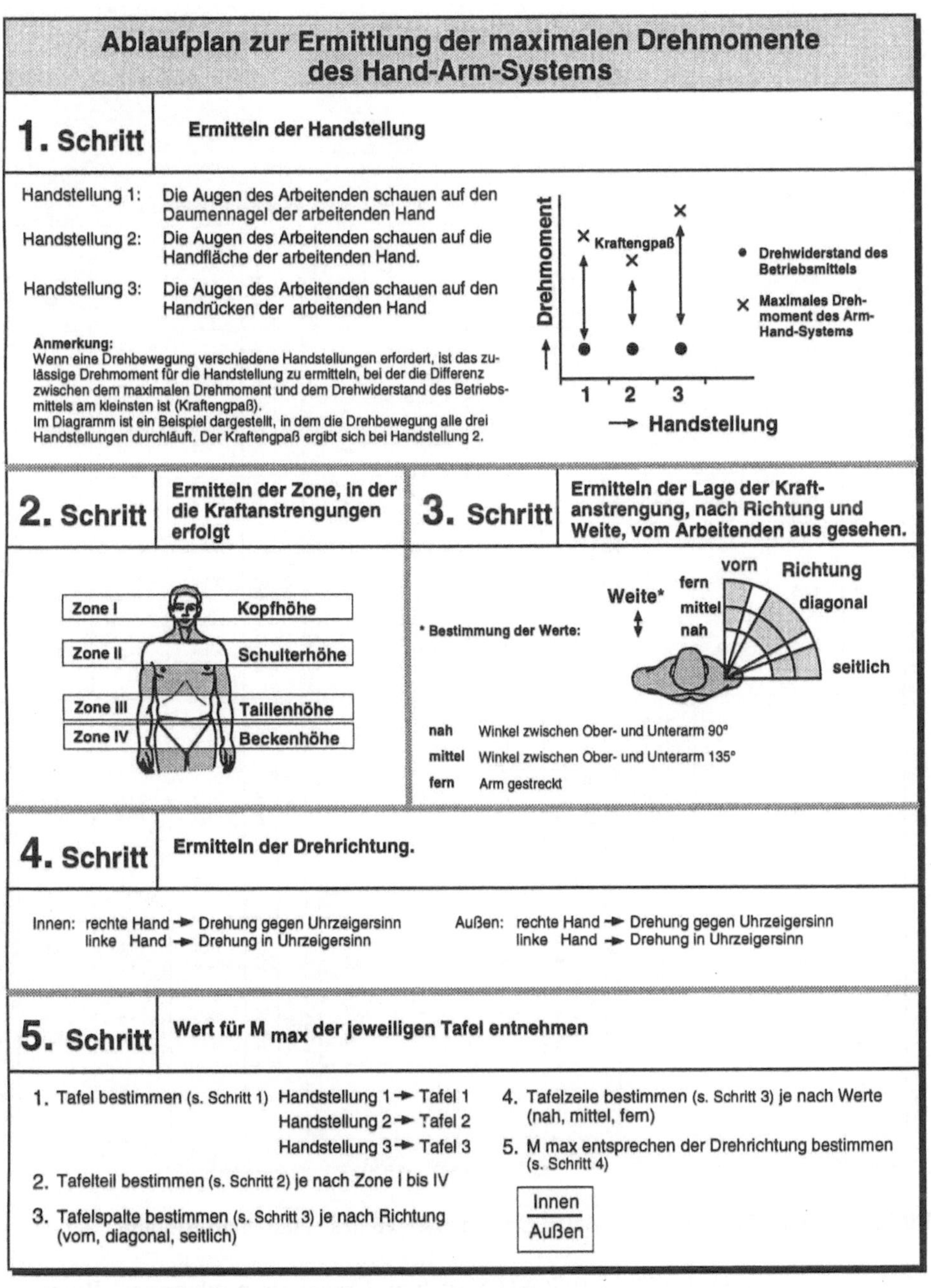

Bild 13.26 Ablaufplan zur Ermittlung der maximalen Drehmomente des Hand-Arm-Systems

Datenblatt mit maximalen Drehmomenten des Hand-Arm-Systems

Maximales Drehmoment in Nm

Innen
Außen

Tafel 1: Handstellung 1

Richtung ▸ / Werte ▾		vorn	diagonal	seitlich
Zone I	fern	12,0 5,0	13,0 6,0	13,0 6,0
	mittel	18,5 13,5	17,5 15,0	17,0 14,5
	nah	23,0 12,0	22,0 9,0	20,0 9,5
Zone II	fern	12,0 5,0	13,0 6,0	13,0 6,0
	mittel	18,5 13,5	17,5 15,0	17,0 14,5
	nah	23,0 12,0	22,0 9,0	20,0 9,5
Zone III	fern	12,0 5,0	13,0 6,0	13,0 6,0
	mittel	18,5 13,5	17,5 15,0	17,0 14,5
	nah	23,0 12,0	22,0 9,0	20,0 9,5
Zone IV	fern	12,0 5,0	13,0 6,0	13,0 6,0
	mittel	18,5 13,5	17,5 15,0	17,0 14,5
	nah			

Tafel 2: Handstellung 2

Richtung ▸ / Werte ▾		vorn	diagonal	seitlich
Zone I	fern	9,5 7,0	10,5 8,5	10,5 8,5
	mittel	11,0 17,5	10,5 19,5	10,0 19,0
	nah	7,0 15,0	6,5 10,0	6,0 11,5
Zone II	fern	9,5 7,0	10,5 8,5	10,5 8,5
	mittel	11,0 17,5	10,5 19,5	10,0 19,0
	nah	7,0 15,0	6,5 10,0	6,0 11,5
Zone III	fern	9,5 7,0	10,5 8,5	10,5 8,5
	mittel	11,0 17,5	10,5 19,5	10,0 19,0
	nah	7,0 15,0	6,5 10,0	6,0 11,5
Zone IV	fern	9,5 7,0	10,5 8,5	10,5 8,5
	mittel	11,0 17,5	10,5 19,5	10,0 19,0
	nah			

Tafel 3: Handstellung 3

Richtung ▸ / Werte ▾		vorn	diagonal	seitlich
Zone I	fern	14,5 3,5	15,5 4,0	15,5 4,0
	mittel	24,0 9,5	23,0 10,5	22,0 10,0
	nah	32,0 8,5	31,0 6,5	28,0 6,5
Zone II	fern	14,5 3,5	15,5 4,0	15,5 4,0
	mittel	24,0 9,5	23,0 10,5	22,0 10,0
	nah	32,0 8,5	31,0 6,5	28,0 6,5
Zone III	fern	14,5 3,5	15,5 4,0	15,5 4,0
	mittel	24,0 9,5	23,0 10,5	22,0 10,0
	nah	32,0 8,5	31,0 6,5	28,0 6,5
Zone IV	fern	14,0 3,5	15,5 4,0	15,5 4,0
	mittel	24,0 9,5	23,0 10,5	22,0 10,0
	nah			

Bild 13.27 Datenblatt mit maximalen Drehmomenten des Hand-Arm-Systems

Ähnliche Berechnungsverfahren (NIOSH-Verfahren, Grenzlastermittlung nach Burandt) sind für die Ermittlung der zulässigen Hebe- und Tragelast bekannt. Z. T. sind diese Verfahren bereits in Computerprogramme implementiert (z. B. EDS – Ergonomisches

Datenbanksystem mit rechnergestütztem Prüfverfahren von Prof. Schmidtke). In der Praxis werden dazu häufig auch solche wie in Bild 13.28 gezeigten Empfehlungen, die auf eine reduzierte Anzahl von Einflußgrößen eingehen, verwendet.

Häufigkeit der Hebe- bzw. Tragearbeit in % der Schichtzeit	Männer						Frauen					
	Allgemeine Arbeitsbelastung						Allgemeine Arbeitsbelastung					
	gering		mittel		groß		gering		mittel		groß	
	*	**	*	**	*	**	*	**	*	**	*	**
sporadisch wenig als 5 %	45	60	38	55	33	50	25	35	22	31	19	27
häufig 10 bis 25 %	25	35	18	27	12	19	16	22	12	17	8	11
dauernd mehr als 35 %	16	22	12	17	8	12	10	14	7	10	4	6
Angaben in kg												

Legende: * Personen mit mittlerer körperlicher Leistungsfähigkeit
** Personen mit sehr großer körperlicher Leistungsfähigkeit

Bild 13.28 Zulässige Lasten beim Heben und Tragen (nach Hettinger, in: Kern, 1992)

13.4 Maßliche Gestaltung von Arbeitsplätzen

13.4.1 Gestaltungsmethoden

Durch die Vielzahl der Einflußfaktoren auf die maßliche Gestaltung des Arbeitsplatzes kommt der jeweiligen Methode eine unterschiedliche Bedeutung zu. Manche Methoden sind für eine schnelle, qualtitative Überprüfung von Arbeitsplätzen geeignet, andere sind sehr aufwendig und erzeugen demzufolge auch detaillierte Ergebnisse. In Bild 13.29 ist eine Verfahrens- und Hilfsmittelübersicht zur Arbeitsplatzgestaltung dargestellt.

Nachfolgend werden die unterschiedlichen Verfahren und Hilfsmittel beschrieben.

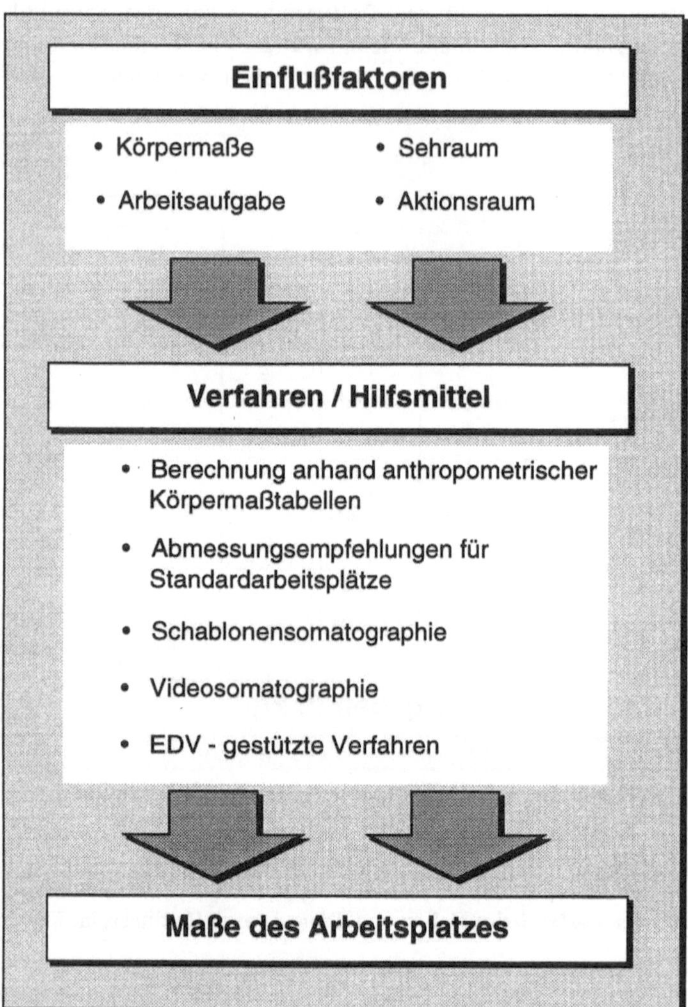

Bild 13.29 Verfahren und Hilfsmittel bei der Arbeitsplatzgestaltung

13.4.2 Berechnung mit Körpermaßtabellen

Zur maßlichen Arbeitsplatzgestaltung können anthropometrische *Maßtabellen* herangezogen und unter Beachtung ergonomischer Gestaltungsregeln die Maße des Arbeitsplatzes berechnet werden. Die dazu notwendigen Maßtabellen wurden bereits in Abschnitt 13.2.1 behandelt. Die wichtigste Gestaltungsregel fordert, daß die Arbeitsplatzmaße sich nicht an den durchschnittlichen Körpermaßen der Arbeitspersonen orientieren dürfen, sondern daß die Spanne vom 5. Perzentil bis zum 95. Perzentil aller

Körpermaße berücksichtigt werden muß. Das führt in der Praxis zu folgenden Maßnahmen:

1. Ausgewählte Maße werden nach dem 5. Perzentil festgelegt. Dazu gehören z. B. die Maße der Wirkräume von Händen (Greifraum) und Füßen.
2. Ausgewählte Maße werden nach dem 95. Perzentil festgelegt. Dazu gehören z. B. der Freiraum für Füße und Knie sowie die Arbeitshöhe.
3. Wenn die Arbeitshöhe nach dem 95. Perzentil ausgelegt wird, müssen für das 5. bis 95. Perzentil entsprechende Anpassungsmittel zur Verfügung gestellt werden. Dies sind beim Steharbeitsplatz ein Podest und beim Sitzarbeitsplatz ein höhenverstellbarer Stuhl sowie eine höhenverstellbare Beinstütze (leider trifft man in der Praxis nur selten verstellbare Arbeitshöhen an).

In Bild 13.30 wird exemplarisch aufgezeigt, welchen Arbeitsplatzmaßen das 5. und welchen das 95. Perzentil zugrunde gelegt wird.

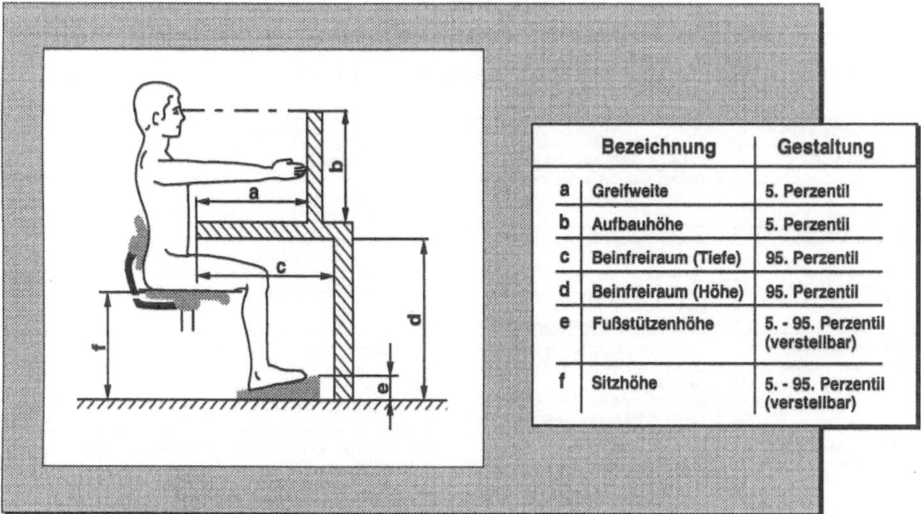

	Bezeichnung	Gestaltung
a	Greifweite	5. Perzentil
b	Aufbauhöhe	5. Perzentil
c	Beinfreiraum (Tiefe)	95. Perzentil
d	Beinfreiraum (Höhe)	95. Perzentil
e	Fußstützenhöhe	5. - 95. Perzentil (verstellbar)
f	Sitzhöhe	5. - 95. Perzentil (verstellbar)

Bild 13.30 Festlegung ausgewählter Maße an einem Sitzarbeitsplatz

13.4.3 Standard-Arbeitsplatztypen

Insbesondere für Standardarbeitsplätze gibt es in der Literatur vollständige Maßvorschläge. Dabei können in der Regel nur wenige Einflußfaktoren wie Arbeitsperson, Art der Tätigkeit oder Werkstückhöhe berücksichtigt werden.

In Bild 13.31 sind günstige Sehentfernungen und in den Bildern 13.32 – 13.35 günstige Arbeitshöhen tabelliert. Es zeigt sich, daß bei der Gestaltung von Arbeitshöhen die Arbeitsaufgabe bzw. die notwendige Sehentfernung von zentraler Bedeutung ist.

Aufgabe, Anforderung	Beispiele	Sehentfernung [cm]	Gesichtsfelddurchmesser [cm]	Bemerkungen
Feinstarbeiten	Montage von Kleinstteilen (Uhren,elektronische Bauelemente)	12 bis 25	20 bis 40	nur im Sitzen, zum Teil mit Sehhilfe (Lupe, Mikroskop)
Feinarbeiten	Montage von Rundfunk- und Fernsehgeräten	25 bis 35 (meist 30 bis 32)		im Sitzen oder Stehen
Mittelgrobe Arbeiten	Arbeiten an Pressen, Bohrwerken, Drehmaschinen	bis 50	bis 80	im Sitzen oder Stehen
Grobe Arbeiten	Verpacken, grobe Schleifarbeiten	50 bis 150	80 bis 250	meist im Sitzen
Ferne	große Wandanzeigen, Autofahren	über 150	über 250	im Sitzen oder Stehen

Bild 13.31 Sehentfernung und Gesichtsfelder (nach Lange, 1985)

Arbeitsarten	Sitzen	Stehen
Sonderaufgaben	• Ziehen am Bohrmaschinenhebel • Greifen nach Schrauber am Galgen	• Nageln in Wand • Ziehen am Bohrmaschinenhebel • Greifen nach Schrauber am Galgen • Zeichnen an bzw. Anstreichen einer Wand
Präzisionsarbeiten • **Fein - visuell (meist mit abgestützten Armen)**	• Einlegen kleiner Teile in Exzenterpressen • Justieren von Kontakten • Bedienen von Stellteilen mit Skalen, senkrecht • Löten senkrecht mit kleinem Kolben	• Schrauben waagrecht • Montieren kleiner Teile • Halten kleiner Teile auf Bohmaschinentisch • Feine Pinzettenarbeit
Präzisionsarbeiten • **Geschickt - visuell**	• Halten von Teilen beim Bohren, Nieten • Einlegen großer Teile in Exzenterpressen • Montieren mittlerer Teile, senkrecht • Lesen und Schreiben, waagrecht	• Feines Schrauben, senkrecht • Grobes Schrauben,waagrecht • Schreiben und Lesen, waagrecht • Schraubstockoberkante
Bewegungsaufwendig • **Schnell** **Bewegungsaufwendig** • **Kräftig**	• Schreibmaschinenschreiben • Montieren großer Teile, senkrecht • Sortieren und Handhaben schwerer Lasten, Haltearbeit, senkrecht	• Halten großer Werkstücke auf Bohrmaschinentisch • Sortieren von Teilen • Handhaben und Sortieren mittelschwerer Werkstücke • Zeichnen und Anreißen, waagrecht • Nageln, waagerecht • Hobeln • Grobes Schrauben, senkrecht • Kraftbetontes Bedienen von Stellteile
Schwerarbeit • **Schwer anheben**		• Greifen mit hängenden Armen ohne Rückenbeugen
Schwerarbeit • **Kräftig mit Körpereinsatz**		• Handhaben mit schweren Lasten

Bild 13.32 Arbeitsarten zur Ermittlung der Arbeitshöhe
(in Anlehnung an Kirchner und Baum, 1990)

Durch die Kenntnis der Arbeitsart kann in den Bildern 13.33 und 13.34 die Arbeitshöhe ermittelt werden. Es empfiehlt sich, die nach dieser Methode ermittelten Arbeitshöhen an Musterarbeitsplätzen zu überprüfen.

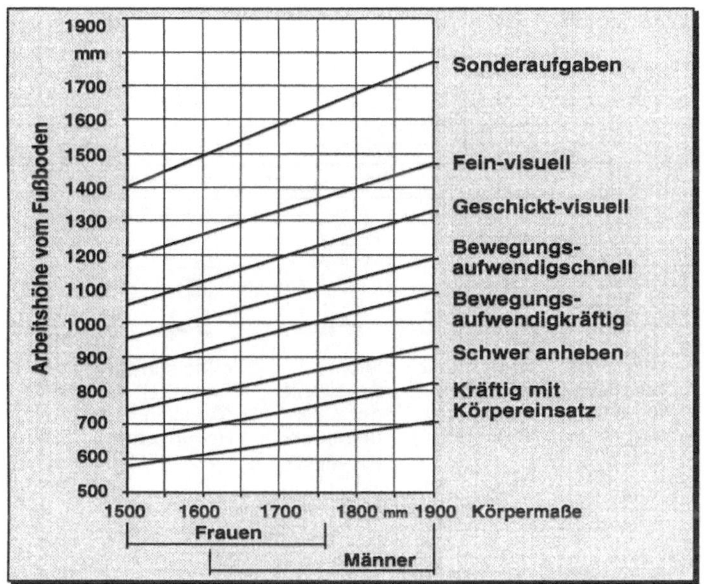

Bild 13.33 Arbeitshöhen für Tätigkeiten im Stehen
(in Anlehnung an Kirchner und Baum, 1990)

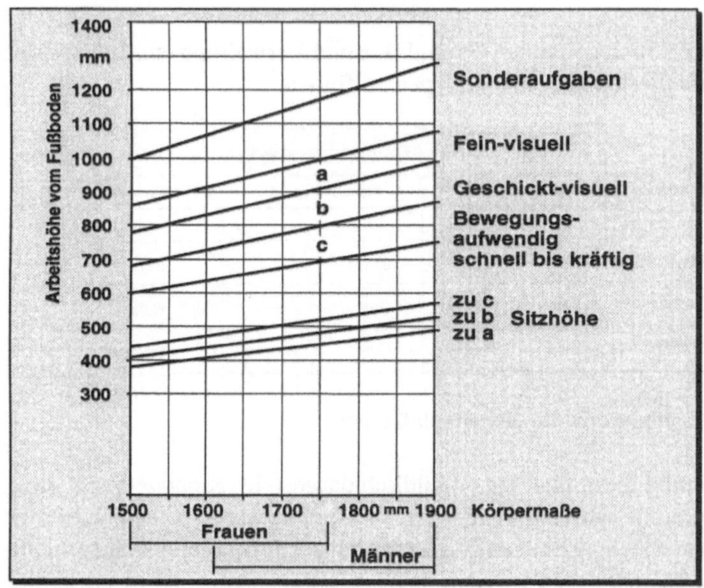

Bild 13.34 Arbeitshöhen für Tätigkeiten im Sitzen
(in Anlehnung an Kirchner und Baum, 1990)

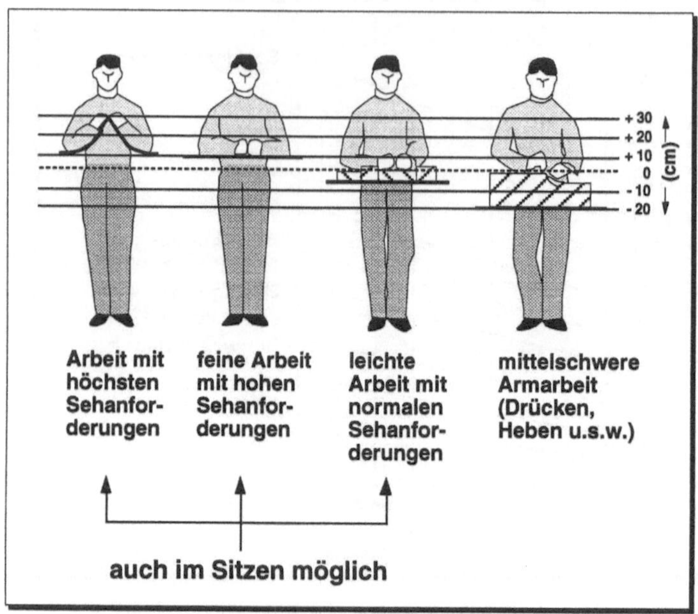

Bild 13.35 Arbeitshöhen in Abhängigkeit vom Genauigkeitsgrad
(nach Schulte, in: IfaA, 1989)

In industriellen Arbeitssystemen (Produktion und Verwaltung) sind überwiegend die in Bild 13.36 tabellierten Arbeitsplatztypen zu finden.

	Arbeitsplatztypen				
Bezeichnung	Sitzarbeitsplatz		Steharbeitsplatz		Sitz-/Steharbeitsplatz
Typ	1	2	3	4	5
Tischhöhe	variabel	fest	variabel	fest	fest
Sitzhöhe	variabel	variabel	—	—	variabel
Fußstützenhöhe	—	variabel	—	variabel	variabel

Bild 13.36 Klassifizierung der Arbeitsplatztypen

In Bild 13.37 sind diese fünf Typen bildlich dargestellt. Richtwerte für die einzelnen Maße können nicht pauschal angegeben werden, da die Arbeitshöhe immer von der Arbeitsaufgabe abhängig ist. Lediglich für einige Mindest- und Komfortmaße können pauschale Werte angegeben werden.

Mindest- und Komfortmaße:

- Abstand zwischen Oberschenkel und Tischvorderkante ca. 30 mm

❑ Abstand zwischen Oberschenkel und Tischunterkante	ca. 30 mm
❑ Fußvorstoßraum	Tiefe 200mm Höhe 150 mm
❑ Fußstützenneigung	0 – 20°
❑ Tischplattenneigung	0 – 10°

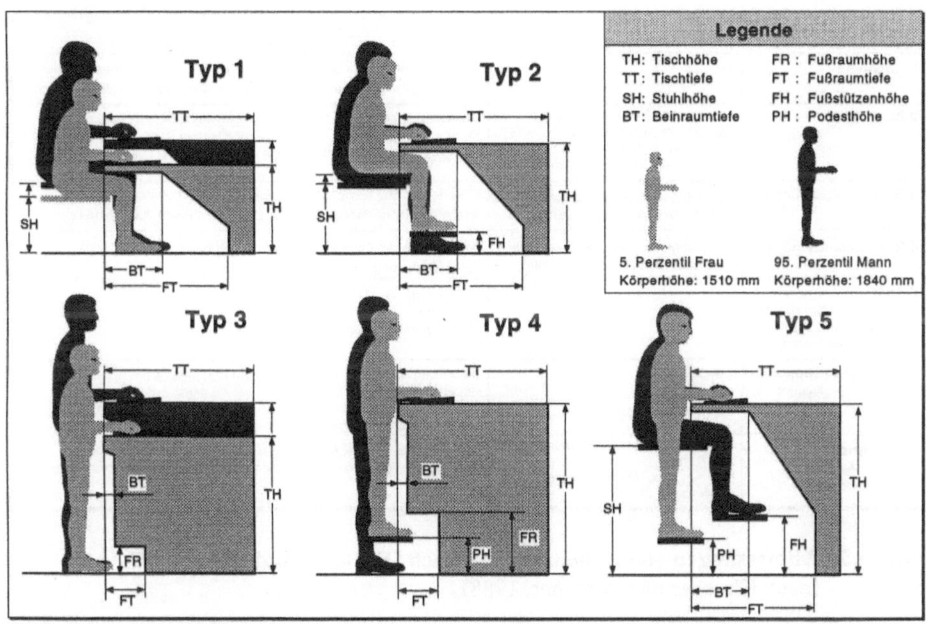

Bild 13.37 Arbeitsplatz-Grundtypen

Für Büroarbeitsplätze sind in Bild 13.40 Maßempfehlungen für die Typen 1, 2 und 3 aufgelistet.

Maße

TH : Tischhöhe
TT : Tischtiefe
SH : Stuhlhöhe
BT : Beinraumtiefe
FT : Fußraumtiefe
FH : Fußstützenhöhe

minimal [mm] (grau)
optimal [mm] (weiß)

	Typ 1	Typ 2	Typ 3
TH	680-760		
	600-820	720	900-1200
TT	800	800	800
	900	900	900
SH	420-530	420-530	
	380-550	380-550	
BT	450	450	250
	600	600	400
FT	600	600	200
	800	800	450
FH			
		0-220	

Bild 13.38 Maßempfehlungen für Büroarbeitsplätze

Sitzarbeitsplätze

Bei Sitzarbeitsplätzen ist sowohl auf einen guten Arbeitsstuhl als auch auf dessen richtige Einstellung zu achten. Hinweise zum richtigen Sitzen werden in Kapitel 18 behandelt. In den Bildern 13.39 und 13.40 werden die Anforderungen an einen Arbeitsstuhl spezifiziert.

wichtige Maße	Mindestanforderungen	Bemerkungen
1 Sitzbreite	400-480 mm	pro Seitenkante 15 mm mehr, wenn die Sitzfläche mit als eleastischem Kantenschutz wirkender Polsterung versehen ist (gilt auch für Rückenl.)
2 Sitztiefe	380-420 mm (nicht in der Tiefe verstellbare Rückenlehne) Bürodrehstühle 380-440 mm Arbeitsdrehstühle 380-420 mm	einstellbar durch die Rückenlehne oder benutzergerecht auszusuchen: Die Kniekehlen sollten, wenn man richtig in dem Stuhl sitzt (Rücken an Rückenlehne!), ca. 50 mm von der Sitzvorderkante entfernt sein
3 Rückenlehnenbreite	360-480 mm (Bürodrehstühle) 360-400 mm (Arbeitsdrehstühle)	Die erforderliche Bewegungsfreiheit im Arm-/Schulterbereich ist zu beachten! Rückenlehnenbreite für Datentypistinnen 360 mm max.
4 Rückenlehnenhöhe	220 mm min. bei höhenverstellbarer Rückenlehne, sonst 320 mm min.	Der Abstand der Oberkante der Rückenlehne von der Sitzfläche sollte 480-550 mm betragen.
5 Abstand Lehnen-unterkante/Sitzfläche	-	je nach Lage des Lendenbausches 70- 90 mm
Lendenbauschhöhe (größte Vorwölbung)	-	180- 220 mm über Sitzfläche
6 Standsicherheitsmaß (Kippsicherheitsmaß)	195 mm min. 260 mm min. (ab Sitzflächenhöhe 900 mm)	Die größte Ausladung der Rückenlehne darf nur betragen: Standsicherheitsmaß x Faktor 1,43; bei Arbeitssitzen darf die größte Ausladung der Rückenlehne nur 65 mm über das Standsicherheitsmaß hinausragen, ab 900 mm Sitzflächenhöhe nur 25 mm.
7 Stolpermaß (größte Ausladung des Untergestells)	365 mm max. (bei Sitzflächenhöhe bis zu 570 mm) 420 mm max. (bei höher als 570 mm einstellbarer Sitzfläche)	420 mm max. darf bei Arbeitssitzen mit Fußstütze bei höchstens 3 Auslegern im Bereich der Fußauflage um 30 mm überschritten werden.

Bild 13.39 Abmessungen von Arbeitsstühlen nach DIN 4551 und DIN 68 877 (nach Kirchner und Kirchner, 1988)

Verstell-möglichkeit	Verstellbereiche	Bemerkungen
Höhenverstellung der Sitzfläche	420-530 mm Bürodrehstühle 430-510 mm Bürodrehsessel (DIN 4551 Entwurf)	Mindesteinstellbereich der Sitzhöhe; wenn die Sitzflächenhöhe nicht tiefer als 420 mm eingestellt werden kann, ist für kleine Frauen eine Fußstütze erforderlich.
	120 mm Arbeitsdrehstuhl (DIN 68 877)	Mindestverstellbereich der Sitzfläche von Arbeitssitzen mit unterster einstellbarer Sitzflächenhöhe ≤ 570 mm.
	180 mm Arbeitsdrehstuhl (DIN 68 877)	Mindestverstellbereich der Sitzfläche von Arbeitssitzen mit unterster einstellbarer Sitzflächenhöhe > 570 mm; ab 650 mm einstellbarer Sitzflächenhöhe nur ohne Armlehnen, nur mit Gleitern, nur mit Aufstiegshilfe.
Neigungsverstellung der Sitzfläche	2° nach vorne bis 12° nach hinten	Bei zu weit nach hinten geneigter Sitzfläche können die Bauchorgane eingeengt werden.
Höhenverstellung der Rückenlehne	Befestigungspunkt der Rückenlehne 170-230 mm über der Sitzfläche (DIN 4551, DIN 68 877)	funktionsgerechter Lendenbausch (höchster Punkt der Vorwölbung) 180-220 mm über Sitzfläche.
Neigungsverstellung der Rückenlehne	80°-115° gegen die waagrechte Sitzfläche geneigt	Die Rückenlehne soll gegen die Senkrechte nicht weiter als 25° zurückgekippt werden können; in der vorderen Sitzhaltung sollte die Rückenlehne bis zu 10° vorgekippt werden können.

Bild 13.40 Verstellbereiche von Arbeitsstühlen (nach Kirchner und Kirchner, 1988)

Kniestühle

In den letzten Jahren sind unterschiedliche Modelle von sogenannten Kniestühlen in den Handel gekommen. Kennzeichen aller Ausführungen ist, daß nicht mehr auf einer Sitzfläche gesessen wird, sondern der größte Teil der Körpermasse in leicht knieender Stellung über Kniepolster von der Sitzgelegenheit abgefangen wird. Eine Rückenlehne ist in der Regel nicht vorhanden, was zum aufrechten Sitzen und zur Stärkung der Rückenmuskulatur dienen soll. In der Werbung werden diese ›Stühle‹ als Gesundheitssitze ausgewiesen, was bei richtigem Gebrauch auch bestätigt werden kann. Häufig kann jedoch die aufrechte Sitzhaltung nicht auf Dauer beibehalten werden und auch die maßliche Gestaltung der weiteren Arbeitsmittel (z. B. Tisch) muß auf den Kniestuhl abgestimmt werden. Eine Verwendung von Kniestühlen als kurzfristige Alternative im Sinne von ›dynamischem Sitzen‹ ist ergänzend zum traditionellen Stuhl zu empfehlen. Als alleinige Sitzgelegenheit konnten sich die Kniestühle bisher nicht durchsetzen.

Steharbeitsplatz

Das Einrichten von Arbeitsplätzen, an denen nur stehend gearbeitet wird, ist nur dann angemessen und erlaubt, wenn es organisatorische, technische oder ergonomische Gründe erzwingen.

An Steharbeitsplätzen ist die Arbeitsplatzanpassung prinzipiell durch höhenverstellbare Arbeitsflächen, oder im Falle von festen Arbeitsflächen, durch unterschiedlich hohe Fußpodeste möglich.

Der größte Nachteil von Fußpodesten liegt im erhöhten Unfallrisiko durch Stolpergefahr. Daneben engen Podeste die Beweglichkeit am Steharbeitsplatz stark ein und sind als Anpassungsmittel ungeeignet, wenn unterschiedlich große Personen am Arbeitsplatz eingesetzt werden sollen. Deshalb ist der Anwendungsbereich von Fußpodesten auf die Fälle beschränkt, wo stets die gleichen Personen am gleichen Arbeitsplatz tätig sind.

Stehhilfen

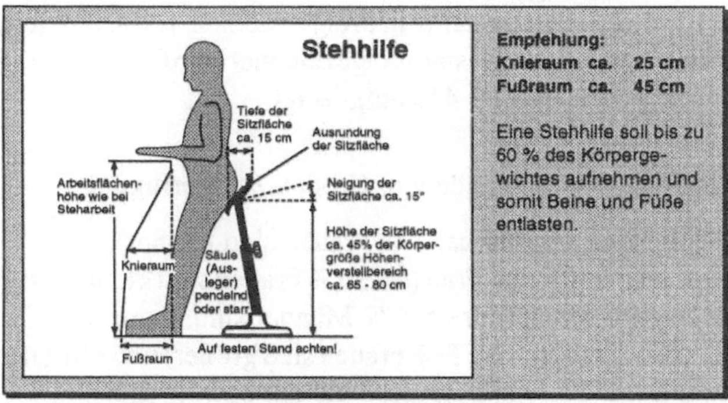

Bild 13.41 Stehhilfe (nach Peters, Mesters und Windberg, in: Lange, 1985)

Zur Entlastung des Fuß-Bein-Systems können bei Steharbeitsplätzen sog. Stehhilfen eingesetzt werden. Sie erleichtern das Stehen, sind aber keinesfalls als Ersatz eines Arbeitsstuhles einzusetzen. In Bild 13.41 ist ein Arbeitsplatz mit Stehhilfe dargestellt.

Sitz-/Steharbeitsplatz

Dem arbeitenden Menschen sollte ermöglicht werden, zwischen sitzender und stehender Körperhaltung zu wechseln. Dabei ist der zeitliche Schwerpunkt auf sitzende Tätigkeiten zu legen. Diese Art von Arbeitsplatz entspricht weitgehend der ergonomischen Forderung nach ausgewogener Belastung/ Beanspruchung. Um sicher zu gehen, daß die vorhandene Wechselmöglichkeit auch genutzt wird, muß der Sitz bei Bedarf schnell bereitgestellt und auch wieder entfernt werden können.

Der menschliche Positions- und Lagesinn reagiert sehr empfindlich auf Änderungen der Arbeitshöhe. Die Augen und Hände sollten sich daher bei beiden Arbeitshaltungen in genau der gleichen Höhe befinden. Stimmen diese beiden Höhen nicht überein, wird eine der beiden Körperstellungen bald als unbequem beurteilt.

13.4.4 Schablonensomatographie

Als Somatographie bezeichnet man eine grafisch-konstruktive Methode zur maßstabsgetreuen Darstellung schematischer Bilder der menschlichen Gestalt. Die Methode bietet nicht nur eine Zusammenfassung von Körpermaßen zum Zeichnen der menschlichen Gestalt, sondern versteht sich als ein System von Regeln, Prinzipien und Kriterien und kann sowohl als Instrument für die menschengerechte Gestaltung von neuen Konstruktionen und Arbeitsplätzen als auch zur Beurteilung bereits bestehender Einrichtungen dienen.

Für die Somatographie stehen Körperumrißschablonen nach DIN 33 416 im Maßstab 1:10 zur Verfügung. Sie ermöglichen die zeichnerische Darstellung der menschlichen Gestalt in drei Ansichten. Für die Gestaltungsarbeit muß eine maßstabsgetreue Zeichnung (Maßstab 1:10) des Arbeitssystems in drei Ansichten vorliegen, in die mit Hilfe der Schablonen die menschliche Gestalt eingezeichnet wird. In Bild 13.42 wird die Schablonenausführung nach DIN 33 416 aufgezeigt.

Es stehen pro Schablonensatz folgende vier Größen zur Verfügung:

1. 1540 mm: ›Kleinste‹ Frau (nur ca. 5 % Frauen sind kleiner).
2. 1660 mm: ›Durchschnittliche‹ Frau (ca. 50 % Frauen sind kleiner bzw größer) und ›kleinster‹ Mann (nur ca. 5 % Männer sind kleiner).
3. 1760 mm: ›Größte‹ Frau (nur ca. 5 % Frauen sind größer) und ›durchschnittlicher‹ Mann (ca. 50 % Männer sind kleiner bzw. größer).
4. 1870 mm: ›Größter‹ Mann (nur ca. 5 % Männer sind größer).

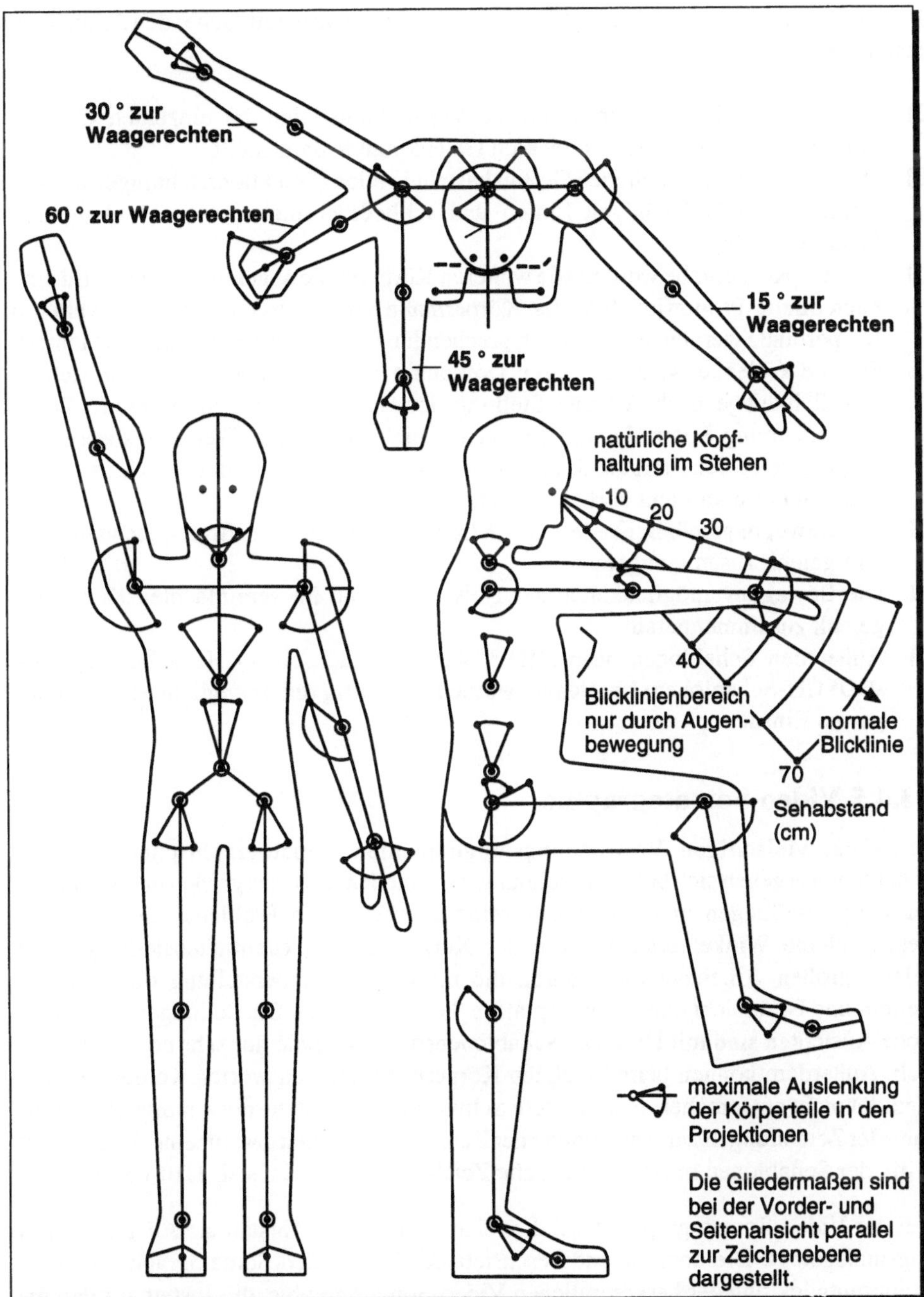

Bild 13.42 Somatographieschablone (nach BOSCH, 1985)

Bei der Gestaltung der Umrißschablonen wurden folgende vereinfachenden Annahmen festgelegt:

- Das Skelett wird grafisch durch die Verbindungslinien der einzelnen Gelenkmittelpunkte bzw. der vereinfachten Gelenkpunkte dargestellt.
- Der Umriß der menschlichen Gestalt besteht in allen Projektionsrichtungen nur aus Geraden und kreisbögigen Linien und schließt normale Arbeitskleidung und Schuhwerk ein.
- Von der Körperhöhe werden alle weiteren Körpermaße abgeleitet. Dabei wird eine einheitliche Proportionalität der Körpermaße vorausgesetzt, d. h. alle weiteren Körpermaße werden um einen entsprechenden Faktor vergrößert oder verkleinert.
- Für die Gelenke wird ein fester Drehpunkt angenommen, obwohl er sich in Wirklichkeit je nach Art und Stellung der Gelenke geringfügig ändert. Diese Vereinfachung liefert für die Praxis hinreichend genaue Werte. Insbesondere wurden beim Schultergelenk die Bewegungsmöglichkeiten durch Schlüsselbein und Schulterblatt nicht berücksichtigt.
- Die Bewegungsmöglichkeiten der Wirbelsäule werden im Brust-, Lenden- und Hüftgelenk zusammengefaßt.
- Die Bewegungsmöglichkeiten der Halswirbel sind im vereinfachten Kopfdrehgelenk zusammengefaßt.
- Außer den Schablonen nach DIN 33 416, die nach einem Hersteller auch als ›BOSCH-Schablonen‹ bezeichnet werden, ist häufig die bewegliche ›Kieler Puppe‹ im Einsatz.

13.4.5 Video-Somatographie

Trotz der vielseitigen Verwendungsmöglichkeiten somatographischer Zeichenschablonen ergeben sich bei der Zeichnung verschiedener Körpergrößen und veränderter Körperstellungen und -haltungen keine unerheblichen Probleme. So erfordern bereits kleine Winkelveränderungen der Körper- bzw. Extremitätenstellung einen relativ großen Arbeitsaufwand durch die notwendige Neuerstellung der Vorder-, Seiten- und Draufsicht eines Arbeitsplatzes. Perspektivische Darstellungen und räumliche Ansichten sind mit Hilfe der Schablonensomatographie nur sehr begrenzt möglich. Außerdem können beim Zeichnen Körperpositionen entworfen werden, die der Realität nicht entsprechen. Eine weitere Schwierigkeit stellt die notwendige Aufbereitung der Zeichnungen zur Anwendung der Zeichenschablonen dar; für eine Analyse mit Hilfe der Schablonen müssen technische Zeichnungen im Maßstab 1:10 vorliegen.

Bei der Video-Somatographie wird die reale menschliche Gestalt als Ausgangsbasis zugrundegelegt. Die nachfolgend beschriebene CAD-Video-Somatographie ist eine Weiterentwicklung der herkömmlichen Video-Somatographie, die anstatt auf Papierzeichnungen direkt auf CAD-Bildschirmzeichnungen zugreift.

Das Funktionsprinzip der CAD-Video-Somatographie beruht auf der Interaktion eines real vorhandenen, videotechnisch aufgezeichneten Menschen (Proband) mit einer an einem CAD-System generierten Konstruktionsskizze oder -zeichnung eines Arbeitsmittels in einem Videobild (Trickbild). Das Funktionsprinzip dieser Methode wird in Bild 13.43 erläutert.

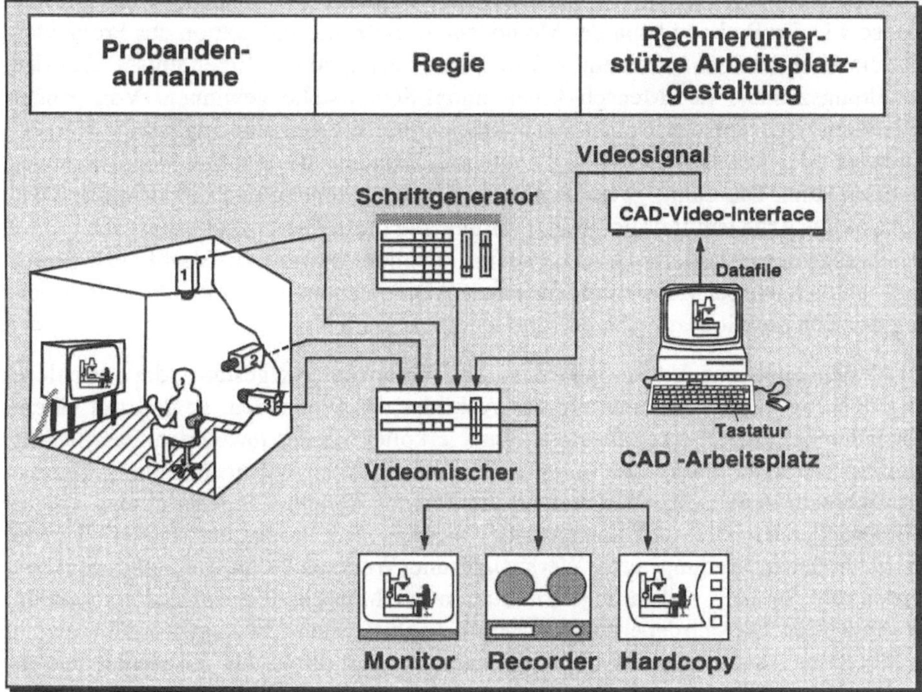

Bild 13.43 Funktionsprinzip der CAD-Video-Somatographie

Analog zum technischen Zeichnen werden vom Probanden, als einer Komponente dieses Trickbildes, mit bis zu drei Farb-Videokameras jeweils orthogonale Ansichten erstellt. Die Videobilder des Probanden werden einem Videomischer zugespielt. Als zweite Komponente dient die auf einem CAD-Bildschirm erstellte Skizze oder Zeichnung des Arbeitsmittels in drei Ansichten. Über ein CAD-Video-Interface werden diese Bilder ebenfalls dem Videomischer zugespielt. Nach Abgleich der Körpermaße des Probanden auf den Maßstab der Skizze oder Zeichnung und Auswahl der zueinander gehörenden Ansichten werden die Bilder des Probanden und des Arbeitsmittels videotechnisch überlagert. Während der Aufnahme agiert der Proband vor einem in einer der Grundfarben Rot, Grün oder Blau gehaltenen Hintergrund.
Durch Ausblendung eben dieses Farbkanals entsteht um das Bild des Probanden ein Freiraum für die Einblendung der auf dem CAD-Bildschirm generierten Skizze oder

Zeichnung des Arbeitsmittels (Croma-Key-Verfahren). Dadurch können verdeckte Linien im Trickbild unterdrückt werden.

Über die visuelle Kontrolle des Trickbildes auf einem oder mehreren Videomonitoren (Probandenmonitor) im Aufnahmebereich des Probanden kann dieser seine Bewegungen am Arbeitsmittel koordinieren. So kann er beispielsweise an verschiedenen Stellen des Arbeitsmittels ›zugreifen‹, Reichweiten, Freiräume und Sehräume überprüfen. Ebenso wie der Proband kann der Methodenanwender die Interaktion des Probanden mit dem Arbeitsmittel auf einem Videomonitor verfolgen und Erkenntnisse über den Gestaltungszustand der Mensch-Arbeitsmittel-Schnittstelle gewinnen. Von großer Bedeutung ist es, daß der Proband vom Arbeitsmittel erzwungene ungünstige Körperhaltungen oder Bewegungsabläufe als solche empfinden und dem Methodenanwender mitteilen kann. Die damit gewonnenen Erkenntnisse können nun direkt in die Konstruktion des Arbeitsmittels umgesetzt werden. Für diese Konstruktionsaufgabe stehen die Vorzüge des installierten CAD-Systems in vollem Umfang zur Verfügung. Damit wird – ähnlich wie bei Menschmodellen auf CAD-Systemen – eine interaktive Bearbeitung der Konstruktionsaufgabe gewährleistet.

Die Verwendung von Varioobjekten an den Videokameras gestattet die stufenlose Vergrößerung bzw. Verkleinerung des Abbildes des Probanden, so daß mit einem Probanden beliebige Perzentile eines Benutzerkollektivs des jeweiligen Geschlechts simuliert werden können. Der in der anthropometrischen Arbeitsgestaltung übliche Anpaßbereich vom 5. bis 95. Perzentil kann damit stufenlos abgedeckt und, sofern erforderlich, auch über- oder unterschritten werden. Dem Probanden können während der Methodenanwendung auch Werkzeuge und Werkstücke an die Hand gegeben werden, die für eine vollständige Simulation der Mensch-Arbeitsmittel-Interaktion notwendig sind. Die sich dabei aufgrund von Gewichtskräften oder Zugriffsbedingungen verändernden Funktionsmaße des Probanden können direkt für die Arbeitsmittelgestaltung umgesetzt werden. Die Dokumentation der Konstruktionszeichnungen und deren Änderungen können dabei innerhalb des Rechnersystems als CAD-Datensätze oder auch als Plot erfolgen. Die Dokumentation des Trickbildes erfolgt auf Videokassetten oder in Form von Papierkopien (Hardcopies).

13.4.6 EDV-gestützte Verfahren

Der zunehmende Einsatz von CAD-Systemen in den Bereichen der Arbeitsgestaltung eröffnet neue Möglichkeiten zur Erhöhung der Effizienz besonders auch bei der Arbeitsplatzgestaltung. Vor allem die Möglichkeiten der Variantenkonstruktion, der einfachen Änderungen von Konstruktionsdetails und des schnellen Variierens einzelner Baugruppen eines Arbeitssystems (z. B. Gitterboxbehälter, Teilegreifbehälter etc.) verbessern die Voraussetzungen für eine umfassende ergonomische Gestaltung ganzer Arbeitssysteme.

Je nach Art und Leistungsfähigkeit der zur Verfügung stehenden Hard- und Software sind Mensch-Modelle mit unterschiedlichem Detaillierungsgrad und Simulationsmöglichkeiten verfügbar.

Einfache 2D-Modelle stellen im Prinzip rechnergenerierte Zeichenschablonen dar. Mit 3D-Modellen können Arbeitsplätze wesentlich genauer geplant werden. Außerdem ist ein Datentransfer zu der in Kapitel 14 beschriebenen Methode der Virtuellen Realität (VR, Cyberspace) möglich.

In Bild 13.44 ist eine Zeichnung, die mit dem häufig verwendeten Mensch-Modell ›ANYBODY‹ erstellt wurde, enthalten.

Außer ›ANYBODY‹ und ›ANTHROPOS‹ von Prof. Lippmann (Darmstadt) ist das Mensch-Modell ›SAMMIE‹, das von Prime-Computer vertrieben wird, sowie das Mensch-Modell ›RAMSIS‹ der Fa. Tecmath (Kaiserslautern) zu erwähnen.

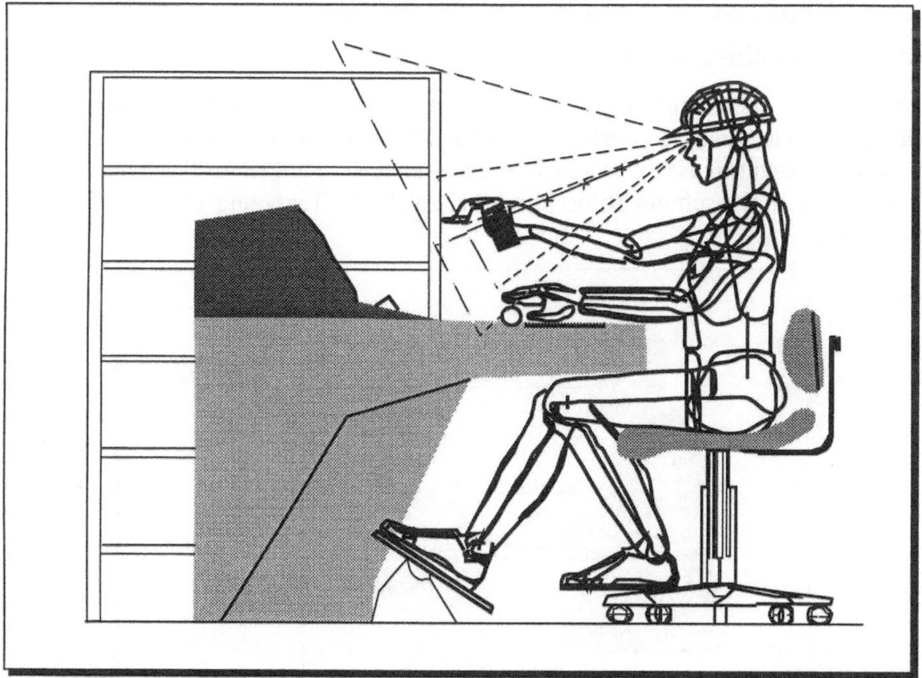

Bild 13.44 Beispiel für die Wirkplatzgestaltung mit ANYBODY (nach Lippmann, 1988)

Eine weitere Verbesserung der Arbeitsgestaltung wird durch die Einführung wissensbasierter Ergonomiesysteme erwartet, mit denen auf einer benutzerfreundlichen Dialogbasis dem Arbeitsplaner Wissen aus von ihm nicht oder nur teilweise beherrschten Wissensgebieten schnell und umfassend zur Verfügung gestellt werden kann.

Ein erster Ansatz dazu ist das unter der Leitung von Prof. Schmidtke (München) entwickelte ›Ergonomisches Datenbanksystem (EDS)‹. Mit dem EDS ist z. B. auch die Ermittlung der zulässigen Kräfte für das Heben und Tragen von Lasten nach unterschiedlichen Berechnungsvorschriften (auch mit der US-NIOSH (National Institute of Safety and Health)-Methode) möglich.

Außer Funktionen zur Darstellung des Menschen und zur Simulation von Bewegungen verfügen zahlreiche EDV-gestützte Arbeitsgestaltungssysteme über Ermittlungsverfahren von zulässigen Kräften und Drehmomenten sowie über Datensammlungen von Standard-Arbeitsplatzelementen (Arbeitstische, Teilebereitstellungsbehälter, Hubgeräte, Werkzeugaufnahmen etc.). Hier soll das vom Fraunhofer-Institut für Arbeitswirtschaft und Organisation in Stuttgart entwickelte ›IAOMAS‹-Programm genannt werden.

13.5 Praktische Arbeitsplatzgestaltung

13.5.1 Bildschirmarbeitsplatz

Grundsätzlich gelten für Bildschirmarbeitsplätze die in den vorangegangenen Abschnitten behandelten Sachverhalte. Aufgrund des dominanten und zentralen Arbeitsmittels ›Bildschirm‹ sind zusätzlich einige Randbedingungen zu beachten. In Bild 13.45 ist exemplarisch ein Bildschirmarbeitsplatz für Text- und Datenverarbeitung abgebildet.

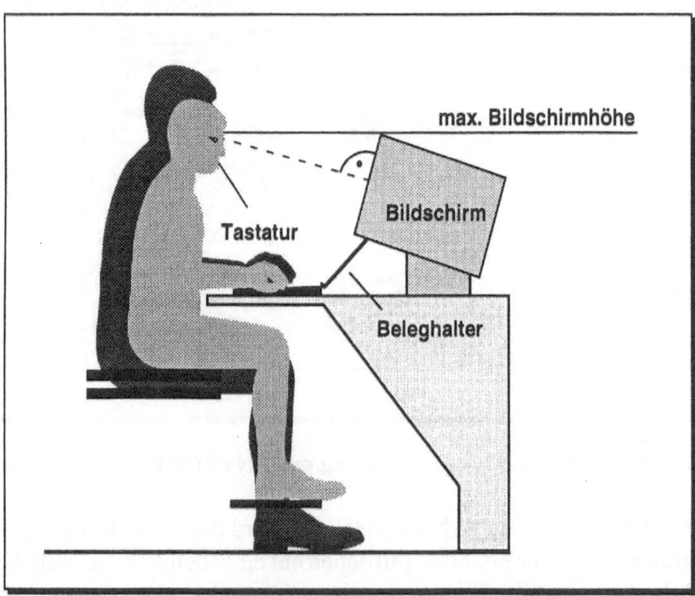

Bild 13.45 Bildschirmarbeitsplatz für Text- und Datenverarbeitung

Folgende Punkte sind bei Bildschirmarbeitsplätzen zu berücksichtigen:

- ❑ Der Bildschirmarbeitsplatz (BAP) soll in seinen Abmessungen und Verstellbereichen so gestaltet sein, daß möglichst alle in Betracht kommenden Benutzer die richtige Arbeitshaltung einnehmen können (waagrechter Unterarm, Winkel zwischen Ober- und Unterschenkel ca. 90°).
- ❑ Der Arbeitsstuhl muß den ergonomischen Anforderungen an Bürostühle entsprechen.
- ❑ Eine Fußstütze sollte vorhanden sein.
- ❑ Der Bildschirm soll in bevorzugtem Sehraum angeordnet werden (Abstand Auge – Bildschirmmitte ca. 50 – 70 cm).
- ❑ Die Sehlinie Auge – Bildschirm soll senkrecht auf der Bildschirmoberfläche stehen. Dabei dürfen keine Spiegelungen oder Reflexe auftreten.
- ❑ Bei der Eingabe von Daten oder Text ist ein Beleghalter vorzusehen.
- ❑ Die Tastatur soll im bevorzugten Greifbereich angeordnet werden und eine möglichst geringe Bauhöhe haben.
- ❑ Schwarze Schrift auf weißem Bildschirmhintergrund ist zu bevorzugen (Positiv-Darstellung).
- ❑ Bildschirmanforderungen:
  - Bildwiederholfrequenz mindestens 70 Hz (Beleuchtung mit phasenverschobenen Leuchtstoffröhren, da sonst Stroboskopeffekte auftreten können).
  - Stabile und trennscharfe Zeichen,
  - Zeichenkontraste von mind. 6:1,
  - Zeichengröße entsprechend der Sehentfernung.
  - Der Bildschirm ist so anzuordnen, daß keine Reflexionen oder Spiegelungen auftreten, d. h. in der Regel quer zum Fenster. Fenster frontal oder im Rücken der an Bildschirmen Tätigen sind zu vermeiden.
    Gegebenenfalls können Stellwände vor Fenstern oder übermäßig hellen Wandflächen aufgestellt werden.
- ❑ Die Beleuchtung ist so zu optimieren, daß keine Reflexblendung auftritt.
- ❑ Strahlenschäden durch Bildschirmarbeit konnten bisher wissenschaftlich nicht nachgewiesen werden.

13.5.2 Montagearbeitsplatz

In Bild 13.46 ist der prinzipielle Aufbau eines Montagearbeitsplatzes dargestellt.

Es gelten die nachfolgenden Regeln:

- ❑ Für die Manipulation mit beiden Händen an einer Stelle ist der von den Greifräumen des linken und des rechten Arms gemeinsam überdeckte Bereich vorzusehen. Ebenso sind stets beidhändig zu betätigende Stellteile zentral anzuordnen.
- ❑ Häufig betätigte Stellteile und die wichtigsten Manipulationsstellen sollen im kleinen Greifraum angeordnet sein.

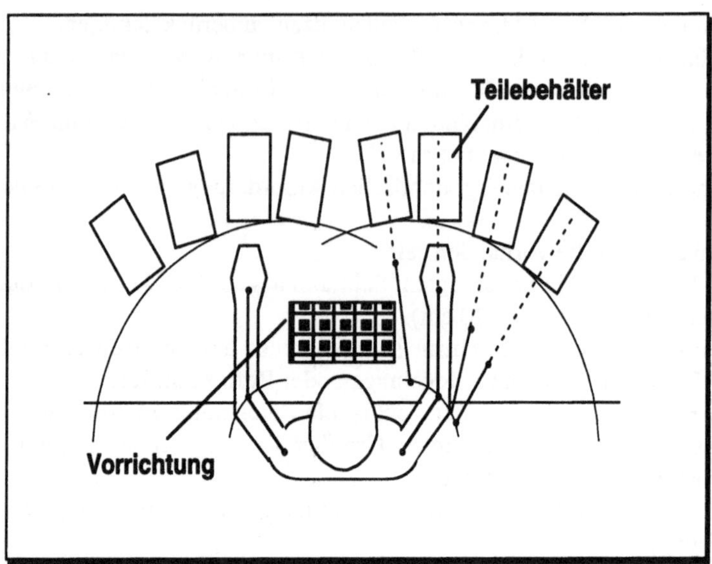

Bild 13.46 Montagearbeitsplatz (aus Kirchner und Baum, 1990)

- Bewegungen zur Manipulation an Werkstücken, zum Betätigen von Stellteilen, zum Hinlangen zu anderen Manipulationsstellen oder anderen Stellteilen sollen im Wirkraum der Hände möglichst den natürlichen Bewegungsbahnen und Bewegungsmöglichkeiten der Körperglieder folgen. Manipulationsstellen und Stellteile müssen entsprechend angeordnet und in ihren Betätigungsrichtungen festgelegt werden.
- Der Aufbau eines Arbeitsplatzes auf einem Arbeitstisch soll möglichst kurze Wege zu Werkzeugen, Vorrichtungen und Teilebehältern, und gleiche Greifhöhen besitzen. Für Werkzeuge und Hilfsmittel sind Ablagen vorzusehen, in welche die Gegenstände leicht abgelegt und aus denen sie schnell wieder gegriffen werden können.

Die MTM (Methods Time Measurement)-Methode, die zwar zur Bewegungsoptimierung und Vorgabezeitgestaltung entwickelt wurde, aber auch zur Gestaltung von Arbeitsplätzen eingesetzt werden kann, wird im Kapitel ›Bewertung von Arbeitstätigkeiten‹ im Band ›Arbeitsgestaltung‹ dieser Buchreihe behandelt.

13.5.3 Prüfliste

Im Sinne einer ganzheitlichen Arbeitsgestaltung berücksichtigt die nachfolgend in Bild 13.47 vorgestellte Prüfliste zur Schwachstellenermittlung nicht nur die anthropometrischen Gegebenheiten am Arbeitsplatz, sondern auch Arbeitsablauf und Umgebungsbedingungen.

1 Maßliche Gestaltung

1.1 Horizontaler/ vertikaler Greifraum günstig?
1.2 Bein-/ Fußraum ausreichend?
1.3 Ausstattung (Stuhl, Fußstütze, Armauflage) komplett?
1.4 Wechsel der Körperhaltung möglich?
1.5 Körperliche Disposition (auch Händigkeit) berücksichtigt?
1.6 Sehabstände richtig?
1.7 Freie Sicht über Aufbauten hinweg?

?

2 Arbeitsablauf	**3 Umgebungseinflüsse**
2.1 Zwangshaltungen?	3.1 Lärm?
2.2 Statische Haltearbeit?	3.2 Klima?
2.3 Schwere dynamische Muskelarbeit?	3.3 Gase, Dämpfe, Stäube?
2.4 Einseitig dynamische Muskelarbeit?	3.4 Öl, Fett, Schmutz, Nässe?
2.5 Daueraufmerksamkeit?	3.5 Beleuchtung, Farbe?
2.6 Monotonie?	3.6 Schwingungen?
2.7 Taktgebundene Arbeit?	3.7 Unfallgefahr?

Bild 13.47 Prüfliste zur Schwachstellenermittlung an Arbeitsplätzen

13.6 Wiederholungsfragen

1. Warum ist die maßliche Gestaltung von Arbeitsplätzen so wichtig?
2. Welche Faktoren sind bei der Festlegung von Arbeitsplatzmaßen von Bedeutung?
3. Welche Aussage macht der Begriff ›50. Perzentil Frau‹?
4. Welche Faktoren beeinflussen die Körperhöhe?
5. Welche Körperbautypen sind bekannt?
6. Was ist der kleine Greifraum?
7. Was ist die Sehachse?
8. Wann sind Steh- und wann Sitzarbeitsplätze vorteilhaft?
9. Wie werden die Sitzhaltungen klassifiziert?
10. Welche Faktoren beeinflussen die zulässigen Körperkräfte?
11. Mit welchen Verfahren können die Maße des Arbeitsplatzes ermittelt werden?
12. Welche fünf Standard-Arbeitsplatztypen gibt es?

14 Integrierte Produktgestaltung

Die Verbesserung bestehender Produkte und die Entwicklung neuer Produkte ist für ein Unternehmen von ausschlaggebender Bedeutung. Der Erfolg eines Produktes hängt heute im Gegensatz zu früher nicht von einzelnen Faktoren, wie Funktion, Preis usw. ab. Weitere Faktoren, wie z. B. Ergonomie, Design, Ökologie, etc., aber auch Lieferzeit, Variantenauswahl u. a. entscheiden in zunehmendem Maße über den Markterfolg. In diesem Kapitel werden wichtige Fragen der Produktgestaltung erörtert. Weiterhin werden Produkt-Analyse- und Bewertungsmethoden behandelt. Es zeigt sich hier eine wichtige Nahtstelle der Arbeitswissenschaft zum Technologiemanagement.

14.1 Einführung

Der Begriff ›Produkt‹ wird sehr umfassend gebraucht (z. B. auch für Dienstleistungen). Im Bereich der Arbeitswissenschaft beschränkt sich der Betrachtungsbereich auf solche Sachgüter, die eine Schnittstelle zum Menschen als Anwender aufweisen: Maschinen, Geräte, Werkzeuge, Vorrichtungen etc. Beispiele für kennzeichnende Merkmale und Klassifikationsmöglichkeiten zeigt Bild 14.1.

Gebrauchsgüter:
(Konsumgüter) — **Käufer = Anwender**

Einsatz im Privatbereich (Haushalt, Hobby, Sport...)

z. B.
- Heimwerkerwerkzeug
- Füllfederhalter
- Arzneimittelverpackung
- Haushaltsgeräte

Produktionsgüter:
(Investitionsgüter) — **Käufer ≠ Anwender**

Einsatz im Industrie, Handwerk, Dienstleistungsbereich, Medizin

z. B.
- Werkzeugmaschinen
- Büromaschinen
- Büromöbel
- Transportfahrzeuge
- medizinische Geräte und Instrumente

Bild 14.1 Produktklassen

Im Bereich der Technik wird oft auch der Begriff ›Arbeitsmittel‹ verwendet. ›*Arbeitsmittel*‹ ist der Oberbegriff für alle technischen Systemkomponenten eines Arbeitssystems (DIN 33 400).

Wenn im Rahmen dieses Kapitels eine ›integrierte Produktgestaltung‹ behandelt wird, so werden darunter die drei nachfolgenden Dimensionen verstanden, von denen die erste und die zweite hier ausführlich behandelt werden. Die dritte Dimension ist eher ein Aspekt der Organisation und wird daher dem Schwerpunkt ›Arbeitsgestaltung‹ zugeordnet.

Integrierte Produktgestaltung behandelt

- den Gestaltungszustand des Produktes als Ergebnis einer umfassenden Analyse und die möglichst vollständige Berücksichtigung der Anforderungen, die an das Produkt gestellt werden (Anforderungsintegration),
- ein organisatorisches Handlungskonzept im Entwicklungsablauf von Produkten, das alle beteiligten Stellen des Unternehmens einbezieht (Organisationsintegration) und
- die Bereitstellung und Nutzung geeigneter methodischer Hilfsmittel und Werkzeuge (Methodenintegration).

14.1.1 Entwickeln und Gestalten

In Bild 14.1.3 ist der Vorgehensplan für das Schaffen neuer Produkte nach der VDI-Richtlinie 2222 dargestellt. Diese prinzipielle Vorgehensweise ist sehr allgemein gehalten und dadurch auch für viele Anwendungsfälle geeignet. Die Inhalte dieser VDI-Richtlinie werden hier nicht weiter vertieft, da dieses den Rahmen der Arbeitswissenschaft sprengen würde. Aufgrund ihrer Bedeutung für die Ingenieurwissenschaft ist trotzdem im nachfolgenden Bild 14.2 der Vorgehensplan nach VDI-Richtlinie 2222 abgebildet.

Der Begriff ›Entwickeln‹ schließt den gesamten Prozeß der Produktentwicklung ein. Als ›Gestalten‹ wird der technisch-kreativ orientierte Unterbereich der Produktentwicklung bezeichnet, durch den Produkte ihre funktionsgerechte Form erhalten. Im Sinne einer konzeptiven Ergonomie sind arbeitswissenschaftliche Erkenntnisse, Methoden und Ziele in allen Teilschritten zu berücksichtigen.

Gestaltungsarbeit

Planen

- Auswählen der Aufgabe
  (Trendstudien, Marktanalyse, Forschungsergebnisse, Kundenanfragen, Vorentwicklungen, Patentlage, Umweltschutz)
- Festlegen des Entwicklungsauftrages

Konzipieren

- Klären der Aufgabenstellung
- Ausarbeiten der Anforderungsliste

Entscheiden

- Abstrahieren,
  Aufgliedern der Gesamtfunktion in Teilfunktionen
- Suchen nach Lösungsprinzipien und Bausteinen zum Erfüllen der Teilfunktionen (Orientierende Berechnungen und/oder Versuche)
- Kombinieren von Lösungsprinzipien zum Erfüllen der Gesamtfunktion (Auswählen geeigneter Prinzipkombinationen)
- Erarbeiten von Konzeptvarianten für die Prinzipkombinationen
  (Grobmaßstäbliche Skizzen oder Schemata)
- Technisch-wirtschaftliches Bewerten der Konzeptvarianten
  (Auswählen des Lösungskonzepts)

Entscheiden

Entwerfen

- Erstellen eines maßstäblichen Entwurfs
- Technisch-wirtschaftliches Bewerten des Entwurfs
  (Ausmerzen der Schwachstellen)
- Erstellen eines verbesserten Entwurfs
  (Auswählen der Gestaltungszonen)
- Optimieren der Gestaltungszonen
- Festlegen des bereinigten Entwurfs

Entscheiden

Ausarbeiten

- Gestalten und Optimieren der Einzelteile
- Ausarbeiten der Ausführungsunterlagen
  (Zeichnungen, Stücklisten, Anweisungen)
- Herstellen und Prüfen eines Prototyps, z. B. bei Serienfertigung
- Überprüfen der Kosten

ENTSCHEIDEN
(Fertigungsfreigabe)

Bild 14.2 Vorgehensplan für das Schaffen neuer Produkte nach VDI-Richtlinie 2222

14.1.2 Rahmenbedingungen für Produktinnovationen

›Time to market‹ als die notwendige Zeitspanne, die ein Unternehmen benötigt, um auf Marktanforderungen mit adäquaten Produkten zu reagieren, wird mehr denn je zur kritischen Größe im Wettbewerb. (Vgl. hierzu auch den Band ›Einführung in das Technologiemanagement‹ in dieser Buchreihe.) Die Herausforderungen liegen hier in der praktischen Umsetzung kurzer Auftragsdurchlaufzeiten bei kleiner werdenden Losgrößen und geringstmöglicher Lagerhaltung. Anstrengungen in dieser Richtung wurden bislang vornehmlich im direkten Produktionsbereich unternommen. Just-in-Time als organisatorische Strategie, Ressourcen zu optimieren, hat sich im Produktionsbereich bereits seit längerer Zeit bewährt.

Fast unberührt von Zeit- und Kostenoptimierungen sind dagegen die der eigentlichen Produktion vorgelagerten technischen Bürobereiche Entwicklung, Konstruktion und Arbeitsvorbereitung geblieben. Dabei zeigt sich branchenübergreifend, daß der Anteil der produktionsvorgelagerten Bereiche an der Wertschöpfung eines Produktes deutlich zunimmt. Gemessen an den Kosten, die durch Fertigung und Vertrieb entstehen, ist der Kostenaufwand im Entwicklungsbereich zwar immer noch vergleichsweise gering; zur Einschätzung von Rationalisierungspotentialen erscheint es jedoch interessant, daß allein von der Konstruktion bereits über 70 % der späteren Produktions- und Logistikkosten festgelegt werden. Die Kostenabrechnung beläuft sich dagegen auf lediglich ca. 5 %.

Demnach liegt das größte Handlungspotential zur Beeinflussung des Produkterfolges im F&E-Bereich. Die wichtigsten Einflußgrößen für den Produkterfolg sind deshalb:

- das Erreichen eines hohen Innovationsgrades des Produktes und
- der rechtzeitige Markteintritt.

- **erhöhtes Tempo des technischen Wandels in fast allen Lebensbereichen durch neue Forschungs- und Entwicklungsergebnisse,**
  z. B. - neue Werkstoffe
  - neue Rechneranwendung
- **sinkende Produktlebenszeiten und zunehmend kürzere Innovationszyklen**
- **steigende Produktanforderungen**
  z. B. - zunehmendes Umweltbewußtsein
  - erhöhte Sensibilität für benutzergerechte Gestaltung
  - demographische Veränderungen (Altersstruktur mit Seniorenüberhang)
- **sinkende Gewinnspannen**
- **verschärfte gesetzliche Auflagen**
  z. B. - Produkthaftung
  - EG-Harmonisierung
  - Umweltschutzgesetze
- **steigende Gesundheitskosten**
- **Umorientierung der Förderprogramme der öffentlichen Hand,**
  z. B. - für Umweltschutz
  - Senioren

Bild 14.3 Strukturwandel und Rahmenbedingungen für die industrielle Produktentwicklung

Ziel einer marktorientierten, absatzbestimmten Produktentwicklung muß es deshalb sein, die Rahmenbedingungen des Marktes als Innovationsimpulse aufzunehmen und möglichst frühzeitig in Produktinnovationen umzusetzen.

Die Rahmenbedingungen für die industrielle Produktentwicklung sind in Bild 14.3 aufgelistet. Da die Produktgestaltung ein wichtiger, sich wechselseitig beeinflussender Bestandteil der Produktentwicklung ist, beeinflussen die Rahmenbedingungen der Entwicklung auch die Gestaltung der Produkte.

14.1.3 Handlungskonzepte

Ein allgemeingültiges Rezept, wie die genannten Erfolgsfaktoren

- Innovation und
- Schnelligkeit am Markt

im Hinblick auf das praktische Vorgehen bei der Produktentwicklung und -gestaltung operationalisiert werden können, gibt es nicht. Für den Bereich der Arbeitswissenschaft besteht das Ziel einer integrierten Produktgestaltung - eine Strategie, die die Anforderungs-, Methoden- und Organisationsintegration beinhaltet. Diese drei Dimensionen der integrierten Produktgestaltung sind eng miteinander verflochten, aktivieren sich gegenseitig und sind erst beim gemeinsamen Einsatz, wie in Bild 14.4 verdeutlicht, voll wirksam.

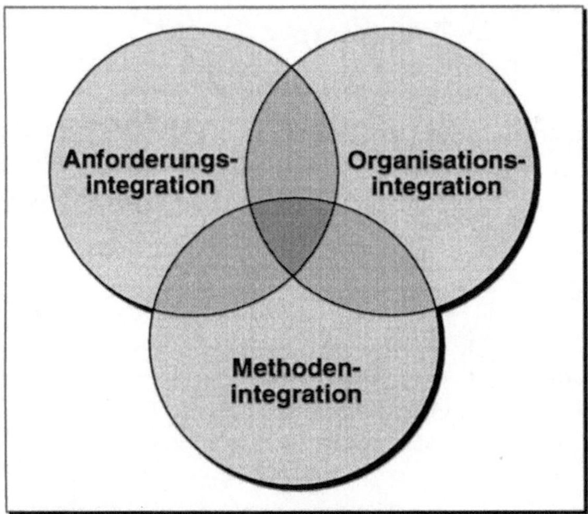

Bild 14.4 Integrierte Produktgestaltung: Strategie zur Verknüpfung von Anforderungen, Organisation und Methoden

Zur Erläuterung des Integrationskonzeptes werden nachfolgend die drei Dimensionen der integrierten Produktgestaltung näher beschrieben.

Anforderungsintegration

Sind die Impulse für Produktinnovationen erkannt, so können diese nur dann erfolgreich für die Produktgestaltung genutzt werden, wenn die daraus abzuleitenden Anforderungen an das Produkt möglichst vollständig erfaßt werden.

In Bild 14.5 sind die Einflüsse der Produktlebensphasen auf die Produktgestaltung dargestellt. Die daraus abgeleiteten Anforderungen können sowohl konzeptiver Art sein und damit ein neu zu entwickelndes Produkt beschreiben oder als Mängelanforderungen auf den Verbesserungsbedarf bei bestehenden Produkten hinweisen.

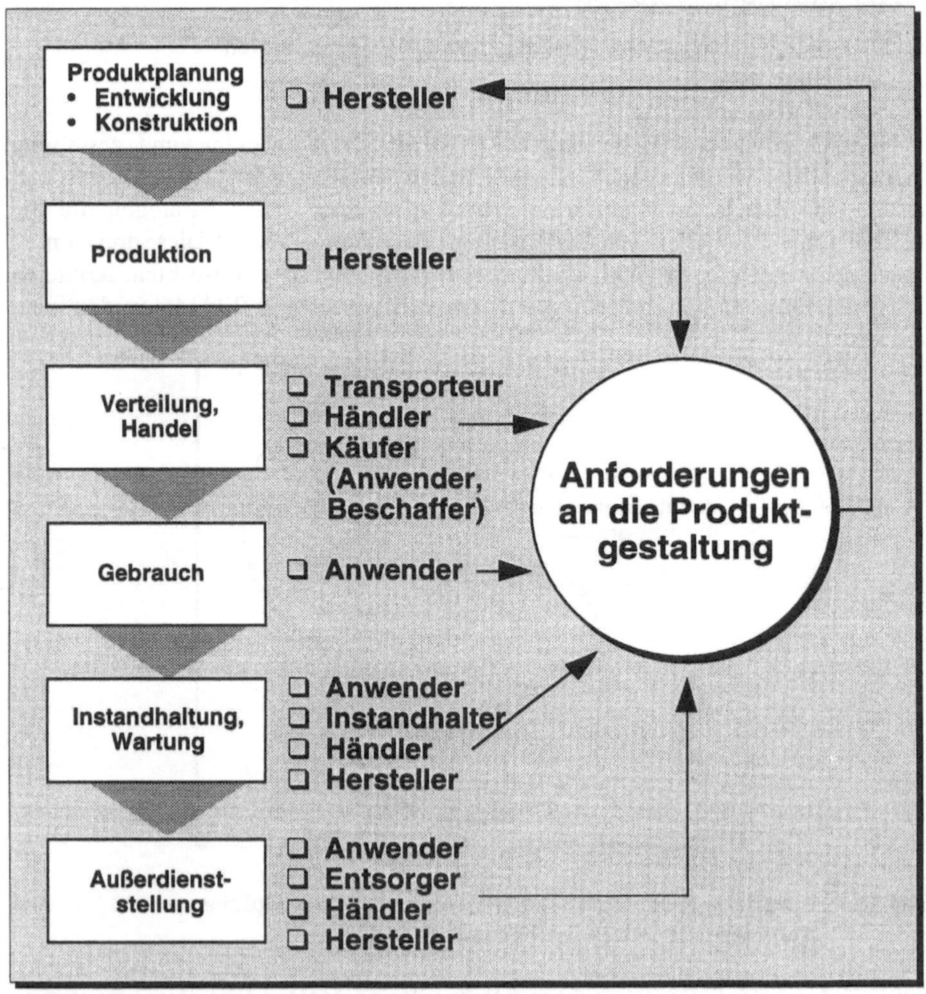

Bild 14.5 Einflüsse der Produktlebensphasen auf die Produktgestaltung

Aus dieser Betrachtung der Produktlebensphase erhält man ein Anforderungsspektrum, welches sich in die in Bild 14.6 aufgelisteten Bereiche gliedern läßt.

Anforderungsspektrum

- Technische Funktion und physikalische Prinzipien
- Technische Anschlußbedingungen und Schnittstellen
- Technische Funktionssicherheit und Zuverlässigkeit
- Ergonomie
- Design
- Unfallsicherheit
- Ökologie
- Wirtschaftlichkeit, Kosten

Bild 14.6 Produkt-Anforderungsbereiche

Zur ganzheitlichen Anforderungsanalyse gehört auch, daß über rein technische und wirtschaftliche Randbedingungen hinaus Anforderungen an das Produkt erarbeitet werden. Erst wenn aus allen Produktlebensphasen Anforderungen zusammengetragen werden, ist dies erreicht.

Oftmals überdecken sich auch Anforderungen aus den unterschiedlichen Produktlebensphasen. So haben z. B. sowohl die ergonomischen als auch die ökologischen Anforderungen eine Verminderung der Belastungen aus den chemischen (z. B. Ausgasung von Formaldehyd aus Möbeln) und physikalischen (z. B. Lärm) Emissionen zum Ziel.

Marktbedürfnisse sind letztendlich in jedem dieser Anforderungsbereiche zu finden. Rechtliche Rahmenbedingungen, die die Produktgestaltung beeinflussen, existieren vor allem für die Bereiche Technische Funktionssicherheit, Ergonomie, Unfallsicherheit und Ökologie. Im Rahmen der Arbeitswissenschaft wird primär der Aspekt der Ergonomie behandelt.

Methodenintegration

Bei der Methodenintegration geht es darum, den Gestaltungsprozeß durch geeignete methodische Hilfsmittel und Werkzeuge (auch durch Rechnereinsatz) zu optimieren.

Beispiele für solche Methoden und Hilfsmittel sind:

- Produktplanungsmethoden und -werkzeuge:
  - Marktanalyse,
  - Trendextrapolation,
  - systematische Produktplanung,
  - Portfolioanalyse.
- Produktentwicklungsmethoden und -werkzeuge:
  - Konstruktionsmethodik nach VDI 2222,
  - Wertanalyse (DIN 69 910),
  - Brainstorming, Synektik,
  - Morphologie,
  - Delphi-Methode,
  - Analyse bekannter Konstruktionen,
  - Simulation,
  - CAD (Computer Aided Design),
  - Stereo-Lithographie,
  - Videosomatographie,
  - Rapid-Prototyping,
  - Virtual Reality,
  - experimentelle Untersuchungen.
- Informationsquellen:
  - Konstruktionskataloge,
  - Patentdatenbanken,
  - Literaturdatenbanken,
  - Befragung (Fragebogen, Interview).
- Entscheidungsmethoden:
  - Nutzwertanalyse,
  - Szenariotechnik,
  - Ökobilanz,
  - Statistik,
  - Rangreihenmethode,
  - Metaplantechnik,
  - Netzplantechnik,
  - Technikfolgenabschätzung.

In Abschnitt 14.4 werden die aufgelisteten Methoden näher erläutert.

Organisationsintegration

Um die Informationen und das erforderliche Fachwissen für die Vielzahl der verschiedenen Anforderungsbereiche bereitstellen zu können, ist das Zusammenwirken von Fachexperten in interdisziplinär besetzten Projektteams erforderlich (z. B. Fachleute für Werkstoffe, Ergonomie, Physik, Umweltschutz, Normen, Marketing, Arbeitsvorbereitung, Fertigung). Dies setzt die Fähigkeit zur Teamarbeit, integrierendes Denken, gutes technisches Grundlagenwissen sowie Lernfähigkeit und -bereitschaft im Hinblick auf neue technologische Impulse voraus.

Über das interdisziplinär zusammengesetzte Projektteam, dem auch Vertreter aus den verschiedenen Unternehmensbereichen angehören, wird ein intensiver Informationsaustausch zwischen den produktgestaltenden Stellen und den produktionsvorbereitenden Stellen angestrebt. Hier sind natürlich auch Teile- und Produktionsmittelzulieferer zu integrieren. Dieser Informationsaustausch sollte bereits in den frühen Phasen der Produktentwicklung beginnen, um die Produkt- und Produktionsmittelentwicklung weitgehend zu parallelisieren und zu synchronisieren (›Simultaneous Engineering‹). Dadurch können zeitintensive Produktänderungen im fortgeschrittenen Projektstadium vermieden und Kostenvorteile durch die optimierte Abstimmung zwischen Produkt und Produktionsanlage ausgeschöpft werden. Das Produkt ist schneller am Markt.

Gerade mittlere und kleine Unternehmen können sehr schnell auf neue Innovationsimpulse reagieren, da die unternehmensinternen Wege meist kürzer sind als in Großbetrieben. Dennoch ergeben sich bei der Ausweitung des Informationsstandes zu neuen wissenschaftlichen Erkenntnissen und bei der Bereitstellung des speziellen Fachwissens oftmals Engpässe. Die interne F&E-Abteilung ist häufig zu klein und kapazitiv überfordert. Über Kooperationsprojekte mit externen Forschungseinrichtungen und/oder anderen Unternehmen (Verbundprojekte) kann diesen Engpässen begegnet werden. Extern vorhandenes Know-How kann damit für das Unternehmen nutzbar gemacht werden, die Entwicklungsarbeit zwischen internen und externen Stellen ist parallelisierbar und die interne Entwicklungsarbeit kann entlastet werden.

14.2 Vorgehensweise zur Produktgestaltung

Die ergonomische Gestaltung von Produkten des täglichen Bedarfs, von Arbeitsmitteln und auch von Geräten ist ein Kriterium, welches heute kaum noch unbeachtet bleiben kann. Vor allem bei Handwerkzeugen ist Ergonomie unverzichtbar, damit optimales Arbeiten möglich wird. Der Schmied, der früher eine Axt, eine Sense oder einen Spaten anfertigte, lieferte, wie in Bild 14.7 zu sehen ist, ergonomische Maßanfertigungen: Er richtete sich nach den Maßen der Person, die später damit arbeiten mußte. Das Wissen um die ›richtigen‹ Produkte bestand aus überlieferten Erfahrungen.

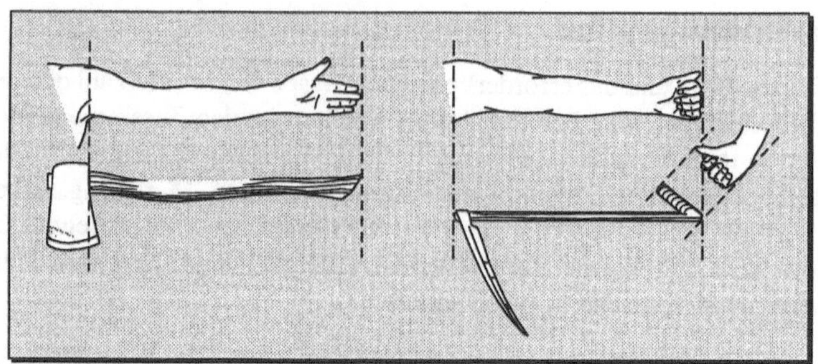

Bild 14.7 Werkzeuge nach des Menschen Maß (nach Atlas Copco, 1986)

Unsere modernen Produkte sind jedoch häufig standardisiert und werden in großen Serien gefertigt. Sie sind in der Regel sehr viel leistungsfähiger als die alten und technisch bedeutend komplizierter. Diese technische Produktentwicklung darf nicht Selbstzweck sein – der (ergonomisch sensibler gewordene) Mensch soll im Mittelpunkt der Arbeit stehen. Das technisch beste Produkt nutzt schließlich wenig, wenn der Mensch damit nicht das leisten kann, was möglich wäre.

Sowohl bei der korrektiven als auch bei der konzeptiven Produktgestaltung ist deshalb eine Vorgehensweise notwendig, die nicht zufällig zu ergonomisch richtig gestalteten Produkten führt, sondern die diese Art von Produktgestaltung zum Ziel hat. In Bild 14.8 ist eine solche, am Institut für Arbeitswissenschaft und Technologiemanagement entwickelte Vorgehensweise dargestellt. Diese Vorgehensweise orientiert sich stark an der VDI 2222, ist aber in bezug auf den Gestaltungsprozeß praxisrelevant aufgegliedert.

Die Vorgehensweise ist in die drei Bereiche
- Analyse,
- Entwicklung und
- Evaluierung

unterteilt.

Technisch funktionelle Probleme der Produktgestaltung sind nicht Bestandteile der Ergonomie, was aber nicht heißt, daß ergonomische Anforderungen nicht die technischen Funktionen eines Produktes beeinflussen können. Eine ergonomische Produktgestaltung bezieht sich also nicht nur auf die äußere Form eines Produktes. Handelt es sich um eine konzeptive Gestaltungsaufgabe, so entfällt in der Analysephase die Betrachtung des bestehenden Produktes, was aber nicht dazu führen darf, daß auch die arbeitswissenschaftlichen Grundlagen außer acht gelassen werden. In der Entwicklungsphase werden mit den in Abschnitt 14.4 beschriebenen Methoden Versuchsmuster erarbeitet, die dann in der Evaluierungsphase (Auswertung) in einen Prototyp münden. Konkrete Regeln und Beispiele zur ergonomischen Arbeitsmittelgestaltung werden in Kapitel 15 behandelt.

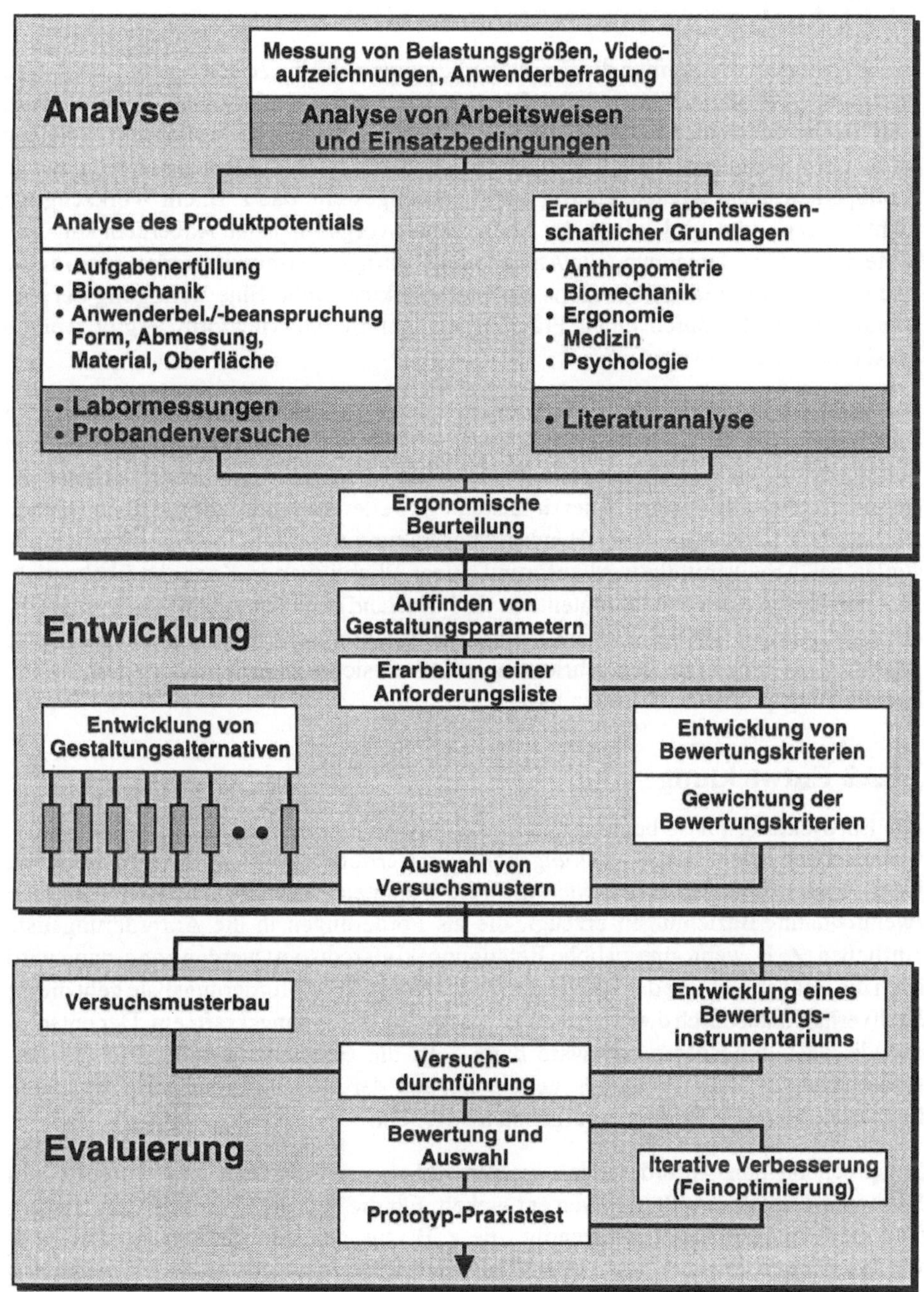

Bild 14.8 Vorgehensweise zur ergonomischen Produktgestaltung

14.2.1 Analyse

In der Analysephase werden die Einsatzbedingungen und die Arbeitsweisen des neu zu gestaltenden Produktes untersucht. Diese Untersuchung findet in der Regel vor Ort statt. Sofern es möglich ist, werden Belastungsgrößen, die durch das Produkt entstehen (z. B. Lärm), ermittelt. Durch Videoaufnahmen können die Arbeitsabläufe später in Zeitlupe betrachtet werden. Häufig wird hier festgestellt, daß z. B. ein Werkzeug gar nicht so verwendet wird, wie es der Konstrukteur vorgesehen hat. Außerdem kann mit Hilfe der Videoaufzeichnung die Anwendungshäufigkeit ermittelt werden, was für die später durchzuführenden Versuche ein Lastkollektiv ergibt. Eine Befragung der Anwender, entweder durch einen Fragebogen oder in Interviewform, ergibt weitere praxisrelevante Hinweise.

Die Analyse des *Produktpotentials* erfolgt unter Laborbedingungen. Hier werden Messungen und Probandenversuche durchgeführt, mit dem Ziel, Schwächen und Stärken des Produktes festzustellen. Parallel dazu erfolgt die Erarbeitung arbeitswissenschaftlicher Grundlagen. Hierzu leisten die weiteren Kapitel dieses Buches einen Beitrag. Der Schwerpunkt der Handseitengestaltung von Mensch-Maschine-Schnittstellen bei Arbeitsmitteln wird aufgrund seiner Wichtigkeit in Kapitel 15 behandelt. Aus der Analyse des Produktpotentials (IST-Zustand) und den arbeitswissenschaftlichen Grundlagen (SOLL-Zustand) folgt die ergonomische Beurteilung. Hier wird geprüft, ob Grenzwerte überschritten werden, ob sicheres Arbeiten möglich ist, ob Handhabungsprobleme auftreten usw.

14.2.2 Entwicklung

Die Entwicklungsphase beginnt damit, daß aus der Beurteilung die für die Produktverbesserung relevanten *Gestaltungsparameter* ermittelt werden. Es wird versucht, jeder Produktfunktion einen oder mehrere Parameter zuzuordnen. Damit werden ›wenn‹-›dann‹ Beziehungen erzeugt, die als Forderungen in die Anforderungsliste einfließen. Z. B. wenn eine zu hohe Betätigungskraft reduziert werden kann, dann wird auch die Beanspruchung des Anwenders reduziert. In die Anforderungsliste geht dieser Sachverhalt dann durch die Grenze der ›maximalen Betätigungskraft‹ ein. Der entsprechende Gestaltungsparameter wäre dann z. B. die Hebelübersetzung. Für die Anforderungsliste eines Produktes gelten die aus der Konstruktionslehre bekannten Leitsätze und die in Bild 14.9 aufgelisteten Regeln.

Entsprechend den Anforderungen werden mit den in Abschnitt 14.4 vorgestellten Methoden Gestaltungsalternativen entwickelt. Für die Auswahl von Versuchsmustern sind Bewertungskriterien notwendig, die z. B. aus den Anforderungen entwickelt werden können. Weitere, nicht quantifizierbare Kriterien wie Einfachheit, Aussehen usw. können aufgenommen werden. Eine Gewichtung der Bewertungskriterien ist sinnvoll, da nicht jedes Kriterium den gleichen Einfluß hat. Mit geeigneten Auswahlmethoden (z. B. Nutzwertanalyse) können aus den Gestaltungsalternativen diejenigen ausgewählt werden, welche ›in die engere Wahl‹ und somit zum Versuchsmusterbau kommen.

Regeln für Anforderungslisten

- **zwischen Fest-, Wunsch- und Zusatzforderungen unterscheiden (Must, Want, Nice)**
- **Anforderungen quantifizieren**
- **zwischen Funktions- und Betriebsfunktionen unterscheiden**
- **Funktionsforderungen in Haupt- und Nebenfunktionen gliedern**
- **Betriebsforderungen in**
  - **Sicherheitsanforderungen**
  - **wirtschaftliche Anforderungen und**
  - **humane (ergonomische) Anforderungen gliedern.**

Bild 14.9 Regeln für Anforderungslisten (nach Lechner, 1987)

14.2.3 Evaluierung

Eine rein theoretische Auswahl und Bestimmung der ergonomisch optimalsten Gestaltungsalternative ist nicht möglich. Deshalb muß in einer Evaluierungsphase aus den Versuchsmustern durch praktische Versuche ein Prototyp ausgewählt werden. Methoden und Hinweise zur Versuchsplanung und statistischen Auswertung werden wegen ihrer Wichtigkeit in Abschnitt 14.4 vorgestellt. Der mit Hilfe dieser Vorgehensweise zur ergonomischen Produktgestaltung gewonnene Prototyp eines neuen oder verbesserten Produktes kann nun nach einem Praxistest und einer evtl. notwendigen Feinoptimierung zur Fertigung freigegeben werden.

14.3 Anforderungsdimensionen

Damit neue Produkte vom Markt angenommen werden, müssen sie wie bereits beschrieben eine Vielzahl von unterschiedlichen Anforderungen erfüllen. Die Zahl dieser Anforderungen hat in den letzten Jahren zugenommen. Aus diesem Grund werden hier neben der in Kapitel 15 ausführlich behandelten ergonomischen Arbeitsmittelgestaltung einige weitere Anforderungsdimensionen beleuchtet.

14.3.1 Design

Die aktuelle Designpraxis ist gekennzeichnet durch viele unterschiedliche Produkte, Programme und Systeme. Zudem muß eine pluralistische und internationale Gesellschaft als Kundschaft in das Design miteinbezogen werden. Im Zusammenhang mit der Arbeitswissenschaft ist vor allem der Begriff ›*technisches Design*‹ von Bedeutung.

Im technischen Design ist die Tätigkeit des Designens die Entwicklung (Konzeption, Entwurf, Ausarbeitung) einer Produktgestalt im Rahmen einer systematischen und konstruktiven Produktentwicklung nach den Anforderungen der Betätigbarkeit und Benutzbarkeit sowie der Sichtbarkeit und Erkennbarkeit (Seeger 1992).

Mit dieser Definition wird deutlich, daß die Praxis der Ergonomie und das technische Design eng miteinander verwandt sind.

Das Design beschäftigt sich vor allem mit der Produktgestalt. Unter der Produktgestalt versteht man die Summe der in Bild 14.10 aufgelisteten Bereiche. Davon ausgehend werden Gestaltelemente definiert. Aufbauelemente sind z. B. technische Baugruppen, Bedienungs- oder Betätigungselemente, Tragwerks -und Gehäuseelemente. Die Formelemente geben den Aufbauelementen ihre äußere Gestalt. Als Farbelemente werden die Überzugsfarben der sichtbaren Formelemente bezeichnet. Grafische Elemente werden zur Informationskodierung eingesetzt und sind z. B. Zeichen, Schriften, Ziffern, Piktogramme.

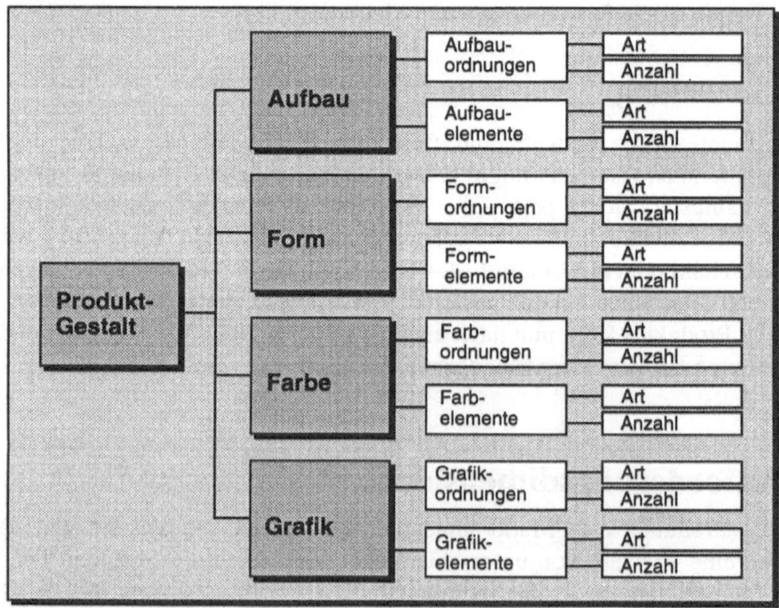

Bild 14.10 Gliederung der Produktgestalt (nach Seeger, 1992)

Das Design orientiert sich am Menschen. Deshalb kommt bei praktischen Designaufgaben der Zielgruppe eine große Bedeutung zu. Es müssen immer demographische (Alter, Geschlecht, Körpergröße usw.), geographische und psychographische (Typen, Einstellungen, Traditionen usw.) Merkmale berücksichtigt werden.

Bei der Beurteilung von Produkten spielen oft subjektive Wahrnehmungseinflüsse eine Rolle. So werden die Eigenschaften und Qualitäten eines Produkts nach den in Bild 14.11 aufgelisteten Erkennungsinhalten unterschieden:

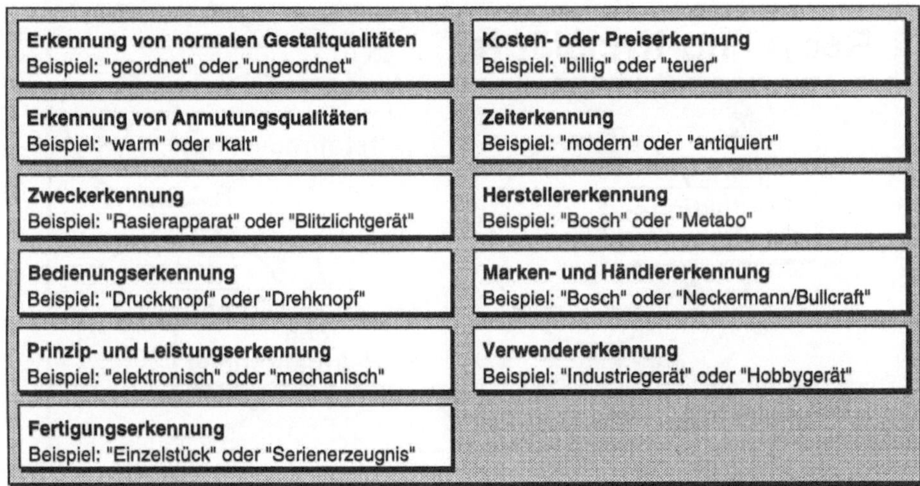

Bild 14.11 Erkennungsinhalte bei der Produktbeurteilung (nach Seeger, 1992)

Designbewertung

Mit Hilfe der Nutzwertanalyse (siehe Abschnitt 14.4.3) kann das technische Design von Produkten bewertet werden. Mit dieser Methode kann zum einen die Produktqualität im Hinblick auf die konstruktiven und technischen Anforderungen bewertet werden, zum anderen kann ein subjektives Gefallensurteil mit einbezogen werden.

14.3.2 Ökologie

Ökologie in der Produktgestaltung ist heute für jedes Unternehmen (unabhängig ob Hersteller, Handel oder Dienstleistung) eine Fragestellung, die bearbeitet werden muß. Der Markt fordert *umweltverträgliche Produkte*. Daraus leitet sich für den Konstrukteur die Forderung ab, daß heute *Recycling* eine Notwendigkeit ist. Wesentliche Voraussetzung für das wirtschaftliche und technische Funktionieren von Recycling-Kreisläufen ist, daß die zu rezyklierenden Produkte von vornherein auf das spätere Recycling hin konstruiert werden. Die VDI-Richtlinie 2243 stellt die Zusammenhänge beim Recycling dar und gibt mit zahlreichen Beispielen und Leitsätzen dem Konstrukteur das Wissen an die Hand, damit er den Herausforderungen des Recyclings wirksam begegnen kann.

Recyclingsysteme:
Die vielfältigen Vorgänge beim Recycling lassen sich prinzipiell auf die drei in Bild 14.12 aufgeführten Kreisläufe reduzieren.

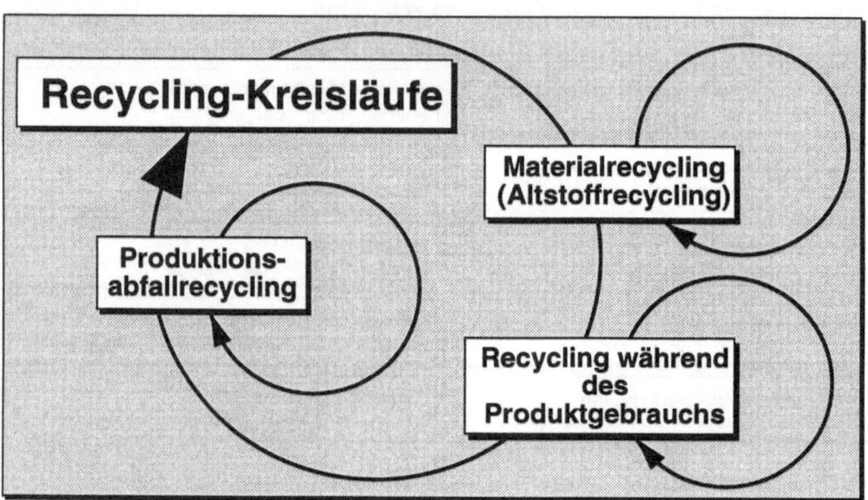

Bild 14.12 Recycling-Kreisläufe nach VDI-Richtlinie 2243

Produktionsabfälle werden seit langem rezykliert (z. B. Anspritzlinge beim Spritzgießen thermoplastischer Werkstoffe). Das *Produktionsabfallrecycling* funktioniert gut aus folgenden Gründen:

- die Werkstoffe sind bekannt;
- die Werkstoffe sind sauber getrennt;
- die Logistik ist vorhanden;
- die Wirtschaftlichkeit ist nachgewiesen.

Diese Argumente sind vergleichsweise beim späteren *Altstoffrecycling* zu beachten.

Technische Produkte werden hergestellt, um bestimmte Funktionen zu erfüllen. Das Recycling im Produktgebrauch dient dazu, Produkte möglichst lange in diesem Stadium zu erhalten. Die Grenzen liegen hierbei in der stets vorhandenen Abnützung (Ermüdung, Versprödung usw.) sowie im technischen Veralten (z. B. bei Verbrennungsmotoren).

Irgendwann geht jedoch die Nutzungdauer zu Ende. Da sowohl eine Deponierung als auch eine Verbrennung – die ebenfalls das Ökosystem entscheidend belastet – vermieden werden müssen, steht dann die Verwertung der Altstoffe an. Altstoff- und

Produktionsabfallrecycling zählen zum Materialrecycling; hier werden die Funktion und die Gestalt der Produkte aufgelöst.

Das Recycling im Produktgebrauch erhält dagegen die Produkte auf hohem Wertniveau und sollte daher zunächst Priorität genießen. Man spricht in diesem Kreislauf von ›Verwendung‹. Anzustreben ist der Gebrauch zum selben Zweck wie zuvor (›Wiederverwendung‹). Z. B. kann man einen Getränkekasten aus Kunststoff zurückgeben und, erneut mit Flaschen gefüllt, wiederverwenden. In diesem Fall kann eine ›Aufarbeitung‹ entfallen. Meist aber wird das Produkt aufgearbeitet (z. B. Runderneuerung eines Autoreifens). Wenn das Produkt der ursprünglichen Funktion nicht mehr genügt, kann man es ggf. zu einem anderen Zweck ›weiterverwenden‹ (z. B. einen Reifen als Stoßfänger im Hafen).
Im Produktgebrauch findet sich eine gewisse Überlappung zwischen der Instandsetzung (Reparatur) und dem Recycling. Beide wollen die Funktionsfähigkeit des Produktes erhalten. Der wesentliche Unterschied besteht darin, daß bei einer Instandsetzung ein bestimmter Fehler des Produktes analysiert und behoben wird; das Produkt behält seine Individualität. Ein Produktrecycling dagegen bedeutet eine industrielle Aufarbeitung. Produkte werden hier in Serie zerlegt und später zu quasi neuwertigen Produkten wieder zusammengebaut; es besteht keine Identität mit dem früheren Produkt (man vergleiche einen reparierten Kfz-Motor mit einem Austauschmotor).

Beim Materialrecycling (Produktionsabfälle wie Altstoffe) spricht man von ›Verwertung‹: Man wird zunächst anstreben, im Sinne einer ›Wiederverwertung‹ zu den Ausgangswerkstoffen zurückzukommen. Auch bei Kunststoffen ist das möglich (z. B. Granulieren eines ausgedienten Getränkekastens zur Herstellung neuer Kästen). Andere Stoffe lassen sich nur weiterverwenden (z. B. Granulieren von Duromeren zu Füllstoffen), soweit sie sich nicht bis in ihre Grundbausteine aufschließen lassen (z. B. beim ›chemischen Recycling‹). Die Prozesse beim Materialrecycling sind Aufbereitungsverfahren (im Gegensatz zur ›Aufarbeitung‹ im Produktgebrauch).

Aus allen Stadien und Prozessen scheiden Stoffe aus, die auf der Deponie bzw. in der Biosphäre bleiben. Hauptziel muß es sein, diese Verluste zu minimieren und möglichst ganz zu unterbinden.

Konstruktionsablauf:
Durch die ökologischen Anforderungen an Produkte ergeben sich zusätzlich neue Anforderungen an den Konstrukteur. Das recyclinggerechte Konstruieren wirkt sich in allen Schritten der Konstruktionssystematik nach VDI aus, insbesondere aber in zwei Abschnitten:

- ❑ Die Forderung ›recyclinggerecht‹ muß mit der notwendigen Präzision in der Anforderungsliste stehen, denn daran wird das spätere Produkt gemessen.
- ❑ Bei der Ausarbeitung werden alle Einzelheiten des Produktes festgelegt. Hier kommen die Regeln des recyclinggerechten Konstruierens am stärksten zum Tragen.

Recycling bei der Produktion

Die Entstehung von Produktionsabfällen unterliegt nur teilweise der Verantwortung des Konstrukteurs. Trotzdem kann er die Recyclingvorgänge wesentlich unterstützen. Die wichtigsten Regeln sind in Bild 14.13 stichwortartig zusammengefaßt.

Abfallminimierung
Fertigungsverfahren wählen, bei denen möglichst kein bzw. möglichst wenig Abfall entsteht.

Rezyklierbarkeit
Abfall muß rezyklierbar (wiederverwertbar) sein.

Werkstoffvielfalt
Möglichst wenig verschiedene Werkstoffe verwenden.

Betriebsmittel, Hilfsstoffe
Stoffe müssen einschließlich ihrer Emissionen rezykliert werden.

Bild 14.13 Recycling bei der Produktion

Recycling während des Produktgebrauchs

Demontage
Alle Verbindungen, die bei der Demontage zu lösen sind, müssen sich leicht lösen lassen, ohne Beschädigung der Bauteile und möglichst auch der Verbindungselemente.

Reinigung
Produkte und Bauteile müssen sich ohne Beschädigung und ohne problematische Reinigungsverfahren reinigen lassen.

Prüfung
Die verbleibende Funktionsfähigkeit des Bauteils muß erkennbar sein. (Dieser Punkt bereitet oft Schwierigkeiten. Günstig sind prüfbare Maße wie z. B. die Dicke von Bremsbelägen. Bei Wälzlagern ist z. B. eine Produktprüfung auf Dauerfestigkeit kaum möglich.)

Sortieren
Die Sortierbarkeit sowie die Lagerhaltung werden durch Standardisierung von Aufbau, Anschlußmaßen und Werkstoffen erleichtert.

Aufarbeitung
Wenn aufgearbeitet werden soll, sind die notwendigen Materialzugaben sowie Aufspann- und Prüfhilfen vorzusehen.

Verschleiß
Verschleiß sollte man auf speziell dafür vorgesehene, leicht aufarbeitbare bzw. austauschbare Elemente beschränken.

Bild 14.14 Recycling während des Produktgebrauchs

Die recyclinggerechte Produktgestaltung für diesen Kreislauf orientiert sich am Ablauf der industriellen Aufarbeitung. Das Erzeugnis wird demontiert, die Bauteile werden gereinigt, dann geprüft und sortiert. Was aufgearbeitet werden muß und kann, wird aufgearbeitet. Was nicht wiederverwendet werden kann, wird durch Neuteile ersetzt. Schließlich wird das Produkt montiert und in der Regel einer hundertprozentigen Endkontrolle unterzogen.

Aus diesem Kreislauf leiten sich die Regeln in Bild 14.14 ab.

Recycling nach Produktgebrauch

Die wichtigsten Punkte des Altstoffrecyclings sind:

- ❑ Die Stoffe müssen erkennbar sein.
- ❑ Unverträgliche Stoffe müssen trennbar sein.

Daraus ergeben sich für den Konstrukteur die Regeln in Bild 14.15.

Altstoffverwertung
Der Konstrukteur muß von vornherein an die Rückgewinnung der Werkstoffe nach Gebrauchsende denken und den Recyclingweg in der Anforderungsliste festlegen.

Kennzeichnung
Werkstoffe müssen dauerhaft und möglichst maschinenlesbar gekennzeichnet sein.

Bild 14.15 Recycling nach Produktgebrauch

Ausblick

Eine recyclinggerechte Konstruktion erfordert in vielen Fällen nicht einen erhöhten Aufwand, sondern lediglich einen Bewußtmachungsprozeß beim Konstrukteur. Es können und müssen Produktlösungen entstehen, die mindestens genauso gut oder sogar noch besser sind als traditionelle Produkte. Es gilt deshalb zum einen, das verwendete Material zu analysieren und zum anderen, den Produktlebenszyklus in die Konstruktion mit einzubinden. Beim Produktlebenszyklus sind vor allem die Produktion (keine offenen, sondern geschlossene Systeme einsetzen) und das ›Produktende‹ zu betrachten.

Bei der Betrachtung von Produktlebenszyklen können folgende Schlußfolgerungen, die als Arbeitsregeln nicht unkritisch aber orientierend den Weg weisen, festgehalten werden:

1. Erfahrungsstoff vor Ersatzstoff.
2. Weniger Materialvielfalt.
3. Erhöhung der Lebensdauer.
4. Fraktionierbarkeit.

Diese Faktoren erhöhen den Produktnutzen und kommen dem Benutzer zugute.

14.3.3 Zielgruppenorientierung

Der Markterfolg eines Produktes hängt entscheidend davon ab, wie das Produkt vom Kunden und Anwender akzeptiert wird. Eine hohe *Akzeptanz* des Produktes wird sich nur dann einstellen, wenn das Produkt die vom Anwender erhobenen Anforderungen und Ansprüche möglichst vollständig befriedigt. Voraussetzung hierfür ist eine *anwenderspezifische Produktgestaltung*. Durch die Festlegung einer oder mehrerer *Zielgruppen*, für die das Produkt bestimmt ist, kann das Produkt auf die dort auftretenden Anforderungen abgestimmt werden. Zielgruppen (Kundentypen, Anwendertypen) lassen sich bezüglich typischer menschlicher Eigenschaften und Ansprüche zu einer weitgehend homogenen Gruppe zusammenfassen.

In Bild 14.16 sind die für die Zielgruppenanalyse und -bildung relevanten Charakterisierungsgesichtspunkte und Einflußgrößen zusammengestellt.

Menschliche Eigenschaften und Fähigkeiten, aus denen sich Charakterisierungsgesichtspunkte von Zielgruppen ableiten lassen	Einflußgrößen, von denen die Ausprägungen dieser menschlichen Eigenschaften abhängen
äußere physische Merkmale z. B. Körperabmessungen, Körpergewicht physische Fähigkeiten z. B. Bewegungsmöglichkeit der Körperglieder, Ertragen von physikalischen Umgebungseinflüssen (z. B. Klima) mentale Fähigkeiten z. B. Informationsaufnahme, logisches Denken emotionale, affektorische Merkmale und Fähigkeiten z. B. Motivation, Einstellung	• Geschlecht • Alter • Gesundheitszustand • Händigkeit • geistige Behinderung • körperliche Behinderung • Übung, Training • Ermüdung • Erfahrung • biologische Rasse • Ausbildung • Kultur, Sozialstand

Bild 14.16 Charakterisierungsgesichtspunkte und Einflußgrößen bei der Zielgruppenanalyse und -bildung

Streng genommen ist es für die vollständige Charakterisierung einer Zielgruppe notwendig, daß sie hinsichtlich aller oben genannten Einflußgrößen beschrieben wird. Häufig reicht es jedoch aus, wenn man sich auf die dominierenden Einflußgrößen einer Zielgruppe beschränkt. Die Einflußgrößen Geschlecht, Alter, Gesundheitszustand, Übung, Training und Ermüdung wurden bereits in den vorangegangenen Kapiteln behandelt. Dort wurde auch auf die Zusammenhänge eingegangen, die sich mit diesen Einflußgrößen ändern.

Ziele und Gründe für eine zielgruppenorientierte Gestaltung

Unter Marketinggesichtspunkten ist die Zielgruppenorientierung eine selektive Marktpolitik. Sie stellt damit den Lösungsansatz für den folgenden Zielkonflikt dar:

- Es ist nicht zweckmäßig, die Anforderungen aller Kunden eines Marktes mit einem Produkt befriedigen zu wollen. Das Produkt würde in diesem Fall kaum auf spezifische Kundenanforderungen eingehen können. Der Markt verlangt *Produktvarianten.*
- Ein breites Sortiment verursacht hohe Kosten. Die *Produktvariantenvielfalt* darf deshalb nicht ausufern. Durch die selektive Marktpolitik werden erfolgsträchtige Marktsegmente (Zielgruppen) aus dem Gesamtmarkt ausgewählt und mit Produkten bedient, die auf die dort auftretenden Marktbedürfnisse zugeschnitten sind. Das nachfolgende Beispiel verdeutlicht dies.

Aus den Veränderungen am Heimwerkermarkt ist erkennbar, daß nicht mehr ausschließlich Männer, sondern zunehmend auch Frauen auf Heimwerkergeräte zurückgreifen wollen. Dies gab den Anstoß zu einer Untersuchung, die 1991 am Fraunhofer-Institut für Arbeitswirtschaft und Organisation (IAO) durchgeführt wurde. Dabei sollten Probleme und Anforderungen aufgezeigt werden, die speziell Frauen bei der Verwendung von elektrischen Bohrmaschinen haben. 43 % der in einer Fragebogenaktion befragten Frauen hatten noch nie mit einer Bohrmaschine gearbeitet. 75 % der bisherigen Nichtanwenderinnen würden mit einer Bohrmaschinen arbeiten, wenn diese speziell an die Bedürfnisse von Frauen angepaßt wäre.

Die Notwendigkeit von *Produktvariationen* und von *Produktdifferenzierungen* werden deutlich, wenn man sich vor Augen hält, daß

- die Ansprüche einzelner Zielgruppen sich widersprechen können,
- Marktbedingungen sich ändern können,
- das, was dem einen gefällt, ein anderer vielleicht ablehnt,
- manche Zielgruppen durch eine angepaßte Produktgestaltung überhaupt erst in die Lage versetzt werden, bestimmte Tätigkeiten auszuführen,
- Belastungen und Beanspruchungen, die aus der fehlenden Anpassung des Produktes an den Anwendertyp resultieren, zu fehlerhaften Arbeitsergebnissen und verminderter Leistung des Mensch-Produkt-Systems führen.

Gestaltungshilfen

Für viele unterschiedliche Zielgruppen liegt bereits arbeitswissenschaftliches Datenmaterial vor. Beispiele zur Berücksichtigung von unterschiedlichen Körpermaßen werden in den nachfolgenden Bildern 14.17 und 14.18 gegeben.

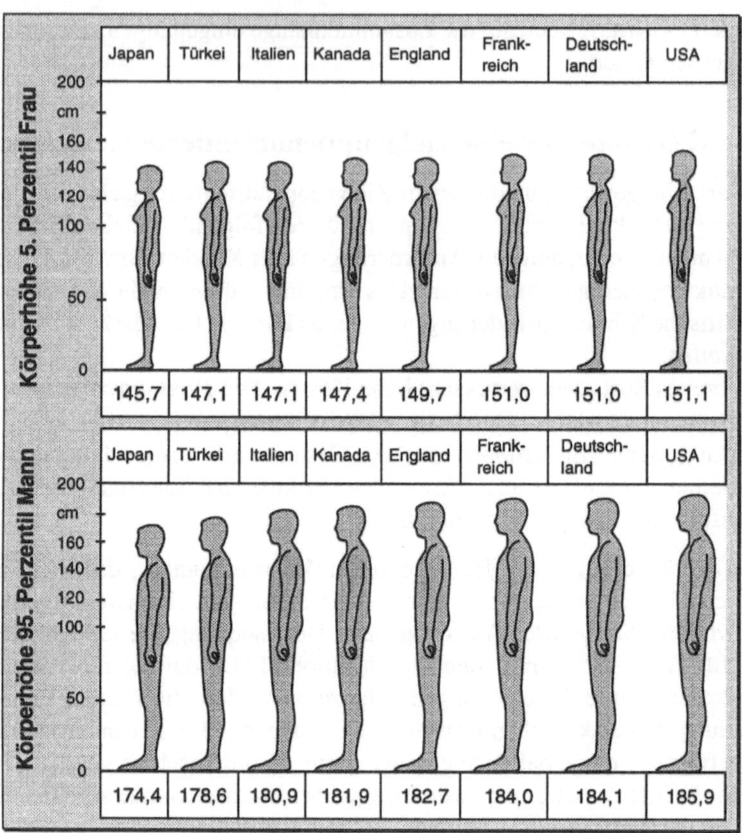

Bild 14.17 Vergleich von internationalen Körpermaßen (Quelle: Jürgens u. a., 1989)

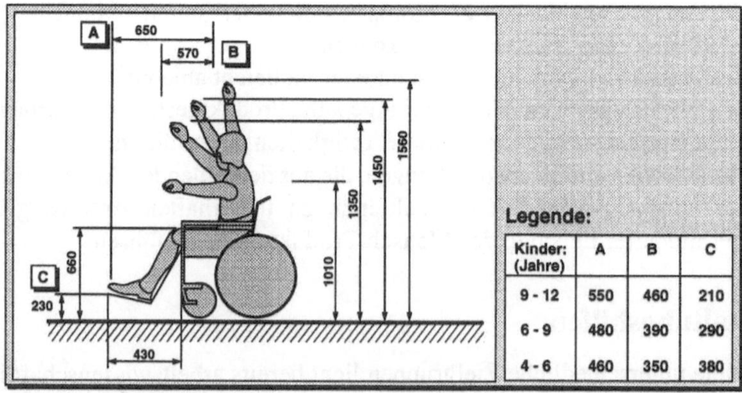

Kinder: (Jahre)	A	B	C
9 - 12	550	460	210
6 - 9	480	390	290
4 - 6	460	350	380

Bild 14.18 Mindestrahmen Grundsatzmaße (Quelle: Verwaltungs BG, 1988)

14.3.4 Produkthaftung

Produkthaftungsgesetz

Der deutsche Gesetzgeber hat ein Gesetz über die Haftung für fehlerhafte Produkte (Produkthaftungsgesetz) erlassen, welches am 01.01.1990 in Kraft trat.

Der Hersteller eines Produktes haftet demnach, unabhängig von seinem Verschulden, für Schäden an Personen und Sachen, welche bei der Benutzung eines fehlerhaften Produktes entstehen und ihre Ursache im Fehler des Erzeugnisses haben. Für Sachschäden wird nur gehaftet, wenn eine andere Sache als das fehlerhafte Produkt selbst beschädigt wird und diese andere Sache ihrer Art nach gewöhnlich für den privaten Ge- oder Verbrauch bestimmt ist und auch hauptsächlich so verwendet wurde (§ 1, Abs. 1, Produkthaftungsgesetz).

Vom Produkthaftungsgesetz werden derzeit noch nicht erfaßt die Haftung für Entwicklungsgefahren, der Ersatz von primären Vermögens- und von immateriellen Schäden (Schmerzensgeld). Trotzdem müssen Hersteller davon ausgehen, daß zukünftig angesichts eines allgemein gestiegenen Anspruchsniveaus, weitverbreiteter Rechtsschutzversicherungen und eines insgesamt gesteigerten Problembewußtseins hinsichtlich der mit Produktfehlern verbundenen Ansprüche vermehrt mit Klagen geschädigter Verbraucher zu rechnen ist.

EG Maschinen-Richtlinie

Im Zuge der Harmonisierung des europäischen Wirtschaftsraumes trat am 01.01.1993 die EG-Richtlinie 89/392/EWG (Maschinen-Richtlinie) in Kraft. Die Maschinen-Richtlinie erfaßt nur stationäre Maschinen, die als eine Gesamtheit von miteinander verbundenen Teilen oder Vorrichtungen definiert werden, von denen mindestens eines beweglich ist sowie ggf. von Betätigungsgeräten, Steuer- und Energiekreisen usw., die für eine bestimmte Anwendung wie die Verarbeitung, die Behandlung, die Fortbewegung und die Ausbreitung eines Werkstoffes zusammengefügt sind. Als Maschine im Sinne der Richtlinie wird auch eine Gesamtheit von Maschinen betrachtet, die, damit sie zusammenwirken, so angeordnet sind und betätigt werden, daß sie als Gesamtheit funktionieren. Die Richtlinie nennt zwei Grundsätze für die Integration der Sicherheit, die allgemein als Handlungsanleitung für die Erstellung eines sicheren Produkts herangezogen werden können.

Danach muß zum einen durch die Bauart der Maschine gewährleistet sein, daß ihr Betrieb, ihr Rüsten und ihre Wartung bei bestimmungsgemäßer Verwendung ohne Gefährdung von Personen erfolgen kann. Die Maßnahmen müssen darauf abzielen, Unfallrisiken während der voraussichtlichen Lebensdauer der Maschine selbst in den Fällen auszuschließen, in denen sich diese Risiken aus vorhersehbaren, aber ungewöhnlichen Situationen ergeben.

Zum zweiten hat der Hersteller bei der Wahl der angemessenen Lösungen folgende Grundsätze in der angegebenen Reihenfolge zu beachten:

- Beseitigung oder Minimierung der Gefahren (Integration eines Sicherheitskonzepts in die Entwicklung und den Bau der Maschine), Ergreifen von notwendigen Schutzmaßnahmen gegen nicht zu beseitigende Gefahren,
- Unterrichtung der Benutzer über die Gefahren aufgrund der nicht vollständigen Wirksamkeit der getroffenen Schutzmaßnahmen,
- Hinweis auf eine evtl. erforderliche Spezialausbildung und persönliche Schutzausrüstung.

Es wird weiterhin darauf hingewiesen, daß bei der Entwicklung und dem Bau der Maschine sowie bei der Ausarbeitung der Betriebsanleitung nicht nur der normale Gebrauch der Maschine in Betracht zu ziehen ist, sondern auch die nach vernünftigem Ermessen zu erwartende Benutzung der Maschine. Die Maschine ist danach so zu konzipieren, daß eine nicht ordnungsgemäße Verwendung verhindert wird, falls diese ein Risiko für den Benutzer mit sich bringt. Ggf. ist in der Betriebsanleitung auf eine zweckentfremdete Verwendung der Maschine, die erfahrungsgemäß vorkommen und eine Gefährdung beinhalten kann, besonders hinzuweisen.

Bei bestimmungsgemäßer Verwendung der Maschine müssen Belästigung, Ermüdung und psychische Belastung (Streß) des Bedienungspersonals unter Berücksichtigung der ergonomischen Prinzipien auf das mögliche Mindestmaß reduziert werden. In diesem Zusammenhang muß der Hersteller bei der Konzeption und dem Bau der Maschine sämtlichen Belastungen Rechnung tragen, die dem Bedienungspersonal durch die notwendige oder voraussichtliche Benutzung von persönlichen Schutzausrüstungen (z. B. Schuhe, Handschuhe usw.) auferlegt werden. Darüber hinaus dürfen die beim Bau der Maschine eingesetzten Materialien oder die bei ihrer Benutzung verwendeten und entstehenden Produkte nicht zur Gefährdung der Sicherheit und der Gesundheit der betroffenen Personen führen.

14.4 Methodenspektrum

Eine erfolgreiche Produktentwicklung wird in zunehmendem Maße von der Methodenintegration in den unterschiedlichen Entwicklungsphasen geprägt. Nachfolgend wird ein aus der Sicht der Arbeitswissenschaft notwendiges Methodenspektrum beschrieben. Die wichtigsten Methoden daraus werden daran anschließend vertieft.

14.4.1 Methodenübersicht

In Bild 14.19 sind die nachfolgend in Kurzform beschriebenen Methoden zusammengestellt und klassifiziert.

	Analyse	Prognose	Bewertung	Entscheidung	Planen	Konzipieren	Entwerfen	Ausarbeiten	Qualitativ	Quantitativ
Marktanalyse	●				●				●	●
Trendextrapolation		●		●	●					●
Systematische Produktplanung	●					●			●	●
Portfoliotechnik	●			●	●				●	
VDI 2222					●	●	●	●	●	
Morphologie	●	●	●			●	●		●	
Wertanalyse		●			●	●	●	●	●	
Brainstorming	●	●	●	●		●	●		●	
Synektik		●	●			●	●		●	
Delphi-Methode	●	●	●	●	●	●			●	
SEER-Technik		●	●		●	●			●	
Analyse bekannter Konstruktionen	●		●			●	●	●	●	
Rapid-Prototyping			●	●					●	●
Stereolithographie			●				●		●	
CAD-Video-Somatographie			●			●	●	●	●	
Virtual Reality				●			●		●	
Experimentelle Untersuchungen			●	●				●		●
Konstruktionskataloge						●	●			
Literaturdaten benutzen					●	●			●	●
Befragung	●	●			●				●	
Nutzwertanalyse		●	●		●	●			●	●
Szenariotechnik	●	●	●	●	●				●	
Simulation		●		●			●	●	●	●
Netzplantechnik			●	●						●
Ökobilanz	●		●	●		●			●	
Rangreihenverfahren		●	●	●					●	
Metaplantechnik	●			●	●				●	
Statistik	●			●						

Bild 14.19 Methodenübersicht

Produktplanungsmethoden und -werkzeuge

Marktanalyse, Marktbeobachtung, Marktforschung:
Mit den marktanalytischen Methoden wird die Marktentwicklung auch im Hinblick auf die Produktfindung und -definition untersucht. Als Datenbasis dienen Betriebs- und Branchenstatistiken, Expertenaussagen, Meinungsumfragen und Datenerhebungen, die mit statistischen Verfahren ausgewertet werden.

Trendextrapolation:
Die Zerlegung von Zeitreihen zum Zwecke der Bestimmung oder Berechnung eines Trends ist Teilgebiet der statistischen Zeitreihenanalyse. Bei der Trendberechnung geht es darum, von rhythmischen (Saison- oder Konjunktur-) Schwankungen unabhängige Grundrichtungen einer statistischen Zeitreihe zu erfassen. Der Trend ist eine (nicht zufällige) Funktion der Zeit. Ihm liegen durchdringende Tendenzen des wirtschaftlichen Prozesses von anhaltender Dauer und/oder ständig zunehmender Intensität zugrunde. Die trendbildenden Kräfte können aufgrund veränderter sozial-ökonomischer Veränderungen ausbleiben.

Systematische Produktplanung:
Zur methodischen Suche nach neuen Aufgaben (Produktideen) bedarf es umfangreicher externer und interner Informationen.

Externe Informationen sind z. B.:

- Ergebnisse aus Marktbeobachtungen und Marktanalysen,
- Kundenanfragen und -anregungen,
- Übersicht über Konkurrenzerzeugnisse (Firmendruckschriften und Veröffentlichungen in Zeitschriften),
- Eindrücke von Besuchen auf einschlägigen Fachmessen,
- Mängel an bestehenden Erzeugnissen (auch verborgene!) und
- Trends der allgemeinen technischen Entwicklung.

Interne Informationen sind z. B.:

- Verfügbarkeit von Forschungspersonal, Konstrukteuren, Zeichnern usw.,
- Verfügbarkeit von Versuchs- und Prüffeldern, Prüfmitteln usw.,
- Kenntnisse und Erfahrungen in der Handhabung von Kreativitäts- und Konstruktionsmethoden,
- Übersicht über eigene und fremde Schutzrechte,
- Finanzielle Möglichkeiten des Unternehmens,
- Fertigungstechnische Möglichkeiten (evtl. freie Fertigungskapazitäten),
- Anfall wiederverwertbarer Abfallprodukte (Recycling) und
- Produktumsatz und -gewinn.

Portfolioanalyse:
Zu den wichtigsten Methoden der strategischen Planung, somit auch der Produktfindung,

gehören Umfeld- und Portfolioanalysen (Vgl. Band ›Einführung in des Technologiemanagement‹ in dieser Buchreihe.) Die Portfolioanalyse ist eine Methode der Strategieentwicklung. Ein Portfolio ist eine graphische Darstellung einer zweidimensionalen Matrix. In das Portfoliofeld werden die Geschäfte (oder Technologien/Produkte) einer Unternehmung durch Messung unternehmensexterner, nicht direkt beeinflußbarer Kriterien (z. B. Marktattraktivität) und unternehmensinterner, mittels Investitionen direkt beeinflußbarer Kriterien (z. B. relative Wettbewerbsstärke) eingeordnet. Typischerweise berücksichtigt man neben dem analysierten IST-Zustand (IST-Portfolio) auch den gewünschten SOLL-Zustand (SOLL-Portfolio). Durch Zusammenfassung, Transformation und Übertragung der Maße auf die zwei skalierten Achsen des Portfolios (Multifaktorenansatz) ergeben sich die Geschäfts- bzw. Technologiepositionen des Unternehmens, die durch Positionskreise dargestellt werden. Mit dem Durchmesser des Positionskreises kann die Bedeutung eines Geschäftes (Technologie/Produkt) wiedergegeben werden.

Die Portfoliomatrix wird durch Linien in eine bestimmte Anzahl horizontaler und vertikaler Felder symmetrisch aufgeteilt (meist 3x3, manchmal auch 4x4 oder 2x2 Felder). Davon ausgehend werden für die betrachteten Geschäfte (Technologien, Produkte) Strategien entwickelt, wie aus dem IST-Zustand der SOLL-Zustand erreicht werden kann.

Produktentwicklungsmethoden und -werkzeuge

Konzipieren technischer Produkte:
Die VDI-Richtlinie 2222 stellt eine Vorgehensweise zur Produktentwicklung mit den Teilschritten

- Planen,
- Konzipieren,
- Entwerfen und
- Ausarbeiten

vor. Ein detaillierter Ablaufplan wird in Bild 14.2 gezeigt.

Morphologie:
Im allgemeinen läßt sich jede Gesamtfunktion in Teilfunktionen aufgliedern. Oft kann es sinnvoll sein, einige dieser Teilfunktionen zu sekundären Gesamtfunktionen zu machen und diesen wiederum Teilfunktionen zuzuordnen. Die Methode des morphologischen Kastens zum Auffinden von Lösungen für die jeweilige Gesamtfunktion läßt sich auf jedes System, bestehend aus einer Gesamt- und n Teilfunktionen, anwenden.

Das allgemeine Schema eines morphologischen Kastens in Form einer meist unvollständigen Matrix zeigt Bild 14.20.

Teil-funktionen		Lösungsprinzipien und Bausteine					
		a	b	c	•	•	m
1	F_1	P_{1a}	P_{1b}	•	•	•	P
2	F_2	P_{2a}	P_{2b}				
•	•	•	•	•			
•	•	•	•				
n	F_n	P_{na}	•	•	•	•	

Bild 14.20 Morphologischer Kasten in Form einer unvollständigen Matrix

In der ersten Spalte werden die n Teilfunktionen und in den Zeilen die der Teilfunktion zugehörigen Lösungsprinzipien bzw. bereits realisierten Bausteine aufgeführt. Wählt man aus jeder Zeile ein Lösungsprinzip oder einen Baustein aus und verbindet diese miteinander, so ergeben sich mathematisch

$$Z = m_1 m_2 m_3 \ldots m_n$$

Linienzüge (gesamtes Lösungsfeld). Hierin bedeuten m_1, m_2 ... m_n die Anzahl der Lösungsprinzipien bzw. Bausteine in der 1., 2. ...n-ten Zeile. Für eine vollständige Matrix wird demnach $Z_{max} = m^n$.

Es wird ein der Komplexität des Produktes angemessener Wert von Z angestrebt und empfohlen, ähnlich einem Schachspieler im Geiste alle sinnvoll erscheinenden Verbindungslinien (Züge) zu prüfen und die aussichtsreichsten auszuwählen. Zweifellos ist es auf diese Weise möglich, zu neuen oder mindestens nicht naheliegenden Lösungen zu gelangen; zudem wird durch die sich mannigfach dabei abspielenden Assoziationen die Erfindertätigkeit angeregt.

Wertanalyse (DIN 69 910):
Hier handelt es sich um eine alle Bereiche der Unternehmungen und öffentlichen Verwaltungen übergreifende Arbeitstechnik (Rationalisierungstechnik) mit dem Ziel, bestehende Produkte zu verbessern oder bei gleichbleibenden Eigenschaften zu verbilligen bzw. die Administration zu verbessern.

Merkmale sind.:

- ❑ Ermittlung von Hauptfunktionen, Nebenfunktionen und unnötigen Funktionen der untersuchten Produkte, Leistungen und Abläufe.
- ❑ Betrachtung von Wert und Kosten.

- ❑ Anwendung von Kreativitätsmethoden.
- ❑ Ganzheitliche Problembetrachtung.
- ❑ Organisierte interdisziplinäre Teamarbeit.

Brainstorming:
Brainstorming bedeutet ursprünglich Sturmangriff auf ein Problem durch Einsatz einer Mehrzahl von Gehirnen. Bei dieser Methode wird vorausgesetzt, daß eine Gruppe aufgeschlossener, aus möglichst unterschiedlichen Erfahrungsbereichen stammender Menschen vorurteilslos Ideen produziert und sich von den geäußerten Gedanken wiederum zu weiteren neuen Vorschlägen anregen läßt.

Das Brainstorming macht also von der unbefangenen Intuition Gebrauch und spekuliert weitgehend auf Assoziation, d. h. auf Erinnerung und Verknüpfung von bisher noch nicht mit dem zu lösenden Problem in Zusammenhang gesehenen oder noch nicht bewußt gewordenen Gedanken.

Am zweckmäßigsten geht man wie folgt vor:

Die zusammentretende Gruppe sollte mindestens fünf und höchstens 15 Personen umfassen. Der Leiter der Gruppe soll nur im organisatorischen Teil (Einladung, Zusammensetzung, Dauer und Auswertung) initiativ wirken, vor Beginn des Brainstorming das Problem schildern und bei der Sitzung für die Einhaltung der Spielregeln, vor allem für eine aufgelockerte Atmosphäre sorgen. Er darf aber keine Führungs- oder Lenkungsrolle bezüglich der Ideenfindung betreiben. Fixierungen und vorgefaßte Meinungen in der Gruppe muß er vermeiden.

Die Gruppe sollte nicht hierarchisch, sondern möglichst aus Gleichgestellten zusammengesetzt sein, damit Hemmungen in der Gedankenäußerung, die möglicherweise durch Rücksicht auf Vorgesetzte oder auf unterstellte Mitarbeiter entstehen könnten, entfallen.

Die Sitzung sollte etwa eine halbe Stunde dauern; erfahrungsgemäß bringen längere Zeiten nichts Neues und führen zu unnötigen Wiederholungen. Es ist besser, später auf Grund neuer Informationen und/oder anderer personeller Zusammensetzung das Brainstorming zu wiederholen.

Alle Beteiligten müssen in der Gedankenäußerung ihre Hemmungen überwinden, d. h. nichts darf bei einem selbst oder in der Gruppe als absurd, als falsch oder als schon bekannt angesehen werden.

Niemand darf am Vorgebrachten Kritik üben, und jeder muß sich sog. ›verbaler Abschüsse‹ enthalten:

- ❑ ›Ist alles schon dagewesen!‹
- ❑ ›Haben wir noch nie gemacht!‹
- ❑ ›Geht niemals!‹

Die Realisierungsmöglichkeit der Vorschläge wird vorerst nicht beachtet.

Die vorgebrachten Ideen werden auch von den anderen Teilnehmern aufgegriffen, abgewandelt, weiter entwickelt und mit anderen Ideen kombiniert, was zu neuen Vorschlägen führt.
Quantität geht vor Qualität der Ideen!

Alle Ideen oder Gedanken werden aufgeschrieben oder besser auf einem Tonband festgehalten.
Das Ergebnis wird von den zuständigen Fachleuten gesichtet, wenn möglich, systematisch geordnet und auf Brauchbarkeit hinsichtlich einer möglichen Realisierung untersucht bzw. aus den Ideen werden mögliche Lösungen entwickelt.

Der Extrakt oder das so gewonnene Ergebnis sollte mit der Gruppe nochmals diskutiert werden, um evtl. Mißverständnisse oder einseitige Entscheidungen der Fachleute zu vermeiden. Auch können bei dieser Gelegenheit nochmals neue weiterführende Gedanken entwickelt werden.

Hinweis: Von einer Brainstorming-Sitzung dürfen keine großen Überraschungen oder Wunder erwartet werden.

Synektik:
Bei dieser von W. J. Gordon eingeführten Methode handelt es sich um eine Variation des Brainstorming. Teams von 5 – 7 hochqualifizierten und kreativen Personen werden ausgewählt und dann ca. ein Jahr lang intensiv geschult. Der Sinn dieser Schulung liegt darin, einen ›Brain-trust‹ zu erzeugen. Die erstmalige Anwendung diese Verfahrens erfolgte in der Industrie. Neuerdings wird sie auch in sozialen Bereichen eingesetzt. Die für die Teilnehmer zunächst noch neue Problemstellung wird im Synektik-Verfahren zunächst unter allen möglichen Aspekten betrachtet. Daran schließt sich eine Verfremdung des Problemkomplexes durch Analogiebildung an, wobei sich im Spiel mit Metaphern schließlich eine Lösung herausschält.

Delphi-Methode:
Grundsätzlich anwendbar in allen Bereichen der Zukunftsvorhersage, bei denen nicht auf eine ausgebaute Theorie zurückgegriffen werden kann. Es handelt sich um eine strukturierte Gruppenbefragung zum Zwecke der Informationsgewinnung. Merkmale der Delphi-Technik sind: Verwendung eines formalen Fragebogens mit m Fragen, der m Experten vorgelegt wird. Die Beantwortung erfolgt anonym. Anschließend erfolgt eine Auswertung als statistische Gruppenantwort. Danach wiederholt sich der Ablauf.

SEER-Technik:
Der Ausgangspunkt bei der Entwicklung der SEER-Technik war, Unzulänglichkeiten der Delphi-Methode zu verbessern. Sie gehört zur ›Klasse‹ der die Entscheidungsfindung unterstützenden heuristischen Methoden .

Als Unterschied zur Delphi-Methode werden genannt:

- Die Befragten sind Experten, die an den interessierenden Problemen gegenwärtig arbeiten.
- Den Befragten werden Vorinformationen gegeben, die bereits strukturiert sein können.
- In jeder Runde werden andere Teilnehmer befragt, extreme Einschätzungen werden überprüft.
- Gruppendiskussionen sind nicht völlig ausgeschlossen.
- Die Ermittlung des Gruppenurteils wird dagegen von der Delphi-Methode übernommen.

Analyse bekannter Konstruktionen:
Beim Suchen nach Lösungsprinzipien, die zur Erfüllung geforderter Teilfunktionen oder Funktionsstrukturen geeignet sind, bzw. zum Erkennen geeigneter physikalischer Effekte und Effektträger (Funktionsträger) kann auch eine Analyse bekannter Konstruktionen hilfreich sein. Eine solche Analyse, d. h. ein gedankliches Zerlegen einer bereits ausgeführten Konstruktion, wird die verwendeten Konstruktionselemente bzw. Funktionsträger mit den ihnen zugrunde liegenden physikalischen Effekten sowie die erfüllten Teilfunktionen erfassen. Da man sinnvollerweise nur solche konstruktiven Lösungen analysieren wird, die mit der zu lösenden neuen Aufgabe (Funktion) in einem gewissen Zusammenhang stehen oder diese sogar bereits z. T. erfüllen, kann man bei dieser Art der Informationsgewinnung auch von einer methodischen Nutzung von Bewährtem bzw. Nutzung von Erfahrung sprechen.

Rapid-Prototyping:
Ein immer mehr an Bedeutung gewinnender Weg zur Verkürzung der Produktentwicklungs- und damit der Innovationszeiten ist die Anwendung von Methoden des Rapid-Prototyping (RP). Rapid-Prototyping wird in den Ingenieurwissenschaften in mehreren Anwendungsgebieten verwendet, deren bekannteste im Bereich der Software- und Elektronikentwicklung und in der Herstellung von Muster- oder Einzelteilen in der Fertigungsindustrie liegen.
Die Motivation zum Bau von Prototypen liegt in der unvollständigen Bewertungs- und Beurteilungsmöglichkeit eines erst im Entwurfsstadium befindlichen und nur internal (meist rechnerintern) repräsentierten Objekt begründet. In vielen Branchen und Anwendungsfällen können erst anhand eines Prototyps wichtige Fragen geklärt werden, z. B. bzgl. Spezifikation, Fertigbarkeit, Qualität, Form und Design. Mit den Methoden des RP wird nun auf eine schnelle und nutzerorientierte Realisierung eines Prototypen aus seinen Entwurfsdaten abgezielt, um damit signifikant durchlaufzeitsenkende und qualitätssichernde Effekte zu erreichen. Dies kommt unmittelbar den für den Markterfolg ausgezeichneten Faktoren ›Qualität‹ und ›früher Markteintritt (Time to Market)‹ zugute. In Bild 14.21 ist die konventionelle Produktoptimierung dem Rapid Prototyping gegenübergestellt.

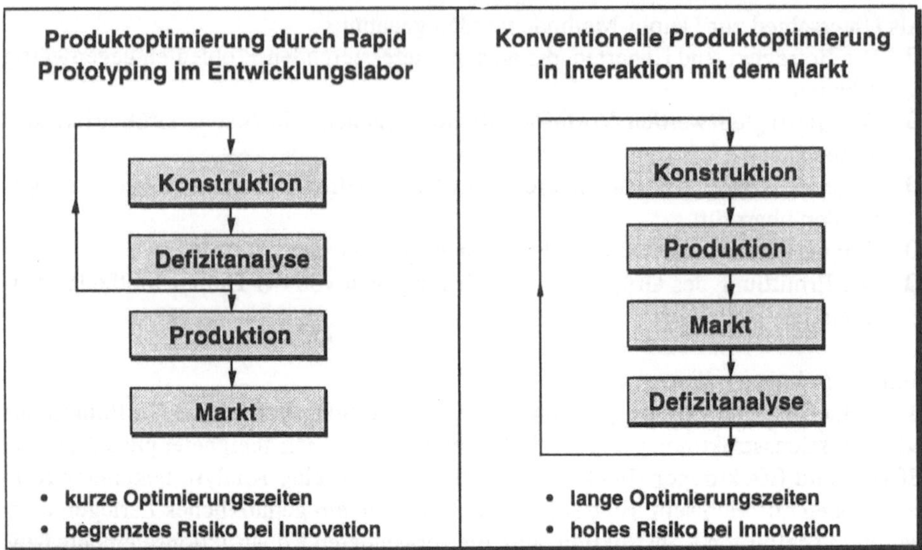

Bild 14.21 Konventionelle Produktoptimierung und Rapid Prototyping

Stereolithographie:
Die Stereolithographie ist eine Methode zum schnellen Versuchsmusterbau. In Bild 14.22 ist der prinzipielle Aufbau der Stereolithographie dargestellt. Das Ausgangsmaterial für die Stereolithographie ist ein flüssiges Acrylharz, das unter UV-Bestrahlung aushärtet (photosensitiv). Dieses befindet sich in einem Bad in der Prozeßkammer der Anlage. Die Größe der Bauteile ist durch die Ausmaße dieses Bads begrenzt.

In der Stereolithographie kommt ein Helium-Cadmium-Laser zum Einsatz, der im Kopf der Anlage sitzt. Der Laserstrahl wird mit dynamischen Spiegeln auf das Harzbad umgeleitet. Dynamische Spiegel sind spulenartig gelagert und können computergesteuert in 2 Achsrichtungen bewegt werden. Mit dem Laserstrahl werden gezielt Spuren mit einem Ausmaß von beispielsweise 0,4 mm Tiefe und 0,2 mm Breite in der Oberfläche des Harzbades ausgehärtet. Bauteilelemente werden aus überlappenden Spuren aufgebaut.
Das Teil wird auf einer Plattform aufgebaut, die mit einem Spindelaufzug im Harzbad bewegt wird. Eine zusätzlich zum Bauteil konstruierte Stützte (Support) trennt Teil und Plattform. Diese Stütze wird später abgetrennt.

Mit dem Sliceprozeß wurde eine Beschreibung des CAD-Modells in Schichten hergestellt. Der Bauprozeß erfolgt mit diesen Schichten. Die Schichtdicke beträgt je nach Genauigkeits- und Oberflächenanforderungen zwischen 0,1 und 0,8 mm.

Zu Beginn der Bauzeit ist die Plattform an der Badoberfläche. Die erste Schicht wird ›gebaut‹. Danach senkt sich die Plattform um die Schichtdicke ab. Der Laser härtet nun wieder an der Badoberfläche die zweite Schicht aus. In dieser Art wird das Bauteil sukzessive von unten nach oben durch Absenken der Plattform immer an der Badoberfläche aufgebaut.

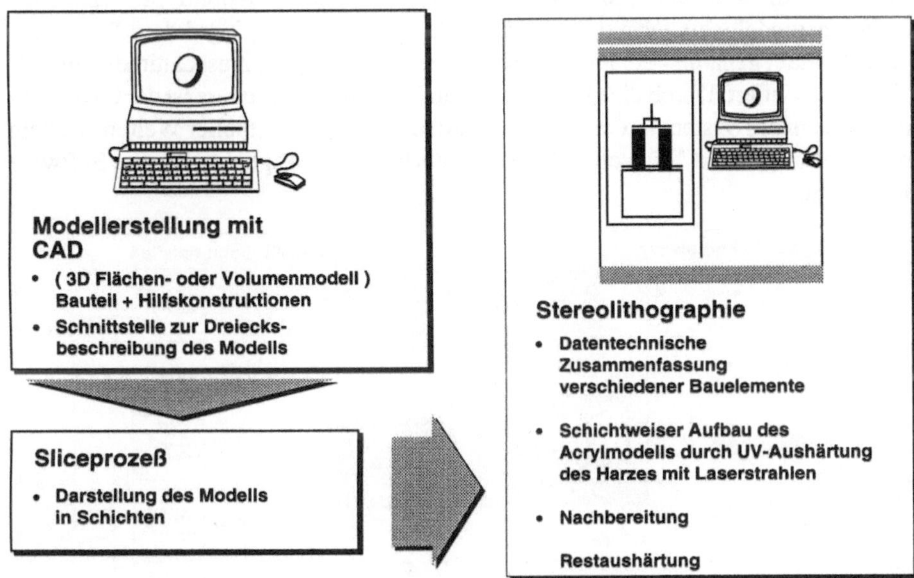

Bild 14.22 Stereolithographie

CAD-Video-Somatographie:
Die CAD-Video-Somatographie (CADVS) ist eine Methode zur Analyse, Gestaltung und Simulation der Mensch-Arbeitsmittel-Schnittstelle. Sie ist für statische und dynamische (Berücksichtigung von Körperbewegungen) Anwendungen geeignet. Sie kann bereits in frühen Stadien des Entwicklungs- und Konstruktionsprozesses von Arbeitsmitteln auf CAD-Systemen eingesetzt werden.

Das Funktionsprinzip der CADVS wird in Kapitel 13 erklärt.

Virtual Reality (VR, Cyberspace):
Für viele Entwürfe im Bereich der Gestaltung und des Designs werden aufwendige Modelle des zukünftigen Objekts erstellt. Selbst kleine Modifikationen im Entwurf führen oft zu zeitraubenden und teuren Änderungen am Modell oder zu einer kompletten Neuanfertigung. Auch bleiben die meisten Modelle durch ihre maßstäbliche Verkleinerung weit hinter der Wirklichkeit zurück.

Bedingt durch die Fortschritte in der Computertechnik stehen immer höhere CPU- und Grafikleistungen zur Verfügung, die insbesondere im Bereich der visuellen Simulation vollkommen neue Perspektiven eröffnet. Mit Hilfe dieser Hochleistungsrechner sowie neuartiger Interfacetechniken kann die reale Umwelt in eine künstliche dreidimensionale Welt – die Virtuelle Realität (VR) – abgebildet werden. VR ist eine 360-Grad-Computersimulation, mit der durch multiple Ansprache der menschlichen Sensorik versucht wird, dem Benutzer ein möglichst realistisches Abbild der virtuellen Simulationsmodelle zu vermitteln. In der virtuellen Umgebung wird dem Benutzer - auch Cybernaut genannt - ein jeweils blickrichtungsabhängiger Ausschnitt der virtuellen Welt präsentiert. Durch die Qualität und den Umfang der Software ist der Cybernaut in der Lage, in das System interaktiv einzugreifen. Der Inhalt virtueller Welten ist allein den Vorstellungen und Wünschen des Benutzers bzw. den Möglichkeiten der Software unterworfen.

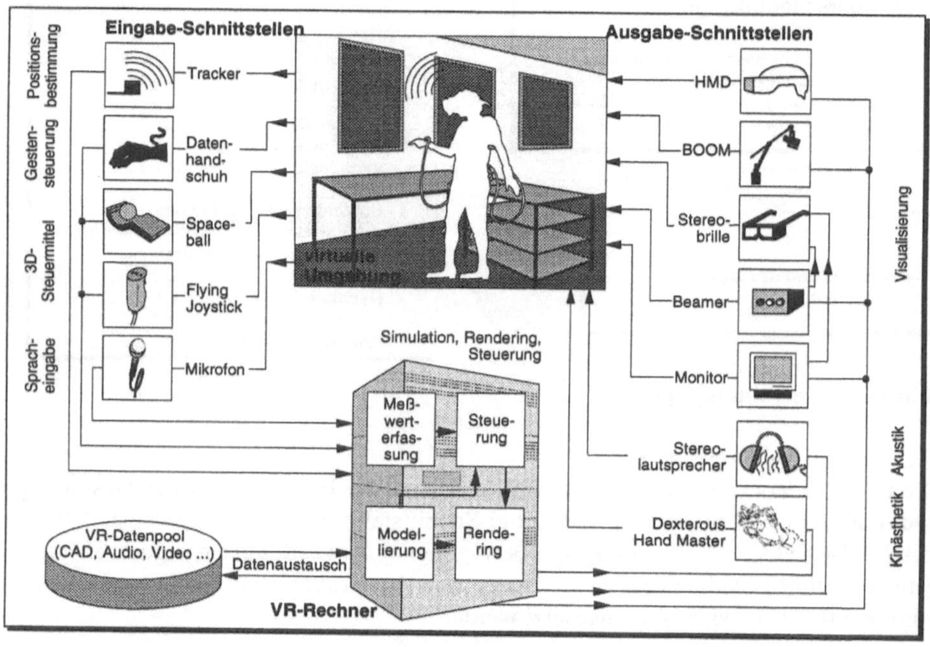

Bild 14.23 Virtuelle Realität, Ein- und Ausgabemedien

Bilder, die der Grafik-Computer von der virtuellen Welt generiert, werden blickrichtungsabhängig stereoskopisch auf zwei Farb-LCD-Displays dargestellt, welche die Bilder durch je eine Speziallinse direkt vor die Augen des Betrachters projizieren. Diese Brille für die VR wird EyePhone genannt. Die Auflösung dieser Displays entspricht umgerechnet auf einen 20"-Monitor ca. 3600 x 2900 Bildpunkten. Die Speziallinsen weiten das LCD-Bild auf den gesamten Sichtbereich der Augen auf, um störende Randeffekte auszuschließen. Der Cybernaut kann über den sog. DataGlove (ein Handschuh mit Glasfaser-Optik) Interaktionen in der virtuellen Welt durchführen. Die Position und Orientierung von Hand und Kopf werden kontinuierlich von einem Navigationssystem aufgenommen und in computerlesbare Daten umgewandelt. Ein Steuercomputer verarbeitet die umfangreichen Datenmengen, die durch die Aufnahme der Interaktionen entstehen, um in Abhängigkeit der Interaktionen die neue Anordnung der Objekte innerhalb der virtuellen Welt zu berechnen.

Das Bild 14.23 zeigt den prinzipiellen Aufbau eines Systems der Virtuellen Realität.

Experimentelle Untersuchungen:
Gerade in der Arbeitswissenschaft, die eine Erfahrungswissenschaft ist, kommt den experimentellen Untersuchungen eine besondere Bedeutung zu. Am Anfang einer Untersuchung steht die – mehr oder weniger – durch Erfahrung erhärtete Vermutung, daß eine interessierende Zielgröße von einer oder mehreren Einflußgrößen abhängt. Durch einen Versuch soll geklärt werden, ob, wie stark und in welcher Weise die Einflußgrößen (Faktoren, unabhängige Variablen) auf die Zielgröße (abhängige Variable) wirken. In Bild 14.24 sind die Parameter der Versuchsplanung zusammengestellt.

Unter einem Versuch versteht man in der Regel eine *Versuchsreihe*, die sich aus mehreren Einzelversuchen zusammensetzt. Um den Einfluß der auf die *Zielgröße* wirkenden Faktoren erfassen zu können, müssen die Versuchsbedingungen für die Einzelversuche variiert werden, indem die Faktoren auf verschiedenen Stufen eingesetzt werden. Die Versuchsbedingungen bei einem Einzelversuch werden durch die Stufen aller Faktoren, die Faktorstufenkombination, charakterisiert. Jeder Versuch erfordert genaue Festlegungen der Versuchsbedingungen und der Reihenfolge der Einzelversuche, also einen *Versuchsplan*.

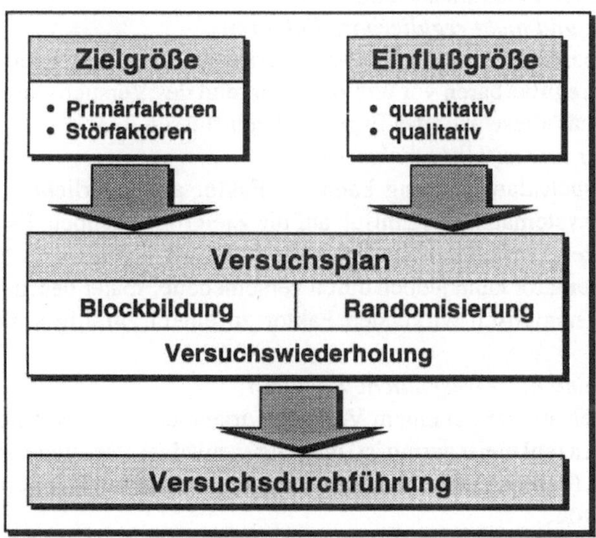

Bild 14.24 Parameter der Versuchsplanung

Soll die subjektive Beurteilung der Versuchsergebnisse vermieden werden, dann müssen statistische Methoden zur Auswertung der Versuchsergebnisse verwendet werden. Damit diese Auswertung möglichst einfach ist und gleichzeitig bei festgelegtem Gesamtaufwand für den Versuch ein Höchstmaß an gewünschten Informationen bringt, müssen statistische Gesichtspunkte nicht erst bei der Auswertung, sondern bereits bei der Planung des Versuchs berücksichtigt werden.

Nur die statistische *Versuchsplanung* ermöglicht es, mit einer festgelegten Gesamtzahl von Einzelversuchen einen Versuch so anzulegen, daß sich die Ergebnisse mit statistischen Methoden (z. B. Varianzanalyse und Regressionsanalyse) einfach und erschöpfend auswerten lassen. Bei Verwendung eines statistischen Versuchsplans besteht also ein optimales Verhältnis zwischen Versuchsaufwand und gewonnener Information. Bei der Durchführung von experimentellen Untersuchungen sind die nachfolgend näher beschriebenen Faktoren zu berücksichtigen:

1. *Quantitative und qualitative Faktoren*
   Quantitative Faktoren sind solche, deren Ausprägungen Zahlenwerte sind (z. B. Meßgrößen im Sinne von DIN 1319 wie Länge, Widerstand, Lebensdauer oder zählbare Größen wie Fehlerzahlen).
   Qualitative Faktoren sind solche, deren verschiedene Ausprägungen keine Zahlenwerte sind (z. B. der Faktor ›Verpackungsmaterial‹ mit den verschiedenen Ausprägungen Holz, Metall, Kunststoff).
   Man kann einen quantitativen Faktor zu einem qualitativen machen, indem man nur einzelne Stufen des quantitativen Faktors betrachtet und diese als Ausprägungen eines qualitativen Faktors ansieht.
2. *Regulierbare und nicht regulierbare Faktoren*
   Die regulierbaren Faktoren kann der Experimentator gezielt steuern, während er auf die nicht regulierbaren vor und/oder während des Versuchs keinen vollständigen Einfluß hat, diese aber das Ergebnis beeinflussen.
3. *Systematische und zufällige Faktoren*
   Bei der Versuchsdurchführung kann ein Faktor auf natürliche oder gesteuerte Weise einen systematischen Einfluß auf die Zielgröße ausüben. Es gibt aber auch Faktoren, deren Einfluß auf die Zielgröße zufälliger Natur ist.
   Der Experimentator kann jedoch durch verschiedene, später beschriebene Methoden einen systematisch wirkenden Faktor zu einem zufällig wirkenden Faktor machen.
4. *Wesentliche und nicht wesentliche Faktoren*
   Unter der Vielzahl der bei einem Versuch wirkenden Faktoren sind die wesentlichen (deren Anzahl meist gering ist) diejenigen mit dem stärksten Einfluß, die nicht wesentlichen (deren Anzahl meist groß ist) diejenigen mit nur geringem Einfluß auf die Zielgröße.
   Die nicht wesentlichen Faktoren kann und will man auch oft nicht alle bei der Versuchsdurchführung beachten. In ihrer Gesamtheit wirken sie wie ein einziger

Faktor mit zufälligem Einfluß, den man meist als ›Versuchsfehler‹ bezeichnet. In einem mathematischen Modell, das den Zusammenhang zwischen Faktoren und Zielgröße beschreibt, erscheinen daher nur der Versuchsfehler und diejenigen Faktoren, von denen man weiß, daß sie wesentlich sind, oder bei denen man mit Hilfe des Versuchs prüfen will, ob sie wesentlich sind.

5. *Faktoren, die absichtlich konstant gehalten und solche, die absichtlich variiert werden*
   Bei einem Versuch werden gewisse Faktoren auf systematische oder zufällige Art absichtlich variiert, weil man den Einfluß dieser Faktoren auf die Zielgröße erfassen will. Andere Faktoren werden absichtlich konstant gehalten, weil man ihren Einfluß beim Versuch ausschalten will.
6. *Störfaktoren und Primärfaktoren*
   Die Störfaktoren sind solche Faktoren, an deren Einfluß auf die Zielgröße der Experimentator im Gegensatz zu den Primärfaktoren nicht primär interessiert ist, da sie z. B. nur durch die Versuchsanordnung oder durch das verwendete Versuchsmaterial wirksam werden.
   Um eine Aussage über den Einfluß der primär interessierenden Faktoren auf die Zielgröße zu erhalten, muß man entweder die Störfaktoren ausschalten (siehe (a) und (c) unten) oder ihren Einfluß auf die Zielgröße miterfassen (siehe (b) und (d) unten). Das ist jeweils auf zwei Arten möglich: Entweder durch experimentelle Kontrolle (siehe (a) und (b)) oder durch statistische Kontrolle (siehe (c) und (d)).
   So gibt es insgesamt 4 Möglichkeiten der Behandlung von Störfaktoren:
   a) Man hält die Störgröße (Einflußgröße) konstant (experimentelle Kontrolle) und schaltet sie damit aus. Das ist nur möglich, wenn die Störeinflüsse bekannt und kontrollierbar sind.
   b) Man bezieht sie bewußt und systematisch in den Versuch ein und erfaßt ihren systematischen Einfluß auf die Zielgröße.
   c) Man ordnet die Störgrößen durch ›Randomisieren‹ den Versuchsobjekten in zufälliger Weise so zu, daß die Störgrößen ›statistisch‹ ausgeschaltet werden.
   d) Man beeinflußt die Störgrößen, falls sie zufällig sind, nicht und erfaßt mit Hilfe statistischer Auswerteverfahren ihre Auswirkung auf die Zielvariable (z. B. durch Kovarianzanalyse).

Bei der Versuchsplanung sind folgende Grundsätze zu beachten:

1. Der Versuch sollte ein sorgfältig definiertes Ziel haben.
   Die Definition des Versuchszieles erfordert fundierte Kenntnisse des Planenden auf dem Sachgebiet, aus dem das Problem stammt. Die Definition des Versuchszieles schließt ein
   a) Wahl der Faktoren und der Bereiche, in denen sie eingesetzt werden sollen und
   b) Auswahl des Versuchsmaterials, der Versuchsmethoden und der Versuchsgeräte.
2. Soweit es möglich ist, sollten die Wirkungen der Primärfaktoren nicht mit anderen

Effekten vermengt sein. Das wird durch die Verwendung eines dem Versuchsziel angemessenen Versuchsplans erreicht, der außerdem oft die Auswertung erleichtert.

3. Soweit es möglich ist, sollte der Versuch frei von (bewußten und unbewußten) systematischen Fehlern sein. Systematische Fehler können durch Blockbildung und durch Randomisierung ausgeschaltet werden. Bei der Blockbildung werden systematische Fehler infolge von Inhomogenitäten (im Versuchsmaterial, im Versuchsfeld, durch verschiedene Maschinen, durch den Zeiteinfluß) dadurch ausgeschaltet, daß Blöcke möglichst gleichartiger Versuchseinheiten gebildet und planmäßig in den Versuch einbezogen werden. Bei der Randomisierung wird die Zuteilung der Versuchseinheiten zu den Einzelversuchen zufällig vorgenommen, so daß sich systematische Fehler infolge von Inhomogenitäten wie zufällige Fehler auswirken. Die Wirkung der Randomisierung wird durch Versuchswiederholung verstärkt.
4. Der Versuch sollte die zahlenmäßige Erfassung des ›*Versuchsfehlers*‹ gestatten (es sei denn, die Größe der Versuchsfehler ist aus früheren Untersuchungen genau bekannt). Das wird durch Versuchswiederholung erreicht; die Randomisierung gewährleistet die Brauchbarkeit der Maße für den Versuchsfehler.
5. Der Versuchsfehler soll so klein sein, daß die unter (1.) festgelegten Versuchsziele erreicht werden.
   Der Versuchsfehler kann verkleinert werden
   a) durch einen dem Versuchsziel besser angepaßten Versuchsplan (einschließlich Blockbildung) und
   b) durch Versuchswiederholung.

Die nachfolgende Checkliste ist als eine Hilfestellung zur erfolgreichen Durchführung von experimentellen Untersuchungen gedacht.

I Vorbereitende Überlegungen und Problemstellung

1. Formulierung des Problems.
2. Festlegung der Zielgröße.
3. Wahl der zu variierenden Faktoren und ihre Klassifizierung
   a) qualitativ oder quantitativ,
   b) zufällig oder systematisch.
4. Aufstellung einer Liste möglicher Störfaktoren.

II Planung des Experiments

1. Festlegung der Zahl der Beobachtungen und Wahl der Faktorstufen. Wahl der Faktorstufenkombinationen.
2. Wahl des Versuchsplanes.
3. Verwendete Methode der Randomisierung.
   Bestimmung der Reihenfolge der Einzelversuche.
4. Erstellung des mathematischen Modells.

5. Formulierung der gestellten Fragen in statistischen Hypothesen.

III Durchführung und Auswertung des Experiments

1. Durchführung des Versuchs und Sammeln der Daten; Auswertung der Daten nach dem erstellten mathematischen Modell.
2. Berechnung von Schätzwerten, Vertrauensbereichen. Durchführung der statistischen Tests.
3. Interpretation der Ergebnisse und sachliche Entscheidungen auf der Basis der Versuchsergebnisse.

Informationsquellen

Konstruktionskataloge

Für viele technische Probleme existieren bereits prinzipielle Detaillösungen, die in sog. Konstruktionskatalogen zusammengestellt sind. Die VDI-Richtlinie 2222, Blatt 2, stellt die Arbeit mit dieser Informationsquelle vor.

Patent- und Literaturdatenbanken

Abstracts (Kurzzusammenfassungen) mit Schlagwörtern existieren inzwischen von vielen Patenten und allen neueren Literaturquellen. Die Datenbanken sind so aufgebaut, daß die im Computer abgelegten Abstracts über Schlagwörter ausgewählt werden. Auf dem jeweiligen Abstract ist dann die Originalquelle vermerkt.

Befragung

Die verfügbaren Befragungstechniken lassen sich nach dem Standardisierunggrad der Frage und Antwortmöglichkeiten in vier Hauptgruppen einteilen, die nach der Durchführungsart (schriftlich, mündlich) noch weiter differenziert werden können.

1. *Standardisierte Fragen* und *standardisierte Antworten*

   Die Befragung erfolgt im allgemeinen schriftlich, typischer Vertreter dieser Befragungsform ist der Fragebogen mit vorgegebenen Antwortmöglichkeiten zum Ankreuzen. Die Antwortmöglichkeiten können aus zwei (ja-nein, richtig-falsch etc.) oder aus mehreren Alternativen bestehen (z. B. Intensitätsskala: kaum-etwas-einigermaßen-ziemlich-überwiegend-völlig, oder Häufigkeitsskala: nie-selten-manchmal-oft).

   Ein Problem dieses Befragungstyps ist, daß alle möglichen Antworten bereits vorher bekannt und im Fragebogen vorgesehen sein müssen. Weitere Probleme können darin liegen, daß der Befragte bei Verständnisproblemen keine Möglichkeit zum Nachfragen hat und, z. B. bei postalischer Befragung, nicht immer klar ist, wer den Bogen ausgefüllt hat. Vorteilhaft ist dagegen die einfache Auswertung, die (bei maschinenlesbaren Bögen) sogar automatisch erfolgen kann.

   Häufig angewandt wird diese Befragungsart im Zusammenhang arbeitswissenschaftlicher Untersuchungen zur Erfassung der subjektiv erlebten Beanspruchung.

2. *Standardisierte Fragen* und *nicht-standardisierte Antworten*
Die Befragung erfolgt entweder als standardisiertes Interview, in dem der Befragte auf (im Wortlaut) vorgegebene Fragen frei antwortet oder schriftlich als Fragebogen, auf dem der Befragte die Antworten selbst formuliert. Die auftretenden Antworten können nachträglich verschiedenen Kategorien zugeordnet werden. Der Vorteil gegenüber standardisierten Antwortmöglichkeiten besteht darin, daß der Befrager die verschiedenen Antworten, die auftreten, zum Zeitpunkt der Befragung noch nicht vorhersehen muß, dafür ist die Auswertung aufwendiger.
3. *Nicht-standardisierte Fragen* mit *standardisierten Antworten*
Diesem Befragungstyp kommt kaum praktische Bedeutung zu. Denkbar wäre z. B., daß eine frei gestellte Frage durch Auswahl einer von mehreren vorgelegten Abbildungen oder vorgegebenen Statements beantwortet werden muß. Nicht standardisierte Fragen kommen praktisch nur in mündlicher Form (Interview) vor.
4. *Nicht-standardisierte Fragen* und *nicht-standardisierte Antworten*
Diese als freies Interview oder narratives Interview bezeichnete Befragungsform ist besonders dann geeignet, wenn über den Befragungsgegenstand sehr wenig bekannt ist und vor Beginn des Interviews noch keine Fragen ausformuliert werden können, sondern sich diese erst im Laufe des Gesprächs ergeben. Eine größere Zahl von Interviews systematisch auszuwerten ist sehr aufwendig, so daß sich diese Technik vor allem für Einzelfallstudien eignet.

Entscheidungsmethoden

Nutzwertanalyse
Im Zusammenhang mit Investitionsfragen in den 60er Jahren wurde diese Strategie entwickelt, um alternative Investitionsobjekte auch an solchen Bewertungskriterien zu messen, die nicht in Geldeinheiten ausdrückbar sind. Berücksichtigt werden z. B. technische, psychologische und soziale Bewertungskriterien.

Die Nutzwertanalyse vollzieht sich in drei Phasen. In der Konzeptionsphase werden die Ziele des Entscheidenden festgelegt und die zu untersuchenden Alternativen sowie die maßgeblichen Bewertungskriterien ausgewählt. In der Bewertungsphase kommt es zu einer Gewichtung der Kriterien nach ihrer Bedeutung. Die Alternativen werden dann verglichen. In der Ergebnisphase werden aus den Rangfolgen der zweiten Phase Teilnutzwerte, Gesamtnutzwerte und eine Rangordnung der Alternativen festgelegt. Ergriffen wird die Alternative mit dem höchsten Nutzwert. Da diese Methode universell einsetzbar ist, wird sie im Abschnitt 14.4.3 ausführlich vorgestellt.

Szenariotechnik
Ausgangspunkt des Verfahrens ist eine gegebene Situation der Gegenwart. Schritt für Schritt wird aufgezeigt, wie sich eine zukünftige Situation als logische Abfolge von Ereignissen entwickeln könnte. Ziel ist es, die kritischen Verzweigungspunkte aufzuzeigen, in denen Entscheidungen getroffen werden müssen. Die Folgen dieser Ent-

scheidungen werden als Optionen dargestellt, wobei nur diejenigen weiterverfolgt werden, die als ›relevant‹ angesehen werden.

Auch diese Methode wird im nächsten Abschnitt (14.4.2) ausführlich vorgestellt.

Simulation
Im Zusammenhang mit Operations Research entwickeltes Verfahren der Computersimulation. Simulation ist das zielgerichtete Experimentieren an Modellen, die der Realität nachgebildet sind. Es geht vor allem um die Entscheidungsfindung. Die Simulation wird in der Regel mit EDV-Anlagen durchgeführt. Bei der deterministischen Simulation sind alle Strukturdaten und Ablaufdaten determiniert. Bei der stochastischen Simulation sind die Ablaufdaten von zufälligen Einflüssen abhängig. Damit wird das Verhalten eines (dynamischen) Systems simuliert. Zumeist kommen statistische Verfahren der Wahrscheinlichkeitsrechnung zum Einsatz.

Netzplantechnik (DIN 69 900)
Darunter versteht man ein in den Jahren 1957/58 in den USA entwickeltes Planungsverfahren. Zur Netzplantechnik zählen alle Verfahren zur Analyse, Beschreibung, Planung, Steuerung und Überwachung von Abläufen auf der Grundlage der Graphentheorie, wobei Zeit, Kosten, Einsatzmittel und weitere Einflußgrößen berücksichtigt werden können. Anwendung fanden diese Planungsverfahren zunächst bei der Entwicklung neuer Waffensysteme, später auch bei Vorhaben mit Projektcharakter. Die zwei zentralen Begriffe des Netzplans sind Vorgang und Ereignis. Ein Vorgang ist eine zeitbeanspruchende Teilarbeit oder Handlung, die zwischen einem Anfangs- und Endzeitpunkt stattfindet. Ereignisse haben keine zeitliche Ausdehnung. Sie stellen Zeitpunkte dar, zu denen bestimmte Teilvorgänge beendet sind oder andere beginnen müssen. Das Charakteristikum des Netzplans ist es, daß auf mindestens einem Weg durch das Netz die Pufferzeiten ein Minimum ergeben. Diesen Weg bezeichnet man als den ›kritischen‹.

Es existieren drei wesentliche Modelle der Netzplantechnik:
CP = Critical Path Method (Vorgangspfeilnetz),
PER = Program Evaluation and Review Technique (Ereignisknotennetz) und
MPM = Meta Potential Method (Vorgangsknotennetz).

In der Praxis hat sich die Vorgangsknotentechnik (MPM) durchgesetzt.

Rangreihenverfahren
Dieses qualitative Verfahren stellt die einzelnen Glieder auf einer Rangreihe dar. Der jeweilige Rang wird entweder durch Ordnen der Glieder oder durch paarweisen Vergleich bestimmt.

Ökobilanz
Die Ökobilanz ist in erster Linie ein Umweltinformationssystem, das zur Entscheidungsfindung in Fragen bezüglich der Einführung oder Veränderung von Produkten

und Produktionsprozessen dient. Kernstück der Ökobilanz ist die prozeßorientierte Betrachtung, d. h. die möglichst genaue und detaillierte Darstellung der Energie- und Stoff-Flüsse der verschiedenen betrieblichen Abläufe inklusive aller vor- und nachgelagerten Aktivitäten. In Bild 14.25 ist die Grundstruktur einer Ökobilanz aufgezeigt.

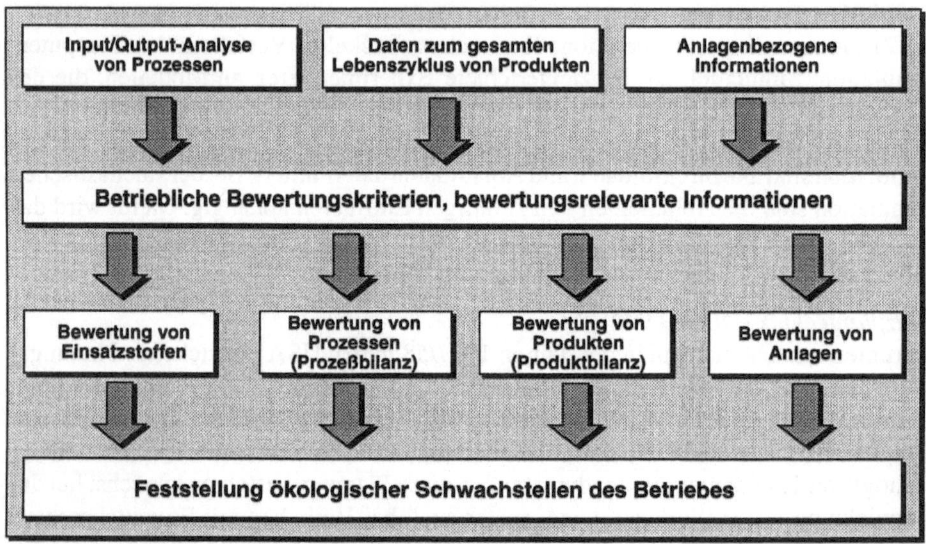

Bild 14.25 Grundstruktur einer Ökobilanz
(nach Landesanstalt für Umweltschutz BW (LfU), 1992)

Moderationstechnik (Metaplan-Methode)
Die Moderations- oder *Metaplan-Methode* wurde Ende der 60er Jahre bis Anfang der 70er Jahre entwickelt und entstand aus dem Bedürfnis nach einer Technik, die es ermöglicht, daß mehr als drei Menschen gleichberechtigt miteinander sprechen können. Die bisherigen Modelle, Vortrag und Diskussion, waren durch dieselbe Machtstruktur gekennzeichnet: Der Lehrer weiß, was richtig ist, der Diskussionsleiter weiß, wo es langgeht. Keimzelle der neuen Methode war das Quickborner Team (heute Metaplan), das, aus der Erfahrung mit Entscheidertrainings in vielen Experimenten in unterschiedlichen Gruppen, Stellwände und (Kartei-)Karten nicht mehr nur für die Analysen und Entwürfe der Planer nutzte, sondern auch dazu, das Gespräch einer Gruppe transparent zu machen: Die Kunst der Visualisierung im Gruppenprozeß war geboren. Die Rolle des Gruppenleiters wurde zu der des Moderators. In den nachfolgenden Jahren entstanden auch vor dem Hintergrund gruppendynamischer Erfahrungen die bewährten Frage- und Antworttechniken (z. B. durch Klebepunkte). Die rasche Verbreitung der Methode, insbesondere in Unternehmen, Organisations- und Bildungsabteilungen, entsprang nicht zuletzt dem wachsenden Bedürfnis vieler Menschen nach besserer Kommunikation.

Die Aufgabe der Moderations- oder Metaplan-Methode kann dort gesehen werden, wo schwierige Probleme in Lern- und Arbeitsgruppen zu Verständigungsproblemen führen, wo bessere Ideen gefunden und wirkungsvoller realisiert werden sollen und wo die Orientierung und Aufnahme des Gruppen(lern)prozesses visuell unterstützt werden soll.

Moderation im Umgang mit Gruppen läßt sich vereinfacht auf die Formel bringen:

Moderation = Interaktion + Visualisierung

Bei der Moderation kommt dem Moderator eine Schlüsselstellung zu.

Statistik
Bei vielen arbeitswissenschaftlichen Untersuchungen ist der Einsatz von statistischen Methoden notwendig. Da eine umfassende Behandlung der Statistik den Rahmen der Ausführungen sprengen würde, wird hier nur auf Grundbegriffe eingegangen und ansonsten auf die einschlägige Fachliteratur verwiesen.

»Statistik ist eine Zusammenfassung von Methoden, die es erlauben, vernünftige optimale Entscheidungen im Falle von Ungewißheit zu treffen« (Abraham Wald, zit. nach Bosch, 1987).

Die Statistik ist hier also ein wissenschaftliches Hilfsmittel bezüglich der Entscheidungsfindung: es wird mit statistischen Verfahren überprüft, ob beobachtete Erscheinungen nur zufällig oder signifikant sind.

Die Statistik wird in die Bereiche
- ❑ *beschreibende Statistik* und
- ❑ *analytische Statistik*

unterteilt.

Die Aufgabe der beschreibenden Statistik besteht darin, anhand von Daten Zustände oder Vorgänge zu beschreiben. Hierzu dienen Tabellen, graphische Darstellungen, Verhältniszahlen und typische Kennzahlen wie z. B. Mittelwert und Varianz.

Die analytische Statistik (auch beurteilende Statistik) schließt anhand von Beobachtungsdaten auf allgemeine Gesetzmäßigkeiten, die über den Beobachtungsraum hinaus gültig sind. Damit ist ein Schluß von einer Untersuchung auf die Grundgesamtheit möglich. Die analytische Statistik basiert auf der mathematischen Wahrscheinlichkeitsrechnung.

In der Arbeitswissenschaft ist die statistische Sicherheit ein wichtiger Begriff. Sie drückt aus, mit welcher Wahrscheinlichkeit eine Aussage zutrifft. So deutet z. B. eine statistische Sicherheit von 95 % darauf hin, daß die getroffene Aussage in 95 % aller Fälle zutrifft. Die Irrtumswahrscheinlichkeit ist hier 5 %. Übliche Irrtumswahr-

scheinlichkeiten (*Signifikanzniveaus*) sind
α = 0,05,
α = 0,01,
α = 0,001 (vorwiegend bei medizinischen Fragestellungen).

Bei der Datenerhebung ist auf eine ausreichend große Stichprobe zu achten, da bei vielen statistischen Tests die Daten normalverteilt sein müssen.

Häufig eingesetzte statistische Tests sind:

- χ^2-Test
  Mit dem CHI-Quadrat-Test kann der Vergleich einer empirischen Verteilung mit der Normalverteilung durchgeführt werden.
- t-Test
  Mit dem t-Test wird festgestellt, ob der Mittelwert einer Stichprobe nur zufällig oder signifikant von einem vorgegebenen Mittelwert verschieden ist.
- Korrelationsanalyse
  Die Korrelationsanalyse untersucht Zusammenhänge zwischen zwei Merkmalen. Diesen Zusammenhang beschreibt der Korrelationskoeffizient r ($-1 \leq r \leq 1$). Ist $r = 0$, dann besteht keine Korrelation. Je näher $|r|$ bei 1 liegt, umso stärker ist die Korrelation.
- Varianzanalyse
  Mit der Varianzanalyse wird untersucht, ob ein oder mehrere Faktoren einen Einfluß auf ein betrachtetes Merkmal haben. In der einfachen Varianzanalyse wird nur der Einfluß eines Faktors untersucht, in der mehrfachen Varianzanalyse gleichzeitig der Einfluß mehrerer Faktoren.

Da die Durchführung eines statistischen Testverfahrens sehr rechenintensiv ist, empfiehlt es sich, auf computergestützte Programme zurückzugreifen. Als Beispiel sei hier das Programmpaket SPSS (Statistical Package for the Social Sciences) genannt.

14.4.2 Szenariotechnik

›Es ist wichtiger zu wissen, wohin die Dinge gehen, als zu wissen, woher sie kommen‹ (Seneca).

Unter Szenario-Methode versteht man die Entwicklung zukünftiger Umfeldsituationen (Szenarien) und die Beschreibung des Weges aus der heutigen Situation zu diesen zukünftigen Situationen (Reibnitz, 1987). Szenarien kann man sich mit Hilfe des sog., in Bild 14.26 dargestellten, Szenario-Trichters verdeutlichen.

Von der Gegenwart ausgehend verändern sich beeinflussende Faktoren in der Zukunft. Es gilt, die Entwicklung dieser Faktoren zu untersuchen. Je weiter der Blick in die Zukunft reicht, desto weiter streuen die möglichen Ausprägungen. Theoretisch sind unendlich viele Ausprägungen (Szenarien) möglich. In der Praxis reichen zwei Szenarien, die weit genug auseinander liegen. Dabei sollten Leitstrategien entwickelt, Störgrößen ermittelt und Präventiv- und Reaktivmaßnahmen vorgesehen werden.

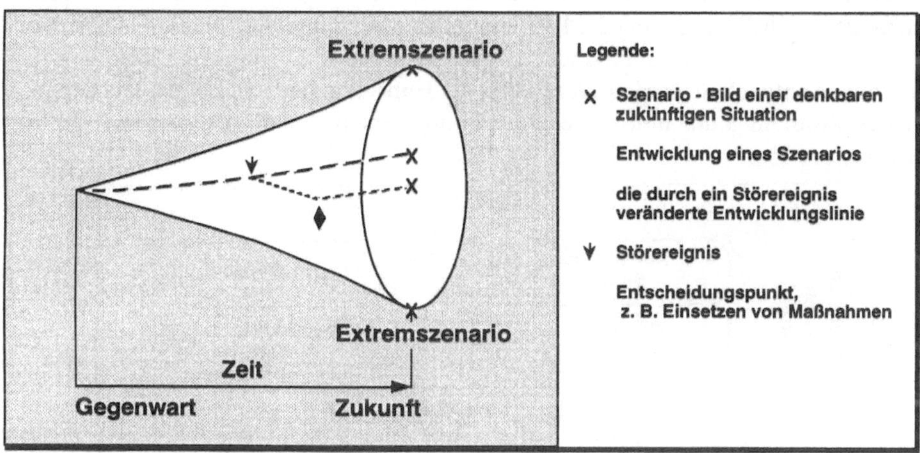

Bild 14.26 Denkmodell zur Darstellung von Szenarien (Szenariotrichter) (nach Reibnitz, 1987)

Die Auseinandersetzung mit alternativen Zukunftsentwicklungen macht sensibler und führt weg von Trendextrapolationen. Weiterhin kann bei auftretenden Änderungen schneller reagiert werden. Um alternative Zukunftsbilder zu entwickeln und daraus Konsequenzen und Maßnahmen ableiten zu können, sind die folgenden acht Schritte der Szenario-Technik zu durchlaufen:

1. Schritt: Strukturierung und Definition des Untersuchungsfeldes (Aufgabenanalyse)
2. Schritt: Identifizierung und Strukturierung der wichtigsten Einflußbereiche auf das Untersuchungsfeld (Einflußanalyse)
3. Schritt: Ermittlung von Entwicklungstendenzen und kritischen Deskriptoren für die Umfelder (Projektionen)
4. Schritt: Bildung und Auswahl konsistenter Annahmebündel (Alternativenbündelung)
5. Schritt: Interpretation der ausgewählten Umfeldszenarien (Szenario-Interpretation)
6. Schritt: Einführung und Auswirkungsanalyse signifikanter Störereignisse (Störfallanalyse)
7. Schritt: Ausarbeiten der Szenarien bzw. Ableiten von Konsequenzen für das Untersuchungsfeld (Auswirkungsanalyse)
8. Schritt: Konzipieren von Maßnahmen und Planungen (Maßnahmenplanung)

Bild 14.27 verdeutlicht den Abstraktionsprozeß, der bei der Szenario-Technik durchlaufen wird. Man kann diesen Vorgang mit einem Hubschrauber vergleichen, der vom Startplatz (konkretes Problem) abhebt und erst aus der Vogelperspektive die Zusammenhänge und die Vernetzung des Problems mit seinen Umfeldern erkennt. Aus dieser Gesamtsicht können unterschiedliche zukunftsorientierte Lösungsmöglichkeiten für das Problem entwickelt werden. Dann kehrt der Hubschrauber zum Landeplatz zurück, und das Problem kann nun (unter Abwägung verschiedener Alternativen) gelöst werden.

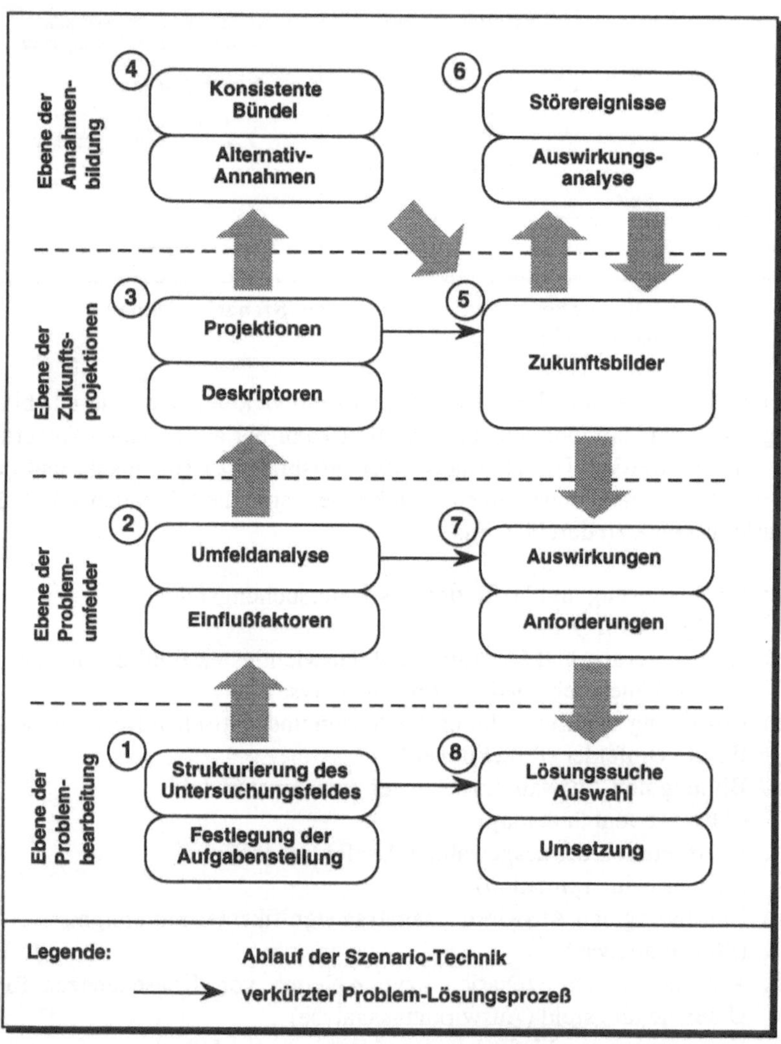

Bild 14.27 Die acht Schritte der Szenario-Technik (nach Battelle, 1982)

Schritte 1 und 8: Definition, Strukturierung, Lösung (einfache Probleme: Von 1 nach 8).

Schritte 2 und 7: Problemumfelder; Loslösung vom Primärproblem, Umschau nach Umfeldeinflüssen und Lösungsanforderungen.

Schritte 3 und 5: Generierung, Zusammenstellung und Interpretation von Zukunftsbildern.

Schritte 4 und 6: Ebene der Annahmenbildung führt zu Formulierung von Zukunftsbildern. Rückkopplung zur Gegenwart mit konkreten Maßnahmen für das Heute.

1. Schritt: *Aufgabenanalyse*

Zeit- und arbeitsaufwendiger Schritt (wie bei allen Problemlösungsprozessen)

Teilschritt 1.1: Diskussion und Analyse des Untersuchungsbereichs (Themas)

- ❑ Was ist Gegenstand der Untersuchung?
- ❑ Wie kann das Problem eingegrenzt werden?

Methode:

- Diskussion der Projekt-Beteiligten und Entscheidungsträger; Experten aus verschiedenen Fachrichtungen, damit das Problem von allen Seiten beleuchtet wird.
- Sammeln und Analysieren vorhandener Informationen.
- Checkliste

Teilschritt 1.2: Strukturierung des Untersuchungsbereichs

- ❑ Was sind die wesentlichsten Aspekte der Aufgabenstellung?
- ❑ Welche Struktur liegt vor?

Methode:

- Morphologie unterstützt Strukturierung und Überprüfung, ob die Ergebnisse der Aufgabenstellung gerecht werden.

In dieser Phase drängen sich erste Ansätze für eine Lösung auf (Sammeln, aber nicht vertiefen oder bewerten).

Teilschritt 1.3: Präzisierung/Neuformulierung des Untersuchungsthemas; Ermittlung von Deskriptoren für das Untersuchungsfeld

- ❑ Ist die anfangs formulierte Aufgabenstellung noch richtig?
- ❑ Entspricht die Aufgabenstellung den gesammelten Informationen, Erkenntnissen, Problemverständnis, Ziel?

Methoden:

- Diskussion
- Workshop

2. Schritt: *Einflußanalyse*

Teilschritt 2.1: Sammeln von exogenen Einflußfaktoren

Methoden:

- Delphi-Befragung
- Metaplan
- Kreativitätstechniken

Liste der Einflußfaktoren nach Themen bündeln. Liste von weiteren Experten ergänzen lassen.

Teilschritt 2.2: Bündeln der Einflußfaktoren zu Einflußbereichen und Umfeldern.
Fälle der Einflußbereiche weiter bündeln und zu wenigen Umfeldern aggregieren. In der Regel finden sich 10 – 20 Einflußbereiche, die zu 4 – 7 Umfeldern verdichtet werden.

Methoden:
- Metaplan
- Abstimmverfahren

Teilschritt 2.3: Analyse der Wechselwirkungen zwischen Umfeldern und zwischen Umfeldern und Untersuchungsfeldern

Methoden: Von links nach rechts wird, wie in Bild 14.28 gezeigt, in der Vernetzungsmatrix eingetragen, wie stark ein Systemelement auf ein anderes einwirkt.

System-elemente	A	B	C	D	E	F	G	H	Aktivsumme
A...........	X	2	2	2	2	1	2	1	12
B...........	1	X	1	1	0	0	0	0	3
C...........	0	2	X	2	2	1	2	1	10
D...........	0	2	2	X	2	2	1	0	8
E...........	1	2	1	1	X	0	0	0	5
F...........	0	1	0	0	1	X	0	1	3
G...........	1	1	1	0	0	0	X	0	3
H...........	0	0	1	1	0	1	0	X	3
Passiv-summe	3	10	8	7	7	4	5	3	47 : 8 = 5,9

Legende: 0 = kein 1 = schwacher 2 = starker Einfluß

Bild 14.28 Beispiel für eine Vernetzungsmatrix (nach Reibnitz, 1987)

Aus dieser Vernetzungsmatrix heraus werden die Systemelemente in ein System-Grid eingetragen. Bild 14.29 gibt dazu ein Beispiel.

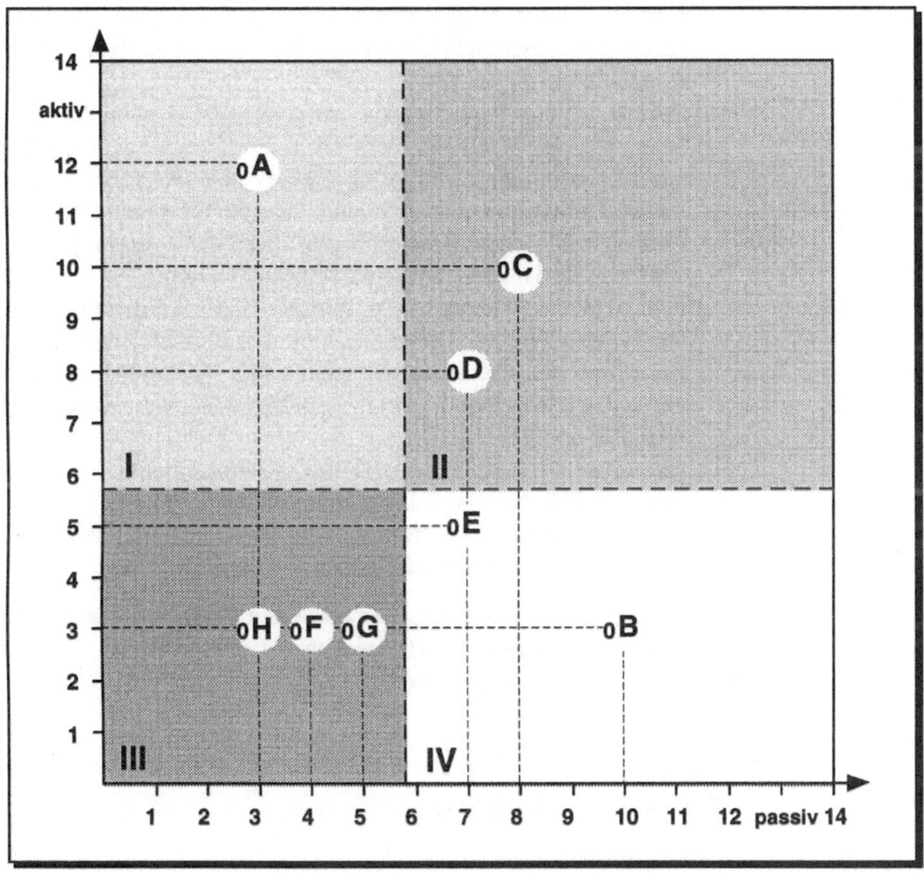

Bild 14.29 Beispiel für ein System-Grid (nach Reibnitz, 1987)

1. Höchster Aktiv- oder Passivwert gibt Achsengrenzen an
2. Summe der Aktiv- (Passiv)elemente dividiert durch Anzahl Elemente = Schnittpunkte des System-Grids; Definition der Felder
3. Aktiv- und Passivsumme der Elemente im System-Grid eintragen

Wie aus Bild 14.5.10 ersichtlich ist, entstehen in einem System-Grid durch die Unterteilung von Aktiv- und Passivachsen vier Felder.

❑ Feld I ist der Bereich der aktiven Systemelemente. Systemelemente, die in diesem Feld positioniert sind, zeichnen sich durch sehr hohe Aktivität aus (diese Elemente beeinflussen alle anderen im System relativ stark) und relativ niedrige Passivität (Elemente in diesem Feld werden relativ wenig von allen anderen Elementen beeinflußt).

- Feld II ist das Feld der sog. ambivalenten Systemelemente. Elemente, die in diesem Feld positioniert sind, zeichnen sich durch relativ hohe Aktivität und relativ hohe Passivität aus (in vielen Fällen sind Aktivität und Passivität fast ausgewogen; Elemente in diesem Bereich beeinflussen das System genauso stark wie sie von dem System beeinflußt werden).
- Feld III ist das Feld der sog. puffernden oder niedrig ambivalenten Systemelemente. Elemente in diesem Bereich sind dadurch charakterisiert, daß sie das System relativ gering beeinflussen und selbst relativ wenig vom System beeinflußt werden (geringe Aktivität und Passivität).
- Feld IV ist der Bereich der passiven Systemelemente. Sie zeichnen sich dadurch aus, daß sie sich von allen Systemelementen sehr stark beeinflussen lassen (hohe Passivität) und selbst das System relativ wenig beeinflussen (geringe Aktivität).

Entsprechend der Bedeutung der einzelnen Felder kann man jetzt den Systemelementen A – H eine Rangfolge zuordnen:
Im gezeigten Beispiel wäre dies:

Rang 1: A	Rang 5: B
Rang 2: C	Rang 6: H
Rang 3: D	Rang 7: F
Rang 4: E	Rang 8: G

3. Schritt: *Projektionen*

Teilschritt 3.1: Ermitteln von Deskriptoren (= Kenngrößen) für jedes Umfeld Ziel dieses Schrittes ist es, auf der Basis der in Schritt 2 ermittelten Einflußfaktoren beschreibende Kenngrößen (Deskriptoren) zu ermitteln, die den jetzigen und zukünftigen Zustand der jeweiligen Faktoren beschreiben. Hierbei ist es wichtig, daß die Deskriptoren wertneutral formuliert werden. Bei einer nicht wertneutralen Formulierung der Deskriptoren besteht die Gefahr, daß die Entwicklung des Deskriptors lediglich in eine Richtung in die Zukunft fortgesetzt wird. Hierzu einige Beispiele: Statt Ablehnung oder Akzeptanz von neuen Technologien muß es heißen: Einstellung zu neuen Technologien; statt Marktwachstum muß es heißen: Marktentwicklung.

4. Schritt: *Alternativenbündelung, Szenarienbildung*

Ziel dieses Schrittes ist es, die verschiedenen Alternativentwicklungen, die in Schritt 3 identifiziert wurden, untereinander auf ihre

Konsistenz (Widerspruchsfreiheit) zu prüfen. Es werden im weiteren Fortgang nur die zwei konsistentesten und unterschiedlichsten Szenarien betrachtet.

5. Schritt: *Szenario-Interpretation*

Ziel dieses Schrittes ist es, auf der Basis der in Schritt 4 erfolgten Konsistenzanalyse (Ergebnis: Zwei in sich konsistente, stabile, aber sehr unterschiedliche Szenarien) unter Hinzuziehung der in Schritt 3 ermittelten eindeutigen Deskriptoren und unter Berücksichtigung der Ergebnisse aus der Vernetzungsanalyse die Umfeld-Szenarien auszugestalten und zu interpretieren.

Ergebnis dieses Schrittes sind zwei konträre, aber in sich sehr logisch-stimmige und plausible Szenarien bzw. Zukunftsbilder. Die Szenario-Paare können zur besseren Charakterisierung mit Titeln oder Überschriften versehen werden, z. B.:

- ❑ Progressives und konservatives Szenario,
- ❑ Optimistisches und pessimistisches Szenario,
- ❑ Haben- und Sein-Szenario,
- ❑ Kontinuitäts- und Diskontinuitäts-Szenario,
- ❑ Harmonie- und Disharmonie-Szenario,
- ❑ Ökologie- und Ökonomie-Szenario.

Schritt 6: *Störfallanalyse*

Analyse, wie stabil oder labil Szenarien gegen Störereignisse sind.

Störereignis:
- Plötzlich auftretendes, vorher nicht trendmäßig erkennbares, punktuelles Ereignis.
- Ein Ereignis, das signifikante Auswirkungen auf ein Szenario zeigt und relativ hohe Wahrscheinlichkeit aufweist.
  Störereignisse müssen nicht nur negativen Charakter haben (z. B. Golfkrieg), sondern können auch positiven Charakter haben (z. B. deutsche Wiedervereinigung).
  Es sollen nicht alle denkbaren Störereignisse gefunden werden, sondern nur die für den Untersuchungsbereich signifikanten.

Teilschritt 6.1: Generierung von Störereignissen

Methode:
- Brain-Storming
- Synektik

Teilschritt 6.2: Bewertung von Signifikanz und Wahrscheinlichkeit; Auswahl und Interpretation weniger Störereignisse.

Teilschritt 6.3: Einführung ausgewählter Störereignisse und Analyse der Auswirkungen ggf. Neuformulierung der gestörten Szenarien.

Analyse, wie stabil oder labil das Szenario reagiert. Sensibilisierung auf Störereignisse, um schnell und flexibel zu reagieren.

7. Schritt: *Ausarbeiten der Szenarien bzw. Auswirkungsanalyse*

Rückkopplung von den Umfeldszenarien auf das Untersuchungs-

feld. Daraus Szenarien für Untersuchungsfeld entwickeln. Auswahl der zu realisierenden Untersuchungsszenarien; Ableitung der Konsequenzen aus den Umfeldszenarien.
Erarbeitung von bedarfsgerechten Lösungen und Bündelung zu Strategien. Rückkehr zur eigentlichen Aufgabenstellung.

8. Schritt: *Maßnahmenplanung*
Ergebnisse der Szenario-Erarbeitung den Entscheidungsträgern vorlegen.
Einem Machtpromotor/Fachpromotor-Gespann das Projekt zur Weiterverfolgung übertragen. Ergebnisse in die jeweiligen Planungssysteme integrieren und umsetzen.

14.4.3 Nutzwertanalyse

Die Nutzwertanalyse ist ein in Entscheidungsprozessen häufig eingesetztes Verfahren, das viele unterschiedliche Faktoren in die Entscheidungsfindung mit einbezieht. Die Nutzwertanalyse kommt dann zum Einsatz, wenn die unterschiedlichen Bewertungskriterien nicht mehr quantitativ, sondern nur noch qualitativ angegeben werden können.

Die Nutzwertanalyse ist für den Vergleich mehrerer Alternativen gedacht. Der Nutzwert ist ein dimensionsloser Wert, der den objektiven bzw. subjektiven Wert einer Auswahlalternative angibt. Damit kann eine Rangordnung bezüglich der Vorteilhaftigkeit der Alternativen hergestellt werden.
In Bild 14.30 wird die grundsätzliche Vorgehensweise der Nutzwertanalyse aufgezeigt.

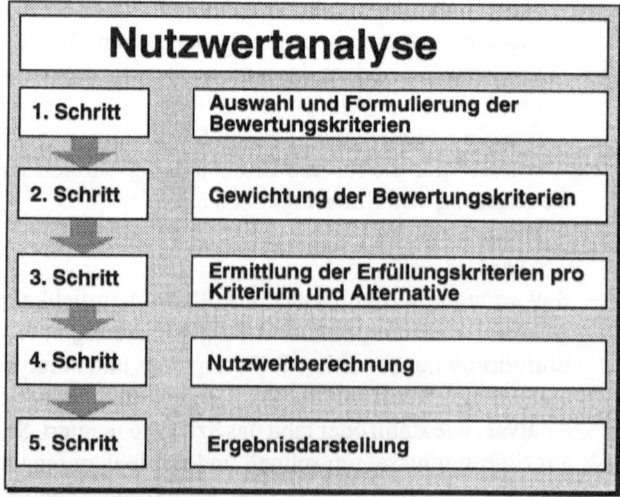

Bild 14.30 Prinzipielle Vorgehensweise der Nutzwertanalyse

- 1. Schritt: Auswahl und Formulierung der Bewertungskriterien.
  In diesem Schritt wird nach Kriterien gesucht, mit denen die vorgegebenen Alternativen beurteilt werden können. Dieses sind häufig subjektive Kriterien, die nicht monetär ausgedrückt werden können.
- 2. Schritt: Gewichtung der Bewertungskriterien.
  In der Regel hat nicht jedes Bewertungskriterium das gleiche Gewicht, deshalb werden in diesem Schritt die Kriterien entweder subjektiv durch eine Rangvergabe, oder durch paarweisen Vergleich gewichtet. In Bild 14.31 ist ein Formular für einen paarweisen Vergleich abgebildet. Jedes Kriterium wird mit jedem anderen Kriterium in bezug auf seine Wertigkeit verglichen und normiert.

Zielkriterien	1	2	3	4	5	6	7	8	9	10	Punkte	G [%]
1												
2												
3												
4												
5												
6												
7												
8												
9												
10......................												
										Σ		100

Paarvergleich:
0 : 2 ➡ 1. Kriterium weniger wichtig als 2. Kriterium
1 : 1 ➡ 1. Kriterium gleichwichtig wie 2. Kriterium
2 : 0 ➡ 1. Kriterium wichtiger als 2. Kriterium

Berechnungsformel Gewichtungsfaktor

$$G = \frac{\text{Punkte des jeweiligen Zielkriteriums}}{\text{Summe aller Punkte}} \times 100$$

Bild 14.31 Paarvergleich der Zielkriterien

- 3. Schritt: Ermittlung der Erfüllungskriterien pro Kriterium und Alternative. In diesem Schritt werden in das in Bild 14.32 dargestellte Berechnungsblatt für jede Alternative die Erfüllungsfaktoren eingetragen.

Erfüllungsfaktoren:
Von 1 = gering, schlecht
bis 10 = hoch, sehr gut

Zielkriterien	Gewichtungs-faktor G	Variante 1		Variante 2		Variante 3		Variante 4		Variante 5	
		Erfüllungs-faktor E	G x E	Erfüllungs-faktor E	G x E	Erfüllungs-faktor E	G x E	Erfüllungs-faktor E	G x E	Erfüllungs-faktor E	G x E
1											
2											
3											
4											
5											
6											
7											
8											
9											
10											
Nutzwert		Σ		Σ		Σ		Σ		Σ	

Bild 14.32 Nutzwert-Ermittlung

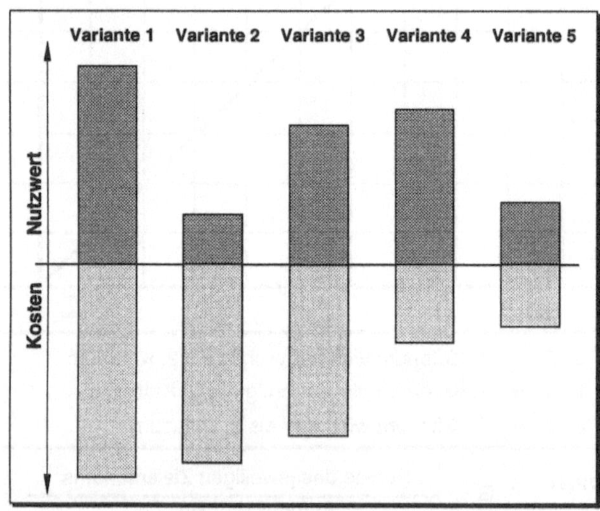

Bild 14.33 Auswertungsdiagramm der Nutzwertanalyse (Beispiel)

- ❑ 4. Schritt: Berechnung des Nutzwertes.
  Im Berechnungsblatt wird der Nutzwert für jede Alternative ausgerechnet.
- ❑ 5. Schritt: Ergebnisdarstellung.
  Die Nutzwerte der unterschiedlichen Alternativen werden grafisch als Balken-

diagramme dargestellt. Diejenige Alternative mit dem höchsten Nutzwert erfüllt in der Regel die Bewertungskriterien am besten.
Die Nutzwerte können aber auch, so wie in Bild 14.32 gezeigt wird, direkt mit einer zweiten den Entscheidungsprozeß beeinflussenden Größe in Beziehung gesetzt werden.

Die größtmögliche Genauigkeit und Transparenz der Nutzwertanalyse ergibt sich, wenn alle Schritte in einem Team von 3-6 Personen durchgeführt werden.

14.5 Wiederholungsfragen

1. Wie lauten die Vorgehensschritte nach VDI 2222?
2. Wo kann ergonomisches Wissen in den Produktentstehungsprozeß eingebracht werden?
3. Was ist der Produktlebenszyklus?
4. Welche drei Phasen hat die Vorgehensweise zur ergonomischen Produktgestaltung?
5. Warum sollen bei der Produktgestaltung unterschiedliche Anforderungsdimensionen berücksichtigt werden?
6. Welche drei Recyclingkreisläufe sind bei der Produktkonstruktion von Bedeutung?
7. Was heißt ›Zielgruppenorientierung‹?
8. Was ist der Vorteil der Nutzwertanalyse und wie funktioniert sie?

15 Ergonomische Arbeitsmittelgestaltung

15.1 Einführung

Der Beitrag der Ergonomie zur Gestaltung von *Produkten* und *Arbeitsmitteln* hat, wie in Bild 15.1 dargestellt ist, seinen Schwerpunkt in der *Handseitengestaltung*. Die Handseite als Schnittstelle zum Menschen ist für die Ergonomie von größerer Bedeutung als die dem direkten Arbeitsfortschritt dienende Arbeitsseite. Die dieser Handseitengestaltung übergeordnete Vorgehensweise zur Produktgestaltung wird in Kapitel 14 (s. Bild 14.8) beschrieben.

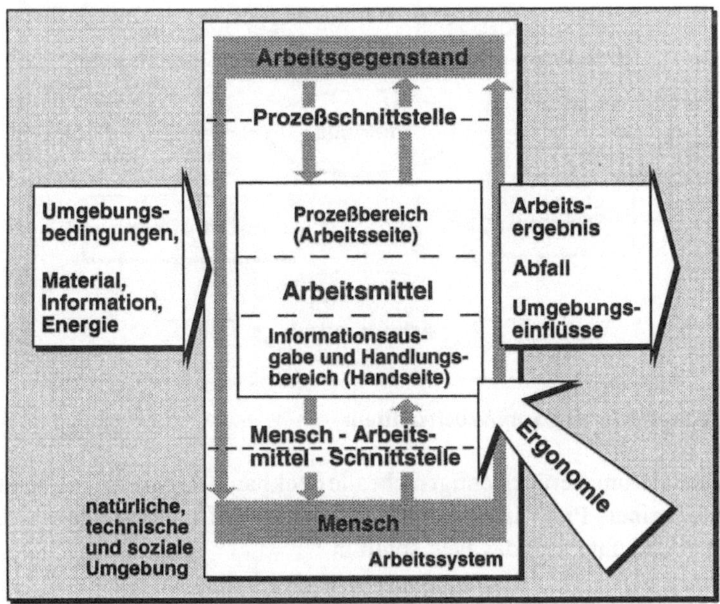

Bild 15.1 Arbeitsmittel als Teil des Arbeitssystems

Bei dieser ergonomisch richtigen Gestaltung der Handseite ist eine systematische, deduktive Vorgehensweise sinnvoll. Induktive Ansätze, die mit der Formfestlegung beginnen, sind meist zum Scheitern verurteilt bzw. erfordern viel korrektive Nacharbeit. Ergonomisch richtig gestaltete Produkte berücksichtigen den Menschen als Anwender mit seinen Fähigkeiten und Fertigkeiten, so daß im Arbeitsprozeß keine einseitige Beanspruchung entsteht. Eine Klassifizierung der Vielzahl der unterschiedlichen Arbeitsmittel kann über die Kriterien Betätigungsart und Anordnung erfolgen.

Das unter ergonomischen Gesichtspunkten wesentlichste Unterscheidungskriterium ist dabei, ob das Arbeitsmittel *fingerstatisch* oder *fingerdynamisch* betätigt wird. Dabei kann es sich in beiden Fällen um fest angeordnete oder frei im Raum bewegliche Arbeitsmittel handeln. Eine Übersicht dazu gibt Bild 15.2.

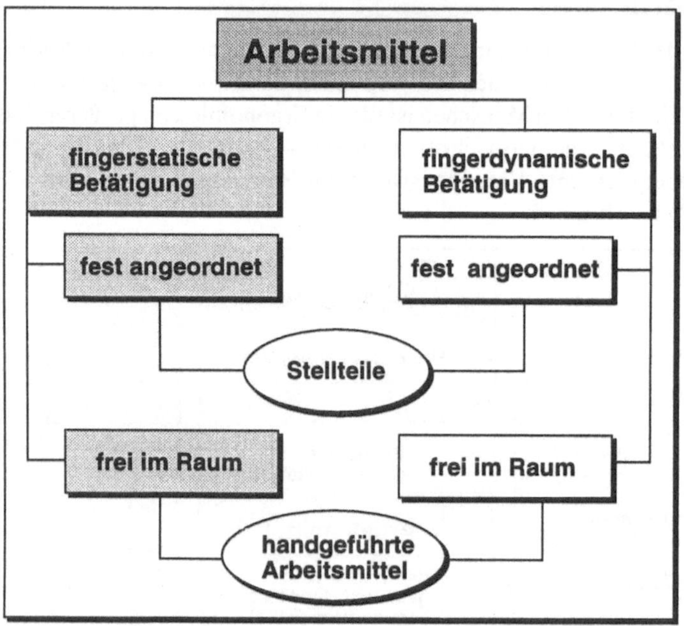

Bild 15.2 Klassifizierung von Arbeitsmitteln

Diese Klassifizierung berücksichtigt nicht alle denkbaren Arbeitsmittel, so finden z. B. Fußstellteile keinen Platz in dieser Ordnung. Sie trifft allerdings die häufigsten Arbeitsmittel und unterteilt das Feld somit in

- *Stellteile* und
- *handgeführte Arbeitsmittel.*

Beispiele dazu werden in Bild 15.3 gezeigt.

Stellteile befinden sich in der Regel an ortsfesten Maschinen, Anlagen, Geräten, Vorrichtungen, Arbeitsplätzen usw. Sie bilden hier die Schnittstelle zum Menschen und sind aufgrund ihrer vielfältigen Aufgaben und Ausprägungen besonders in die Gestaltungsarbeit einzubeziehen. Aus diesem Grund wird im Kapitel 16 ›Mensch-Maschine-Schnittstellen‹ eine Systematik zur Auswahl von Stellteilen vorgestellt. Bei der Gestaltung von Handseiten können die Anforderungen der Arbeitsseite nicht ausgeklammert werden. Sie sind der Ausgangspunkt der Gestaltungsarbeit und setzen Randbedingungen, die bei der Handseitengestaltung zu beachten sind. In Bild 15.4 sind diese sich beeinflussenden und ergänzenden Einflußgrößen zusammengestellt.

Stellteile		
Handstellteile		Fuß-stellteile
finger-statisch	finger-dynamisch	
kraftbetont • Hebel • Schlüssel • Dreh-knebel • Handrad	• Kipp-schalter • Druck-knopf • Tastatur	• Pedale • Schalter • Hebel • Schaltleiste
sensomotorisch • Joystick	• Drehregler • Schieber	
diskret - kontinuierlich		

handgeführte Arbeitsmittel		
manuell betätigte Arbeitsmittel		fremd-enegetisch angetriebene Arbeitsmittel
ein-schenklige Werkzeuge	zwei-schenklige Werkzeuge	
• Messer • Stift • Schrauben-dreher • Hammer	• Zangen • Scheren	• elektrisch, pneumatisch oder hydro-dynamisch angetriebene Handmaschinen (z. B. Bohr-maschinen)

Bild 15.3 Stellteile und handgeführte Arbeitsmittel

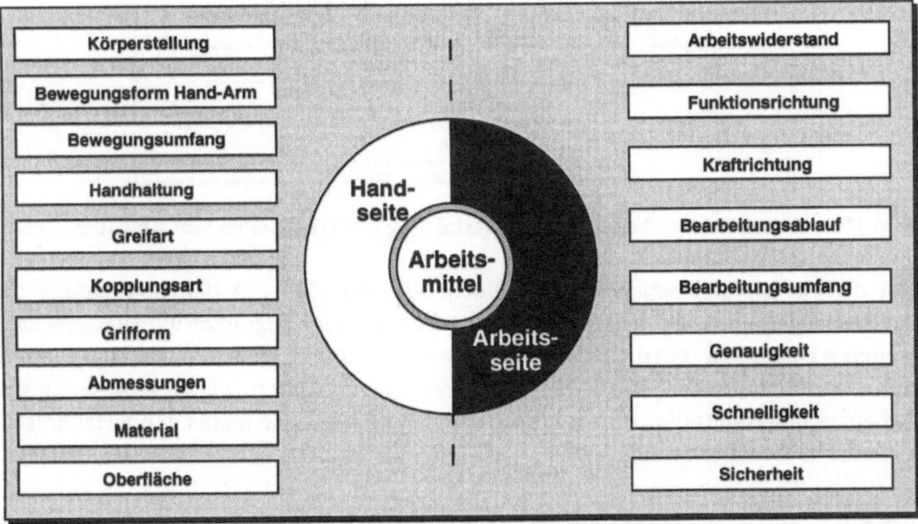

Bild 15.4 Einflußgrößen zur Gestaltung von Hand- und Arbeitsseiten bei Arbeitsmitteln

Damit diese Einflußgrößen im richtigen Umfang und in der richtigen Reihenfolge in die Gestaltungsarbeit eingehen, ist ein systematisches Vorgehen, wie es nachfolgend vorgestellt wird, notwendig.

15.2 Bearbeitungsebenen

In Bild 15.5 sind die Bearbeitungsebenen, die bei der korrektiven und konzeptiven Gestaltung von Arbeitsmitteln bearbeitet werden sollen, hierarchisch dargestellt.

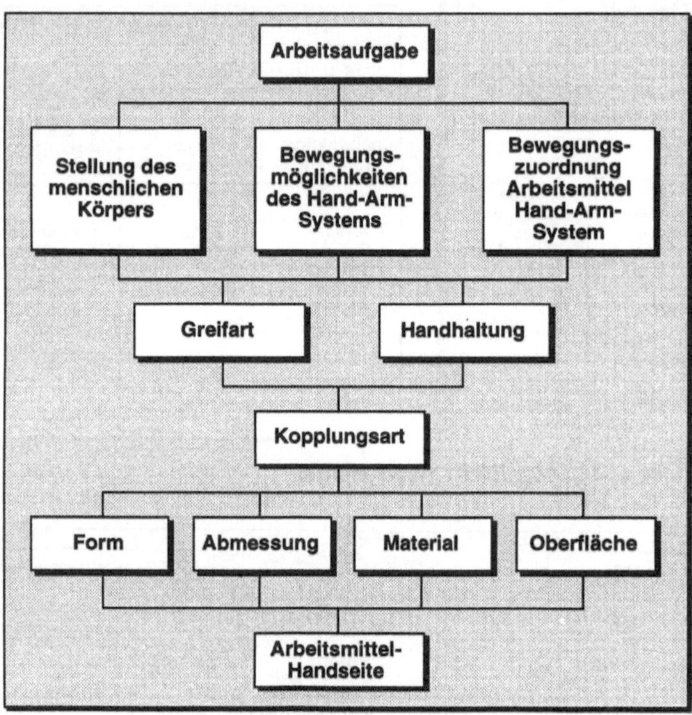

Bild 15.5 Bearbeitungsebenen bei der Gestaltung der Handseiten von Arbeitsmitteln

Bei diesem hierarchischen Ebenenmodell fällt auf, daß mit der Betrachtung der Arbeitsaufgabe, d. h. der Analyse der Einsatzbedingungen begonnen wird und erst nach weiteren Detailanalysen die eigentlichen Designparameter (Form, Abmessung, Material, Oberfläche) in den Prozeß einfließen. Somit wird der Prozeß zur Gestaltung von Arbeitsmittel-Handseiten ein analytisch-kreativer Prozeß und nicht nur eine technisch-ästhetische Gestaltungsaufgabe.

15.2.1 Arbeitsaufgabe

Bei der Analyse der *Arbeitsaufgabe* geht es primär um die Klärung nicht-ergonomischer Fragestellungen. Es soll möglichst quantitativ festgehalten werden, was, wann, wo und wie zur Erfüllung der Arbeitsaufgabe gemacht werden muß. Bei dieser Betrachtung der Arbeitsaufgabe sind die in Bild 15.6 zusammengestellten Kriterien hilfreich. Mit diesen Kriterien kann die Arbeitsaufgabe beschrieben und ein Einsatzkollektiv bestimmt werden.

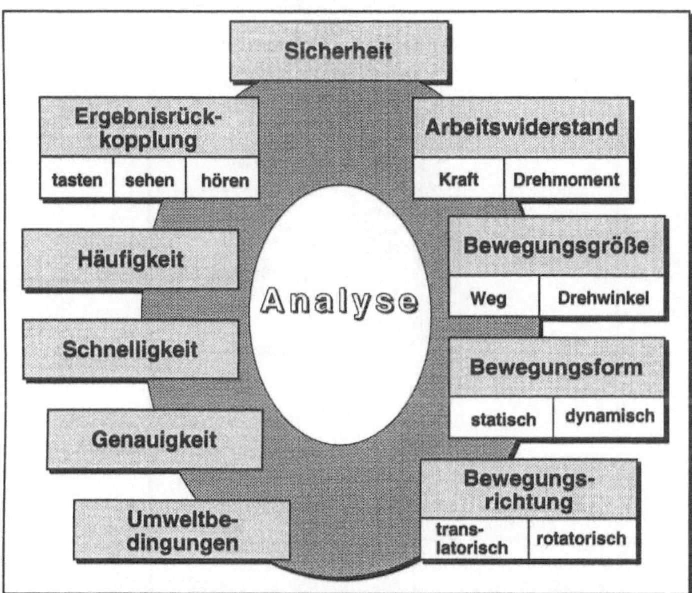

Bild 15.6 Kriterien zur Aufgabenanalyse

In dieser Analysephase sind sowohl physikalische Messungen (Kraft, Geschwindigkeit) als auch Beobachtungen (Häufigkeit, Bewegungsrichtung) notwendig. Manche Kriterien lassen sich auch nur durch eine Anwenderbefragung (vgl. Kap. ›Methodenspektrum‹) abarbeiten.

15.2.2 Stellung des menschlichen Körpers

Bei der Betrachtung der Stellung des menschlichen Körpers sind die Bereiche
- ❑ Körperstellung,
- ❑ Körperhaltung,
- ❑ Kinematik und Kinetik

zu unterscheiden.

Körperstellung

Die Körperstellung wird definiert als räumliche Konstellation zwischen den auf den Körpermittelpunkt bezogenen Ebenen zu einem Bezugsgerüst, dessen Ursprung in dem Mittelpunkt des durch die Arbeitsaufgabe festgelegten Bewegungsraumes liegt. Somit gibt die Körperstellung an, wie die Körperebenen zur Arbeitsaufgabe hin ausgerichtet sind. In Bild 15.7 sind die wichtigsten Körperebenen und in Bild 15.8 die Bezeichnung der Raumachsen für ergonomische Fragestellungen angegeben.

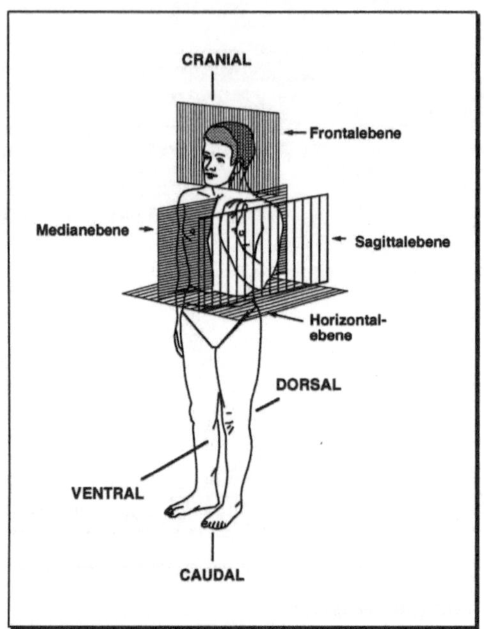

Bild 15.7 Wichtige Ebenen am menschlichen Körper

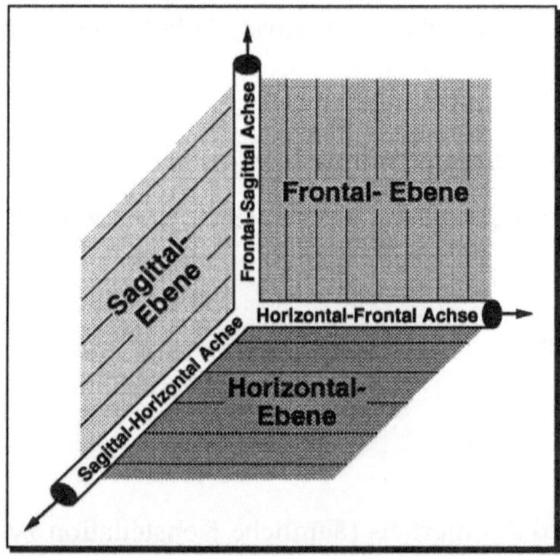

Bild 15.8 Bezeichnung der Raumachsen für ergonomische Fragestellungen

Bei gleicher Körperstellung kann die *Körperhaltung* durchaus unterschiedlich sein. Durch die Wahl der *Körperstellung* findet gewissermaßen eine Vorfixierung des Bewegungsraums des Hand-Arm-Systems statt. Die Körperstellung ist dann am günstigsten, wenn die von der Arbeitsaufgabe her bevorzugt geforderte Bewegungsrichtung mit den anatomisch günstigen Bewegungsmöglichkeiten übereinstimmt.

In Bild 15.9 ist dafür ein Beispiel angeführt.

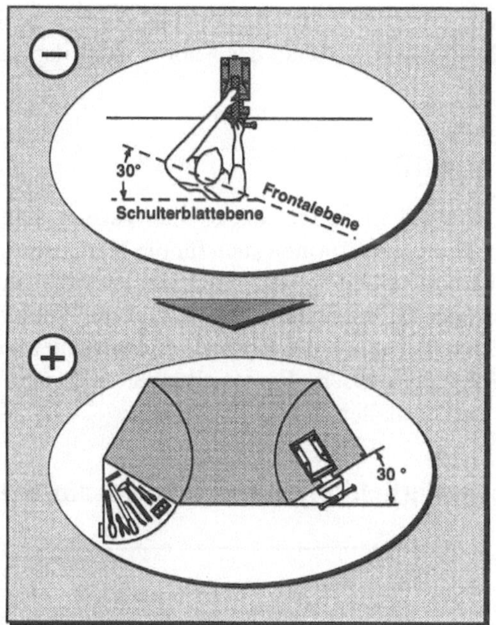

Bild 15.9 Körperstellung und Arbeitszentrum

Es wird die Körperstellung für frei im Raum geführte Arbeitsmittel (Beispiel Feile) und die daraus folgende anatomisch wichtige Anordnung des Arbeitsplatzes (Beispiel Schraubstock) gezeigt.

Körperhaltung

Die Körperhaltung wird durch die Auslenkung der Gelenke definiert. Von den Grundtypen der Körperhaltung (Stehen, Sitzen, Liegen, Knien und Hocken) treten Stehen und Sitzen in der Arbeitswelt weitaus am häufigsten auf. Sie sind daher für den Arbeitsmittelgestalter am wichtigsten.

Während die stehende Körperhaltung die Ausnützung des vollen Bewegungsraums aller Gelenke ermöglicht, sind beim Sitzen die Bewegungsmöglichkeiten – vor allem durch die bewegungsbegrenzende Arbeitsfläche – eingeschränkt. Unter dem Aspekt des Beanspruchungswechsels ist aus arbeitsmedizinischer Sicht, wie schon in Kapitel ›Arbeitsplatzgestaltung‹ ausgeführt, ein kombinierter Sitz-Steh-Arbeitsplatz vorteilhaft. Eine statische Körperhaltung ist deshalb zu vermeiden, da die Belastung vor allem durch die Arbeitsaufgabe erfolgt, die Beanspruchung aber sehr stark von der Körperhaltung beeinflußt wird.

Die in den verschiedenen Körperhaltungen auftretenden Belastungen wurden bereits in Bild 13.12 zusammengestellt. Für Daten und Richtwerte in bezug auf Körpermaße, Arbeitshöhen, Reichweite usw. wird auf das Kapitel ›Arbeitsplatzgestaltung‹ verwiesen.

Kinematik und Kinetik

Bei der Gestaltung von Arbeitsmitteln hat es sich gezeigt, daß die Kinematik von anatomisch richtigen Bewegungsformen auch für die Kraftausbringung günstig ist. Es ist deshalb immer darauf zu achten, daß funktionelle Arbeitsmittelachsen und die anatomischen Achsen günstig zueinander stehen. Auf die Problematik der Ermittlung von zuverlässigen Daten bezüglich der Körperkräfte wird hier nicht weiter eingegangen. Tabellen, die für ergonomische Fragestellungen relevant sind, sind im Kapitel ›Arbeitsplatzgestaltung‹ enthalten.

15.2.3 Bewegungsmöglichkeiten des Hand-Arm-Systems

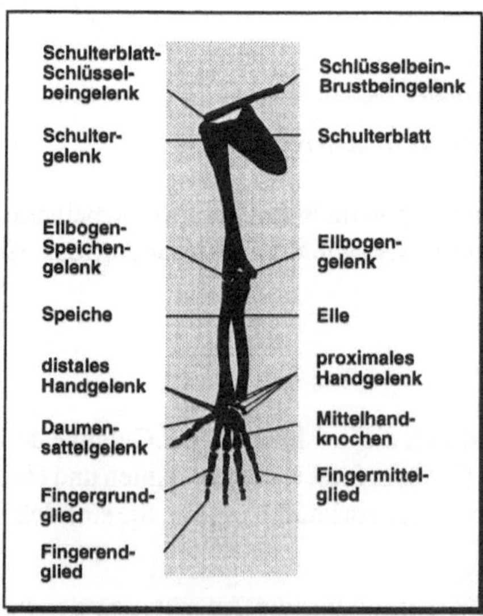

Bild 15.10 Elemente des Hand-Arm-Systems

Bis auf wenige Ausnahmen ist die Funktion der Arbeitsmittel mit dem Hand-Arm-System gekoppelt. Die Vielzahl der unterschiedlichen Bewegungsmöglichkeiten des menschlichen Hand-Arm-Systems mit insgesamt 11 Freiheitsgraden wird in Bild 15.10 deutlich.

Der Bewegungsumfang wird durch die maximal möglichen Gelenkausschläge festgelegt. Wichtig ist vor allem, wie in Bild 15.11 dargestellt ist, daß die Volarflexion und die Ulnarabduktion der Hand größer ist als die Dorsalextension und die Radialabduktion.

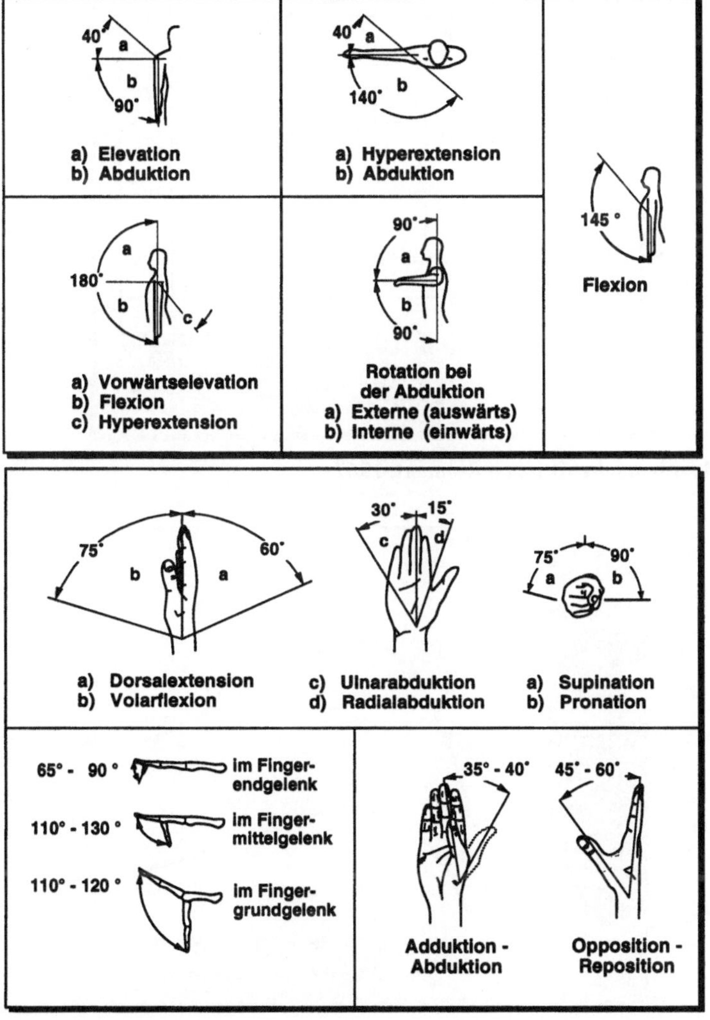

Bild 15.11 Maximal mögliche Gelenkausschläge

Aus anatomischer Sicht ist die Normalstelllung eines Gelenkes im Hinblick auf Belastungen günstig. Zwangshaltungen mit maximalen Gelenkausschlägen sollten vermieden werden. Bedingt durch wechselnde Hebelarmverhältnisse ist die Kraftentfaltung der Muskelgruppen von der Gelenkwinkelstellung abhängig. Beispielhaft ist dies in Bild 15.12 für die Armbeugekraft und in Bild 15.13 für die Handschließkräfte dargestellt.

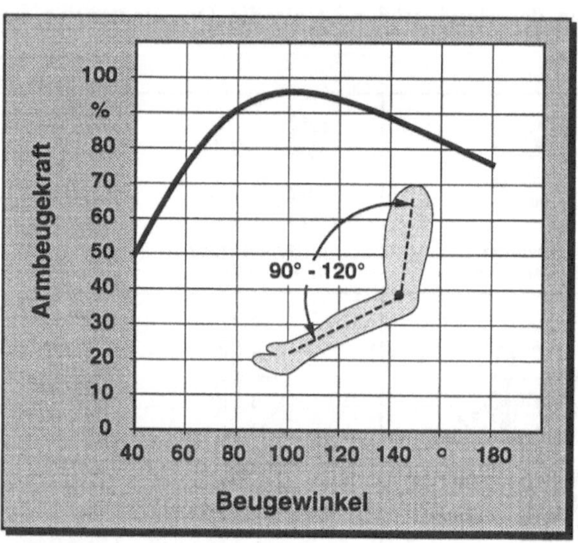

Bild 15.12 Armbeugekraft (nach Rohmert, 1967)

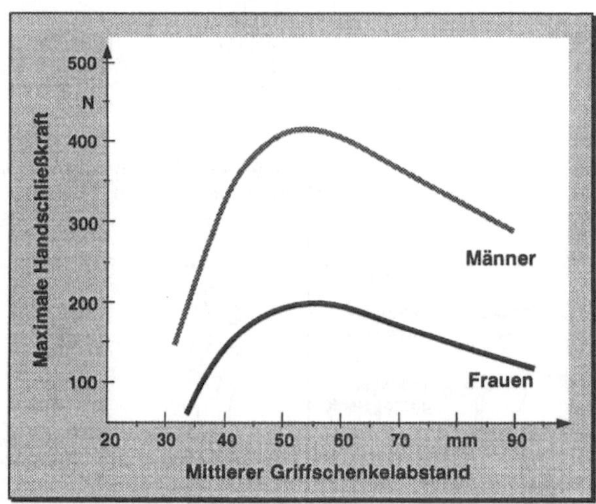

Bild 15.13 Maximale Handschließkräfte

15.2.4 Bewegungszuordnung

Ziel der *Bewegungszuordnung* zwischen Arbeitsmittel und dem Hand-Arm-System ist es, eine möglichst gute Übereinstimmung zwischen den Funktionsrichtungen der Arbeitsmittel und den anatomisch günstigen Bewegungen zu erreichen, die bei richtiger Stellung zur Arbeitsaufgabe nur durch eine entsprechende Arbeitsmittelgestaltung weiter verbessert werden kann. Eine richtige Bewegungszuordnung ist nur auf der Basis vorangegangener Arbeitsschritte (Analyse der Arbeitsaufgabe, Stellung des Menschen zur Arbeitsaufgabe, Bewegungsmöglichkeiten des Hand-Arm-Systems) möglich. In Bild 15.14 ist eine Auswahltabelle für die Zuordnung von funktionellen und anatomischen Achsen enthalten, die für diese Aufgabe hilfreich ist.

Funktionsachse / Unterarmachse	Rotation Drehachse horizontal	Rotation Drehachse vertikal	Translation
horizontal - frontal	●●	●	●
frontal - sagittal	●	●●●	●●
sagittal - horizontal	●●●	●	●●●
Legende: ●●● zu bevorzugen			

Bild 15.14 Auswahltabelle für die Zuordnung von funktionellen und anatomischen Achsen

Translatorische Bewegungen sind in sagittal-horizontaler Richtung günstiger als in horizontal-frontaler und frontal-sagittal gerichtete günstiger als die vorgenannten. Bei rotatorischen Bewegungen ist, wie bereits erwähnt, die räumliche Lage der Drehachse ganz besonders wichtig, weil die Drehung der Hand aus dem Ellen-Speichengelenk heraus erfolgen sollte. Bei Arbeitsmitteln, die fest im Raum angeordnet sind (Stellteile), ist dies bei der Festlegung der Drehachse besonders zu beachten. Beispiele für die richtige Zuordnung sind in den Bildern 15.15 bis 15.22 dargestellt.

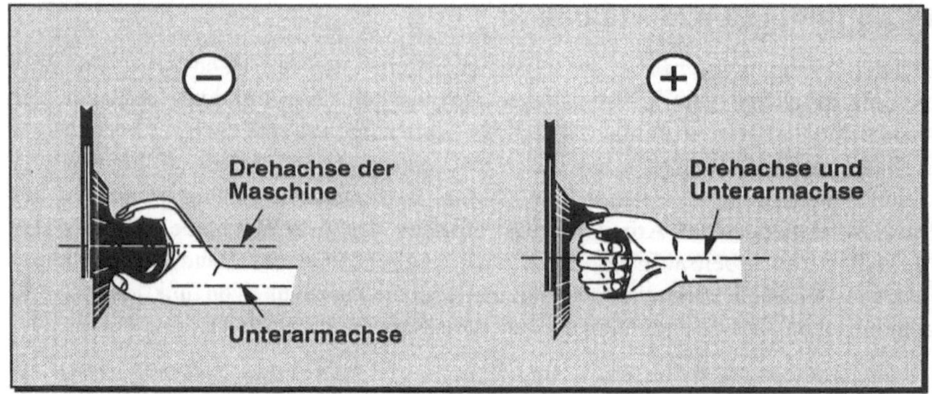

Bild 15.15 Falsche und richtige Bewegungszuordnung bei der Handseite der Zeichenmaschine

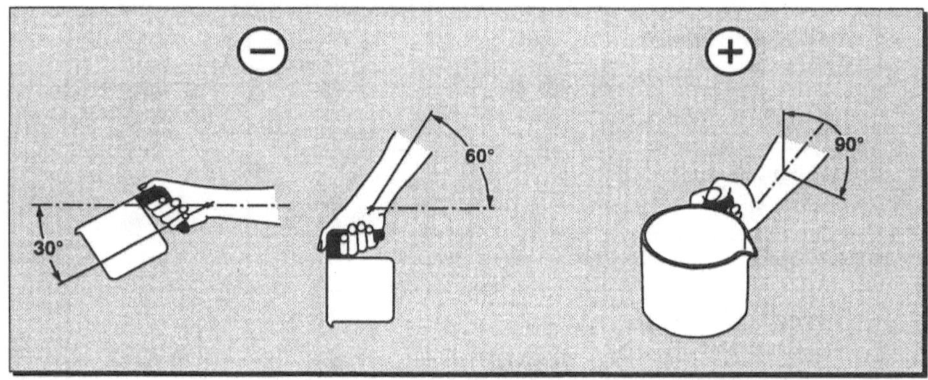

Bild 15.16 Falsche und richtige Bewegungszuordnung an einem Behältergriff

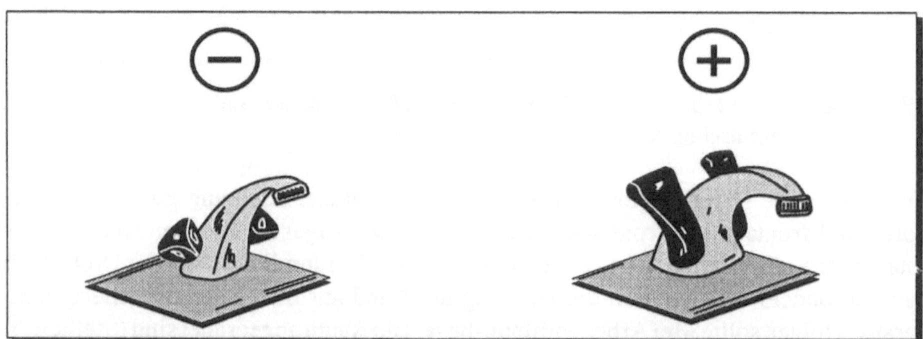

Bild 15.17 Falsche und richtige Bewegungszuordnung an einer Einloch-Mischbatterie

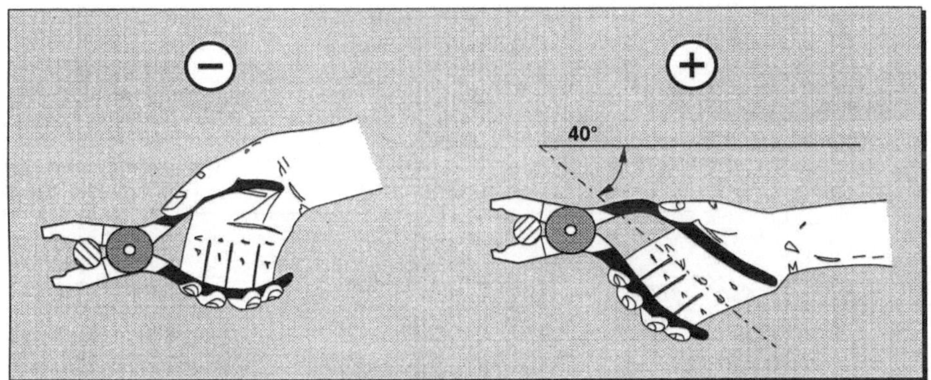

Bild 15.18 Falsche und richtige Bewegungszuordnung bei einer Kombizange

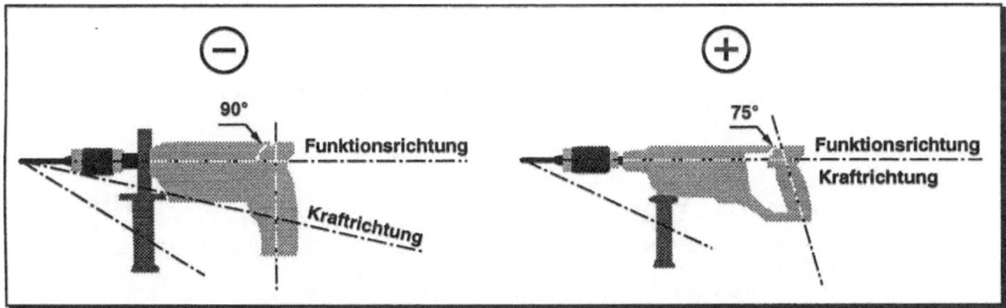

Bild 15.19 Falsche und richtige Bewegungszuordnung an einer Bohrmaschine

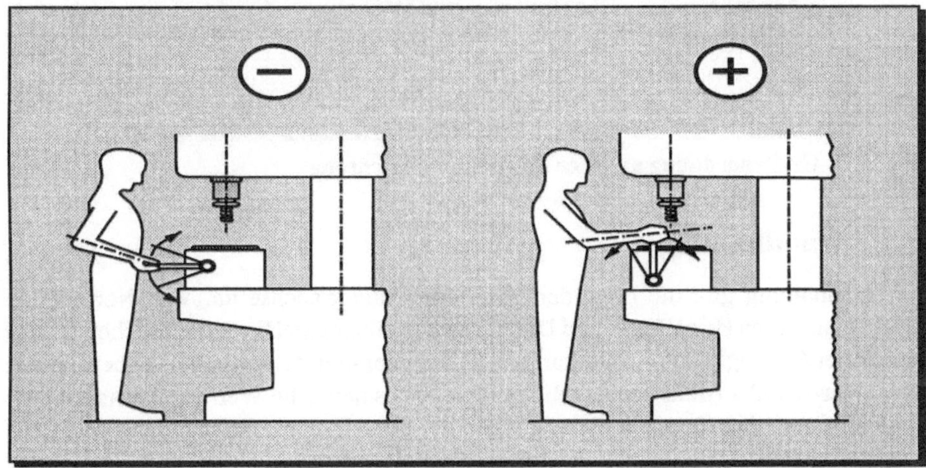

Bild 15.20 Falsche und richtige Zuordnung der Bewegungsrichtung zur Unterarmlängsachse an einem Spannhebel

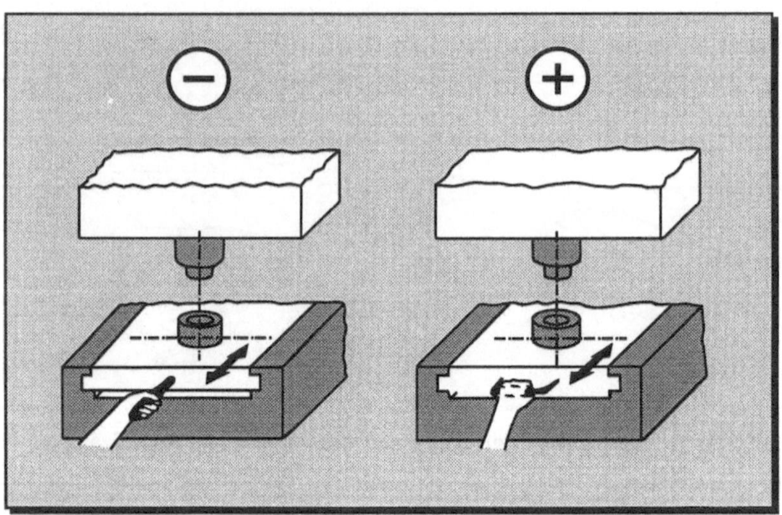

Bild 15.21 Griffanordnung am Schiebetisch einer Einpreßvorrichtung

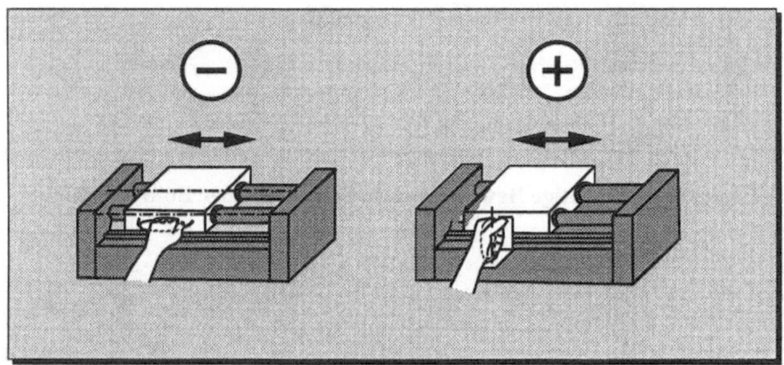

Bild 15.22 Griffanordnung an einer Positioniervorrichtung

15.2.5 Handhaltung

Die Handhaltung gibt die Lage der Hand zur Unterarmachse an. Von Normallage spricht man, wenn Handlängs- und Unterarmachse fluchten. Die beträchtlichen Unterschiede bei der möglichen Auslenkung des Handgelenks in dorsal-volarer (oben-unten) bzw. ulnar-radialer (links-rechts) Richtung legen es nahe, die Werkzeuggestaltung so durchzuführen, daß für große Bewegungen der dorsal-volare Bewegungsbereich zur Verfügung steht.

In den Bildern 15.23 bis 15.26 sind Beispiele zur Verbesserung der Handhaltung dargestellt.

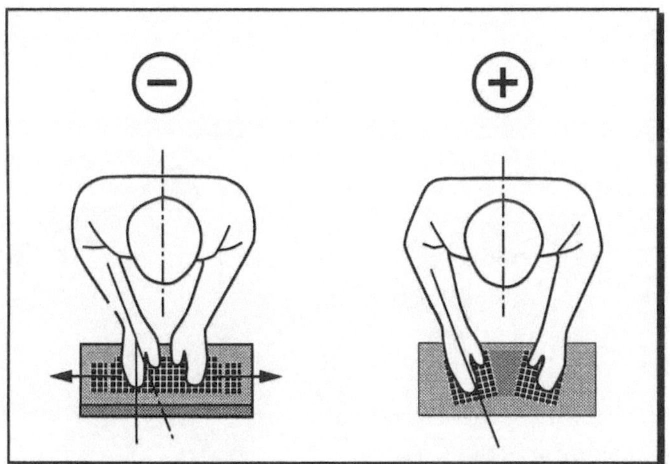

Bild 15.23 Verbesserung der Handhaltung bei einer Tastatur

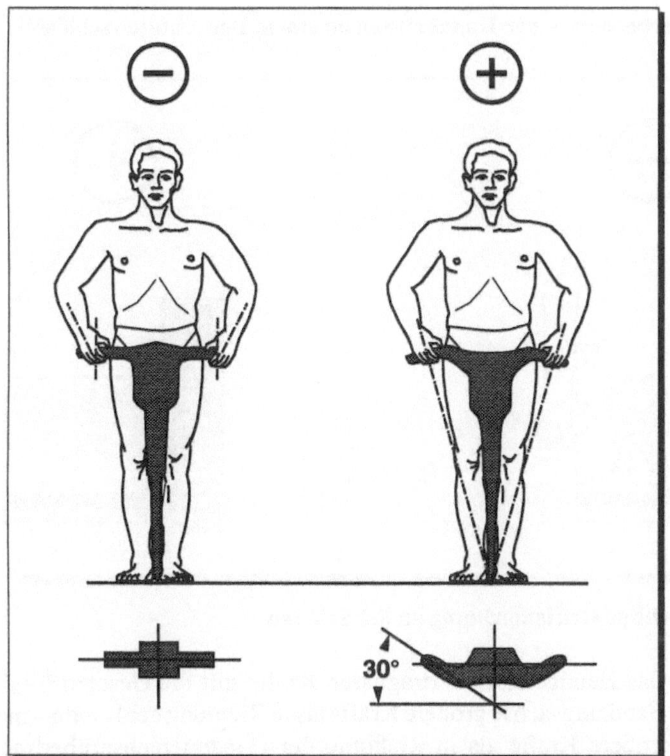

Bild 15.24 Verbesserung der Handhaltung bei einem Preßlufthammer

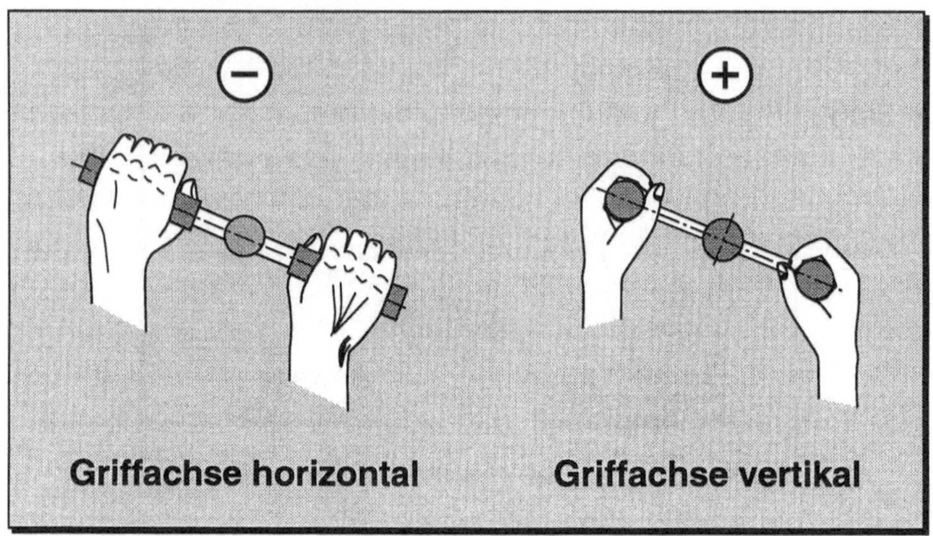

Bild 15.25 Verbesserung der Handhaltung an einem Backenfutterschlüssel

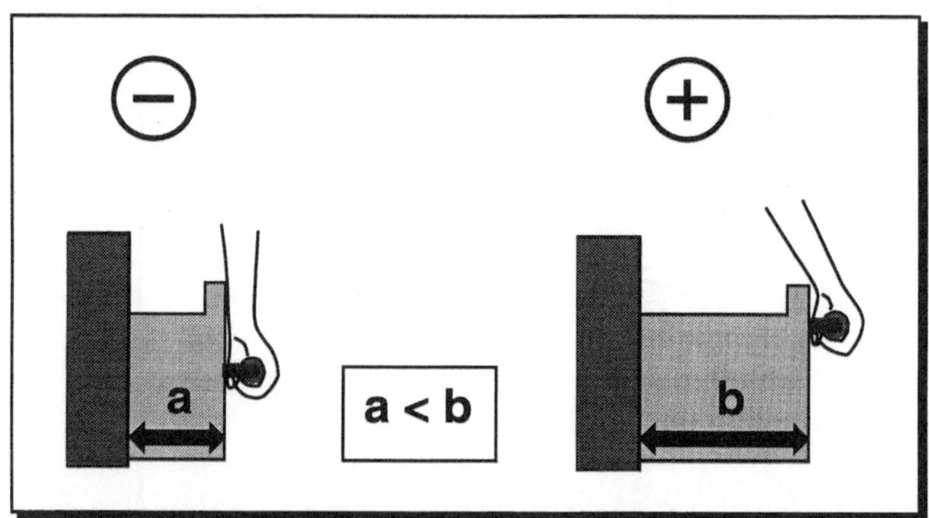

Bild 15.26 Richtige Griffanordnung an Schubladen

Für die über das Handgelenk übertragbaren Kräfte gilt die Gesetzmäßigkeit, daß in Richtung der Handlängsachse größere Kräfte als in Richtung der Handnormalachse und hier wieder größere Kräfte als in Richtung der Handquerachse übertragen werden können. Innerhalb der Achsen ist noch die Richtung zu unterscheiden. Bild 15.27 gibt die geltenden Zusammenhänge wieder.

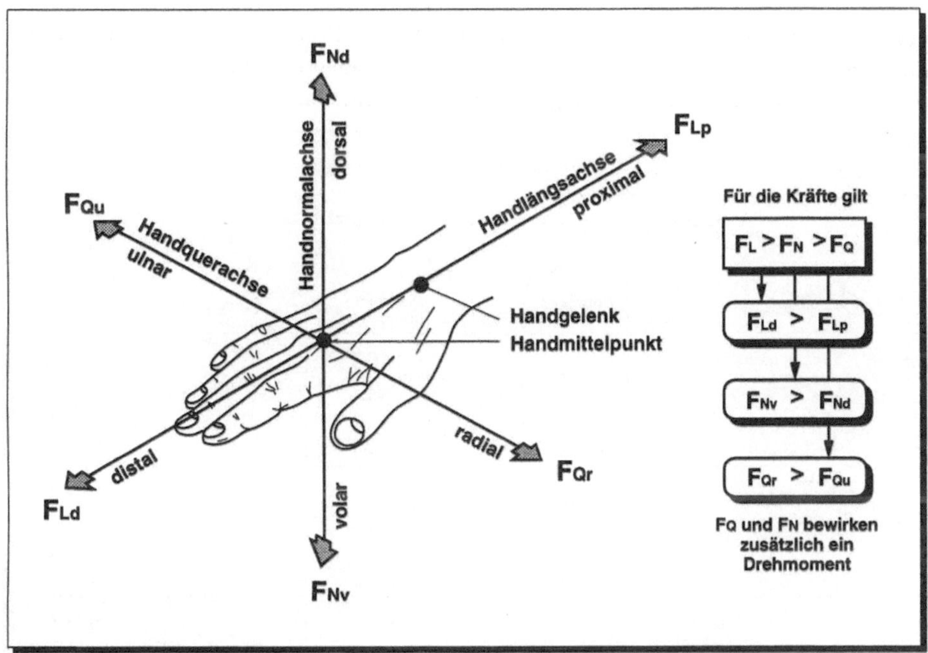

Bild 15.27 Gesetzmäßigkeiten der über das Handgelenk übertragbaren Kräfte (gestreckter Arm)

Neben der Forderung nach der Vermeidung statischer Muskelbelastung ist die aus den beschriebenen Zusammenhängen abgeleitete Forderung nach der Vermeidung von (größeren) Kraftübertragungen in Richtung der Handquerachse und der Handnormalachse ein wichtiges ergonomisches Prinzip für die Arbeitsmittelgestaltung.

15.2.6 Greifart

Die Greifart gibt an, wie Hand und/oder Finger mit der Handseite des Arbeitsmittels verbunden sind. Man unterscheidet drei Greifartgruppen:

- ❑ *Kontaktgriff*,
- ❑ *Zufassungsgriff* und
- ❑ *Umfassungsgriff*.

Der Kontaktgriff ist ein offener Griff. Die Kopplungsglieder liegen auf dem Werkzeug auf. Der Zufassungsgriff ist geschlossen. Die Kopplungsglieder liegen von mehreren Seiten punktuell am Werkzeug an. Bei der Umfassung wird das Werkzeug umschlossen. Die Kopplungsglieder liegen vollständig am Werkzeug an. Innerhalb der genannten Greifartgruppen können die Kopplungsglieder unterschiedlich sein. Wesentlich ist, welche Finger – und weitergehend – welche Fingerglieder (Grund-, Mittel-, Endglied) am Werkzeug anliegen. Zur Veranschaulichung dient Bild 15.28. Dabei wurde eine Differenzierung der oben genannten Greifartgruppen entsprechend der Beteiligung der verschiedenen Finger als Kopplungsglieder vorgenommen.

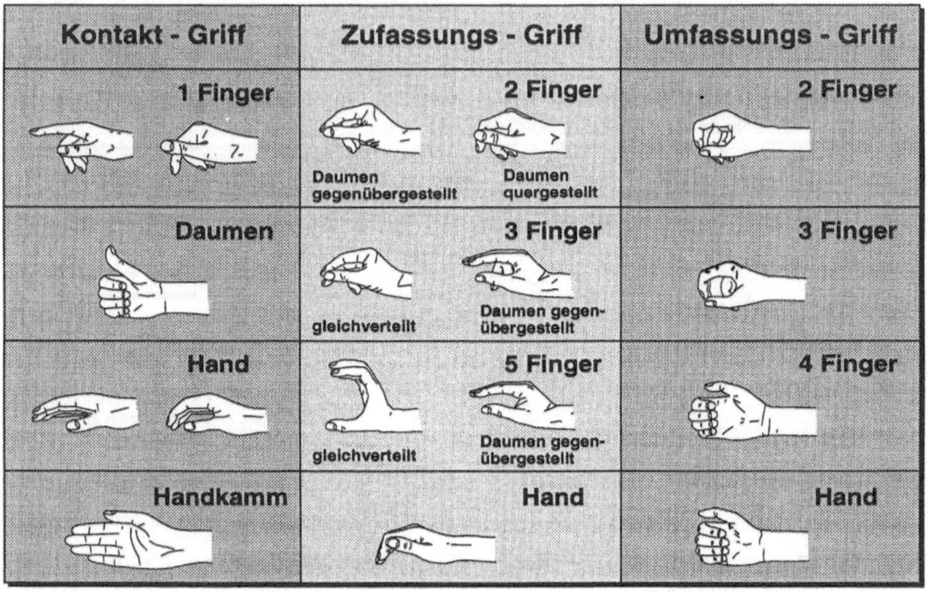

Kontakt - Griff	Zufassungs - Griff	Umfassungs - Griff
1 Finger	2 Finger Daumen gegenübergestellt / Daumen quergestellt	2 Finger
Daumen	3 Finger gleichverteilt / Daumen gegenübergestellt	3 Finger
Hand	5 Finger gleichverteilt / Daumen gegenübergestellt	4 Finger
Handkamm	Hand	Hand

Bild 15.28 Systematik der Greifarten

Jede Greifartgruppe besitzt unterschiedliche Merkmale, die je nach Arbeitsaufgabe unterschiedlich wichtig sind. Mit der Zusammenstellung in Bild 15.29 kann eine Zuordnung von Greifartgruppe zur Arbeitsaufgabe durchgeführt werden.

Greifartgruppe \ Arbeitsaufgabe	großer Arbeitswiderstand	kleiner Zeitbedarf	große Genauigkeit
Kontaktgriff	●	●●●	●●
Zufassungsgriff	●●	●●	●●●
Umfassungsgriff	●●●	●	●●

Legende: ●●● zu bevorzugende Greifartgruppe

Bild 15.29 Merkmale der Arbeitsaufgabe zur Auswahl der Greifartgruppe

Für große Arbeitswiderstände ist eine leicht nachzuvollziehende Eignungszunahme vom Kontakt- zum Umfassungsgriff hin festzustellen, während der Zeitbedarf als Kennzeichen für die Schnelligkeit der durchzuführenden Bewegungen in dieser Richtung abnimmt. Da der Zufassungsgriff willkürliche Grifflagen innerhalb der Hand erlaubt – die selbstverständlich nicht alle ergonomisch gleichwertig sind – ist er unter dem Gesichtspunkt der Arbeitsqualität (Genauigkeit) am geeignetsten. Kontakt- und Umfassungsgriffe sind hier schlechter. Wesentlich ist auch der für die Ausführung der Aufgabe zur Verfügung stehende Raum bzw. die Abmessungen des Arbeitsmittels selbst. Steht dabei die Forderung nach geringem Platzbedarf im Vordergrund, nimmt die Eignung vom Kontakt- zum Umfassungsgriff hin ab.

15.2.7 Kopplungsart

Die Kopplungsart gibt an, ob die Kraftübertragung zwischen Hand und/oder Finger und Arbeitsmittel mittelbar oder unmittelbar erfolgt. Bei mittelbarer Kraftübertragung wirkt die Kraft in der Berührungsfläche (*Reibschluß*), bei unmittelbarer Kraftübertragung in einer Ebene, die darauf senkrecht steht (*Formschluß*). Die aus dem Arbeitswiderstand resultierende Belastung des Arbeitenden hängt mit von der bei der Werkzeuggestaltung gewählten Kopplungsart ab. Geht man davon aus, daß für die Betätigung eines Werkzeugs eine bestimmte Kraft erforderlich ist, so wird aus der einfachen Kraftanalyse in Bild 15.30 unmittelbar deutlich, daß die im Falle des Reibschlusses aufzubringende Kraft immer größer ist als bei Formschluß. Dies gilt für alle Greifarten.

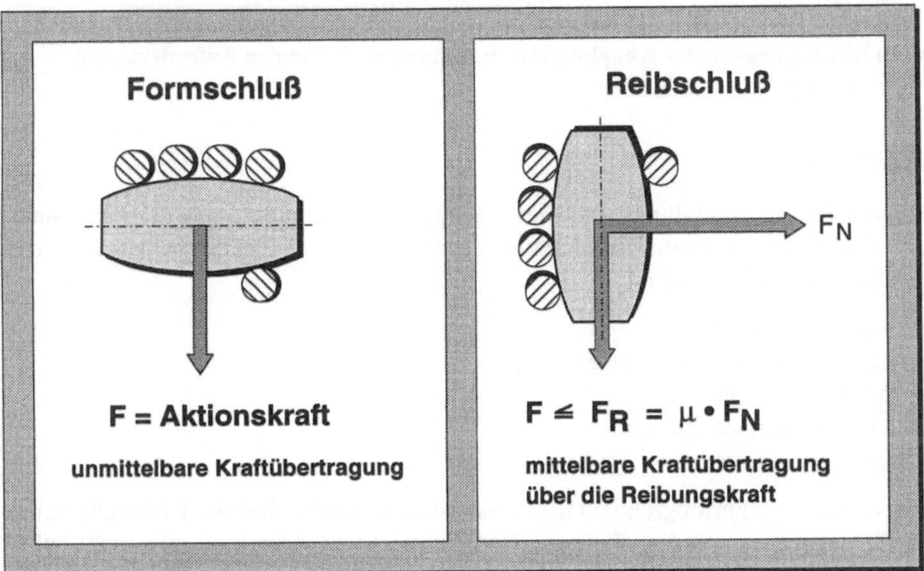

Bild 15.30 Kraftanalyse bei Form- und Reibschluß (Hand-Umfassung)

Für die praktische Gestaltungsarbeit sind in Bild 15.31 Bewertungen der Kopplungsart in Abhängigkeit von wichtigen Beurteilungskriterien zusammengestellt.

Beurteilungskriterien \ Kopplungsart	Formschluß	Reibschluß
Kraftübertragung vornehmen	●●●	●●
Halten gegen Widerstand	●●●	●●
Genaues Einstellen	●●	●●●
Schnelles Stellen	●	●●●
Tasten der Stellung	●●●	●
Kontinuierliches Stellen	●●	●●●
Legende: ●●● zu bevorzugen		

Bild 15.31 Festlegung der Kopplungsart in Abhängigkeit von den Anforderungen der Arbeitsaufgabe

15.2.8 Form

Aufgabe der Formgestaltung ist die Festlegung der Figur der Handseite des Arbeitsmittels. Erst wenn die Form grundsätzlich festliegt, kann die weitere Gestaltung der Handseite in der Reihenfolge

- ❑ Formfestlegung,
- ❑ Dimensionierung der Abmessung,
- ❑ Materialauswahl und
- ❑ Oberflächengestaltung.

erfolgen.

Die wesentliche Einflußgröße für die Formgestaltung ist die Greifart. Dabei dürfen die Randbedingungen von Handhaltung, Kopplungsart und Arbeitsaufgabe nicht außer acht gelassen werden. Nachfolgend werden in den Bildern 15.32 bis 15.35 Beispiele für ergonomisch richtige Arbeitsmittelformen gezeigt.

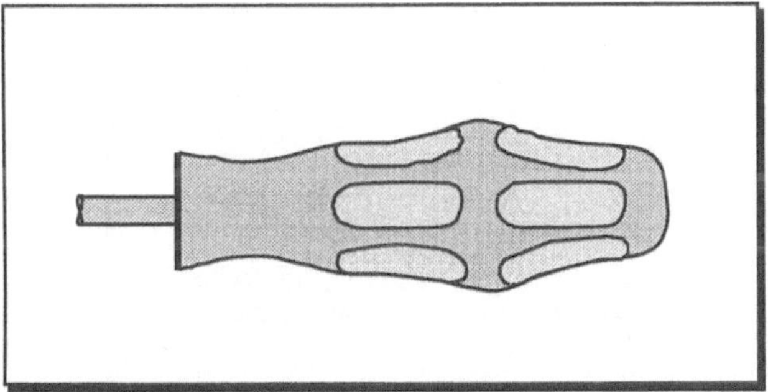

Bild 15.32 Ergonomisch richtige Form der Schraubendreher-Handseite

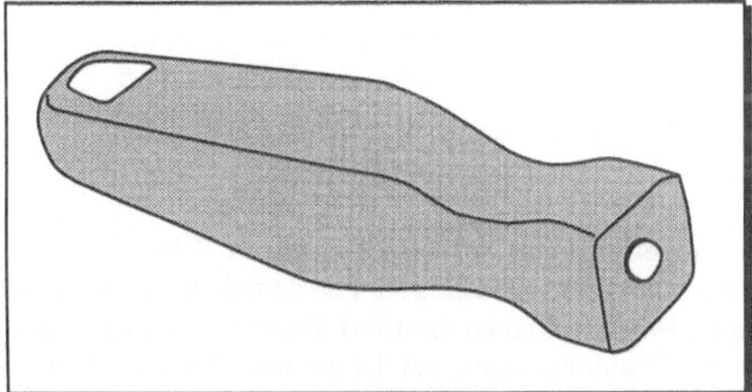

Bild 15.33 Ergonomisch richtige Form des Feilenheftes

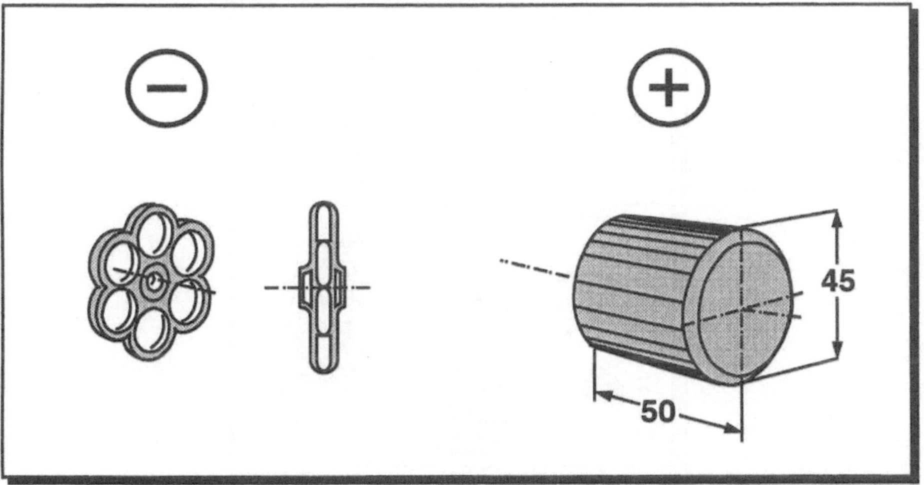

Bild 15.34 Ergonomisch richtige Form für ein Stellteil mit Dreifinger-Umfassungsgriff

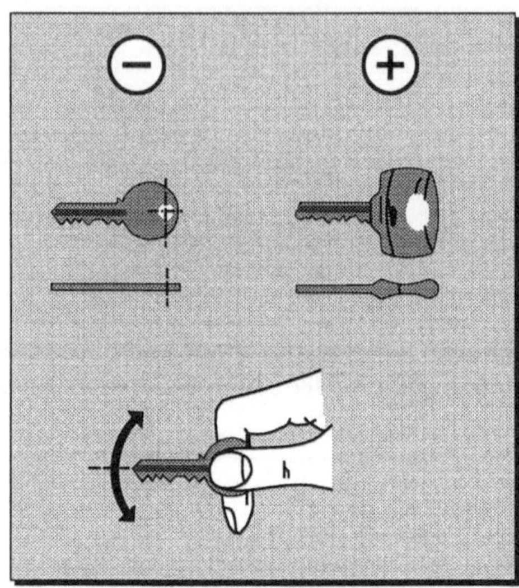

Bild 15.35 Ergonomisch richtige Form eines Schlüssels

Zylindrische oder kegelförmige Griffe führen, wie in Bild 15.36 zu sehen ist, zu extremen Belastungen am Klein- und Zeigefinger, da sich die Kopplungsfläche auf den ulnaren und radialen Teil der Hand konzentriert. Hand-Umfassungsgriffe sollen ballig geformt sein, um die Kopplungsfläche auf die gesamte Innenhand zu verteilen.

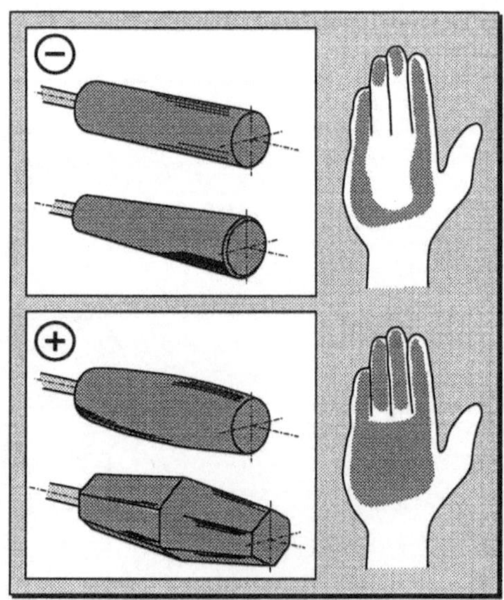

Bild 15.36 Formalternativen für Hand-Umfassungsgriff

Bei großen Arbeitswiderständen, wie sie in der Praxis mit zweischenkligen Werkzeugen (Zangen, Scheren) z. B. bei den Arbeitsvorgängen Schneiden und Halten auftreten, muß die Handseite des Arbeitsmittels besonders gut der Anatomie der Hand angepaßt sein. In der Praxis heißt das, daß bei der Greifart ›Hand-Zufassung‹ die Werkzeugschenkel parallel zueinander stehen sollen und daß der Schenkelabstand im Bereich der maximalen Finger-Beugekraft liegt. Bild 15.37 enthält dazu Gestaltungsvarianten.

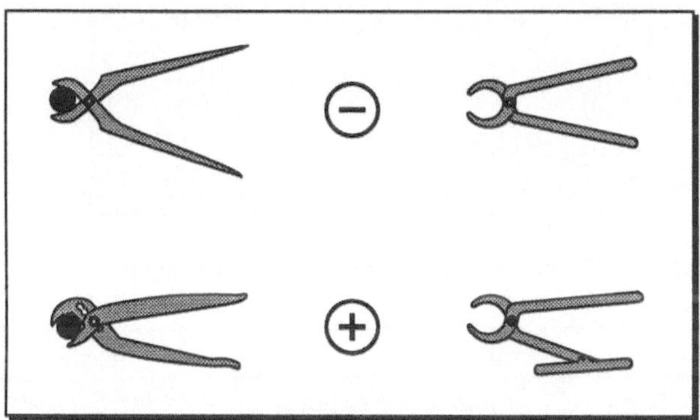

Bild 15.37 Gestaltungsvarianten für zweischenklige Werkzeuge

Zu berücksichtigen ist dabei sowohl bei der Formgestaltung als auch bei der Materialauswahl in bezug auf den Reibungsbeiwert die in Bild 15.38 dargestellte Relativbewegung von Werkzeugschenkel und Hand beim Schließvorgang.

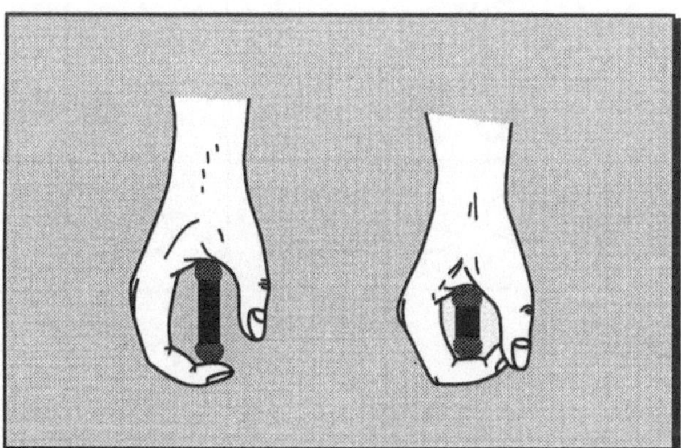

Bild 15.38 Relativbewegung des mit den Fingern koppelnden Zangenschenkels beim Schließvorgang

Auch bezüglich der Form der Griffschenkel müssen, wie in Bild 15.39 gezeigt wird, anatomische Gegebenheiten berücksichtigt werden.

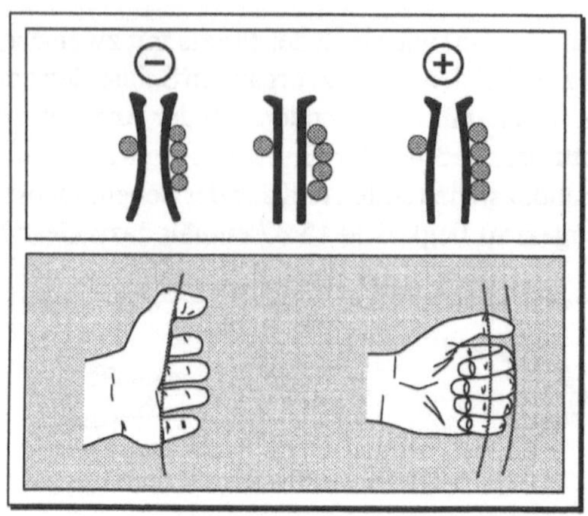

Bild 15.39 Griffschenkelform bei zweischenkligen Werkzeugen

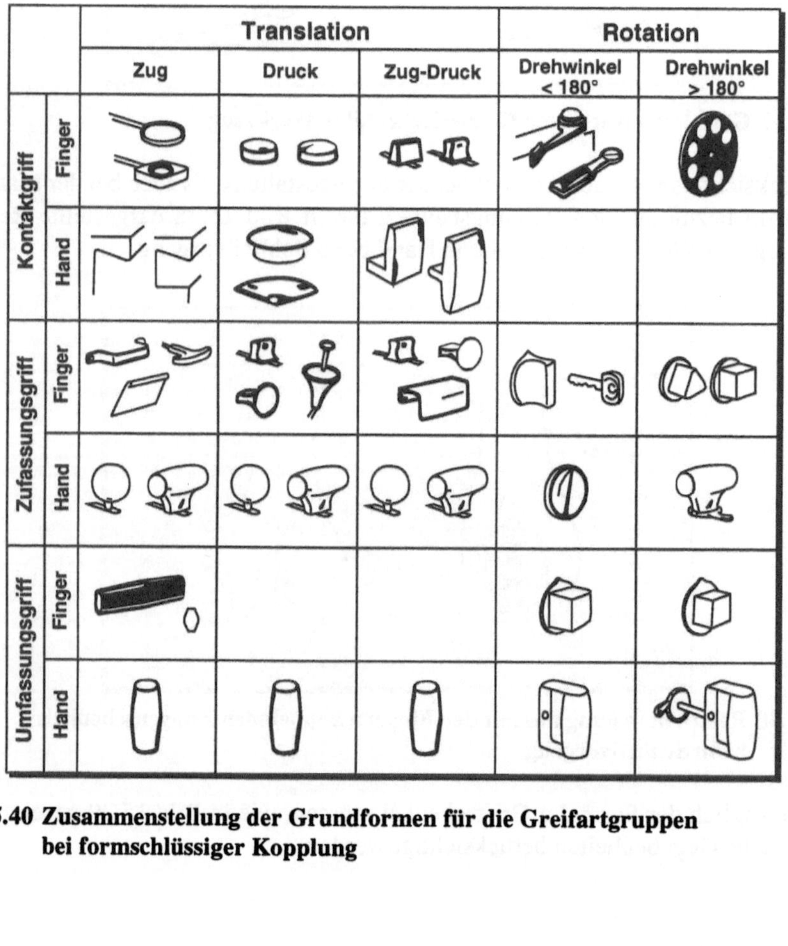

		Translation			Rotation	
		Zug	Druck	Zug-Druck	Drehwinkel ≤ 180°	Drehwinkel ≥ 180°
Kontaktgriff	Finger					
	Hand					
Zufassungsgriff	Finger					
	Hand					
Umfassungsgriff	Finger					
	Hand					

Bild 15.40 Zusammenstellung der Grundformen für die Greifartgruppen bei formschlüssiger Kopplung

Die Darstellungen in den Bildern 15.40 und 15.41 stellen eine Zusammenfassung der Grundformen dar. Die einzelnen Formen sind stark abstrahiert gezeigt, da keine spezifischen, aus der Arbeitsaufgabe resultierenden Anforderungen berücksichtigt wurden.

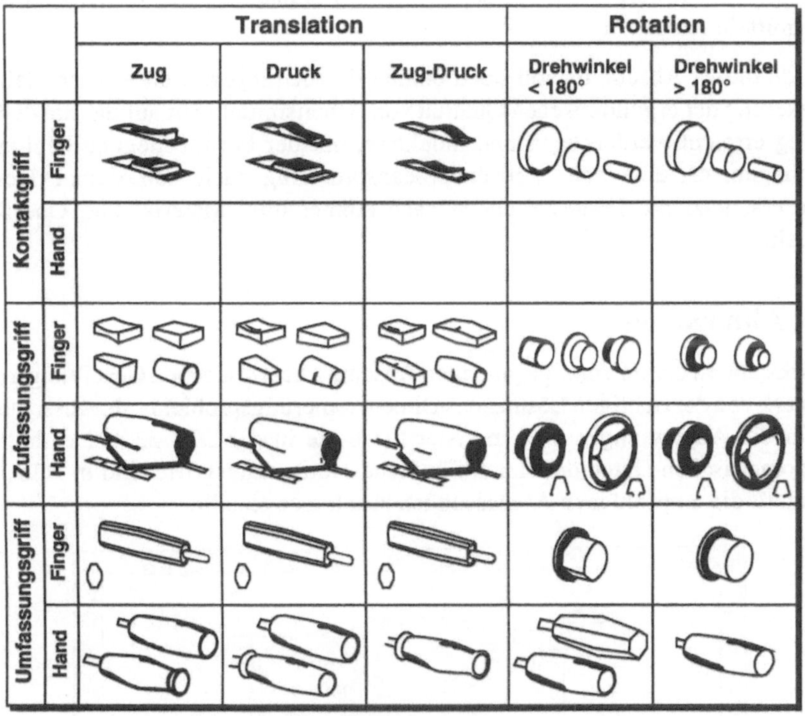

		Translation			Rotation	
		Zug	Druck	Zug-Druck	Drehwinkel < 180°	Drehwinkel > 180°
Kontaktgriff	Finger					
	Hand					
Zufassungsgriff	Finger					
	Hand					
Umfassungsgriff	Finger					
	Hand					

Bild 15.41 Zusammenstellung der Grundformen für die Greifartgruppen bei reibschlüssiger Kopplung

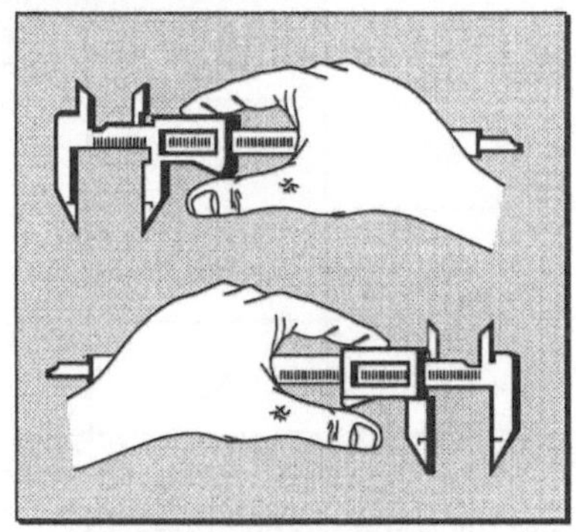

Bild 15.42 Meßschieber mit beidseitiger Handhabung

Bei der Formfestlegung muß auch noch die *Händigkeit* berücksichtigt werden. *Links-* und *Rechtshänder* sollen das Arbeitsmittel gleichberechtigt benutzen können. Nur in Ausnahmefällen, z. B. bei Scheren, müssen zwei spiegelbildliche Arbeitsmittel hergestellt werden. Oft genügen dazu, wie in Bild 15.42 an einem Meßschieber mit beidseitiger Skala dargestellt ist, schon kleine Maßnahmen die zu symmetrischen Arbeitsmitteln führen.

Am Ende dieses Abschnitts soll noch einmal darauf hingewiesen werden, daß eine Verbesserung der ergonomischen Qualität von Arbeitsmitteln nur auf diesem deduktiven Weg erreicht werden kann und induktive, mit der Formfestlegung beginnende Gestaltungen, oft eine hohe Anwenderbeanspruchung nach sich ziehen. Deshalb werden erst jetzt die Fragestellungen nach Abmessung, Material und Oberfläche behandelt.

15.2.9 Abmessung

Die Wirksamkeit der im vorangegangenen Abschnitt beschriebenen Gestaltungsregeln hängt stark von der richtigen Lösung des Dimensionierungsproblems ab. Ausschlaggebend für die Abmessungen sind in erster Linie die in der DIN 33 402 enthaltenen anthropometrischen Daten der Hand. Für Hand-Umfassungsgriffe sind in Bild 15.43 beispielhaft die empfohlenen Abmessungen zusammengestellt.

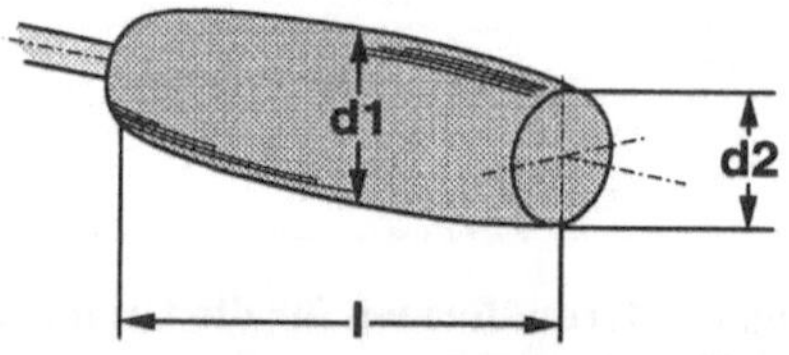

	Länge l in mm	Durchmesser d1 in mm	Durchmesser d2 in mm
minimal	90	28	18
mittel	100	32	22
maximal	120	38	28

Bild 15.43 Abmessungshinweise für Hand-Umfassungsgriffe (Translation, Form- und Reibschluß)

15.2.10 Material

Die Frage nach dem ›richtigen‹ Material vergißt der Konstrukteur nicht zu stellen. Er ist gewohnt, damit Überlegungen im Hinblick auf Bearbeitbarkeit, mechanische, physikalisch-chemische und elektrische Eigenschaften zu verknüpfen. Er weiß, daß es sich hier um einen Parameter handelt, der besonders großen Einfluß auf die entstehenden Herstellkosten hat.

Die Auswahl des richtigen Materials ist verständlicherweise bei Werkzeugen mit reibschlüssiger Kopplung wichtiger als bei formschlüssiger. Dabei spielt das *Reibungsverhalten* zwischen Werkzeug und menschlicher Hand, das noch nicht vollständig erforscht ist, eine Rolle. Zur Gestaltung von Werkzeugen kann jedoch gesagt werden, daß immer dann, wenn größere Kräfte auftreten, eine formschlüssige Kopplung und nicht eine Maximierung der Reibungskraft anzustreben ist. In Bild 15.44 sind wichtige Reibungsbeiwerte in Abhängigkeit vom Werkstoff dokumentiert.

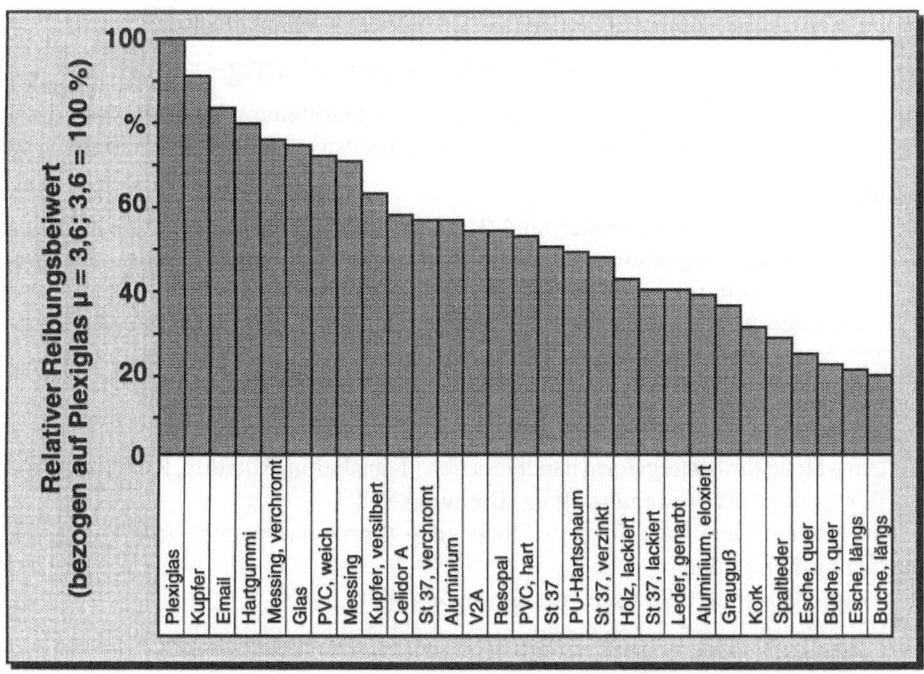

Bild 15.44 Reibungsbeiwerte in Abhängigkeit vom Werkstoff

15.2.11 Oberfläche

Durch die Wahl der Oberfläche wird die Gestaltungsarbeit abgeschlossen. In Grenzen beeinflußbare Parameter sind hier noch Reibungskoeffizient und Hygiene-Fragen. Hier sollten also nur noch Feinabstimmungen erfolgen. Lösungen, die erst durch die Oberflächengestaltung anwendbar werden, sind meist ergonomisch schlecht.

Im Hinblick auf Hygiene-Anforderungen und Reinigungsbedingungen wirken die anfangs den Reibungskoeffizient erhöhenden Profillierungen als Schmutzfänger, die in Zusammenwirkung mit dem Handschweiß schließlich zur Senkung des Reibungskoeffizienten - und zwar auch im Vergleich zu profillosen Oberflächen – führen können. Gestaltet man die Profile so groß, daß eine selbständige Entleerung möglich wird, so muß man beachten, daß die Handkopplungsfläche ungleichmäßig belastet und verkleinert wird. Dies führt vor allem durch die mit dem ›Einhaken‹ der Profilierung verbundene punktuelle Belastung der Haut zu Hautschädigungen, die sich im Anfangsstadium in zu Unrecht bagatellisierten Hautblasenbildungen zeigen. Sie sind in der Regel das Ergebnis einer Arbeitsmittelgestaltung, bei der versucht wurde, mit dem letzten Schritt der Gestaltungsphase auszugleichen, was im Vorfeld versäumt wurde.

15.3 Checkliste zur Arbeitsmittelgestaltung

Die nachfolgenden Fragen sollen bei der korrektiven Gestaltung im Sinne des vorangegangenen Abschnitts Hilfestellungen bei der Arbeitsmittelgestaltung bieten.

Arbeitswiderstand

- ❑ Wie groß ist der Arbeitswiderstand (Kräfte/Drehmomente)?
- ❑ Wie ist die Abhängigkeit des Arbeitswiderstandes vom Weg (konstant, veränderlich; linear, progressiv, degressiv; stetig, unstetig)?
- ❑ Wie ist die Abhängigkeit des Arbeitswiderstandes von der Zeit (Beschleunigungen, Verzögerungen; statisch, dynamisch)?
- ❑ Wird die Kraftausbringung durch Anschläge begrenzt?

Bewegungsart

- ❑ Um welche Bewegungsform handelt es sich (Translation, Rotation, Kombination)?
- ❑ Wie groß ist die Bewegung (Weg, Drehwinkel)?
- ❑ In welcher Richtung erfolgt die Bewegung (horizontal-frontal, frontal-sagittal, sagittal-horizontal)?
- ❑ In welchem Raumfeld findet die Bewegung statt?
- ❑ Wird das Einhalten der Bewegungsrichtung durch Führungshilfen unterstützt?
- ❑ Ist die Bewegung stetig?
- ❑ Welches ist die von der Häufigkeit der Ausübung her bevorzugte Bewegungsform?

Genauigkeit

- ❑ Wie genau muß der Arbeitswiderstand in Abhängigkeit vom Weg/von der Zeit eingehalten werden?
- ❑ Wie genau muß die Bewegungsform eingehalten werden?
- ❑ Wie genau muß die Bewegungsgröße eingehalten werden?

- ❑ Wie genau müssen Richtungsänderungen durchgeführt werden?
- ❑ Gibt es Genauigkeit durch technische Hilfen (Führungen, Anschläge)?

Zeitbedarf

- ❑ Wie lange dauert die Durchführung der gesamten Aufgabe?
- ❑ Wie lange dauern charakteristische Teilaufgaben (Abgrenzung durch unterschiedliche Arbeitswiderstände und/oder Bewegungsarten)?
- ❑ Sind Zeitgrenzen nur für die gesamte Aufgabe oder auch für Teilaufgaben einzuhalten?
- ❑ Ist Nach- oder Umgreifen am Arbeitsmittel erforderlich?
- ❑ Wird die Bewegung geführt und/oder gegen Anschläge durchgeführt?
- ❑ Ist guter Sichtkontakt zur Arbeitsseite gegeben?
- ❑ Wird eine schnellere Arbeitsmittelführung durch den Arbeitswiderstand und/oder Genauigkeitsforderungen begrenzt?

Ergebnisrückkopplung

- ❑ Behindern Arbeits- und/oder Handseite des Arbeitsmittels den Blickkontakt zur Bearbeitungsstelle?
- ❑ Sind durch das Arbeitsmittel ausgelöste Bewegungen beobachtbar?
- ❑ Sind verschiedene Positionen durch Sichtkontakt zu unterscheiden?
- ❑ Erfolgt die Rückkopplung über sekundäre Lichtsignale?
- ❑ Ist das Erreichen von Zwischen- und/oder Endpositionen hörbar (Rasten)?
- ❑ Ist das Erreichen von Zwischen- und/oder Endpositionen tastbar?
- ❑ Sind visuelle, auditive und taktile Formen der Ergebnisrückkopplung kombiniert?

Umgebungseinflüsse

- ❑ Erfolgt durch und/oder bei der Arbeit eine Verschmutzung des Arbeitsmittels?
- ❑ Erfolgt die Verschmutzung des Arbeitsmittels in der Ablage?
- ❑ Wirkt eine mögliche Verschmutzung reibungskoeffizientmindernd auf die Handseite des Arbeitsmittels?
- ❑ Verhärtet der Schmutzfilm und/oder Materialrückstände?
- ❑ Wird das Arbeitsmittel zur Reinigung in Lösungsmitteln aufbewahrt?
- ❑ Bestehen besondere Hygieneanforderungen (Sterilität)?
- ❑ Vibriert das Arbeitsmittel durch Erregung an der Arbeits- und/oder Antriebsseite?
- ❑ Gibt es bevorzugte Schwingungsrichtungen (horizontal, vertikal, kombiniert)?
- ❑ Muß das Arbeitsmittel mit Handschuhen betätigt werden?
- ❑ Liegen handschweißfördernde Klimawerte vor?

Arbeitssicherheit

- ❑ Besitzt das Arbeitsmittel und/oder Arbeitsobjekt elektrische Antriebe?
- ❑ Welche Gefahren bestehen beim Abgleiten vom Arbeitsmittel (scharfe Gegenstände, bewegte Maschinenteile, Kontakt mit Chemikalien usw.)?
- ❑ Welche Festigkeitseigenschaften sind für die Handseite des Arbeitsmittels erforderlich?

- ❑ Wie groß ist der Abstand der Handseite vom Gefahrenbereich?
- ❑ Wird die Hand durch Schutzbügel oder vergleichbare Hilfen geschützt?
- ❑ Welche Konsequenzen hat unbeabsichtigtes Stellen?
- ❑ Birgt die betriebsübliche Handseitentemperatur die Gefahr des Wärmeentzugs aus der Hand?

Körperstellung und -haltung

- ❑ Entsprechen die Abmessungen des Arbeitsplatzes anthropometrischen Gesichtspunkten?
- ❑ Beschränkt die Körperhaltung den erforderlichen Bewegungsraum und -ablauf?
- ❑ Erzwingen Bewegungsform und -größe Haltungsänderungen und Mitbeteiligung des Rumpfes?
- ❑ Erzwingen falsche Arbeitshöhen (zu hoch, zu niedrig) Zwangshaltungen?
- ❑ Führen fehlende Knieeinrück- und Fußvorstoßräume zu ungünstigen Körperhaltungen (statische Haltungsarbeit)?
- ❑ Führen vorstehende Teile zu unnatürlichen Körperhaltungen?
- ❑ Beziehen sich die Bewegungsrichtungen auf die Normallage des Hand-Arm-Systems (insbesondere auf die des Schultergelenks)?
- ❑ Erzwingen die Bewegungsabläufe ungünstige Hebelwirkungen auf den Körper?
- ❑ Sind Abstützungen notwendig? Wenn ja, sind sie so angeordnet, daß sie den Bewegungsablauf nicht behindern? Sind sie verstellbar?
- ❑ Erlaubt die Körperstellung einen optimalen Sehbereich?

Bewegungszuordnung

- ❑ Stimmen die Funktionsachsen mit den zu bevorzugenden Lagen der anatomischen Achsen überein?
- ❑ Fluchten bei rotatorischen Bewegungen die funktionellen Achsen und die anatomischen Achsen (insbesondere Unterarmachse)?
- ❑ Erzwingen zu große Hebelverhältnisse zwischen Arbeits- und Handseite große Bewegungsumfänge des Hand-Arm-Systems, insbesondere nach einem Richtungswechsel?
- ❑ Behindert die Bauart des Arbeitsmittels oder die Anordnung der Handseite ein körpernahes Arbeiten?
- ❑ Sind Drehbewegungen um frontal-sagittal stehende Drehachsen in Normalarbeitshöhe vermieden worden?

15.4 Wiederholungsfragen

1. Wie geht man bei der Gestaltung von Handseiten von Arbeitsmitteln vor?
2. Welche Bewegungsrichtungen des Hand-Arm-Systems sind günstig?
3. Was ist der Unterschied zwischen Form- und Reibschluß?
4. Wie sollen Griffe gestaltet sein?
5. Wie groß ist der Einfluß der Griffmaterialoberfläche?

16 Mensch-Maschine-Schnittstellen

Unter dem Begriff Mensch-Maschine-Schnittstelle werden alle Komponenten eines Arbeitssystems zur funktionellen Interaktion zwischen dem Menschen und einem technischen System verstanden. Vom Menschen zu überwachende und zu steuernde Prozesse erzeugen eine Vielzahl von Informationen wie Betriebszustand, Betriebsstörung, Auftragszustand oder Werkzeugstandzeiten. Diese Informationen werden vom Menschen unmittelbar oder aber mittelbar über seine Rezeptoren aufgenommen, im Gehirn verarbeitet und ggf. in Form von Information oder einer Handlung an den Prozeß zurückgeführt.

Formal betrachtet, lassen sich bei der *Informationsübertragung* die Funktionsblöcke Quelle, Sender und Empfänger definieren (vgl. Kap. 3.4.2). Die Informationen, bei denen der Mensch im Arbeitssystem als Empfänger fungiert, lassen sich in

- *unmittelbare* und
- *mittelbare*

Informationen unterteilen.

Bei unmittelbaren Informationen sind die Quelle und der Sender identisch. Es sind Informationen über Zustände und Ereignisse, die der Mensch direkt mit seinen Rezeptoren aufnehmen kann. Als Beispiel sei die unmittelbare Beobachtung des Arbeitsgegenstandes oder des Arbeitsmittels genannt. Die zweite Informationsart ist dem Menschen nur durch die Anzeige des Arbeitsmittels, welche als Sender fungiert, zugänglich. So werden z. B. Informationen über Temperatur und Druck aus dem Innern eines Kessels (Arbeitsmittel) dem Menschen durch Anzeigen übermittelt. Als weiteres Beispiel seien die Informationen über die Maße eines Arbeitsgegenstandes genannt, welche von einem Meßgerät (Arbeitsmittel) festgestellt und durch eine Anzeige dem Menschen zugänglich gemacht werden. Das Bild 16.1 zeigt Beispiele für unmittelbare und mittelbare Informationsübertragung an den Menschen.

Wenn möglich, sollen dem Menschen zur Erfüllung seiner Arbeitsaufgabe unmittelbare Informationen zugänglich gemacht werden. Sie können vom Menschen schnell und bei hoher Informationsdichte aufgenommen werden, während – abgesehen von der situationsanalogen Anzeige – die Informationen der Anzeigen dekodiert werden müssen. Die mittelbare Informationsübertragung muß gewählt werden, wenn

- die Informationsquelle für den Menschen nicht zugänglich ist (Beispiel: räumliche Trennung) oder aus Gründen des Arbeitsschutzes nicht zugänglich sein darf,
- die Informationen durch die Sinne des Menschen nicht wahrgenommen werden können (Beispiel: magnetische Feldstärke),

Informations-übertragung	Informations-quelle	Wahrnehmung	Beispiel	
unmittelbar	Arbeits-gegenstand	visuell	Lage des Arbeits-gegenstandes	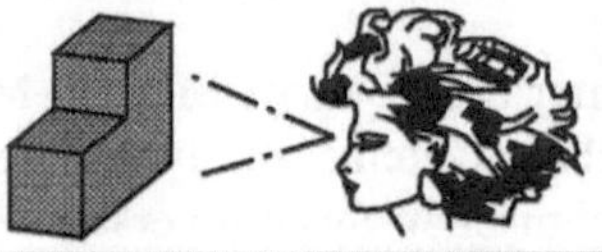
		auditiv	Bearbeitungs-geräusche des Arbeits-gegenstandes	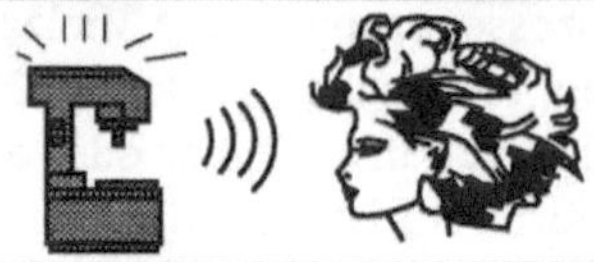
		taktil	Oberflächenbe-schaffenheit des Arbeits-gegenstandes	
		taktil-proprio-zeptiv	Gewicht des Arbeitsgegen-standes	
	Arbeits-mittel	visuell	Beobachtung der Wirkorgane eines Arbeits-mittels	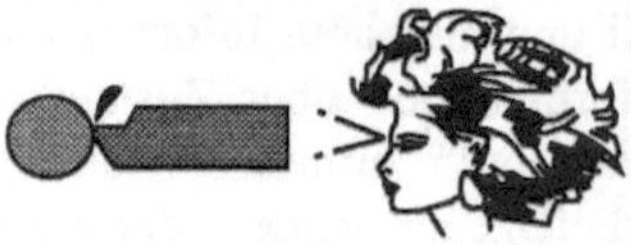
		auditiv	Laufgeräusche des Arbeitsmittels	
		taktil-proprio-zeptiv	Rückinformation über den Arbeits-widerstand u. die Lage der Körper-teile	
unmit-telbar	Arbeits-um-gebung	visuell	Beobachtung der Straße beim Führen eines Kfz	

Bild 16.1 Beispiele für die Informationsaufnahme durch den Menschen (Teil I)

Informationsübertragung	Informationsquelle	Wahrnehmung	Beispiel
unmittelbar	Arbeitsumgebung	auditiv	Zwischenmenschl. Informationsaustausch mittels Sprache 
mittelbar	Arbeitsgegenstand	visuell	Angabe der Maße des Arbeitsgegenstandes 
		auditiv	Warnsignal bei der Grenzwertüberschreitung von Zustandsgrößen 
	Arbeitsmittel	visuell	Angabe von Drücken, Umdrehungen und Temperaturen 
		auditiv	Akustische Zeilenendvoranzeige bei Dateneingabegeräten und Schreibmaschinen 
		taktil-propriozeptiv	Generierung des Bewegungswiderstandes an Bedienelementen 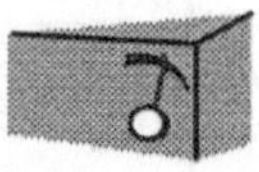
	Arbeitsumgebung	visuell	Überwachung durch Fernsehmonitore 
		auditiv	Sprachliche Kommunikation mittels Telefon und Funk 

Bild 16.1 Beispiele für die Informationsaufnahme durch den Menschen (Teil II)

- die Sinne den Genauigkeitsanforderungen nicht genügen (Beispiel: genaue Maßbestimmung) oder
- Informationen außerhalb des Menschen gespeichert waren.

Informations-übertragung	Informations-empfänger	Handlungs-bereich	Beispiel
unmittelbar	Arbeits-gegenstand	muskulär/ motorisch	Tragen eines Werkstücks
		senso-motorisch	Säubern eines Werkstücks mit den Fingern
	Arbeits-mittel	muskulär/ motorisch	Andrücken einer Schlagbohr-maschine auf Beton
		senso-motorisch	Führen einer Anreißnadel
	Arbeits-umgebung	Visuell	Mit einer anderen Person in Blickkontakt treten
		akustisch/ motorisch	Zwischenmenschlicher Informations-austausch durch Sprache
		muskulär/ motorisch	Beseitigen eines störenden Gegenstandes
		senso-motorisch	Winkzeichen geben an eine andere Person
mittelbar	Arbeits-gegenstand	muskulär/ motorisch	Tragen eines Werkstücks an einem Griff
		senso-motorisch	Glätten eines Werkstücks mittels Schleifpaste
	Arbeits-mittel	muskulär/ motorisch	Betätigen eines NOT-Aus-Schalters
		senso-motorisch	Steuern eines Bildschirmcursors mittels Joystick
		akustisch/ verbal	Spracheingabe am Computer
	Arbeits-umgebung	muskulär/ motorisch	Betätigen eines Feuermelders
		senso-motorisch	Dateneingabe über Tastatur
		akustisch/ verbal	Sprachliche Kommunikation mittels Telefon oder Funk

Bild 16.2 Beispiele für vom Menschen abgegebene Informationen

Die informationstechnische Arbeitsgestaltung beinhaltet neben der Gestaltung der Informationsausgabebereiche auch Fragen der Informationseingabe in das technische System. Information kann dem technischen System in Form einer Handlung entweder über sogenannte *Stell-* oder auch *Bedienteile* (Schalter, Hebel, Knöpfe etc.) oder aber über komplexe *Informationseingabesysteme* (wie Spracheingabesysteme, grafische Tabletts, Tastaturen, Mäuse etc.) übermittelt werden. Durch Entwicklungen auf dem Sektor der computergestützten Sprachein- und ausgabesysteme und durch leistungsfähige Daten-Speichermedien, sowie bei der computergestützten Bildbe- und verarbeitung werden in Zukunft verstärkt automatische Ansagesysteme und Multi-(Hyper)-Media-Systeme eingesetzt. Auch bei diesen neuen Technologien sind die Grundlagen der menschlichen Informationsaufnahme und -abgabe zu beachten. Bedingt durch die Vielzahl der Gestaltungsmöglichkeiten müssen hier Standards geschaffen und eingehalten werden.
In Bild 16.2 sind einige Beispiele für die Informationsausgabe und Handlungen des Menschen wiedergegeben.

Nachfolgend wird auf die Gestaltung von Informationsein- und Informationsausgabesystemen näher eingegangen. Durch die Verbreitung von EDV-Systemen ergibt sich auch verstärkt die Notwendigkeit einer software-ergonomischen Gestaltung dieser Systeme. Diesem Sachverhalt wird durch den Abschnitt Eingabesysteme für die Mensch-Rechner-Kommunikation und das Kapitel Software-Ergonomie Rechnung getragen.

16.1 Informationseingabesysteme

Um eine aufgabengerechte Auswahl und Gestaltung von Informationseingabeelementen erzielen zu können, ist es notwendig, die Arbeitsaufgabe genau zu untersuchen. Bild 16.3 zeigt ein Struktogramm, mit dessen Hilfe die Anforderungen, die aus der Arbeitsaufgabe resultieren, untersucht, definiert und beschrieben werden können.

Entsprechend der Aufgabenanalyse ergibt sich die Auswahl, Anordnung und Gestaltung von Stellteilen. Prinzipiell wird dabei folgendermaßen vorgegangen:

1. Beschreibung der Stellaufgabe.
2. Bestimmung zulässiger Kräfte und Momente.
3. Bestimmung der bewegungsphysiologisch günstigen Stellbewegung.
4. Auswahl des Stellteils.
5. Überprüfung der sicherheitsrelevanten Faktoren.

Es ist zu prüfen, ob die Stellaufgabe günstiger mit Hand- oder Beinstellteilen durchgeführt werden kann. In Bild 16.4 sind dazu Vor- und Nachteile von Beinstellteilen aufgeführt. Zur Auswahl von handbetätigten Stellteilen können die Angaben in Bild 16.5 herangezogen werden. Ähnliche Tafeln sind in der Literatur für Fußstellteile dokumentiert.

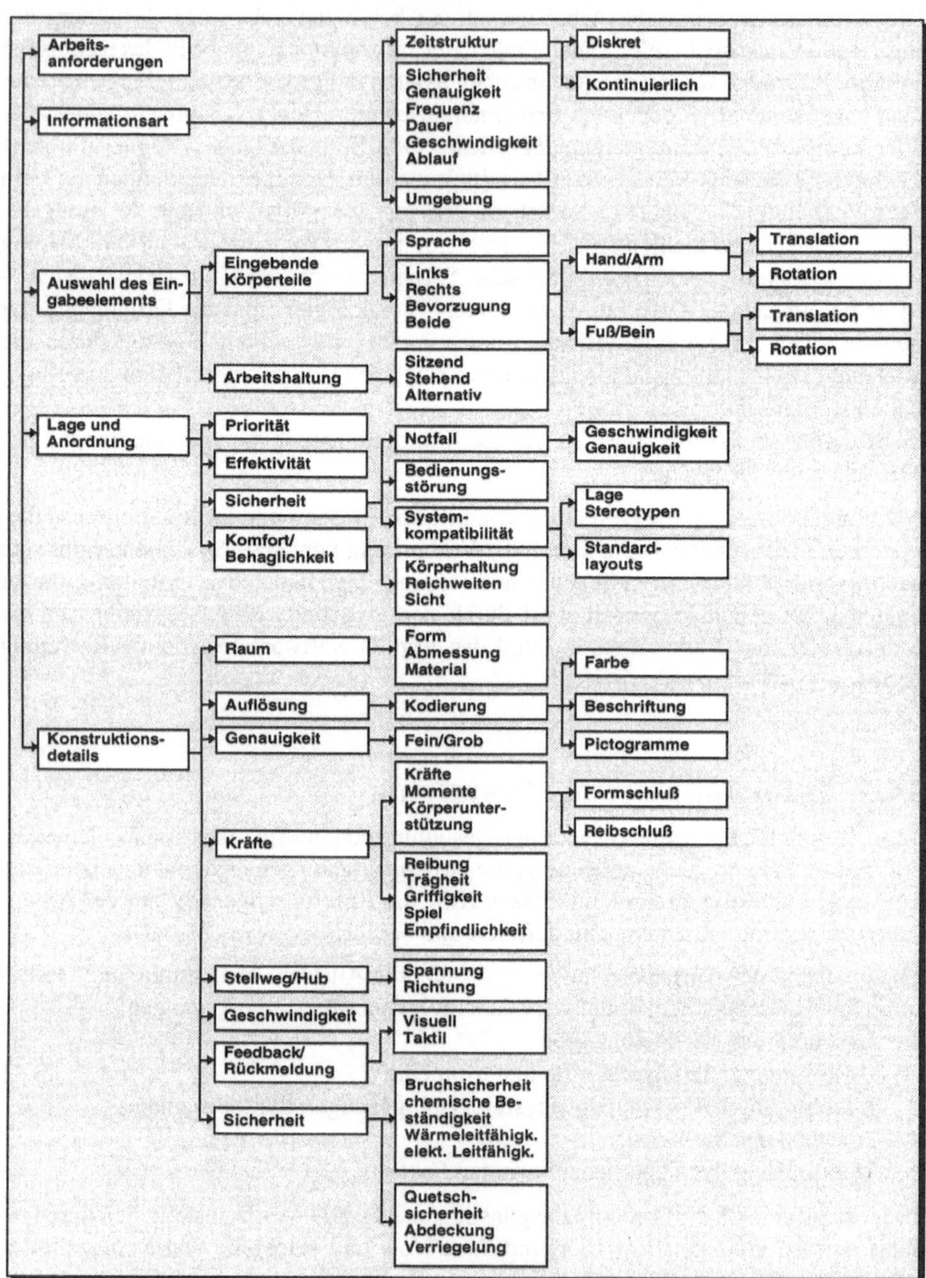

Bild 16.3 Struktogramm zur Definition von gestaltungsrelevanten Kriterien für die Informationseingabe

Beinstellteile	
Vorteile	**Nachteile**
❑ Die Hände der Arbeitsperson sind für andere Tätigkeiten frei ❑ Die Betätigungszeit ist geringer, da in der Regel der Bein-Stellteil-Kontakt nicht aufgehoben werden muß ❑ Keine Behinderung durch Stellteile im Bewegungsraum des Hand-Arm-Systems ❑ Möglichkeit zur großen Kraftübertragung bei Beinbetätigung ❑ Kein schädigender Hautkontakt möglich	❑ Bei stehender Körperhaltung führen sie zu hoher statischer Muskelarbeit (Haltungsarbeit) ❑ Keine hohe Stellgenauigkeit ❑ Lage und Stellung kann schlecht wahrgenommen werden ❑ In der Regel kann nur ein Stellteil Verwendung finden ❑ Die Stellwege und der Anordnungsraum sind eingeschränkt

Bild 16.4 Vor- und Nachteile der Beinstellteile im Vergleich mit den Handstellteilen

Stellbewegungen	Stellteile Beispiele	Greifart Tretart	Betätigung mit	Stellaufgabe			Eignung unter den Gesichtspunkten für								
				S1 2 mögliche Stellungen	S2 mehr als 2 Stellungen	S3 stufenloses Stellen	a1 Halten des Stellteils in einer Stellung	a2 schnelles Einstellen einer bestimmt. Stellung	a3 genaues Einstellen einer bestimm. Stellung	a4 geringer Platzbedarf	a5 einhändiges gleichzeitiges Stellen mehr. Stellt.	a6 Sehen der Stellung	a7 Tasten der Stellung	a8 Verhinderung unbeabsichtigten Stellens	a9 Festhalten am Stellteil
Drehen	ST 1 Kurbel	Zufassungsgriff Umfassungsgriff	Hd	+	+	++	++	+	+	-	-	+	+	-	+
	ST 2 Handrad	Zufassungsgriff Umfassungsgriff	Hd	+	++	++	++	+	++	-	-	-	-	-	++
	ST 3 Drehknebel	 Zufassungsgriff	Fl Hd	++	++	++	++	+	++	+	-	++	+	+	+
	ST 4 Drehknopf	Zufassungsgriff	Fl Hd	++	++	++	-	+	++	++	-	+	-	+	-
	ST 5 Schlüssel	Zufassungsgriff	Fl	++	+	-	++	+	+	+	-	++	+	+	-
Schwenken	ST 6 Schalthebel	 Zufassungsgriff	Hd	++	++	+	+	++	+	-	-	++	++	-	-
	ST 7 Stellhebel	 Umfassungsgriff	Hd	++	++	++	++	++	+	-	-	++	++	-	+
	ST 8 Hebeltaste	Kontaktgriff Zufassungsgriff	Fl	++	-	-	+	++	-	+	++	-	+	-	-
	ST 9 Kippschalter	Kontaktgriff Zufassungsgriff	Fl	++	+	-	-	++	++	++	++	++	++	-	-
	ST 10 Wippschalter	 Kontaktgriff	Fl	++	-	-	-	++	++	++	++	+	+	-	-
	ST 11 Pedal	 Gesamtfuß-auflage	Fu	++	+	++	++	++	+	-	-	-	-	-	+

Legende: ++ = gut geeignet + = geeignet - = ungeeignet Fl = Finger Hd = Hand Fu = Fuß

Bild 16.5 Klassifizierung von Stellteilen (nach DIN 33 401), Teil I

Drücken	ST 12 Drahtauslöser		Kontaktgriff	Fi	++	-	+	+	-	-	++	-	-	-	++	-
	ST 13 Druckknopf		Kontaktgriff Vorfuß oder Fersenauflage	Fi Hd Fu	++	-	-	-	++	++	++	++	+	+	-	-
	ST 14 Drucktaster		Kontaktgriff Vorfuß oder Fersenauflage	Fi Hd Fu	++	-	-	++	++	++	++	++	-	-	-	-
	ST 15 Tastatur		Kontaktgriff	Fi Hd	++	-	-	++	++	++	++	++	-	-	-	-
Schieben	ST 16 Griffschieber		Kontaktgriff Zufassungsgriff Umfassungsgriff	Fi Hd	++	++	++	++	++	+	-	+	++	++	-	+
	ST 17 Fingerschieber formschlüssig		Kontaktgriff Zufassungsgriff	Fi	++	++	++	++	++	+	+	+	++	++	-	-
	ST 18 Fingerschieber reibschlüssig		Kontaktgriff	Fi	++	-	-	-	+	+	++	-	++	-	+	-
Ziehen	ST 19 Zugbügel		Umfassungsgriff	Hd	++	+	+	++	++	+	-	-	++	-	-	++
	ST 20 Zuggriff		Umfassungsgriff	Hd	++	+	+	+	+	+	+	-	++	+	+	+
	ST 21 Zugring		Kontaktgriff Zufassungsgriff	Fi Hd	++	+	+	++	+	+	+	-	++	+	+	-
	ST 22 Zugknopf		Zufassungsgriff	Hd	++	+	+	+	+	+	+	-	++	+	+	-

Legende: ++ = gut geeignet + = geeignet - = ungeeignet Fi = Finger Hd = Hand Fu = Fuß

Bild 16.5 Klassifizierung von Stellteilen (nach DIN 33 401), Teil II

Bei der Anordnung von Stellteilen sind die in Bild 16.6 aufgelisteten Aspekte zu berücksichtigen.

- ❑ **Erreichbarkeit der Stellteile**
- ❑ **Behinderungen beim Zugriff**
- ❑ **Notwendige Kraftübertragung**
- ❑ **Häufigkeit der Bedienung**
- ❑ **Bewegungszuordnung zu den anatomisch günstigen Bewegungsmöglichkeiten des Hand-Arm-Systems**
- ❑ **Ein- oder beidhändige Bedienung**
- ❑ **Belastung durch statische Halte- und Haltungsarbeit**
- ❑ **Belastung durch dynamische Muskelarbeit**
- ❑ **Notwendige Stellgenauigkeit und -geschwindigkeit sowie notwendiger Stellweg**
- ❑ **Notwendige Zugriffsgenauigkeit und -geschwindigkeit**
- ❑ **Visuelle Kontrollmöglichkeit**
- ❑ **Kompatibilität**
- ❑ **Verletzungsgefährdung**
- ❑ **Sicherheit gegen unbeabsichtigtes Stellen**

Bild 16.6 Aspekte bei der Anordnung handbetätigter Stellteile

16.2 Eingabesysteme für die Mensch-Rechner-Kommunikation

16.2.1 Tastatur

Die Tastatur stellt heute mit ihren unterschiedlichen Ausprägungen eines der wesentlichsten Informationseingabesysteme dar. Tastaturen finden sich an Werkzeugmaschinen, Betriebsdatenerfassungssystemen, Industrierobotersteuerungen, an Arbeitsplätzen für Programmierer und Sachbearbeiter sowie an Schreib- und CAD-Systemen. Meist werden Tastaturen in Verbindung mit Bildschirmen betrieben.

Generell eignen sich Tastaturen vor allem für die Eingabe großer (meist alphanumerischer) Daten, wo durch eine 10-Finger-Eingabe sehr hohe Informationsübertragungsraten erzielt werden können. Mehr und mehr werden Tastaturen aber auch für Kommandoeingaben, zur Befehlsquittierung oder zur Systemsteuerung eingesetzt. Die ergonomisch günstige Handhabbarkeit einer Tastatur wird durch eine Vielzahl von Parametern bestimmt, von denen die wesentlichen in Bild 16.7 aufgelistet sind.

Die Tastatur soll vom Bildschirm getrennt aufgestellt werden können. In Breite und Tiefe muß die Tastatur so ausgelegt sein, daß

- ❑ häufig benutzte Tasten im optimalen Greifraum liegen,
- ❑ der Oberarm nicht abgespreizt werden muß und
- ❑ häufig benutzte Tastaturfelder ohne Kopfbewegung visuell kontrolliert werden können.

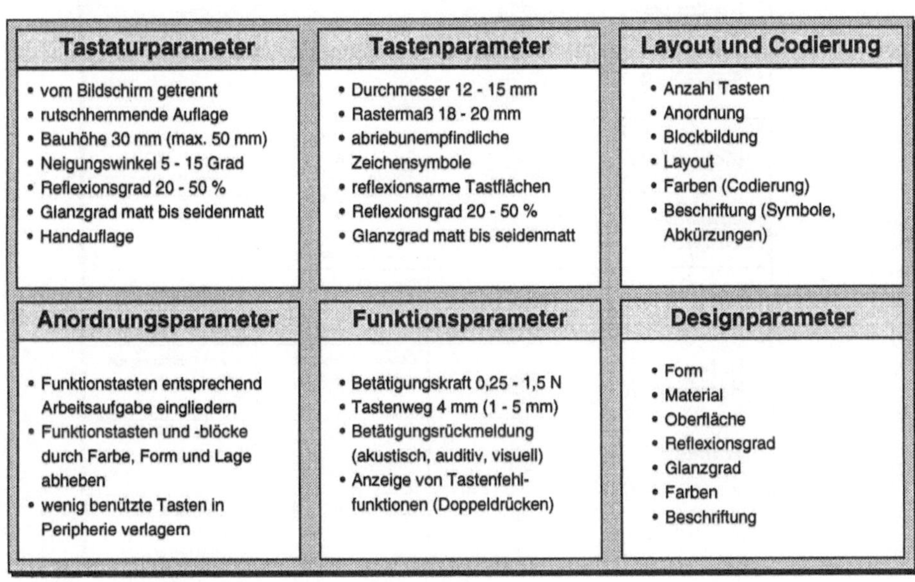

Bild 16.7 Parameter zur Tastaturgestaltung

Für Arbeitsaufgaben mit großen Mengen rein numerischer Eingaben empfiehlt es sich, das numerische Tastenfeld in einem separaten Gehäuse unterzubringen, so daß eine freie Positionierung möglich wird.

16.2.2 Grafikorientierte Eingabesysteme

Graphikorientierte Eingabesysteme sind besonders dann geeignet, wenn in Menüfeldern Auswahlen getroffen werden müssen, oder wenn auf Monitoren direkte Manipulation betrieben werden soll. Eine neue Dimension der Mensch-Rechner-Interaktion entstand durch die in Abschnitt 14.4 beschriebene Methode der Virtuellen Realität (VR). In Bild 16.8 sind unterschiedliche Informationseingabesysteme dargestellt.

Eingabe-systeme		Vorteile	Nachteile
Maus		hoher Funktionsumfang, Empfindlichkeit einstellbar, gute Akzeptanz	Platzbedarf, keine Graphikeingabe möglich
Joystick		geringer Platzbedarf	hohe Positionierzeit, keine Graphikeingabe möglich
Flying Joystick		geringer Platzbedarf, freie Beweglichkeit	keine Graphikeingabe möglich
Rollkugel		geringer Platzbedarf	hohe Positionierzeit, keine Graphikeingabe möglich
Spaceball		geringer Platzbedarf, viele Freiheitsgrade	Kompatibilitätsprobleme für ungeübte Anwender
Lichtgriffel		Direkt. Objektzeigen, Graphikeingabe möglich	Belastung des Benutzers, nur in Verb. mit Tastatur einsetzbar
Graphik-tablett		Graphikeing. möglich, schnelle Cursorbew., Verw. von Vorlagen	Stift hat keinen Schalter, Platzbedarf
Touch-screen		Direkt. Objektzeigen, Finger verwendbar	Verschmutzung, Belastung des Benutzers, Parallaxenproblem
Daten-Handschuh		Direkt. Objektzeigen, viele Freiheitsgrade	Nur in Verbindung mit VR (Virtual Reality) sinnvoll
Tracker		Berührungslos	Nur Positionsbestimmung
Mikrofon		Direkt. Spracheingabe	Begrenzter Befehlswortschatz, Fremdgeräuschempfindlich

Bild 16.8 Vor- und Nachteile verschiedener Informationseingabesysteme

16.3 Informationsausgabesysteme

Zur Festlegung der Gestaltungsparameter des Informationsausgabebereichs von Arbeitssystemen ist von der Aufgabenaufteilung auf die personellen und technischen Systemkomponenten im Arbeitssystem auszugehen. Darauf aufbauend kann die inhaltliche und zeitliche Struktur der für die Erfüllung der Arbeitsaufgabe dem Menschen darzubietenden *unmittelbaren* und *mittelbaren Informationen* festgelegt werden. Primäre Gestaltungsaufgabe ist hier die Gestaltung der mittelbaren Informationsübertragung durch Anzeigen. Mögliche Anzeigenformen sind die beispielhaft in Bild 16.9 dargestellten Anzeigenarten.

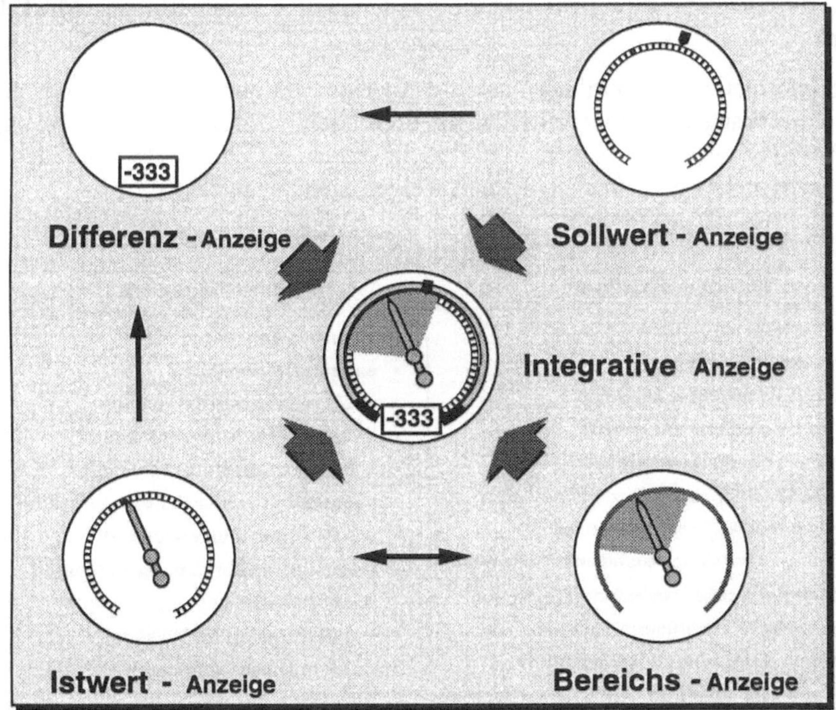

Bild 16.9 Anzeigearten

Wie im oben gezeigten Bild dargestellt, können mehrere Einzelanzeigen zu einer integrativen Anzeige zusammengefaßt werden. Hier werden durch die örtliche Zusammenfassung von verschiedenen Informationen die Bedingungen zur Informationsaufnahme durch den Menschen verbessert, während die Informationsmenge und -komplexität konstant bleiben. Ein bekanntes Beispiel einer integrativen Anzeige für eine Regelgröße ist der Drehzahlmesser im Kraftfahrzeug. Er integriert zumeist eine Ist-, Soll- und Bereichsanzeige.

16.3.1 Auswahl des Sinneskanals

Nach der Definition der Anzeige können von dieser die verschiedensten Sinne des Menschen angesprochen werden. Dazu gehört insbesondere die visuelle und auditive Sinneswahrnehmung. Daneben hat der Mensch verschiedene Hautsinne:

- Mechanorezeptoren übermitteln ihm Berührungs-, Druck- und Vibrationsempfindungen,
- Thermorezeptoren Wärme- und Kälteempfindungen und
- Nocirezeptoren Schmerzempfindungen.

Weiterhin hat der Mensch einen Geschmacks- und Geruchssinn sowie eine Empfindung für die Lage, die Bewegung und die Kraftentfaltung seines Körpers (Muskelspindeln).

Bei der Informationsübermittlung über die Anzeige von Arbeitsmitteln steht der visuelle Sinneskanal im Vordergrund. Um ihn zu entlasten, können primär auditive und taktile Anzeigen eingesetzt werden. In Bild 16.10 werden die Voraussetzungen für die Wahl einer visuellen und einer auditiven Anzeige gegenübergestellt.

Voraussetzungen für	
Visuelle Anzeigen	**Auditive Anzeigen**
• umfangreiche Informationsmenge • komplexe Information • örtliche und zeitliche, diskrete und kontinuierliche Information • mehrmals benötigte Information • vom Beobachter abzurufende Information • simultan (parallel) oder sequentiell (parallel oder seriell) darzustellende Information • eingeengter Beobachteraufenthaltsbereich • gezielte Nachrichtenübermittlung an einzelnen Beobachter oder an Gruppe • geringe Auffälligkeit bei Langzeitbeobachtung • Platzbedarf im Blickfeld • hoher Umgebungslärm zulässig	• kleine Informationsmenge • einfache Information • zeitliche, diskrete Information • einmalige benötigte Information • sofort zu beachtende Information • sequentiell darzustellende Information • variabler Beobachterstandort • Informationsübermittlung an Gruppe • hohe Auffälligkeit • kein Platzbedarf im Blickfeld • zu geringe oder zu hohe Beleuchtung zulässig

Bild 16.10 Gesichtspunkte für die Auswahl visueller und auditiver Anzeigen

Vor allem bei Langzeitüberwachungen ergibt eine Kombination von visueller und auditiver Anzeige die beste Erkennungsleistung.

Neben den *auditiven Anzeigen* können auch *taktile Anzeigen* erfolgreich zur Entlastung des visuellen Sinneskanals eingesetzt werden. Die statischen taktilen Anzeigen werden vorwiegend zur Kodierung von Stellteilen und ihrer Stellungen verwendet. Die dynamischen taktilen Anzeigen (z. B. Vibratoren) eignen sich für Melde- oder Alarmanzeigen, d. h. für Anzeigen, welche die sofortige Zuwendung der Aufmerksamkeit des Beobachters erfordern.

16.3.2 Auswahl und Gestaltung von Anzeigen

Aufgrund der Bedeutung visueller Anzeigen soll in diesem Abschnitt auf ihre wesentlichen Formen eingegangen werden.

Analoganzeigen

Die Zeigerinstrumente stellen den häufigsten Fall der Analoganzeige dar. Informationstragende Zeichen sind Zeiger und Skalen, wobei eines der Zeichen als aktives (bewegtes) und das andere als passives (festes) Element agiert. Beim Zeigerinstrument fällt der Zeiger mit einer bestimmten Stelle der Skala optisch zusammen, woraus der Mensch die Information entnimmt. In Bild 16.11 sind einige Zeigerformen für Analoganzeigen und in Bild 16.12 verschiedene Skalenformen für Analoganzeigen dargestellt.

Benennung	Beispiel	Bemerkung
Balkenzeiger		qualitatives Ablesen aus größerer Entfernung
Lanzenzeiger		qualitatives und quantitatives Ablesen
Spitzenzeiger		genaues quantitatives Ablesen
Fadenzeiger		genaues quantitatives Ablesen
Messerzeiger		sehr genaues quantitatives Ablesen • vermeidet Parallaxefehler
Hakenzeiger		sehr genaues quantitatives Ablesen • vermeidet Parallaxefehler

Bild 16.11 Zeigerformen für Analoganzeigen (nach Neudörfer, 1981)

Der Balkenzeiger gestattet ein qualitatives Ablesen aus größerer Entfernung. Der Lanzenzeiger erlaubt sowohl das quantitative als auch das qualitative Ablesen. Spitzen-,

Faden-, Messer- und Hakenzeiger eignen sich primär für das genaue, quantitative Ablesen, wobei Messer- und Hakenzeiger eine senkrechte Blickrichtung auf die Skala erzwingen, wodurch die sog. Parallaxe vermieden wird.

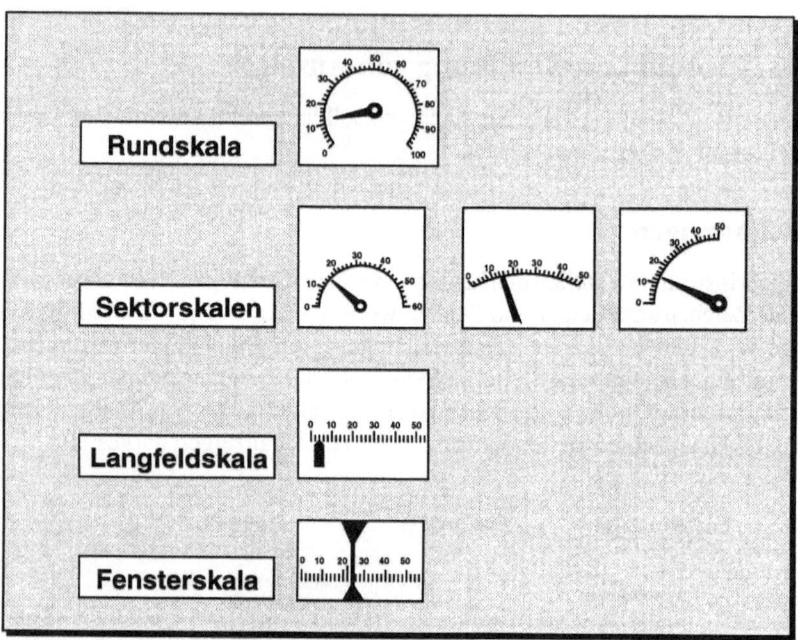

Bild 16.12 Skalenformen für Analoganzeigen

Rund- und Sektorskalen sind bei skalenfester Ausführung insbesondere für qualitatives Ablesen günstig, da nach einer Einarbeitung die Winkelstellung des Zeigers auch ohne Ablesen der Zahlenwerte qualitativ interpretierbar ist. Für wichtige Zustände wie ›Normalbetrieb‹ oder ›außer Betrieb‹ wird eine vertikale oder horizontale Zeigerstellung empfohlen, da Abweichungen aus dieser Lage besonders leicht zu erkennen sind. Langfeldskalen sind platzsparend und werden daher vor allem für Überwachungsaufgaben verwendet, bei denen eine große Anzahl von Meßwerten anzuzeigen ist. Ablesungen in horizontaler Richtung erfolgen rascher und mit geringerer Beanspruchung als in vertikaler Richtung. Fensterskalen mit festen Zeigern sind besonders schnell ablesbar, weil der Beobachter sich bereits zuvor auf den Skalenausschnitt konzentrieren kann. Bei der Auslegung ist zu beachten, daß jeweils mindestens 3 Ziffern im Fenster sind, um eine eindeutige Richtungsinterpretation zu ermöglichen. Bei der Beschriftung mit Ziffern sind Stufen von 1, 10, 100, ... Einheiten am günstigsten. Damit die Ziffern nicht durch den Zeiger verdeckt werden, sollten sie sich auf der am Zeiger gegenüberliegenden Skalenseite befinden. Hinweise für die Abmessung von Markierungen auf Skalen können dem Bild 16.13 entnommen werden.

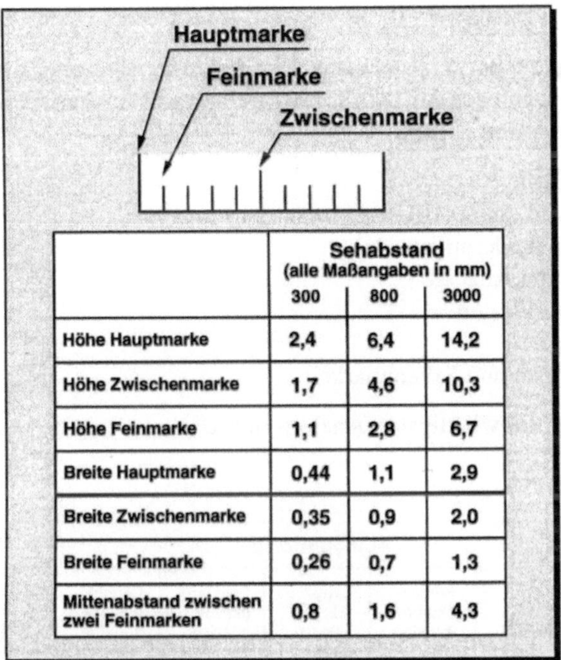

	Sehabstand (alle Maßangaben in mm)		
	300	800	3000
Höhe Hauptmarke	2,4	6,4	14,2
Höhe Zwischenmarke	1,7	4,6	10,3
Höhe Feinmarke	1,1	2,8	6,7
Breite Hauptmarke	0,44	1,1	2,9
Breite Zwischenmarke	0,35	0,9	2,0
Breite Feinmarke	0,26	0,7	1,3
Mittenabstand zwischen zwei Feinmarken	0,8	1,6	4,3

Bild 16.13 Richtwerte für die Markierung von Skalen (nach IfaA, 1989)

Die Analoganzeige hat theoretisch einen unendlichen Wertebereich und ordnet den darzustellenden Zuständen und deren Änderungen ohne Intervallsprünge Werte zu. Das heißt, sie bildet diese analog ab. Insbesondere bei der Verwendung eines bewegten Zeigers und fester Skala können aus der Zeigerstellung und ihrer Änderung ohne hohen Dekodierungsaufwand qualitative Informationen gewonnen werden.

Digitalanzeigen

Die Digitalanzeige hat grundsätzlich einen endlichen Wertebereich mit genau unterscheidbaren Werten. Sind es Zahlenwerte, so sind diese durch endliche Intervalle voneinander getrennt, ohne daß Zwischenwerte bestehen. Technische Realisierungsmöglichkeiten von Digitalanzeigen sind z. B.:

- ❑ Leuchtdiodenanzeige (LED),
- ❑ Flüssigkristallanzeige (LCD) und
- ❑ Kathodenstrahlanzeige (Bildschirme).

Bei der Verwendung von Digitalanzeigen besteht eine Verwechslungsgefahr besonders bei der Ziffer 5. Sie wird häufig als Ziffer 6, 8 oder 9 abgelesen. Deshalb ist hinsichtlich der Lesbarkeit auf Kontrast, Helligkeit, Farbe und Zeichenschärfe zu achten.

Auswahl von Anzeigen

In der Regel gestaltet der Konstrukteur oder der Arbeitsgestalter die Anzeigen nicht selbst, sondern er wählt aus den käuflichen Produkten eine Alternative aus. Ergonomische Kriterien dazu sind z. B.:

- ❑ Ablesesicherheit,
- ❑ qualitatives und quantitatives Ablesen,
- ❑ Erkennen von Änderungen,
- ❑ Vergleichen von Anzeigen,
- ❑ Einstellen von Werten,
- ❑ Regeln,
- ❑ Zeichenkontraste und Erkennbarkeit.

In Bild 16.14 sind die wichtigsten Analog- und Digitalanzeigen vergleichend dargestellt.

		Analoganzeige					Digitalanzeige	
Bezeichnung		Rundskalenanzeige	Sektorskalenanzeige	Langfeldskalenanzeige	Fensterskalenanzeige	Leuchtbalkenanzeige	Elektronische Zifferanzeige (Linienrasterung)	Bildschirm (alphanumerische Zeichen mit Punktrasterung)
Aktives Element		Zeiger	Zeiger	Zeiger	Skala	Balken	Ziffer	Zeichen
Abbildung		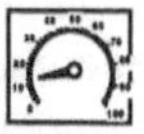	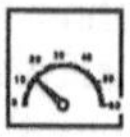	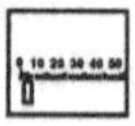	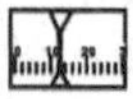	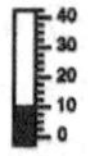 40 30 20 10 0	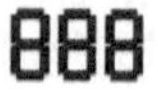 888	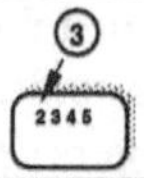 3 2345
Auswahlkriterien	Sicheres Ablesen	◕	◕	◑	◕	◕	●	●
	Qualitatives Ablesen	●	◕	◕	◔	◕	◔	◔
	Erkennen von schnel. Änd.	◕	◕	●	○	◕	○	○
	Erkennen von langsamen Änd.	◔	◔	◔	◑	◔	◑	◑
	Quantitatives Ablesen	◕	◕	◑	◔	◕	●	●
	Vergleichen v. Anzeigen	◑	◑	◕	◑	●	◑	◕
	Einstellen von Werten	◕	◕	◕	○	◕	●	●
	Regeln	◕	◕	◑	○	●	◔	◔

Legende: ○ ungeeignet ◔ bedingt geeignet ◑ geeignet ◕ gut geeignet ● sehr gut geeignet

Bild 16.14 Eignung gebräuchlicher Analog- und Digitalanzeigen (aus Kern, 1992)

Durch die großen Fortschritte bei der Entwicklung von elektrischen und elektronischen Bauteilen werden häufig Leuchtbalkenanzeigen mit unterschiedlich farbigen Leuchtdioden eingebaut (Pegelanzeigen bei HiFi-Geräten). Sofern keine großen Anforderungen an die Zeichenkontraste gestellt werden, können auch Flüssigkristallanzeigen verwendet werden.

Anhand von 4 Auswahlkriterien wird nachfolgend die Rundskalenanzeige mit der elektronischen Ziffernanzeige verglichen.

Quantitatives Ablesen:
Der dem Meßwert zugeordnete Zahlenwert läßt sich mit einer Digitalanzeige in beliebiger Genauigkeit darstellen. Ablesezeit und Fehler sind gegenüber der Analoganzeige gering. Bei schneller Änderung der Zahlenwerte steigen jedoch die Ablesefehler stark an. Bei Analoganzeigen kann der Zahlenwert nicht direkt abgelesen werden. Den Marken der Skala sind zuerst Zahlenwerte zuzuordnen und meist ist eine Interpolation zwischen den Marken notwendig. Dies erhöht Ablesezeit und -fehler. Eine weitere Fehlerquelle liegt in dem Parallaxeneinfluß bei unterschiedlichen Ablesewinkeln.

Qualitatives Ablesen:
Bei der Digitalanzeige muß auch bei qualitativer Ablesung der angezeigte Zahlenwert quantitativ bestimmt werden. Dies erhöht gegenüber der Analoganzeige mit bewegtem Zeiger die Ablesezeit. Bei dieser Anzeige ist durch die Zeigerstellung eine Änderung des Meßwertes schnell erkennbar und ermöglicht somit eine schnelle Orientierung über den Meßwert. Ein Vorteil der Digitalanzeige ist, daß auch kleine Meßwertänderungen leicht erkannt werden.

Einstellen von Werten:
Die Digitalanzeige erlaubt eine beliebig genaue, fehlerlose Einstellung von Zahlenwerten. Sie hat den Nachteil, daß dabei zur Orientierung Zahlenwerte abgelesen werden müssen. Bei der Analoganzeige mit bewegtem Zeiger braucht nur der einzustellende Zahlenwert gesucht und mit dem Zeiger zur Deckung gebracht werden. Bei Berücksichtigung der Kompatibilitätsforderungen kann bei einer Analoganzeige mit bewegtem Zeiger eine sinnfällige Zuordnung der Bedienteilbewegung zur Zeigerbewegung vorgenommen werden.

Regeln:
Richtung, Größe, Geschwindigkeit und Beschleunigung von Meßwertänderungen sind auf der Analoganzeige mit bewegtem Zeiger leicht erkennbar. Diese Vorteile sind bei der Digitalanzeige nicht gegeben. Wie beim Einstellen von Werten ist auch beim Regeln anhand einer Analoganzeige mit bewegtem Zeiger eine sinnfällige Zuordnung der Bedienteilbewegung zur Zeigerbewegung möglich.

16.3.3 Bildschirme

Bildschirme als Ein-/Ausgabesysteme stellen die Schnittstelle zwischen Mensch und Computer dar. Das Ein-/Ausgabesystem nimmt Benutzereingaben über Tastatur, Spracheingabe, Zeigesysteme etc. entgegen und transportiert diese an das Dialogsystem des Computers. Umgekehrt transferiert das Ein-/Ausgabesystem die von der Dialogschnittstelle zur Verfügung gestellte Information (Ausgaben) in eine gerätespezifische Informationscodierung, die in der Regel über einen Bildschirm an den Benutzer abgegeben wird. Die Forderung nach einer schnellen und fehlerfreien Wahrnehmung von Zeichen auf dem Bildschirm bedingt eine Anpassung der geometrischen und photometrischen Kenndaten des Bildschirms an die sensorischen Eigenschaften des Sehapparats. Zu dieser Fragestellung gibt es bereits umfangreiche Literatur und auch die DIN 66 234.

Nachfolgend werden die wichtigsten Regeln für Bildschirme als Informationsausgabegeräte kurz zusammengefaßt:

- Bildschirmsysteme sollen grundsätzlich modular aufgebaut sein, d. h. vor allem Monitor, Rechner und Tastatur sollen getrennt voneinander sein. Bei Kompaktgeräten und wenn keine allzu hohen Kopplungsintensitäten vorhanden sind, kann von einer getrennten Bauweise abgesehen werden.
- Der Glanzgrad der Gehäuse soll halbmatt bis seidenmatt sein.
- Da die Oberfläche des Bildschirms aus Glas besteht, reflektiert der Bildschirm ca. 4 % des einfallenden Lichts. Dies reicht aus, um deutliche Bilder von Fenstern, Leuchten oder vom Benutzer selbst widerzuspiegeln. Die durch die Reflexion bedingte Helligkeit verändert den Zeichen-Bildschirm-Kontrast beträchtlich. Die erste Maßnahme zur Vermeidung von Reflexionen ist eine dem Bildschirmarbeitsplatz angepaßte Beleuchtungsart und Leuchtenanordnung. So sollen z. B. generell Rasterleuchten Verwendung finden und der Arbeitsplatz in fensterfernen Zonen zwischen den Leuchtenbändern angeordnet werden. Oft können Spiegelungen durch eine leichte Schwenkung des Bildschirms vermieden werden.

Falls Reflexionen auf dem Bildschirm durch Art und Anordnung der Beleuchtung sowie durch Aufstellung des Bildschirms nicht verhindert werden können, sollten sie durch Antireflexmaßnahmen wie z. B. Filter, optische Schichten, aufgerauhte Oberflächen vermindert bzw. verhindert werden.

Gegenwärtig ist die Technik noch nicht in der Lage, einen Filter oder eine Behandlung anzubieten, die einen völlig blendfreien Bildschirm garantieren, ohne daß der Kontrast oder die Schärfe der Zeichen beeinträchtigt werden.

- Bei der aus ergonomischer Sicht günstigen Positivdarstellung (dunkle Zeichen auf hellem Hintergrund) muß das Leuchtdichteverhältnis zwischen 1 : 3 und 1 : 10 liegen. Der Zeichenkontrast und die Bildschirm-Helligkeit sollten zur individuellen Einstellung regelbar sein.

- Die Zeichenhöhe eines Großbuchstabens soll mindestens einem Sehwinkel von 18 Winkelminuten entsprechen. Die Zeichenhöhe darf jedoch 2,6 mm nicht unterschreiten.
- Besonders bei Bildschirmsystemen in der Produktion sind sog. Zoomfunktionen häufig unerläßlich. Muß der Beobachtungsabstand (z. B. an einer Werkzeugmaschine beim Einrichten) stark vergrößert werden, so sollten Möglichkeiten vorhanden sein, auf einfache Weise eine Vergrößerung eines gewünschten Bildschirmausschnitts vorzunehmen.

Häufig werden als Alternative – und zur Ergänzung der Schrift – *Bildzeichen* eingesetzt. Obgleich die Eignung der Bildzeichen von vielerlei Faktoren abhängig ist, sollen einige generelle Regeln angegeben werden.

Vorteile gegenüber den Schriftzeichen:
- Bildzeichen werden schneller aufgenommen als Schriftzeichen,
- Bildzeichen sind bei gleicher Fläche leichter lesbar als Schriftzeichen,
- Bildzeichen werden bei vorwiegend akustischen Störeinflüssen besser im Gedächtnis gespeichert als Schriftzeichen,
- Bildzeichen können sprachunabhängig eingesetzt werden,
- Bildzeichen bieten die Möglichkeit einer situationsangepaßten Kurzschrift für Bereiche mit eng begrenztem, festem Vokabular.

Nachteile gegenüber den Schriftzeichen:
- Bildzeichen erfordern zur sicheren Beherrschung immer einen Lernvorgang,
- Bildzeichen sind schlecht geeignet zur Wiedergabe von Detailinformationen und Sachverhalten, die nicht durch ein Objekt zu kennzeichnen sind.

Zu den ersten Kriterien, nach denen der Benutzer die Qualität des Bildschirms beurteilt, gehört die Bildstabilität. Das Bild muß vollkommen stabil sein. Der Betrachter darf nie den Eindruck bekommen, daß die Zeichen auf dem Bildschirm flimmern.

Bei Negativbildschirmen sollte die *Bildwiederholfrequenz* mindestens 50 Hz betragen, bei Positivbildschirmen mit hellem Bildschirm sollte die Bildwiederholfrequenz mindestens 70 Hz betragen.

Durch die Verwendung von Farbbildschirmen wird es möglich, auch *Farbe* als Informationsträger einzusetzen. Empfehlungen zur farblichen Informationskodierung sind nachfolgend dokumentiert.

- Begriffliche Gestaltung und Layout gehen vor Farbverwendung. Erst nach einer geeigneten Gruppierung der Daten soll Farbe eingesetzt werden, dann kann eine sehr positive Wirkung der Farbe erzielt werden.
- Es sollen nicht mehr als 3 (max. 4) unterschiedliche Farben verwendet werden (Farbdarstellung, nicht ›Buntdarstellung‹).
- Feste Gestaltungsprinzipien zugrunde legen: z. B. wenig variante Informationen in zurückhaltender Farbe (z. B. grün, blau), stark variierende Informationen in ›lauten

Farben‹ (rot, gelb). Inhaltliche Zusammengehörigkeit durch verwandte Farben darstellen (Verwendung der reinen Grundfarbe ist oft keine befriedigende Lösung).

- ❑ Zeichenlesbarkeit beachten: Insbesondere unverträgliche Farbkombinationen von Zeichen zu Hintergrund vermeiden (z. B. rot auf grün). Ausreichende Farb- und Helligkeitskontraste müssen vorhanden sein (z. B. nicht dunkelblau auf dunklem Hintergrund).

16.4 Kompatibilität von Informationsein- und -ausgabeelementen

16.4.1 Einführung

Man spricht von *Kompatibiltät* oder *Sinnfälligkeit*, wenn bei der Gestaltung des Informationsausgabe- oder Handlungsbereichs von Arbeitsmitteln gewissen Erwartungen des Menschen

- ❑ bezüglich einer statischen bzw. räumlichen Zu- und Anordnung der Anzeigen und Stellteile und
- ❑ bezüglich der Zuordnung dynamischer Vorgänge an Anzeigen und Stellteilen entsprochen wird. Im dynamischen Fall kommt der Bewegungskompatibilität die größte Bedeutung zu. Als bekanntes Beispiel sei das Lenken eines Fahrzeugs angeführt. Auf eine Rechtsdrehung des Lenkrades wird eine Rechtsbewegung des Fahrzeugs erwartet und umgekehrt. Im statischen Fall kann die räumliche Zuordnung durch einen Code unterstützt werden. Die Erwartungen des Menschen lassen sich auf ererbte oder in der technischen und sozialen Umwelt erlernte Verhaltensstereotypien zurückführen.

Bedient man sich bei der Arbeitsmittelgestaltung dieser *Verhaltensstereotypien* oder entspricht man ihnen, spricht man von kompatibler Gestaltung. Bei der Berücksichtigung der Kompatibilität bzw. der Verhaltensstereotypien können folgende positive Auswirkungen festgestellt werden:

- ❑ Die Lern- und Übungsphase des Menschen wird verkürzt,
- ❑ die qualitative und quantitative Arbeitsleistung wird erhöht und
- ❑ die Gefahr der Fehlbehandlung verringert.

Der Mensch bringt seine Verhaltensstereotypien als Teil seiner Leistungsvoraussetzungen mit in das Arbeitssystem ein. Will man sie bei der Arbeitsausführung nutzen oder ihnen zumindest entsprechen, müssen sie bei der Gestaltung der Stellteile und Anzeigen berücksichtigt werden, d. h. die Anzeigen und Stellteile müssen kompatibel gestaltet werden.

Es stellt sich nun die Frage, welche Gestaltungsalternativen für welche Individuen kompatibel sind. Die der Kompatibilität zugrunde liegenden Verhaltensstereotypien sind von der Zugehörigkeit zu gewissen Populationen (Bsp.: Linkshänder) abhängig. Im strengen Sinne muß, ausgehend von einem bestimmten Benutzerkreis, die kompatibelste Gestaltungsalternative durch empirische Experimente gefunden werden. Im folgenden Abschnitt sollen anhand von Beispielen wichtige, in industrialisierten Gesellschaften geltende Kompabilitätsanforderungen zusammengestellt werden.

16.4.2 Beispielsammlung

Beispiel 1

Beim Menschen bestehen bestimmte Erwartungen hinsichtlich des Zusammenhangs von Bedienhandlungen und ihrer Wirkung. In Bild 16.15 sind, unter Beachtung der Kompatibilitätsforderungen, translatorischen Bewegungsformen Lage- und Zustandsänderungen zugeordnet.

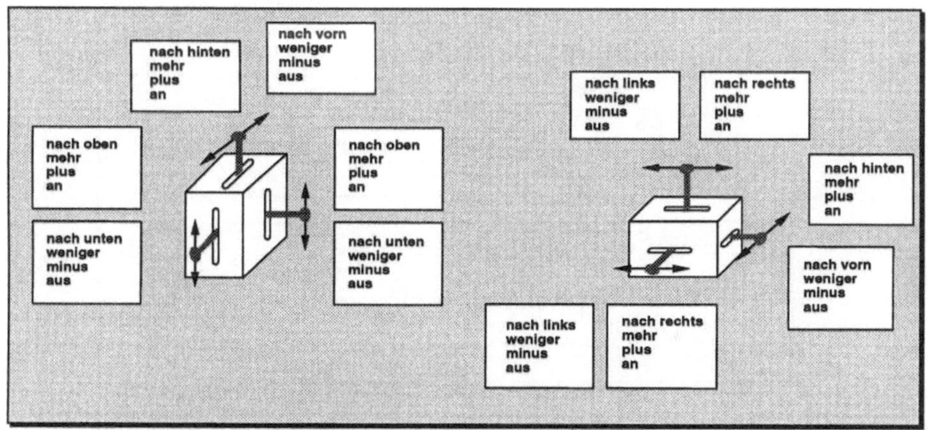

Bild 16.15 Kompatible Zuordnungen translatorischer Bewegungsformen zu Lage- und Zustandsänderungen (nach Neumann und Timpe, 1970)

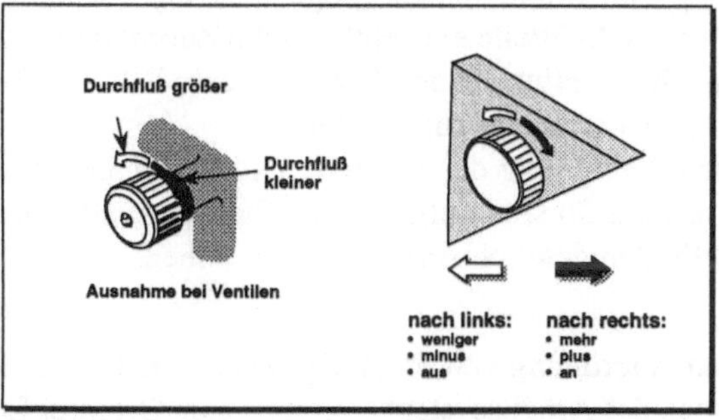

Bild 16.16 Kompatible Zuordnung rotatorischer Bewegungsformen zu Lage- und Zustandsänderungen

Das Bild 16.16 zeigt als Verstoß gegen die allgemeinen Kompatibilitätsregeln die Wirkungsweise der Flüssigkeits- und Gasventile.

Beispiel 2
Bei Anzeigen und Stellteilen fördert eine ordnende Gruppierung nach der Funktion (Bsp.: Stromversorgung) die Kompatibilität. Zumeist kann dann auch eine Zuordnung zu gewissen Subsystemen im Arbeitssystem vorgenommen werden. Im Bild 16.17 ist die Zuordnung der Anzeigen und Stellteile zu Teilen der zu überwachenden Anlage gekennzeichnet.

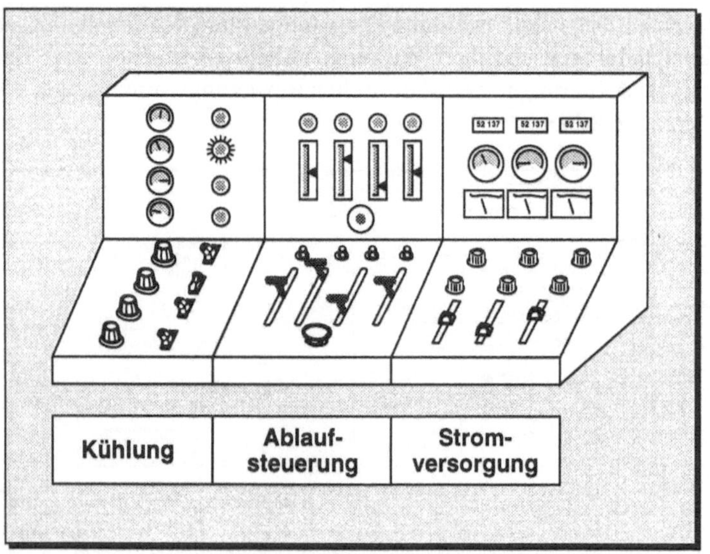

Bild 16.17 Funktionelle Gruppierung und räumliche Zuordnung von Stellteilen und Anzeigen (nach Neumann und Timpe, 1970)

Ist aus der Stellung von Stellteilen die Lage oder der Zustand eines Subsystems erkennbar, sollte für alle Stellteile eine einheitliche Zuordnung festgelegt werden. So sind den zwei möglichen Stellungen der Kippschalter in Bild 16.17 die Zustände ›Aus‹ und ›An‹ nach der gleichen Regel zugeordnet.
Aus der räumlichen Anordnung der Stellteile und Anzeigen kann eine funktionelle Zuordnung hervorgehen. So sind aufgrund der Stellteil- und Anzeigenanordnung in Bild 16.17 den Stellteilen deutlich Anzeigen zuzuordnen.

Beispiel 3
Aus der räumlichen Anordnung von Stellteilen kann eine funktionelle Zuordnung zu anderen Subsystemen des Arbeitssystems, zumeist zum Ort ihrer Einwirkung, hervorgehen. Dies ist bei den in Bild 16.18 dargestellten Kochstellen eines Elektroherdes nicht der Fall. Zur Lösung eines derartigen Zuordnungsproblems wird in der Regel eine

Codierung verwendet. Das Bild 16.19 zeigt drei Alternativen, bei denen durch die Anordnung von Stellteilen und der Einwirkungsstelle die Zuordnung eindeutig festgelegt wurde.

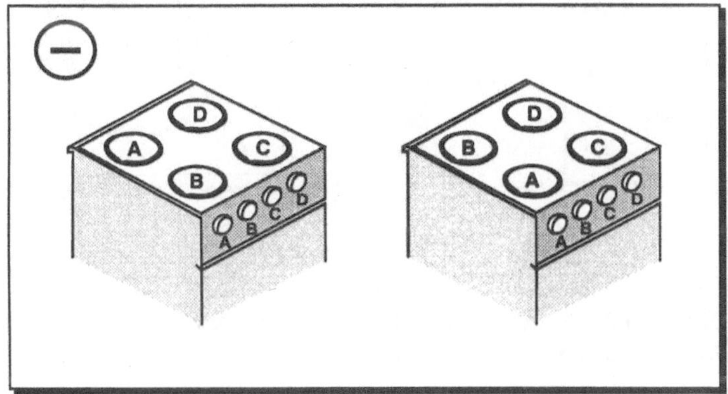

Bild 16.18 Inkompatible räumliche Zuordnungsalternativen für die Schalter und Kochstellen eines Elektroherdes (nach Chapanis und Lindenbaum, 1959)

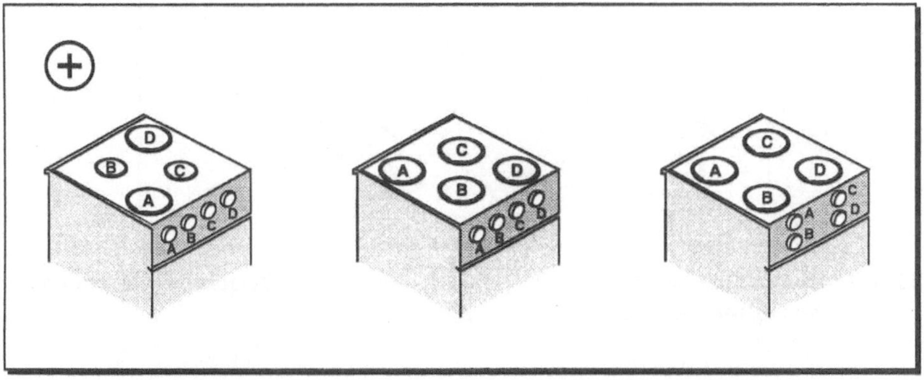

Bild 16.19 Kompatible räumliche Zuordnungsalternativen für die Schalter und Kochstellen eines Elektroherdes (nach Chapanis und Lindenbaum, 1959)

Die wichtigste und bekannteste Forderung nach kompatibler Gestaltung betrifft die sinnfällige Zuordnung der Anzeigen und Stellteile. In den Bildern 16.20 und 16.21 sind kompatible Zuordnungen der Bewegungen von Stellteilen für rotatorische Bewegungsformen und Analoganzeigen mit bewegtem Zeiger angegeben. Den Bewegungsrichtungen sind, unter Berücksichtigung der Kompatibilitätsanforderungen, Lage und Zustandsänderungen zugeordnet. Im Bild 16.20 befinden sich die Stellteile und Anzeigen in der gleichen Ebene. Das Bild 16.21 zeigt weitere kompatible Bewegungszuordnungen für Stellteile und Anzeigen in verschiedenen Ebenen.

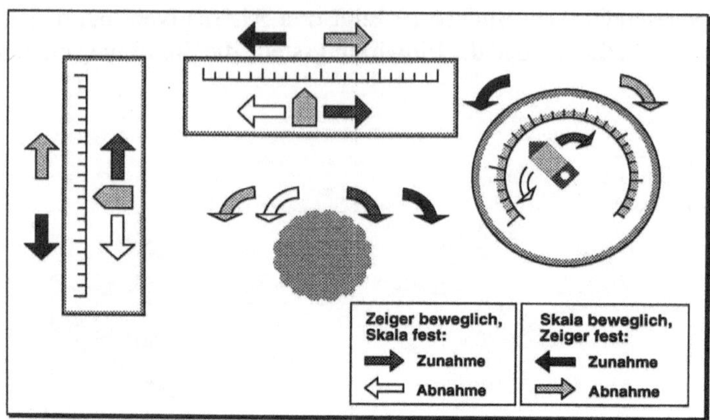

Bild 16.20 Kompatible Zuordnung der Bewegung von Stellteilen für rotatorische Bewegungsformen an Analoganzeigen

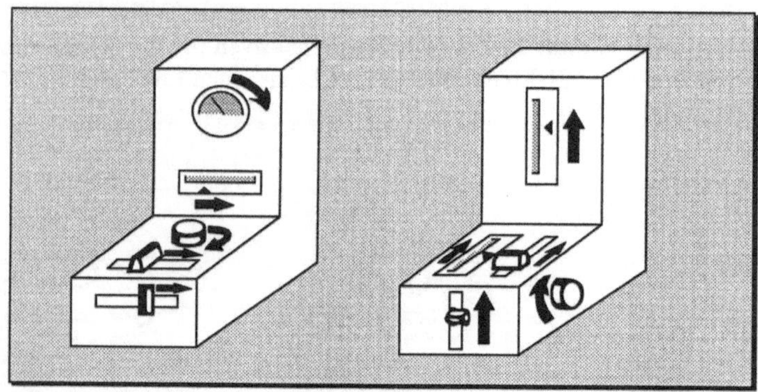

Bild 16.21 Kompatible Zuordnung von Stellteilbewegungen zu Zeigerbewegungen an Analoganzeigen (nach Grandjean, 1991)

16.5 Wiederholungsfragen

1. Was sind Mensch-Maschine-Schnittstellen?
2. Was ist der Unterschied zwischen mittelbarer und unmittelbarer Informationsübertragung?
3. Wie sind Stellteile auszuwählen?
4. Worin liegt der Vorteil von graphikorientierten Eingabesystemen?
5. Wie werden Anzeigen ausgewählt?
6. Was ist bei der Farbgestaltung von Bildschirminformationen zu beachten?
7. Was ist Kompatibilität?
8. Welches sind die wichtigsten Bewegungsstereotypien?

17 Software-Ergonomie

17.1 Aufgaben, Ziele und Vorgehensweise

Software gewinnt zunehmend an Bedeutung als Wirtschaftsfaktor. Dies gilt sowohl für Software als Marktprodukt als auch für die Unternehmensinfrastruktur zur Unterstützung von Geschäftsprozessen. Die *Software-Ergonomie* hat in diesem Zusammenhang die Aufgabe, Software-Anwendungen besser mit den Benutzeranforderungen in Einklang zu bringen und somit Produktivität, Flexibilität und Qualität von Produkten und Dienstleistungen zu steigern.

Die Software-Ergonomie hat sich erst in den letzten Jahren als eigenständiges interdisziplinäres Forschungsgebiet innerhalb der Arbeitswissenschaft herausgebildet. Neben der Arbeitswissenschaft, den Ingenieur- und Wirtschaftswissenschaften sind vor allem die Disziplinen Informatik, Psychologie und Arbeitsmedizin beteiligt.

In der Vergangenheit wurde unter Software-Ergonomie vielfach nur die Darstellung der Information auf dem Bildschirm verstanden. Es geht jedoch bei der Software-Ergonomie nicht darum, ob ein bestimmtes Element auf dem Bildschirm besser links oder rechts angeordnet werden müßte, sondern vielmehr darum, die gesamte Mensch-Computer-Schnittstelle benutzer- und anwendungsgerecht zu gestalten.

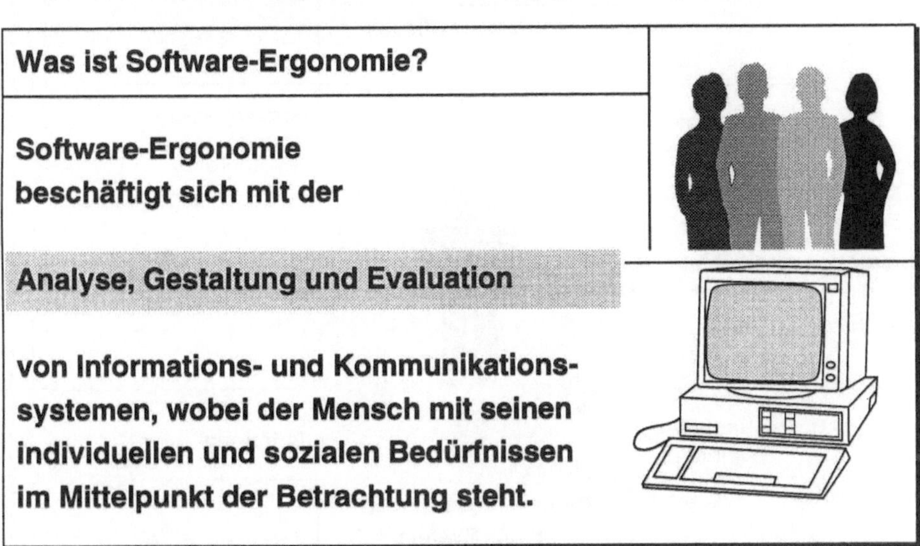

Bild 17.1 Definition der Software-Ergonomie

Eine Anwendung ist dann optimal gestaltet, wenn der Benutzer sich voll auf das Bearbeiten seiner Aufgaben konzentrieren kann und seine Aufmerksamkeit nicht dadurch abgelenkt wird, daß er mühsam herausfinden muß, wie bei dem Computer ein bestimmter Befehl ausgelöst werden kann. Durch den Ansatz einer auf den Benutzer ausgerichteten Gestaltung eröffnet sich oftmals auch die Chance, eingefahrene und möglicherweise überholte Arbeitsabläufe auf ihre Effizienz hin zu überprüfen und gegebenenfalls Konsequenzen für eine Realisierung zu ziehen. Eine Definition für die Software-Ergonomie ist in Bild 17.1 dargestellt.

Softwaregestaltung ist Arbeitsgestaltung. Die Struktur eines Softwaresystems, das als Arbeitsmittel genutzt wird, hat einen weitreichenden Einfluß auf die Arbeitsinhalte und -abläufe, der keinesfalls auf den Bereich der sogenannten Benutzungsschnittstelle beschränkt ist. Benutzergerechte Gestaltung von Software muß in integrativer Weise alle Ebenen eines Anwendungssystems berücksichtigen, also von der organisatorischen Auslegung von Arbeitsaufgaben über die unterstützende Systemfunktionalität bis zur konkreten Realisierung in der Benutzungsschnittstelle reichen.

Benutzerzentrierte Systemgestaltung muß sich an den Anforderungen und Fähigkeiten des Menschen orientieren und setzt eine Einbeziehung des Benutzers in den Gestaltungsprozeß voraus (Bild 17.2). Nur die Benutzer selbst verfügen im Normalfall über hinreichende Kenntnis der konkreten Arbeitssituation, in die das zu entwickelnde System bestmöglich eingepaßt sein sollte (Bullinger, Fähnrich, Ilg 1993).

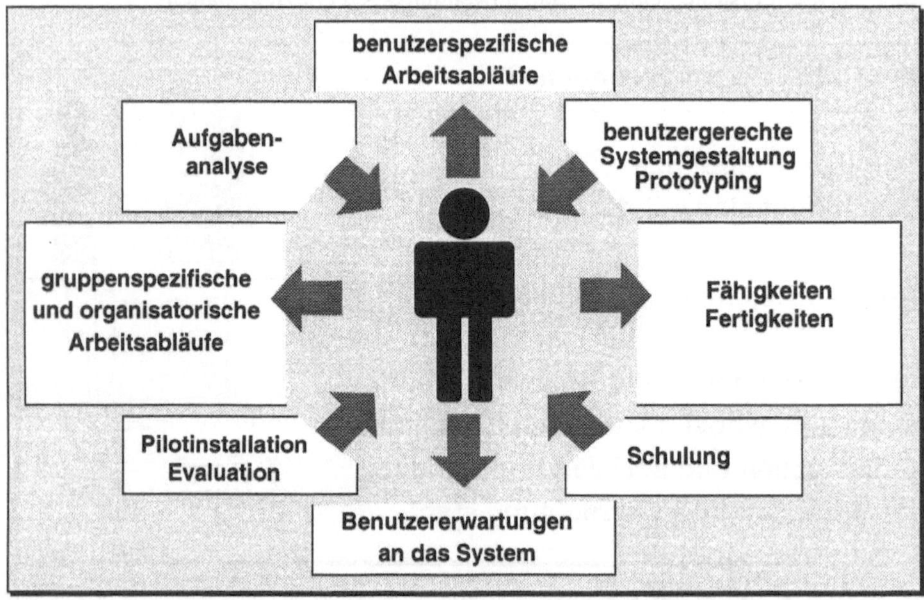

Bild 17.2 Der Benutzer als Beteiligter am Software-Gestaltungsprozeß

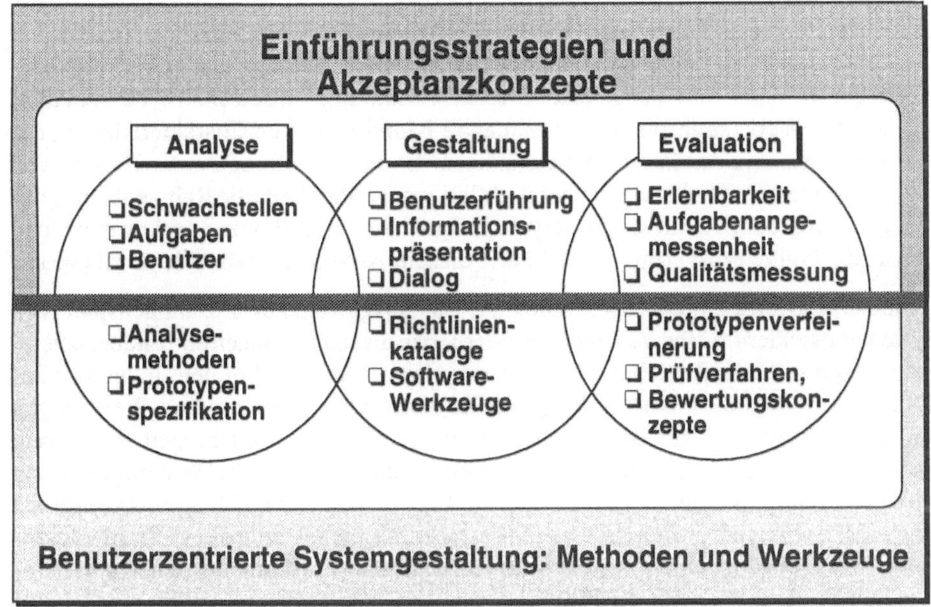

Bild 17.3 Benutzerzentrierte Systemgestaltung: Aufgaben, Methoden und Werkzeuge

Bei software-ergonomischer Vorgehensweise lassen sich generell drei Aufgabenbereiche (Bild 17.3) unterscheiden:

- Anwendung und Umsetzung vorhandener Erkenntnisse
  In der Analyse bezieht sich die Anwendung und Umsetzung vorhandener Erkenntnisse vor allem auf Schwachstellenanalysen, Aufgaben- und Benutzeranalysen und Wissensmobilisierung von Nutzern, Organisatoren und Schulungsleitern. Bei der Gestaltung sind Kriterien und Richtlinien hinsichtlich der Dialoggestaltung, der Informationsgestaltung und der Benutzerführung gefragt. Die Evaluation kann z. B. Aussagen zur Erlernbarkeit, Aufgabenangemessenheit und zur Qualität eines Systems machen.

- Entwicklung und Einsatz von Methoden
  Es sind Methoden bereitzustellen, die die Einbindung von benutzerspezifischen Anforderungen bereits in der Aufgabenanalyse und bei der Entwicklung eines benutzergerechten Designs ermöglichen. Dazu gehört die methodische Verknüpfung der benutzerzentrierten Gestaltung mit den traditionellen Verfahren der Software-Entwicklung. In der Gestaltung sind Methoden zur Umsetzung der Gestaltungsrichtlinien erforderlich. In der Evaluation werden Methoden zur Überprüfung und Bewertung der gestalterischen Maßnahmen im Hinblick auf Aufgaben und Benutzer benötigt.

- Entwicklung und Verfeinerung von Werkzeugen
  Es werden Werkzeuge benötigt, die Vorgehensweisen und Methoden zur aufgabenangemessenen und benutzerzentrierten Gestaltung umsetzen. In der Analyse werden Werkzeuge zur Aufgabenanalyse benötigt, die die Charakterisierung der Aufgaben und der Benutzer unterstützen. In der Gestaltung ist der Einsatz von Werkzeugen erforderlich, wobei Richtlinien und Standards die Rahmenbedingungen vorgeben. Iteratives Prototyping, Qualitäts- und Bewertungskonzepte und unabhängige Prüfverfahren sind unter diesem Aspekt Aufgaben der Evaluation.

Benutzerzentrierte Softwaregestaltung ist ein ausgewogenes Zusammenspiel von Systementwicklern, Software-Ergonomie-Experten, Fachabteilungen und Endbenutzern. Sie müssen unter Einbeziehung bestehender Normen und Richtlinien, Industriestandards und Styleguides, entsprechender Analysemethoden, Prototyping-Werkzeugen und ausgewählten Evaluationsmechanismen die Systemanforderungen definieren, Fachspezifikationen erarbeiten und daraus eine benutzerorientierte Systemgestaltung entwickeln und vornehmen (Bild 17.4 und 17.5). Ohne Entwicklungswerkzeuge ist heute keine wirtschaftliche Implementation mehr möglich. Durch die Vielzahl vorhandener Werkzeuge ist eine systematische Auswahl und Einführung solcher Software-Werkzeuge zusammen mit der Einbindung software-ergonomischer Erkenntnisse für die benutzergerechte Gestaltung (Dialog- und Informationsgestaltung) häufig zum entscheidenden Faktor zum Erfolg oder Mißerfolg einer Software geworden.

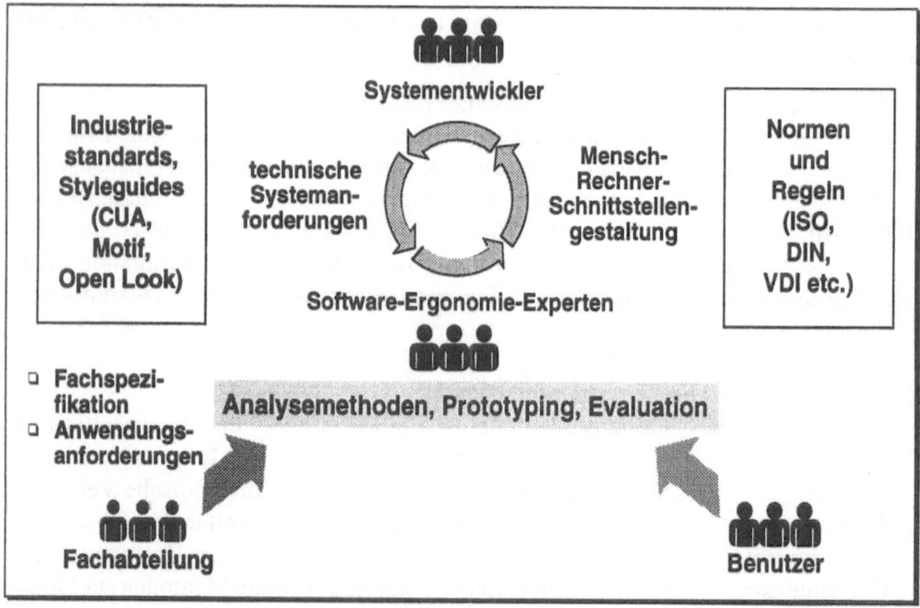

Bild 17.4 Die Beteiligten am Software-Gestaltungsprozeß

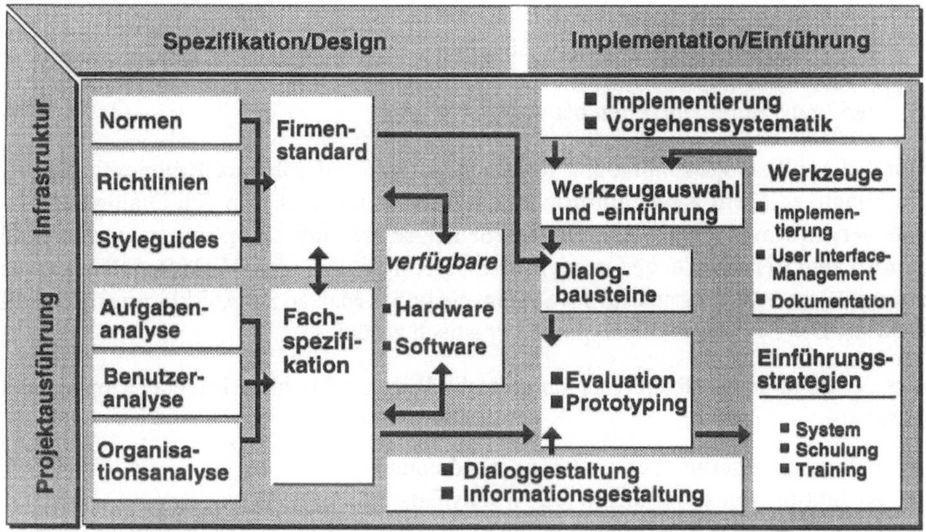

Bild 17.5 Schematisierte Vorgehensweise bei der benutzerzentrierten Systemgestaltung

17.2 Wirtschaftlichkeit software-ergonomischer Maßnahmen

Die Wirtschaftlichkeit software-ergonomischer Maßnahmen kann häufig nicht objektiv gemessen werden. Es gilt, die Wirtschaftlichkeit indirekt zu erfassen, wobei in drei Bereiche unterschieden werden kann (Bullinger et al. 1990):

- Entwickler und Anbieter von Software als Produkt.
- Nutzerorganisationen, die Software einsetzen und damit ein Produkt oder eine Dienstleistung verbessern möchten.
- Endbenutzer der Software.

Aus Entwickler- und Anbietersicht können die positiven Einflußfaktoren auf die Wirtschaftlichkeit wie folgt zusammengefaßt werden:

- Effektive Software-Produktion durch Werkzeuge und Prototyping.
- Reduzierte Wartungskosten durch software-technische Trennung von Benutzungsoberflächen und Anwendung.
- Reduktion von Fehlentwicklungen durch frühzeitige Einbeziehung von Benutzern.
- Binden des Kundenstammes durch gestalterische Vorteile der Software.

Aus der Sicht der Nutzerorganisation können für die Wirtschaftlichkeit folgende Argumente angeführt werden:

- Optimierung von Arbeits- und Dialogabläufen,
- Kostensenkung bei Schulungsmaßnahmen,
- bessere Akzeptanz,
- verkürzte Durchlaufzeiten bei der Einführung.

Durch die frühzeitige Einbindung von Endbenutzern und Software-Ergonomie-Experten konnte z. B. ein Kundeninformationssystem einer Bank von den Dialogabläufen und der Informationsgestaltung auf dem Bildschirm her so optimiert werden, daß signifikante Verbesserungen in der Einlernzeit erreicht wurden. Viele Benutzer kamen ohne größere Schulung aus, da das System ein hohes Maß an Selbsterklärungsfähigkeit aufwies. Die Schulungskosten gingen drastisch zurück.

Aus der Sicht des Endbenutzers kann für die Wirtschaftlichkeit folgendes angemerkt werden:

- Effizienzsteigerung bei der Rechnerbedienung,
- Reduktion von Belastungen am Arbeitsplatz,
- höhere Motivation,
- Erhöhung der Flexibilität.

17.3 Normen und Richtlinien

Der Normungsausschuß Informationsverarbeitung im DIN (Deutsches Institut für Normung) hat sich bereits in den 70er Jahren mit dem Thema Software-Ergonomie befaßt und u. a. 1988 die Norm ›Bildschirmarbeitsplätze, Grundsätze ergonomischer Dialoggestaltung‹ (DIN 66 234, Teil 8) hervorgebracht. Darin werden 5 Prinzipien der *ergonomischen Dialoggestaltung* definiert und mit Beispielen belegt:

Aufgabenangemessenheit
Ein Dialog ist aufgabenangemessen, wenn er die Erledigung der Arbeitsaufgabe des Benutzers unterstützt, ohne ihn durch Eigenschaften des Dialogsystems unnötig zu belasten.

Selbstbeschreibungsfähigkeit
Ein Dialog ist selbstbeschreibungsfähig, wenn dem Benutzer auf Verlangen Einsatzzweck sowie Leistungsumfang des Dialogsystems erläutert werden können und wenn jeder einzelne Dialogschritt unmittelbar verständlich ist oder der Benutzer auf Verlangen dem jeweiligen Dialogschritt entsprechende Erläuterungen erhalten kann.

Steuerbarkeit
Ein Dialog ist steuerbar, wenn der Benutzer die Geschwindigkeit des Ablaufs, sowie die Auswahl und Reihenfolge von Arbeitsmitteln oder Art und Umfang von Ein- und Ausgaben beeinflussen kann.

Erwartungskonformität
Ein Dialog ist erwartungskonform, wenn er den Erwartungen der Benutzer entspricht, die sie aus Erfahrungen mit bisherigen Arbeitsabläufen oder aus der Benutzerschnulung mitbringen sowie den Erfahrungen, die sie sich während der Benutzung des Dialogsystems und im Umgang mit dem Benutzerhandbuch bilden.

Fehlerrobustheit
Ein Dialog ist fehlerrobust, wenn trotz erkennbar fehlerhafter Eingaben das beabsichtigte Arbeitsergebnis mit minimalem oder ohne Korrekturaufwand erreicht wird. Dazu müssen dem Benutzer die Fehler zum Zwecke der Behebung verständlich gemacht werden.

Auf nationaler Ebene hat sich auch der VDI (Verein Deutscher Ingenieure) um die Software-Ergonomie angenommen und die VDI-Richtlinie 5005 ›Software-Ergonomie in der Bürokommunikation‹ herausgebracht. Innerhalb eines Modellrahmens für die Software-Ergonomie wird zwischen einem Handlungsmodell für den Benutzer und einem Anwendungsmodell für die *Bürokommunikation* unterschieden. Um die logischen Zusammenhänge des komplexen Vorgangs Mensch-Rechner-Interaktion durchschaubar zu machen, werden vier Abstraktionsebenen definiert: Aufgabenebene, funktionale Ebene, operative Ebene, Ein-/Ausgabe-Ebene.

Um dem Entwickler und Bewerter eine Einschätzung der software-ergonomischen Güte eines Systems zu erlauben, muß eine Brückenfunktion zwischen den Anforderungen des Benutzers und seiner Aufgaben im Büroprozeß und den Anforderungen aus der technischen Realisierung von Anwendungen der Bürokommunikation hergestellt werden. Diese Brückenfunktion wird in der VDI-Richtlinie durch die drei Kriterien Kompetenzförderlichkeit, Handlungsflexibilität und Aufgabenangemessenheit gebildet, die bei einer software-ergonomischen Systemgestaltung gemeinsam in ausreichendem Maße erfüllt sein müssen.

Auf internationaler Ebene ist besonders die ISO (International Standardization Organization) zu nennen, die in der Norm 9241 ergonomische Hard- und Softwareanforderungen formuliert (ISO 9241: Ergonomic requirements for office work with visual display terminals (VDTs). Sie enthält sowohl hardware- als auch software-ergonomische Aspekte der Bildschirmarbeit und ist in derzeit 17 Teile gegliedert. Die Empfehlungen der ISO werden an die europäischen (z. B. CEN, Abk. für Comité Européen de Normalisation) und nationalen Normungsausschüsse (z. B. DIN) weitergegeben und von den jeweiligen Ländern direkt oder in geänderter Form übernommen.

In der EU-Richtlinie 90/270/EWG werden die generellen Ziele der Mensch-Maschine-Schnittstelle definiert. Die EU-Richtlinie wird in Verbindung mit den ISO-Normen der Reihe 9241 die wichtigste Regelung ›über die Mindestanforderungen bezüglich der Sicherheit und des Gesundheitsschutzes bei der Arbeit an Bildschirmgeräten‹ bilden, da sie Gesetzeskraft besitzt. Die EU-Richtlinie wird über die Verwaltungsberufsgenossenschaft als Unfallverhütungsvorschrift (UVV 104) zum nationalen Recht.

17.4 Industriestandards / Styleguides

Über diese Normen und Richtlinien hinaus gibt es eine Anzahl von Quasi-Standards, die jedoch nicht herstellerneutral sind. Speziell zu den grafisch interaktiven Schnittstellen sind von den Herstellern bzw. Herstellervereinigungen sogenannte Industriestandards bzw. *Styleguides* entwickelt worden. Ein Styleguide ist eine Sammlung von Richtlinien zur Gestaltung einer grafisch interaktiven Benutzungsoberfläche, wobei die Beschreibung, Gestaltung und Handhabung der Objekte, das sog. ›Look and Feel‹ (Look = visuelle Ausprägung der Objekte, Feel = deren Handhabung) und die darauf anzuwendenden Funktionen im Vordergrund stehen. Der Styleguide dient einer konsistenten und effizienten Gestaltung der Benutzungsschnittstelle, wobei Kriterien einer ergonomischen Dialoggestaltung zugrundegelegt werden.

Aus der Reihe der Industriestandards und Styleguides können die in Bild 17.6 aufgelisteten als relevant angesehen werden:

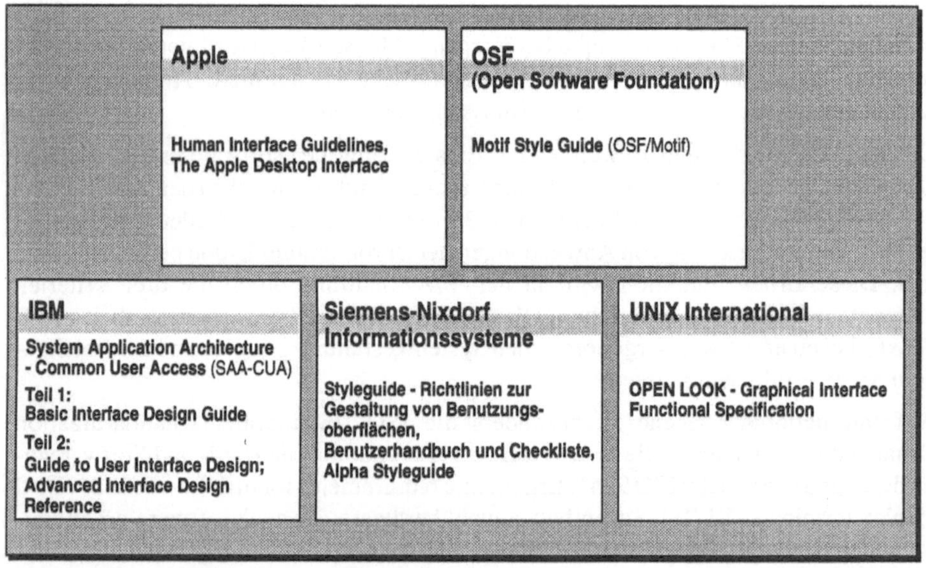

Bild 17.6 Industriestandards und Styleguides

Der Hauptvorteil dieser Styleguides liegt aus der Sicht der Software-Ergonomie sicher in der Vereinheitlichung der Benutzungsoberflächen und damit in der konsistenten Handhabbarkeit verschiedener Anwendungen eines Systems. Der Hauptnachteil liegt in der Anzahl der unterschiedlichen Standards und Styleguides, die zu diesem Thema bereits vorliegen. Eine Hauptaufgabe der Software-Ergonomie wird es deshalb in der nächsten Zeit sein, die Unterschiede der grafischen Benutzungsschnittstellen im Sinne einer benutzerorientierten und -gerechten Lösung zu minimieren.

17.5 Dialogtechniken

Die Interaktion zwischen Mensch und Computer wird mit Hilfe von verschiedenen Dialogtechniken durchgeführt. Grundsätzlich lassen sich Dialogtechniken einteilen in

- benutzergeführte Dialogtechniken und
- systemgeführte Dialogtechniken.

Bei den benutzergeführten Dialogtechniken meldet das System nur seine Bereitschaft zur Eingabe. Es gibt aber keinen Hinweis auf die momentan möglichen oder zulässigen Funktionen. Der Dialog ist wenig vorstrukturiert. Der Benutzer muß aktiv seine Kommandos formulieren.

Bei den systemgeführten Dialogtechniken wird der Benutzer Schritt für Schritt durch Hinweise und Hilfestellungen zur von ihm gewünschten Operation hingeführt. Je nach Realisierung verfügt der Benutzer dabei über mehr oder weniger Auswahlmöglichkeiten oder Eingabealternativen.

Besonders bei sehr einfachen Aufgaben wird der Unterschied zwischen system- und benutzergeführten Dialogtechniken deutlich, da der Benutzer im ersten Fall vom System darüber informiert wird, welche Aktion er ausführen kann beziehungsweise muß, im zweiten Fall erhält er dagegen keine Informationen.

Systemgeführte und benutzergeführte Dialogtechniken weisen jeweils spezifische Vor- und Nachteile auf. Für die benutzergeführten Dialogtechniken läßt sich folgendes feststellen:

- Hohe Effizienz in der Dialogsteuerung: Durch die Auswahl des geeignetsten Kommandos kann der Benutzer sein Ziel in verhältnismäßig wenigen Schritten erreichen.
- Hohe Flexibilität wird durch die freie Wahl der Dialogschritte und -wege ermöglicht.
- Der geübte Benutzer hat das Gefühl der Kontrolle über das System.

Diesen Vorteilen stehen jedoch auch Nachteile gegenüber:

- Schwierigere Erlernbarkeit, da keine Unterstützung durch das System erfolgt. Kommandos können leichter vergessen werden, da sich der Benutzer aktiv an die Begriffe erinnern muß (›recall memory‹).
- Längere und aufwendigere Ausbildung und Schulung. Bei längeren Unterbrechungen in der Systemnutzung (Urlaub, Krankheit) kann ein Nachtraining erforderlich sein.
- Höheres Fehlerrisiko, da die möglichen oder richtigen Eingaben nicht als Hilfestellung vom System angezeigt werden.

Den Vor- und Nachteilen der benutzergeführten Dialogtechniken stehen die Vor- und Nachteile der systemgeführten Dialogtechniken gegenüber. Die Vorteile sind:

- ❑ Das System besitzt eine gute Erlernbarkeit.
- ❑ Es ist eine geringere Ausbildung erforderlich.
- ❑ Systemgeführte Dialogtechniken haben eine geringere Fehleranfälligkeit, da Fehlerquellen, insbesondere solche syntaktischer Natur, zum Teil von vorneherein vermieden werden können.

Als Nachteile müssen angesehen werden:

- ❑ Der Dialog wird meist umfangreicher und dadurch ineffizienter; die Zahl der Dialogschritte steigt.
- ❑ Die Handlungsflexibilität des Benutzers ist eingeschränkt.
- ❑ Veränderte Aufgabenstellungen können nur schwer unterstützt werden.

Zu jeder dieser Formen gibt es eine Reihe von Dialogtechniken, die ihr zugeordnet werden können. So sind z. B. Kommandosprachen benutzergeführt, Menüsysteme systemgeführt (Bild 17.7).

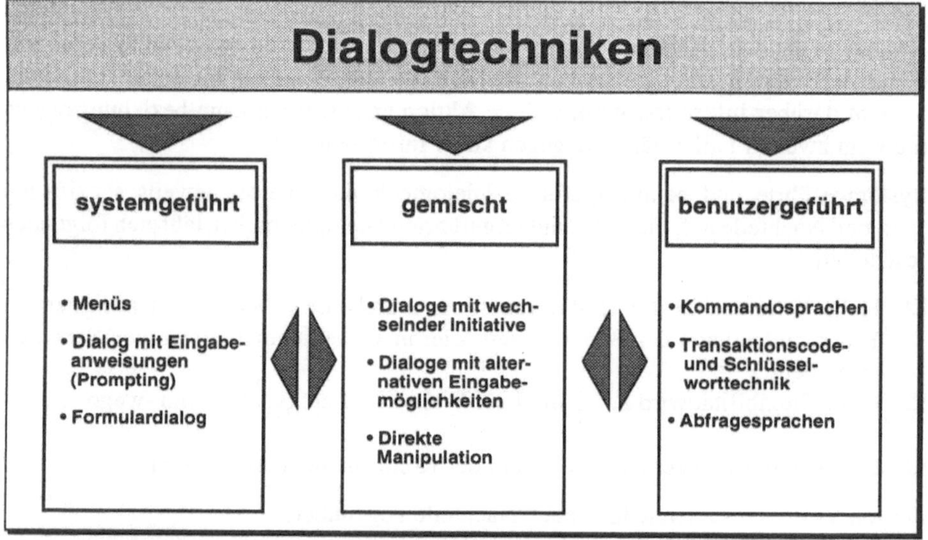

Bild 17.7 Klassifizierung von Dialogtechniken

Es wird häufig argumentiert, daß systemgeführte Dialogtechniken wegen ihrer guten Erlernbarkeit und höheren Fehlersicherheit ›benutzerfreundlicher‹ seien als benutzergeführte Dialoge. Vor- und Nachteile einzelner Dialogtechniken können jedoch nicht absolut bewertet werden. Welche Dialogtechnik einer anderen überlegen ist, muß jeweils im einzelnen Gestaltungsfall entschieden werden. Die Entscheidung hängt, entsprechend dem grundsätzlichen Vorgehen bei der Gestaltung von Dialogsystemen, ab von

- ❑ der durchzuführenden Arbeitsaufgabe,

- den zu erwartenden Benutzern und
- dem Benutzungsverhalten.

Nicht alle Dialogtechniken lassen sich eindeutig auf die benutzergeführte bzw. die systemgeführte Dialogtechnik zurückführen, wie etwa das Beispiel der ›grafisch interaktiven Schnittstellen‹ (Direkte Manipulation) zeigt. Solche Formen kann man als *gemischte Dialogtechniken* bezeichnen.

Bei gemischten Dialogtechniken kann entweder ein Wechsel zwischen benutzer- und systemgeführten Schritten stattfinden oder dem Benutzer wird eine reiche Auswahl an Dialogschritten angeboten, so daß er flexibel agieren kann.

Alternative Dialogtechniken können angeboten werden, wenn in einer gegebenen Dialogsituation verschiedene Interaktionstechniken zur Verfügung stehen, z. B. Eingabe über Menü oder über feste Funktionstasten.

Die häufigsten Dialogtechniken, die derzeit bei der Gestaltung der Mensch-Maschine-Schnittstelle eingesetzt werden, sind folgende:

- Dialogführung mittels Menüs (Menüdialog),
- Dialogführung mittels Formularen (Formulardialog),
- Dialogführung mittels Funktionstasten,
- Dialogführung mittels direkter Manipulation,
- Dialogführung mittels Kommandosprachen,
- Dialogführung mittels Transaktionscodes,
- Abfragesprachen (Query languages),
- Makrosprachen.

Dabei ist in der o. g. Reihenfolge auch die derzeitige Einsatzhäufigkeit der Dialogtechniken berücksichtigt. So wird in den meisten Anwendungssystemen die Dialogsteuerung über Menühierarchien bewerkstelligt, wobei häufig auch gemischte Dialogtechniken (z. B. Menüdialog kombiniert mit Formular- und Funktionstastendialog oder Menüdialog kombiniert mit Transaktionscodes zur effizienten Sprungmöglichkeit im System) angewandt werden.

17.6 Interaktionsobjekte in grafischen Benutzungsoberflächen

Grundkomponenten

Eine vorrangige Zielsetzung bei der Gestaltung von Benutzungsoberflächen ist die konsistente Verwendung von *Interaktionsobjekten* auf einer möglichst breiten Basis von Systemen und Anwendungen. Die Styleguides gewinnen in diesem Zusammenhang immer mehr an Bedeutung für die Gestaltung der Benutzungsschnittstelle. In

Verbindung mit diesen Industriestandards stehen meist Bausteinbibliotheken mit *Interaktionsobjekten* (Toolkits) oder auch entsprechende Enwicklungswerkzeuge zur Verfügung, mit deren Hilfe eine Implementation der Benutzungsoberfläche entsprechend den Grunddefinitionen des Standards unterstützt wird. Diese Richtlinien beschreiben neben allgemeinen Regeln zur Gestaltung von Benutzungsoberflächen die Grundelemente (wie Fenster, Menüs, Buttons), die in grafischen Schnittstellen Verwendung finden und definieren deren Aussehen und Verhalten. Im folgenden werden grundlegende Typen von Interaktionsobjekten beschrieben:

Felder

Eingabefelder ermöglichen die Eingabe, das Verändern, das Ersetzen und Löschen von Daten. Dabei sollte, wenn dies möglich ist, ein voreingestellter Eingabewert angeboten werden. Eingabefelder sollten in geeigneter Form gekennzeichnet werden, z. B. durch Umrahmung, graue bzw. farbige Hinterlegung etc. Maßgebend sind hierbei jeweils die Angaben des verwendeten Styleguides. Ausgabefelder können, müssen aber nicht grafisch gekennzeichnet werden.

Bildschirmtasten (Buttons)

Hierbei handelt es sich um sensitive Flächen auf dem Bildschirm, die der Benutzer mit Hilfe des Zeigegeräts aktivieren kann. Dabei unterscheidet man zwei visuelle Komponenten: die grafische Darstellung der Taste und die Beschriftung bzw. das Piktogramm, das die Aktion beschreibt. Folgende Typen lassen sich unterscheiden (Bild 17.8).

Push Button (Drucktaste)
Dies ist der einfachste Typ einer Taste. Durch Selektion des sensitiven Bereichs wird die mit dieser Taste verbundene Funktion aktiviert. Beim Betätigen des Push Button wird ein geeignetes Feedback geliefert (z. B. Invertieren des Push Buttons beim Drücken der Maustaste). Je nach Dialogsituation können Push Buttons wechselnd belegt werden, dabei muß die Belegung für den Benutzer jederzeit verständlich sein.

Radio Button (Radiaotaste)
Hierbei handelt es sich um eine Gruppe von Tasten, die eine sich gegenseitig ausschließende Auswahl ermöglicht. Beispiel ist die Auswahl einer Option (z. B. Farbe) aus mehreren möglichen für ein Objekt. Ausgangsmäßig ist immer bereits eine Option angewählt. Die Anordnung sollte dabei entsprechend der Häufigkeit der Optionen bzw. entsprechend ihrer inhaltlichen Struktur erfolgen.

Check Box (Markierungsfeld)
Hierunter wird eine Gruppe von Tasten verstanden, von denen beliebig viele aktiviert werden können (Mehrfachauswahl). Liegt eine größere Anzahl von Optionen vor, ist

es sinnvoll, Funktionen anzubieten, die alle Optionen in einem Schritt setzen oder zurücksetzen bzw. eine Standardeinstellung bewirken.

Cycle Button (Mehrwertetaste)
Hierbei handelt es sich um eine Taste, hinter der sich mehrere Werte verstecken und die durch Drücken nacheinander eingestellt und angezeigt werden.

	Apple Macintosh	Open Look	OSF/Motif	IBM-SAA-CUA
Push-Buttons	Cancel OK	Cancel OK	Cancel OK	Cancel OK
Radio-Buttons	Textfarbe : ◉ schwarz ○ rot ○ grün	Textfarbe : schwarz | rot | grün	Textfarbe schwarz rot grün	Textfarbe: schwarz rot grün
Check-Buttons	Schriftstil : ☒ fett ☐ kursiv ☒ unterstrichen	Schriftstil: ☑ fett ☐ kursiv ☑ unterstrichen	Schriftstil fett kursiv unterstrichen	Schriftstil: fett kursiv unterstrichen

Bild 17.8 Vergleich der Präsentation verschiedener Benutzungsoberflächen: Apple Macintosh, Open Look, OSF/Motif, IBM-SAA-CUA

Skalen
Skalen bieten die Möglichkeit, durch direktes, analoges Bewegen eines Schiebereglers (Slider) bzw. Rollbalkens (Scroll Bar), einen Wert zu verändern. Diese Eingabeform sollte für kontinuierlich veränderbare Werte eingesetzt werden, wobei eine exakte zahlenmäßige Einstellung nicht erforderlich ist. Bei entsprechender Anforderung an die Präzision der Einstellung sollte immer auch eine numerische Darstellung des Wertes ggf. mit Eingabemöglichkeit durch ein Feld angeboten werden.

Listen (List Box)
Listen sind vertikale Anordnungen von Elementen, aus denen ein oder mehrere Einträge ausgewählt werden können. Kann aufgrund der Listenlänge nur ein Teil der Einträge sichtbar gemacht werden, so sind Rollbalken vorzusehen. Listen in Verbindung mit einem Eingabefeld werden Kombinationsboxen genannt, hierbei wird ein ausgewähltes Listenelement in das Eingabefeld übertragen. Kombinationsboxen können auch derart eingesetzt werden, daß im Normalzustand nur das Eingabefeld mit

einem zusätzlichen (nach unten gerichteten) Pfeilsymbol dargestellt wird und erst nach Anklicken des Pfeilsymbols die Liste sichtbar (aufgeklappt) wird.

Menüs

Ein weiteres Standardmittel zur Aktivierung von Funktionen sind *Menüs*. Da das zu bearbeitende Objekt auch bei der Funktionsauswahl mit dem Menü weiterhin sichtbar bleiben sollte, werden die Menüs bei Bedarf in einem Fenster aufgeblendet. Eine Ausnahme bilden sogenannte Menüleisten, die permanent für eine Anwendung in horizontaler oder vertikaler Anordnung sichtbar sind. Folgende Menüformen werden häufig und bei manchen Systemen standardmäßig verwendet:

Pull-Down-Menü/Drop-Down-Menü
Der Begriff Pull-Down-Menü bezieht sich auf eine bestimmte Anordnung, bei der eine ständig sichtbare Menüleiste mit dem Mauszeiger berührt wird, wodurch sich entweder sofort oder durch Drücken der entsprechenden Maustaste Untermenüs öffnen. Bei manchen Menüformen öffnet sich das Untermenü durch einmaliges Drücken/Loslassen der Maustaste, zur Selektion eines Eintrags wird ein zweiter Mausclick benötigt (Drop-Down). Es ist generell eher zu empfehlen, eine explizite Aktivierung des Pull-Down-Menüs durch Betätigen der entsprechenden Maustaste zu wählen, so daß der Benutzer nicht bei versehentlichem Anfahren der Menüleiste durch aufklappende Menüs irritiert wird. Die Selektion aus Pull-Down-Menüs ist ein recht effizienter Vorgang, der nicht durch weitere Tastendrücke unterteilt werden sollte. Die Aktionsabfolge: Bewegen des Mauszeigers zur Menüleiste, Drücken der Taste, Bewegen des Zeigers zum Menüeintrag und schließlich Loslassen der Taste scheint hinsichtlich Fehlerhäufigkeit und Benutzerleistung die beste Lösung zu sein.

Kaskaden-Menü
Kaskaden-Menüs sind hierarchisch geordnete Pull-Down-Menüs, wobei ein Untermenü links oder rechts vom Haupteintrag erscheint, sobald entweder der Mauszeiger (Pointer) auf dem Haupteintrag steht oder aber der Mauszeiger seitlich aus dem Haupteintrag herausgeführt wird (Pull-Right-Menüs). Kaskaden-Menüs sind besonders dann geeignet, wenn die Menü-Items der zweiten Ebene zu einer gemeinsamen Kategorie gehören (z. B. Fonts) oder eine sortierte Menge von Optionen darstellen (z. B. Font-Größen).

Pop-Up-Menü
Pop-Up-Menüs sind in den meisten Punkten mit Pull-Down-Menüs vergleichbar, außer daß sie in Abhängigkeit von der jeweiligen Mauszeigerposition an beliebigen Stellen auf dem Bildschirm erscheinen können. Ihr Inhalt hängt in den meisten Fällen vom jeweiligen Bildschirm-Gebiet ab, auf dem sich der Mauszeiger gerade befindet. Die aktuelle Position des Mauszeigers ist entscheidend. Ihr Hauptvorteil besteht darin, daß der Benutzer seinen augenblicklichen Arbeitsschwerpunkt mit der Maus nicht verlas-

sen muß. Die Items sollten durch einen zusammenhängenden Tastendruck- und -loslaßvorgang selektierbar sein.

Tear-off- und Push-Pin-Menü
Pop-Up-Menüs und Pull-Down-Menüs verschwinden wieder, nachdem ein Eintrag selektiert wurde. Sehr oft ist es jedoch nützlich, ein Menü ständig zur Verfügung zu haben, z. B. wenn wiederholt die gleichen Operationen ausgeführt werden müssen. Tear-off- und Push-Pin-Menüs können über mehrere Operationen hinweg am Bildschirm präsent gehalten werden. Dies wird erreicht, indem man eine Menüleiste von einem Pull-Down-Menü ›abreißt‹ und an einem anderen Ort auf dem Bildschirm plaziert (Apple Macintosh-Stil, Bild 17.9) oder indem man explizit einen Push-Pin-Button am Kopf des Menüfensters drückt (Open Look-Stil).

Bild 17.9 Tear-off-Menüs (Apple Macintosh-Stil)

Dialogbox

Diese wird hauptsächlich verwendet, um dem Benutzer kurzzeitige Meldungen auf den Bildschirm zu bringen und seine Aufmerksamkeit genau auf eine anliegende Entscheidung zu lenken, z. B. ›Sollen die Änderungen gespeichert werden?‹. Darüber hinaus werden Dialogboxen auch für Parameter- oder Dateneinblendungen verwendet.

Man unterscheidet Dialogboxen mit Eingabezwang (modale Dialogboxen) und solche ohne Eingabezwang. Bei modalen Dialogboxen muß erst der Dialog innerhalb der Dialogbox abgeschlossen werden, bevor in anderen Fenstern weitergearbeitet werden kann.

Anwendungsspezifische Interaktionsobjekte

Hierbei handelt es sich um Funktionen, die direkt an ein Anwendungsobjekt gebunden sind, wie z. B. sensitive Punkte zum Verschieben oder Vergrößern eines Kreises in einem Zeichenprogramm. Sie sind meist erst sichtbar nach der Selektion eines Objektes und können mit der Maus manipuliert werden. Typische Funktionen sind z. B. Bewegen, Vergrößern, Verkleinern, Rotieren, Umstrukturieren u. ä.

Verwendung grafischer Interaktionsobjekte zur Werteauswahl

Der Einsatz von Interaktionsobjekten zur Auswahl von Werten aus einer vorgegebenen Menge muß der jeweiligen Aufgabe des Benutzers angemessen sein. Die wesentlichen Merkmale sind hierbei der Typ und die Anzahl der für die jeweilige Auswahlaufgabe zur Verfügung stehenden Werte. Weiterhin muß die Anzahl der auszuwählenden Werte berücksichtigt werden. Bild 17.10 liefert in einer Tabelle Empfehlungen für die Auswahl geeigneter Interaktionsobjekte für unterschiedliche Aufgabenstellungen:

Wertemenge	Zahl der auszuwählenden Werte		
	genau 1	n (klein, ≥ 0)	n (groß)
diskret klein	- Radio-Button - Pull-Down - Pop-Up	- Check Box (mit Zusatzfunktionalität)	-
diskret groß	- Kaskaden-Menü - Listbox	- List Box (mit Zusatzfunktionalität)	- Kombinationsbox (evtl. mit Suchdialog)
kontinuierlich	- Slider - numerisches Eingabefeld - Feld mit Inkrement-/Dekrement-Button	-	- Kombination von Einzelauswahlmechanismen
geordnet	- Cycle-Button - Radio-Button - List Box	-	-

Bild 17.10 Tabelle zum Einsatz von Interaktionsobjekten für die Auswahl von Werten

17.7 Dialog- und Informationsgestaltung

Eine Systementwicklung kann sehr strukturiert vorgenommen werden. Dazu existieren am Markt verschiedene Werkzeuge und Hilfsmittel. Die meisten Werkzeuge finden sich in der Analysephase einer Softwareentwicklung und vermehrt auch im Bereich des Prototyping und der Programmierunterstützung der Benutzerschnittstelle. Geringere Werkzeugunterstützung ist sicherlich im Bereich der Umsetzung von Fachspezifikationen in Implementationen vorhanden. Auch im Bereich der Evaluation von Systemen und Benutzerschnittstellen sind derzeit noch wenig Werkzeuge am Markt. Dies sollte einen Entwickler jedoch nicht davon abhalten, einen benutzerzentrierten Ansatz für die Systemgestaltung zu wählen. Dieser bereits in Bild 17.5 vorgestellte Ansatz enthält im Vorgehensschritt der klassischen Analysephase mit seinen Erhebungen zum Anwendungs-, Organisations- und Benutzerprofil eine frühe Einbeziehung des Benutzers. Parallel dazu kann durch die Berücksichtigung der Normen, Styleguides und Werkzeuge eine benutzerorientierte Technikseite festgelegt werden, die es erlaubt, durch vorher festgelegte Interaktionsobjektmodelle und definierte K.o.-Kriterien eine entwicklungsbegleitende Evaluation in mehreren Detaillierungsschritten vorzunehmen.

Innerhalb der Systemgestaltung spielt neben der Dialoggestaltung die *informationstechnische Gestaltung* eine wesentliche Rolle. Das, was der Benutzer auf dem Bildschirm sieht und mit welchen Techniken er auf diese Information zugreifen kann, unterliegt bestimmten Regeln, die aus der Wahrnehmungspsychologie abgeleitet werden können. Sogenannte Gestaltgesetze müssen bei der Darstellung von Information auf dem Bildschirm berücksichtigt werden. Insbesondere das Gesetz der Nähe, der Symmetrie und der Gleichartigkeit tragen, wie in Bild 17.11 zu sehen ist, zur übersichtlicheren Strukturierung und damit zur besseren Erkennbarkeit von Information bei.

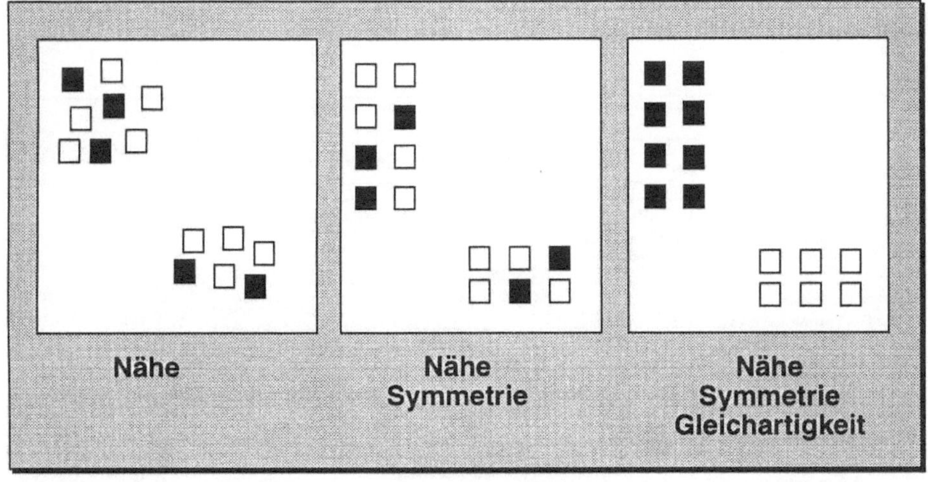

Bild 17.11 Zusammenwirken verschiedener Gestaltgesetze

Die Beachtung der folgenden Gesichtspunkte ist dabei einzuhalten:

- Bei der visuellen Wahrnehmung wird das angebotene Material sofort strukturiert.
- Nicht nur der ungeübte, sondern auch der geübte Benutzer muß auf visuelle Hilfen zurückgreifen können.

- Eine geeignete Strukturierung kann
- überflüssige Suchzeiten vermeiden
- die Fehlerhäufigkeit verringern
- ein schnelles Lernen ermöglichen und
- die Akzeptanz durch den Benutzer erhöhen.

Dies ist unabhängig davon, ob die Information auf alphanumerischen oder grafischen Bildschirmen dargestellt wird. Die Information wird auf Bildschirmen häufig in Bildschirmmasken und -formularen bzw. -fenstern strukturiert, sowie in Elemente zur Steuerung dieser Masken, Formulare und Fenster. Für die Gestaltung kann auf eine Vorgehensweise zurückgegriffen werden, die in drei Phasen

- Analyse,
- inhaltliche Gestaltung und
- visuelle Gestaltung

unterteilt ist.

Die Ergebnisse der Analysephase (Aufgabenanalyse, Benutzergruppenanalyse, technische Randbedingungen) führen zu einer Zuordnung von Arbeitsinformationen zu Elementen wie Masken, Formularen und Fenstern. Zusammen mit der Festlegung der Dialogführung bildet dieser Schritt die inhaltliche Gestaltung. Erst dann kann die visuelle Informationsgestaltung angegangen werden, wobei wie in Bild 17.12 dargestellt ist, vom Groblayout zum Feinlayout vorgegangen werden sollte.

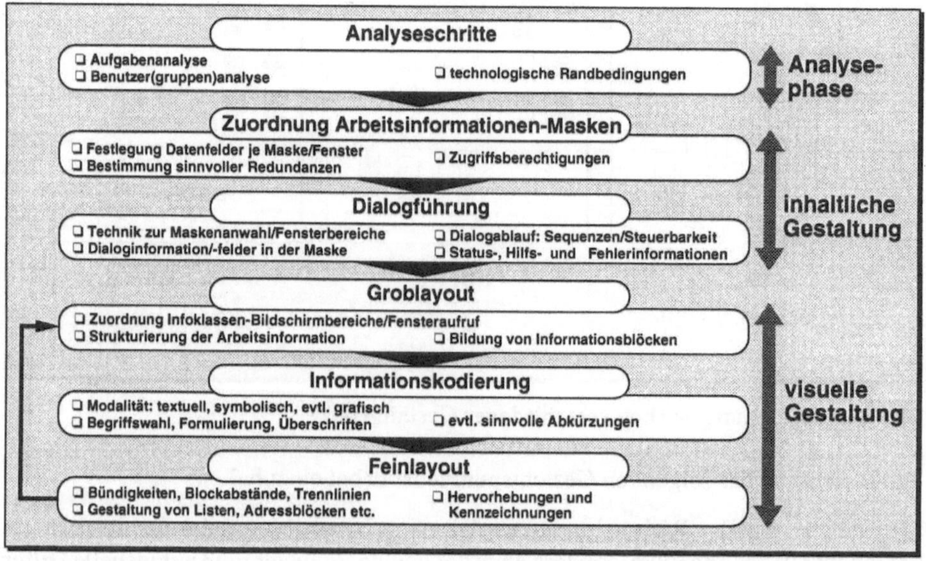

Bild 17.12 Vorgehensweise zur Informationsgestaltung auf Bildschirmen

17.8 Evaluation

Eine Evaluation soll durch systematisches Sammeln, Auswerten und Interpretieren von Daten eine reliable und valide Bewertung der Benutzerschnittstelle ermöglichen. Aus den Ergebnissen der Evaluation wird abgeleitet, ob ein gestecktes Designziel erreicht ist bzw. ob und wo weitere Verbesserungsmöglichkeiten ausgeschöpft werden müssen.

Je nach Zielsetzung und Entwicklungsstadium eines Software-Produkts und verfügbaren Ressourcen werden unterschiedliche Evaluationskonzepte benötigt. Die Produktqualität ist letztlich umso höher, je früher Evaluationsschritte in den Entwicklungsprozeß integriert werden. Zudem ist der anfallende Änderungsaufwand in frühen Entwicklungsphasen wesentlich niedriger und die Änderungsbereitschaft der Entwickler entsprechend größer. Software-ergonomische Bewertungen der Mensch-Rechner-Schnittstelle können bis auf wenige Aspekte bereits durchgeführt werden, wenn ein Prototyp der Benutzungsoberfläche des geplanten Systems zur Verfügung steht.

Bei der Evaluation lassen sich, wie auch in Bild 17.13 aufgelistet ist, drei wesentliche Zielsetzungen unterscheiden:

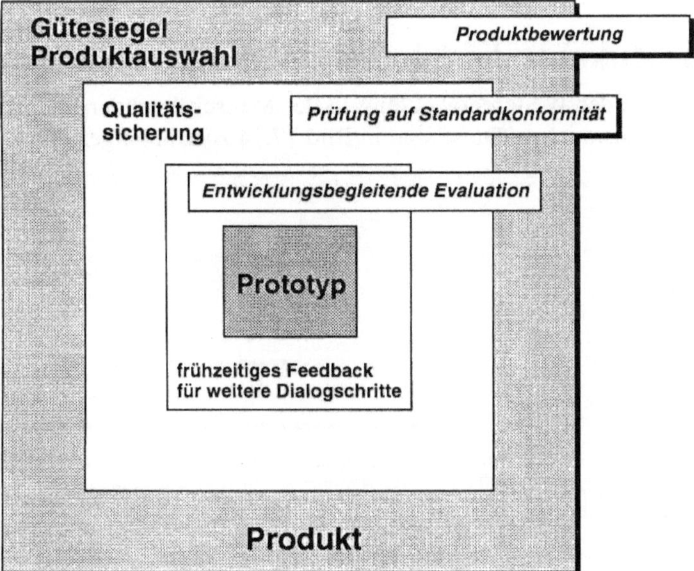

Bild 17.13 Zielsetzungen für eine software-ergonomische Produktevaluation

- Entwicklungsbegleitende Evaluation:
  Je nach Entwicklungsstadium des Prototyps können nach und nach hinzukommende Features evaluiert und die Ergebnisse schrittweise in das weitere Design eingebunden werden.

- Prüfung auf Standardkonformität:
  Mit zunehmender Etablierung firmeninterner, nationaler und internationaler Standards dient die Evaluation auch der Prüfung auf Konformität der entwickelten Software zu bestehenden Regelwerken.
- Produktbewertung:
  Bei bereits fertiggestellten Produkten zielt die Evaluation nicht auf eine weitere Verbesserung des Designs, sondern dient zum einen der Produktauswahl und zum andern als Qualitätsnachweis.

Die enge Verzahnung von Evaluation und Design erlaubt gegenüber herkömmlichen Entwicklungsansätzen eine wesentlich effizientere Software-Entwicklung nach dem Rapid-Prototyping-Ansatz. Diese iterative Vorgehensweise entwickelte sich durch die Verfügbarkeit sogenannter Rapid-Prototyping-Tools und User Interface Management Tools, die es erlauben, die Mensch-Rechner-Schnittstelle losgelöst von der eigentlichen Anwendungsentwicklung zu entwickeln und Modifikationen ohne hohen Aufwand durchzuführen.

17.9 Die Zukunft der Mensch-Rechner-Interaktion

Fünf Hauptlinien der Weiterentwicklung in der Mensch-Rechner-Interaktion lassen sich momentan ausmachen. Diese sind in Bild 17.14 zusammengestellt.

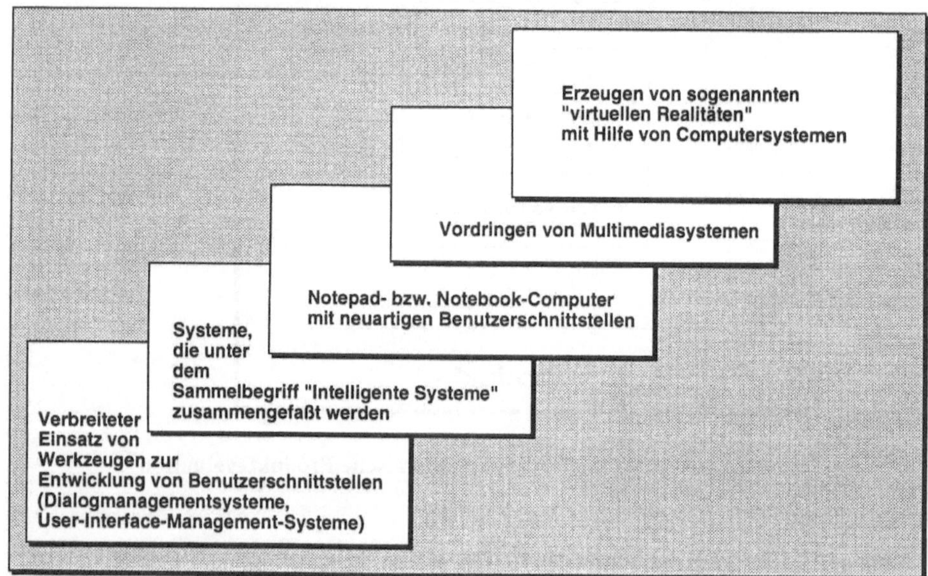

Bild 17.14 Weiterentwicklungen in der Mensch-Computer-Interaktion

Eine Entwicklung dominiert die Anwendung von Computern seit 15 Jahren: Der Computer kommt immer ›näher‹ zum Benutzer und dringt in immer weitere Arbeits- und Lebensbereiche vor. Meilensteine auf diesem Weg waren Abteilungsrechner, Workstations und PCs, Portables und neuerdings Notepad- oder Notebook-Computer. Diese Systeme verbinden eine hohe Verfügbarkeit vor Ort (geringes Gewicht und geringe Abmessungen bei hoher Leistungsfähigkeit) mit einer ausgefeilten Benutzerschnittstellentechnik. Eine neue Form der Mensch-Rechner-Interaktion stellt die Interaktion mittels eines Schreibstiftes einschließlich Handschrifterkennung bzw. Gestikerkennung dar. Weiterhin integriert in diese Systeme sind bereits heute Spracherkennungssysteme.

Auf Workstations und PCs werden in Zukunft neben Text, Tabellen und Grafik weitere Medien wie Standbilder, Videosequenzen, Animationen sowie Sprach- und Geräuschverarbeitung zum Einsatz kommen. Systeme, die neben den klassischen Medien Text, Tabelle und Grafik mit mindestens zwei weiteren statischen oder dynamischen Medien arbeiten, werden gemeinhin als ›Multimediasysteme‹ bezeichnet.

Unter dem Begriff der ›intelligenten Systeme‹ werden eine Vielzahl unterschiedlicher Entwicklungen zusammengefaßt. Hierbei ist vereinheitlichendes Element, daß zumeist mit besonderen Programmiertechniken gearbeitet wird, die eine hochstehende, explizite Repräsentation von ›Wissen‹ über ein bestimmtes Gebiet beinhalten. Zu diesen Bereichen zählen Benutzermodellierungen, Aufgabenmodellierungen, aus den beiden vorgenannten abgeleitete adaptierbare bzw. adaptive Systeme und natürlich sprachliche Systeme.

In den nächsten Jahren werden jedoch weiterhin die Techniken der visuellen Repräsentation die Hauptrolle der Mensch-Computer-Interaktion darstellen. In diesem Bereich der visuellen Kommunikation, ergänzt um Methoden der gestikbasierten Interaktion zielen die sogenannten ›virtuellen Realitäten‹, bei denen dem Benutzer ein im wahrsten Sinne des Wortes ›greifbares‹ Abbild einer Computersimulation in einem gewissen Gegenstandsbereich vermittelt wird. Dies wird durch immensen technischen Aufwand (Simulationsrechner, EyePhone, DataGlove) erzielt. Anwendungsbereiche sind bekannt geworden aus der Raumgestaltung (Büroräume, Küchen, Betriebsstätten), dem Erkunden von komplexen visualisierten Datenbeständen, der metaphorischen Abbildung von Datenbeständen sowie der Visualisierung von physikalischen oder chemischen Strukturen. Auch Anwendungen, die in den Bereich Spiel, Lernen und Unterhaltung gehen, sind realistisch. Momentan verfügbar Systeme stellen erst den Anfang einer der wesentlichen Weiterentwicklungen der Mensch-Rechner-Interaktion dar.

17.10 Wiederholungsfragen

1. Was ist Software-Ergonomie?
2. In welche Gestaltungsbereiche läßt sich die Software-Ergonomie unterteilen?
3. Was sind die fünf Mindestanforderungen an die benutzergerechte Gestaltung der Mensch-Computer-Schnittstelle nach DIN 66 234?
4. Was ist ein Styleguide?
5. Warum ist Software-Ergonomie wirtschaftlich?
6. Welche Vorgehensweise ist bei der Systemgestaltung sinnvoll?
7. Welche Zielsetzungen existieren bei der Produktevaluation?

18 Verhaltensergonomie

*Es ist nicht genug zu wissen,
man muß es auch anwenden,
es ist nicht genug zu wollen,
man muß es auch tun. (Goethe)*

Bild 18.1 Philosophie der Verhaltensergonomie

Die Verhaltensergonomie ist ein neuer Zweig der Ergonomie in der Bundesrepublik Deutschland. Die aus arbeitswissenschaftlicher Sicht richtige Gestaltung von Arbeitsplätzen, Arbeitsmitteln und Arbeitsorganisation ist nach wie vor wichtig. Darüber hinaus wird es in der Zukunft auch wichtig sein, sich vermehrt mit dem ergonomisch richtigen Verhalten der Mitarbeiter am Arbeitsplatz auseinanderzusetzen.

Eine wichtige Motivation hierfür liegt in dem Schädigungspotential für den Halte- und Bewegungsapparat, das mit dem Verhalten am Arbeitsplatz korreliert. Immer häufiger erscheinende Veröffentlichungen zeichnen ein klares Bild. So bleiben z. B. nur 20 % der Menschen in der Bundesrepublik zeitlebens von Rückenschmerzen verschont. Jeden Tag werden allein in Deutschland über 100 Personen an den Bandscheiben operiert. Gleichzeitig sind Rückenleiden zum häufigsten Grund für Klinikeinweisungen geworden.

Neben den persönlichen Leiden der Betroffenen sind auch die finanziellen Folgen für Versicherungsträger und Arbeitgeber enorm. Zwölf Millionen Krankheitstage sind im Jahr 1991 allein wegen Rückenleiden angefallen. Ein Viertel der Kosten für Lohnfortzahlung, etwa 10 – 12 Milliarden DM mußten die Arbeitgeber 1991 für Wirbelsäulenkranke ausgeben. Neben den Rückenleiden existiert noch eine Reihe weiterer Krankheitsbilder, die den Menschen und das Sozialsystem belasten und ebenfalls durch Risikofaktoren im Arbeitsleben begünstigt oder verursacht werden. Dazu gehören arthrotische Erkrankungen oder, als bekanntes Beispiel, die Sehnenscheidenentzündungen.

Worin liegen die Ursachen für diese Art von Erkrankungen? Die Arbeitsschwere scheidet als Hauptgrund aus. In der Dritten Welt z. B. sind Rückenleiden nahezu unbekannt. Die Gründe sind eher im Zusammenhang mit der Arbeitsweise in einer modernen Industriegesellschaft zu sehen. Das größte Problem heutiger Arbeit in dieser Hinsicht stellt die Gleichförmigkeit dar. Bei sich oft wiederholenden Arbeitsvorgängen oder lang andauernden Zwangshaltungen wirkt sich falsches Verhalten des Menschen weitaus gravierender aus als bei wechselnden Arbeitshaltungen, wie z. B. Feldarbeit. Längere Arbeit an einem Montageband kann etwa zu Entzündungen der Sehnen in Schulter und Handgelenk oder dem sog. Thoracic Outlet Syndrome führen. Mit ›repetitive strain diseases‹ (RSD) werden Erkrankungen bezeichnet, die aufgrund von häufig wiederholten, einseitig belastenden Tätigkeiten entstehen. Auch das Repetitiv Strain Injury (RSI)-Syndrom ist dazu als Oberbegriff für unterschiedliche Schmerzszustände dazuzuzählen.

Für dieses Problem existiert bis heute kein ganzheitliches Lösungskonzept. Krankenkassen, Volkshochschulen oder Orthopäden haben zwar mancherorts ›Rückenschulen‹ eingerichtet, was punktuelle Verbesserungen bringt, aber letztendlich nur bei denjenigen greifen, die daran teilnehmen.

Für die Mitarbeiter in Produktion und Verwaltung ergibt sich das nachfolgende Programm der Verhaltensergonomie:

1. Wissen
Der arbeitende Mensch muß über richtige Arbeitsplätze und Arbeitsmittel sowie über günstige Arbeitshaltungen Bescheid wissen.

2. Verstehen
Er muß verstehen, was in seinem Körper abläuft und was die Folgen von richtigem und falschem Handeln sind.

3. Umsetzen
Wenn er erkannt hat, was für ihn richtig ist, dann geht es darum, diese Erkenntnisse auch dauerhaft umsetzen.

Nachfolgende Beispiele sollen dazu dienen, nötiges Wissen zu vermitteln, Verständnis zu wecken und Hilfen zur Umsetzung zu geben.

18.1 Sitzen

Beim Sitzen soll öfter die Körperhaltung geändert werden. Ein Wechsel zwischen unterschiedlichen Sitzhaltungen (vordere, mittlere, hintere) und auch ein Wechsel von Sitzen und Stehen ist hier zu empfehlen. Prinzipiell gelten beim Sitzen die in Bild 18.2 aufgestellten 90°-Regeln.

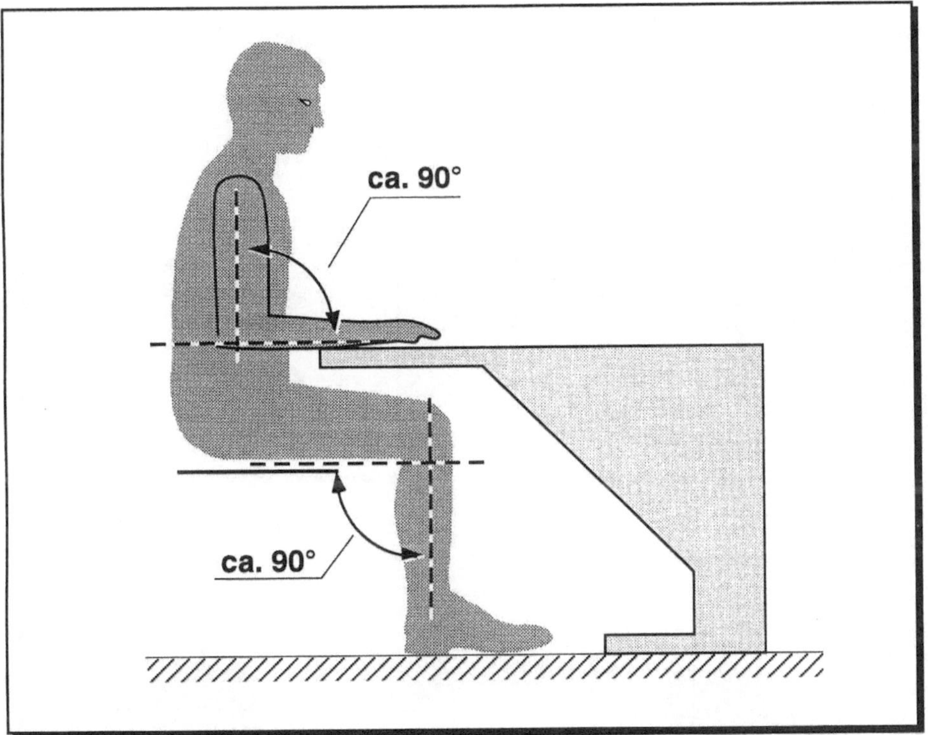

Bild 18.2 Richtig sitzen

18.2 Handhaben von Lasten

Hohe Wirbelsäulenbelastungen können bei der Berücksichtigung einiger Empfehlungen zur Körperhaltung, zu Hebe- und Tragetechniken sowie zum Einsatz von Hebe- und Tragehilfen reduziert werden. In Bild 18.3 sind die grundlegenden Zusammenhänge in bezug auf die Bandscheibenbelastung beim Heben einer Last aufgezeigt. Bild 18.4 zeigt Beispiele von falschem und richtigem Heben und Tragen.

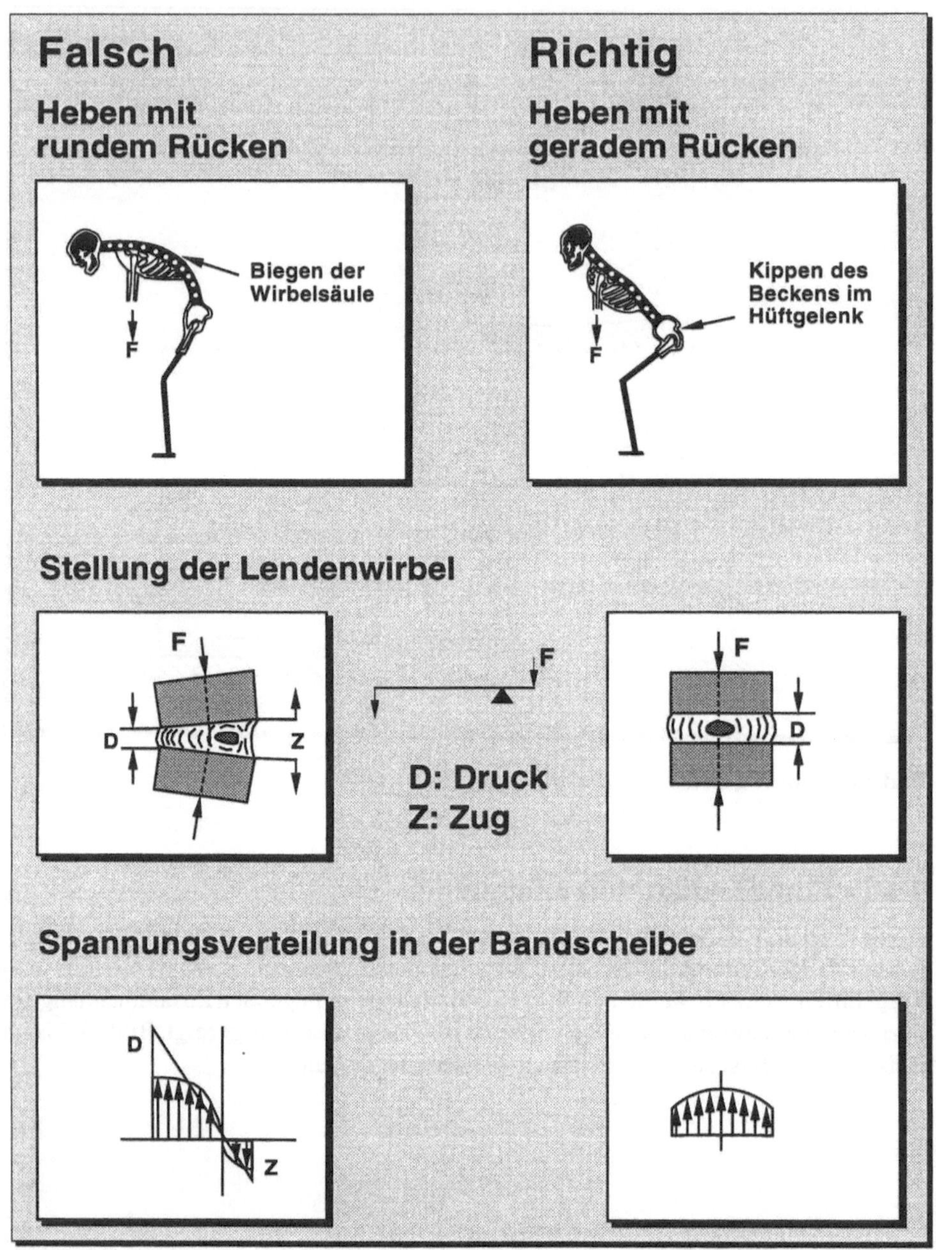

Bild 18.3 Bandscheibenbelastung beim Heben einer Last mit rundem und mit geradem Rücken [Lastgewicht: 500 N, Rumpfneigungswinkel: 45°] (in Anlehnung an Bayerisches Staatsministerium, 1980)

Bild 18.4 Falsches und richtiges Heben und Tragen

Konkrete Regeln werden in Bild 18.5 genannt.

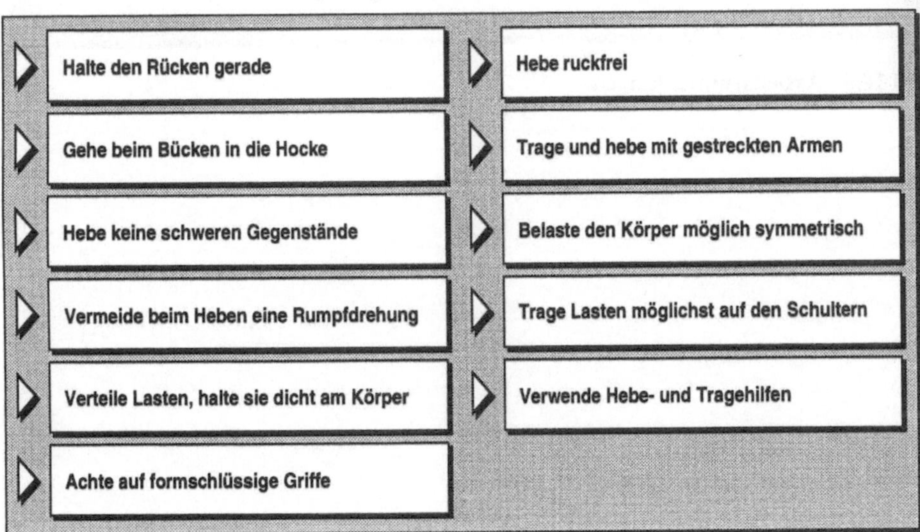

Bild 18.5 Regeln zum Heben und Tragen

18.3 Ergänzende Maßnahmen

Außer den Regeln der Rückschule gibt es weitere, übergeordnete Regeln für ein gesundes Arbeitsleben, die zum Teil bereits in vorangegangenen Kapiteln behandelt wurden. Das Bild 18.6 zeigt eine Zusammenfassung.

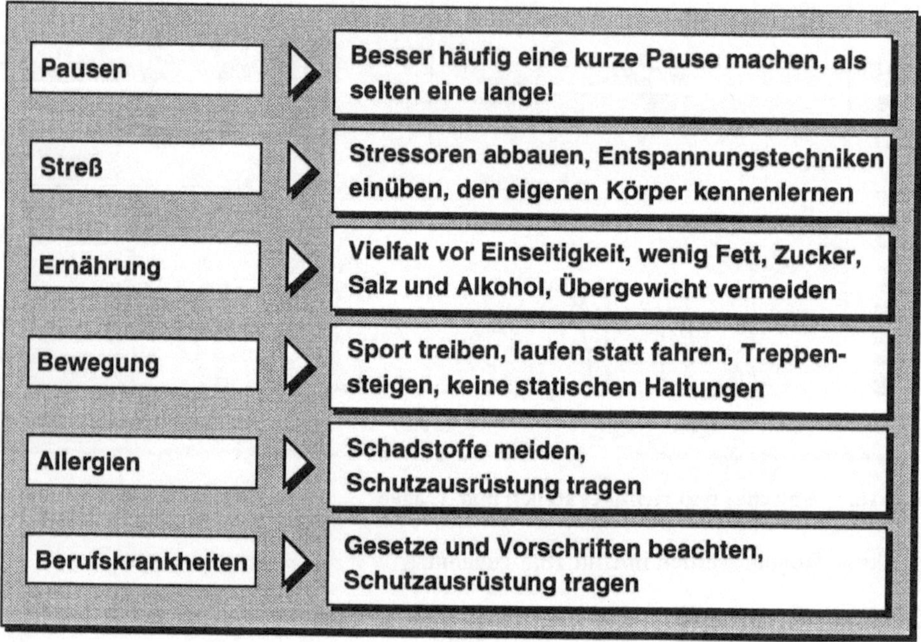

Bild 18.6 Arbeitsempfehlungen

Literaturverzeichnis

Kapitel 1

Bokranz, R.; Landau, K. (1991): Einführung in die Arbeitswissenschaft. Stuttgart: Ulmer, 1991.

Bullinger, H.-J. (1981): Arbeitswissenschaft zwischen Humanisierung und Rationalisierung. In: Interdisziplinäre Technikforschung. Hrsg. von G. Ropohl. Berlin: Schmidt, 1981.

Bullinger, H.-J. (1984): Die Veränderung der menschlichen Arbeit durch die Technik. In: Kindlers Enzyklopädie ›Der Mensch‹. Hrsg. von H. Wendt; N. Loacker. Zürich: Kindler, 1984.

Bundesamt für Wehrtechnik und Beschaffung (Hrsg.) (1989): Handbuch der Ergonomie. 2. Auflage. München / Wien: Hanser, 1989.

Grandjean, E. (1991): Physiologische Arbeitsgestaltung. 4. Auflage. Landsberg/L.: ecomed, 1991.

Hacker, W. (1986): Arbeitspsychologie. In: Schriften zur Arbeitspsychologie, Nr. 41. Hrsg. von E. Ulich. Bern / Stuttgart / Toronto: Huber, 1986.

Hettinger, Th.; Kaminsky, G.; Schmale, H. (1976): Ergonomie am Arbeitsplatz. Ludwigshafen: Kiehl, 1976.

Hettinger, Th.; Wobbe, G. (Hrsg.) (1993): Kompendium der Arbeitswissenschaft. Ludwigshafen: Kiehl, 1993.

Institut für angewandte Arbeitswissenschaft (IfaA) (Hrsg.) (1989): Arbeitsgestaltung in Produktion und Verwaltung. Köln: Wirtschaftsverlag Bachem, 1989.

Kirchner, J.-H.; Baum, E. (1990): Ergonomie für Konstrukteure und Arbeitsgestalter. Neuauflage. München / Wien: Hanser, 1990.

Kirchner, J.-H. (1992): Einführung in die Arbeitswissenschaft. Vorlesungsmanuskript. Abt. Arbeitswissenschaft des Instituts für Wirtschaftswissenschaften der Technischen Universität Braunschweig. 1992.

Koniezko, J.; Dupuis, H. (1989): Handbuch der Arbeitsmedizin. Loseblatt-Ausgabe. Landsberg/L.: ecomed, 1989.

Lehmann, G. (1983): Praktische Arbeitsphysiologie. Hrsg. von W. Rohmert und J. Rutenfranz, 3. neubearb. Auflage, Stuttgart / New York: Thieme, 1983.

Luczak, H.; Volpert, W.; Raeithel, A.; Schwier, W. (1987): Arbeitswissenschaft, Kerndefinition – Gegenstandskatalog – Forschungsgebiete. Rationalisierungs-Kuratorium der deutschen Wirtschaft (RKW) e.V. 1987.

Luczak, H. (1993): Arbeitswissenschaft. Berlin: Springer, 1993.

Murell, K. F. H. (1971): Ergonomie. Düsseldorf: Econ, 1971.

Rohmert, W. (1977): Umdruck zur Vorlesung Arbeitswissenschaft des Instituts für Arbeitswissenschaft der Technischen Hochschule Darmstadt. 1977.

Schmidtke, H. (Hrsg.) (1993): Lehrbuch der Ergonomie. 3. Auflage. München / Wien: Hanser, 1993.

Ulich, E. (1991): Arbeitspsychologie. Zürich: Verlag der Fachvereine, 1991; Stuttgart: Poeschel, 1991.

Kapitel 2

AOK-Krankheitsartenstatistik 1991. Hrsg. vom AOK-Bundesverband. Bonn, 1993.

Arbeit, Leben und Gesundheit (1990): Perspektiven, Forderungen und Empfehlungen zum Gesundheitsschutz am Arbeitsplatz; eine Studie der Kammer der EKD für soziale Ordnung. Hrsg. vom Kirchenamt im Auftrag des Rates der EKD. Gütersloh: Mohn, 1990.

Arbeitsunfallstatistik für die Praxis (1993). Hrsg. vom Hauptverband der gewerblichen Berufsgenossenschaften (HVBG). Sankt Augustin, 1993.

Bullinger, H.-J. (1981): Arbeitswissenschaft zwischen Humanisierung und Rationalisierung. In: Interdisziplinäre Technikforschung. Hrsg. von G. Ropohl. Berlin: Schmidt, 1981.

Institut für Arbeitswirtschaft und Organisation (IAO) (1990): F & E - heute. Industrielle Forschung und Entwicklung in der Bundesrepublik. IAO-Studie 1990.

Kopp, E. (1991): Die Berufskrankheit von morgen heißt RSI. Kontrapunkt 8/1991.

Kern, P.; Wittig, Th. (1991): Human Factors in High Technological Production Systems. Fraunhofer-Institut für Arbeitswirtschaft und Organisation (IAO), Stuttgart, 1991.

Landesversicherungsanstalt Baden-Württemberg (1994): Statistische Informationen. 1994.

Opaschowski, H. (1989): Wie arbeiten wir nach dem Jahr 2000. BAT Freizeit-Forschungsinstitut, Hamburg, 1989.

Ritter, A. (1991): Relevanz neuer Technologien für die Arbeitswissenschaft: ein empirisch orientierter Beitrag zur Definition und Analyse veränderter Rahmendaten sowie deren Auswirkungen auf und Konsequenzen für die Arbeitswissenschaft. Pfaffenweiler: Centaurus, 1991.

Spur, G. (1989): Unternehmensführung in der zukünftigen Industriegesellschaft. In: Produktionstechnisches Kolloquium 1989 (PTK 89) Vorträge. Hrsg. von G. Spur. Fraunhofer-Institut für Produktionsanlagen und Konstruktionstechnik (IPK). Berlin, 1989.

Statistisches Landesamt Baden-Württemberg (1991): Zahlen zur Bevölkerungsentwicklung. 1991.

Ulich, E. (1991): Arbeitspsychologie. Zürich: Verlag der Fachvereine, 1991; Stuttgart: Poeschel, 1991.

Kapitel 3

Bappert, W. (1981): Unterlagen zur Vorlesung Arbeitsphysiologie. Universität Stuttgart, Institut für industrielle Fertigung und Fabrikbetrieb (IFF), 1981.

Bokranz, R.; Landau, K. (1991): Einführung in die Arbeitswissenschaft. Stuttgart: Ulmer, 1991.

Fahrenberg, J. (1979): Psychophysiologische Aktivierungsforschung. München: Minerva, 1979.

Graf, O. (1961): Arbeitsablauf und Arbeitsrhythmus. In: Handbuch der gesamten Arbeitsmedizin. Band 1: Arbeitsphysiologie. Hrsg. von G. Lehmann. Berlin u. a., 1961.

Grandjean, E. (1991): Physiologische Arbeitsgestaltung. 4. Auflage. Landsberg/L.: ecomed, 1991.

Hentschel, H.-J. (1982): Licht und Beleuchtung. 2. neubearb. Auflage. Heidelberg: Hüthig, 1982.

Hettinger, Th.; Kaminsky, G.; Schmale, H. (1976): Ergonomie am Arbeitsplatz. Ludwigshafen: Kiehl, 1976.

Janke, W.; Debus, C. (1978): Die Eigenschaftswörterliste (EWL). Göttingen: Hogrefe, 1978.

Kalorien Mundgerecht (1989): 7. erw. Auflage. Frankfurt: Umschau, 1989.

Laurig, W. (1992): Grundzüge der Ergonomie. REFA-Fachbuchreihe Betriebsorganisation. 4. Auflage. Berlin: Beuth, 1992.

Lehmann, G. (1953): Praktische Arbeitsphysiologie. Stuttgart: Thieme, 1953.

Lehmann, G. (1983): Praktische Arbeitsphysiologie. 3. neubearb. Auflage. Hrsg. von W. Rohmert und J. Rutenfranz. Stuttgart/New York: Thieme, 1983.

Lindsay, P. H.; Norman, D. A. (1981): Einführung in die Psychologie: Informationsaufnahme und -verarbeitung beim Menschen. Berlin/Heidelberg/New York: Springer, 1981.

Luczak, H. (1975): Untersuchungen informatorischer Belastung und Beanspruchung des Menschen. Düsseldorf: VDI-Verlag, 1975.

Müller-Limmroth, W. (1993): Sinnesorgane. In: Ergonomie. Hrsg. von H. Schmidtke, München/Wien: Hanser, 1993, S. 27 – 47.

Nitsch, J. R. (1991): Stress. Bern/Stuttgart/Wien: Huber, 1991.

Rohmert, W. (1989): Arbeitsbelastung und -beanspruchung sowie Methoden ihrer Erfassung. In: Arbeitsgestaltung in Produktion und Verwaltung. Hrsg. vom IfaA, Köln: Bachem, 1989, s. 102 - 125.

Rohmert, W.; Landau, K. (1979): Das Arbeitswissenschaftliche Erhebungsverfahren zur Tätigkeitsanalyse (AET), Handbuch und Merkmalheft. Bern, 1979.

Schmidt, R. F.; Thews, G. (1980): Physiologie des Menschen. 20. Auflage. Berlin: Springer, 1980.

Silbernagel, S.; Despopoulos, A. (1983): Taschenatlas der Physiologie. 2. überarb. und erw. Auflage. Stuttgart: Thieme, 1983.

Spitzer, H.; Hettinger, Th.; Kaminsky, G. (1982): Tafeln für den Energieumsatz bei körperlicher Arbeit. 6. Auflage. Berlin, 1982.

Tittel, K. (1976): Beschreibende und funktionelle Anatomie des Menschen. 7. Auflage. Stuttgart: Fischer, 1976.

Volpert, W.; Oesterreich, R.; Gablenz-Kolakovic, S.; Krogoll, T.; Resch, M. (1983): Verfahren zur Ermittlung von Regulationserfordernissen in der Arbeitstätigkeit (VERA). Köln, 1983.

Wittling, W. (1976): Einführung in die Physiologie der Wahrnehmung. Hamburg: Hoffmann und Campe, 1976.

DIN 33 405: Psychische Belastung und Beanspruchung.

Kapitel 4

Bruggemann, A.; Groskurth, P.; Ulich, E. (1975): Arbeitszufriedenheit. In: Schriften zur Arbeitspsychologie, Nr. 17. Hrsg. von E. Ulich. Bern/ Stuttgart/Toronto: Huber, 1975.

DIN 33400: Gestaltung von Arbeitssystemen nach arbeitswissenschaftlichen Erkenntnissen. 1983.

Gabler (1988): Wirtschaftslexikon. 12. Auflage. Wiesbaden, 1988.

Gesamtmetall: Mensch und Arbeit. Köln, 1989.

Greif, S.; Bamberg, E.; Semmer N. (1991): Psychischer Streß am Arbeitsplatz. Göttingen: Hogrefe, 1991.

Hacker, W. (1986): Arbeitspsychologie. In: Schriften zur Arbeitspsychologie, Nr. 41. Hrsg. von E. Ulich. Bern/Stuttgart/Toronto: Huber, 1986.

Neubauer, R.; von Rosenstiel, L. (1980): Handbuch der angewandten Psychologie. Band 1: Arbeit und Organisation. Hrsg. vom Berufsverband Deutscher Psychologen. München: Verlag Moderne Industrie, 1980.

Ulich, E. (1991): Arbeitspsychologie. Zürich: Verlag der Fachvereine, 1991; Stuttgart: Poeschel, 1991.

Verein Deutscher Ingenieure (VDI) (1989): Handlungsempfehlung ›Sozialverträgliche Gestaltung von Automatisierungsvorhaben‹. Düsseldorf: VDI-Verlag, 1989.

Volpert, W. (1980): Beiträge zur psychologischen Handlungstheorie. In: Schriften zur Arbeitspsychologie, Nr. 28. Hrsg. von E. Ulich. Bern/Stuttgart/Toronto: Huber, 1980.

Volpert, W. (1987): Psychische Regulation von Arbeitstätigkeiten. In: U. Kleinbeck; J, Rutenfranz (Hrsg.): Arbeitspsychologie; Enzyklöpädie der Psychologie. Themenbereich D, Serie III, Band 1. Göttingen: Hogrefe, 1987, S. 142.

Kapitel 6

Bartenwerfer, H. (1970): Psychische Beanspruchung und Ermüdung. In: Handbuch der Psychologie. Band 9. Hrsg. von A. Mayer; B. Hartwig. Göttingen, 1970.

Benz, C.; Leibig, J.; Roll, K.-F. (1983): Gestalten der Sehbedingungen am Arbeitsplatz. Köln: TÜV Rheinland, 1983.

Bodmann, H.-W. (1961): Kriterien für optimale Beleuchtungsniveaus. Lichttechnik, 1961.

Böcker, W. (1981): Künstliche Beleuchtung: Ergonomisch und energiesparend. Frankfurt: Campus, 1981.

Cakir, A. (1990): Eine Untersuchung zum Stand der Beleuchtungstechnik in deutschen Büros. Forschungsbericht. Berlin: Ergonomic, 1990.

Fischer, D. (1970): Optimale Beleuchtungsniveaus in Arbeitsräumen. Lichttechnik 22, 1970.

Fördergemeinschaft Gutes Licht (FGL) (1976): Lichtanwendung. München: Pflaum, 1976.

Fördergemeinschaft Gutes Licht (FGL), Schriftenreihe "Informationen zur Lichtanwendung", Frankfurt:
- Die Beleuchtung mit künstlichem Licht (Heft 1)
- Gutes Licht für Schulen und Bildungsstätten(Heft 2)
- Gutes Licht fürSicherheit auf Straßen, Wegen, Plätzen (Heft 3)
- Gutes Licht für Büro- und Verwaltungsgebäude (Heft 4)
- Gutes Licht für Gewerbe, Handwerk und Industrie (Heft 5)
- Gutes Licht für Verkaufsräume und Schaufenster (Heft 6)
- Gutes Licht im Gesundheitswesen (Heft 7)
- Gutes Licht für Sporthallen, Sportplätzeund Schwimmhallen (Heft 8)
- Lichtgestaltung für repräsentative Räume (Heft 9)
- Notbeleuchtung, Sicherheitsbeleuchtung (Heft 10)
- Gutes Licht für Hotels, Restaurants, Gaststätten (Heft 11)
- Sanierung von Beleuchtungsanlagen (Heft 12)
- Gutes Licht für kommunale Bauten und Anlagen (Heft 13)
- Ideen für gutes Licht zum Wohnen (Heft14).

Hartmann, E. (1977): Optimale Beleuchtung am Arbeitsplatz. Ludwigshafen: Kiehl, 1977.

Hartmann, E. (1970): Beleuchtung und Sehen am Arbeitsplatz. München, 1970.

Hartmann, E. (1982): Beleuchtung am Arbeitsplatz. Bayerisches Staatsministerium für Arbeit und Sozialordnung. München, 1982.

Hartmann, E. (1993): Beleuchtung. In: Ergonomie. Hrsg. von H. Schmidtke, München/ Wien: 1993, S. 191 – 211.

Jacob, E.; Scholz, H. (1962): Beleuchtung im Betrieb. In: RKW-Reihe Arbeitsphysiologie – Arbeitspsychologie. Berlin/Köln/Frankfurt, 1962.

Kern, P.; Bauer, W. (1989): Ganzheitliche Bürogestaltung – oder Arbeitsplätze ins rechte Licht gerückt. Technische Rundschau (1989). S. 38 – 45.

Kirchner J.-H.; Rohmert, W. (1974): Ergonomische Leitregeln zur menschengerechten Arbeitsgestaltung. München/Wien, 1974.

Lehnert, G.; Holzhauser, K. P.; Szadkowski, D. (1971): Physikalische Umgebungseinflüsse. München, 1971.

Lichttechnische Gesellschaft e. V. (LiTG) (1975): Handbuch für Beleuchtung. 4. neubearb. Auflage. Essen: Girardet, 1975.

Opfermann, R.; Streit, W. (1975): Arbeitsstätten (Loseblattsammlung). Wiesbaden: Deutscher Fachschriften-Verlag, 1975.

Peters, T. (1976): Arbeitswissenschaft für die Büropraxis. Ludwigshafen: Kiehl, 1976.

Rick-Lenze, R.; Hoffmann, E.; Schulte, F.; Richter, H.-J. u. a. (1987): Lichter und Leuchten – Entwicklungsgeschichte und Technik eines alten Kulturgutes. Trilux-Lenze GmbH, 1987.

Sieverts, E. (1988): Beleuchtung und Raumgestaltung. In: Beleuchtung am Arbeitsplatz, BAU Tb 49. Bremerhaven: Wirtschaftsverlag NW, 1988.

VDEW e. V. Vereinigung Deutscher Elektrizitätswerke (1989): Kompaktleuchtstofflampen. Richtig eingesetzt. Informationsbroschüre, 1989.

Normen und Richtlinien

ArbStättV: Verordnung über Arbeitsstätten (Arbeitsstättenverordnung) vom 20.03.1975; Bundesgesetzblatt I, 1975, S. 729 ff. mit Arbeitsstätten-Richtlinien (ASR 7).

Arbeitsstätten, Vorschriften und Richtlinien; Rw Nr. 2; Wirtschaftsverlag NW; Bremerhaven, 1987.

DIN 5032: Lichtmessung.

DIN 5034: Innenraumbeleuchtung mit Tageslicht; Leitsätze.

DIN 5035: Innenraumbeleuchtung mit künstlicher Beleuchtung.

DIN 5039: Licht, Lampen, Leuchten; Begriffe, Einteilung.

DIN 5040: Leuchten für Beleuchtungszwecke.

DIN 6169: Farbwiedergabe.

DIN 49 800: Elektrische Lampen; Einteilung, Übersicht.

DIN 49 804: Entladungslampen; Einteilung.

DIN 49 810: Allgebrauchslampen.

DIN 66 234: Bildschirmarbeitsplätze; Ergonomische Gestaltung des Arbeitsraumes; Beleuchtung und Anordnung.

Kapitel 7

Bieling, M. (1964): Farbe im Betrieb. RKW-Reihe·Arbeitsphysiologie – Arbeitspsychologie. Berlin / Köln / Frankfurt/Main: Beuth Vertriebs GmbH, 1964.

Frieling, H. (1987): Farbe am Arbeitsplatz. Hrsg. vom Bayerischen Staatsministerium für Arbeit und Sozialordnung. München, 1987.

Gekeler, H. (1988): Handbuch der Farbe: Systematik und Ästhetik. Köln: DuMont, 1988.

Gericke, L.; Richter, O.; Schöne, K. (1981): Farbgestaltung in der Arbeitswelt. Berlin: Tribüne, 1981.

Küppers, H. (1977): Farbe: Ursprung, Systematik, Anwendung. München: Callwey, 1977.

Radl, W. (1988): Erfolgreiche Büro-Optimierung. Akzente Studiengemeinschaft. Murnau, 1988.

Bundesanstalt für Arbeitsschutz (BAU) (1990): Farbe am Arbeitsplatz: Hinweise für die praktische Farbgestaltung. Dortmund, 1990.

Normen und Richtlinien

DIN 2403: Kennzeichnung von Rohrleitungen nach dem Durchflußstoff.

DIN 2404: Kennfarben für Heizungsrohrleitungen.

DIN 4818: Sicherheits- und Ordnungsfarben.

DIN 4844: Sicherheitskennzeichnung.

DIN 5381: Kennfarben.

DIN 6164: Farbenkarten, Farbwiedergabe.

Kapitel 8

Bernhardt, H.; Jeiter, W. (1975): Unfallverhütungsvorschrift ›Lärm‹ – Erläuterungen, Durchführungsregeln, Kommentar. Berlin: Schmidt, 1975.

Brokman, W. u. a. (1981): Schall und Schwingungen am Arbeitsplatz – Meßtechnisches Taschenbuch für den Betriebspraktiker. Köln: Bachem, 1981.

Bundesanstalt für Arbeitsschutz (BAU) (1990): Lärmbekämpfung; Forschungsanwendung - Fa Nr. 8. Bremerhaven: Wirtschaftsverlag NW, 1990.

Bundesanstalt für Arbeitsschutz (BAU) (1990): Lärmarm Konstruieren: Forschung, Erkenntnisse, Anwendung. Dortmund, 1990.

Fleischer, G. (1990): Lärm, der tägliche Terror: Verstehen, Bewerten, Bekämpfen. Stuttgart: TRIAS-Thieme Hippokrates Enke, 1990.

Gruber, J. (1975): Lärm: Wirkungen und Bewertung. Düsseldorf: VDI-Verlag, 1975.

Gossrau, E.; Stephany, H.; Konrad, W.; Dürre, W. (1969 ff): Handbuch des Lärmschutzes und der Luftreinhaltung (Immissionsschutz), Loseblattsammlung. Berlin: Schmidt, 1969 ff.

Heckl, M. (1975): Lärmarm konstruieren – Bestandsaufnahme bekannter Maßnahmen. Bremerhaven: Wirtschaftsverlag NW, 1975.

Heckl, M.; Müller, H. A. (Hrsg.) (1975): Taschenbuch der technischen Akustik. Berlin: Springer, 1975.

Hoffmann, H.; von Lüpke, A. (1986): 0 Dezibel + 0 Dezibel = 3 Dezibel – Einführung in die Grundbegriffe und die quantitative Erfassung des Lärms. 4. völlig neubearbeitete Auflage. Berlin: Schmidt, 1986.

Kurtze, G. u. a. (1975): Physik und Technik der Lärmbekämpfung. 2. vollst. überarb. Auflage. Karlsruhe: Braun, 1975.

Lärmarm konstruieren. Düsseldorf: VDI-Verlag, 1975.

Lüpke, A. (1975): Persönlicher Schallschutz - Übersicht über persönliche Schallschutzmittel mit Typen- und Lieferantenverzeichnis. Dortmund: Bundesanstalt für Arbeitsschutz und Unfallforschung, 1975.

Produkte zur Lärmminderung – Luftschallabsorbierende Werkstoffe, Bauteile und Systeme; erarbeitet durch ACCON-Ingenieurbüro München; Bundeszentrum Humanisierung des Arbeitslebens Dortmund, Loseblattsammlung. Köln: TÜV Rheinland, 1982 ff.

Schmidt, H. (1984): Schalltechnisches Taschenbuch. 3. neubearb. und erweiterte Auflage. Düsseldorf: VDI-Verlag, 1984.

Schmidt, K. P. (1974): Lärmarm konstruieren – Beispiele für die Praxis. Bremerhaven: Wirtschaftsverlag NW, 1974.

Schmidtke, H.; Bubb, H.; Rühmann, H.; Schaefer, P. (1991): Lärmschutz im Betrieb. Hrsg. vom Bayer. Staatsministerium für Arbeit, Familie und Sozialordnung. 3. überarb. Auflage. München, 1991.

Umweltbundesamt (1989): Lärmbekämpfung '88: Tendenzen - Probleme - Lösungen; Materialien zum 4. Immissionsschutzbericht der Bundesregierung an den Deutschen Bundestag nach § 61 Bundesimmissionsschutzgesetz. Berlin: Erich Schmidt, 1989.

Gesetze und Vorschriften – Auswahl:

ArbStättv: Verordnung über Arbeitsstätten (Arbeitsstättenverordnung) vom 20.03.1975; Bundesgesetzblatt I, 1975, S. 729 ff.

BlmSchG: Gesetz zum Schutz vor schädlichen Umwelteinwirkungen durch Luftverunreinigungen, Geräusche, Erschütterungen und ähnliche Vorgänge; (Bundes-Immissionsschutzgesetzt) vom 15.03.1974; Bundesgesetzblatt I, 1974, S. 721 ff.

TA Lärm: Technische Anleitung zum Schutz gegen Lärm vom 16.07.1968.

UVV Lärm: Unfallverhütungsvorschrift Lärm mit Durchführungsregeln und Erläuterungen

Normen und Richtlinien

DIN 1318: Lautstärke; Begriffe, Meßverfahren.

DIN 1320: Akustik; Grundbegriffe.

DIN 18 041: Hörsamkeit in kleinen bis mittelgroßen Räumen.

DIN 32 760: Gehörschützer; Begriffe, Sicherheitstechnische Anforderungen, Prüfung.

DIN 45 630: Grundlagen der Schallmessung.
Teil 1: Physikalische und subjektive Größen von Schall.
Teil 2: Normalkurven gleicher Lautstärkepegel.

DIN 45 631: Berechnung des Lautstärkepegels aus dem Geräuschspektrum.

DIN 45 635: Geräuschmessungen an Maschinen: Luftschallmessungen, Hüllflächenverfahren.

DIN 45 641: Mittelungspegel und Beurteilungspegel zeitlich schwankender Schallvorgänge.

DIN 45 645: Einheitliche Ermittlung des Beurteilungspegels für Geräuschimmissionen.

DIN 45 667: Klassierverfahren für das Erfassen regelloser Schwingungen.

DIN IEC 651: Schallpegelmesser.

ISO 1996: Assessment of noise with respect to community response.

VDI 2058: Beurteilung von Lärm.

VDI 2062: Schwingungsisolierung.

VDI 2081: Geräuscherzeugung und Lärmminderung in raumlufttechnischen Anlagen.

VDI 2159: Emissionskennwerte technischer Schallquellen; Getriebegeräusche.

VDI 2560: Persönlicher Schallschutz.

VDI 2561: Die Geräuschemission von Gesenk- und Freiformschmieden und Maßnahmen zu ihrer Minderung.

VDI 2564: Lärmminderung in der Blechbearbeitung.

VDI 2566: Lärmminderung an Aufzugsanlagen.

VDI 2567: Schallschutz durch Schalldämpfer.

VDI 2569: Schallschutz und akustische Gestaltung im Büro.

VDI 2570: Lärmminderung in Betrieben; Allgemeine Grundlagen.

VDI 2571: Schallabstrahlung von Industriebauten.

VDI 2572: Geräusch von Textilmaschinen und in Textilmaschinensälen sowie Maßnahmen zur Geräuschminderung.

VDI 2574: Hinweise für die Bewertung der Innengeräusche von Kraftfahrzeugen.

VDI 2711: Schallschutz durch Kapselung.

VDI 2713: Lärmminderung bei Wärmekraftanlagen.

VDI 2714: Schallausbreitung im Freien.

VDI 2715: Lärmminderung an Warm- und Heißwasser-Heizungsanlagen.

VDI 2719: Schalldämmung von Fenstern und deren Zusatzeinrichtungen.

VDI 2720: Schallschutz durch Abschirmung.

VDI 3720: Lärmarm konstruieren.

VDI 3725: Geräusche und Lärmminderung in Druckereien und Verarbeitungsbetrieben dieser Branche.

VDI 3727: Schallschutz durch Körperschalldämpfung.

VDI 3729 ff.: Emissionskennwerte technischer Schallquellen; für Büromaschinen, Prozeßöfen; Kompressoren; Fackeln; Rohrleitungen; Kühlanlagen; Haushaltsgeräte; Transformatoren; Holzbearbeitungsmaschinen; Flaschenabfüllanlagen; Spanende Werkzeugmaschinen; Pumpen; Druckluft-Werkzeuge u. a.

Kapitel 9

Christ, E. (1988): Schwingungsbelastung an Arbeitsplätzen. BIA-Report Nr. 2/88. Berufsgenossenschaftliches Institut für Arbeitssicherheit – BIA. Sankt Augustin: 1988.

Dupuis, H.; Hartung, E.; Christ, E. K.; Konietzko, H. (1988): Mechanische Schwingungen. Kenntnisstand über Beanspruchung, Belastung, Minderung und Richtwerte.

Forschungsbericht Nr. 552. Bundesanstalt für Arbeitsschutz, (Hrsg.). Bremerhaven: Wirtschaftsverlag NW, 1988.

Dupuis, H.; Zerlett, G. (1984): Beanspruchung des Menschen durch mechanische Schwingungen. Forschungsbericht ›Ganz-Körper-Schwingungen‹. Schriftenreihe des Hauptverbandes der gewerblichen Berufsgenossenschaften e. V. Bonn, 1984.

Hartung, E.; Dupuis, H. (1987): Arbeitswissenschaftliche Erkenntnisse Nr. 32 – Schwingungsminderung Fahrersitze 3. Bundesanstalt für Arbeitsschutz, Dortmund, 1987.

Hartung, E.; Dupuis, H. (1987): Arbeitswissenschaftliche Erkenntnisse Nr. 34 – Schwingungsminderung Motorkettensägen. Bundesanstalt für Arbeitsschutz, Dortmund, 1987.

Hartung, E.; Dupuis, H. (1987): Arbeitswissenschaftliche Erkenntnisse Nr. 35 – Schwingungsminderung Elektrobohrhämmer. Bundesanstalt für Arbeitsschutz, Dortmund, 1987.

Hoesch AG (1980): Menschengerechte Arbeitsgestaltung Bd. 3: Vibration am Arbeitsplatz. Dortmund: Hoesch AG, Stabstelle Ergonomie, 1980.

Kaulbars, U.; Christ, E. (1988): Messung und Bewertung der Schwingungsbelastung an Arbeitsplätzen der gewerblichen Wirtschaft. BIA-Report Nr. 1/88. Berufsgenossenschaftliches Institut für Arbeitssicherheit – BIA. Sankt Augustin: 1988.

Kern, P. (1987): Schwingungsbelastung beim Arbeiten mit handgeführten, einachsigen Motormähgeräten. (IPA-IAO Forschung und Praxis, Band 111, Hrsg. von H. J. Warnecke und H.-J. Bullinger) Berlin u. a.: Springer, 1987. Zugl. Stuttgart, Universität, Diss., 1987.

Kirchner, J.-H.; Baum, E. (1990): Ergonomie für Konstrukteure und Arbeitsgestalter. REFA-Fachbuchreihe Betriebsorganisation. München: Hanser, 1990.

Schäfer, N.; Dupuis, H.; Hartung, E. (1982): Schwingungsminderung am Arbeitsplatz. Forschungsbericht Nr. 305. Bundesanstalt für Arbeitsschutz und Unfallforschung, Dortmund, (Hrsg.). Bremerhaven: Wirtschaftsverlag NW, 1982.

DIN 45 671: Anforderung und Prüfung von Schwingungsmessern zur Messung von Schwingungen am Arbeitsplatz. Berlin: Beuth, 1984.

DIN 45 675: Messung und Bewertung der Schwingungseinwirkung über das Hand-Arm-System. Berlin: Beuth, 1984.

VDI-Richtlinie 2057 (1989): Einwirkung mechanischer Schwingungen auf den Menschen. Düsseldorf: VDI, 1989.

VDI-Richtlinie 2062 (1979): Schwingungsisolierung. Düsseldorf: VDI, 1979.

Kapitel 10

Arbeitsstättenverordnung – ArbStättV – und Arbeitsstätten-Richtlinien - ASR. Bremerhaven: Wirtschaftsverlag NW, 1988.

DIN 33403: Klima am Arbeitsplatz und in der Arbeitsumgebung.

Hettinger, Th.; Müller, B. H.; Peters, H.; Eissing, G.; Sevenich, S. (1984): Klima-Belastungs-Kataster. Bremerhaven: Wirtschaftsverlag NW, 1984.

HOESCH AG (1987): Menschengerechte Arbeitsgestaltung. Band 2: Klima am Arbeitsplatz. 2. überarb. Auflage. Dortmund: Hoesch AG Stabstelle Ergonomie, 1987.

Klima am Arbeitsplatz (1990): BAU-Informationstagung, 21./ 22. März 1990 in Dortmund. Hrsg. von der Bundesanstalt für Arbeitsschutz, Tb 53. Bremerhaven: Wirtschaftsverlag NW, 1990.

Köck, P.; Ohl, B. (1986): Klima und Luft am Arbeitsplatz. Köln: Wirtschaftsverlag Bachem, 1986.

Radl, W. (1986): Bürogestaltung. Seminarunterlagen. Akzente Studiengemeinschaft, Murnau, 1986.

Schmidt, R. F.; Thews, G. (Hrsg.) (1987): Physiologie des Menschen. Berlin u. a.: Springer, 1987.

Wenzel, H. G. (1993): Klima. In: Ergonomie. Hrsg. von H. Schmidtke, 3. Auflage. München/Wien: Hanser, 1993, S. 274 – 286.

Wenzel, H. G.; Piekarski, Ch. (1982): Klima und Arbeit. Hrsg. vom Bayerischen Staatsministerium für Arbeit und Sozialordnung, München, 1982.

Kapitel 11

Deutsche Forschungsgemeinschaft (DFG/Hrsg.) (1990): Maximale Arbeitsplatzkonzentrationen und biologische Arbeitsstofftoleranzwerte 1990. Weinheim: VCH, 1990.

Schmidt, H. G. (1989): Schadstoffe am Arbeitsplatz. IfaA (Hrsg.): Arbeitsgestaltung in Produktion und Verwaltung. Köln: J. P. Bachem, 1989, S. 239 – 246.

Skiba, R. (1990): Taschenbuch Arbeitssicherheit. 6. Auflage. Bielefeld: Erich Schmidt, 1990.

Verordnungen und Richtlinien

ArbStättV: Verordnung über Arbeitsstätten (Arbeitsstättenverordnung) vom 20.03.1975. In: Bundesgesetzblatt I, 1975, S. 729ff.

ArbStättV:
§ 14: Schutz gegen Gase, Dämpfe, Nebel, Stäube.
§ 16: Schutz gegen sonstige Einwirkungen.
§ 23: Raumabmessungen, Luftraum.

Gefahrstoffverordnung: Verordnung über gefährliche Stoffe (Gefahrstoffverordnung - GefStoffV). Vom 26. Aug. 1986, in der Fassung vom 16. Dez. 1987. Veröffentlicht im Bundesgesetzblatt I, S. 2721.

TRgA 102: Technische Richtkonzentrationen (TRK) für gefährliche Arbeitsstoffe. In: BArbBl 1980, Nr. 10, S. 102, geändert durch: BArbBl 1988, Nr. 9, S. 65 – 66.

TRgA 401 Blatt 1: Messung und Beurteilung von Konzentrationen giftiger und gesundheitsgefährdender Arbeitsstoffe in der Luft; Anwendung von technischen Richtkonzentrationen (TRK). In: BArbBl 1979, Nr. 11, S. 72 – 78.

TRgA 402: Messung und Beurteilung von Konzentrationen gefährlicher Arbeitsstoffe in der Luft; Anwendung von Maximalen Arbeitsplatzkonzentrationen (MAK) als Schichtmittelwert. In: BArbBl 1982, Nr. 10, S. 58 – 62.

Kapitel 12

Bodenstedt, B. (1990): Angst vor Strahlen. In: Chip 9/1990, S. 278 – 280.

Bodenstedt, B. (1990): Strahlentest - Made in Germany. In: Chip 9/1990, S. 288 – 292.

Bodenstedt, B. (1990): So kommen Strahlen zustande. In: Chip 9/1990, S. 292 – 294.

Leitgeb, N. (1990): Strahlen, Wellen, Felder - Ursachen und Auswirkungen auf Umwelt und Gesundheit. Stuttgart/München: Thieme/dtv, 1990.

Sauter, E. (1971): Grundlagen des Strahlenschutzes. München: Siemens AG, 1971.

Silny, J. (1990): Biologische Wirkungen elektromagnetischer Felder. Deutsches Ärzteblatt 87, Heft 37, 13. Sept. 1990, S. 1642 – 1647.

Skiba, R. (1990): Taschenbuch Arbeitssicherheit. 6. Auflage. Bielefeld: Erich Schmidt Verlag 1990.

Veith, H.-M. (1989): Strahlenschutzverordnung 1989. Köln: Bundesanzeiger Verlags-Ges., 1989.

Kapitel 13

Benz, C.; Grob, R.; Haubner, P. (1981): Gestaltung von Bildschirm-Arbeitsplätzen. In: Praxis der Ergonomie. Köln: Verlag TÜV Rheinland, 1981.

Borowski, B. (1981): Einseitige Körperhaltungen am Arbeitsplatz. Schriftenreihe der Bundesanstalt für Arbeitsschutz, Fb 289. Bremerhaven: Wirtschaftsverlag NW, 1981.

BOSCH (Hrsg.) (1985): ›Zeichenschablonen für die menschliche Gestalt‹. 3. Auflage. Robert Bosch GmbH, Geschäftsbereich Industrieausrüstung, 1985.

Bullinger, H.-J.; Kern, P.; Lorenz, D. (1984): Arbeitsplätze an Pressen. Hrsg. von Ministerium für Arbeit, Gesundheit, Familie und Sozialordnung, Baden-Württemberg, Stuttgart, 1984.

Burandt, U. (1978): Ergonomie für Design und Entwicklung. Köln: O. Schmidt, 1978.

Cakir, A. (1986): Gesund sitzen - der Bürostuhl allein reicht nicht. In: Office Design 1986, FBO-Fachverlag für Büro und Organisationstechnik, Baden-Baden.

Grandjean, E. (1982): Ergonomie in der Praxis. Hrsg. von Arbeitgeberverband der Metallindustrie, Köln, 1982.

Grandjean, E.; Hünting, W. (1982): Sitzen Sie richtig? Sitzhaltung und Sitzgestaltung am Arbeitsplatz. Hrsg. von Bayerisches Staatsministerium für Arbeit und Sozialordnung, München, 1982.

HOESCH AG (Hrsg.) (1985): Menschengerechte Arbeitsgestaltung, Heft 7: Körpermaße, Körperkräfte, Körperhaltung. Hoesch AG, Dortmund, 1985.

Jastrzebska-Fraczek, I.; Schmidtke, H. (1992): EDS – Ein ergonomisches Datenbanksystem mit rechnergestütztem Prüfverfahren. In: Zeitschrift für Arbeitswissenschaft, 46, 1992/1, S. 41 – 30.

Jenner, R.-D.; Kaufmann, H. (1985): Anleitung zur Arbeit mit den ›Zeichenschablonen für die menschliche Gestalt‹. 3. Auflage. Robert Bosch GmbH, Geschäftsbereich Industrieausrüstung, 1985.

Jürgens, H. W. (1989): Körpermaße. In: Arbeitsgestaltung in Produktion und Verwaltung, Hrsg. von Institut für angewandte Arbeitswissenschaften e. V. Köln: Wirtschaftsverlag Bachem, 1989.

Jürgens, H. W.; Aune, I. A.; Pieper, U. (1989): Internationaler anthropometrischer Datenatlas. Schriftreihe der Bundesanstalt für Arbeitsschutz, Fb 587. Bremerhaven: Wirtschaftsverlag NW, 1989.

Kern, P. (1992): Arbeitsmaterial zum Seminar ›Ergonomie‹. Universität Stuttgart, Institut für Arbeitswissenschaft und Technologiemanagement (IAT), 1992.

Kirchner, J.-H.; Baum, E. (1990): Ergonomie für Konstrukteure und Arbeitsgestalter. REFA Fachbuchreihe Betriebsorganisation. München: Hanser, 1990.

Kirchner, A.; Kirchner, J.-H.; Kliem, M.; Müller J. M. (1990): Räumlich-ergonomische Gestaltung. Schriftenreihe der Bundesanstalt für Arbeitsschutz, Fb 632. Bremerhaven: Wirtschaftsverlag NW, 1990.

Kirchner, A.; Kirchner, J.-H. (1988): Sitzen – alles o.k.? Band 1-3: Arbeitssitze im Produktionsbereich, Arbeitssitze im Büro- und Dienstleistungsbereich, Arbeitssitze richtig nutzen. Hrsg. von der Bundesanstalt für Arbeitsschutz, Dortmund, 1988.

Knabe, K. P. (1982): Bilanzierung der ergonomischen Erkenntnisse über die Arbeit am Bildschirmarbeitsplatz. Schriftenreihe der Bundesanstalt für Arbeitsschutz, Fb 323. Bremerhaven: Wirtschaftsverlag NW, 1982.

Lange, W. (1985): Kleine ergonomische Datensammlung. 4. erw. Auflage. Hrsg. von der Bundesanstalt für Arbeitsschutz (BAU). Köln: TÜV Rheinland, 1985, 4. erw. Aufl.

Lippmann, R. (1988): Arbeitsgestaltung mit CAD und ANYBODY. In: REFA-Nachrichten 2, 1988, S. 5 – 13.

Lippmann, R.; Neudörfer, A (1989): Mit dem PC-Programm ANYBODY sicherheitsgerecht und ergonomisch konstruieren. In: Die BG 12, 1989. S. 815 – 819.

Lorenz, D. (1989): CAD-Video-Somatographie. Berlin u. a.: Springer, 1989. Zugl. Stuttgart, Universität, Diss., 1989.

Löhr, R. W. (1976): Ergonomie: Grundlagen der Wechselbeziehung zwischen Menschen, Technik und Umwelt. Würzburg: Vogel, 1976.

Martin, K. (1989): Grenzen für das Handhaben von Lasten. In: Angewandte Arbeitswissenschaft, (1989), Nr. 119, S. 1 – 23.

NIOSH (National Institute for Occupational Safety and Health) (1981): Work Practices Guide for Manual Lifting, Technical Report No. 81-122, U.S. Department of Health and Human Services, 1981.

Putz-Anderson, V.; Waters, Th.; Garg, A. (1993): Criteria for a revised lifting equation. In: The ergonomics of manual work, Proceedings of the IEA World Conference, Warschau, 14.-17. Juni 1993, Hrsg. von W. S. Marras u. a., London/Washington: Taylor & Francis, 1993, S. 69 – 72.

Radl., G. W. (1989): Büroarbeitsplatz. In: Arbeitsgestaltung in Produktion und Verwaltung. Hrsg. vom Institut für angewandte Arbeitswissenschaften e. V. Köln: Wirtschaftsverlag Bachem, 1989.

Rohmert, W. (1981): Biomechanische Grundlagen. In: Schmidke, Heinz (Hrsg.): Ergonomie. 2. Auflage. München/Wien: Hanser, 1981, S 387 – 397.

Rohmert, W. (1989): Körperkräfte. In: Arbeitsgestaltung in Produktion und Verwaltung. Hrsg. vom Institut für angewandte Arbeitswissenschaften e. V. Köln: Wirtschaftsverlag Bachem, 1989.

Rohmert, W.; Kirchner, J. H. (1987): Ergonomische Leitregeln zur menschengerechten Arbeitsplatzgestaltung. Katalog arbeitswissenschaftlicher Richtlinien über menschgerechte Gestaltung der Arbeit. München/Wien: Hanser, 1987.

Rühmann, H.; Schmidtke, H. (1986): Isometrische Maximalkräfte von Frauen und Männern bei Hebearbeiten. Ergonomische Studien des Bundesamtes für Wehrtechnik und Beschaffung, Nr. 30. Bundesamt für Wehrtechnik und Beschaffung, 1986.

Sauer, H. (1991): Sitzen wir uns krank? Qualitätskriterien für ergonomische Bürostühle. In: Büro, Umwelt – Design – Funktion. Herzogenrath: Basten, 1991.

Schmale, H. (1965): Das Sehen bei der Arbeit. RKW-Reihe Arbeitsphysiologie – Arbeitspsychologie. Berlin u. a.: Beuth, 1965.

Schmidtke, H. (1989): Arbeitsplätze und Arbeitsräume in Werkstatt und Betrieb. In: Arbeitsgestaltung in Produktion und Verwaltung. Hrsg. vom Institut für angewandte Arbeitswissenschaften e.V. Köln: Wirtschaftsverlag Bachem, 1989.

Schoberth, H. (1989): Orthopädie des Sitzens, Berlin u. a.: Springer, 1989.

Schultetus, W. (1987): Montagegestaltung: Daten, Hinweise und Beispiele zur ergonomischen Arbeitsgestaltung. Köln: Verlag TÜV Rheinland, 1987.

Sämann, W. (1970): Charakteristische Merkmale und Auswirkungen ungünstiger Arbeitshaltungen. Schriftenreihe ›Arbeitswissenschaft und Praxis‹. Berlin u. a.: Beuth, 1970.

Siemens AG (Hrsg.) (1978): Ergonomie und Arbeitstechnik, Daten und Hinweise zur Arbeitsgestaltung. Hrsg. von Siemens AG, ZT ZFA FWO 21, Angewandte Arbeitswissenschaften, Erlangen, 1978.

Waters, Th.; Putz-Anderson, V.; Garg, A. (1993): A method for assessing multi-task manual lifting jobs using the revised NIOS lifting equation. In: The ergonomics of manual work, Proceedings of the IEA World Conference, Warschau, 14.–17. Juni 1993, Hrsg. von W. S. Marras u. a., London/Washington: Taylor & Francis, 1993, S. 77 – 80.

Waters, Th. R.; Putz-Anderson, V.; Gary, A.; Fine, L. J. (1993): Revised NIOSH equation for design and evaluation of manual lifting tasks. In: Ergonomics, 1993, Vol. 36, No. 7, S. 749 – 776.

Wieser, G. (1974): Menschengerechte Arbeitsplatzgestaltung im Betrieb. München/ Wien: Hanser, 1974.

Windberg, H.-J.; Fleischer, A. G.; Rademacher, U.; Sondermann, P. (1989): Zwangshaltung und Beinraumgestaltung an Büroarbeitsplätzen, Schriftreihe der Bundesanstalt für Arbeitsschutz. Fb 571. Bremerhaven: Wirtschaftsverlag NW, 1989.

N.N. (1980): Handbuch der Arbeitsgestaltung und Arbeitsorganisation. Hrsg. vom Verein Dt. Ingenieure, VDI-Ges. Produktionstechnik (ADB). Düsseldorf: VDI-Verlag, 1980.

N.N. (1990): Grundlage des Sitzens. 4. Auflage. Hrsg. von Sedus Christof Stoll & Co. KG. Waldshut, 1990.

VDI-Richtlinien

VDI-Richtlinie 2242: Konstruieren ergonomiegerechter Erzeugnisse, Grundlagen und Vorgehen.

VDI-Richtlinie 2780: Körpermaße als Grundlage für die Gestaltung von Sitzen und Arbeitsplätzen (Anthropometrie).

DIN-Normen

DIN 4549: Büromöbel, Schreibtische, Büromaschinentische und Bildschirmarbeitstische, Maße.

DIN 4549 Entwurf: Büromöbel, Bildschirm-Arbeitstische und Büromaschinentische, Maße.

DIN 4550: Büromöbel, selbsttragende Sitzhöhenverstellelemente mit Energiespeicher für Drehstühle und Drehsessel, Sicherheitstechnische Anforderungen, Prüfung.

DIN 4551: Büromöbel, Bürodrehstühle und Bürodrehsessel, Sicherheitstechnische Anforderungen.

DIN 4553: Büromöbel, Begriffe.

DIN 4555 Entwurf: Büromöbel, Höhenverstellbarer Büromaschinentisch, Mindestanforderungen.

DIN 33 402, Teil 1: Körpermaße des Menschen

DIN 33 406: Arbeitsplatzmaße im Produktionsbereich, Begriffe, Arbeitsplatztypen, Arbeitsplatzmaße.

DIN 33 408: Körperumrißschablonen für Sitzplätze.

DIN 33 411: Körperkräfte des Menschen, Begriffe, Zusammenhänge, Bestimmungsgrößen.

DIN 33 414: Ergonomische Gestaltung von Warten, Sitzarbeitsplätze, Begriffe, Grundlagen, Maße.

DIN 33 416: Zeichnerische Darstellung der menschlichen Gestalt in typischen Arbeitshaltungen.

DIN 68 877: Arbeitsdrehstuhl, Sicherheitstechnische Anforderungen, Prüfung.

Kapitel 14

Atlas Copco (1986): Ergonomie bei Handwerkzeugen. Atlas Copco Tools GmbH, Essen, 1986.

Bandera, J. E.; Kern, P.; Solf, J. J. (1986): Leitfaden zur Auswahl, Anordnung und Gestaltung von kraftbetonten Stellteilen. Schriftenreihe der Bundesanstalt für Arbeitsschutz (BAU), Fb 494. Bremerhaven: Wirtschaftsverlag NW, 1986.

Bandera, J. E.; Muntzinger, W. F.; Solf, J. J. (1989): Auswahl und Gestaltung von ergonomisch richtigen Fußstellteilen, Systematik. Schriftenreihe der Bundesanstalt für Arbeitsschutz, Fb 590. Bremerhaven: Wirtschaftsverlag NW, 1989.

Battelle-Institut (1982): Die Szenario-Technik als Grundlage von Planungen. Frankfurt, 1982.

Bosch, Karl (1987): Elementare Einführung in die angewandte Statistik. 4. Auflage. Braunschweig: Vieweg&Sohn, 1987.

Bosch, Karl (1986): Elementare Einführung in die Wahrscheinlichkeitsrechnung. 5. Auflage. Braunschweig: Vieweg&Sohn, 1986.

Huisinga, R. (1985): Technikfolgenbewertung. Frankfurt: Serpion, 1985.

IAO-Forum: 27.11.1991: Mensch und Produkt. Stuttgart: Fraunhofer-Institut für Arbeitswirtschaft und Organisation, 1991.

Jorden, W. (1992): Konstruieren recyclinggerechter Produkte mit der neuen Richtlinie VDI 2243. VDI-Jahrbuch 1992.

Jürgens, H. W.; Aune, I. A.; Pieper, U. (1989): Internationaler anthropometrischer Datenatlas. Schriftenreihe der Bundesanstalt für Arbeitsschutz, Fb Nr. 587. Bremerhaven: Wirtschaftsverlag NW, 1989.

Lechner, G. (1987): Konstruktion der Fahrzeuggetriebe. Vorlesungsmanuskript, Universität Stuttgart, Institut für Maschinenelemente und Gestaltungslehre (IMA), 1987.

Metaplantechnik (1992). In: Manuskript zum Hauptfachpraktikum. Universität Stuttgart, Institut für Arbeitswissenschaft und Technologiemanagement (IAT), 1992.

Netzplantechnik (1992). In: Manuskript zur Vorlesung Projektmanagement und Simultaneous Engineering. Universität Stuttgart, Institut für Arbeitswissenschaft und Technologiemanagement (IAT), 1992.

Ökobilanzen und Öko-Controlling für Betriebe-Bericht der Landesanstalt für Umweltschutz Baden-Württemberg (LfU), (1992). In: Manuskript zur Vorlesung Technikfolgenabschätzung. Universität Stuttgart, Institut für Arbeitswissenschaft und Technologiemanagement (IAT), 1992.

Portfoliotechnik (1992). In: Manuskript zur Vorlesung Technologiemanagement. Universität Stuttgart, Institut für Arbeitswissenschaft und Technologiemanagement, 1992.

von Reibnitz, U. (1987): Szenarien, Optionen für die Zukunft. Hamburg: McGraw-Hill, 1987.

Sachs, Lothar (1978): Angewandte Statistik. Berlin/Heidelberg: Springer, 1978.

Seeger, Hartmut (1992): Design technischer Produkte, Programme und Systeme. Berlin/Heidelberg: Springer, 1992.

Systematische Produktplanung – ein Mittel zur Unternehmenssicherung (1976). VDI-Taschenbuch, T 76. Hrsg. v. VDI-Gesellschaft Konstruktion und Entwicklung, VDI-Verlag, 1976.

Taschenbuch Statistische Analyseverfahren für Schraubwerkzeuge (1991): Atlas Copco Tools GmbH, Essen, 1991.

Vorranggraph (1992). In: Manuskript zum Hauptfachpraktikum. Universität Stuttgart, Institut für Arbeitswissenschaft und Technologiemanagement (IAT), 1992.

VDMA (Hrsg.) (1991): EG-Maschinenrichtlinie Gerätesicherheitsgesetz. Frankfurt: MaschinenbauVerlag, 1991.

Verwaltungs-Berufsgenossenschaft (Hrsg.) (1988): Barrierefreie Arbeitswelt für Behinderte und Nichtbehinderte, Schriftenreihe Prävention – SP 5.5, Teil A-F, Hamburg, 1988.

Normen und Richtlinien

VDI-Richtlinie 2220: Produktplanung.

VDI-Richtlinie 2221: Methodik zum Entwickeln und Konstruieren technischer Produkte.

VDI-Richtlinie 2222: Konstruktionsmethodik.

VDI-Richtlinie 2242: Konstruieren ergonomiegerechter Erzeugnisse.

VDI-Richtlinie 2243 (Entwurf): Konstruieren recyclinggerechter Produkte.

VDI-Richtlinie 2424: Industrial Design.

VDI-Richtlinie 2801: Wertanalyse.

DIN 33 400: Gestalten von Arbeitssystemen nach arbeitswissenschaftlichen Erkenntnissen.

DIN 31 000. Allgemeine Leitsätze für das sicherheitsgerechte Gestalten technischer Erzeugnisse.

Kapitel 15

Bandera, J. E.; Kern, P.; Solf, J. J. (1986): Leitfaden zur Auswahl, Anordnung und Gestaltung von kraftbetonten Stellteilen. Schriftenreihe der Bundesanstalt für Arbeitsschutz, Fb 494. Bremerhaven: Wirtschaftsverlag NW, 1986.

Bandera, J. E.; Muntzinger, W. F.; Solf, J. J. (1989): Auswahl und Gestaltung von ergonomisch richtigen Fußstellteilen - Systematik. Schriftenreihe der Bundesanstalt für Arbeitsschutz, Fb 590. Bremerhaven: Wirtschaftsverlag NW, 1989.

Bullinger H.-J.; Solf, J. J. (1979): Ergonomische Arbeitsmittelgestaltung - Systematik. Schriftenreihe der Bundesanstalt für Arbeitsschutz, Fb 196. Bremerhaven: Wirtschaftsverlag NW, 1979.

Bullinger H.-J.; Solf, J. J. (1979): Ergonomische Arbeitsmittelgestaltung – Handgeführte Werkzeuge. Schriftenreihe der Bundesanstalt für Arbeitsschutz, Fb 197. Bremerhaven: Wirtschaftsverlag NW, 1979.

Bullinger H.-J.; Solf, J. J. (1979): Ergonomische Arbeitsmittelgestaltung – Stellteile an Werkzeugmaschinen. Schriftenreihe der Bundesanstalt für Arbeitsschutz, Fb 198. Bremerhaven: Wirtschaftsverlag NW, 1979.

Rohmert, W. (1967): Untersuchung über Muskelermüdung und Arbeitsgestaltung. Berlin u. a.: Beuth, 1967.

Schmauder, M.; Solf, J. J. (1992): Einfluß der Händigkeit bei der Handhabung von Arbeitsmitteln. Schriftenreihe der Bundesanstalt für Arbeitsschutz, Fb 661. Bremerhaven: Wirtschaftsverlag NW, 1992.

Normen und Richtlinien

DIN 31 000: Allgemeine Leitsätze für das sicherheitsgerechte Gestalten technischer Erzeugnisse.

DIN 33 400: Gestalten von Arbeitssystemen nach arbeitswissenschaftlichen Erkenntnissen.

DIN 33 401: Stellteile.

VDI 2242: Konstruieren ergonomiegerechter Erzeugnisse.

Kapitel 16

Bernotat, R. (1965): Die Informationsdarstellung als anthropometrisches Problem der Flugführung. Bericht Nr. 37 des Instituts für Flugführung und Luftverkehr der Technischen Universität Berlin. Berlin, 1965.

Blauert, J.; Schaffert, E. (1985): Automatische Sprachein- und -ausgabe. Schriftenreihe der Bundesanstalt für Arbeitsschutz. Bremerhaven: Wirtschaftsverlag NW, 1985.

Bodmann, H.-W. (Hrsg.) (1985): Aspekte der Informationsverarbeitung. Berlin/Heidelberg/New York/Tokyo: Springer, 1985.

Bylander, E. G. (1982): Elektronische Anzeigen – Displays. München/Wien: Oldenburg, 1982.

Cakir u. a. (1980): Bildschirmarbeitsplätze – Ergonomie, Arbeitsplatzgestaltung, Gesundheit und Sicherheit, Aufgabenorganisation. Berlin: Springer, 1980.

Charwat, H. J. (1994): Lexikon der Mensch-Maschine-Kommunikation. 2. Auflage. München/Wien: Oldenbourg, 1994.

Chapanis, A.; Lindenbaum, L. (1959): A reaction time study of four control display linkages. In: Human Factors 1 (1959), S. 1 – 7.

Clark, T.S.; Corlett, E.N. (1984): The Ergonomics of Workspaces and Machines – A Design Manual. London: Taylor & Francis, 1984.

Kern, P. (1992): Ergonomie. Seminarunterlagen, Universität Stuttgart, Institut für Arbeitswissenschaft und Technologiemanagement (IAT). 1992.

Murrell, K.F.H. (1971): Ergonomie; Grundlagen und Praxis der Gestaltung optimaler Arbeitsverhältnisse. Düsseldorf: Econ, 1971.

Neudörfer, A. (1981): Anzeigen und Bedienteile. Düsseldorf: VDI-Verlag, 1981.

Neumann, J.; Timpe, K. P. (1970): Arbeitsgestaltung. Psycho-physiologische Probleme bei Überwachungs- und Steuerungstätigkeiten. Berlin: VEB Deutscher Verlag der Wissenschaften, 1970.

Schmidtke, H.; Rühmann, H.-P. (1979): Ergonomische Gestaltung von Steuerständen. Schriftenreihe der Bundesanstalt für Arbeitsschutz. Fb 191. Bremerhaven: Wirtschaftsverlag NW, 1979.

Sheridan, T.B.; Ferrell, W.R. (1974): Man-Machine Systems. Massachusetts: MIT Press, 1974.

Woodson, W.E. (1981): Human Factors Design Handbook. New York: Mc Graw Hill Book Co, 1981.

Normen und Richtlinien

DIN 66 234: Bildschirmarbeitsplätze.
Teil 1: Kennwerte für die Anpassung von Bildschirmarbeitsplätzen an den Menschen; Geometrische Gestaltung der Schriftzeichen
Teil 2: Wahrnehmbarkeit von Zeichen auf Bildschirmen.
Teil 3: Gruppierung und Formatierung von Daten.
Teil 5: Codierung von Information.
Teil 6: Gestaltung des Arbeitsplatzes; Beispiele.
Teil 7: Ergonomische Gestaltung des Arbeitsraumes; Beleuchtung und Anordnung.
Teil 8: Grundsätze ergonomischer Dialoggestaltung.

DIN 32 830: Gestaltungsregeln für graphische Symbole (Vornorm).

DIN 33 404: Gefahrensignale für Arbeitsstätten.

DIN 33 413: Ergonomische Gesichtspunkte für Anzeigeeinrichtungen.

Kapitel 17

Apple Computer Inc. (1992): Macintosh Human Interface Guidelines. Reading: Addison-Wesley Publishing Company, 1992.

Balzert, H.; Hoppe, H. U.; Oppermann, R.; Peschke H.; Rohr, G.; Streitz, N. A. (Hrsg.) (1988): Einführung in die Software-Ergonomie; Mensch Computer Kommunikation Grundwissen, Bd. 1. De Gruyter, 1988.

Bullinger, H.-J.; Fähnrich, K.-P.; Ilg, R. (1993): Benutzungsoberflächen und Entwicklungswerkzeuge. In: Scheer (Hrsg.): Handbuch Informationsmanagement. Wiesbaden. Gabler, 1993.

Bullinger, H.-J.; Fähnrich, K.-P.; Ilg, R. (1992): Der Benutzer in offenen Systemen. In: Offene Systeme (1992) 1, S. 6 – 15.

Bullinger, H.-J.; Ilg, R.; Görner, C. (1990): Software-Ergonomie – Konsequenter Einsatz zahlt sich aus. Technische Rundschau (1990) Nr. 35, S. 60 – 65.

DIN 66 234, Teil 8: Bildschirmarbeitsplätze; Grundsätze ergonomischer Dialoggestaltung. Berlin: Beuth-Verlag, 1988.

IBM - SAA/CUA (System Application Architecture – Common User Access) Guide to

User Interface Design (IBM-Bestell-Nr. SC34-4289-00), Advanced Interface Design Reference (IBM-Bestell-Nr. SC34-4290-00), 1991.

IBM - SAA/CUA (System Application Architecture – Common User Access), Teil 1: Basic Interface Design Guide (IBM-Bestell-Nr. SC26-4583-0), Teil 2: Advanced Interface Design Guide (IBM-Bestell-Nr. SC26-4582-0), 1989.

ISO 9241: Ergonomic requirements for office work with visual display terminals (VDTs), Draft, 1994.

Mayhew, D. J. (1992): Principles and Guidelines in Software User Interface Design. New Jersey, Prentice Hall, 1992.

Microsoft – The Windows Interface, an application design guide. Redmond (Washington): Microsoft Press, 1992.

OPEN LOOK – Graphical Interface Functional Specification. Reading: Addison-Wesley Publishing Company, 1990.

OSF/Motif Styleguide (Open Software Foundation) Revision 1.2. Open Software Foundation, Eleven Cambridge Center, Cambridge (MA), 1992.

Siemens Nixdorf Informationssysteme: Grafik-Styleguide V 2.0; Richtlinien zur Gestaltung grafischer Benutzeroberflächen, Benutzerhandbuch, Bestellnummer: U6542-J-Z117-2. Siemens Nixdorf Informationssysteme AG, AP Internationales Dokumentationszentrum, 81730 München, 9/93.

Siemens Nixdorf Informationssysteme: Alpha-Styleguide V 1.0; Richtlinien zur Gestaltung von zeichenorientierten Benutzeroberflächen, Bestell-Nr. U8556-J-Z147-1. Siemens Nixdorf Informationssysteme AG, AP Internationales Dokumentationszentrum, 81730 München, 1992.

VDI-Richtlinie 5005: Software-Ergonomie in der Bürokommunikation. Berlin. Beuth-Verlag, 1990.

Ziegler, J.; Ilg, R. (Hrsg.) (1993): Benutzergerechte Software-Gestaltung. München: Oldenbourg, 1993.

Kapitel 18

Bayerisches Staatsministerium für Arbeits- und Sozialordnung (1980): Heben und Tragen von Lasten.

Bundesanstalt für Arbeitsschutz (1991): Richtig tragen ohne Schaden.

Verwaltungs-Berufsgenossenschaft (1989): So sitzen Sie richtig. In: Sicherheitsreport Nr. 4/89.

Stichwortverzeichnis

A

B

G

H

I

J

K

L

M

N

O

P

R

S

T